中国绿色工业年鉴

（2019）

中国工业节能与清洁生产协会　编

电子工业出版社

Publishing House of Electronics Industry

北京·BEIJING

内 容 简 介

为了进一步发挥中国工业节能与清洁生产协会在绿色工业发展领域的资源平台优势和桥梁纽带作用,加快节能环保、清洁生产和绿色发展等各项工作的顺利开展,推动国家各项政策文件的落地实施,引导工业企业采用先进适用的新技术、新设备、新材料,推动绿色工业领域的咨询、设计、承包、装备、运营等,帮助企业把握"一带一路"能源合作所提供的市场机遇"走出去",中国工业节能与清洁生产协会组织编写了《中国绿色工业年鉴(2019)》。

年鉴涵盖绿色工业发展的各个领域,全面详实地反映"十三五"前期我国绿色工业发展情况,集中展示绿色工业发展领域具有典型性、示范性的优秀企事业单位,重点推荐市场应用广、节能减排潜力大、需求拉动效应明显的重点领域先进技术与装备,将成为实际工作中具有较强推广性和实用性的工具书,也可供工业发展相关领域研究人员及行业主管部门人员参考。

图书在版编目(CIP)数据

中国绿色工业年鉴. 2019/中国工业节能与清洁生产协会编. —北京:电子工业出版社,2019.10

ISBN 978-7-121-37636-8

Ⅰ. ①中… Ⅱ. ①中… Ⅲ. ①工业生产-无污染工艺-中国-2019-年鉴 Ⅳ. ①X7-54

中国版本图书馆 CIP 数据核字(2019)第 230327 号

责任编辑:宁浩洛

印　　刷:天津画中画印刷有限公司

装　　订:天津画中画印刷有限公司

出版发行:电子工业出版社

　　　　　北京市海淀区万寿路 173 信箱　　邮编:100036

开　　本:880×1 230　1/16　印张:21.5　字数:653 千字　彩插:61

版　　次:2019 年 10 月第 1 版

印　　次:2019 年 10 月第 1 次印刷

定　　价:368.00 元

凡所购买电子工业出版社图书有缺损问题,请向购买书店调换。若书店售缺,请与本社发行部联系,联系及邮购电话:(010)88254888,88258888。

质量投诉请发邮件至 zlts@phei.com.cn,盗版侵权举报请发邮件至 dbqq@phei.com.cn。

本书咨询联系方式:ninghl@phei.com.cn,(010)88254465。

《中国绿色工业年鉴（2019）》编辑委员会

顾　　问

工业和信息化部原部长　　　　　　李毅中

特约撰稿人

国务院参事、科技部原副部长　　　刘燕华

国家气候变化专家委员会副主任　　何建坤

编　委　会

主　　任：王小康

副 主 任：余红辉　　智　慧

执行主编：邓向辉

编辑主任：吴世珍　　李成功

责任编辑：李海强　李瑞林　刘岐凤　刘　刚　吴世东　张福祝

编委会成员（排名不分先后）

秦　华	王文涛	李建青	郑朝晖	朱　彤	杨立新	许修敏
安国俊	周　胜	李惠民	郭有智	杨　彦	赵文平	孙海燕
于红文	管爱国	刘　爽	黄　智	郭晓波	高　原	伍绍辉
高雨禾	林荣杰	朱　军	李建军	郭亚雄	王梁晨	吴廷芬
赵新文	鲍　伟	李　涛	王征新	马克乐	韩晓莉	仇红珊
胡　萍	梁晓苏	杨　强	李明环	吴　迪	张晓丽	王智慧
彭　燕	胡　越	曹三星				

支持单位（排名不分先后）

德龙钢铁有限公司	中国再生资源有限公司
南方电网综合能源有限公司	中国恩菲工程技术有限公司
中再资源环境股份有限公司	合肥国轩高科动力能源有限公司
江苏新稀捷科技有限公司	天士力医药集团股份有限公司
浙江华友循环科技有限公司	九源天能（北京）科技有限公司
长沙翔鹅节能技术有限公司	北京中卓时代消防装备科技有限公司
德华兔宝宝装饰新材料股份有限公司	国际铜专业协会（美国）北京代表处

序　言

持之以恒，推动工业绿色转型发展

党和国家保护生态、绿色发展的理念和战略一以贯之，并且不断深化提升。"资源消耗低，环境污染少"是中国特色新型工业化道路的重要组成，"节约发展、清洁发展、安全发展"是可持续科学发展观的重要内容，"建设资源节约型和环境友好型社会"是战略任务。党的十八大提出经济建设、政治建设、文化建设、社会建设和生态文明建设"五位一体"的总体布局；党的十八届五中全会提出"创新、协调、绿色、开放、共享"五大发展理念，绿色经济成为新时代新经济的显著特点之一。如今，习近平总书记一直倡导的"绿水青山就是金山银山"已家喻户晓，长江经济带"共抓大保护，不搞大开发"战略定位已深入人心。

近几年，生态文明建设广泛深入开展了多个专项行动，已见显著成效。党中央、国务院把污染防治列为三大攻坚战之一，打好"蓝天保卫战"是重中之重。落实习近平总书记关于能源的消费、供给、技术和体制四方面"革命"的指示，构建绿色、低碳、安全、高效的能源产业体系。以节能、环保、优质、智能为重点的"绿色制造"迅速发展，一大批工业企业率先实现转型升级。绿色发展已渗透各个领域，绿色建筑、绿色家居、绿色出行遍及城乡，绿色文明的生活方式蔚然成风。"史上最严厉"的环保法开始执行，环保督查、社会监督形成了污染防治、生态保护的倒逼机制，落实了政府、企业和公民的环保责任。

方向明确、战略坚定、措施得当、协同努力，工业经济正在向绿色低碳转型。2018 年，规模以上工业单位增加值能耗比 2012 年累计降低约 30.5%，六大高耗能行业单位增加值能耗累计降低约 25.9%，各重点行业单位能耗、物耗明显降低。数据显示，二氧化碳、氮氧化物、氨氮等主要污染物排放量逐年下降，工业污水排放量减少，固体废弃物得到控制，大气雾霾得到治理，PM2.5 浓度明显下降。尽管污染治理取得了明显成效，但长期沉积形成的问题和矛盾仍没有根除。工业仍然是主要的能耗大户和最重要的污染源，工业绿色低碳转型任重道远。工业节能减排、污染防治，实现绿色转型发展，要标本兼治，要推进新旧动能转换。发展新兴产业是新动能，改造提升传统产业使其焕发生机也是新动能。在工业绿色低碳转型的过程中，要推动大数据、物联网、云计算、人工智能等新一代信息技术与工业制造业的深度融合，要加快传统产业的绿色、低碳、智能化技术改造，需要坚韧不拔的意志和持之以恒的定力。这种意志和定力不仅体现在政策的持续稳定上，还体现在广大从业者坚持不懈的努力之中。

从 2009 年开始，中国工业节能与清洁生产协会开始组织编写《中国节能减排发展报告》，至今已有 10 年。报告秉承"内容翔实、资料丰富、数据准确、观点鲜明"的指导思想，不仅记录了我国节能减排工作的进展情况，更展现了专家和企业家们对节能减排政策和产业发展趋势的深入思考。10 年来，该系列报告对中国节能降耗、减排治污起到了积极的推动作用，受到了社会各界的普遍欢迎和广泛认同。在此基础上，中国工业节能与清洁生产协会结合当前我国工业绿色发展形势的变化，特将《中国节能减排发展报告》更名为《中国绿色工业年鉴》，在内容编写上做了改进和完善。

2019年是"十三五"规划成功实施的关键之年，污染防治、生态保护正处在攻坚期和窗口期。当前工业节能减排、绿色发展形势总体向好，单位工业增加值能耗、水耗和主要污染物排放持续下降；绿色制造体系建设稳步推进，涌现了一大批绿色工厂、绿色园区和绿色供应链管理示范企业；节能环保产业持续成长壮大。同时也面临新的挑战，如高能耗行业能耗下降幅度收窄、中西部地区能耗反弹压力增大、节能环保产业增速放缓等。此外，国际经济环境的变化也对我国工业绿色发展产生了复杂影响。在这关键的历史时期，准确把脉节能减排的发展形势，对工业的可持续发展具有重要的推动作用。

《中国绿色工业年鉴（2019）》正是对当前工业绿色发展形势的积极呼应。年鉴分为专家论述、专题研究、典型案例、信息统计及大事记，既体现了专家的深思熟虑，又体现了研究者的细致入微；既有深入的理论分析，又有生动的案例展现；既有翔实的数据汇集，又有简洁的大事记，客观展现了2018年以来工业绿色低碳转型升级的成效、难点和痛点。《中国绿色工业年鉴（2019）》的成功出版，相信会对广大读者和从业人员具有重要的参考意义和实用价值，也希望中国工业节能与清洁生产协会进一步改进提高，充分满足广大从业者为保护生态环境、建设美丽中国争做贡献的愿望和需求。

李毅中

2019 年 9 月 12 日

目　录

专家论述

中欧携手推进全球气候治理

中国工业节能与清洁生产协会会长、第十二届全国政协委员、全国政协人口资源环境
委员会委员、中国经济社会理事会理事、第六届中国环境与发展国际合作委员会委员、
国家制造强国建设战略咨询委员会委员、中国节能环保集团公司原董事长　王小康

气候变化是全人类共同面临的重大挑战，应对气候变化、推进可持续发展是我们这一代人乃至未来几代人不可推卸的历史使命。本文主要围绕应对气候变化议题进行分析。

一、全球应对气候变化的形势异常严峻

当前，气候变化的影响范围越来越广、破坏性越来越大，极端气候频发，或将对人类和生态系统造成不可逆转的影响。根据国际能源署（IEA）2019 年上半年发布的报告，2018 年全球能源消费导致的二氧化碳排放量增加了 1.7%，创近几年新高。2018 年全球大气二氧化碳年平均浓度为 407.4ppm，已达到历史最高点。美国国家海洋和大气管理局（NOAA）在夏威夷的冒纳罗亚火山（Mauna Loa）观测到，2018 年 4 月大气中二氧化碳平均浓度达到 410.31 ppm，是地球过去 80 万年来最高的二氧化碳月均浓度。世界气象组织（WMO）2019 年发布的报告称，2015—2018 年是有历史记录以来最热的 4 年。2018 年，超过 3500 万人遭受洪涝灾害，约 1.25 亿人受到足以致命的高温威胁；海洋平均热容量达到了历史最高水平。气候变化也加剧了全球生物多样性危机，严重影响了全球物种分布、物种数量变化、社群结构和生态系统功能。生物多样性和生态系统服务政府间科学政策平台（IPBES）于 2019 年 5 月 6 日发布了对全球生物多样性现状的评价报告，结论十分惊人，全球生态退化和破坏的速度前所未有，自然生态系统衰退率平均已达 47%，生物质和物种丰富性已减少 88%，接受评估的动植物物种中平均 25% 的物种生存受到威胁，约有 100 万个物种面临灭绝风险，许多物种在未来几十年内将会消失。土地退化降低了全球 23% 的陆地的生产力。由于陆地传粉媒介物种的流失，每年价值 5770 亿美元的作物面临风险。

世界各国携手应对气候变化已到了刻不容缓的地步。2015 年 9 月，联合国通过了具有历史意义的《2030 年可持续发展议程》，其中"采取紧急行动应对气候变化及其影响"是 17 项可持续发展目标中的重要一项。同年 12 月，巴黎气候大会通过了具有里程碑意义的《巴黎协定》。历经多轮谈判，2018 年卡托维兹气候大会成功达成《巴黎协定》实施细则。气候多边进程阶段性重点由谈判转入实施与合作。

《巴黎协定》及其实施细则的成功达成，标志着全球气候治理机制迈出了重要一步，传递了推动加强气候行动和支持力度的积极信号，彰显了全球绿色低碳转型的大势，提振了国际社会合作应对气候变化的信心。中国和欧盟相关国家对于起草《2030 年可持续发展议程》，以及推动《巴黎协定》及其后续实施细则的达成，都付出了艰苦卓绝的努力，也为中欧合作应对气候变化打下了良好和坚实的基础。

人类虽然已经开始采取行动，但程度、速度和广度远远不足，全球共同应对气候变化仍然面临着多方面的挑战。

一是现有的国家自主贡献（NDC）与《巴黎协定》全球温控目标差距较大。《巴黎协定》提出控

制全球温升相比工业化前不超过 2℃并努力控制在 1.5℃以下的长期目标。但根据联合国环境规划署（UNEP）的研究，目前包括有条件和无条件的各国国家自主贡献加总，到2030年当年与实现温升不超过 2℃的目标仍存在 130 亿～150 亿吨 CO_2 当量的减排缺口，与实现温升 1.5℃以下的目标仍存在 290 亿～320 亿吨 CO_2 当量的减排缺口。中国清华大学研究表明，在目前 NDC 水平下，到 2100 年全球平均温升约为 3.11℃；全球温升控制在 1.5℃之内的概率仅有 6.4%，控制在 2℃之内的概率为 15.4%，而温升超过 4℃的概率约为 32.9%。如果考虑到 2018 年美国阿拉斯加大学发布的由 NASA 资助的研究成果，北极湖泊下的永久冻土有可能会突然冻解，从而导致全球温室气体释放加速，应对气候变化的挑战或将比我们之前认为的更加严峻。

二是可持续发展多重目标约束下的减排难度巨大。《2030 年可持续发展议程》提出的目标中有多个是与应对气候变化紧密相关的，包括目标 1 "在全世界消除一切形式的贫困"、目标 7 "确保人人获得负担得起的、可靠和可持续的现代能源"、目标 8 "促进持久、包容和可持续经济增长，促进充分的生产性就业和人人获得体面工作"等，无一不依靠能源消费。

三是在应对气候变化的认识上仍然存在重大分歧。单边主义和保护主义抬头，如美国的退出对《巴黎协定》的履约效果产生了严重的消极影响。个别国家至今仍对气候变化持质疑态度，还有一些国家没有站在人类命运共同体的高度来认识这个问题，没有展现出应有的雄心和力度。这些都会进一步加大执行《巴黎协定》的难度，将导致全球减排错失最佳窗口期，最终无法实现温控目标，引发全球性灾难。

二、中国实践贡献了中国方案

中国政府清楚地认识到，应对气候变化需要解决的核心问题是：如何使全球遏制气候变化这一"人类利益"与各国追求经济发展这一"国家利益"实现共赢，将气候变化挑战转变为绿色低碳发展的机遇，向高质量绿色发展转型。

习近平主席提出了生态文明建设伟大构想，指出生态兴则文明兴，生态衰则文明衰，并多次强调，应对气候变化是中国可持续发展的内在要求，也是负责任大国应尽的国际义务，这不是别人要我们做，而是我们自己要做。这已经成为中国人民的共识。中国政府采取了全方位、高要求、可持续、创新性的行动，以积极建设性的态度推动构建公平合理、合作共赢的全球气候治理体系，成效十分显著、超出预期，展现了推进可持续发展和绿色低碳转型的雄心和力度。中国已从最初的参加者、深度参与者成为贡献者、引领者。

一是提出了富有进取心的目标。中国政府采取了强有力的政策措施强化应对气候变化的自主行动，2007 年中国成为第一个发布《应对气候变化国家方案》的发展中国家，提出了将应对气候变化纳入国民经济和社会发展总体规划，并于 2009 年提出了到 2020 年碳强度下降 40%～45% 的目标。2015 年进一步提出了到 2030 年左右碳排放达峰，并争取提前达到峰值，碳强度比 2005 年下降 60%～65%。

二是能源结构不断优化。仅以可再生能源为例，在《中华人民共和国可再生能源法》及其配套政策支持下，风电、光伏发电等可再生能源产业迅速发展壮大，促进中国能源加快向清洁低碳化转型，同时促进了技术和产业发展。可再生能源装机规模持续扩大。截至 2018 年年底，我国可再生能源发电装机容量达到 7.28 亿千瓦，位列全球第一，相当于欧盟整体可再生能源装机规模的 1.5 倍左右，同比增长 12%，其中，水电装机容量 3.52 亿千瓦、风电装机容量 1.84 亿千瓦、光伏发电装机容量 1.74 亿千瓦、生物质发电装机容量 1781 万千瓦；可再生能源发电装机容量约占全部电力装机容量的 38.3%，比 2012 年提高 10.3 个百分点。2018 年，可再生能源发电量达 1.87 万亿千瓦时，占全部发电量比重的 26.7%，比 2012 年提高 6.7 个百分点。可再生能源的清洁能源替代作用日益突显。

三是把握好发展与应对气候变化之间的关系。习近平主席在 2005 年就已提出"绿水青山就是金山银山"的绿色发展理念，已成为中国全民共识。中国政府明确表示将把节能环保等绿色产业打造成为重要的支柱产业，积极推动传统制造业的绿色化转型、智能化升级。预计到 2020 年，中国将形成一个年产值 9 万亿的节能环保产业。有关机构估算，中国为实现国家自主贡献目标，到 2030 年大约需要投入 41 万亿元，能够为 6900 万人提供就业机会。

四是低碳减排已成全民行动。经过中国政府不懈努力，绿色生活方式已逐渐成为中国的新时尚。例如，中国拥有全球最大的新能源汽车保有量，2018 年达到 261 万辆，比 2012 年增长了 86 倍，销量、增速和份额均为全球第一。又如，2016 年 8 月，支付宝上线"蚂蚁森林"，以培养和激励用户的低碳环保行为。用户步行替代开车、在线生活缴费、网络购票等行为节省的碳排放量，将被计算为虚拟的"绿色能量"，用来在手机里养大一棵棵虚拟树。虚拟树长大后，支付宝蚂蚁森林和公益合作伙伴就会种下一棵真树，或者守护相应面积的保护地。不到 3 年，蚂蚁森林用户数达 5 亿人，在荒漠化地区种下 1 亿棵真树，种树总面积近 140 万亩。

五是碳减排成效显著。截至 2018 年，中国单位 GDP 二氧化碳排放比 2005 年下降了 45.8%，提前两年完成 2020 年上限目标，碳排放快速增长的局面得到初步扭转；非化石能源占一次能源消费比重达到 14.3%，有望超额实现到 2020 年非化石能源比重达 15% 的目标；森林蓄积量 151 亿立方米，超额完成 2020 年 136 亿立方米的森林蓄积量目标。据了解，过去 20 年全球森林覆盖率的提高，中国和印度的贡献很大。中国碳排放交易体系已从试点向全国统一碳市场过渡，2017 年率先在发电行业推行，纳入 1700 多家年度碳排放超过 2.6 万吨的企业，成为全球最大的碳交易市场。这为实现中国 2030 年气候行动目标奠定了坚实的基础。

三、中欧应携手加强应对气候变化全面合作

保护地球就是保护我们自己和我们的后代，没有一个国家、一个地区、一个企业、一个人能够置身事外、独善其身，多边主义、合作共赢是世界各国的唯一选择。虽然将温升控制在 1.5℃ 以内存在困难，但是联合国政府间气候变化专门委员会（IPCC）报告明确指出，全球已经掌握了应对气候变化的科学知识、技术能力和资金手段。现在需要各方展示政治意愿，直面挑战，精诚合作，迅速采取雄心勃勃的减排行动。

2019 年 6 月，中国政府韩正副总理任主席、生态环境部部长李干杰任执行副主席的中国环境与发展国际合作委员会（国合会）在杭州召开年会，我作为国合会委员参加了会议。与会各国委员提出在应对气候变化上世界需要中国，我个人认为这句话不是功利的、短视的、单向的，还应该加上一句话"中国需要世界、中国需要欧盟"，希望欧盟各国理解这句话的真诚，欧盟各国在应对气候变化领域起步早、决心大、目标高、技术先进、经验丰富，取得了较好的成就，并且一直是全球应对气候变化的重要推动力量，中国非常重视与欧盟在应对气候变化上的深度合作。

中国和欧盟目前已成为全球应对气候变化的引领者。在《巴黎协定》后续实施中应该进一步携起手来，展现我们的雄心和力度。中国与欧盟的合作应该是全方位的、互信的、切实可操作的，我谨呼吁中国与欧盟各国坚定多边主义合作，建立有效的机制，不搞单边主义、不搞保护主义、不搞技术封锁，真正加强技术交流、研发、转移的深度合作，积极推动政府、智库、企业、园区开展合作对接，鼓励中欧研发机构建立稳定的合作伙伴关系，打造共同开展达峰路径研究、政策研究、气候融资等合作平台，贡献富有变革性的新思路，树立全球合作应对气候变化的成功范例。

（本文是王小康会长在 2019 中欧圆桌会议上的主题报告）

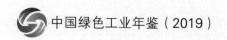

新科技革命与我国自主创新战略

国务院参事、科技部原副部长　刘燕华

创新是引领发展的第一动力，是建设中国现代化体系的战略支撑。加强国家创新体系建设，是加快提升我国科技创新能力，培育壮大发展新动能的根基所在。习近平总书记在庆祝改革开放40周年大会上强调，"实施创新驱动发展战略，完善国家创新体系，加快关键核心技术自主创新，为经济社会发展打造新引擎"。2018年中央经济工作会议指出，"要增强制造业技术创新能力，构建开放、协同、高效的共性技术研发平台"。

当前，新一轮科技革命和产业变革风起云涌，以第三次工业革命、工业4.0、新硬件为标志的颠覆式创新冲破了传统理念与格局，对生产、生活模式和社会治理方式产生深刻影响。

一、新科技革命的基本特征和影响

美国著名未来学家杰里米·里夫金（Jeremy Rifkin）所著的《第三次工业革命：新经济模式如何改变世界》一书中称，互联网与新能源的结合将会产生新一轮工业革命，使全球技术要素和市场要素配置方式发生革命性变化，这将是人类继19世纪的机械化和20世纪的电气化之后的新一轮的科技革命。新科技革命以光电效应和信息网络理论为基础，以"绿色能源"和"云技术"为基本标志。它将会深刻影响生产方式，重组产业格局和竞争格局；它也将深刻改变人们的生活方式和社会组织形式，并带动一系列的变革。

新科技革命把绿色能源作为"血液系统"，把信息网络作为"神经中枢"，把"三维制造"（3D打印）作为生产模式的突破口，把"分布式"作为格局的重组特征，各个领域都会产生革命性的变化和影响。

（1）能源体系。目前世界的化石能源储量已经相当有限，按照目前的使用速度，仅够使用100多年。以煤来计算，按照2012年煤的用量和已经探明的储量相比较，20~30年后中国就没有煤了。中国石油和天然气主要是靠进口，石油60%靠进口，天然气30%靠进口。能源没有了就要找出路，地球上能源的供应有很多的途径，其中可再生能源就是一个最主要的途径。按照科学计算，太阳照射到地球上，一个小时的能量就可以满足全球能源总的需求量；还有风能资源，如果30%能被人类所利用，就可以满足全球能源需求。太阳能、风能的储量很大，另外还有生物能、地热能等。这意味着能源需求很大，绿色能源的来源也充足，只是人类朝这些方向努力得还不够。可再生能源和传统能源性质是不一样的，可再生能源要把分散的能源收集在一起，然后统一使用，传统能源则需要规模化开发利用。

分布式能源利用是要把零散的能源收集起来，这是一件大事。如何发展分布式能源，怎样把太阳能和风能收集起来，这需要技术的革命，需要体制机制的改变。收集能源并不是很难的事情，只不过我们现在没有做起来。进一步说，收集的能源不是都可以被随即利用，必须有一个存储系统，这就需

要改造储能技术。存储之后有时候用得多，有时候用得少，不够的时候应该有补充，多的时候应该输送出去，这就提出了一个新的要求——要形成一个电网。这个电网不是中国目前大规模统一的电网，而是每个地方和每个区域都需要形成一个微电网，形成一个局域网。分布式可再生能源要形成一种区域性，即半自给自足的能源供应体系，这是在全球范围内一直在推动的工作。有了可再生能源后，则需要供应系统，这就是智能电网。现在中国一些城市开始建设局域的智能电网，这些地区都是很有远见的。以后在出现能源相对紧张的情况下，提前发展可再生能源体系的这些地区，肯定会具备优势。

（2）建筑业。新科技革命时期人们给建筑赋予了新的功能，建筑有可能是可再生能源发展的最重要载体。按照欧盟测算，世界上所有建筑物的屋顶上，只要 40%安装太阳能光伏电池，就可以满足全球所有的能源需求。除了在屋顶上安装太阳能光伏电池，现在新的太阳能技术也在不断发展，新的薄膜电池、新的纳米材料通过涂层也可以采集太阳能。一个建筑物有非常大的表面积可以成为采集太阳能的地方，此外，建筑物任何地方都可以安装风能发电机，这些风能发电机也可以发电并存储起来。另外，每一个建筑物还可以利用地热能。今后建筑物在采集能源方面，光能转换、光热转换、冷热交换集中在一起，每个建筑物都是一个重要的能源采集地，采集的能源既可以自己用，又可以将多余的部分输送出去。这样，建筑物就形成了一个微电网，几个建筑物和社区就是一个局域网。以建筑物为基础的这种新的能源体系形成后，能源供应就不需要远程高压输电了。这种利用建筑物的新型能源体系需要的投入不多，但是可以高效地利用能源。这就带动了建筑材料的新革命。今后建筑的成本肯定会比现在高，但是使用成本会大幅度降低，甚至每个建筑物都可以在使用期间内赚钱，还有收益。

（3）交通运输业。世界要朝着减量化的方向去转化，许多地方的物质生产可以就地实现，能源供应也会大幅度地减少。任何产品都可以自己去制造，物质运输减量化的趋势也将形成，即物质的全球流动会大幅度减缓，因为不需要那么多物质输送了。另外，在云技术的影响下，人们的交往可以通过通信手段实现，出行频率也会相对减少，即使出门也要提倡绿色出行。运输量会大幅度地减少，这是对运输的一个基本预测。除了运输量减少，交通工具的动力系统也会发生变化，从以石油为主的化石能源转化为以电力、氢燃料为主。动力系统改变了，交通工具也改变了，交通基础设施也会改变，现在的加油站需要改成充电桩，交通运输应该走向一种简约化方式，交通拥挤应该会出现大幅度缓解。

（4）制造业与 3D 打印。3D 打印是一次性完成的立体制造，也被称为增材制造、分层制造，或者激光切割打印。3D 打印就是在制造过程中一层一层往上叠加材料，不断叠加最后形成一个立体。采取叠加工艺，可以制造复杂的零件。过去制造业是在一个批次上进行减法，通过减法之后，利用非常复杂的工艺制造机器零件。3D 打印是做加法，是通过数字设计一层一层往上喷涂，由一个计算机控制，最后形成复杂零件。如果传统制造业使用的材料为 10，那么 3D 打印所使用的原材料可能仅为 1~2，非常节约材料与时间，还可以降低很多成本。美国在 2013 年 4 月举办了一次 3D 打印博览会，让所有 3D 打印企业把他们的产品进行展示，可以打印食品，也可以打印塑料、尼龙、合金、纺织物等。人们想到的产品，经过设计，即可通过 3D 打印。过去做雕像很复杂，需要很多的工艺，现在使用 3D 打印很容易就能做完。我国 3D 打印企业介绍了他们企业的发展，演示其产品，表示这项技术实施起来并不困难。那么通过云技术及云的思维模式的转变，今后制造业是谁都可以做的，只要有想法，通过计算机设计，就可以通过 3D 打印完成了。北京航空航天大学有一个 3D 打印实验室，可以打印非常复杂的飞机钛合金零部件。过去用几个月的时间，花几百万元来制造的零件，现在花几万元就制造出来了，这对制造业是一个大的冲击。在美国的博览会中，有一个中学生用 3D 打印技术做了一支手枪，从而美国提出可为每个部队配备 3D 打印机，今后部队武器的零件坏了，不用维修，重新打印即可。

（5）数字化城市和数字化社区。传统上认为，城市、社区是一个有形的地理概念，有一个边界，有一个实体。在新的科技革命时代，云的体系要形成，也就是说，在网络体系下形成新的社会组织和新的运行模式。在网上形成一些兴趣爱好的社区，在网上进行创新，通过网络实现计算。将来的社会是有形社会和无形社会的结合，往往虚拟社会、云社会和网络社区会吸引成千上万的人参与，他们非常活跃，不受时间和空间的限制。例如，人们在香港或黑龙江，就可以很快沟通在一起。除了云社会，还有金融体系、商业体系也会建成。最近马云推动的云银行服务就对传统银行业带来了很大的冲击。将来可能会形成很多新的云社会，对整个区域的发展会产生重大的影响。没有云的思想来引导与信息网络的超前部署，那么我们就可能跟不上新的形势。

二、创新驱动的含义

创新是从创意到实现价值的全过程。新常态下创新活动的导向、侧重点、运行方式要通过改革而真正实现驱动功能。技术创新、管理创新、体制机制创新要全面推进，创新链衔接、扁平化运作、知识资本再造和创新服务是转型的三大基本趋势。

（一）创新链全面衔接实现系统集成

传统的创新活动，是从高端向低端的渐进式转移，从基础研究到技术开发，再从应用到推广。这种宝塔式纵向串联的发展过程速度相对较慢，使知识创造与社会经济发展之间形成阶梯或鸿沟。当前经济发展需要追求高价值的成功，创新活动注重研发链（基础、技术、推广）、产业链（产品、小试、中试、产业）和市场链（商品、流通、销售、服务）的衔接，瞄准市场，系统集成，以实现"立竿见影"。创新链全方位链接的特点使每个创新环节上都有盈利点，在互动的信息高速公路上实现知识共享、加工、创造发明，而且突破了传统的空间与时间的限制，以及组织管理方式和方法。

（二）创新模式从宝塔式向扁平化转型

创新活动扁平化发展是指创新的参与者从少数人拓展到全社会的各方面、各领域、各层面，在社会化的创新环境中，知识、技术、产业、市场、消费过程互动，使每个人都有充分机会。在等级、层级逐渐模糊化的时代，创新活动竞争的"大洗牌"由社会和市场来决定，形成"三百六十行，行行出状元"的局面。垂直式传递的创新模式将与扁平化创新模式相互融合，并形成立体结构和协同发展。由基础理论引导的正向创新与以需求为导向的逆向创新相互补充，加速创新与经济的结合。在"大数据"（信息化）和"创客"（扁平化创新）时代，知识更新加快，产品升级换代周期缩短，每一次产品的重大更新也预示着原有的核心技术被淘汰（如通信中从模拟到数码再到网络、摄影从感光到数码等）。以降低成本为目标的新能源核心技术突破、以网络安全和网格互动为目标的云服务核心技术突破将引领新工业革命的潮流；创新管理集中到资源优化配置与整合，注重系统效益；创新的体制机制将产生社会分工的大调整，形成自助式和分布式创新结构。

（三）知识资本再造和创新组织体系

知识资本再造是指创新的能力建设与体系组织，包括自学习、自组织和社会化创新服务三方面。按照传统模式，仅仅依靠已经学习到的知识无法满足社会发展的需求。而终生学习的关键在于挖掘自我学习的动力、把握信息获取的机会、掌握知识加工的方法，通过网络优质教育资源得到所需的知识、认知能力。自组织的创新活动是指超越地理位置的界限，超越学科分类的界限，按照创新目标而产生

的集成、组合，具有极大的灵活性、便捷性，可以发挥更广阔范围的积极性。

三、创新的 4 个新趋势

（一）无形资产是国家利益和竞争力

传统的资源概念是土地、劳动力、矿产、水等有形的资源。在新的时代，无形资源占有和掌控的竞争已渐显激烈，全球性无形资源的圈地运动正在悄然展开，如计算机 IP 地址根目录、通信的频道、空间轨道、排放空间、功能基因等。这些无形资源的所有权具有独占性、唯一性，同时处于价值链分配的高端，市场分配中具有很高分配额和话语权。

中国正在建设创新型国家，在前沿高科技的国际制度安排中必须积极参与，发挥作用。目前，中国在量子通信和量子计算方面处于世界前列，要及早在国际规则上和根目录方面掌握主动；中国的网购已成体系，并已延伸到许多国家，要及早制定国际规范程式及标准；中国云计算水平与能力处于世界前列，要加紧制订和引领规则；网络支付、数字货币将成为不可阻挡的国际金融手段，要以中国规模的用户为基础增加话语权；中国是个物种资源丰富的国家，生物原产地保护与基因注册也属于国家利益所在等。这些无形资产需要在国家层面上进行部署安排，在国际事务中获得主动。

（二）逆向创新成为重要方向

创新是指从创意到形成价值的全过程。正向创新是指从基础研究向应用基础研究，再向产业转移并推向市场，这种模式仍然很重要，但需要较长的周期。逆向创新是指根据市场或未来的需求，通过对用户的量身制作，对已有知识的集成加工，使研发成果快速进入生产和市场。近几十年来，全球约80%的创新产生于逆向创新。

逆向创新是根据需求、市场、未来的趋势来组织创新活动。在信息时代，知识生产井喷式增长，而知识加工能力则成为新的高地，需要跨界融合、学科交叉、自组织体系构建、掌握和开发用户等一系列的能力。"互联网+"在创新领域的体现就是从生产知识到经营知识提升，以解决创新供给不足的问题。

（三）创新平台（环境）是未来的话语权

新技术、新产业、新模式是在集成过程中实现的，链接了社会各类资源，而链接的手段就是建设平台。建设平台，以形成技术池、资金池、人才池、标准测试池等，用优越的环境条件打造吸引力。在创新层出、迭代迅速的时代，平台建设保持了技术流、资金流、人才流的传递疏导，规则的制定保持了可持续的能力提升。

以德国工业 4.0 和中国制造强国战略做比较，德国工业 4.0 的目标在于瞄准九大前沿领域打造九大国际化创新服务平台，吸引研发、产业和市场并进，实现聚集效应；中国制造强国战略根据中国国情和发展阶段，瞄准了 10 个产业和产品，意在解决瓶颈、实现突破。

"鲤鱼跳龙门"常被喻为成功的象征。假设水位距龙门的高差太大，再好的"鲤鱼"也望尘莫及。如果把水位抬得足够高的话，那么千万计的"鲤鱼"都会取得丰硕的成果。

创新平台建设目的在于整合碎片，使创新要素形成合力，以扁平化组织形式，把技术、专利、政策、标准、金融、法律、市场连接，实现资源高效利用；以专业化的自学习、自组织、自修复体系，通过云平台，实现全方位的信息加工、技术集成、市场判别、试验测试等，推动社会重新分工与组合。

（四）智力资本占领竞争和价值链高端

世界经济发展的进程已从自然资本和货币资本向智力资本倾斜，带动市场格局再洗牌。智力资本是一个企业、组织、国家最有价值的资产，也是流动过程中的无形资产。它形成有效的价值增值，包括核心技术、人才结构、运营模式和与经济的融合。经济发展靠产业，产业发展靠创新，创新则要靠人才，人才的核心是智力资本的产出。

中国是人力资源大国，但还不是智力资本强国。中国的发展阶段决定了我们必须高度重视智力资本作用，营造环境，发挥智力要素对经济社会发展的带动作用，让将才、帅才、领军人物发挥更大的创造力。我们要确立由市场决定资源配置的理念，强化智力劳动成果具有交换价值的理念，建立智力劳动成果价值补偿机制。

四、创新服务体系建设的国际比较

（1）美国：美国创新与教育在体制和机制上的不断改革创新被认为是最大的软实力，并在《拜杜法案》的指导下延续推动创新活动。美国在全世界约 70 亿人口中选择和利用人才就是突出的例子。目前，美国的创新有两个轴心。一个是以斯坦福大学和硅谷为核心的西部轴心，信息产业在这里蓬勃兴起。硅谷的成功取决于新兴产业的人才集聚、各类金融的介入以及商业模式设计的服务支持。近期硅谷的"新硬件"产业集群发展劲猛。另一个是以麻省理工学院和哈佛大学为代表的东部轴心。最近 10 年来，颠覆性的创新层出不穷，已成为美国恢复先进制造业的重要支撑。其创新服务主要特点为：让创意的火花四溅，培育逆向创新思维，善于想象、辨别、判断、捕捉机会等；让理想的愿景落地，为实现创意而组织学习，提倡"干中学"（learning by doing），和学科"嫁接"的知识加工；让创新的链条衔接，追求面向市场的高价值成功；让创新服务助力成功，疏通各个创新环节，提高创新效率，为科技与经济之间搭建桥梁；建立瞄准产业拐点和发挥创新动力流动的生态系统。

（2）以色列：以色列被称为创新的国度，以政府推动实用为主的自主创新，重点职责始终落在创新文化和创新服务上，包括 5 个方面：鼓励兴趣和培育创意；提倡思辨和辩论，在怀疑和交流中获得新知识；瞄准危机和未来的发展趋势组织创新；注重创新过程中的方法、逻辑和技巧；全方位拓展创新服务的功能和作用。以色列的创新服务体系无所不在，渗透在大学、企业、社会、金融、市场各个方面。政府在完善创新服务体系中起到了关键作用。

（3）德国：长期以来，为促进德国的创新活动，德国联邦政府致力于通过制定战略规划和政策法规，建立和完善创新服务体系。德国在 2013 年 4 月正式推出了《德国工业 4.0 战略计划实施建议》，旨在通过搭建九大服务平台，建立一个高度灵活的个性化和数字化的产品与服务生产模式，重点解决制造业加在什么样的互联网上，创新与服务相向而行、同步发力。覆盖全德国的创新服务网络特点为：面向高技术企业、科研机构和大学，为高新技术产业化和成果转化服务；重视市场的预测与新市场的开拓；政府运用法律、税收和财政补贴等手段，鼓励各类创新服务机构为企业技术创新提供广泛的咨询和服务。德国的创新服务种类主要包括：政府决策咨询服务；兼有投资功能的咨询服务；技术转让为主的咨询服务；纯营利性咨询服务。

（4）韩国：韩国从一个在科技领域几乎是一片空白的国家发展成为世界科技强国，得益于政府始终把重点放在创新服务上。在 20 世纪 60 年代的起步模仿阶段，国家全力支持产业共性技术研究，引

进国际人才，研究成果国家收购，并对韩国企业开放共享，使得一批企业快速提升。在 20 世纪 90 年代的转型发展阶段，政府大力推进技术转移和商业化：政策方向由提高技术能力转变为提高技术商业化能力，由封闭的商业化转变追求开放的创新，带动了韩国产品的国际化。在 2000 年以后的自主创新阶段，为支持中小企业发展，搭建国际接轨的创新服务网络，开展集群技术创新，参与国际竞争。

五、我国自主创新方面存在的主要问题

（一）缺乏合理布局

目前，我国自主创新的区域性宏观布局不清晰，同质化严重，无序竞争和低质低效比较突出。美国等发达国家，高科技产业布局早在第二次世界大战之后就开始部署，形成了分区域、高效率的产业集群和技术优势，如美国底特律造汽车、西雅图造飞机，空飞基地在亚利桑那、导弹研发基地在休斯敦，俄勒冈包揽军工通信，以及芯片在硅谷、人工智能在波士顿、靶向治癌药品研发在亚特兰大等。对于这个问题我们已经议论了很多年，但至今仍未得到根本解决。

就目前我国各省市七大战略性新兴产业的规划来看，选择节能环保的有 24 个，新一代信息技术 25 个，生物科技 29 个，高端装备制造业 29 个，新能源 24 个，新材料 28 个，新能源汽车 22 个。天津、河北、辽宁等 15 个省市选择同时发展七大战略性新兴产业。这种低水平重复性建设、同质化发展所带来的不良后果，严重抑制了我国自主创新核心竞争力的形成。

（二）缺乏创新动力

近年来，我国制定了一大批鼓励自主创新的政策措施，但在实践中很难落地。例如，对企业创新主体的支持局限于项目和加计扣除等，并没有形成对创新自组织的有效激励；有关创新成果产权归属的政策文件缺乏法律保障，基层很难付诸执行；政策文件和监督机制不匹配，导致基层不敢为。一方面由于在确定收益分配的基数时，相关方面对科技成果转化"净收入"的理解不一致，科技人员的奖励和报酬无法落实；另一方面对国有无形资产的评估认定和考核管理规定不一致，"持股难""变现难"等成为科研人员面临的"老大难"问题。

（三）缺乏人才集聚的有效机制

过去，美国平均每年批准新移民 100 万人，其中中国籍 6 万～8 万人，年龄大都在 35 岁以下，而我国在 2004—2016 年，发放的长期居留证数量不到 1 万个。2019 年成立了国家移民局，尚未见到国际化人才引进新举措。特别是面对美国对我国"千人计划"实行封锁等外部环境的急剧变化，显得束手无策；人才评价机制政出多门，影响各层次人才作用的发挥，特别是技术型的创新人才没有得到应有的激励。以上问题导致自主创新领军人物严重缺乏，更谈不上人才集聚效应。

六、结论和建议

（一）统筹创新资源，抓紧自主创新区域布局

建议学习借鉴美国等发达国家成功经验，根据区域比较优势和产业特色，开展全国范围内自主创

新宏观布局，充分发挥我国集中力量办大事的新时代中国特色社会主义制度优势，精心组织、精心安排，明确突破"卡脖子"技术瓶颈的战略、策略和路径，力争做到省省有重点、区区有优势。当前重点是要拆分七大"卡脖子"技术突破的区域侧重。

以江苏、广东等省为试点，在办好现有高新区的基础上，深化"放管服"，以企业联合体为主体，构建更加开放、协同、高效的自主可控创新平台，调动全社会力量，打赢一场自主创新的"人民战争"。

（二）将政策与法律相统一，释放自主创新动力和活力

对《促进科技成果转移转化行动方案》（国办发〔2016〕28号）、《国家技术转移体系建设方案》（国发〔2017〕44号）中关于职务发明的知识产权归属等方面的规定，要上升为法律，以便实施落地并建立推动自主创新政策落实的监督机制。

对科研项目和人才进行评价时，实行科技、财政、教育、纪检监察等部门联合组队，现场协同解决问题。

（三）解放思想，实施更加开放的人才政策

要拿出举办中国国际进口博览会的决心和气魄，抓紧制订出台成千上万"进口"人才的新举措，大胆启用年轻人。建立各类人才的激励机制，涉及科学研究、工程技术、市场、管理及国际法等方面人才。

以习近平生态文明思想为指导，推动能源和经济的绿色低碳转型

国家气候变化专家委员会副主任、清华大学低碳经济研究院院长　何建坤

推进生态文明建设，走绿色低碳循环的可持续发展路径，是我国突破日益强化的资源环境制约，实现新时代中国特色社会主义现代化强国建设目标的一项基本方略，也是世界范围内应对以气候变化为代表的地球生态危机，实现人与自然和谐共生和人类社会可持续发展的根本途径。我国要以习近平生态文明思想为指导，努力实现经济发展方式向绿色低碳转型，其核心举措就是推动能源生产和消费革命，建立和形成清洁低碳、安全高效的新型可持续能源体系，在促进国内生态环境根本好转和实现美丽中国建设目标的同时，为保护地球生态安全贡献中国的智慧和力量，对全球生态文明建设发挥积极的引领作用。

一、习近平生态文明思想对全球环境治理和能源经济低碳转型具有普遍指导意义

当前世界范围可持续发展面临日益强化的资源环境制约，人类经济社会发展已远远超出地球资源和环境的承载能力。广大发展中国家在工业化和现代化进程中，已不可能再沿袭发达国家以高资源消耗和高污染物排放为代价的发展方式，必须走上资源节约、环境友好的绿色低碳发展路径。习近平同志提出的人与自然和谐共生、绿水青山就是金山银山、良好的生态环境是最普惠的民生福祉、山水林田湖草是生命共同体、用最严格制度最严密法制保护生态环境等思想，对世界各国特别是发展中国家以生态文明思想为指引，构建以生态价值观念为准则的生态文化体系，统筹协调经济发展、社会进步与环境保护的关系，实现经济社会与资源环境协调和可持续发展具有普遍指导意义。中国在生态文明建设和环境保护方面的显著成就和成功经验，以及中国生态文明经济体系、制度体系和生态安全体系的建设理念和实践，也都将为广大发展中国家所借鉴，对全球生态文明建设发挥引领作用。

当今世界可持续发展正在同时推进两大进程。

一是联合国 2030 年可持续发展目标（SDGs）。促进经济增长，消除贫困；促进社会进步，消除不公平和不平等；保护生态环境，应对气候变化。SDGs 的核心是以发展绿色经济，实现经济增长、社会进步和环境保护的目标。

二是联合国气候变化《巴黎协定》。2015 年年底通过的《巴黎协定》确定了全球温升不超过 2℃的目标。为实现这一目标，必须大幅度减少二氧化碳排放。但目前落实《巴黎协定》的进程和实现 2℃目标下的减排路径有较大差距。气候变化是当前人类社会面临的最大威胁，如果未来温升过高，气候变化速度过快，将给人类社会和地球生态带来灾难性和不可逆转的威胁。应对气候变化的核心是减少二氧化碳等温室气体排放，主要对策是推进能源革命和经济发展方式向低碳转型。这与联合国 2030 年可持续发展目标相一致，政策和措施具有协同效应。

习近平关于人与自然和谐共生的生态文明思想和绿色低碳循环可持续发展理念，与《巴黎协定》所倡导的实现气候适宜型低碳经济发展路径相契合。中国在能源变革和二氧化碳减排领域所取得的巨大成效，也是把应对气候变化与国内可持续发展相结合，打造经济、民生、能源、环境和减排二氧化碳多方共赢的局面，已成为推动世界能源变革和经济低碳转型的重要贡献者和引领者。中国能源和经济转型、新型城镇化建设、产业转型升级、环境治理等方面的成功经验和案例，以及节能降碳方面的政策体系和生态文明制度建设都可为其他发展中国家所仿效和借鉴，对世界范围能源与经济的低碳转型和全球生态文明建设发挥引领作用。当前经济新常态下贯彻新的发展理念，转换发展动力，转变发展方式，在促进经济高质量发展的同时，也将加快能源体系的低碳化变革，为全球应对气候变化、保护地球生态安全做出新的贡献。

当前，我国正处于"十三五"全面决胜小康社会，"十四五"开启社会主义现代化建设新征程的交汇期。根据十九大提出的加快生态文明制度建设，推进绿色发展，建立健全绿色低碳循环发展经济体系，特别提出打好污染防治攻坚战，建设美丽中国，为全球生态安全做出贡献等一系列目标和任务，"十三五"和"十四五"规划期间要以习近平生态文明思想为指导，发挥减排二氧化碳与环境防治的协同效应，统筹部署，强化行动。当前要结合决胜全面建成小康社会的战略部署，在推进生态文明建设、打好污染防治攻坚战等一系列政策措施实施过程中，统筹生态环境改善与减排二氧化碳的协同目标和措施，在近期防治区域环境污染的同时，强化长期低碳发展和减排二氧化碳的目标导向。加强经济、能源、环境和应对气候变化的协同治理，打造多方共赢的局面。

我国"十三五"规划中实施单位国内生产总值（GDP）能源强度、二氧化碳强度和能源消费总量控制目标，在当前新增能源消费主要来自非化石能源的新形势下，应逐渐整合为二氧化碳排放总量控制目标，同时结合全国碳排放权交易市场发展，把现行对企业的用能权管理逐渐统一为二氧化碳排放额度管理，以控制和减少二氧化碳排放为抓手和着力点，体现促进节能和能源替代的双重目标和效果，并为可再生能源快速发展提供更为灵活的空间和政策激励。

我国当前经济新常态下贯彻新的发展理念，经济发展由高速增长转向高质量发展阶段，重在转变发展方式，优化经济结构，转换增长动力，深化供给侧改革，提高全要素生产率，将有助于促进发展方式由增加生产要素投入为驱动的以资源环境为代价的粗放扩张增长方式转向创新驱动的内涵提高的绿色低碳发展路径，促进节能，提高能源利用效率和产出效益，已有效地抑制了能源消费和二氧化碳排放快速增长的趋势，单位 GDP 能源强度和二氧化碳强度下降趋势加快。2005—2018 年，单位 GDP 二氧化碳强度已下降约 48%，提前实现中国 2009 年在哥本哈根世界气候大会上对外承诺的 40%～45% 的自主减排目标。要根据已取得的成果和发展趋势，在今后几年的国民经济和社会发展规划中不断调整并强化单位 GDP 能源强度和二氧化碳强度下降的年度指标。以新的发展理念，加强生态文明建设，促进能源和经济的低碳转型，并为 2020 年后新时代中国特色社会主义现代化进程中实现在《巴黎协定》下承诺的 2030 年国家自主贡献目标奠定基础。

二、我国能源和经济转型面临新的形势

当下，中国的经济发展进入新常态，实施新的发展理念，需要实现发展观、价值观和发展方式的转变，创新发展路径，建立绿色低碳循环的经济体系，构建清洁低碳、安全高效的能源体系，建立绿色生产和消费的法律制度和政策保障，促进经济发展方式的根本性转变，实现持续的经济增长，改善环境质量与保护生态安全，保障能源安全及减排二氧化碳、应对气候变化协调治理多方共赢的局面。关键的着力点在于降低单位 GDP 能源强度和二氧化碳强度，以尽量少的能源消费和二氧化碳排放，支

持经济社会的持续发展。

经济新常态下，中国的经济发展由规模和速度型向质量和效益型转变。GDP 增速放缓，由 2005—2013 年的年均 10.2%下降为 2013—2018 年的 6.9%，经济结构调整加快，产业转型升级，使得高能耗原材料产品渐趋饱和，能源消费弹性下降。2005—2013 年能源消费弹性平均约为 0.59，单位 GDP 能源强度年均下降率为 3.8%；2013—2018 年能源消费弹性平均为 0.32，单位 GDP 能源强度年均下降率达 4.7%。能源弹性下降和 GDP 增速降低，两个因素的叠加使得能源需求增长率大为下降。在 2005—2013 年间，中国能源消费的增长率为 6.0%，2013—2018 年平均增速已经下降到 2.2%左右，这对于中国经济转型而言是比较好的势头。

在能源总需求增速下降的情况下，新能源和可再生能源仍然保持 10%左右的高速增长趋势，能源结构调整加快，单位能耗二氧化碳强度以较大幅度不断下降。经济新常态之前，2005—2013 年国内每消费单位能源所引起的二氧化碳排放年均下降率约为 0.57%；经济新常态之后，2013—2018 年单位能源消费二氧化碳排放强度年均下降率达到了 1.38%。单位 GDP 二氧化碳强度也相应地从 2005—2013 年的 4.4%提高到 2013—2018 年的 5.7%，能源转型速度加快。

2017 年和 2018 年，能源消费和二氧化碳排放增速出现了反弹。煤炭消费量 2013 年后开始下降，近两年又有所增长，但仍未超过 2013 年的消费水平。2017 年和 2018 年，总能源消费分别增长了 3.0% 和 3.3%，二氧化碳排放增加了 1.8%和 2.2%。引起反弹的主要原因是当前经济增速面临下行的压力，一些地方为刺激经济增长，加大了重化工业产能的扩张和基础设施建设的投资，同时增加了钢铁、石化等高耗能产品的出口，导致能源消费弹性反弹，拉升了能源需求增长。"十三五"规划期间及以后，随着经济增速趋稳，能源总需求和二氧化碳排放增速还会进一步放缓，更不可能再出现 2013 年之前快速增长的局面。

从整体上看，我国"十三五"规划期间能源需求年均增长率将为 2%～3%、二氧化碳排放增长率将控制在 1%～2%的水平，单位 GDP 二氧化碳强度年下降率保持在 4%以上。如若如此，就能够完成甚至超过"十三五"规划中提出的单位 GDP 二氧化碳强度下降 18%的目标，到 2020 年单位 GDP 二氧化碳强度会比 2005 年下降 50%以上，超额完成中国在哥本哈根世界气候大会上向国际社会承诺的到 2020 年单位 GDP 二氧化碳强度比 2005 年下降 40%～45%的目标。

2018 年年底，卡托维兹气候大会通过了《巴黎协定》实施细则，全球气候治理进入全面落实《巴黎协定》的实施阶段，以各国"自下而上"自主贡献承诺目标和行动计划为基础，促使各国提高政治意愿，加大行动力度，共同应对气候变化的挑战。中国在《巴黎协定》达成、生效和实施细则通过的过程中，都发挥了积极的推动作用，已成为全球气候治理变革和建设的重要参与者、贡献者和引领者。当前，我国要以习近平全球生态文明思想和构建人类命运共同体理念为指导，倡导相互尊重、公平正义、合作共赢的新型国际关系，促进各国互惠合作、共同发展。同时也要加强国内能源经济的低碳转型，建立并形成绿色低碳循环的经济体系，控制和减少温室气体排放，引领全球经济发展方式变革，为全球实现《巴黎协定》所倡导的气候适宜型低碳经济发展路径提供中国智慧和中国方案，为全球生态安全做出中国的贡献。

三、努力实现我国在《巴黎协定》下的减排承诺

中国在《巴黎协定》下提出到 2030 年单位 GDP 二氧化碳强度比 2005 年下降 60%～65%，非化石能源比重达 20%左右，到 2030 年左右二氧化碳排放总量达到峰值并努力早日达峰。实现上述目标，我国仍需采取更为积极措施，加快能源和经济转型的步伐。

大幅度降低 GDP 二氧化碳强度，一方面要大力节能，降低 GDP 能源强度，控制能源消费总量；另一方面要大力发展新能源和可再生能源，加快能源结构调整，降低单位能耗的二氧化碳强度。两个因素叠加，可促进 GDP 二氧化碳强度快速下降。

降低 GDP 能源强度，一方面要提高能源生产、转化和消费环节的技术效率，以尽量少的一次能源消费量，满足经济社会发展对最终能源服务的需求，也称为技术节能；另一方面是转变经济增长方式、产业生产方式和社会消费方式，减少终端能源服务需求，也称为结构节能。技术节能主要依靠技术创新和先进技术的推广和技术升级实现，结构节能在生产领域中体现在经济结构的调整和产业转型升级，降低高耗能产业在国民经济中的比重，提高高新科技产业和现代服务业的比重，同时促进工业领域的产业升级，降低单位产品的能耗和物耗，提升产品的增加值率。在社会消费领域，倡导绿色低碳的消费理念和文明节俭的生活方式，在物质消费、居住和出行等方面降低对最终能源服务的需求，其所带来的节能效果都可归结为"结构节能"。技术节能和结构节能的综合效果将促进单位 GDP 能源强度的下降。对于中国和其他新兴发展中国家而言，结构节能比技术节能有更大的潜力和贡献。

大幅度降低 GDP 能源强度，经济结构调整和产业转型升级在今后相当长时期内仍起主要作用。2005—2015 年，中国单位 GDP 能源强度年均下降 4.06%，粗略估算，其中技术节能的贡献使单位 GDP 能耗强度年均下降约 1.5%，而结构节能使其下降约 2.5%，经济增长和产业发展方式转变的结构节能发挥了更大作用。

虽然中国 GDP 能源强度已有了较大幅度下降，但仍处于相对较高的水平，存在进一步下降的潜力和前景。2015 年，中国 GDP 能源强度仍为世界平均水平的 1.8 倍，为发达国家的 2~4 倍。中国能源转换和利用的技术效率提升很快，有些领域已达到世界先进水平。在高耗能产业单位产品能耗方面，与世界先进水平的综合差距为 15%左右。至于 GDP 能源强度与发达国家数倍的差别，主要原因在于中国工业化阶段重化工业比重高的产业结构特征，以及制造业产品在国际价值链中处于中低端的产业发展水平。中国第二产业比重远高于发达国家，水泥、钢铁、炼铝等高耗能原料产品产量，以及计算机、冰箱、摩托车等低端制造业产品产量均占世界总量的半数左右，甚至更高。

2015 年，中国工业终端能耗占全国总终端能耗的 64%，而发达国家一般只占 30%左右。中国特有的重化工业结构特征以及制造业产品的档次低等结构性因素，是中国 GDP 能耗强度高的最主要原因。加快经济结构的战略性调整和产业转型升级的结构性节能，在相当一段时间内仍是中国快速降低 GDP 能源强度的主要方向，这对其他新兴发展中国家也是有益的借鉴。

推进能源体系低碳化变革，对降低 GDP 二氧化碳强度将发挥越来越重要的作用。减少二氧化碳排放，除大力节能外，另一个重要领域是推进能源体系的革命性变革。要大力发展新能源和可再生能源，促进能源结构低碳化，在满足经济社会发展所需能源供应量的同时，使得二氧化碳排放得到有效控制。在这一方面，中国在世界范围发挥了积极的引领作用。中国风电、水电、太阳能发电的装机规模，以及包括核电在内每年新增的投产量均为世界第一，新能源和可再生能源越来越成为我国新增能源需求的主要供给来源。

到 2018 年年底，我国水电、风电、太阳能发电和核电装机容量已分别达 3.5 亿千瓦、1.84 亿千瓦、1.75 亿千瓦和 0.45 亿千瓦。2005—2018 年，非化石能源占一次能源消费中的比例由 7.4%提升到 14.3%，天然气比例由 2.4%提升到 7.8%，相应煤炭比例由 72.4%下降到 59%。单位能耗二氧化碳强度由 2.29kgCO$_2$/kgce 下降到 2.04kgCO$_2$/kgce，年均下降 0.88%。非化石能源供应量由 1.93 亿 tce 上升到 6.35 亿 tce，增长 3.3 倍，年均增速达 9.6%。在当前经济新常态下，能源总需求增速趋缓，而非化石能源供应仍以年均 10%左右速度增长，基本上可满足总能源需求的增量，而化石能源在天然气较快增长的形势下，煤炭消费量从 2013 年后扭转了上升趋势，呈波动状态。相应二氧化碳排放增速已很缓慢，为促进二氧化碳排放达峰创造了良好条件。

根据国家《能源生产和消费革命战略（2016—2030）》，到2030年非化石能源电力要占全部发电量的50%，届时非化石能源在一次能源消费构成中的比例将超过20%，风电、水电、太阳能发电装机容量都要达到约4亿千瓦。单位能耗二氧化碳强度年下降率将超过1.5%，实现以非化石能源的增长支撑能源总需求的增长，从而使二氧化碳排放达到峰值。

从未来的趋势看，在GDP增速趋缓、经济结构调整加快和技术节能潜力收窄等各项因素的综合影响下，仍可使单位GDP能源强度下降幅度维持在比较稳定的水平，单位GDP能源强度年下降率将维持在3%～3.5%的水平。而能源结构调整可使单位能耗二氧化碳强度下降速度不断增加。两个因素的叠加将使未来单位GDP二氧化碳强度下降速度在4%以上，并将呈持续上升趋势，从而保障到2030年单位GDP二氧化碳强度比2005年下降60%～65%目标的实现。

中国实现到2030年左右二氧化碳排放达到峰值的自主承诺目标，比发达国家二氧化碳达峰需付出更大努力。发达国家二氧化碳达峰均出现在后工业化社会，达峰时GDP增长率均不高于3%，中国2020—2030年期间则期望实现年均5%左右甚至更高的GDP增长水平。在保证经济持续发展前提下实现二氧化碳达峰，核心是加快GDP二氧化碳强度下降速度。首先，要保证GDP二氧化碳强度年下降率大于GDP年增长率，使经济增长带来的新增碳排放由提高碳排放的经济产出效益所抵消。其次，要保证单位能耗二氧化碳强度年下降率大于能源消费年增长率，使新增能源消费的碳排放被降低单位能耗的碳强度所抵消，从而在经济持续增长、能源需求持续缓慢增长的同时，实现二氧化碳排放达峰。

中国2030年左右预期的GDP年增长率也将达4%～5%的较高水平，届时实现二氧化碳排放达峰，在单位GDP能源强度下降率保持在不低于3%～3.5%的水平情况下，单位能耗二氧化碳强度年下降率需达1.5%～2.0%的水平，支撑GDP年均4%～5%的速度增长，同时新增非化石能源的供给量也可满足年均1.5%～2%的能源总需求增长，而实现二氧化碳排放达峰的目标。

四、制定并实施与全球零碳排放目标和路径相适应的国家低碳发展长期战略

《巴黎协定》提出未来全球温升控制在2℃之内并努力不超过1.5℃的全球应对气候变化目标。实现2℃目标，全球温室气体排放到2030年需比当前下降20%以上，21世纪下半叶要实现全球净零排放。但当前全球碳排放仍呈上升趋势，各国自主减排承诺与实现2℃目标存在较大减排缺口。

2018年10月联合国政府间气候变化专门委员会（IPCC）发布了《全球1.5℃温升特别报告》，提出了实现1.5℃温升控制目标比2℃目标能较大减少气候变化负面影响和灾难性风险，且技术可行。但也指出了实现1.5℃温控目标的减排进程将更加紧迫，全球碳排放到2030年需减排45%，到2050年全球实现净零排放，其成本和代价也将是2℃目标的3～4倍，新能源和能效领域投资增加约5倍，更加突显了减排进程的紧迫性。欧盟率先发布了到2050年实现零碳排放的目标和战略，其战略思路、行动对策及政策保障都将为其他国家提供经验和借鉴。

实现紧迫的减排目标和减排路径，必须有革命性先进技术的突破，如大比例可再生电力上网情况下大规模储能技术和智能电网技术，实现二氧化碳负排放的生物质发电过程的二氧化碳捕集和封存（BECCS）技术，作为洁净零碳二次能源氢能的制备、储存和利用技术，化工、钢铁、水泥等原材料产品的零碳生产技术，对这些颠覆性技术必须加强超前研发和示范，加大投入，尽快突破并快速产业化，使之技术成熟、经济成本可接受，才能推进零排放目标的实现，也需要加强世界各国的合作和前瞻性部署。

全球实现控制温升2℃目标下紧迫的减排路径将倒逼和加速我国能源经济的绿色低碳转型，对我国

经济社会发展的环境空间压缩和制约的风险与推进和加快经济向高质量发展转型的机遇并存。在全球能源和经济大变革形势下，我国既面临比发达国家更大的挑战和艰巨任务，但也是提升我国可持续发展能力，以及提升技术、经济和贸易国际竞争力的重要机遇。因此，积极研究和实施应对气候变化和低碳发展中长期战略，也将有利于推动经济结构转型升级，推动资源节约和环境保护，促进经济发展方式走上绿色低碳循环的可持续发展路径，推动生态文明建设和美丽中国建设，也为全球低碳转型贡献中国的成功经验和案例。

中国共产党"十九大"提出了到2050年建成社会主义现代化强国的目标和基本方略，也把气候变化列为非传统安全威胁，提出了要积极推动全球环境治理体系的变革和建设，为全球生态安全不断做出新的贡献。中国长期低碳排放战略要与2050年现代化建设"两个阶段"的目标相契合，以《巴黎协定》下2℃目标减排路径为导向，推动能源体系低碳化变革，建立绿色低碳循环可持续的经济发展模式，实现与2℃温升控制目标相适应的低碳经济发展路径。

"十九大"确立了2020—2035年新时代中国特色社会主义现代化建设第一阶段的目标，即要基本建成社会主义现代化，使得生态环境质量根本好转，美丽中国的目标基本实现。这与我国自主承诺二氧化碳减排目标的时间相一致，对策措施上有协同效应，有利于促进二氧化碳减排。同时，落实和强化在《巴黎协定》下我国提出的到2030年单位GDP二氧化碳强度比2005年下降60%~65%的目标，努力争取二氧化碳排放早日达峰，也有利于从根本上减少常规污染物来源，实现改善环境质量和建设美丽中国的目标。因此要落实国家自主贡献（NDC）承诺的实施规划和行动方案，规划二氧化碳排放达峰的具体时间表及峰值排放量控制目标。在此基础上，进一步提出到2035年强化行动和深化减排的目标和对策，并与现代化建设第二阶段实施更为强化的减排目标和对策相衔接。

2035—2050年是现代化建设第二阶段，要与该阶段建成社会主义现代化强国和建成美丽中国的目标相统筹，制定2035—2050年温室气体低排放目标和低碳发展战略。《巴黎协定》也要求各缔约方在2020年前提交本国2050年温室气体低排放战略。我国要根据《巴黎协定》的目标和要求，研究我国需要和可能承担的责任义务，并将温室气体控制范围由能源消费的二氧化碳排放为主扩展到所有6种温室气体，制定2050年全经济尺度下全部温室气体绝对量减排目标和减排对策，研究21世纪中叶后尽快实现净零排放的技术创新路线图，超前部署和行动。

目前，低碳化已成为城市发展的趋势和潮流，城市低碳发展的终极目标是实现净零排放或碳中和。部分发达国家城市已经制定了碳中和的目标，提出淘汰煤炭和燃油汽车的时间表和路线图。我国要顺应世界的潮流，打造国家先进低碳技术的竞争力。要以习近平生态文明思想和构建人类命运共同体的理念为指导，深度参与并积极引领全球气候治理体系变革与合作进程，推进国际应对气候变化务实合作，在全球气候治理合作进程中发挥积极的引领作用。

成都中节能环保发展股份有限公司
CECEP Industry Development Co.,Ltd.

成都中节能环保发展股份有限公司成立于2008年6月，公司切实践行绿色低碳设计理念，引领绿色建筑节能技术应用，其开发建设的成都国际科技节能大厦位于成都高新区核心商务区。大厦以"节能、节地、节水、节材"为核心，全面系统地运用节能科技，将绿色能源系统与生态技术融入现代人居，是西南地区绿色建筑示范性项目。

CECEP Industry Development Co.,Ltd. was established in June 2008. The company practices green and low-carbon design concept, leads the application of green building energy saving technology. Chengdu Energy-saving Mansion located in the CBD of Chengdu Hi-tech Zone was developed by us. Taking "energy saving, land saving, water saving and material saving" as the core, the mansion uses energy-saving technology in a comprehensive and systematic way, integrating green energy system and ecological technology into modern human settlement, which is a demonstration project of green building in southwest China.

践行节能低碳理念，树立绿色建筑典范
Practice the concept of energy conservation and low-carbon, Set an example of green architecture

集成节能技术。配置全进口势能电梯及VRV中央空调系统，更集纳索乐图导光筒等九大绿色建筑节能技术于一体。

Integration of Energy-saving Technology. Equipped with all imported potential elevator and VRV central air conditioning system, and integrates nine green building energy-saving technologies such as solatube light pipes.

引领低碳示范。打造西南地区第一家新能源电动汽车智能充电系统和成都首家共享汽车出行平台，致力于绿色交通和共享出行探索与实践。主动承担央企社会责任，积极参与成都楼宇垃圾分类首批试点。

Guide of Low Carbon Demonstration. To build the first intelligent electric charging system for new energy vehicles in Southwest China and the first automobile sharing platform in Chengdu, and commit to the exploration and practice of green transportation and sharing travel. We actively undertake social responsibility of central enterprises and actively participate in the first pilot project of chengdu building waste classification.

树立行业标杆。先后荣获成都市可再生能源建筑应用示范项目、美国绿色建筑LEED金奖认证、国家绿色建筑二星认证设计及运营标识、成都首批"超甲级商务写字楼"、中国楼宇经济最具品牌价值商务楼宇、中国楼宇经济最佳运营团队、成都市绿色低碳示范单位、成都市垃圾分类试点先进楼宇等荣誉。

Establish the Benchmark of Energy-saving Industry. It has been awarded the Chengdu Renewable Energy Building Application Demonstration Project, LEED Gold certification, the Two-star Certificate of Green Building Design Label, the first "Super Class Business Office Building" in Chengdu, China Building Economy Building with the Most Brand Value, China Building Economy with the Best Operation Team, Chengdu Green Low-carbon Demonstration Unit, Chengdu Garbage Classification Pilot Building, etc.

中节能环保装备股份有限公司
CECEP Environmental Protection Equipment Co.,Ltd.

公司简介 》》

中节能环保装备股份有限公司（以下简称"中环装备公司"）是中国节能环保集团旗下专门从事高端节能环保装备制造的二级公司，股票代码300140。公司秉承大国工匠产业报国的决心，致力于成为国际一流的节能环保装备制造与综合解决方案的提供商。目前拥有17家子公司、7个高端节能环保装备产业园，业务分布在国内30多个省市及全球50多个国家和地区。

中环装备公司为广大行业客户及各级政府客户提供包含前期规划、方案设计、工程建设、装备制造、运营服务、产融结合等在内的全环保产业链服务。业务范围涵盖智慧环境综合解决方案及监测装备业务、固废装备业务、水处理装备业务、烟气治理装备业务、能效装备业务、智能制造及电工装备业务。

中环装备公司拥有院士专家工作站、博士后培养基地、硕士联合培养基地、联合实验室科研平台，拥有强大的科研队伍及创新能力。主持参与制定数十项国家标准、行业标准和国家课题，多项产品荣获国家级、省部级科技进步奖。目前拥有专利280余项。

环境监测综合解决方案

智慧环境板块汇集了环境监测领域优秀的技术研发专家及商业运作团队，凭借丰富的行业经验、雄厚的技术实力、完善的环境监测产品线和强大的售后服务能力，为客户提供专业的环境监测综合解决方案、智慧环保顶层设计与投资及第三方运维及检测服务。

小型垃圾装备业务

公司运用新型垃圾热解气化技术自主研发了中小型垃圾处理成套装备，为县域、村镇、海岛、景区、工厂等特定区域生活垃圾及有机工业垃圾处理提供系统解决方案。此外，公司还出品了大型餐厨和厨余处理成套装备、渗滤液无害化处理装备、建筑垃圾处理成套装备、尾矿渣处理装备等，为客户提供最先进的固废装备和最优质的技术服务，是固废处理行业领先的制造商和服务商。

水处理/水装备业务

公司水处理领域的主营产品为污水（泥）环保设备，目前产品主要分为八大类，以及三套先进工艺包，公司研发、生产的污水（泥）环保设备可广泛应用于市政、村镇、石油、化工、电力、冶金、造纸、流域治理及黑臭水体修复等领域。

烟气治理业务

公司拥有先进的湿法脱硫、半干法脱硫、干法脱硫、SCR脱硝、SNCR脱硝、VOCs废气治理等工艺技术，同时拥有中、低温催化剂的生产、再生及回收业务等。广泛应用于冶金、火电、建材、石化等多个工业领域，先后完成了火电行业、钢铁行业和垃圾发电行业等大型脱硫、脱硝工程100多项，是烟气治理行业领先的专业公司，为各用户提供高效的超低排放解决方案和优质的技术服务。

智能电工制造业务

公司专业从事电工装备及组件设计、开发、制造、销售及服务，是拥有自主知识产权的国内规模最大、技术实力最强的变压器专用设备制造商和服务商，为变压器企业提供最优的系统解决方案。公司的主要产品包括铁芯剪切设备、绕线类设备、绝缘件加工设备、工装设备、片式散热器、蓄电池专用设备、高压实验设备等，是目前全球少数能提供变压器专用设备系列产品的制造商和服务商。

能效装备业务

公司的主要产品包括石墨烯节能速热电采暖炉、超低温空气源热泵、液体蓄能电锅炉、固体蓄能电暖器、固体蓄能中心等环保设备。

公司简介 》》

中节能（天津）投资集团有限公司（以下简称"天津公司"）成立于2004年1月，注册地在天津空港经济区，注册资本5亿元。中国节能环保集团有限公司持有天津公司96%的股权，天津经发投资有限公司持有天津公司4%的股权。公司主营业务范围主要为再生资源循环利用产业，具体包括：废旧汽车拆解和废钢加工业务、废旧电子垃圾回收处理等业务，形成了以再生资源循环利用为主业，节能环保高新技术和贸易物流为支撑的产业格局。

天津公司目前在整合自身资源优势和专业优势的基础上，正进一步向节能环保其他领域进行业务扩展，积极发展节能环保高新技术产业，力争成为京津冀地区具备较强竞争力的节能环保综合型服务企业。

天津公司竞争力主要体现在以下几方面：

一是天津公司所处的地区经营环境良好。天津作为环渤海区域的核心城市和北方改革开放先行区，"十三五"期间仍将处于黄金发展期，金融环境也将日益完善，这将为天津公司持续、健康、快速发展奠定良好的基础。

二是天津公司资源整合优势突出。多年来，天津公司与天津市各级地方政府和相关企业建立和保持了密切的合作关系，具有较强的资源整合与业务拓展能力。并且天津市政府一直坚持加强与央企合作的战略选择，对央企发展给予极大的支持。

三是天津公司在再生资源回收利用领域的初步布局已经形成。经过近几年的发展，天津公司初步搭建起了以再生黑色金属、再生有色金属、废旧汽车回收拆解业务为主体的再生资源循环利用产业结构，在电器电子废弃物等再生资源回收拆解和深加工领域，天津公司也已经取得了突破性进展。上述领域的进入，为天津公司下阶段发展节能环保其他领域内的业务奠定了基础。

四是环渤海地区的产业主要以重化工为主，资源环境较为脆弱，且大气污染和水污染越来越严重，对当地人正常的生活和工作产生了严重的影响。但随着"十三五"以来我国对当地区域的环保越来越重视，采取了行政手段对排放不达标企业一律取缔，显示了当地政府对环境污染的零容忍，为天津公司进入节能环保产业领域提供了巨大的发展空间。

中国环境保护集团有限公司
China National Environmental Protection Group (CNEPG)

<<<<< ──────────────────────────── >>>>>

企业简介 ▶
Corporate Profile

中国环境保护集团有限公司是中国节能环保集团有限公司的全资子公司，于1985年由国家生态环境部（原国家环保总局）发起设立。公司聚焦城镇废物综合治理、危险废物治理、农业生态修复和污染场地修复四大业务组合，是中国节能旗下专业从事地上生态环境综合治理的平台公司，连续多年被评为"中国固废十大影响力企业"。

Initiated by Ministry of Ecology and Environment of China (formerly the State Environmental Protection Administration) in 1985, China National Environmental Protection Group (CNEPG) is now one of the wholly-owned subsidiaries of China Energy Conservation and Environmental Protection Group (CECEP). Specializing in four major business portfolios, such as integrated urban waste management, hazardous waste disposal, agro-ecological restoration, and contaminated site remediation, CNEPG is the platform company within CECEP dedicated to comprehensive treatment of ground ecological environment, and has been awarded as one of the Top Ten Most Influential Companies in Solid Waste Management Industry in China for consecutive years.

公司集规划设计、工程建设、技术研发、装备制造、投资建设和运营管理为一体，能够为一个地区提供最全面、最先进、最合理的地上生态环境治理综合解决方案。截至2017年底，公司资产规模超过150亿元，固废综合日处理能力达7万余吨。

Integrated with the capacity of planning, design, construction, R&D, equipment manufacturing, investment financing and operation management, CNEPG can provide the most comprehensive, most advanced, and most appropriate solutions for ground ecological environment treatment/protection for specific regional clients. As of the end of 2017, the total assets of CNEPG is over 15 Billion RMB and daily waste treatment capacity over 70,000 tons.

成都祥福城市生活垃圾焚烧发电项目
Xiangfu Municipal Solid Waste Incineration Power Plant in Chengdu, Sichuan

中国固废领域先进的、现代化的垃圾焚烧发电项目

State-of-the-art Waste Incineration Facility in Solid Waste Treatment Industry in China

国内第一个烟气排放指标按欧盟发布的《废物焚烧指令2000/76/EC》（欧盟2000标准）设计建设的政府特许经营项目。日处理生活垃圾1800吨，每年可焚烧生活垃圾65万吨。

The first government franchised project in China whose flue gas emission completely follows the *Directive on the Incineration of Waste* (2000/76/EC);

Daily treatment capacity of 1800 tons of municipal solid waste; annual treatment capacity up to 650,000 tons.

江苏徐州危废（含医废）处置项目
Hazardous Waste (including medical waste) Disposal Facility in Xuzhou, Jiangsu

国家规划内省级危废项目

Provincial-level Hazardous Waste Project within the National Development Plan

项目工程总投资1.3亿元，设计一期年处置能力2.3万吨，其中焚烧采用日处理20吨回转窑焚烧系统，物化5500吨/年，同期建设一套10吨/日高温蒸煮系统。

Total investment over 130 million RMB; Phase I annual treatment capacity of 23,000 tons, in which rotary kiln incineration system takes up to 5,500 tons of waste per year (20 tons/day); 10 tons/day high temperature digestion system (HTDS).

典型项目 ▶
Typical Projects

厦门餐厨垃圾处理工程示范项目
Demonstration Project of Kitchen Waste Disposal in Xiamen, Fujian

中国先进的餐厨垃圾处理项目
State-of-the-art Facility in Kitchen Waste Disposal Industry in China

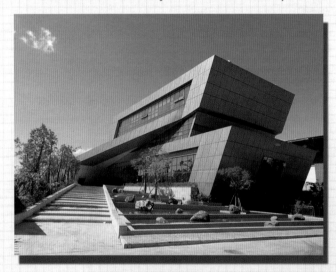

日处理餐厨垃圾500吨，采用自主研发的reCulture分离技术，结合厌氧消化技术，为餐厨垃圾处理提供了一条成熟、高效的处理工艺。

Treatment capacity of 500 tons per day; self-developed reCulture separation technology, along with anaerobic digestion technology which provides a mature and efficient treatment process for kitchen waste disposal.

杭州某农药厂污染场地修复项目
Remediation of a Contaminated Pesticide Plant in Hangzhou, Zhejiang

全国首例市区污染场地修复应用膜结构大棚工程
The First Urban Contaminated Site Remediation Project in China Applied with a Membrane Structure Dome to Prevent Emission of Volatile Contaminants

目前国内第一个大型原位化学氧化处置污染地下水的成功案例。

The first successful case in China to treat contaminated ground water with major in situ chemical oxidation (ISCO) facility.

典型项目 ▶
Typical Projects

江苏宿迁生物质能直燃发电项目
Biomass Direct Combustion Power Plant in Suqian, Jiangsu

国内第一个拥有自主知识产权直燃发电技术的生物质发电示范项目

The First Demonstration Power Plant of Biomass Direct Combustion with Own Intellectual Property Rights in China

国内第一批农林生物质发电行业国家级重点项目，也是国内首批被联合国批准的生物质CDM项目，拥有并掌握生物质发电领域多项专利技术。

Among the first batch of national key projects in agroforestry biomass power generation industry; among the first batch of UN-approved biomass CDM projects in China; possess multiple patented biomass power generation technologies.

重庆同兴城市生活垃圾焚烧发电项目
Tongxing Municipal Solid Waste Incineration Power Plant in Chongqing

中国第一个引进国外先进技术并国产化的炉排炉垃圾焚烧发电项目

The First Solid Waste Incineration Power Plant in China that Employs Advanced Foreign Grate Furnace with Localized Production License

设计规模为日处理城市生活垃圾1200吨，年可处理生活垃圾43.8万吨，外供电力1.2亿千瓦时。

Daily treatment capacity of 1200 tons of municipal solid waste; annual treatment capacity up to 438,000 tons of municipal solid waste; annual external power supply up to 120 million kW·h.

中节能工业节能有限公司
CECEP Industrial Energy Conservation Co.,Ltd.

中节能工业节能有限公司——工业领域全方位节能服务商，成立于2010年12月，注册资本9.7亿元，是中国节能环保集团公司旗下专业从事工业领域节能减排的国家级高新技术企业。公司定位于成为中国工业领域清洁高效能源供应及效能提升整体方案的提供商，在规划咨询、技术研发、核心装备、运营管理等方面具有卓越的专业化能力。公司业务范围涵盖工业节能产业链的三大领域：**清洁高效能源供应、用能过程系统优化、各类余能综合利用**。

近年来，公司集成国内外先进技术，为高耗能工业企业提供从节能诊断、评估，到技术改造、运行管理的节能环保综合解决方案，帮助企业提高能效水平，成功开发并实施了以下项目，取得了良好的经济效益、社会效益和环境效益。

目前公司正在重点开展区域综合能源供应系统（含增量配电网）、工业互联网的节能云平台、燃煤锅炉污染物（SO_2、NO_x、PM）一体化控制、废弃矿井瓦斯综合治理和生态环境治理、余能利用及技改升级等几个方面的业务。

业务领域	主要内容	项目名称
清洁高效能源供应	主要从事工业领域能源站建设，包括大型工业企业或园区能源供应+微电网、工业煤气生产供应、分布式能源等业务	潞安煤制油高效供热及余热发电项目、宁夏低浓度瓦斯发电项目、银川经济开发区冷热电水四联供+增量配电网+储能+能源管控平台建设项目
用能过程系统优化	主要发展锅炉提效、电机节能、工业领域节能咨询规划、能效评估、能源系统优化及能效提升业务	废弃矿井综合治理云网管控平台项目、余热发电综合管控平台项目、智能热电厂信息管控平台项目、东莞市与五粮液集团节能咨询规划项目
各类余能综合利用	主要拓展中低温余热（冷）余压利用，发展废弃矿井瓦斯利用业务	重钢余气余热综合利用项目，拉法基、台玻、宁夏瀛海和川威余热发电项目

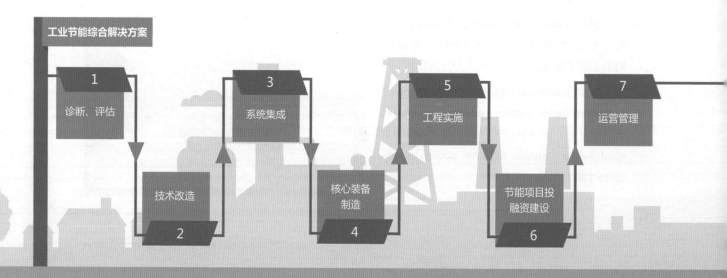

工业节能综合解决方案

1 诊断、评估
2 技术改造
3 系统集成
4 核心装备制造
5 工程实施
6 节能项目投融资建设
7 运营管理

（一）区域综合能源供应系统

公司可为大、中、小型工业园区提供区域综合能源供应的一体化综合解决方案，从节能诊断评估、方案设计，到节能改造和建设，再到投资、运营，做到能源梯级、合理化利用，实现园区能源平衡和园区循环经济利用，可提高清洁能源和可再生能源供能比例，提升能源生产、能源供应和能源利用系统协同能力和能效水平，帮助企业降低能源成本。

（二）燃煤锅炉污染物（SO_2、NO_x、PM）一体化控制技术

公司可提供针对燃煤锅炉的污染物控制包括工艺包、工程设计、产品集成、工程施工全产业链输出。该系统的技术攻关成果可广泛应用于电力、钢铁、水泥、玻璃等多个行业的烟气污染物超低排放治理。

（三）工业互联网的节能云平台业务

公司可为政府、工业园区、各类工业企业提供基于工业互联网的包括设备产品、技术和工程施工一体化的节能云平台服务，主要产品有中节能品牌的物联网设备、拥有产权的大数据平台和节能分析系统。

（四）废弃矿井瓦斯综合治理和生态环境治理业务

公司可提供针对采煤区废弃矿井的瓦斯综合治理和生态环境治理，包括低浓度（超低浓度）瓦斯利用、矿井水治理、矿山生态修复等项目的诊断评估、方案设计、投资建设到运营管理等一体化服务。

（五）余能利用及技改升级

工业节能公司集成国内外先进技术，为工业企业提供从节能诊断、评估，到技术改造、运行及融资的节能环保综合解决方案，帮助企业提高能效水平，促进高能耗企业余热余压和放散性可燃气体的综合利用，以及生产链条装备节能升级。

市场主要分布在钢铁及有色金属冶炼行业、建材行业、石油石化行业、煤化工行业、电力行业等。成功开发了中石油、重庆钢铁、拉法基、台玻集团、川威集团等多个余压余热余气回收利用项目，为石油石化、冶金、建材、化工等工业企业客户实施了一批合同能源管理项目，取得了良好的经济效益、社会效益和环境效益。

解决方案

中节能工业节能有限公司
CECEP Industrial Energy Conservation Co.,Ltd

我们的优势及市场地位 ➤

主要优势

（1）拥有中国节能的品牌优势和较为健全的营销体系

中国节能作为唯一一家主业为节能环保的中央企业，与地方政府和企业建立了紧密的合作关系，同时覆盖节能环保领域的集团所属各专业化子公司（包括工业节能公司）通过业务协同建立起较为健全的市场营销体系，可以提供节能环保的整体解决方案并受到地方政府和企业的欢迎，这是中国节能在市场营销中的最大优势，也是市场中其他竞争对手所不具备的优势。同时，集团各子公司在项目实施的过程中，培养了覆盖节能环保领域的经验丰富的生产运营管理团队，不但能抢市场、拿项目，还可以输出运营和管理，这也是市场中众多竞争对手不具备的优势。

（2）具有成功的案例，以及丰富的建设和运营经验

公司拥有为大型工业企业及工业园区提供节能咨询规划、余能回收利用、能源综合供应、能源管控平台、废弃矿井瓦斯综合治理、燃煤锅炉污染物一体化控制等项目投资、项目建设及运营管理的能力和成功案例。近年来，公司陆续建设运营了重庆钢铁高炉煤气、焦炉煤气和干熄焦余热联合循环发电项目（CCPP-CDQ），拉法基水泥、台玻等多个余热发电项目，营潞安180万吨煤基油高效供热及余热发电项目，六安经济技术开发区集中供热项目，成都青白江余热发电、宁夏瓦斯气发电、潞安发电供热等企业的能源智能管控平台项目，五粮液集团节能咨询规划和东莞市节能咨询规划项目，宁夏石嘴山和内蒙古乌兰两个废弃矿井瓦斯综合治理项目，燃煤锅炉污染物一体化控制项目，以及正在实施的银川经济开发区"冷热电水四联供+增量配电网+储能+能源管控平台建设"项目（目前已经成功中标增量配电网项目）。

（3）具有先进的技术和研发能力

在自主技术研发方面上，公司牵头承担的国家重点研发计划"燃煤锅炉污染物一体化控制技术研究及工程示范"和"废弃矿井瓦斯综合治理关键技术应用"研究课题均取得了重大成果，形成了具有国内领先水平的自主知识产权体系，拥有专业研发机构和团队，并成功建立了潞安、石嘴山、乌兰几个示范基地。

公司拥有废弃矿井瓦斯综合治理研究院，是中国唯一专业化研究废弃矿井瓦斯综合治理的机构。公司自主研发的"废弃矿井瓦斯综合治理关键技术"被评价为"国际领先"水平，并录入国家科技成果库，填补了国内该行业领域的技术空白。

截至目前，公司累计获得专利158项，其中实用新型专利154项，发明专利4项，软件著作权9项。

市场地位及体系 ▶

作为集团公司下属综合节能服务公司,工业节能公司被中国节能协会节能服务产业委员会表彰为"中国节能服务产业最具成长性企业",从资产总额、销售收入、利润水平、技术服务能力等方面,处于国内工业节能行业中上水平。

截止目前,工业节能公司共有子、分公司15家,其中子公司7家,分公司8家。截止目前,公司本部10个部门,人员48人,系统内共608人。

典型案列 ▶

(一)冶金行业

1. 重钢余气余热综合利用项目(CCPP-CDQ)

该项目是通过回收重钢新建钢铁厂在生产过程中产生的高炉煤气、焦炉煤气和干熄焦高温高压蒸汽进行发电,发电量可满足重钢新厂区75%以上的用电需求,基本实现放散气体全部回收,是目前全国最大的第三方投资、运营的新型合同能源管理项目,也是全国钢铁领域第一个余气余热综合利用零排放示范项目。项目装机总容量353.5MW,年发电量19.4亿kW·h,年节约标煤约77.8万吨,年减排二氧化碳约202.2万吨。

2. 川威集团博威新宇化工干熄焦余热发电项目

该项目是为内江市博威燃化有限公司100万吨/年焦化节能改造工程配套建设的干熄焦装置,回收2座2×55孔SC5550D型捣固炉焦炭的显热进行发电,在节约能源的同时,从根本上减少湿法熄焦产生的有害气体对环境造成污染。项目装机总容量30MW,年发电量2.08亿kW·h,年节约标煤约9.6万吨,年减排二氧化碳约25万吨。

3. 成渝钒钛钒烧结环冷余热回收工程及余热发电项目

该项目是为成渝钒钛公司新建2×300m²烧结机余热锅炉及配套装置的余热发电项目,通过回收利用烧结矿低热值废气冷却生产的蒸汽进行发电,提高烧结矿生产过程的能源利用率,最终达到节能减排增效的目的。项目装机总容量12MW,年发电量1.47亿kW·h,年节约标煤约4.2万吨,年减排二氧化碳约8.3万吨。

(二)建材行业

1. 拉法基水泥余热发电项目

该项目是为世界500强企业、全球最大的水泥生产商——拉法基集团在云贵两省的6条水泥生产线提供的余热发电节能服务,利用水泥生产线窑头和窑尾生产过程中排放的余热废气回收发电,发电量可满足水泥厂三分之一的电力需求,大幅降低了电力需求和生产成本,同时减少了水泥厂对环境的热污染和粉尘污染。项目装机总容量27MW,年发电量1.5亿kW·h,年节约标煤约5.9万吨,年减排二氧化碳约15.4万吨。

2. 台玻余热发电项目

该项目是为世界十大玻璃生产企业之一——台湾玻璃工业集团在四川成都、安徽凤阳、陕西咸阳、江苏昆山的4个浮法玻璃生产线提供的玻璃窑余热发电节能服务,主要利用玻璃生产线熔窑废弃的余热进行回收发电,实现降本增效,节能减排的目的。项目装机总容量24MW,年发电量1.3亿kW·h,年节约标煤约5.3万吨,年减排二氧化碳约13.7万吨。

(三)煤炭行业

1. 山西潞安集团180万吨煤基合成油高效供热及余热发电项目

该项目是为山西潞安集团180万吨煤基合成油主体工程配套建设的项目,在充分满足工艺装置的需求下,合理梯级利用能源,为其提供蒸汽并进行余热发电,实现节能降耗。项目装机总容量115MW,建成后年外供蒸汽651.8万吨,年发电量6.3亿kW·h,年节约标煤约25.3万吨,年减排二氧化碳约65.8万吨。

2. 宁夏低浓度瓦斯发电项目

该项目利用煤矿低浓度瓦斯进行发电,解决了常规煤炭开采过程中将绝大部分低浓度瓦斯直接抽排造成的环境污染和资源浪费问题,具有良好的社会效益、环境效益和经济效益。项目装机总容量21MW,年发电量1.2亿kW·h,年节约标煤约4.6万吨,年减排二氧化碳约12万吨。

(四)区域能源供应

银川经济开发区冷热电水四联供+增量配电网+储能+能源管控平台建设项目

银川区域综合能源供应项目拟以增量配电网建设为核心,通过整合园区现有供热、供水资产,形成冷、热、电、水多联供能力,托管园区企业现有供配电设施,采用弃风弃光交换电量、调峰调频及峰谷储能电站、分布式天然气、太阳能热能源站、综合能源管控等方式,可为企业综合降低用能成本5%~10%。建设区域能源综合管理平台,实现电、热、冷、水、蒸汽等多种能源的智慧运营,打造能源互联网;因地制宜建设分布式光伏、分布式光热、分布式天然气等分布式能源站等。

(五)用能过程系统优化案例

公司近年利用大数据、优化算法实施了废弃矿井综合治理云网管控平台项目、余热发电综合管控平台项目、智能热电厂信息管控平台项目,对电站进行效率优化,实现了电站的优化高效运行。

公司协助中节能工程技术研究院有限公司为五粮液股份有限公司评估并编制了《中长期(2017—2021年)节能规划》,以及2017年至2021年每年年度评审报告的编制工作。

<<< 公司简介

　　合肥市生活垃圾焚烧发电项目是合肥市人民政府为改善和保护城市环境，决定采用特许经营方式建设的第一座大型垃圾处理设施。2012年3月19日，中国节能环保集团与合肥市政府签署《战略合作协议》。同年6月6日，中国环境保护集团与合肥市城市管理局签署《特许经营协议》，随后于26日注册成立项目公司——中节能（合肥）可再生能源有限公司，全面负责合肥市垃圾焚烧发电项目的投资、建设和运营。

　　中国节能环保集团是中央企业中唯一一家以节能环保为主业的产业集团。目前拥有563家子公司，其中二级子公司28家，上市公司5家，业务分布在国内30多个省市及境外60多个国家和地区，员工近5万人。经过近年来的发展，中国节能完成了从国家政策性投资公司向专业化产业集团的嬗变，构建起以节能、环保、健康、清洁能源为主业板块，以节能环保综合服务为强力支撑的"4+1"业务格局，发展成为我国节能环保领域实力最强、规模最大的产业集团和行业公认的旗舰企业，在节能环保领域具有很强的号召力、带动力和影响力。

　　中国环境保护集团成立于1985年，由国家生态环境部（原国家环保总局）组建。目前是中国节能环保集团全资子公司，是中国节能旗下从事地上生态环境综合治理的专业公司，聚焦城镇废物综合治理、危险废物治理、农业生态修复和污染场地修复四大业务组合，致力于"成为国内领先、国际一流的为地上生态环境治理提供最佳解决方案的环保旗舰企业"。截至目前，公司资产规模超150亿元，总项目数近90个，已运营40个，固废日处理规模超7万吨，连续多年跻身"中国固废十大影响力企业"。

合肥市生活垃圾焚烧发电项目位于合肥市循环经济示范园内，距离市中心约28千米，主要承担合肥市区范围内生活垃圾的处置任务。项目占地176亩，设计规模为日处理城市生活垃圾2000吨，建设有4台500吨/日机械炉排焚烧炉，配置4台10MW凝汽式汽轮发电机组，以及渗滤液处理系统、烟气净化系统等其他附属设施。其中垃圾焚烧炉和烟气净化处理系统关键设施均采用进口设备，烟气排放按欧盟2000标准设计执行。项目于2012年6月开工建设，2013年10月一期（1000吨/日）建成投产，2015年10月二期（1000吨/日）建成投产，2017年1月整体正式进入商业运行。目前，项目年处理生活垃圾达85万吨，年发电量超2.7亿千瓦时，扣除厂用电后，年上网电量达2.2亿千瓦时，年节约标煤约10万吨，年减排二氧化碳约20万吨。投产至今，项目已累计处理生活垃圾达300万吨，累计生产绿色电力9.1亿千瓦时，上网7.6亿千瓦时。

主要处理工艺：

焚烧处理工艺： 半自动液压抓斗起重机系统+500吨/日德国巴高克倾斜往复式机械炉排焚烧炉系统+余热锅炉系统+烟气净化系统，是国内外大型垃圾焚烧厂应用最成熟、可靠的工艺路线。

烟气处理工艺： 采用SNCR脱氮系统+（半干法+干法）脱除酸性气体+活性炭喷射+袋式除尘器工艺，按欧盟2000标准进行设计，优于国内现行标准，可有效保证烟气处理达标后排放，不产生二次污染。

污水处理工艺： 采用涡凹气浮（CAF）+升流式厌氧污泥床反应器（UASB）+外置式膜生物反应器（MBR）+卷式纳滤（NF）工艺，出水达到《污水综合排放标准》（GB 8978—1996）三级标准后，排放至园区污水处理厂进行二次处理，达标后排放。

灰渣处理工艺： 飞灰按照危险废弃物进行处置，加入水泥和螯合剂进行稳定化处理，保证其中重金属等有毒有害物质无法释放出来；同时，建设有大型暂存库，采用吨袋装填，按批次经检验合格达到处理标准后，在线填报"危险废弃物转移联单"，运送至填埋场指定区域进行填埋处理。炉渣热灼减率≤3%，且其成分中重金属等有毒成分含量低，属普通固体废弃物，目前已实现综合利用，如作为建筑用材、制砖等。

噪声控制： 执行《声环境质量标准》（GB 3096—2008）中2类标准，厂界周围的噪声日间低于60分贝，夜间低于50分贝，不对周围环境产生噪声污染。

公司一直以科技创新为主导，加大对关键生产工艺的攻关力度，提高自主创新能力，降低生产成本，提高技术资源的利用效率。目前，公司有员工100人，直接或间接参与科技研发的员工近20人。2015年12月，与安徽建筑大学签订了《产学研合作协议书》，共同推进"锅炉炉膛结焦的高效在线清除""渗滤液系统管道结垢的清除及有效阻垢"等方面的研究。同时，公司先后申报并取得了《一种厌氧反应器布水系统》《一种厌氧在线酸洗装置》两项发明专利，以及包括《布风均匀的炉排式焚烧炉》《可自动加油的捞渣机轴承》在内的8项实用新型专利，并于2016年10月通过了"高新技术企业"认定。

在提高生产经营能力的同时，公司还积极承担环保公益宣传的责任。公司环保展厅于2014年6月建成并对外开放，已累计接待参观400余次，参观人数达7000人次。2015年8月，在国资委举办的"走进新国企·中国绿生活"大型中央媒体采访活动中，作为中国节能下属三家单位之一，共有21家主流中央媒体对公司进行了集中采访报道。2016年10月，公司成为合肥市"垃圾去哪儿了"科普课堂教育基地，积极做好合肥市大中小学、社会团体的参观接待工作，使广大市民了解垃圾发电的处理工艺，宣传保护环境的重要性。

公司在经济效益、社会效益和环保效益方面的贡献，获得了各界的认可，多次获得中国节能和中国环保"年度先进单位""优秀基层党组织""先进工会""红旗班组"等荣誉称号；荣获合肥市"2014至2016年度先进集体""2017年度安全文化建设示范企业"等荣誉称号。同时，公司还是安徽省环保联合会副主席单位、安徽省新能源协会副会长单位和合肥市能源协会副会长单位，积极为环保行业的发展做出自己的贡献。

中节能（合肥）可再生能源有限公司作为以垃圾焚烧发电为主的环保公益性中央企业，将为合肥市的生活垃圾处理做出巨大贡献，也将对合肥人民的居住、生活环境改善起到良好的作用。我们有能力让合肥的天更蓝、山更绿、水更清，让合肥人民的生活更加美好。同时，我们也将为中国节能和中国环保的战略发展，为中国垃圾发电行业的发展，做出自身积极的努力！

企业简介 〉〉

　　中节能绿色建筑产业有限公司是中国节能环保集团公司为实践和推广绿色生态建筑而设立的专业化子公司。资产规模近百亿元，全资、控股子公司30余家，员工4000余人，分布全国15个省市，主营业务涵盖绿色建筑、节能建材及装备、节能环保高新材料等领域。

　　公司坚持以中国节能环保集团公司产业资源和业务能力为依托，以践行节能环保理念、建设绿色生态家园为使命，聚焦绿色建筑产业，服务新型城镇化，构建"以绿色生态城镇发展业务为主体，绿色建材和绿色投融资业务为两翼"的业务格局，致力于成为领先的绿色建筑产业综合服务集团。

中节能绿色建筑产业有限公司
CECEP Green Building Industry Co.,Ltd.

成都国际科技节能大厦

天津中节能远景城项目

绿色建筑板块

　　在绿色建筑领域，公司构建高品质绿建产品，建设绿色生态城市综合体、绿色生活园区、节能环保产业园和特色小镇，打造具有"中国节能"特色的绿建品牌。

福建中节能美景家园项目

烟台国际节能环保科技园项目

节能建材和装备板块

在节能建材领域，公司现有25条新型墙材生产线，产能居亚洲第一，已研发出"保温防护一体免拆模板"并建成生产线。公司研发及生产的LED智能玻璃，是唯一兼具高透明度、媒体传播及节能环保等特点的高科技建材产品，广泛适用于室内外装饰、家居设计、照明亮化、户外传媒等多种领域。在建材装备领域，公司提供包括设备研发、制造、安装及咨询在内的集成服务。

韩国总理视察
LED智能玻璃工厂

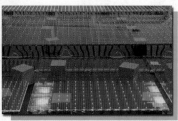

LED智能玻璃

LED产品应用
韩国冬奥会场馆

双级真空挤出机

智能机械手

自动码坯机

蒸压加气混凝土板

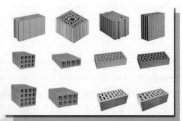

墙材产品

保温防护 一体免拆模板

玻璃微珠

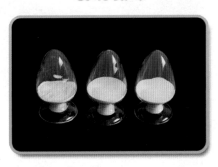

高新材料板块

硅微粉

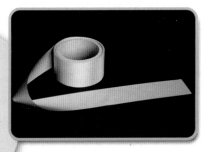

反光布

在高新材料领域，公司业务涉及石英、稀土、砷、硅微粉、反光材料等数十种矿产资源的开采、提纯、加工、应用。在反光材料等领域具备国内领先技术。

反光膜

扩散板

中节能（宿迁）生物质能发电有限公司

《 公司简介

中节能（宿迁）生物质能发电有限公司是中国节能环保集团公司旗下中国环境保护集团有限公司全资子公司，公司成立于2005年12月，主要经营电力、热力生产与销售，生物质能综合利用、咨询、研发及技术服务。公司占地面积300亩，一期项目为生物质直燃发电项目，是国内第一个采用自主研发的生物质发电的示范项目，是对秸秆等农林废弃物直燃发电技术研究应用的高新技术企业和资源综合利用企业。项目建设规模为2台75t/h中温中压循环流化床锅炉，配置2台12MW汽轮发电机组以及相应的辅助设施。项目运行年利用农林废弃物30多万吨，节约标准煤约14万吨，减排二氧化碳约14万吨，供电14000多万千瓦时。2011年响应政府号召，全面取缔燃煤小锅炉，公司启动二期供热项目，向开发区企业集中供热，在生物质发电领域内率先实现热电联产，为当地的节能减排做出了应有贡献，被宿迁市政府授予"宿迁市十大低碳贡献企业"。

中节能宿迁项目的建设运营，在生物质能利用领域起到了引领和示范作用，推动相关技术领域自主创新能力的形成和设备的国产化进程，同时为促进地方政府秸秆禁烧和综合利用工作、节约能源资源、保护生态环境、发展低碳经济、增加农民收入发挥了重要作用。

开工奠基
Groundbreaking Ceremony

公司办公大厅
Office

生产厂房
Production Area

绿色花园式厂区
Garden styled Plant area

公司大门
Gate

供热管网
Heating Pipe

运行控制室
Operation Control Room

发电机房
Generator Room

China Energy Conservation (Suqian) Biomass Power Generation Co., Ltd. is wholly owned by China Environmental Protection Group Co., Ltd. that is the subsidiary of China Energy Conservation and Environmental Protection Group. This company was established in December 2005, mainly focus on electricity, heat production and sales and biomass comprehensive utilization, consulting, research and development and technical services. This project occupies an area about 300 acres, phase 1 is biomass direct combustion power generation project. It is the first biomass power generation demonstration project based on independent research and development domestically. It is a high-tech enterprise and a comprehensive utilization of resources enterprises by directly combusting straw and other agricultural and forestry wastes. Project constructions use two of the 75t/h medium temperature and pressure circulating fluid-bed boiler together with two of the 12MW steam turbine generator unit and other relative support facilities. Project operation uses more than 300,000 tons of agricultural and forestry wastes annually, which saves about 140,000 tons of standard coal, reduces about 140,000 tons of carbon dioxide emission and supplies more than 140 million kW·h electricity. By responding to Government's call regarding to the ban of coal-fired smail boilers in 2011, the company started the second phase of heating project by providing heat to the development zone. In the biomass power generation field, it achieves cogeneration of heat and power, makes a lot of contribution to local energy conservation and emission reduction and has been rewarded as Suqian Top Ten Low Carbon Contribution Companies by Suqian Municipal Government.

The construction and operation of China Energy Conservation of Suqian project has played a leading and demonstration role in the biomass energy utilization area. It promotes the formation of independent innovation capabilities and localization of equipment in related technology fields. Simultaneously, it has played an important role in promoting the ban of straw burning from local government and comprehensively utilizing work, saving energy resources, protecting ecological environment, developing low-carbon economy and increasing farmers' income.

生物质燃料堆场
Storage Yard

秸秆收运
Straw Transportation

荣誉（专利）墙
Rewards (Patent) Wall

中环保水务投资有限公司
General Water of China

中环保水务投资有限公司由中国节能环保集团公司和上海实业控股有限公司于2003年11月共同出资设立，注册资金23.3334亿元人民币。截至2017年12月底，公司拥有全资及控股子公司18家，参股子公司1家，日处理规模700万吨，公司资产规模近80亿元人民币。

中环水务，水务产业系统服务提供商，即工程解决方案、设备制造集成、运营管理服务和技术服务提供商，立足于环保、水务领域进行项目投资、工程建设、设备制造、运营服务、技术开发及咨询。公司自成立以来，连续十五年被评为"中国水业十大影响力企业"；自2009年起，连续多年荣获中国水利部"水务旗舰企业"称号；2010年，荣获国际知名增长咨询公司Frost & Sullivan 颁发的"2010卓越增长奖"，并荣获"世界低碳环境中国推动力100强企业"等称号，2015年，公司荣获中国公益慈善领域最具影响力的"中国公益节"所颁发的"最佳责任品牌奖"。

General Water of China was established jointly by China Energy Conservation And Environmental Protection Group and Shanghai Industrial Holdings Limited.

With a registered capital of RMB 2.3 billion in 2003, till the end of December 2017, the company has possessed 18 wholly-owned subsidiaries or holding subsidiaries and one share-holding subsidiary. The daily capacity is 7,000,000 ton. The total asset is approximately RMB 8 billion.

General Water of China, a professional resources-based water company specialized in providing engineering solutions, equipment manufacture integration, operation management service and technical service, undertakes project investment, engineering construction, manufacture of equipment, operation service, technology development and consultation resting on environmental protection and water sector. General Water of China has been continuously awarded as 'Top Ten Most Influential Water Company' from 2003 to 2018, and awarded as 'Famous Water Company from 2009 to 2014' by the Ministry of Water Resources of China. In 2010, the company won "2010 Outstanding Growth Prize" issued by Frost & Sullivan, and also awarded as "China's low-carbon Environment Top 100 Enterprise Promotion".

中节能水务工程有限公司

中节能水务工程有限公司成立于1991年，是中节能水务发展有限公司全资子公司，注册资本11731万元。公司坐落于江苏省无锡市梁溪区，是以水务投资、环境工程设计、施工及其总承包、水务运营管理为主，集工程设计与建设、生产、科研于一体的综合性环保专业公司，具备对环境污染治理项目实施设计、施工、培训、调试等一条龙服务，能承接各类工业污水治理、城市污水处理、净水工程、废气治理和噪声治理等交钥匙工程。公司下属企业有：无锡惠山环保水务有限公司（前洲厂、杨市厂、洛社厂、祝塘分公司）。

公司拥有环境工程（水污染治理工程）专项设计甲级资质、环境工程（大气污染、物理污染治理工程）专项设计乙级资质、生态建设和环境工程咨询丙级资质、环保工程专业承包二级资质、环保设施运营（工业废水）甲级等资质；并通过了质量管理体系、工程建设施工企业质量管理规范、环境管理体系、职业健康安全管理体系的认证。

通过多年的技术研究与开发，公司拥有一大批先进技术，"印染工业园区污水集中处理高效组合工艺及稳定控制技术"被国家环保总局评为"国家环境保护科学技术奖三等奖"，而"印染废水二级出水硫自养反硝化深度脱氮技术""印染废水电氧化深度处理技术""印染工业园区污水集中处理高效组合工艺及稳定控制技术""污水处理厂提标升级改造的生物强化技术""高效喷雾湿法烟气脱硫技术"等均成功应用于工程建设中，并取得了良好的效果。

经过多年的经验积累，公司已拥有一大批成功的工程实例，目前已完成数十项万吨级以上综合污水处理工程及大型烟气脱硫项目，如前洲综合污水处理厂（三期）工程（40000t/d）、江阴市祝塘镇综合污水处理厂工程（30000t/d）、江西香炉山钨业有限公司粉尘治理项目（90000m³/h）等。目前公司正在推进的污水处理工程有江西上饶项目、北京昌平项目、北京通州项目、河南淇县项目、河北秦皇岛项目、广东遂溪项目等，正在研发的项目有工业污水处理厂二级出水硫自养反硝化脱氮研究、印染园区废水深度处理技术研究项目、城镇污水处理厂提标改造技术研究及示范项目等。

终沉池　好氧池曝气管网　好氧池　二沉池溢流出水　混凝气浮池车间　调节池

中节能燕龙（北京）水务有限公司

中节能燕龙（北京）水务有限公司，成立于2014年，工商注册资本金2亿元。作为中国节能集团水务板块在京地区先行PPP试点项目，公司始终秉承集团"聚合点滴、创生无限"的环保宗旨，致力于区域生活污水的再生利用。

目前主要负责的昌平区镇级污水处理特许经营权"6+4"项目，服务总面积约172.49平方千米，服务人口可达21.9万人。项目初期总产能为日处理再生水12.34万吨，当前已提升至12.55万吨。全年满负荷运转的情况下，可将4580万吨的污水转化为可利用再生水，其远期日处理规模为18.83万吨，相当于每年填灌40个昆明湖。

依托中国节能环保集团产业平台优势，结合服务地区优质资源，公司实现了快速、高效的跨越式发展。并形成了以安全生产、达标排放为基础，以科学管理、技术创新为起点，以可持续发展为方向的企业发展路径。公司将努力成为中国节能环保集团公司在水环保领域管理理念先进、技术装备创新的集中展示平台，昌平区水资源环保的宣传（教）基地，中节能水务发展有限公司的运营管控中心，为水资源循环利用做出应有的社会贡献。

新建水厂（小汤山，日处理能力7万m³/d）建成初期照片：

中节能运龙（北京）水务科技有限公司

　　中节能运龙（北京）水务科技有限公司成立于2015年8月，注册资本金 7584.23万元，是由中国节能旗下子公司中环保水务投资有限公司与政府平台公司大运河（北京）水务建设投资管理有限公司按照85:15的股权比例在通州区合资组建的项目公司。

　　2015年5月20日，中环保水务投资有限公司中标"通州区乡镇再生水厂建设运营项目"，项目属于《通州区加快污水处理和再生水利用设施建设三年行动方案》中乡镇治污部分的主要内容，是通州区政府的重点折子工程，是通州区政府2017年水环境防治及水环境治理目标责任书的重要建设内容。项目共包含7座新建、2座升级改造、4座委托运营再生水厂，项目服务范围涉及通州区9个乡镇，设计总处理能力为7.35万吨/日。

　　公司暂位于北京市通州区马驹桥镇柴务村，2019年公司总部将搬迁至通州区潞城镇，目前拥有员工总数99人。公司定位为集团环保产业从事污水处理和再生水服务的专业子公司，是打造污水处理项目的投资、建设、运营综合性水务服务的提供商。

泉州中节能水处理科技有限公司

Quanzhou China energy conservation wastewater treatment technology Co., Ltd.

中国启源工程设计研究院有限公司在20世纪50年代污水处理行业起步期就致力于各类型工业污水的处理，获得国家级、省部级相关奖项数十项，主编包括《电镀废水治理设计规范》（GB 50136-2011）在内的50多项国家及省部级标准、规范，拥有环境、市政工程甲级资质。中国启源针对电镀集控区内超高浓度电镀废水，自主设计、建设、运营的泉州中节能水处理科技有限公司电镀集控区污水处理厂，首次在福建省范围内使用可视化巡检电镀废水收集管廊，整体上可巡视、可进行检修、可应急，杜绝传输过程环境污染风险；首次在全国范围内实现从系统上采用全方位分区的"十水"分流分质方法精细化治理高浓度电镀废水理念。泉州中节能采用的工艺能有效地解决电镀集控区内超高浓度电镀废水综合治理问题，明显减小集控区内超高浓度电镀废水处理难度，降低处理成本；中水回用系统能够满足电镀集控区清洁生产及循环经济要求。经长期稳定运行，系统具有特征污染物去除效率高、抗冲击负荷能力强、运行安全可靠等特点。泉州中节能从源头上践行绿色发展模式，已实现显著的社会、环境、生态、海洋、经济效益相结合的绿色环境生态效益。

From the start periods of the sewage treatment industry in 1950s, China Qiyuan Engineering Corporation has been committed to the treatment of various types of industrial sewage, and gained dozens of relevant awards from the state and provincial departments. The chief editor includes more than 50 national and provincial standards, specifications, and regulations, including the *Code for design of electroplating wastewater processing* (GB 50136-2011), and has the first grade qualification of environmental engineering and municipal engineering. China Qiyuan Engineering Corporation acted its own to design, construct, operate the electroplating wastewater treatment plant named Quanzhou China energy conservation wastewater treatment technology Co., Ltd. in electroplating centralized controlling area ,which is the first time to use visual inspection of electroplating wastewater collection gallery in Fujian province, the gallery can be inspected, overhauled, for emergency, and eliminate the risk of environmental pollution in the transmission process; for the first time in the whole country, China Qiyuan first proposed the concept in the system of "ten water" split quality to treat ultra-high concentration electroplating wastewater. China Qiyuan used the technology can effectively solve the problem of comprehensive treatment of ultra-high concentration electroplating wastewater, reduced the difficulty of treatment of ultra-high concentration electroplating wastewater in the electroplating centralized controlling area and reduced the cost of treatment, and the wastewater reused system can satisfy the requirements of clean production and recycling economy in the electroplating centralized controlling area. Through a long-term stable operation, the system has the characteristics of high pollutant removal efficiency, strongly impact load resistance, safety operation and reliability. The China Qiyuan green development model is carried out from the source, which has all been realized the social, environmental, ecological, marine and economic benefits, these benefits are combined the green environmental ecology benefit.

南京大学张全兴院士考察调研听取汇报（左二）
The Academician Zhang Quanxing of Nanjing University listening reports (the second from the left)

泉州市委书记郑新聪考察听取汇报（右一）
Zheng Xincong, Secretary of Quanzhou Municipal Committee, inspecting and listening reports (the first from the right)

泉州中节能电镀废水处理分析化验室
Analysis Laboratory for treatment of electroplating wastewater

泉州中节能地下提升泵房
The underground lifting pump room

泉州中节能电镀废水处理液体、固体药剂加药间
The liquid, solid coagulant dosing room of electroplating wastewater treatment plant

电镀废水收集可巡视、可检修管廊
The electroplating wastewater collection , inspected and overhauled gallery

泉州中节能电镀废水处理砂滤车间
Electroplating wastewater treatment sand filter workshop

泉州中节能电镀污泥压滤车间
Electroplating sludge press filter workshop

高效生物膜反应器

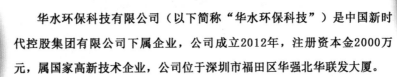

深圳市华水环保科技有限公司

华水环保科技有限公司（以下简称"华水环保科技"）是中国新时代控股集团有限公司下属企业，公司成立2012年，注册资本金2000万元，属国家高新技术企业，公司位于深圳市福田区华强北华联发大厦。

华水环保科技是专业从事污染治理与污水资源化技术开发应用的国有高科技环保企业，制造并提供专业化的城镇生活污水、医院废水、切削废液、垃圾渗滤液、工业纯水专业处理设备，污水处理技术服务，环保项目运营服务。

公司具有强劲的科研创新能力，凭借由国内外著名高校的多名博士、硕士组成的研发团队，致力于水污染治理及再生回用的创新研发，目前公司拥有6个国家级发明专利。先后承担了国家"十五"（863-715-004-220）和"十二五"（2012AA063504）863项目、深圳市战略新兴产业发展专项资金项目（CXZZ201283110481442）。华水环保科技自主研发的高效率、短流程、设备化、低成本的"UP-切削液废水处理整套环保装备"，于2014年3月在深圳市科技创新委员会登记（批准登记号：2014Y0043）。该设备也得到了《科技日报》等权威媒体的关注以及多家使用企业的肯定。其中，《科技日报》以"新型切削液废水处理环保装备ECEP引关注"为标题进行了报道。

公司的经营范围有：水资源节能环保的技术开发和经营，提供环保科技整体解决方案及技术服务，环保节能设备的研发与销售，承接环境污染治理工程、工业循环水处理回用工程、小河道水污染治理工程，生活饮用水集中式供水设备的销售与安装、调试。

公司定位
🐾 新型智能一体化污水处理设备制造商
🐾 国际一流、国内领先的水处理综合解决方案技术服务商
🐾 专业化环保项目运营商

公司文化
★ 企业使命：让天更蓝、山更绿、水更清，让生活更美好
★ 核心价值观：忠诚、创新、绿色、严谨、卓越

高难度污水处理技术服务
➤ 高浓度COD污水处理解决方案
➤ 高盐污水处理解决方案
➤ 高氨污水处理解决方案

中国节能环保集团公司原董事长王小康参观华水公司展台

国防科工委原副主任于宗林、中国节能环保集团公司原总经理余海龙参观华水公司展台

中国节能环保集团公司副总经理余红辉向央视记者介绍华水产品

公司简介
Company Profile

中节能大地环境修复有限公司

中节能大地环境修复有限公司是中国节能环保集团有限公司所属专业从事土地环境综合整治相关业务的重点子公司，于2012年正式成立。

公司业务领域涉及建设用地和农用地污染土壤及地下水调查、评估与修复，存量垃圾填埋场调查、评估及治理，土地整治，流域及水环境综合治理，环境综合服务等。公司在污染土壤及地下水修复、存量垃圾填埋场治理等方面开展技术与设备研发并形成多项专利技术；拥有热脱附、气相抽提系统、垃圾筛分一体化等国内先进设备。在国内率先成功实施了不同类型复杂有机物复合污染场地的气相抽提、热脱附、原位化学氧化工程规模化处置，处置成本低于国际同类技术装备。

公司拥有环境保护领域国家级平台"国家环境保护工业污染场地及地下水修复工程技术中心"，综合利用先进的化学、生物和物理技术，承揽了近百个污染场地和地下水修复项目，拥有国家领先的生物法重金属生态修复技术等。大地公司作为主要参与单位攻克的"危险废物回转式多段热解焚烧及污染物协同控制关键技术"获2017年国家科技进步二等奖。

公司目前拥有从事污染场地修复的专业工程及技术人员150多人，一半以上具有硕士、博士学位或中高级职称。公司以成为国内领先的集技术、设备、工程为一体的综合性服务企业为愿景。以公司承建的"国家环境保护工业污染场地及地下水修复工程技术中心"为载体，始终坚持以科技创新为引领，积极转化技术研发成果，稳步推进技术产品产业化、市场化，公司主业关键技术研究、核心装备研制、新型材料研发初具规模。建设污染场地及地下水修复应急中心，构建"政产学研用"一体化有机链条，开展国产化设备中心建设，积极创立污染场地及地下水修复可持续模式及循环经济模式。

恒有源科技发展集团有限公司

公司简介

　　恒有源科技发展集团有限公司（以下简称"恒有源集团"）是中国节能环保集团旗下的中国地能产业集团有限公司（香港上市号：8128.HK，简称中国地能）在北京的科技实业发展总部。

　　在京港两地一体化管理模式下，恒有源集团始终专注于利用浅层地能作为建筑物供热替代能源的科研与推广，将原创技术与国际上地埋管技术相结合，让浅层地能这个0～25℃的低品位的可再生能，成为建筑物供热的替代能源，实现了供热能源的一次革命，使得传统燃烧供热行业（有燃烧、有排放、有污染）全面升级换代成为无燃烧智慧供热的地能热冷一体化新兴产业。

　　恒有源集团在十几年的科研与经营实践中，始终秉承着"求实、创新"的企业宗旨，坚持以原创的"单井循环换热地能采集技术"为核心，全力打造集科研开发、设计咨询、装备制造、工程安装、运维保障为一体的全产业链运营体系，实现了为不同地区、不同类型的建筑物提供完整的供热冷能源整体解决方案。截至目前，集团已推广应用地能采热（冷）工程超过700项，建筑面积达到1300多万平方米。推广应用已由北京辐射至上海、天津、西藏、青海、四川、河北、山东、山西和新疆等地，形成了住宅、学校、办公、宾馆、商场、医院、场馆、厂房、污水场站和景观水池等各种类型场所的供热（冷）系统。

无蓄能颗粒换热示意图

集成创新——最佳解决方案 原始创新技术，引进创新技术与暖通空调技术集成创新的产品现已达到多系列模块化生产水平。

小淀量　中淀量　大淀量

<table>
<tr><td>案
例
介
绍</td><td>
残奥会综合训练馆</td><td>
国家大剧院</td><td>
国家体育馆</td><td>
海淀公安局</td><td>
金四季购物中心</td><td>武警特警学院</td><td>武警特警学院机房</td></tr>
</table>

中节能环保投资发展（江西）有限公司
China Energe Conservation and Environment Protection Investment Development (Jiangxi) Co., Ltd.

中节能环保投资发展（江西）有限公司（以下简称"江西公司"）是国务院国资委直属中央企业——中国节能环保集团有限公司与江西省城镇建设投资有限公司强强联合，在江西省南昌市高新区共同投资设立的子公司。公司成立于2012年3月，注册资本10亿元。

江西公司的业务范围目前主要集中在江西省工业污水项目的投资、建设和运营上，同时兼顾绿色建筑和低碳环保产业园的开发与投资以及环境综合服务。

2011年12月21日，江西省政府本着"政府主导、企业参与、市场运作"的指导方针，将全省工业园污水项目一次性打包交给中国节能环保集团有限公司建设运营，该项目属于江西省鄱阳湖生态建设十大工程之一。截至2018年，江西公司在江西省内已投资建设28个工业园区污水处理厂，其中20个项目已进水运行。

在绿色建筑板块，江西公司的两个绿色建筑项目——中节能国际中心和低碳科技园，采用十大节能系统和技术，并已获得国内绿色三星标识、美国LEED及英国BREEAM全球知名的三大绿色建筑认证，现已全面竣工验收并投入使用。

江西公司下属控股子公司中节能晶和照明有限公司，拥有强有力的技术和产品研发实力，承担863计划等多项国家级重大科研项目，并获得国家技术发明一等奖等多项大奖。

江西公司将依托自身技术和资本优势，继续扩大水务业务领域，延伸服务范围，发展环境服务业。为促进江西的经济发展，更好地实现经济效益与环境效益、社会效益的有机统一，有效促进江西中部的崛起做贡献。

Headquartered in High-tech Zone of Nanchang, Jiangxi, China Energe Conservation and Environment Protection Investment Development (Jiangxi) Co., Ltd. (Hereinafter referred to as Jiangxi Company) is a strong alliance between China Energe Conservation and Environment Protection Group Co., Ltd. (CECEP), which is wholly owned by The State-owned Assets Supervision and Administration Commission of the State Council (SASAC), and Jiangxi Province Constrution Investment Co., Ltd. The company was established in March 2012 with a registered capital of 1 billion yuan.

Jiangxi Company's business is currently focused on Industrial Wastewater Treatment, Green Building, Energy-saving Service, as well as Comprehensive Environmental Service.

Followed by guidelines of "Led by Government, Undertook by Enterprise, Driven by Market", industrial park wastewater treatment projects of the whole province were packed and handed over to CECEP by Jiangxi Provincial Government on December 21, 2011. This packed project was one of top ten projects of Ecological Constructions of Poyang Lake, Jiangxi. As of 2018, Jiangxi Company has invested 28 industrial park wastewater treatment plants in Jiangxi, of which 20 projects have been put into operation.

In the Green Building sector, Jiangxi Company has conducted two projects, CECEP International Center and Low-carbon Tech Park, which adopted ten energy-saving systems and technologies. Granted Certificate of Green Building Design Label by MOHURD, LEED-Platinum by USGBC, Very Good Rating by BREEAM, the two Green Building projects was fully completed and put into use.

As a subsidiary of Jiangxi Company, CECEP Lattice Lighting Co., Ltd. has strong technology and product R&D capabilities, undertakes many national-level major scientific research projects such as 863 Program, and it has won a First Prize of The State Technological Invention Award in 2016 and many other awards.

Taking full advantages of technologies and capital, Jiangxi company will continue to expand wastewater treatment business, extend service scope and develop environmental services.

中节能太阳能科技（镇江）有限公司
CECEP Solar Energy Technology(zhenjiang) Co.,Ltd.

公司简介

中节能太阳能科技（镇江）有限公司于2010年8月注册成立，是大型中央企业——中节能太阳能股份有限公司的控股子公司，主营业务为光伏太阳能电池与组件的制造与销售，致力于光伏技术研发，系统设计和实施。一直秉承"以客户为中心，以价值创造者为本"的企业价值观，致力于为客户提供优质的太阳能发电产品。

CECEP Solar Energy Technology (Zhenjiang) Co., Ltd. was established in August 2010. And the Company is a holding subsidiary affiliated to CECEP Solar Energy Co., Ltd., which is a large central enterprise. The main business of the Company includes manufacturing and sales of PV cells and modules. The Company is committed to PV technology R&D, system design and implementation. The Company always strives to provide high-quality products for its clients according to the "customer focused and value creator oriented" enterprise values.

CEC6-5-40-180PB　　　**CEC6-5-60H-295PB**

PVB双玻组件（版型、颜色可定制）

PVB double glass modules(Module type and color can be customized)

PVB双玻组件较EVA/POE双玻边缘水透更低、耐酸碱盐雾更优及抗冲击更强，应用范围更广，生命周期内发电量较单玻组件增加21%。

PVB double glass module shall be more welcomed compared with EVA/POE double glass module due to its lower limbic MVTR, it has excellent resistance to acid, alkali and salt mist and also stronger impact resistance. The energy generation of double glass modules shall be 21% more than that of the standard module during the lifecycle.

获得2016年国家科学技术进步奖，连续两年获得十大亮点太瓦级钻石奖。

The PVB double glass module received National Award for Science and Technology Progress, and "Terawatt Diamond Award for Top 10 Highlights" for two consecutive years.

节能优家

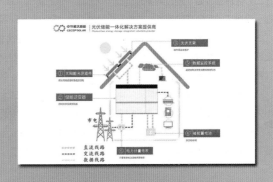

引领生态文明建设 助力新旧动能转换
我国城市固废集中处置的"中节能(临沂)模式"
——中国环保(临沂)生态循环产业园

产业园概况 >>>

中节能(临沂)环保能源有限公司积极响应生态建设国策,争做新旧动能转换先行者,自2007年运营以来,充分利用现有的土地和垃圾焚烧发电项目的优势,于2013年开始规划建设"生态循环产业园"。

产业园"以环保优先、资源共享、设施共建、物质循环、能量梯次利用"为建设理念,以生活垃圾处理为依托,实现其他固体废弃物的无害化、减量化、资源化协同处置,规划建设二十个入园项目,包括生活垃圾、餐厨垃圾、动物尸体、污泥、厨余垃圾、园林废弃物及木业边角料、废旧衣物等七个城乡固废无害化、资源化终端处置项目;天然气提纯、脂肪酸生产、集中供热、沼气资源化利用四个绿色能源供应中心;配套建设生物菌剂生产项目、生活垃圾灰渣及城市污泥制陶粒项目、污水处理中心、科技研发中心、数字化管控平台五个项目;建设宣传教育中心、区域居民供暖、居民休闲旅游、村居仓储扶贫四个利邻项目。项目处置范围覆盖兰山区、罗庄区、河东区、高新区、经济开发区、莒南县、临沭县、郯城县、兰陵县、平邑县、沂南县五区六县,总人口约730万,总投资20亿元。

产业园主要项目建设完成后,每年可为临沂市处理生活垃圾110万吨、餐厨废弃物8万吨、动物尸体4.4万吨、污泥22万吨、厨余垃圾29万吨、园林废弃物及木业边角料3万吨、废旧衣物2万吨,年可生产绿色电力3亿千瓦时,外供蒸汽60万吨、天然气1500万立方、脂肪酸1500吨、生物菌剂5500吨、再生纤维1万吨。

产业园示范效益 >>>

产业园依托现有焚烧发电系统,将多个处置功能的单元组合在一起,以资源的高效和循环利用为核心,开创了我国城市固废集中处置的新模式,在节能、环保等方面具有较好的示范效益:

(一)在节能方面,园区内不同处理设施之间的物料实现了资源的热能、电能、生物质能的高效率循环利用。在园区内部,实施热电联产可提高全厂热效率28个百分点。在社会效益方面,年可节约标煤30万吨,减少二氧化碳排放量75万吨。

(二)在环保方面,通过对生产过程中产生的污水、臭气、噪声、残渣等集中处置,实现了废弃物的体内消化,实现了污染物的协同处理,取得了明显的环保效益。在达标排放的同时,年可节约环保运营成本600万元。

(三)在社会方面,以中心城市辐射周边城乡,集中建设固废处置中心,这种模式同分散建设相比,节约了土地资源和公共设施投入,实现了资源的高效配置和协同利用;同时实现了规模效益。经测算,产业园可为政府节省土地400多亩,节约公共设施投入2000万元。

(四)在政府方面,通过信息化的手段,采用集中控制系统,实现固废的收集、运输、处置的全过程监控,提高了政府监管水平。

生态循环产业园的规划建设,得到上级公司和地方政府的大力支持,取得了良好的社会效益和环保效益,为临沂市的生态文明建设做出突出贡献,较好地践行了企业投身临沂"两型"社会建设的承诺;同时为临沂市创建国家环保模范城、全国卫生城和全国文明城做出了贡献,公司被授予"临沂市首届十大最具公益和社会责任企业""临沂市资源节约型环境友好型示范单位""临沂市花园式单位""山东省首批循环经济示范单位""山东省资源综合利用先进单位""山东省资源循环利用示范基地""高新技术企业"等荣誉称号。

中节能宁夏新能源股份有限公司

随着我国煤炭行业结构性改革及淘汰产能工作的推进，预计到2020年，我国废弃矿井数量将达到1.2万个，这些废弃矿井保有瓦斯储量达万亿立方米级量级。瓦斯主要成分是甲烷，其温室效应是二氧化碳的21倍。废弃矿井的瓦斯逸散、井下积水危害等的灾害性也日益凸显，严重破坏了生态环境的平衡和协调，制约着社会经济的可持续发展。

中节能宁夏新能源股份有限公司是中国节能环保集团下属中节能工业节能有限公司控股子公司，为国家级高新技术企业、国家级及自治区级"科技中小型企业"、宁夏回族自治区"专精特新"企业。专业致力于废弃矿井瓦斯综合治理利用、碳减排和工业节能技术研究、节能服务项目开发、矿山生态治理及技术研发。多年来成功开发清洁发展机制（CDM）减排项目3个，获得签发减排量143万吨。

公司秉承绿水青山就是金山银山的发展理念，坚持节约资源和保护环境的发展战略，成立了国内首个废弃矿井瓦斯综合治理研究院，同时正在组建安徽理工大学袁亮院士工作站。率先在国内开展了废弃矿井瓦斯综合治理关键技术研究，并成功建设了国内首个废弃矿井瓦斯综合治理示范项目。示范项目先导性方案和可行性研究报告分别通过了以中国工程院武强院士、袁亮院士为组长的专家组评审，两位院士均给予高度评价。

废弃矿井瓦斯综合治理关键技术研究自2015年开展以来，先后取得发明专利2项、实用新型专利12项，正在申报国际（PCT）专利2项，发表专业论文11篇。关键技术科技成果达到"国际领先"水平并列入国家科技成果库（成果编号：6012017Y0250）。参加科技部组织的"第六届中国创新创业大赛"，获得宁夏赛区二等奖、全国行业总决赛"优秀企业"；参加工业和信息化部主办的"创客中国"创新创业大赛，获得企业组100强（第46名）。

公司与国家安监总局信息研究院、中国煤炭地质总局勘查研究总院、安徽理工大学等科研院所合作，在全国范围内进行废弃矿井瓦斯治理科技成果转化和行业化推广，目前正在吉林省吉煤集团、重庆綦江区关停的废弃矿井开展项目前期调研和方案论证。

2015年至2018年8月，示范项目累计治理利用废弃低浓度瓦斯6344万立方米，产生清洁能源电量16493.84万kW·h，相当于减排二氧化碳91.63万吨，取得了良好的社会效益、生态效益和经济效益。对于解决我国即将面临大量关闭矿井的瓦斯综合治理及资源化利用难题，具有重要的理论指导意义和工程实用价值，具有广阔的推广应用前景。

>> 可研评审会 <<

>> 废弃矿井瓦斯治理技术研究工程试验 <<

>> 各类奖励 <<

>> 专利证书 <<

>> 双创大赛 <<

成都中节能反光材料有限公司

成都中节能反光材料有限公司（简称"中节能反光"）系一家专事于新型微结构反光材料的研发及产销业务的国家高新技术企业，系中国节能环保集团公司（简称"CECEP"，国资委直属央企之一）下属子公司。公司拥有注册资本9000万元，占地面积150亩，现有员工200余人。公司主要产品包括：高折射率（≥ND：1.93级）玻璃原料、高折射率（≥ND：1.93级）玻璃微珠、空心玻璃微珠、反光标识牌（含安装作业）、系列反光布（包括高亮化纤、高亮TC、柔性化纤、亮银系列、阻燃系列、切丝膜等）、反光服饰及制品、交通安全反光膜材、硅微粉等。系列产品已先后通过了TUV、SATRA、SGS等权威检测，各项性能指标满足EN471等国际标准，同时，公司也是ISO9000、IS014000、OHSAS18000认证企业。

作为一家高新技术企业，中节能反光拥有独立的企业技术中心和专业化的研发团队。公司技术中心已被认定为四川省企业技术中心，并与多家科研院所共同建设"成都市院士（专家）创新工作站"。公司拥有多项关于微结构反光材料的核心专利技术及专有技术；拥有现代化的工控设备及先进的品控系统，形成了公司特有的核心技术实力。

作为一家央属企业，我们始终秉承CECEP"聚合点滴，创生无限"的经营理念和诚信、守法的经营原则，始终以为广大客户提供我们尽善尽美的产品品质和至诚至周的个性化服务为己任。

"打造有目标、有梦想、懂得坚持的创业团队；打造优秀的、国际化的公众企业；打造微结构反光材料的专业提供商"是我们不懈追求的企业梦。我们期待携手广大客户一道精诚合作，共同为全球新型微结构反光材料行业的持续、健康发展做出应有贡献。

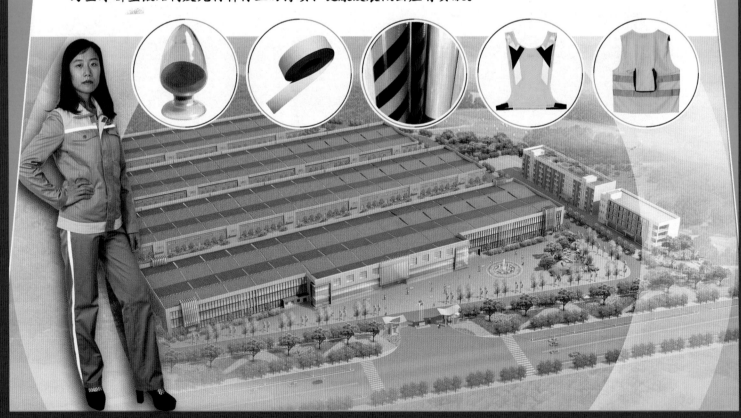

中节能金堂环保产业园

中节能（成都）环保生态产业有限公司

　　公司投建项目位于四川省成都市金堂县淮口镇，将打造建成以节能环保装备制造为主的工业园，形成科技产业化、服务集成化、产品标准化、平台国际化的科技服务型、循环经济型环境综合服务业集聚区，集节能环保技术研发、规划设计、装备制造、市场交易、工程施工于一体，成为"西部第一、全国一流"的百亿级节能环保产业基地。

　　公司依托集团公司在节能环保领域的品牌、技术、人才优势，专注于节能环保领域，致力于发展高效节能装备制造、先进环保装备制作，在资源循环利用领域，大力发展绿色低碳建筑体开发建设、节能建筑及建筑节能、园区基础设施建设、城市垃圾及污水处理等业务。

　　公司立足四川辐射西南市场为客户提供集成技术和高端服务，园区服务平台集政务、物流、人力资源、金融、市场、工商税务等，为企业提供一站式入园服务，充分利用西南地区节能环保产业的巨大发展空间，以及国家产业政策支持所形成的政策优势，在节能环保领域进行投资开发，实现公司在节能环保领域的示范和引导作用。

　　目前项目2号地块共三批次的招商已接近尾声，已入驻以东方凯德瑞、成都科艾科技有限公司、恒贯环保机械装备、成都阆智宝数字液压等一批先进性企业；2号地块招商完毕并投产后将实现年产值近20亿元，每年实现税收近2亿元，提供近千个就业岗位。

中节能金堂环保产业园欢迎各界企业参观考察，投资兴业。

南京春辉科技实业有限公司
Nanjing Chunhui Science and Technology Industrial Co., Ltd.

公 司 简 介

　　南京春辉科技实业有限公司成立于1997年，其前身是国家建材局南京玻璃纤维研究设计院第三研究所。早在20世纪70年代中期，就在张耀明院士的带领下开始研究非通信光纤，是国内较早从事这方面研究的单位之一。经过四十多年的艰苦努力，公司拥有"多组份玻璃光纤""石英光纤""聚合物光纤""液芯光纤"等系列产品和光纤、电子内窥镜等系列产品的规模制造和应用技术。1996年被国家无机非金属材料工程技术研究中心命名为"国家工程技术研究中心——非通讯光纤及制品技术开发基地"。

　　多年来，公司致力于非通信光纤及其制品的研究与开发工作，是我国专业从事非通信光纤研究的主力军，获得了"江苏省非通信光纤及制品工程技术研究中心""南京市非通讯光纤工程技术研究中心""江苏省高新技术企业"等荣誉资质。先后通过了ISO9001质量体系认证、江苏省知识产权管理体系认证、ISO13485医疗器械质量管理体系认证。

　　公司研究开发的多组份玻璃光纤、石英光纤、聚合物光纤、传像束、内窥镜和液芯光纤等系列产品，已形成批量化生产，广泛应用于工业、医疗、电力、军事、航空、照明、传感、装饰等各个领域。

　　公司一直秉承"创新发展、追求卓越"的经营理念，遵循"科技创新、以人为本、服务至上、质量为先"的质量管理方针，不断提高产品质量和服务水平，持续提升研发和制造能力。公司坚持用价值回馈员工、股东和社会，以最优质的产品和服务迈向国际市场，迎接更加辉煌的明天。

公 司 资 质

- 国家工程技术研究中心——非通讯光纤及制品技术开发基地
- 江苏省非通信光纤及制品工程技术研究中心
- 南京非通讯光导纤维工程技术中心
- 江苏省高新技术企业
- 南京市高新技术企业
- 2001 年通过 ISO9001 质量体系认证
- 2015 年获得知识产权管理体系认证
- 2016 年获得 ISO13485 医疗器械质量管理体系认证

获 奖 与 专 利

　　在非通信光导纤维领域形成了系列技术和产品优势，共完成 20 多项重大科研成果，获市级以上科研成果奖 29 项次，其中 3 项国家科技进步奖，17 项部省级科技进步奖。申请专利 121 项（其中发明专利 39 项），获得专利授权 106 项（其中发明专利 29 项），现行有效专利 46 项（其中发明专利 14 项）。

公 司 产 品

▶ 环保光纤

应用领域：

气体检测： 适合用于激光气体分析仪、污染源在线监测系统、大气粉尘检测仪等设备，尤其适合用于在高温、高湿、高粉尘、高气压等恶劣环境下进行气体监测的仪器，进行高效实时传输光信号和激光能量的光纤器件，光纤互换性强，传输性能稳定可靠。

水质监测： 适合用于水质在线监测设备，应用在工业和市政水处理等各个领域。通过化学反应原理，将取水样品加上颜色，采用光纤传光原理及比色法效应，对水样中氨氮进行检测。

光纤类型： 一进一出型、一进多出型、也可按需定制

光纤芯径： 0.4mm、0.6mm

光纤长度： 可定制

光纤护套管： 可定制

▶ 火检光纤

图一　　　　　　　　　　图二

应用领域：

　　火检光纤适用于红外线火焰检测器。其原理为：火焰中存在着大量可见光及波长为 0.9nm 以上的红外线，这些波长的光线不易被煤尘、水蒸气及其他燃烧产物吸收。因此适合用于检测煤粉火焰、重油火焰和适合惰性气体含量较大的燃料燃烧的情况。

图一产品适合用于 ABB SF810 火焰检测器

光纤芯径(mm)： 2.5/3.0/6.0

光纤长度： 可定制

光纤护套管： 可定制

图二产品适合用于 ABB UR600 火焰检测器

光纤芯径(mm)： 3.0/5.0/6.0

光纤长度： 可定制

光纤护套管： 可定制

专题研究

第 1 章　2019 年中国工业节能减排发展形势

赛迪智库工业节能与环保研究所

2018 年，我国工业节能减排目标任务基本完成，带动环境质量持续改善，"十三五"工业节能减排工作按计划稳步推进。展望 2019 年，工业经济发展有望继续保持平稳增长态势，节能减排压力有所加大，但各项节能减排工作仍将有序推进。

1.1　对 2019 年形势的基本判断

1.1.1　单位工业增加值能耗降幅可能收窄，工业污染物排放将继续保持下降

2018 年 1—10 月，全国规模以上工业增加值累计同比增长 6.4%，连续保持单月增长 6% 左右的水平，稳定增长的态势十分明显。部分高载能行业生产进一步恢复，粗钢、生铁、水泥和平板玻璃产量同比分别增长 6.4%、1.7%、2.6% 和 1.3%。受工业生产持续回暖影响，1—10 月份，全国工业用电量为 37942 亿千瓦时，同比增长 7.1%，占全社会用电量的比重为 67.1%，对全社会用电量增长的贡献率为 55.8%；全国规模以上工业单位增加值能耗下降 3% 左右，与 2017 年同期相比降幅进一步收窄，完成年度目标任务难度加大；截至 2018 年 10 月底，全国规模以上工业单位增加值能耗为 1.22 吨标准煤，比 2010 年的 1.92 吨标准煤下降了 36.5%。2018 年 1—10 月，我国工业 GDP 及用电量增长情况如图 1-1 所示。

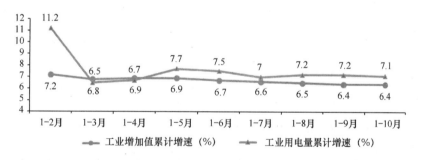

图 1-1　2018 年 1—10 月全国工业 GDP 及用电量增长情况

进入 2019 年，工业能源消费总量预计继续保持低速增长，单位工业增加值能耗有望继续下降，但降幅可能继续收窄。首先，根据国务院发布的《"十三五"节能减排综合性工作方案》的总体部署，按照工业和信息化部发布的《工业绿色发展规划（2016—2020 年）》的具体安排，"十三五"工业节能工作进入收尾期，为确保目标任务顺利完成，必须在 2019 年进一步加大节能工作力度，且 2019 年工业节能目标任务的完成有了政策层面的保障；其次，工业生产的稳定增长，尤其是高载能行业的持续回暖，将带动工业能源消费需求进一步回升，工业能源消费总量将继续保持增长态势的同时，单位工业增加值能耗大幅反弹的局面应该不会出现；最后，随着工业领域供给侧结构性改革持续推进，结

构性节能的效果将进一步显现。

2018 年以来，工业生产继续向中高端迈进，1—10 月份，高技术制造业投资同比增长 16.1%，比前三季度加快 1.2 个百分点。总体来看，2019 年我国工业能源消费总量不会迅速增加，单位工业增加值能耗下降速度可能减缓，但仍然处于下降区间。

进入 2019 年，在高污染行业增长有限和重点行业环保措施进一步严格的情况下，主要污染物排放总量有望继续保持下降态势。首先，2018 年 6 月 16 日，中共中央和国务院批准了《关于全面加强生态环境保护 坚决打好污染防治攻坚战的意见》（以下简称《意见》），《意见》提出了到 2020 年我国生态环境质量要总体改善，主要污染物排放总量大幅减少；要继续全面整治"散乱污"企业及集群，京津冀及周边区域 2018 年年底前完成，其他重点区域 2019 年年底前完成；在重点区域采暖季继续实施错峰生产，重点是钢铁、焦化、建材、铸造、电解铝、化工等重点行业，实施的范围将在 2019 年进一步扩大。其次，工业仍是主要污染物减排的重点领域，工业源二氧化硫、氮氧化物、烟粉尘（主要是 PM10）排放量分别占全国污染物排放总量的 90%、70% 和 85% 左右，随着总量减排、环境监管等措施的深入推进，工业领域主要污染物排放总量必将延续下降态势。

1.1.2 四大高载能行业用电量比重持续下降，结构优化成为节能减排的最大动力

四大高载能行业（化工、建材、钢铁和有色金属）用电量占全社会的比重变化情况如图 1-2 所示。

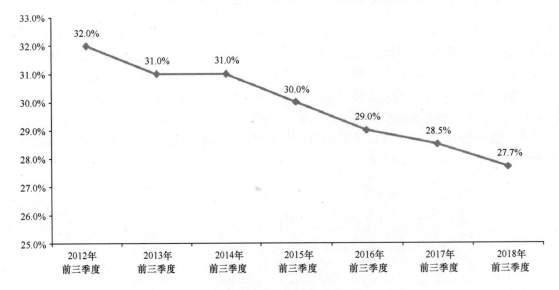

图 1-2 四大高载能行业用电量占全社会的比重变化情况

进入 2019 年，随着供给侧结构性改革的成效日益显著，结构性节能减排已经成为工业节能减排的最重要动力。首先，四大高载能行业能耗占全社会能耗的比重有望在 2019 年继续保持小幅下降态势。2012 年以来，化工、建材、钢铁和有色金属四大高载能行业能源消费量占全社会的比重一直保持下降态势，平均每年下降近 1 个百分点；2018 年 1—9 月，四大高载能行业用电量占全社会用电总量的比重为 27.7%，比上年同期下降了 0.8 个百分点，延续了"十二五"以来用能结构持续优化调整的势头。其次，由于新动能不断成长，工业经济结构有望继续改善。2018 年以来，中高端制造业增长较快，1—10 月份，高技术制造业、装备制造业增加值同比分别增长 11.9% 和 8.4%，分别快于规模以上工业 5.5 个百分点和 2.0 个百分点；新产品较快增长，1—10 月份，新能源汽车、智能电视产量分别增长 54.4% 和 19.6%。最后，工业经济发展的总体政策导向没有变化。2019 年，工业领域将继续推动高质量发展和

建设现代化经济体系，坚持以供给侧结构性改革为主线，狠抓政策落地落实，工业结构持续优化的政策环境较好。

1.1.3　重点区域环境质量继续改善，中西部地区工业节能形势较为严峻

重点区域环境质量改善及中西部地区部分省份全社会用电量变化情况如图 1-3 所示。

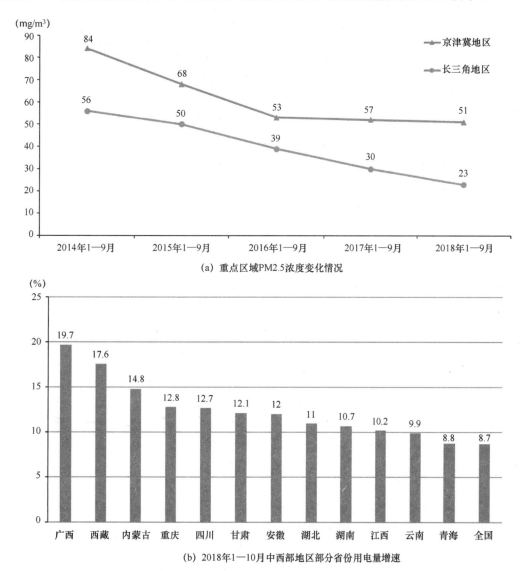

(a) 重点区域PM2.5浓度变化情况

(b) 2018年1—10月中西部地区部分省份用电量增速

图 1-3　重点区域环境质量改善及中西部地区部分省份全社会用电量变化情况

　　进入 2019 年，京津冀地区、长三角地区、汾渭平原等重点区域主要污染浓度将继续下降，环境质量有望持续改善。根据生态环境部发布的监测数据，京津冀、长三角区域的 PM2.5 浓度总体保持下降态势，与 2014 年相比，两大区域 2018 年 1—8 月的 PM2.5 浓度从 84μg/m³、56μg/m³ 下降到 51μg/m³、23μg/m³，降幅分别达到了 39%、59%，环境质量明显改善。2018 年 6 月 27 日，国务院印发了《打赢蓝天保卫战三年行动计划》，未来 3 年"散乱污"企业治理和重点行业错峰生产将继续强力推进，京津冀地区、长三角地区、汾渭平原等重点区域的环境质量有望继续改善，而珠三角地区的环境质量将继续保持在较高的水平。与此同时，我国各地区能源消费走势与过去相比却更加复杂。2019 年，除节

能形势一直比较严峻的西部地区外，中部地区的能源消费也可能快速增长，节能形势较为严峻。

2018年1—10月，纳入统计的31个省份全社会用电量均实现正增长。其中，全社会用电量增速高于全国平均水平（8.7%）的省份有13个，依次为：广西（19.7%）、西藏（17.6%）、内蒙古（14.8%）、重庆（12.8%）、四川（12.7%）、甘肃（12.1%）、安徽（12.0%）、湖北（11.0%）、湖南（10.7%）、江西（10.2%）、云南（9.9%）、福建（9.6%）和青海（8.8%）。

1.1.4 工业绿色发展综合规划深入实施，绿色制造体系建设将取得全面进展

绿色制造体系建设进展情况如图1-4所示。

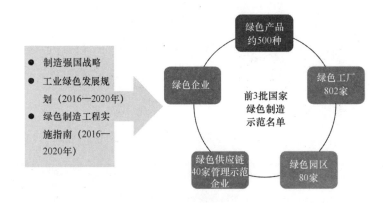

图1-4 绿色制造体系建设进展情况

进入 2019 年，我国工业领域第一个绿色发展综合性规划——《工业绿色发展规划（2016—2020年）》（以下简称《规划》）的落实将深入推进，包括绿色产品、工厂、园区、供应链和企业等要素在内的绿色制造体系建设将取得全面进展，形成更加完整的绿色发展体系。《规划》提出"十三五"期间要培育百家绿色设计示范企业、百家绿色示范园区、千家绿色示范工厂，推广万种绿色产品。截至2019年1月，绿色设计试点企业已有99家，并完成了对第一批试点企业的验收，完成"十三五"目标任务问题不大；绿色制造示范名单已经连续公布了3批，共计包括802家绿色工厂、80家绿色园区和40家绿色供应链管理示范企业，绿色制造体系建设工作取得全面进展，"十三五"绿色制造体系建设任务有望在2019年提前完成。同时，为加快实施《绿色制造工程实施指南（2016—2020年）》，财政部、工业和信息化部正式发布了《关于组织开展绿色制造系统集成工作的通知》（财建〔2016〕797号），利用中央财政资金引导和支持绿色设计平台建设、绿色关键工艺突破、绿色供应链系统构建3个方向的示范项目，截至2019年1月，近370个项目获得了中央财政资金的支持，范围覆盖了机械、电子、食品、纺织、化工、家电等重点工业行业。

1.1.5 节能环保产业政策环境依然较好，但增长态势将由高速降为中高速

2012—2018年我国环保行业营业收入及利润变化情况如图1-5所示。

进入2019年，"十三五"节能环保产业发展有关规划的落实将继续推进，促进节能环保产业提速发展的政策措施将保持不变，但产业增速将有所下滑。一方面，作为政策拉动需求的典型行业，环境治理领域的利好措施接连出台。2018年6月，中共中央、国务院连续批准和出台了《关于全面加强生态环境保护 坚决打好污染防治攻坚战的意见》《打赢蓝天保卫战三年行动计划》，对环境治理提出了新的更高要求，也对环境治理和监测的技术装备及产品提出了更大的需求。另一方面，受制于2018年上半年偏紧

的资金面以及部分企业中报不及预期，2018 年前三季度环保行业市场出现了整体走弱的趋势，而这种趋势在 2019 年很难大幅回弹。究其原因，主要是由于去杠杆政策的影响，环保行业大部分上市公司主要以 PPP 为主要商业模式，在此情形下受到融资环境紧缩影响明显。总体来说，2019 年节能环保行业发展环境喜忧参半，政策环境确保市场需求处于高位，融资困难又会一定程度束缚行业快速增长。

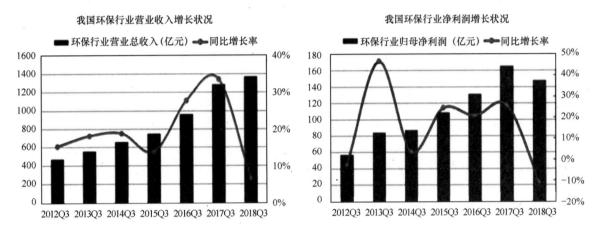

图 1-5　2012—2018 年我国环保行业营业收入及利润变化情况

（资料来源：Wind、华创证券）

1.2　需要关注的几个问题

1.2.1　单位工业增加值能耗反弹的可能性在增大

一方面，工业能源消费增速继续保持近年来较高的水平。2018 年以来，高质量发展和供给侧结构性改革深入推进，我国工业能源消费呈现"前高后低"走势，但其增速一直处于近年来的较高水平（7%以上），高于工业增加值增速。进入 2019 年，工业产能的总体利用率有望进一步回升，工业能源消费增速可能继续保持高位运行。另一方面，高载能行业利润大幅反弹，将带动生产进一步回暖。2018 年 1—10 月，工业新增利润主要来源于钢铁、石油、建材、化工等高载能行业，钢铁行业利润增长 63.7%，石油加工行业增长 25.2%，建材行业增长 45.9%，化工行业增长 22.1%，这几个行业合计对规模以上工业企业利润增长的贡献率为 75.7%。总体来看，2019 年单位工业增加值能耗反弹的可能性是在增大而不是减小。

1.2.2　区域节能减排形势更加复杂

与"十三五"前两年的情况相比，中部地区省份能源消费明显加快。2018 年 1—10 月，在用电量增速超过全国平均值的 13 个省份中，中部地区占了 4 个省（中部地区仅包括 6 个省），西部地区占了 8 个省。西部地区多数省份工业结构以重化工业为主，2018 年以来，随着市场供求关系好转，西部地区高耗能行业呈现快速增长态势，受到行业利润大幅反弹的刺激，这种态势有望延续到 2019 年。同时，中西部地区，尤其是西部地区又新开工和投产了大批重大工程和项目。《交通基础设施重大工程建设三年行动计划》显示，2018 年我国的铁路重点推进项目共 22 项，共修建铁路 8203 千米，总投资近 7000 亿元，多数项目将在中西部地区开展建设。仅新疆维吾尔自治区 2018 年在交通、水利、能源等领域就完成投资 3700 亿元以上，新开工项目 115 个。随着一大批重大工程和高耗能项目的开工建设和投产，必将拉动钢铁、石化、建材等"两高"行业快速增长，西部地区节能减排压力将继续加大。

1.2.3　绿色制造体系建设进入深水区

自工业和信息化部办公厅公布第三批绿色制造示范名单以来，"十三五"绿色制造体系建设任务时间过半，任务完成量也过半，但未来的工作将进入深水区。首先，在绿色设计企业、绿色产品、绿色工厂、绿色园区和绿色供应链示范企业等的创建过程中，完成开发推广万种绿色产品的任务难度最大，而其他任务基本可以在 2019 年提前完成。其次，绿色制造的标准体系建设跟不上需求。除绿色工厂的国家标准已经正式公布实施外，绿色园区、绿色供应链示范企业和绿色产品标准缺口仍然很大，下一步在地方、行业深入推进绿色制造体系建设严重缺乏标准支撑。最后，产品全生命周期理念是支撑绿色制造体系建设的核心，新理念在工业领域全面推广还有待时日，同时开展生命周期评价的工业基础数据库建设、适用的软件工具开发还有待加强。

1.2.4　环境治理措施强化的同时更需细化

随着《打赢蓝天保卫战三年行动计划》的全面实施，大气环境治理强化措施陆续出台，其中重点地区重点行业错峰生产工作最为引人注目。为做好冬季采暖期空气质量保障工作，京津冀及周边地区的"2+26"城市以及汾渭平原地区在 2018—2019 年将继续组织实施重点行业错峰生产工作，在环境质量明显改善的同时，错峰生产仍然面临一些制约因素。一是目标任务制定的准确性、科学性仍然有待提升，各个行业、不同规模企业其错峰生产带来的减排贡献度到底如何，还应进一步科学评估；二是保障民生需求应是前提条件，特别是原料药行业，部分药品生产周期长、季节选择性强，采暖季实施停产可能无法满足市场需求；三是被广泛质疑的"一刀切"在一定程度上不利于环保"优胜劣汰"，目前实施行业错峰生产主要依据产能情况，尚未根据排污水平优劣进行细分和差别化对待，排污少的优质产能与劣质产能实行相同的限停产政策。

1.3　应采取的对策建议

1.3.1　继续强化工业节能的监督和管理

一是加大工业能源消费情况的跟踪管理力度，及时分析可能造成单位工业增加值能耗反弹的潜在因素，准确提出应对措施，确保 2019 年工业节能目标任务圆满完成。

二是围绕《绿色制造工程实施指南（2016—2020 年）》和《关于开展绿色制造体系建设的通知》的具体要求，继续推进节能降耗、清洁生产、资源综合利用的技术改造，进一步提升能源资源的利用效率。

三是严格执行高耗能行业新上项目的能评、环评，加强工业投资项目节能评估和审查，把好能耗准入关，加强能评和环评审查的监督管理，严肃查处各种违规审批行为；同时，加快修订高耗能产品能耗限额标准，提高标准的限定值及准入值。

1.3.2　对中西部地区实施差异化的节能减排政策

一是加强对中西部地区，尤其是西部地区工业能源消费情况的监督管理，重点针对那些能源消

费增速较快、重化工业比重偏高的省份，及时分析制约其工业节能目标任务完成的因素，加强指导和监督。

二是总体谋划不同区域的节能减排政策。充分考虑中部与西部的地区差异，在淘汰落后产能、新上项目能评和环评，以及节能减排技改资金安排等方面，实施区域工业节能减排差异化政策。

三是加快推进中西部地区工业绿色转型，持续推进绿色制造体系建设。选择部分中西部省份，先行在省内开展绿色制造体系试点建设，由省级工业和信息化主管部门会同有关部门研究制订地区绿色制造体系建设实施方案，提出实施的目标、任务和保障措施，工业和信息化部加强指导和督促，促进中西部地区工业绿色转型发展。

1.3.3　深入推进绿色制造体系建设

一是结合《工业绿色发展规划（2016—2020 年）》实施的具体情况和目标要求，重点围绕绿色产品的开发推广，加大工作力度，确保在 2019 年取得明显进展，为完成"十三五"相关目标任务奠定基础。

二是按照《绿色制造体系标准建设指南》有关要求，加快标准的制定和修订，重点是绿色设计产品的评价规范、重点行业绿色工厂评价标准、绿色园区评价通则、绿色供应链企业评价通则等标准规范的制定。

三是加大生命周期理念的推广力度，加强工业绿色发展基础数据库建设，鼓励生命周期评价软件工具的开发与应用，促进生命周期评价结果在绿色产品设计开发、绿色工厂园区建设、绿色供应链打造等工作中的应用。

1.3.4　优化细化错峰生产配套管理措施

一是加强对实施错峰生产的地区及企业的跟踪管理，及时收集采集相关数据和信息，对错峰生产带来的减排效果和相关影响开展评估，提出应对策略和具体解决方案。

二是加快推进产业结构优化调整，降低错峰生产带来的总体影响。指导有关地区加大钢铁、建材等重点行业化解过剩产能力度，强化能耗、环保、质量、安全、技术等指标，依法依规加快不达标产能退出市场。

三是加快完善错峰生产配套管理措施。优化和细化对重点城市水泥、铸造、砖瓦窑、钢铁、电解铝、氧化铝、炭素等行业企业错峰限停产工作的指导、监督和落实，防范安全生产风险。

第2章　中国工业节水治污进展及产业发展前景

中国工业节能与清洁生产协会节水与水处理分会

水是生命之源、生态之基、生产之要。我国人均水资源量约为 2100m³，仅为世界平均水平的 1/4 左右，人多水少、水资源时空分布不均是我国的基本国情和水情。由于水资源禀赋先天不足等原因，我国水资源利用和保护面临着严峻的挑战。党中央、国务院高度重视水资源合理开发和清洁高效利用，国务院最严格的水资源管理制度明确用水总量、用水效率、限制功能区纳污 3 条红线管理，对近期及 2020 年、2030 年万元工业增加值用水量提出了明确要求。制造强国战略提出了实施绿色制造工程，实施传统制造业清洁生产、节水治污等专项技术改造。绿色制造工程把水资源利用高效化改造作为重点工作之一，推动走绿色发展之路，用最少的水资源消耗取得最大的经济生态效益。

工业是用水的重要领域，每年用水 1300 亿～1400 亿 m³，节水潜力大；同时，工业也是废水的主要来源，每年的废水排放量约为 200 亿 m³。工业废水中含有大量的污染物，给水环境造成严重影响，是治污的重中之重。因此，强化工业领域节水治污工作对于落实最严格水资源管理制度、水污染防治行动计划，缓解我国水资源短缺问题，改善水环境质量，全面推动绿色发展，具有重要意义。

2.1　工业用水现状

2.1.1　工业用水量稳中有降

"十二五"以来，我国工业用水总量趋于稳定，用水总量控制格局基本形成，用水总量基本维持在 1300 亿 m³ 左右（见图 2-1），工业用水量占全社会总用水量的比例也基本保持在 1/4 左右。2018 年，

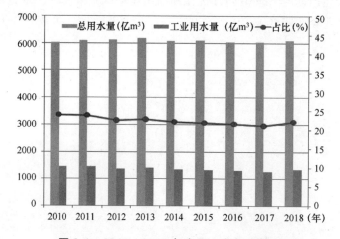

图 2-1　2010—2018 年全国工业用水情况

（资料来源：水利部，2014—2017 年《中国水资源公报》；国家统计局，2018 年《国民经济和社会发展统计公报》）

我国工业用水量为 1354 亿 m³，较 2010 年的 1447 亿 m³ 下降 6.4%。以上数据表明，改革开放以来，我国工业用水量不断增加的势头从"十二五"开始得到了有效遏制。

2.1.2 工业用水效率显著提高

"十二五"以来，我国万元工业增加值用水量逐年下降，2018 年万元工业增加值用水量为 45m³，比 2010 年的 90m³ 降低了 50%（按可比价），年均下降 6.2%，如图 2-2 所示。

图 2-2　2010—2018 年全国工业用水效率变化情况

（资料来源：国家统计局，2010—2018 年《国民经济和社会发展统计公报》）

2.1.3 非常规水资源利用量快速增长

"十二五"以来，我国非常规水资源利用量快速增加，海水、矿井水、中水、雨水等非常规水资源的开发利用技术日趋成熟，海水淡化已成为工业水源的重要补充。根据《2017 年中国水资源公报》计算，2017 年全国非常规水源利用量为 81.2 亿 m³，全国海水直接利用量为 1022.7 亿 m³（主要作为火/核电的冷却用水），我国海水淡化工程数量和产能规模不断增大（见图 2-3），截至 2017 年年底，已建成海水淡化工程 160 个，海水淡化总产能达到 122.26 万 m³/d，比 2010 年增长了 119.6%，超过三分之二应用在工业领域。天津、浙

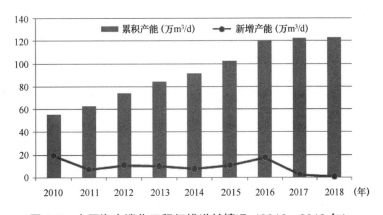

图 2-3　全国海水淡化工程规模增长情况（2010—2018 年）

（资料来源：《中国海水淡化年度报告》）

江、河北、山东等省市利用量最大，占当年全国海水淡化量的 83.0%，浙江省积极推进沿海电厂、重化工厂等高用水企业配套建设海水淡化设施，要求海水淡化工程对新建和改扩建的沿海电厂配套用水贡献率力争达到 100%。一些缺水地区积极推广火电、钢铁、化工、建材等企业使用城市再生水，推进工业园区、企业开展雨水集蓄利用，实现了工业用水多元化，节省了大量宝贵的地表水和地下水资源。2017 年全国市政再生水利用量为 71.34 亿 m³。

2.2 工业废水处理现状

"十二五"以来，我国加大了工业废水的治理力度，工业废水排放标准不断提高，工业废水排放量呈现持续下降趋势。2016 年，我国工业废水排放量约为 192.3 亿 m³，占废水排放总量的 25.4%，与 2010 年的 237.5 亿 m³、占比 38.5%比较，均有较大幅度的下降，如图 2-4 所示。在同期主要工业产品产量和工业增加值大幅增长的情况下，万元工业增加值用水量和工业废水排放量双双下降，工业节水治污取得明显成效。

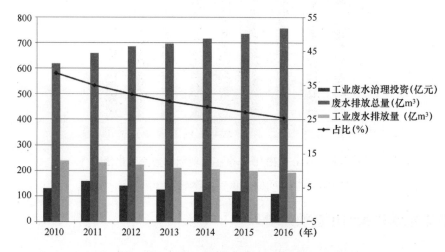

图 2-4 2010—2016 年全国工业废水排放情况

（资料来源：2010—2016 年《中国环境统计年报》、2017 年《中国环境统计年鉴》）

2016 年，在全国重点调查企业中，工业废水治理设施投资为 108.2 亿元，相较于 2011 年下降了 31.3%，这除了与工业废水处理量下降相关联，还与近年来我国积极淘汰落后产能，促进产业结构调整等政策实施，以及企业不断提高生产效率、减少排放相关。另外，工业废水处理技术在不断进步，投资成本也在不断降低。

2.3 高用水行业节水治污进展

2.3.1 总体情况

2011—2017 年工业取水量占全国总取水量的比例呈逐年小幅下降的趋势，2017 年占比为 21.1%，比 2016 年降低了 0.3%。其中，火电（含直流冷却发电）、钢铁、纺织、造纸、石化、食品和发酵等高用水行业取水量占工业取水量的 50%左右。

2011—2017 年，我国钢铁行业取水量由 26.2 亿 m³ 下降到 25.6 亿 m³；吨钢耗取水量由 4.1m³ 下降到 3.2m³，降低了 20.6%左右；重复利用率由 97.4%上升到 98.1%，提高了 0.7%。2011—2015 年，我国

造纸行业新鲜水取水量由 45.59 亿 m³ 降低到 28.98 亿 m³，万元产值取水量由 67.4m³ 下降到 40.6m³，降低了 39.76%。

在《中国环境统计年报》（2015 年）统计的 41 个行业中，废水排放量位于前 4 位的行业依次为化学原料和化学制品制造业、造纸和纸制品业、纺织业及煤炭开采和洗选业，如图 2-5 所示。4 个行业的废水排放量为 82.6 亿吨，占重点调查工业企业废水排放总量的 45.5%（见图 2-6），相比 4 个行业 2011 年废水排放量 107.0 亿吨，占重点调查工业企业废水排放总量的 50.3%，都有明显下降。

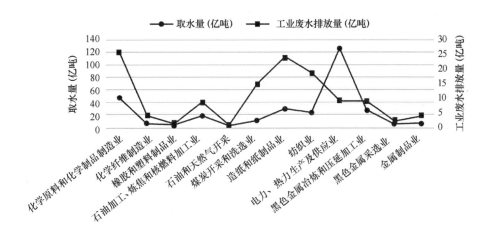

图 2-5　2015 年重点行业取水量和工业废水排放量情况

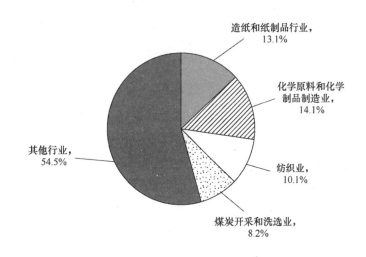

图 2-6　2015 年重点行业工业废水排放量占比

2.3.2　工业节水技术进展

发展工业节水技术可以提高工业用水效率和效益、减少水损失、开发利用非常规水资源，对促进节水减污、清洁生产有着重要的推动作用。近年来，工业节水技术不断创新和突破，大量技术得到了推广应用。钢铁行业重点研发推广了焦化废水膜处理回用技术、干熄焦技术、城市中水和钢铁工业废水联合再生回用技术等先进节水技术；火电行业重点发展了直接空冷技术、表面式间接空冷技术、循环水高效利用技术等先进节水技术；石化行业含油污水再生回用、钛白粉生产废水再生回用、冷凝水回收利用、乙二醇冷凝液回收利用等节水技术取得进展；化工行业干法乙炔工艺、粉煤加压气化等工

艺节水技术和聚氯乙烯母液回收利用技术、化工凝结水、反渗透浓水回收利用技术等废水回收利用技术得到了广泛推广应用；纺织印染行业重点发展了超低浴比高温高压纱线染色机、数码喷墨印花节水工艺、喷水织机废水处理回用等技术；造纸行业重点研发推广了纸机白水多圆盘分级与回用技术、分级处理梯级利用集成节水技术等先进节水技术等。此外，再生水、矿井水、雨水、海水等非常规水资源的利用技术也取得了显著进步。

2.4 工业节水治污市场前景

2.4.1 工业节水治污政策驱动

工业节水治污市场具有显著的政策驱动性特征，其市场规模和发展趋势受相关规划及政策影响较大。近年来，国家、地方政府和行业组织发布了相应的法律、政策、规划和措施，有效地推动了工业节水治污工作。新修正的《中华人民共和国水污染防治法》《中华人民共和国环保法》和《中华人民共和国环境税法》提高了水污染法定排放要求，完善了排污许可管理，明确了直接向环境排放应税污染物的企业事业单位和其他生产经营者为纳税人。国务院发布的《关于实行最严格水资源管理制度的意见》（国发〔2012〕3号）、《水污染防治行动计划》（国发〔2015〕17号）提出，实施绿色制造工程，实施传统制造业清洁生产、节水治污等专项技术改造；到2020年，万元工业增加值用水量将降低到65m³以下（以2000年不变价计，下同），到2030年将降低到40m³以下，用水效率达到或接近世界先进水平。还提出强化工业节水技术改造、严格用水定额管理、加强非常规水资源开发利用等具体措施，为工业节水市场指明了发展方向和预期目标。强调系统推进水污染防治、水生态保护和水资源管理，狠抓工业污染防治，制定造纸、焦化、氮肥、有色金属、印染、农副食品加工、原料药制造、制革、农药、电镀等行业专项治理方案，专项整治十大重点行业。

2.4.2 工业节水治污重点领域

工业节水治污产业和市场正在从过去的主要以政策驱动为主，向政策和价格双重因素驱动转变，用水价格、水处理成本、排污成本等市场因素将发挥主导作用。过去低廉的水价、水资源费（税）、排污费是企业节水动力不足的主要原因，随着反映水资源稀缺程度的、符合市场规律的价格机制逐步形成，未来我国工业节水产业和市场规模将不断发展。

1. 工业节水工艺技术改造

尽管我国工业节水取得了长足进步，但先进工艺、技术和装备比重在整体上仍然偏低，结构不合理等问题仍然广泛存在，致使不同企业、不同地区的单位产品取水量相差悬殊，工业企业节水工艺技术改造任务依然艰巨，存在较大市场空间。随着水资源税改革的逐步推进，从经济上倒逼企业积极实施节水技术改造。

工业用水行业相对集中，主要集中在火电、化工、造纸、钢铁、纺织、农副食品加工、石化等行业，这些行业是工业节水市场的重点领域。

2. 工业废水再生回用

重点行业污染防治提标升级催生工业废水再生回用市场。高用水行业同时也是工业废水的主要产

生源，尤其是化工、石化、造纸、纺织等行业。随着新修正的水污染防治法、环保法的实施，对工业废水处理提出了更严格的要求。在此背景下，实施工业废水深度治理再生利用项目具有显著的节水减污协同效益，工业废水再生回用市场空间巨大。

工业园区废水集中深度处理回用项目潜力巨大，市场前景广阔。目前，工业园区废水集中处理回用技术上已非常成熟，无论是综合性工业园区和还是行业性产业园区都有成功的案例。我国工业园区数量众多，这种通过废水集中深度治理回用的节水方式具有明显的规模优势，还可以根据园区企业的具体用水需求选择与之相适应的处理工艺和水质标准，具有显著的环境效益和经济效益。

3．工业节水咨询服务

节水咨询服务主要包括工业企业用水审计和水平衡测试，市场规模受各地政策影响较大。近年来，随着工业节水工作的不断强化，节水咨询服务市场主要依托第二种类型，在一些区域迅速发展。目前，一些提供节水服务的龙头公司已突破了传统的节水咨询服务范围，已形成问题诊断、技术方案提供、融资支持、运营管理等一体化服务模式。

4．工业废水第三方治理

工业废水第三方治理可提高工业企业治污效率，增强政府环境执法效能，降低突发事件环境风险，是现代企业发展和有效改善环境的大势所趋。为了更广泛、有效地推行第三方治理，2015 年 1 月 14 日，国务院办公厅发布了《关于推行环境污染第三方治理的意见》，2017 年 8 月环境保护部又发布了《关于推进环境污染第三方治理的实施意见》（以下简称《意见》）。从健全第三方治理市场、强化政策引导和支持等方面鼓励和支持环境污染第三方治理的发展。《意见》提出，推动环境污染治理市场化，在电力、钢铁等重点行业及开发区（工业园区）污染治理等领域，大力推行环境污染第三方治理，通过委托治理服务、托管运营服务等方式，由排污企业付费购买专业环境服务公司的治污减排服务，提高污染治理的产业化、专业化程度。

5．非常规水资源利用

2017 年，我国非常规水资源在经济社会用水中的比重仍较低，仅占总供水量的 1.3%，与一些节水先进国家相比还有一定差距。从技术发展水平看，我国海水、矿井水、中水、雨水等非常规水资源的再生利用技术日趋成熟，与国外差距不大，但在精细化、成套化、自动化方面与国外仍有较大差距。

（1）海水淡化。海水淡化已成为全球沿海国家解决水资源短缺、保护生态环境、促进经济社会可持续发展的重要措施。《全国海水利用"十三五"规划》提出的目标为："十三五"末期，全国海水淡化总规模达到 220 万吨/d 以上，沿海城市新增海水淡化规模 105 万吨/d 以上，海岛地区新增海水淡化规模 14 万吨/d 以上。海水淡化装备自主创新率达到 80% 及以上，自主技术国内市场占有率达到 70% 以上，国际市场占有率提升 10%。

（2）再生水。再生水具有地域限制小、处理成本较低的优势，产水可应用于工业领域。但目前利用率不高，利用潜力巨大。《"十三五"全国城镇污水处理及再生利用设施建设规划》提出的目标为："十三五"期间，新增再生水利用设施规模 1505 万 m^3/d。其中，设市城市为 1214 万 m^3/d，县城为 291 万 m^3/d。此外，雨水的利用技术日趋成熟，雨水蓄积用于工业生产已纳入一些地区的海绵城市建设规划中。

（3）矿井水。矿井水经过处理消毒后，可用于绿化、冲洗、工业用水。根据《矿井水利用发展规划》，2015 年全国煤矿矿井水排放量达 71 亿 m^3，利用量达 54 亿 m^3，利用率达到 75%。煤矿新增矿井水利用量 16 亿 m^3，非煤矿新增矿井水利用量约为 5 亿 m^3，全国新增矿井水利用量约为 23 亿 m^3。

第 3 章　国内环境监测行业现状、未来发展趋势分析

中国工业节能与清洁生产协会环境安全监测（物联网）专业委员会

近年来，环保已成为备受关注的议题。十九大报告更以"生命"为喻，并 80 多次提到环保，显现出党和国家对生态环境保护和绿色发展的决心和信心，势必会对我们的生产方式、生活方式、思维方式带来深刻的影响。在绿色发展的大背景下，环保产业将迎来黄金期。环保产业在国民经济发展中扮演的角色将越来越重要，不仅要求其自身成为国民经济的支柱产业，为经济复苏贡献力量，还肩负供给侧改革的红线作用，对其他产业进行调控。近几年政策出台速度加快，集中在环境污染防治、环境监测体系构建、环保基础设施建设及环保产业化、环境服务业建设等方面。进入"十三五"，政策支撑力度进一步增强，发展需求、社会关注度更大。

2016 年末至 2017 年上半年，《"十三五"生态环境保护规划》《"十三五"战略新兴产业发展规划》正式出台，环保全行业"十三五"规划全部发布，《中华人民共和国水污染防治法修正案》获得人大常委会通过，《中华人民共和国土壤污染防治法（草案）》的立法程序进入公开征求意见阶段。环保行业市场空间依赖监管倒逼，政策的密集发布和快速推进体现了政府环境治理的决心和效率，环保行业仍处在政策机遇的快速发展期。近年来陆续推出的"大气十条""水十条"和"土十条"正日益成为环境治理的主线，涉及超低排放改造、中小锅炉淘汰、黑臭水体治理、污水集中处理及土壤污染修复治理等。通过环境硬约束淘汰落后产能，对重点行业企业达标排放的限期改造及工业污染源的全面自行监测和信息公开将保持环境执法高压态势。与此同时，更为严格的环保执法也将实现对偷排偷放、数据造假的企业的严肃查处。这都为环保产业整个"十三五"时期及今后的蓬勃发展奠定了坚实的法制基础。

在环境第三方治理领域，随着环境基础设施的建设和升级改造向小城镇、园区和农村地区延伸，对于环境治理服务的需求也将日益旺盛。同时，随着 PPP 模式的逐步推广，社会资本参与这类项目的机会也越来越多，污水处理、生态治理、新能源应用乃至其他更为专业的环境第三方治理和服务领域都将迎来机遇。

我国环境监测起步较晚，从 20 世纪 70 年代才开始，以系统的环境监测体系建设为最初的起点，发展缓慢，近两年由于雾霾及人们对环保认识的深化等因素驱动，才进入快速发展期。环境监测也逐步发展起来，目前初步形成了具有中国特色的环境监测技术规范、环境监测分析方法、环境质量标准体系和环境质量报告制度，并逐步迈向标准化轨道。环境监测从间断性监测逐步过渡到自动连续监测，从简单的环境分析逐步发展到生物监测、物理监测、遥感卫星监测、生态监测。

全国环保系统基本形成了国控、省控、市控三级为主的环境质量监测网，但从覆盖面、设备智能化层面看，还是处于非常低的水平。在环境污染防治中，各类基础仪器在环境监测领域不可或缺，其中涉及大气、土壤、水源等各个方面。据了解，自"十一五"末期开始，我国环境监测仪器产业开始加速发展。环境监测是环境保护的基础工作，是推进生态文明建设的重要支撑。其监测数据能客观评

价环境质量状况，反映污染治理成效。

如今，随着物联网的应用普及和国家对环境问题的日益重视，环境监测仪器仪表行业资金投入不断加大，监测仪器迎来了新的发展机会。据业内预计，到 2022 年，环境监测行业市场规模有望突破 300 亿元。

3.1 环境监测行业现状分析

环境监测是环境管理和科学决策的重要基础，是评价考核各级政府改善环境质量、治理环境污染成效的重要依据。"十三五"期间是我国以改善环境质量为重点，打好气、水、土壤污染防治三大攻坚战役的关键期。环境刚需及环境管理的客观需求，都要求环保系统加快构建科学先进的环境监测体系，充分发挥环境监测对环境管理和科学决策的支撑作用，提供的监测数据产品更加丰富、科学、准确、及时。同时，政府治理体系和治理能力的现代化也要求环境监测要不断地创新管理思路、管理方法和管理手段，提高政府履职能力和服务水平。

近年来，政府不断加大对生态环境监测行业的扶持力度。2016 年 11 月，环境保护部印发了《"十三五"环境监测质量管理工作方案》及《关于加强环境空气自动监测质量管理的工作方案》，为"十三五"时期环境监测质量管理工作提供了基本遵循，明确了"十三五"期间环境空气自动监测质量管理总体思路和重点任务，是规范全国各级环境空气自动监测和运维机构监测行为、保证监测数据质量的专项指导性文件。

表 3-1 所示为 2016 年以来我国环境监测主要政策分析。

表 3-1 2016 年以来我国环境监测主要政策分析

时 间	政 策 名 称	主 要 内 容
2016 年 9 月	《关于培育环境治理和生态保护市场主体的意见》	在生态环境保护领域，将探索实施政府购买必要的设施运行、维修养护、监测等服务，为第三方生态环境检测机构提供了良好的机会
2016 年 11 月	《"十三五"生态环境保护规划》	到 2020 年，生态环境质量总体改善。生产和生活方式绿色、低碳水平上升，主要污染物排放总量大幅度减少
2016 年 11 月	《"十三五"环境监测质量管理工作方案》	到 2020 年，将全面建成环境空气、地表水和土壤等环境监测质量控制体系，保障大气、水、土壤污染防治行动计划评价及考核数据客观真实、准确权威。方案的提出将提升政府及公众对第三方检测机构的重视程度，增加对第三方检测数据的采购需求
2016 年 12 月	《关于全面推行河长制的意见》	进一步加强河湖管理保护工作。河长制对于环境检测公司水质检测业务起到有力的推进作用
2017 年 3 月	《关于清理规范一批行政事业性收费有关政策的通知》	对于涉企行政事业性收费，明确取消环境保护部门的环境监测服务费，意味着各级监测站将无权对企业收取环境检测费，其对社会提供的环境检测业务将逐步向第三方环境检测机构转移
2017 年 9 月	《关于深化环境监测改革提高环境监测数据质量的意见》	指出环境监测是生态文明建设和环境保护的重要基础。要把依法监测、科学检测、诚信检测放在重要位置，采取最规范的科学方法、最严格的质控手段、最严厉的惩戒措施，深化环境监测改革，建立环境监测数据弄虚作假防范和惩治机制，确保环境监测数据全面、准确、客观、真实
2018 年 4 月	《2018 年生态环境监测工作要点》	明确了 2018 年生态环境保护监测的重点任务和工作要求，主要内容可以概括为"13631"，即一个系统、三个重点、六个专项、三项基础、一个保障

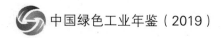

3.1.1 行业销售规模持续增长

生态环境检测行业是随着污染加重和政府、社会对于环境保护、监控和治理的日益重视及对于健康环境的关注而发展起来的，环境调查和检测是了解、掌握、评估、预测环境质量状况的基本手段，是环境信息的主要来源。

随着"十三五"环保规划的出台，以及在各项新的环保政策的指引下，环境监测设备行业的市场得到了稳步发展。2017年，我国共计销售各类环境监测产品56575台，较2016年同比增长38.5%，如图3-1所示。

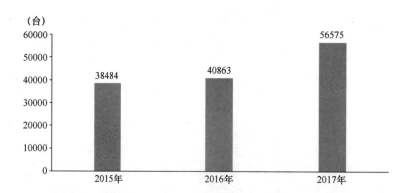

图 3-1　2015—2017 年我国环境监测设备行业销售量

随着国家对环境质量监测要求的不断提高，监测范围的不断扩大和频次的增加，以及监测需求量大幅上升，我国环境监测行业也持续发展。中国环境保护产业协会环境监测仪器专业委员会统计数据显示，2017年我国环境监测设备行业的总销售额突破了65亿元，同比增长1.6%，如图3-2所示。

图 3-2　2013—2017 年我国环境监测设备行业销售规模及其增速

3.1.2 行业产品销售集中度高

随着《水污染防治行动计划》《"十三五"国家地表水环境质量监测网设置方案》等政策的落实和推动，2017年水质监测设备的销量达19345台，同比上升86.3%。由于绝大部分省市已建成了地表水国控监测网，因此全国水质监测设备的销售量市场空间巨大。

我国环境监测设备在产品结构方面，销售量占比最大的是水质监测设备和烟尘烟气监测设备，两者占总体市场销量的66%。数采仪、环境空气监测设备和采样器占比分别为17%、13%和4%，如图3-3所示。

随着各领域环境测点在全国范围内铺设，产生了对环境监测设备的巨大需求空间，其中2017年京津冀地区的销售量占到了总销售量的42%（见图3-4），销售量由2016年的15575台增长至2017年的22891台，同比增长46.9%。

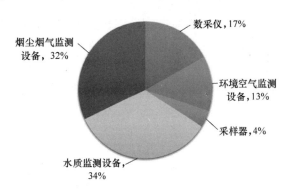

图 3-3   2017 年我国环境监测设备行业销售产品结构

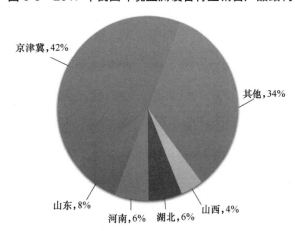

图 3-4   2017 年我国环境监测设备行业销售地区结构

自《京津冀协同发展生态环境保护规划》开展以来，京津冀及周边地区的大气和水环境质量均有所改善，但仍是我国大气和水体污染重点监控区域。随着智慧环保和网格化监测等手段的全面引入，相信京津冀地区对于环境监测设备的需求量，在一段时期内仍将处于较高占比，这也体现了我国环境监测设备行业销售区域存在发展不平衡的状况。

3.2   环境监测行业中存在的壁垒

3.2.1   认证壁垒

从事环境监测仪器和工业过程分析仪器生产的企业，生产属于《中华人民共和国依法管理的计量器具目录（型式批准部分）》中的分析仪器产品时，需要按规定取得制造计量器具许可证，而取得该产品生产制造许可需要企业具有较强的技术实力，产品生产和检定需经过严格的审核。国家环保部门对环境监测仪器适应性及其技术性能提出了严格要求，并对环境监测仪器是否符合环保技术标准进行环保产品认证，部分产品经过环保产品认证才能进行销售。《污染源自动监控管理办法》第十二条规定："自动监控设备中的相关仪器应当选用经国家环境保护总局指定的环境监测仪器检测机构适用性

检测合格的产品"。行业新进入者面临认证条件严格、周期长等困难。

3.2.2　技术壁垒

环境监测仪器和系统应用属于高科技含量产品，需要多学科专业技术交叉融合，需要企业具备扎实深厚的研发实力和技术积累。此外，在系统集成方面，企业需要将自身积累的行业经验和对客户需求的理解相结合，充分整合硬件设备、软件及后续运维服务，针对不同行业、不同类型客户的生产工艺和特殊需要，选择具有针对性的技术方案。由于缺少理论的基础，主要依靠实践经验不断积累，对于新进入者，很难在短时间内获得应用技术的积累和完成对专业人才的培养，因此对新进入者形成了较高的技术壁垒。

3.2.3　市场壁垒

环境监测仪器是环保、石化、水泥、冶金等企业生产环节的重要设备，其技术水平与质量稳定性是保证工业企业持续、安全、高效生产的基础。客户对环境监测仪器和工业过程分析仪器的可靠性、安全性、稳定性和精确性要求非常高，用户一般倾向于选择有一定品牌知名度的产品，与有一定经验和实力的公司合作，导致行业的新进入产品面临较高的市场壁垒。

3.2.4　营销服务壁垒

环境监测系统产品专业性较强、定制化程度高，因此客户对营销服务的专业性和及时性非常重视。由于客户需求存在着差异化、分布区域较为分散，因此行业新进入者需要面对较长的专业销售人员培养周期、较短时间内建立覆盖全国的营销队伍、市场覆盖不足等重重阻碍。另外，产品在操作使用、安装调试、运营维护等方面均需要丰富的经验，后期运行更需要长期的售后服务，因而缺乏技术经验和完善的技术服务网络也将是新进入者的又一壁垒。

3.3　环境监测仪器行业发展痛点分析

目前我国环境监测仪器行业存在三大痛点：市场无序竞争现象严重；技术取得较大进步，但整体水平仍有待提升；行业横向和纵向产业链联合不够紧密。

3.3.1　市场无序竞争现象严重

环境监测仪器行业整体创新能力还不强，产品低端同质化竞争严重。由于社会环境监测机构的大量涌现，环境监测市场恶性竞争现象严重，一些环境监测机构往往以低价竞争取得任务，但所收取的监测费用又不足以保证按质按量完成任务，只好数据造假，并且导致"劣币驱逐良币"的现象。恶性竞争导致企业低价中标，企业利润空间严重压缩，进而导致企业压缩成本、设备质量下降、先进技术装备应用推广困难等问题，如图3-5所示。

3.3.2　技术取得较大进步，但整体水平仍有待提升

环境监测作为环境治理和环境管理的基础，愈发受到关注，环境监测技术也有了较大提升。大气源解析产品大幅进入国家监测站点，促进大气污染源解析、跨区域传输等方面研究的进步，监测远程

化、智能化及生态环境的科学决策和精准监管等方面也都有所提升。国产监测系统稳定性、精度、可靠性已经取得长足进展，但与发达国家环境监测仪器的技术水平仍有一定差距。

图 3-5 环境监测市场无序竞争现象

仪器信息网公布的"2018 年度科学仪器优秀新产品"第一批入围名单，如表 3-2 所示。其中，环境监测仪器 10 台，实验室常用设备 1 台，行业专用仪器 2 台。

表 3-2 "2018 年度科学仪器优秀新产品"第一批入围名单

序 号	仪 器 名 称	型 号	公 司 名 称
1	MH3010-N 型便携式干燥管烟气预处理器	MH3010-N 型	青岛明华电子仪器有限公司
2	聚光科技 LGA-8100 激光气体分析仪	LGA-8100	聚光科技（杭州）股份有限公司
3	Strathkelvin 便携式活性污泥呼吸仪	Bioscope	上海博师通电器有限公司
4	SUPEC 7100 水质量金属在线监测系统	SUPEC 7010	杭州谱育科技发展有限公司
5	大方科技机动车尾气遥感监测激光检测模块	DEM-5000	北方大方科技有限责任公司
6	崂应 2050 型 环境空气综合采样器（18 款）	崂应 2050 型（18 款）	青岛崂应环境科技有限公司
7	美国特纳 TD-560 紫外荧光测油仪（新国标）	美国特纳 TD-560（双通道）	广州德骏仪器有限公司
8	北裕仪器 CGM200W 高位锰酸盐指数分析仪	CGM200W	上海北裕分析仪器股份有限公司
9	CFIA-2000 全自动流动注射分析仪	CFIA2000	凯菲亚仪器有限公司
10	豫维 InsertSi 硅烷化 6L 不锈钢苏玛罐	YW6000-B0-V1	北京豫维科技有限公司
11	Genie G 超纯水系统	RG0G010T0	上海乐枫生物科技有限公司
12	MEDXRF 轻元素（Si、P、S、Cl）光谱仪	DM2400	上海爱斯特电子有限公司
13	纤检 SO2-F2 二氧化硫测定仪	SO2-F2	上海纤检仪器有限公司

3.3.3 行业横向和纵向产业链联合不够紧密

环境监测仪器横向产业链主要分为：上游硬件、软件、检测试剂，中游监测仪器/系统，下游仪器维护、设备运营，如图 3-6 所示。上游产业基本由外资企业占领，中游市场主要由上市企业（如雪迪龙、先河环保、中环装备、聚光科技、天瑞仪器等）占据，下游主要为第三方环境服务企业。

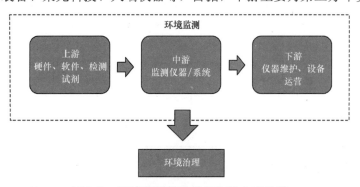

图 3-6 环境监测仪器横向和纵向产业链

而环境监测仪器的纵向产业链上还有重要一环——环境治理（见图 3-6），对某区域包括水、土、空气各方面进行环境监测后，若指标不达标，该如何进行环境治理、如何针对各项数据进行有效治理，或者根据治理所需监测的指标再去调整环境监测仪器的研发设计，都是目前环境监测仪器行业的重要问题。

3.4 环境监测仪器市场趋势分析

通过对相关政策和领先企业布局的分析，总结出环境监测仪器行业的三大趋势：政策引导行业向高质量规范化发展；行业获得战略性新兴产业支持，技术有望提升；环境监测仪器产业链将重新整合。

3.4.1 政策引导行业向高质量规范化发展

政策引导行业向高质量规范化发展主要体现在两个方面：对环境监测仪器行业企业制定一系列规范；对环境监测行业在收费价格上制定标准。

2018 年 10 月，工业和信息化部公布了《环保装备制造行业（环境监测仪器）规范条件》，通过发挥规范企业示范带头作用，引领环境监测仪器行业向高质量规范化发展。《环保装备制造行业（环境监测仪器）规范条件》分别从企业基本要求、技术创新能力、产品要求、管理体系和安全生产、环境保护和社会责任、人员培训、产品销售和售后服务等方面，对环境监测仪器制造企业提出了要求，如表 3-3 所示。

表 3-3 《环保装备制造行业（环境监测仪器）规范条件》

角 度	规 范 要 求
企业基本要求	企业近 3 年利润率平均值不低于 6%；年销售收入 2 亿元以下企业的环境监测仪器销售收入占企业当年总收入应不低于 50%，年销售 2 亿元以上企业的环境监测仪器销售收入占企业当年收入应不低于 30%
技术创新能力	要求环境监测仪器制造企业应具有独立研发和创新能力，建有技术中心、工程研究中心等研发机构，或者与大学、科研院所在技术研发方面形成稳定的合作机制；应配备相应的专职研究开发人员，其占企业员工总数比例不少于 10%；企业近 3 年每年用于研发投入的费用占企业销售收入总额比例不低于 6%或投入总额不低于 2000 万元；企业近 3 年获得环境监测仪器仪表制造领域的授权专利（包括软件著作权）不少于 10 项（其中授权发明专利不少于 1 项）
产品要求	应具备产品制造所需的生产加工和检测设备，具备对产品性能、可靠性等准确检测的能力，具备检验外协和外购产品质量的条件和制度。生产的产品应符合相关标准。企业在研发生产过程中应遵守知识产权保护等相关法律法规要求
管理体系和安全生产	企业应具备 ISO 9001 质量管理体系、ISO 14001 环境管理体系、ISO 45001：2018 职业健康安全管理体系等系列标准，结合企业经营生产和产品使用要求等方面的实际情况，建立相应的管理体系。企业生产场所应具备符合国家安全生产法律、法规和部门规章及标准要求的安全生产条件
环境保护和社会责任	企业生产过程产生的废水、废液、废气、固体废物及粉尘、噪声、辐射等处理与防护应符合国家规定的标准；生产的产品在使用过程中对生态环境和使用者的健康均不造成危害、不得产生二次污染
人员培训	企业从事特种作业、特种设备操作等特殊岗位及国家规定的技能职业的人员应具有相应技能职业资格证书，持证上岗率达 100%
产品销售和售后服务	要求企业应建有完善的产品销售和售后服务体系，产品售后服务要严格执行国家有关规定

环境监测行业收费价格标准调整。以广东省为例，之前广东省环境监测收费唯一的标准的是省物价局 1996 年批准的《广东省环境监测收费项目及标准》（粤价函〔1996〕64 号），该标准颁布至今已

有二十余年，而且主要针对的是财政拨款的事业单位。为提高环境监测技术水平，推进环境监测专业市场的有序发展和良性竞争，规范收费行为，广东省环境监测协会 2018 年 12 月 21 日公布了《广东省环境监测行业指导价》，供会员单位在确定环境监测收费时参考。环境监测行业的收费标准规范化调整后，有利于其上游环境监测仪器行业良性发展。

3.4.2　获得战略性新兴产业支持，技术有望提升

《战略性新兴产业分类（2018）》规定的战略性新兴产业是以重大技术突破和重大发展需求为基础，对经济社会全局和长远发展具有重大引领带动作用，知识技术密集、物质资源消耗少、成长潜力大、综合效益好的产业，包括新一代信息技术产业、节能环保产业及相关服务业等九大领域。其中，环境保护监测仪器及电子设备制造、海洋环境监测与探测装备制造、矿产资源与工业废弃资源利用设备制造等均获战略性新兴产业支持（见表3-4），均涉及环境监测专用仪器仪表制造行业。环境监测仪器行业在战略性新兴产业支持下，技术水平将会进一步得到提高。

表 3-4　战略性新兴产业

代　　码	战略性新兴产业分类名称	代　　码	战略性新兴产业分类名称
2	高端装备制造产业	7.2	先进环保产业
2.5	海洋工程装备产业	7.2.2	环境保护监测仪器及电子设备制造
2.5.4	海洋环境监测与探测装备制造	7.3	资源循环利用产业
7	节能环保产业	7.3.1	矿产资源与工业废弃资源利用设备制造

3.4.3　环境监测仪器产业链将重新整合

对应环境监测仪器的横向和纵向产业链，行业的整合趋势也分为两个层面。

从 2018 年的企业发展、并购等情况来看，行业内的领军企业都在向产业链上下游拓展，致力于成为涵盖软件、硬件、集成、运营维护的生态环境监测综合服务商。例如，2018 年年初，碧水源宣布，与关联方西藏必兴共同出资 1.44 亿元，收购中兴仪器 60% 的股份，进军环境监测产业。还有部分企业跨界进入环境监测仪器行业，并结合自身行业优势，打造不同侧重点的监测竞争力，如一些 IT 公司从智慧环保平台切入，打造整体监测解决方案，这对监测行业的竞争格局也将有很大影响。

环境治理，监测先行，环境监测是行业的基础。国家对环保的重视必然激发对环境监测的刚性市场需求，而环境监测和环境治理的衔接成为重点。已经有龙头企业着力打造平台型公司，构建从监测、管理到治理的一体化格局，具备技术创新能力、跨行业技术方案整合能力，将现代信息技术与生态环境监测相融合。例如，聚光科技在原有监测设备上结合人工智能、物联网技术，使之具备更强的智能化，提升其自诊断、自运营和自修复能力。

3.5　物联网技术在环境监测中的应用

经过多年以来的发展和努力，我国在物联网技术研究和创新中取得了明显成效，相应的分析手段也在不断成熟，在环境监测领域中应用物联网技术，能充分发挥该技术优势，为生态环境保护起到更加坚实的保障。物联网技术在环境监测中的应用，可以实时监测和管理环境信息，有助于提升环境信

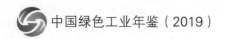

息采集质量和效率，辅助环境保护工作开展。

3.5.1　物联网技术和环境监测

物联网技术的本质特点在于实现物物相连，可以将物体本身的信息通过先进的传感器和智能设备收集，传输到信息平台上进行统一分析和管理。环保物联网在实际应用中范围涉及较广，是一种先进的对污染源监控和管理的信息系统，可以实现对环境信息的采集、传输、分析及存储，有助于提升环境保护工作成效和质量，主要强调在传统环保行业基础上，进一步整合先进技术，促使环境保护工作变得更加系统化、标准化。环保物联网逐渐成为当前治理环境污染的主要手段，通过大量先进技术应用，促使环境管理模式发生了质的转变，在环境监测中的应用具有十分深远的意义。

环境监测是一项涉及内容较广且十分复杂的工作，很容易受到设备和监测技术等因素影响，实际工作开展中更多的是停留在表面工作上，并未深入到工作实质中，环境监测相关信息并未列入环境监测记录中，如以往环境监测工作中应用的技术更多是针对山川、湖泊、江河的重要点位进行分析，对于突然出现的一系列重大问题，无法及时有效地进行判断和分析，从而造成环境问题的出现，并且持续恶化。而将物联网技术应用在环境监测中，可以为环境监测提供更多全面、准确的信息数据，将这些数据信息整理和分析，能够及时有效地发现其中存在的问题，做好预防和控制工作，确保环境保护工作真正落到实处，提升环境监测质量和监测效率。

3.5.2　物联网传感器技术的应用

1．大气监测

大气监测工作是环境监测工作中一项重要组成部分，要求相关监测人员对大气中存在的污染物定期观察和分析，以此来判断大气中污染物含量是否满足我国规定的大气质量标准要求。物联网传感器技术在环境监测中的应用，可以在监测有毒物质的区域安装传感器；或者是在人口稠密地区安装传感器，这样传感器监测的范围就会更广。在传感器监测范围内，如果出现大气污染问题，或者是监测内容突然剧烈变化，都会根据传感器技术进行更深层次的了解，从而寻求合理的应对措施，做好预防工作。

2．水质监测

水质监测工作涉及范围较广，包含对工业排水和天然水污染的监测，也包括对未污染水资源的监测，水资源保护开展提供了更多真实、全面、有效的数据。在水质监测中，不仅需要对水资源质量问题进行分析和判断，还要对水资源中有毒物质进行全面的了解。当前我国水质监测主要是对日常饮用水监测和水质污染监测，对饮用水监测主要是将传感器和相关设备安装在水源地，根据每日对水源地水质情况的监测，实时分析和掌握水质情况。对水污染监测是对工业废水的监测，能够有效避免重大污染问题的出现，从而有效地对污染排放进行管理和控制。

3．污水处理监测

水质监测工作质量和效率存在较大局限，污水处理效果不够理想。对水环境质量的监测是抑制水污染问题的主要手段，在污水处理监测中应用物联网传感器技术，可以对污水处理情况进行实时监测，有效降低人员劳动强度，促使污水处理技术真实性、全面性获得有效保障。

3.5.3 环保物联网的发展趋势

根据我国对环境监测工作的本质要求，应该进一步提升空气监测能力，根据相关政策和规范，不断拓宽空气监测范围。由于经济的快速发展，空气污染来源也在不断增加，在制定相关空气监控政策的同时，还应该对不同污染物协调监控，以此来提高物联网监控的有效性，实现数据信息的共享。例如，通过对空气 PM2.5 指标检测，可以确定污染来源，从而制定有效的监控策略，结合实际情况，健全和完善监测机制，从而实现对空气污染问题的系统性监测，提升空气监测工作质量和效率。

为了能够有效提高环保物联网监测效果，提升环境监测工作有效性，就需要建立一个统一的信息共享平台，促使环境监测数据和信息得到共享，从而有效加强民众环保意识，提升环境监测质量。统一的共享平台可以实现数据和信息的自动审核、分析和存储，深入分析数据信息，确保物联网可靠性和准确性。

在环境监测工作中应用物联网技术是十分有必要的，能够有效提升环境监测质量和监测效率，确保收集的数据和信息更加全面、准确，为后续工作开展打下了坚实的基础。

3.6 2018 年回顾

2018 年，是环保产业的重要转折年，是贯彻落实十九大精神的开局之年，是"十三五"规划实施的关键一年。

3.6.1 主要政策

国家相继出台了系列政策推动环境监测网络的建设，监测远程化、智能化的实现，以及生态环境的科学决策和精准监管。

另外，2018 年《中华人民共和国环境保护税法》《中华人民共和国环境保护税法实施条例》及新修订的《中华人民共和国水污染防治法》《生态环境损害赔偿制度改革方案》等多个环保法规和新政正式落地实施。

中共中央、国务院发布了《关于全面加强生态环境保护 坚决打好污染防治攻坚战的意见》，是 2020 年之前我国打赢蓝天保卫战，打好碧水、净土保卫战的战略详图。此外，生态环境部印发了《2018 年生态环境监测工作要点》，明确了 2018 年生态环境监测重点任务和工作要求，提出要创新环境监测体制机制，强化环境质量监测预警，不断完善"天地一体"的生态环境监测网络，全面提高环境监测数据质量，大力推进监测新技术发展，加快建立独立、权威、高效的新时代生态环境监测体系，充分发挥环境监测的"顶梁柱"作用。

1. 空气质量监测政策

《大气污染防治行动计划》（"大气十条"）的实施在 2013—2017 年推动了我国空气质量的显著改善，但是，中国目前还没有一座城市达到世界卫生组织（WHO）推荐的 PM2.5 年均浓度安全标准 $10\mu g/m^3$。

2018 年 1 月，原环境保护部印发了《2018 年重点地区环境空气挥发性有机物监测方案》，对挥发性有机物（VOCs）的监测城市、监测项目、时间频次及操作规程等做了详细规定。同月，环境保护部正式印发了《大气 PM2.5 网格化监测点位布设技术指南（试行）》《大气 PM2.5 网格化监测技术要求和检测方法技术指南（试行）》《大气 PM2.5 网格化监测系统质保质控与运行技术指南（试行）》《大气 PM2.5 网格化监测系统安装和验收技术指南（试行）》4 项指南文件，为规范城市利用新技术开展大气 PM2.5 网格化监测工作提供了指导。2018 年 7 月，国务院印发了《打赢蓝天保卫战三年行动计划》，明确了大气污染防治工作的总体思路、基本目标、主要任务和保障措施，提出了打赢蓝天保卫战的时间表和路线图。8 月，生态环境部会同市场监管总局发布了《环境空气质量标准》（GB 3095—2012）修改单，修改了标准中关于监测状态的规定，并完善了相应的配套监测方法标准，实现了与国际接轨。12 月，生态环境部发布了《国家先进污染防治技术目录（大气污染防治领域）》，为大气污染防治工作提供了技术支撑。

2. 水环境监测政策

2018 年 2 月，原环境保护部印发了《地表水自动监测技术规范（试行）》。3 月，生态环境部、水利部联合部署开展全国集中式饮用水水源地环境保护专项行动。5 月，生态环境部制订了《国家地表水水质自动监测站文化建设方案（试行）》，进一步推进水站文化建设，培育生态环境监测文化理念，树立国家生态环境监测品牌。

2018 年 10 月，住房和城乡建设部、生态环境部联合发布了《城市黑臭水体治理攻坚战实施方案》，这是我国印发的第一个涉水攻坚战实施方案，让城市河道实现清水绿岸、鱼翔浅底的目标有了清晰的时间表和实施路线图。同月，国务院办公厅下发了《关于加强长江水生生物保护工作的意见》，提出了坚持保护优先和自然恢复为主，强化完善保护修复措施，全面加强了长江水生生物保护工作，其中特别强调提升监测能力。

3. 土壤监测政策

2018 年 6 月，生态环境部等 13 部委联合发布了《土壤污染防治行动计划实施情况评估考核规定（试行）》，评估考核内容包括土壤污染防治目标完成情况和土壤污染防治重点工作完成情况两个方面。同年 6 月 24 日，中共中央、国务院发布了《关于全面加强生态环境保护 坚决打好污染防治攻坚战的意见》，提出了全面落实土壤污染防治行动计划，突出了重点区域、行业和污染物，有效管控农用地和城市建设用地土壤环境风险，让老百姓吃得放心、住得安心。

4. 其他重要政策

2018 年 1 月，原环境保护部发布了《环境专题空间数据加工处理技术规范》（HJ 927—2017）、《环保物联网 总体框架》（HJ 928—2017）、《环保物联网 术语》（HJ 929—2017）、《环保物联网 标准化工作指南》（HJ 930—2017）和《排污单位编码规则》（HJ 608—2017）等标准，促进环境信息化、环保物联网的发展。

2018 年 4 月，生态环境部发布了《污染源源强核算技术指南准则》《污染源源强核算技术指南 钢铁工业》《污染源源强核算技术指南 水泥工业》《污染源源强核算技术指南 制浆造纸》《污染源源强核算技术指南 火电》等标准，规范污染源源强核算工作。

3.6.2 行业发展

2018 年，监测设备的发展，在价格更低、易于维护、运行稳定、适应恶劣环境等基础上，已经向自动化、智能化和网络化方向发展。环境监测网络从省级到地级，逐步到县级覆盖；监测领域从空气、水向土壤倾斜；同时由较窄领域监测向全方位领域监测的方向发展，监测指标不断增加；监测空间不

断扩大,从地面向空中和地下延伸,由单纯的地面环境监测向与遥感环境监测相结合的方向发展。

2018年固定污染源监测市场趋向稳定。原有监测设备进入更换期,受益于产品更新换代、技术升级改造等因素影响,传统固定污染源监测产品需求有所上升,特别是2017年8月原环境保护部发布了《关于加快重点行业重点地区的重点排污单位自动监控工作的通知》,要求各污水处理厂、氮磷排放重点行业的重点排污单位必须安装总氮、总磷自动监测设备,带动总磷、总氮监测市场需求上升;而随着火电厂烟气治理设施新建及改造基本完成,超低烟尘、烟气监测设备市场需求已趋于饱和。此外,随着环保督察力度加强,对污染源运维可靠性需求增强,对数据质量要求不断提高。

2018年环境质量监测持续升温。一方面,国家高度重视空气环境监测与治理工作,针对各类大气污染源及空气颗粒物,持续加严相关政策,提高排放治理标准,细化监测部署方案,完善环境监测体系,各级监测站对空气站的需求比较旺盛;另一方面,随着国家对环境保护的重视,水质监测近年来发展迅速,特别是2018年4月习近平总书记视察长江,提出了"共抓大保护,不搞大开发",要求推动长江经济带发展,为水质监测发展注入强劲动力。以污水处理或河道治理为代表的传统"末端治理"模式正在向"全流域治理"推进。全流域一体化生态单元的运营,在水域生态在线监测、水污染应急预警方面形成了巨大的市场。水质监测体系正在向更广泛的覆盖面、更系统性的布局发展,水质监测体系逐步清晰和完善。国家环境监测总站耗资16.8亿元用于水质监测站的建设和运维,这标志着水质监测站市场已经进入了快速释放期。

2018年,大气成分分析设备市场需求有所提升。监测指标向组分监测、前体物监测等倾斜,力求说清污染物来源、成因与形成机理。受益于我国监测总站主导的组分网建设,各地市的需求也逐渐显现。

在智慧环境领域,政府需求持续增加,网格化监测及微型站市场需求旺盛。环境监测要素从大气扩展到水质,监测领域不断扩大,监测网络从传统的"三废"监测发展为覆盖全国各省区、涵盖多领域多要素的综合性监测网。

3.6.3 热点技术

2018年,环境监测技术主要集中于化学发光、色谱、质谱、FTIR、LIDAR、激光诱导击穿光谱(LIBS)等领域,涌现出数据处理、智能监测、生物传感器、三维激光雷达、无人机等新技术。

光学遥测技术获得广泛应用,开始构建典型区域大气环境综合立体监测网络。气溶胶雷达、单颗粒气溶胶飞行时间质谱仪等已得到应用,并自主构建了我国首个大气环境综合立体监测系统。基于生物、质谱、色谱的环境监测手段也迅速发展,共同奠定了我国现代环境监测技术体系的基础。近年来,我国在卫星遥感、激光雷达等环境监测技术领域已达到国际先进水平。3s技术(地理信息系统、全球定位系统和遥感技术)在土壤环境监测中得到应用,能够快速地实现对土壤的采样工作,掌控土壤环境情况。随着光学、电子、信息、生物等相关领域的技术进步,环境监测领域技术正向灵敏度高、选择性强的光学/光谱学分析、质谱/色谱分析方向发展,向多监测参数实时、在线、自动化监测及区域动态遥测方向发展,向环境多要素、大数据综合信息评价技术方向发展。

3.7 2019年展望

2019年,我国将以十九大精神为指引,打好蓝天保卫、柴油货车污染治理、城市黑臭水体治理、渤海综合治理、长江保护修复、水源地保护、农业农村污染治理七大战役。环境要素监测、环境质量监测、生态系统监测及生态环境状况监测将融合发展。环境监测将统筹城市/农村、区域/流域、传输通道、生态功能区等不同尺度监测布点，监测点位布局增多；监测频次加密，将由手工监测为主向连续自动监测为主升级；数据评估要求向准确预测、预警倾斜，为污染减排提供依据，科学反应环境质量与治理成效。

现代生态网络体系构建将成为新热点，综合开展地下水监测、海洋监测、农村监测、温室气体监测网络建设；实现全国统一的大气和水环境自动检测数据联网，大气超级站、卫星遥感等特征性监测数据联网，构建统一的国家生态环境监测大数据管理平台。持续推进环境遥感与地面生态环境监测已成为生态环境部的工作重点，未来将建立基本覆盖全国重要生态功能区的生态地面监测站点，加强环境卫星监测及航空遥感监测能力建设，逐步构建天地一体化的国家生态环境监测网络。

受益于环保政策与社会资本的青睐，环境监测行业将迎来突飞猛进的发展，预计到2020年实现900亿～1000亿元的市场规模，5年复合增速约为20%。

黑臭水体监测：国家对城镇环境治理力度不断加大，黑臭水体治理产业发展前景巨大，必然会拉动黑臭水体水质监测领域快速发展。

小型化水质多参数自动监测：随着生态环境监测网络的发展和水质网格化监测的推广，水环境自动监测站需要进行更密集的布点，以满足污染溯源、水质预警、河长考核等大数据应用需求。小型化水质多参数自动监测系统与固定站房式水站相比具有占地面积小、无须征地、安装灵活、建设周期短、投资少、成本低等优势，将成为水质监测产品热点。

海洋监测：海洋监测装备技术的发展势必紧跟国家海洋强国战略需求，将现代信息技术与海洋装备、海洋活动深度结合。长期、定点、连续的多要素同步测量技术是研究海洋环境变化规律和实现目标监测警戒的重点。

VOCs监测：2018年环境保护税法实施，虽然应税污染物种类里面并没有列出VOCs，但苯、甲苯等类型的VOCs物质已经被纳入征税范围，预计未来还有更多的挥发性有机物被纳入应税范围。此外，第二次全国污染源普查工作也在加速推进，在政策刺激下，空气站和污染源VOCs监测需求有望加速释放。

恶臭气体监测：随着人们对美好生活环境要求的提高和对于恶臭气体等有毒有害气体的监测技术的不断发展，以恶臭气体环境污染监测为创新创业的切入点，从"试错"中蹚出路来，用电子方法替代人工方法精准确定恶臭气体的成分，从而对恶臭气体的在线监测将成为行业热点。

土壤环境监测：加大ICP-MS法等痕量和超痕量分析技术应用以提升土壤环境监测的精确度；现场快速分析技术也将得到广泛的运用。

固定污染源重金属监测：随着全国重金属环境监测体系建设的推进，相关企业安装重金属监测设施的需求将增加；考虑14410家国家重点监控企业中，涉及重金属的企业占2771家，按目前120万/台设备价格计算，短期市场规模达36亿元。长期来看，按污水排放污染源4000台监测设备需求，燃煤机组4000台监测设备需求，流域水质监测2000台监测设备需求估算，未来将打开超百亿元的新市场。

大气传输通道城市监测：加大走航监测、激光雷达监测、尘沙遥感监测等技术的应用。

第4章 中国碳排放权交易市场治理体系建设简析

能源基金会（美国）北京办事处

中国在 2017 年 12 月正式启动了全国碳排放权交易市场（或称为"全国碳市场"）。全国碳市场建设是中国减缓气候变化的重要举措，它既是一项环境政策工具，也是一个人为创造出的市场。从理论上讲，碳市场是要寻求以最小的成本实现既定的减排目标。在任何金融市场或环境政策的设计过程中，清晰明确的治理体系将有助于确保政策的有效执行，同时对于制订激励机制、确保市场合规及识别长期战略风险也至关重要。

碳排放权交易市场的治理体系应当由获得法律授权的高级别的中央政府部门监管，针对碳市场运行、监测、报告和核查体系及履约和评估等核心工作制定监管议程并实施。该治理体系应该为全国碳市场的健康发展及有效监管提供战略指导，从而为碳定价奠定基础。此外，中央政府层面的标准化指导方针和基础设施建设应为区域和地方层面的碳排放权交易工作奠定基础。

目前，中国碳市场的主管部门从国家发展改革委划转到新组建的生态环境部应对气候变化司。为促使中国碳排放权交易市场的有效运行，生态环境部不仅要与地方政府沟通，还要与中央层面的司法及金融监管等其他机构协调，制订能被较为广泛认可的政策措施、交易规则及市场监管。此外，碳排放权交易市场涉及不同的利益相关方，在设计行之有效的全国碳排放权交易市场的治理体系时，还需要充分考虑到如何反映它们的需求。

当下是中国碳排放权交易市场的初期阶段，也是建立中国碳市场治理体系的最佳时机。中国碳排放权交易市场的设计和建设，治理体系是不可缺少的一个环节，而且是其取得成功的重要组成部分。

中国已成为气候行动的捍卫者和可持续发展的引领者。中国经济的快速发展造成了空气、土壤和水污染以及大面积森林砍伐，鉴于此，中国政府积极致力于应对气候变化和可持续发展。习近平主席一直积极推进污染防治，将其确定为中国要重点打好的"三大攻坚战"之一。2017 年 10 月，习近平主席在十九大报告中提出，中国"引导应对气候变化国际合作，成为全球生态文明建设的重要参与者、贡献者、引领者"，并且在庆祝改革开放 40 周年的重要讲话中也强调要"加强生态文明制度建设，实行最严格的生态环境保护制度"。但在寻求具体解决方案时，中国需要在环境保护和经济增长之间找到平衡。

中国建设全国碳市场已成为中国减缓气候变化政策的重要举措。中国自 2013 年相继启动地方碳排放权交易试点，习近平主席于 2015 年对美国进行国事访问期间宣布中国计划于 2017 年启动全国碳排放权交易体系，并将其纳入"十三五"规划。从中国政府最高领导层的明确承诺到碳排放权交易市场的不断完善，都体现了中国在全国碳市场建设上所做出的努力。

中国政府致力于利用更多的基于市场的政策工具，而不是传统的行政措施，来推进环境和气候目标的实现。碳排放权交易作为实现减排的市场机制就体现了这一方向。作为迄今为止世界上规模最大的基于市场的政策工具的"试验田"，中国的碳排放权交易将不仅可以验证市场机制在实现减排目标上的价值，而且其设计和实施也可为其他地区和国家的碳市场提供宝贵的经验。

中国的全国碳排放权交易体系于 2017 年年底正式启动，这一举动向控排企业发出了必须对其碳排放负责的长期政策信号。当下全国碳排放权交易体系还在紧锣密鼓地推进和建设中，包括碳排放总量设定、配额分配，以及数据监测、报告和核查（MRV）体系等基础工作。此时，讨论碳市场设计如何必须兼顾经济和环境双重目标，如何统一协调不同决策部门的职责权限正当其时。

本章将探讨中国碳市场建设各利益相关方的职责和角色，并研究在全国碳市场不断建设发展过程中需建立的可行的治理体系。在介绍负责全国碳排放权交易体系建设的监管机构及相关政策的基础上，侧重于分析中国碳排放权交易市场的治理问题，探讨全国碳市场综合治理生态系统设计过程中的一些重要问题。

4.1 全国碳市场的治理体系

建立一个强劲有效的全国碳市场是中国解决环境问题，特别是气候变化问题取得胜利的关键。碳排放权交易是通过市场的竞争性定价机制并能够大规模减排的重要工具，它有助于中国实现双重目标，即在实现环境目标的同时以最低的成本促进低碳经济发展。

为了实现这些目标，必须建立清晰明确的治理体系。这不仅可以确保计划得以正确执行实施，而且可以为实现履约提供适当的激励机制。从控排企业到投资者，不同的市场参与者还需要一个边界明确、沟通良好的治理体系，从而确保其短期决策和长期战略有据可依。

2018年3月，中国国务院机构改革方案公布，其中涉及重大的环境治理机构调整，即把气候变化在内的环境政策制定职能并入新组建的生态环境部。在这轮机构改革中，作为全国碳排放权交易体系监管部门的应对气候变化司从国家发展改革委转隶到生态环境部，负责应对气候变化和温室气体减排工作，其国内政策和履约处（碳排放交易管理处）承担碳排放交易建设和管理有关工作，是全国碳排放权交易市场的主管机构。此举有望更好地对生态环境部的传统职责进行精简，特别是与全国碳排放权交易体系监管的职能重叠问题。

自全国碳排放权交易市场于2017年正式宣布启动以来，目前仍处于碳市场建设的初期阶段，全国碳排放权交易市场将先从发电行业开始，并遵从碳排放权交易市场的现行指导原则。

如果2020年发电行业碳排放权交易市场投入运行，从全国碳排放权交易市场的治理体系要素来讲，需要针对一些战略性的问题进行讨论。全国碳排放权交易体系的监督管理及现行的监管治理制度都存在不少问题，如碳配额的初始分配、中央和地方政府的责权划分、生态环境部职能精简，以及如何营造促进全国碳排放权交易市场的治理体系发展的有利环境。

4.1.1 全国碳排放权交易市场的监管

建立全国碳市场需要一整套系统框架和支撑体系，包括但不限于基本的法律法规、排放数据管理系统以及监测和执行机制。因此，为了建立一个切实有效的全国碳排放权交易市场，对这个市场的所有构成要素进行监督管理是首要的战略目标之一。

1. 监督管理的设计与实施

中国的全国碳市场如果要取得整体的成功，需要得到更高层级政府机构的支持，如可以成立超部级碳市场建设工作领导小组。该小组可以为全国碳市场的发展提供战略指导，负责碳市场全局统筹规划，推动碳市场法律框架建立，统揽碳市场设计、运行和监督。

中国现有的碳排放权交易试点中，运行成功的试点正是得到了地方政府的支持，得以加速推进立

法进程，以便于各地主管部门开展设计和实施工作。以北京和深圳为例，碳排放权交易的法律法规获得了地方立法机关即地方人大常委会的批准。通过地方人大常委会出台的规范碳排放管理的法律文件，为碳排放权交易健康发展提供了可靠的法律保障，这也体现在北京和深圳两个碳排放权交易试点一直以来保持较为稳定和较高的交易价格上。

一些国际案例也印证了碳排放权交易确实需要法律授权和强有力治理。美国加利福尼亚州（以下简称"加州"）的碳排放总量与交易机制是该州议会 2006 年通过的《加州全球变暖解决方案法案》（州议会 32 号法案）的核心。2011 年，加州进一步立法授权该州的空气资源委员会（ARB）作为碳排放总量与交易机制的主管部门。2017 年，加州颁布新的气候变化法案，将加州碳市场的运行时间延长到 2030 年。

这种强有力的政治支持还表现在：空气资源委员会获得法律授权，负责碳排放总量与交易机制的设计、实施和运行。空气资源委员会也得到了州政府的支持，可以设计强有力的激励措施确保履约和强制执行，该委员会主席直接向加州州长汇报工作，沟通渠道和执行机制非常明确清晰。

我国在建设全国碳市场的过程中，一方面，生态环境部在积极推动国家立法机关出台全国碳排放权交易管理暂行条例；另一方面，仍需要设立一个由国务院或中央财经委员会直接领导的高级别工作组。该工作组将主要负责碳市场的设计，促进跨部门的对话和决策，保持碳市场与其他政治和经济议程之间的政策衔接。

2．参与和透明度

如前所述，生态环境部应对气候变化司负责全国碳排放权交易体系的有关建设和管理工作，但如果没有不同行政级别的利益相关方参与进来，就无法有效地进行全国碳市场设计。利益相关方包括但不限于相关行业和部门、地方气候和环境主管机构，以及其他环境、能源和经济政策制定者。

全国碳排放权交易体系与其他气候、环境和经济政策之间将有显著的相互影响关系。因此，其全国碳市场的设计不能与其他政策的制定分开进行。例如，需要考虑金融稳定性，这也是中国政府重点工作之一。虽然市场参与者迫切希望探索碳市场金融工具和其他碳金融创新，但金融监管部门有责任平衡市场流动性和稳定性，同时制定规则和指导方针，与环境主管部门制定的碳排放总量设定、配额分配及其他碳市场政策同步实施。

此外，全国碳排放权交易体系的政策应当与已经实行及正在讨论的其他碳减排和地方污染物减排措施协调一致。中国"十三五"规划中提出要发展用能权、用水权、排污权和碳排放权 4 个与环境相关的交易市场。这些机制只有在相关政府部门对政策框架达成真正共识时才能发生效用。

全国碳排放权交易体系的许多要素取决于其他部门的认同和支持，这说明了从一开始就让它们参与进来的重要性。在关于配额拍卖的讨论中，得到其他部门的认同支持的重要性尤为明显。理论和实践经验表明，相较于配额免费分配，配额拍卖可能是一个更好的选择。

然而，由于利益相关方的立场不同，配额拍卖很难获得广泛认可。从现有的地方试点经验来看，广东是唯一一个学习加州经验成功开展配额委托拍卖的试点市场。但是由于拍卖产生的收入统一纳入地方政府预算体系管理和使用，这些资金无法由地方生态环境局和/或地方发展改革委使用，从而难以充分发挥节能减排的激励作用。在中央层面，生态环境部与财政部之间以及全国碳排放权交易体系政策制定部门与财政部之间，也存在这样的政策协调障碍。

3．政策评估和调整

碳排放权交易市场的建设随着时间的推移将不断完善。世界上现有的碳市场也都不是在开始之初就设计得完美无缺，中国也不例外，重要的是要建立一套政策制定者可以遵循的规范，并密切关注市场运行情况并及时做出调整。相关的政策规范也应当向公众公开，向市场参与者发出长期政策信号，以便制订投资计划。

除了由全国碳排放权交易体系主管部门进行总结评估，建立一个跨学科的工作组，对全国碳市场的设计和运行提供独立的意见建议，将是非常有益的。该工作组可以设在生态环境部内，由财政部、国家发展改革委、中国证券监督管理委员会和独立专家等利益相关方组成。工作组的任务是对全国碳排放权交易体系进行正式的年度评估，并提出改进建议。

在全国碳排放权交易体系的所有要素中，对碳排放总量设定的评估和调整尤为重要。碳排放配额总量的设定明确了减排目标，是确定碳排放配额分配，进行碳市场设计的基础。工作组应对碳排放总量设定发表意见建议，提供无偏见的、多方面的观点。

碳排放总量设定对于碳配额发放也很重要。配额发放的数量反映了当前和预期"商品"的稀缺性。为了让碳排放权交易市场获得更多支持，包括中国在内的许多市场在启动时都不会设定一个很高的碳排放总量目标。这通常会导致配额过度分配，但监管机构应明确提出，保留对碳排放总量根据既定时间表进行调整的权利。

4.1.2　全国碳排放权交易市场的治理

全国碳排放权交易市场的治理在很大程度上取决于碳排放在整个国家的环境监管体系中的地位。随着中国最高领导层越来越突出强调环境治理，碳排放仍将得到高度重视。

针对全国碳排放权交易市场的治理，如果健全的监管程序到位，那么市场才能有效地发现价格，从而更有利于实现碳减排目标和低碳经济发展。这就需要明确碳配额的法律属性、中央和地方政府在碳市场中的角色区别、生态环境部精简职能等一些重要的治理问题。

1．碳配额的法律属性

碳配额的法律属性对全国碳市场的治理有重大影响。目前国际上也没有统一的法律属性，碳配额曾被定义为金融工具、无形资产、财产权、国有财产或大宗商品等。

明确碳配额的法律属性非常重要，因为这对碳市场的关键要素起着决定作用，包括但不限于：谁有权合法决定配额的发放、转让和取消；配额是否受到金融监管的制约；配额的会计处理等。

中国现在的国情，对于碳配额作为财产权处理存在激烈的争论。如果碳配额被定性为财产权，那么政府管理碳市场运行的灵活性就会降低，因为这涉及宪法所保护的财产权。这样一来，政府调整某些规则以实现环境目标的能力就会受到限制，包括短期和长期发放的配额数量，碳配额价格上限和/或下限，以及监测、报告和核查要求。

另外，是将碳配额认定为可交易的行政许可。由于全国碳排放权交易市场缺乏法律基础，这种定义可能是一个较好的选择。相比之下，现行法律已经规定监管机构有权发放可交易的排污许可。全国人民代表大会于2003年通过了行政许可法，这为发放行政许可并进行配额拍卖建立了法律基础。行政许可法赋予各部委制定规则的权利，使此类许可能够交易。在此框架下，环境保护部（生态环境部的前身）于2018年发布了《排污许可管理办法（试行）》，确立了环境保护部排污许可管理和运行的程序。将许可证管理一系列法规和框架扩展到碳配额领域，既有法律基础，也有操作上的便利性。

2．中央和地方政府的角色区别

由我国中央政府负责碳市场设计，有利于确保减排目标的一致性和公平性，并使减排目标的实现

与其他国家政策（包括国家自主贡献）及国际承诺保持一致。目前中国的碳排放权交易市场建设方案表明，中央政府将为全国碳市场建设提供总体指导并开展基础设施建设，如全国统一的排放数据报送系统、注册登记系统等，这是区域和地方层面碳排放权交易市场工作的基础。对全国碳市场进行统一设计和建设，有助于加强区域和地方的协调统一，特别是在监测、报告和核查体系方面，同时，全国只设一个登记注册系统，这将降低企业在全国碳排放权交易市场上的履约和交易成本。

中国的碳排放权交易市场建设方案还表明，全国碳排放权交易市场最终将覆盖 8 个行业的 7000 多家企业。由于中央政府的精力有限，需要地方政府来监管本辖区内的数据核查、配额分配、重点排放单位履约等工作。在 2014 年 12 月由国家发展改革委发布的《碳排放权交易管理暂行办法》中对此已有详细说明。

在地方层面，2018 年的机构改革将碳排放权交易市场的监管职责从地方发展改革委转到地方生态环境局。目前，许多原来在地方发展改革委负责应对气候变化和碳排放权交易市场的工作人员留在了发展改革委并没有调往地方生态环境局。因此，需要在地方层面开展大量的能力建设培训，以确保全国碳排放权交易市场能在地方各个层面妥善实施。

在大多数省、自治区、直辖市，负责建设全国碳排放权交易市场工作的人员以往主要从事地方污染物治理，他们在应对气候变化和碳排放权交易市场方面的经验甚少，许多人没有接受过适当的相关培训。这就需要重新制订或修订培训计划，帮助他们能够胜任碳市场管理工作。

3. 整合协同生态环境部对全国碳排放权交易市场的监管治理

生态环境部于 2018 年 3 月正式组建，保留了原环境保护部的大部分日常职责，包括从实施到执法等各个方面。生态环境部目前的污染物排放许可和配额管理系统及执法机制，有望对全国碳排放权交易市场的建设奠定基础。

（1）许可和配额管理。国务院于 2016 年发布了《控制污染物排放许可制实施方案》，授权原环境保护部及其规划财务司建立和管理污染物排放许可制度。在新成立的生态环境部下，正式承担这一职责的是环境影响评价与排放管理司，包括地方排污许可证发放、信息披露及数据监测等排污许可综合协调工作。由于这些与碳配额管理系统所需的职能相近，我们建议使用现有的排污许可平台，增加碳配额作为另一种许可。例如，根据目前的排污许可制度，生态环境部规划财务司发放空气污染物排放许可，同时考虑到生态环境部大气环境管理司制定的大气污染物排放标准，全国碳市场可以采用相同的模式，碳配额的总量及其分配方法由生态环境部应对气候变化司确定，由生态环境部环境影响评价与排放管理司负责管理。环境影响评价与排放管理司还可以负责公布企业的碳排放数据，这符合中国的碳排放信息公开这一推进的方向。

（2）执法机制。中国新修订的环境保护法自 2015 年起生效实施，授予原环境保护部和地方环境保护局更大的权力来监督和处罚地方环境污染问题。该法律建立了一套更加严厉的处罚制度，包括对违规实施按日连续处罚、停业、扣押设施和行政拘留，但目前二氧化碳及其他温室气体未在此范围之内。

2015 年 3 月，根据新环保法，苏州市环境保护局对企业超标排放且拒不及时改正的行为开出了首张 216000 元的罚单。截至 2017 年年底，由习近平主席创建、负责审查和监督地方落实环境政策的中央环保督察组开展的执法行动发现了 29000 家企业和超过 18000 人的违法违规问题。2018 年，中央环保督察组处理了 60000 多起与环境有关的案件，并对 8000 多人进行了处罚。

然而，根据目前全国碳市场监管框架，对违法违规行为强制执行的法律基础总体来说比较薄弱且不规范。例如，在天津试点，如果企业未根据其实际排放量交出足够的配额，并不会受到任何违规处罚；在广东试点，未遵守规定进行履约的企业将面临最高仅 50000 元的罚款。可以比照，在 2018 年 1

月和 11 月期间，广东省生态环境厅对地方其他污染违法违规行为开出的罚单平均为 440000 元人民币。这是因为在《中华人民共和国环境保护法》下，赋予了环境执法机构治理局地污染物更高的权限。如果可以参照现有的环境执法和处罚权限管理碳配额乃至全部温室气体排放，可以很好地加强对温室气体的管理。

鉴于中国通过新的应对气候变化法来监管温室气体排放将需要较长的时间，因此我们认为，利用现有的环境法律框架和执法职能，延伸至温室气体排放，可提供法律监管工具来加强实施，并充分激励企业履约。同时，这还将有助于在全国范围内促进标准化进程。此外，也可以探索修改环境保护法，将温室气体视为污染物，这样生态环境部将具备监管温室气体的法律依据并通过全国碳市场等政策工具实施。

4.1.3　全国碳排放权交易市场治理的实现

除了环境监管责任，政府还应确保碳排放权交易体系的系统性和有效性，并创造促进市场相关方参与到全国碳市场的有利条件。这就涉及前面提到全国碳市场的双重目标，因此，有必要让金融监管部门参与到碳市场的治理体系中。

对全国碳排放权交易市场进行有效治理，生态环境部应对气候变化司与金融监管机构的协同显得尤为重要，主要涉及如何解决与金融市场监管的冲突问题、如何建立全国碳排放权注册登记系统及交易和结算系统。

1．与金融市场监管的协同

碳交易市场须遵守交易市场适用的现行指导方针。证监会负责碳期货市场并对期货交易所进行监管。与其他金融监管机构一样，证监会采用风险监管指标管理方法，因此证监会对现有的大宗商品期货市场的监管法规也适用于全国碳排放权交易市场。例如，为了加强碳交易市场的金融稳定性，国务院在 2011 年和 2012 年发布了两份对碳交易市场具有重大影响的文件。根据文件要求，证监会目前不允许试点市场开展标准化交易、连续交易或集合竞价等金融市场的主流交易方式，这严重限制了交易频率及市场活跃度。

相比更复杂的传统金融交易产品，通常认为碳交易的金融风险相对较小并更可控。建议证监会同生态环境部对全国碳排放权交易市场的相关风险进行具体评估，以更好地设计配套金融法规。因此，要建立一个稳健的碳市场治理框架，就必须考虑到金融市场现有的相关法规文件和未来金融监管风险。

2．全国碳排放权注册登记系统

全国碳排放权注册登记系统是确立和跟踪碳排放配额的公共平台，其目的是为全国范围内的各类市场主体提供碳排放配额的法定确权及登记服务。一个全国统一的排放配额注册登记系统，而非多个省级登记系统，可以提高碳配额的核查效率、降低履约交易成本并防止潜在的欺诈行为。

借鉴欧盟碳排放权交易市场的经验，在其早期阶段，31 个国家的注册登记系统在欧盟层面汇总。这就为欺诈行为提供了可乘之机，如增值税欺诈和网络钓鱼诈骗。这就是为什么欧盟后来采用单一的"欧盟联合注册登记簿"（Union Registry）将其取而代之的原因。"欧盟联合注册登记簿"系统由欧盟委员会在超国家层面上运作和维护。

生态环境部应对气候变化司已委托湖北省政府开发全国注册登记系统，由湖北碳排放权交易中心利用试点经验提供技术支持。到目前为止，湖北省政府已经完成并提交了建立全国注册登记系统的工作方案。一旦全国注册登记系统建成，国家碳排放权交易监管机构就应该负责对其运行进行管理。注

册登记系统中的碳排放信息也应该对外公开，以提高全国碳市场的透明度，增强市场参与者对全国碳市场的信心。

关于中国核证自愿减排量（CCER）的注册登记，国家应对气候变化战略研究和国际合作中心（NCSC）是该注册登记工作的管理单位。在各个试点市场对 CCER 抵消机制存在不同的具体规定。虽然目前尚不清楚将 CCER 纳入全国碳市场的规定和时间表，但有必要制订计划，使碳配额和 CCER 这两者的登记系统统一起来。

除环境监管责任外，政府还应确保碳排放权交易体系的系统性和有效性，并创造促进市场相关方参与到全国碳市场的有利条件。

3．全国碳排放权交易系统和场外交易

碳交易可以在有组织的交易所或以场外交易（OTC）的方式进行。当在有组织的交易所开展碳交易时，交易所为市场参与者和监管机构提供了一个共同的信息平台，以实现碳排放权交易相关信息的充分共享。场内交易可以采用更标准化的合同及条款，提高交易的可预测性。但是如果交易双方开展场外交易，这个过程较为分散，受到的监管较少。场外交易是由参与者制定合约的，条款较为灵活，但缺少清算所提供相关交易信息，需要更多的风险管理措施。

虽然在中国的碳试点市场上约有一半的碳配额交易是场外交易，但通过交易所进行场内交易可以为市场参与者提供公平准入额规则和准确反映配额价值的价格。全国碳排放权交易系统还可以为监管机构提供支撑，确保市场有效运行。

生态环境部应对气候变化司已委托上海市政府建立全国碳排放权交易和结算系统，由上海环境能源交易所提供技术支持。预计未来中央政府将直接负责交易结算系统的运行监管。在这种情况下，现有的碳交易试点交易所的角色将可能转变为全国碳市场的交易代理商。

欧盟的 Climex 联盟（Climex Alliance）的先例，可为未来交易体系及交易所的关系提供参考。Climex 联盟由 6 个欧洲区域交易所合作伙伴组成，"利用 Climex 平台上完全可互换的现货碳合约，从而形成统一的泛欧流动资金池"。

为了总结和发挥碳试点市场的实践经验和资源优势，湖北和上海分别牵头全国碳排放权交易注册登记系统和交易系统的建设，其他试点地区共同参与系统建设和运营。全国碳排放权注册登记系统将作为一个信息中心，为市场主体、监管机构和其他利益相关方提供数据资源，为全国碳排放权交易系统有效运行提供支持。

4.2 政策建议

2019 年中国正式启动全国碳市场已进入第二个年头。虽然在发电行业率先启动全国碳排放交易体系，但市场对其他行业的纳入抱有很多期待。如何最终实现这些期望？需要采取哪些必要措施？要建设一个全国规模的功能完备的市场，不仅覆盖发电行业，而且最终纳入其他行业，还有哪些重要问题必须解决？

对全国碳市场的治理是碳市场迈向成功的关键。完备的治理体系为全国碳市场的设计、建设和运行管理提供监管框架和指导。通过建立全面、系统的治理体系，不断总结积累经验，将为全国碳市场的建设奠定坚实的基础。我们提出以下政策建议，虽远非详尽无遗，但希望是一些切实可行且可以落地的建议措施。

一是建立一个超部级碳市场建设工作领导小组，直接向国务院报告。该工作组主要负责统领碳市

场设计，促进跨部门对话和决策，以及保持碳市场与其他政治和经济议程之间的协调发展和政策衔接。

二是建立有效的多层次的沟通机制，与不同利益相关方保持充分沟通以确保他们对全国碳市场的支持和认同，主要包括与能源经济政策决策部门、地方气候和环境主管机构、生态环境部其他司局及相关行业沟通。

三是充分利用生态环境部已有的治理和政策工具体系为碳排放权交易市场奠定坚实的基础，包括借用环境保护法律体系夯实碳市场管理办法和细则，将碳排放配额纳入目前生态环境部环境影响评价与排放管理司负责的排污许可管理体系；结合已有的环境排放统计、监察体系完善碳排放数据管理；依据环境保护法的各项环境执法职能进行履约等。

四是成立国家碳市场建设联合中心，组成跨领域、跨学科的主任组及学术委员会，为国家碳市场的设计和运行提供独立的意见建议，便于及时调整碳排放权交易体系的设计实施。

五是继续提高碳市场相关政策和进程的透明度，有利于提高市场参与者对碳市场的信心。应进行全国碳排放权交易体系的风险评估，以设计金融行业的相关配套政策法规。建立全国碳交易平台，实现公平交易和透明价格，以便向市场参与者反映碳配额的价值。

4.3　总结

深化应对气候变化行动的主要障碍之一是碳排放成本价格过低。碳排放权交易市场可以成为解决这一问题的有效工具，其成功则取决于清晰有效的治理体系。

碳市场上存在着多个利益相关方，从而使得碳市场的监管和运行在技术和政治层面上变得比较复杂，面临很多问题。在中国，建立基于市场的政策工具的治理体系的依据有限，全国碳市场治理体系的设计应慎重考量、谨慎进行。碳市场利益相关方需要明确的市场规则和稳定的监管框架，使其短期和长期决策有据可依。清晰完善的法规和决策程序可有助于市场参与者简化程序、降低交易成本。

单靠全国碳排放权交易市场并不足以推动中国沿着《巴黎协定》规定的减排道路前进。中国的全国碳排放权交易市场建设及其治理将为其他现有和新兴的碳政策工具提供宝贵的经验。这种政策与市场相结合的经济工具，可有助于形成一揽子政策包，促进碳减排治理，推动中国进一步实现国家应对气候变化行动目标。

第 5 章　为环境权益定价，为低碳发展赋能

北京环境交易所有限公司

5.1　全球碳市场进展

5.1.1　《巴黎协定》后政策进展

《巴黎协定》确立了一种世界各国"自下而上"自主开展温室气体减排的新模式，但目前各国承诺的温室气体减排目标与《巴黎协定》要求的升温不超过 2℃的减排目标之间还存在较大缺口。2017 年 9 月，特朗普政府宣布美国退出《巴黎协定》，为国际应对气候变化合作蒙上了一层阴影。2018 年 10 月，联合国政府间气候变化专门委员会（IPCC）发布了《IPCC 全球升温 1.5℃特别报告》，强调了将全球温升限制在 1.5℃而不是 2℃或更高的温度，可以避免一系列气候变化影响，具有重大的现实意义。如果全球变暖限制在 1.5℃，全球各国需要在土地、能源、工业、建筑、交通和城市方面进行"快速而深远的"转型，到 2030 年，全球二氧化碳排放量需比 2010 年的水平下降大约 45%，到 2050 年左右需达到"净零"排放。

在应对气候变化充满挑战的环境下，2018 年 12 月第 24 届联合国气候变化大会（COP24）在波兰的卡托维兹召开。经过了一系列艰难谈判，大会最终成功通过大部分"巴黎协定工作计划"（PAWP）的内容，并产出"卡托维兹文件"（Katowice Package）。参会各方就《巴黎协定》关于自主贡献、减缓、适应、资金、技术、能力建设、透明度、全球盘点等涉及的机制、规则基本达成共识，并对下一步落实《巴黎协定》、加强全球应对气候变化的行动力度做出进一步安排。大会成果体现了公平、"共同但有区别的责任"、各自能力原则，还传递了坚持多边主义、落实《巴黎协定》、加强应对气候变化行动的积极信号，提振了国际社会合作应对气候变化的信心。

中国一直是应对气候变化多边进程的积极参与者和坚定维护者，致力于推动应对气候变化国际谈判、推进全球合作应对气候变化；习近平主席的亲自参与和推动，为具有里程碑意义的《巴黎协定》的达成和快速生效做出了历史性贡献。在国内，中国积极落实应对气候变化自主贡献，承诺 2020 年实现单位 GDP 碳排放强度降低 40%～45%，非化石能源占一次能源消费的比重提高到 15%，森林面积和林木蓄积量分别比 2005 年增加 4000 万公顷和 13 亿立方米。在国际气候谈判中，中国积极维护公约和《巴黎协定》的原则，维护发展中国家根本利益和我国发展权益，与各方一道推动大会如期达成一揽子全面、平衡、有力度的成果，为卡托维兹气候大会取得成功做出了重要贡献。

5.1.2　全球碳定价体系

1. 全球主要碳定价区

2018 年，已有 45 个国家及 25 个地区开展或计划开展碳定价活动。其中，已经建立碳排放交易体系（Emission Trading Scheme，ETS）的区域包括中国北京、重庆、福建、广东、湖北、上海、深圳、天津，日本琦玉、东京，美国加利福尼亚州、马萨诸塞州，以及哈萨克斯坦、韩国、新西兰、瑞士、加拿大魁北克与欧盟。这些已设立碳市场的区域的 GDP 占全球的比重超过 50%，人口占世界人口总数的近三分之一。此外，加拿大新斯科舍省、墨西哥、中国台湾、乌克兰、美国弗吉尼亚等地区已经将建立碳市场提上议程，智利、哥伦比亚、泰国、土耳其、越南、美国俄勒冈和华盛顿等区域正在考虑建立碳市场。

2. 全球碳市场表现

全球碳市场自 2005 年 1 月 1 日欧盟碳排放交易体系（EU-ETS）实施以来发展迅猛，市场活跃程度在 2011—2013 年达到最高。但随着全球金融危机持续、《京都议定书》前景不明，在市场悲观预期主导下，全球碳市场交易量、交易额双双暴跌。2016 年全球碳定价区交易价格区间从 2015 年的 6～89 美元/吨扩大为 1～131 美元/吨。2018 年全球碳市场整体运行平稳，碳价跨度与 2016 年、2017 年基本持平，为 1～139 美元/吨。2018 年，欧盟碳市场碳价较以往几年有了明显提升，最高达到 25 欧元。EU-ETS 价格回暖的主要原因有两方面：一是配额的持续收紧；二是市场稳定储备（MSR）制度的建立。MSR 制度是指当市场的供给超过 8.33 亿吨时，将从过量配额中抽取 12% 纳入储备；当供给小于 4 亿吨时，将从储备中取出 1 亿吨投放市场；当供给介于 4 亿～8.33 亿吨之间时，不采取措施。该措施于 2019 年开始施行，施行后可逐渐把部分供过于求的配额移出市场，因此提高了市场对于 EU-ETS 系统内碳价的预期。

5.2 全国碳排放交易市场建设

5.2.1 全国碳排放交易体系启动

从"十二五"规划纲要到十八届三中、五中全会决议，以及《生态文明体制改革总体方案》，都对建立我国的碳排放权交易制度做了相应部署。2016 年 3 月发布的"十三五"规划再次明确要求，要推动建设全国统一的碳排放交易市场，实行重点单位碳排放报告、核查、核证和配额管理制度。为贯彻落实党中央、国务院关于建立全国碳排放权交易市场的决策部署，稳步推进全国碳排放权交易市场建设，经国务院同意，国家发展改革委于 2017 年 12 月 18 日印发了《全国碳排放权交易市场建设方案（发电行业）》（以下简称《方案》）。2017 年 12 月 19 日，全国碳排放交易体系正式启动。

5.2.2 全国碳市场建设稳步推进

1. 稳步推进全国碳市场建设

2017 年 12 月 19 日，国家发展改革委召开电视电话会议，就全面落实《方案》任务要求，推动全国碳排放权交易市场建设做动员部署。《方案》明确全国碳市场将分 3 个阶段进行稳步推进。第一阶段，基础建设期，用一年左右时间，完成全国统一的数据报送系统、注册登记系统和交易系统建设。第二阶段，模拟运行期，用一年左右时间，开展发电行业配额模拟交易，全面检验市场各要素环节的有效性和可靠性，强化市场风险预警和防控机制。第三阶段，深化完善期，在发电行业交易主体间开展配额现货交易，交易以履约为目的，在发电行业碳交易稳定运行前提下，逐步扩大市场覆盖范围，丰富交易品种和交易方式，尽早纳入核证自愿减排量（CCER）。《方案》和准备出台的《碳排放权交

易管理条例》《企业碳排放报告管理办法》《第三方核查机构管理方法》《碳排放权市场交易管理办法》及相关实施细则，构成全国碳排放交易体系的法规基础。

2. 中国核证自愿减排项目恢复启动

2018年5月9日，国家自愿减排交易注册登记系统（以下简称"CCER注册登记系统"）恢复上线运行，受理CCER交易注册登记业务。北京、天津、上海、重庆、湖北、广东、深圳、福建、四川9个省市中国核证自愿减排量交易机构顺利完成与升级后的CCER注册登记系统的对接调试。自碳交易原主管部门国家发展改革委暂缓CCER项目申请受理后，因CCER注册登记系统维护升级，北京、上海等试点碳市场暂停CCER交易及开户、变更等有关事项受理工作，同时暂停本所交易账户和国家自愿减排交易注册登记系统中交易账户之间的转入、转出操作。地方与国家注册登记系统对接后，CCER项目可跨地区流通。目前交易项目仅限于暂停前已获批项目，国家仍未重启CCER项目审批，《碳排放权市场交易管理暂行办法》的修订办法需在《全国碳排放权交易管理条例》出台后再公布。2019年CCER签发备案工作将提上议事日程，加快推动CCER项目纳入全国碳交易市场。

5.2.3 碳市场工作重启

2018年4月16日，国家按照山水林田湖草是一个生命共同体的理念组建了生态环境部，整合政府部门生态环境保护职责，并于9月11日出台了生态环境部"三定方案"，应对气候变化的职能由国家发展改革委划转到生态环境部。部门机构重组延缓了全国碳市场建设，但未来我国生态环境保护政策、立法将更为协调和统一，为加快全国碳市场建设提供坚实基础和有力保障。生态环境部就下一步加快碳市场建设，提出4项重点工作：一是加快建立完善全国碳市场制度体系；二是加快推进全国碳市场基础设施建设；三是推动重点单位碳排放报告、核查和配额管理；四是强化基础能力建设。

（1）完善全国碳市场制度体系。推动出台全国碳排放权交易管理条例，适时发布企业排放报告管理办法、市场交易管理办法、核查机构管理办法等重要配套管理制度。推进温室气体自愿减排交易机制改革，创造条件，尽早将国家核证自愿减排量纳入全国碳市场，发挥市场机制对林业碳汇等领域的支持作用。

（2）全国碳市场基础设施建设。对碳排放数据报送系统进行优化完善，对全国碳排放权注册登记系统和交易系统建设运行方案抓紧优化评估，在结合工作实际需求进一步完善设计方案后，推进注册登记系统和交易系统建设，研究提出组建注册登记系统和交易系统管理机构的相关方案，确保全国碳市场基础设施安全稳定启动和运行。

（3）重点单位碳排放报告、核查和配额管理。督促指导各地方全面完成2016—2017年度重点排放单位历史碳排放数据的报送、核算与核查，以及制订监测计划有关工作，加强第三方核查机构培育和管理工作力度，对各地方提交数据进行汇总分析和校准，提高数据质量。鼓励组织开展面向各类市场主体的能力建设培训，推进相关国际合作。鼓励相关行业协会和中央企业集团开展行业碳排放数据调查、统计分析等工作，为科学制定配额分配标准提供技术支撑。

（4）基础能力建设。将对地方主管部门、重点排放单位、第三方核查机构等开展大规模培训。针对职能划转后各地方应对气候变化工作队伍，生态环境部将着力加强省级生态环境部门碳市场队伍和能力建设，及时开展相关培训，尽快熟悉碳市场建设相关业务。行业协会和中央企业集团主动发挥作用，利用各自专业优势广泛开展能力建设，为碳市场的顺利运行提供人才保障和技术支撑。

5.3 试点平稳推进

5.3.1 年度市场运行情况

（1）成交概览。2018 年，北京市、天津市、上海市、重庆市、广东省、湖北省、深圳市(以下简称"七省市"）二级市场线上线下成交碳配额现货接近 7951 万吨，较 2017 年交易总量增长约 17.97%；交易额约为 16.83 亿元，较 2017 年增长约 39.80%。CCER 交易量由于各试点碳市场公布的内容及口径不一，因此缺乏全国全口径的公开统计数据。截至 2018 年年底全国碳市场配额累计成交概览如表 5-1 所示。

表 5-1 截至 2018 年年底全国碳市场配额累计成交概览

地区	配额总量	成交总量	成交总额	成交均价
北京	约 0.5 亿吨	2907 万吨	10.49 亿元	52.76 元/吨
天津	约 1.6 亿吨	2166 万吨	0.76 亿元	4.36 元/吨
上海	约 1.6 亿吨	4201 万吨	9.16 亿元	21.81 元/吨
重庆	约 1.3 亿吨	842 万吨	0.32 亿元	3.75 元/吨
福建	未公布	491 万吨	1.22 亿元	24.84 元/吨
湖北	约 2.5 亿吨	6049 万吨	12.05 亿元	19.93 元/吨
广东	约 4.2 亿吨	5921 万吨	9.91 亿元	16.73 元/吨
深圳	约 0.3 亿吨	3686 万吨	10.29 亿元	27.92 元/吨
四川	暂无配额交易			

资料来源：各省市碳交易所发布的数据。北京环境交易所整理，2018 年。

（2）中碳指数走势。为了全面呈现试点碳市场的碳价走势及交易活跃程度，北京绿色金融协会 2014 年推出了中碳指数，包括中碳市值指数和中碳流动性指数两只指数（重庆碳市场由于交投样本过低未纳入统计）。2018 交易年度，中碳市值指数走势相对平稳，基本维持在 500～800 点震荡，全年最高点为 784.68 点，最低点为 522.88 点，显示 2018 年试点碳市场的配额价格已经止跌趋稳，较 2017 交易年度略有增长。而中碳流动性指数则继续呈现出明显的"阶段效应"，在履约期集中的 5～7 月交易异常活跃，而在履约期结束后指数快速下跌。之后在全国碳市场消息较为频繁的 9、10 月，市场交易再度活跃。

中碳指数 2014—2018 年走势如图 5-1 所示。

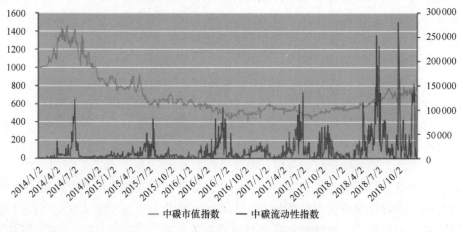

中碳市值指数　　中碳流动性指数

图 5-1 中碳指数 2014—2018 年走势

（资料来源：北京绿色金融协会，2018 年）

5.3.2　开市至今试点小结

（1）成交规模。截至 2018 年 12 月 31 日，七省市试点碳市场配额累计成交量为 2.73 亿吨，累计成交额超过 54 亿元，市场交易日趋活跃，规模逐步放大。其中，北京碳市场配额累计成交量 2907 万吨，累计成交额超过 10 亿元，分别占全国总量的 10.66% 与 19.35%。配额累计成交量及成交额最高的是湖北，分别为 6049 万吨和 12.05 亿元，占全国总量的 22.19% 与 22.24%。

（2）成交价格。受履约期和控排企业冲刺履约等影响，各试点碳市场线上公开交易成交价大多在履约期冲高后滑落，不但试点市场内部月度波动较大，而且试点市场之间的年度成交均价也相差甚大。其中，北京碳市场价格最为稳定，4 年期间最高日成交均价为 77 元/吨（2014 年 7 月 16 日），最低日成交均价为 30.32 元/吨（2018 年 9 月 20 日），年度成交均价基本在 50 元/吨上下浮动。其他地区成交均价则波动较大，其中全国日最高成交均价为深圳碳市场的 122.97 元/吨（2013 年 10 月 17 日，当日收盘价为 130.9 元/吨），最低成交均价为重庆的 1.00 元/吨（2017 年 5 月 3 日）。根据中碳指数 2014—2018 年数据，全国碳市场碳配额交易价格在过去 4 年间呈先下降后趋稳的趋势，2016—2017 年均维持在相对稳定的区间，2018 年在合理范围内略有上涨趋势。

（3）流动性。市场活跃度是衡量市场流动性的重要指标，根据七省市试点碳市场现货二级市场交易总量与其配额总量之比进行统计。2018 年，深圳市场最为活跃，活跃度为 41.96%（12588073 吨，0.3 亿吨），其他依次为北京 17.88%（8941083 吨，0.5 亿吨）、上海 10.04%（15070802 吨，1.5 亿吨）、天津 6.42%（10269975 吨，1.6 亿吨）、广东 5.26%（21055258 吨，4 亿吨）、湖北 3.64%（9201473 吨，2.53 亿吨）、重庆 0.20%（260652 吨，1.3 亿吨）。

5.4　北京碳市场体系建设

5.4.1　政策法规

政策法规体系：1+1+N。北京市碳排放权交易试点已形成"1+1+N"的较为完备的政策法规体系，具体包括 2013 年 12 月 27 日的北京市人民代表大会立法、2014 年 5 月 28 日的地方政府规章和近年来北京市发展改革委会同有关部门出台的配额核定方法、核查机构管理办法、交易规则及配套细则、公开市场操作管理办法、行政处罚自由裁量权规定、碳排放权抵消管理办法，以及北京环境交易所推出的碳排放权交易规则及细则等 20 余项配套政策文件与技术支撑文件。系统完备的政策法规体系为试点建设各项工作规范有序和碳市场健康发展提供了基础保障。

5.4.2　控排范围

（1）初期控排范围。2013 年和 2014 年，北京市重点排放单位主要为热力生产和供应、火力发电、水泥制造、石化生产、其他工业及服务业等行业，固定设施年直接与间接排放二氧化碳 1 吨（含）以上的单位。2013 年度纳入重点排放单位 415 家，2014 年度新增重点排放单位至 543 家。

（2）控排范围调整。从 2016 年起，北京市重点排放单位的覆盖范围调整为本市行政区域内的固定设施和移动设施年二氧化碳直接与间接排放总量 5000 吨（含）以上，且在中国境内注册的企业、事业单位、国家机关及其他单位。2016 年 3 月 15 日，北京市发展改革委公布了北京碳市场扩容后新增的 430 家 2015 年度重点排放单位名单。2018 年 1 月 24 日，北京市发展改革委联合北京市统计局，公布

了 2017 年北京市 943 家重点排放单位名单和 621 家报告单位。

5.4.3 配额分配

（1）配额分配原则。北京市发展改革委核定履约机构的碳排放配额，并进行逐年免费分配，坚持"适度从紧"的原则，同时预留不超过年度配额总量的 5%用于定期拍卖和临时拍卖，有效保证了北京碳市场的总体稳定。履约机构配额总量包括既有设施配额、新增设施配额、配额调整量三部分。其中，既有设施配额核定采用历史总量和历史强度法，新增设施配额核定依据所属行业碳排放强度先进值测算，提出配额变更申请的单位经市发展改革委认定后可对排放配额进行相应调整。

（2）配额分配方法。2017 年，对于新增重点排放单位，且满足条件进行既有设施二氧化碳排放配额调整，可申请既有设施配额调整，按加权平均方法核定其历史基准年份二氧化碳排放量，核发既有设施配额；对于存在新增设施的重点排放单位，将根据重点排放单位 2017 年新增设施实际活动水平及该行业碳排放强度先进值核发新增设施配额。

5.4.4 MRV 制度

双备案与交叉抽查。在监测、报告与核查（MRV）制度建设方面，北京市走在了相关试点省市的前列：率先对新增固定资产投资项目实行碳评价，从源头降低排放；率先实行核查机构和核查员的双备案制，对碳排放报告实行第三方核查、专家评审、核查机构第四方交叉抽查，切实保障碳排放数据质量；率先探索开展碳排放管理体系建设，支持重点排放单位通过加强精细化管理控制碳排放，逐步从政府采购历史碳排放数据过渡到企业采购第三方核查服务市场。2018 年 6—12 月，根据《关于开展碳排放权交易第三方核查机构专项监察的通知》（京发改〔2018〕1314 号），北京市发展改革委对全市碳排放权交易第三方核查机构开展了专项监察。

MRV 体系。目前，北京市已经形成了完善的 MRV 体系，已建立碳排放数据电子报送系统，发布了 6 个行业排放核算与报告指南、监测指南、核查程序指南、核查报告编写指南及核查机构管理办法。2017 年，北京市发布了 2017 年碳排放第三方核查机构和核查员名单，共有第三方核查机构 35 家，核查员 467 名。

5.4.5 抵消制度

北京碳抵消制度。北京市允许重点排放单位使用以下经审定的碳减排量来抵消一定比例的碳排放：核证自愿减排量（CCER）、节能项目碳减排量、林业碳汇项目碳减排量、"我自愿每周再少开一天车"减排量。碳抵消使用比例不得高于当年排放配额数量的 5%，其中来自京外项目产生的核证自愿减排量不得超过 2.5%。从 2019 年起，北京市重点排放单位可使用"我自愿每周再少开一天车"活动中产生的机动车自愿减排量抵消的比例上限提高至 20%。项目类型上，北京市限制 $HFCs$、$PFCs$、N_2O、SF_6 等工业气体项目及水电项目，并对节能项目和林业碳汇项目的产生时间进行了要求。对于与北京市开展区域合作的省市，在抵消制度上视同本地化处理。

5.4.6 系统建设

2017 年，北京市碳排放权电子交易平台继续为履约企业提供技术服务，同时率先实现了云平台升级，成为国内首个实现交易系统云平台化的碳排放权交易机构。北京碳交易云平台基于中国产权行业领军机构北京产权交易所搭建的云计算技术 IT 服务系统"北交云"开发而成，其成功上线运行标志着

北京环境交易所在碳交易的互联网应用上已经全面与大型金融企业接轨，为未来全国碳市场的业务发展准备了强大的技术服务能力。

北京碳交易云平台通过对数据中心内部的基础设施硬件和常用软件/应用软件进行统一智能化调度和管理，提供包括弹性计算、负载均衡、云监控、应用自动部署、大数据处理等多种符合行业特点的 IT 服务和功能。与传统 IT 支撑环境相比，在保证安全可靠的前提下，北京碳交易云平台充分提高了硬件资源和软件资源的运行效率，具有高可靠性、高可用性、高存储效率和极强的弹性扩展能力，大幅提高交易处理速度和网络带宽，全面改善交易参与方的交易体验，更好地为各交易参与方服务。

2018 年，北京市碳排放权电子交易平台完成了接入北京登记结算有限公司的相关工作。北京登记结算有限公司是经北京市政府批准成立，对全市交易场所提供交易资金存管结算的专门机构。碳交易平台接入北京登记结算有限公司后，将新增多家可提供线上和线下资金结算服务的商业银行，为众多交易参与方提供更加高效、安全、便捷的资金结算服务。

5.4.7 交易主体

北京碳排放权交易的主体称为交易参与人，是指符合北京环境交易所规定的条件，开户并签署《碳排放权入场交易协议书》的法人、其他经济组织或自然人，分为履约机构交易参与人、非履约机构交易参与人和自然人交易参与人 3 类。开户条件分别如下。

（1）履约机构交易参与人。在北京市行政区域内具有履约责任的重点排放单位以及参照重点排放单位管理的报告单位。

（2）非履约机构交易参与人。在中国境内经工商行政管理部门登记注册，注册资本不低于 300 万元人民币，依法设立满两年（在北京市或在与北京市开展跨区域碳排放权交易合作且有实质性进展的地区登记注册的满一年），具有固定经营场所和必要设备并有效存续的法人。

（3）自然人。具有完全民事行为能力，年龄为 18～60 周岁；风险测评合格、金融资产不少于 100 万元；北京市户籍人员，或者持有有效身份证并在京居住两年以上的港澳台居民、华侨及外籍人员，或者持有有效《北京市工作居住证》的非北京市户籍人员，或者持有北京市有效暂住证且连续 5 年（含）以上在北京市缴纳社会保险和个人所得税的非北京市户籍人员，或者与北京市开展跨区域碳排放权交易合作且有实质性进展的地区户籍人员；非北京及与北京市开展跨区域碳排放权交易合作且有实质性进展地区的碳排放权交易场所工作人员，非纳入北京碳排放第三方核查名单的核查人员，非掌握或有机会接触到北京或跨区域碳排放权政策制定、配额分配情况的相关人员。

5.4.8 交易产品

目前，北京碳市场的交易产品主要包括 2 大类共 5 种，分别是北京市碳排放配额和经审定的项目减排量，后者分为 4 种。

北京市碳排放配额（BEA）是指由北京市发展改革委核定，允许重点排放单位在本市行政区域一定时期内排放二氧化碳的数量，单位以"吨二氧化碳（tCO_2）"计。

经审定的项目减排量是指由国家发展改革委或北京市发展改革委审定的核证自愿减排量（CCER）、节能项目、林业碳汇项目的碳减排量和机动车自愿碳减排量等，单位以"吨二氧化碳当量（tCO_2e）"计。

5.4.9　交易方式

北京碳市场的交易方式，可分为线上公开交易和线下协议转让两大类。

（1）线上公开交易。交易参与人通过交易所电子交易系统，发送申报/报价指令参与交易。申报的交易方式分为整体竞价交易、部分竞价交易和定价交易 3 种方式。整体交易方式下，只能由一个应价方与申报方达成交易，每笔申报数量须一次性全部成交，若不能全部成交，则交易不能达成。部分交易方式下，可以由一个或一个以上应价方与申报方达成交易，允许部分成交。定价交易方式下，可以由一个或一个以上应价方与申报方以申报方的申报价格达成交易，允许部分成交。

（2）线下协议转让。协议转让是指符合《北京市碳排放配额场外交易实施细则（试行）》规定的交易双方，通过签订交易协议，并在协议生效后到交易所办理碳排放配额交割与资金结算手续的交易方式。根据要求，两个及以上具有关联关系的交易主体之间的交易行为（关联交易），以及单笔配额申报数量 10000 吨及以上的交易行为（大宗交易）必须采取协议转让方式。

5.4.10　交易风险管理

为了应对市场潜在的各类风险，北京碳市场目前推出了以下几种风险管理制度。

（1）诚信保证金制度。诚信保证金制度是指非履约机构交易参与人参与交易需按规定交纳诚信保证金。诚信保证金的收取标准为 2 万元人民币。非履约机构交易参与人发生违规违约行为，给其他交易方或交易所造成损失的，交易所有权在做出处理决定的同时扣除部分或全部诚信保证金。非履约机构交易参与人申请注销资格的，经交易所审核同意并无违规违约情况的，将原额无息退还诚信保证金。

（2）监督检查制度。监督检查制度是指交易所对交易参与人执行有关规定和交易规则的情况进行监督检查，对交易参与人交易业务及相关系统使用安全等情况进行监管。对交易参与人在从事相关业务过程中出现未备案或办理变更登记、未及时足额交纳规定的各项费用、提供虚假交易文件或凭证、散布违规信息、违反约定泄露保密信息等违规情形的，将采取约谈、书面警示、暂停或取消交易参与人资格等处理方式。情节严重的，按规定扣除其保证金。

（3）交易纠纷解决制度。交易参与人之间发生交易纠纷的，相关交易参与人应当记录有关情况，以备交易所查阅。交易纠纷影响正常交易的，交易参与人应当及时向交易所报告。交易纠纷各方可以自行协商解决，也可以依法向仲裁机构申请仲裁或向人民法院提起诉讼。

（4）涨跌幅限制制度。公开交易方式的涨跌幅为当日基准价的±20%。基准价为上一交易日所有通过公开交易方式成交的交易量的加权平均价，计算结果按照四舍五入原则取至价格最小变动单位。上一交易日无成交的，以上一交易日的基准价为当日基准价。

（5）最大持仓量限制制度。最大持仓量是指交易所规定交易参与人可以持有的碳排放配额的最大数额。履约机构交易参与人碳排放配额最大持仓量不得超过本单位年度配额量与 100 万吨之和。非履约机构交易参与人碳排放配额最大持仓量不得超过 100 万吨。自然人交易参与人碳排放配额最大持仓量不得超过 5 万吨。机构交易参与人开展碳配额抵押融资、回购融资、托管等碳金融创新业务，需要调整最大持仓量限额的可向交易所提出申请，并提交抵押、回购、托管合同等相关证明材料，可适当上调持仓量。

（6）风险警示制度。风险警示制度是指通过交易参与人报告交易情况、谈话提醒、书面警示等措施化解风险。出现碳交易市场价格异常波动及交易参与人的交易量、交易资金或配额持有量异常等情形的，交易所可要求交易参与人报告相关情况。情节严重的，可采取谈话提醒、书面警示等措施。交易所要求交易参与人报告情况的，交易参与人应当按照要求的时间、内容和方式如实报告。交易所实

施谈话提醒的，交易参与人应当按照要求的时间、地点和方式认真履行。交易所发现交易参与人有违规嫌疑或交易有较大风险的，可以对交易参与人发出书面的《风险警示函》。

（7）自然人投资者教育制度。为保护在碳排放权交易市场中抗风险能力较弱的自然人投资者，北京环境交易所特别重视其交易风险管理，建立了较为严格的自然人准入制度。为了使自然人交易参与人更好地了解碳交易的风险，北京环境交易所为自然人投资者提供《风险提示函》，要求交易参与人详细阅读、充分理解，并且只有在签署确认后方可在北京环境交易所办理开户手续和进行交易。

5.4.11　配额市场

1. 整体成交情况

历年累计成交情况。自 2013 年 11 月 28 日开市至 2018 年 12 月 31 日，北京累计成交配额 2907 万吨，交易额为 10.49 亿元。其中，线上公开成交 1051 万吨，交易额为 5.54 亿元；线下协议转让成交 1856 万吨，交易额为 4.95 亿元。

2018 年度成交情况。2018 交易年度，北京碳市场共有 243 个交易日。截至 2018 年 12 月 31 日，碳配额成交 8 941 083 吨，成交额为 338 210 096.88 元。其中，线上公开交易成交量为 3 243 293 吨，成交额为 188 050 617.80 元，成交均价为 57.98 元/吨；线下协议转让成交量为 5 697 790 吨，成交额为 150 159 479.08 元。相较于 2017 年，配额成交量增长 18.75%、成交额增长 43.12%，线上和线下成交量分别增长 31.17%和 12.67%。

2. 线上公开交易

根据 2018 年初北京市发展改革委发布的《关于做好北京市 2018 年碳排放权交易试点有关工作的通知》（京发改〔2018〕222 号），重点排放单位应于 2018 年 4 月 30 日前报送第三方核查报告，7 月 31 日前上缴排放配额，相比于往年的碳市场工作安排均延后一个月。同时，根据北京市发展改革委 2018 年 7 月 31 日发布的《关于做好本市 2018 年碳排放权交易试点履约有关工作的通知》(京发改〔2018〕1568 号)，73 家重点排放单位 2017 年度碳排放交易履约截止时间调整至 2018 年 8 月 31 日。

（1）月度成交情况。2018 年，北京碳市场线上公开交易月度成交仍然主要集中在履约期期间。随着重点排放单位于 4 月陆续完成排放报告编制和核查工作，基本确定自身配额需求，市场开始进入活跃期，4—7 月北京市碳排放配额（BEA）公开市场的交易情况呈现量价齐升的波峰现象。与往年月度交易峰值处于 6 月份有所不同的是：受履约期延长的影响，2018 年进入 7 月份以后市场交易最为活跃，BEA 单月成交 125 万吨，占履约期整体成交量的二分之一。

（2）市场参与情况。截至 2018 年 12 月 31 日，北京碳市场累计申请开户逾 960 家，其中履约机构仍占绝大多数。2018 年 1 月 1 日至 12 月 31 日期间的 BEA 线上公开交易中，共有近 360 家机构和自然人参与过交易。其中，履约机构与履约机构之间的交易占总笔数的 1.29%，占总成交量的 0.41%；履约机构与非履约机构之间的交易占总笔数的 80.82%，较 2017 年有大幅增长，占总成交量的 36.88%，较 2017 年有小幅降低；非履约机构之间的交易占总笔数的 11.42%，较 2017 年有大幅降低，占总成交量的 59.06%，较 2017 年有小幅增长；自然人投资者参与的交易占总笔数的 6.47%，占总成交量的 3.65%，与 2017 年基本持平。根据市场参与情况，非履约机构参与的交易呈明显的增长趋势，不难看出非履约机构在活跃市场氛围、增强市场流动性等方面发挥了重要的作用。

（3）主要的交易参与者。2018 年北京碳市场全部公开交易活动中，从买方来看，前 30 名交易参与人（TOP30）的交易量占总成交量的 74.73%，较 2017 年度有小幅增长。TOP30 中既有履约机构、非履约机构，也有自然人。其中，非履约机构购买比重最高，TOP30 中共有 10 家非履约机构，购买配额达到 TOP30 的 86%；履约机构主要集中在服务业和其他制造业。

（4）价格走势。2018 年度北京碳市场首个交易日的公开交易成交均价为 43.20 元/吨，最后一个交易日的公开交易成交均价为 57.03 元/吨，全年公开交易的成交均价为 57.60 元/吨。最高单日成交均价为 74.60 元/吨（10 月 9 日），最低单日成交均价为 30.32 元/吨（9 月 20 日）。单笔交易成交价最高为 85.30 元/吨（8 月 14 日），最低为 24.30 元/吨（9 月 20 日）。从线上公开交易价格走势看，2018 年履约期间，市场价格在相对高位波动较为频繁，市场价格中枢维持在 60 元/吨左右；随着履约期的结束，成交量开始下降，市场价格也呈现明显回落态势。

3. 线下协议转让

协议转让概览。线下协议转让具有谈判空间大、条款灵活、手续费低等特点，适合于关联交易和 10000 吨以上的大宗交易，尤其是配额需求量大、谋求建立长期合作关系的交易参与人。2018 年，北京市碳排放权交易平台共产生线下协议转让交易 5 697 790 吨，占全年配额总交易量 63.75%，较 2017 年增长 12.79%；总交易额为 150 159 479.08 元，占全年配额总交易额 44.40%。

交易分布。与 2017 年度协议转让成交情况相比，2018 年单笔 5 万～10 万吨的协议转让成交呈现小幅增加，增幅分为 28.03%；10 万吨以上的协议转让成交呈现较大幅增加，增幅为 49.20%。从月度分布情况看，与历年相比线下协议转让集中发生于 5、6 月的现象有所减缓，4 月与 7 月成交量较大，共计 228.60 万吨，占全年协议转让成交总量的 40.08%，反映出 2018 年由于履约期的延长市场供求随之改变现象。

5.4.12 抵消市场

1. CCER 项目

成交情况。北京市环境交易所十分重视核证自愿减排量（CCER）市场，一直积极推进该市场的发展。2018 年 CCER 现货交易正式开展的第四年，截至 12 月 31 日，2018 年北京共成交 CCER 项目 30 个，成交量为 1 645 973 吨，成交额为 9 143 784.82 元。其中，线上成交 71 180 吨，成交额为 655 270.40 元，成交均价为 9.21 元/吨；协议转让成交 1 574 793 吨，成交额为 8 488 514.42 元，成交均价为 5.39 元/吨。从 CCER 成交方式来看，协议转让占了 CCER 全部成交量及成交额的近 96%。这主要是由于各试点地区对于 CCER 抵消功能的实现设置了不同的条件，因此导致不同项目产生的 CCER 内在价值和适用性不同，通过协议转让的方式有助于业主了解具体项目信息并就价格进行协商。

成交项目分布情况。从 CCER 成交项目类型看，2018 年北京试点成交的 CCER 项目主要涵盖风力发电、生物质发电、沼气利用、光伏发电、垃圾焚烧发电等多种类型。其中，风力发电项目成交占比最高，沼气利用、生物质发电、光伏发电等类型项目也成交较多。从 CCER 项目来源地看，2018 年北京碳市场 CCER 成交项目来自全国 17 个省区市，较 2018 年增加了上海、湖南等省市的项目，有向南部扩张的趋势，但总体上看仍主要集中于东三省和中西部地区。从实际成交的减排量看，超过 15 万吨的 CCER 项目来源地共有 4 个，分别是北京、山西、内蒙古、贵州，占全部成交的 CCER 减排量的 59.27%，其中来自北京市的 CCER 减排量占 26.06%。

成交 CCER 去向。从成交情况来看，2018 年度北京碳市场 CCER 项目挂牌成交 30 个，总成交量超过 164 万吨，在全国 7 个试点及福建、四川碳市场中项目挂牌成交数量和交易规模均处于领先地位。其中，用于北京市履约的项目交易量占绝大多数，余下的 CCER 量多被销往其他地区，北京市作为全

国碳交易枢纽的功能已经具备。

2. 林业碳汇项目

抵消安排。根据《北京市碳排放权抵消管理办法（试行）》规定，重点排放单位可使用经审定的林业碳汇项目减排量用于抵消其排放量。为了便于重点排放单位履约，北京市及与北京实现跨区交易地区的林业碳汇项目在获得 CCER 正式备案签发前，经北京市发展改革委组织的专家评审通过并公示，可获得市发展改革委预签发一定比例的减排量用于抵消交易，1 吨二氧化碳当量经审定的项目减排量可抵消 1 吨二氧化碳排放量。

成交情况。2018 年北京碳市场共计挂牌 4 个林业碳汇项目，分别为北京市顺义区碳汇造林一期项目、承德市丰宁县千松坝林场碳汇造林一期项目、北京市房山区平原造林碳汇项目和塞罕坝机械林场造林碳汇项目。2018 年全年成交林业碳汇项目 23 笔，成交量共计 87 151 吨，较 2017 年有大幅增长，为 3344.70%，成交额超过 19 万元，较 2017 年上涨 3432.53%。这也反映出由于 2018 年 1—5 月 CCER 市场交易的暂缓，使得更多企业采取购买林业碳汇的方式进行抵消，用抵消的方式实现履约的功能逐步获得更多企业的重视。

5.4.13　自愿市场

律所碳中和。2018 年 10 月 18 日，以"凝聚法律力量，应对气候变化"为主题的"2018 年中国律所探索碳中和行动发布会暨研讨会"在北京成功举办。中华全国律师协会会长王俊峰、北京仲裁委员会副秘书长丁建勇、北京市律师协会副会长邱宝昌、北京市西城区律师协会副会长韩映辉等领导出席会议并致辞。中国政法大学国际环境法中心主任林灿铃教授、北京仲裁委员会仲裁员黄瑞围绕"人类公益情怀的践行者"和"碳排放权相关案件的争议内容和特点主题"进行了精彩的主旨演讲。北京环境交易所会员单位、北京市控排企业、金融投资机构及媒体机构的代表参加了会议。

金茂碳中和。2018 年，北京环境交易所助力中国金茂控股集团有限公司实现金茂南京城市运营项目碳中和。并通过南京市政府开发的智慧城市平台"我的南京"App，对公众绿色出行的"碳减排行为"进行量化，引导 340 万南京市民绿色出行，并发放证书和积分奖励，借助这个覆盖全市的平台推动民众节能减排、保护环境的事业，助力南京成为中国首个全民参与碳中和的城市。目前，"我的南京"App 平台绿色出行版块每日访问量近 3 万人次、积分回馈近 8 万分，年均碳减排量超过 1 万吨。

5.4.14　碳普惠市场

个人和小微企业的减排行为，虽然单个数量看起来微不足道，但如果点点滴滴汇聚到一起，日积月累就会变成巨大的力量。北京碳市场一直致力推动企业及个人的自愿减排，引导人们从日常行为的点滴改变做起，时刻为保护生态环境尽一份力，而国内快速发展的移动互联网为此提供了强大适用的技术工具。近年来，北京环境交易所积极与互联网平台结合，通过"互联网+低碳"的创新实践，推动碳普惠市场的不断落地。

1. "我自愿每周再少开一天车"行动

2017 年 6 月，北京市发展改革委启动开展了"我自愿每周再少开一天车"活动。机动车车主注册参与活动，自愿停驶机动车（限号当天除外），并将停驶产生的碳减排量进行出售获得相应的收益。活动启动至今，已累计注册用户约 14 万人，单日形成的碳减排量超过 50 吨，累计碳减排量达到 3.5 万吨，在引导公众行为、促进节能减排方面取得了很好的效果。越来越多的车主加入自愿停驶减排的队伍中来，特别是在空气重污染预警期间，通过加倍发放积分等手段鼓励市民车主自愿停驶车辆，共同为首都的蓝天贡献力量。通过对平台用户行为习惯分析，用户的驾驶强度随着参与自愿停驶活动时间增长逐渐降低，七成以上长期参与活动的用户的日均行驶里程较首次参与活动时有所下降。2019 年 1 月 9 日，为进一步推动"我自愿每周再少开一天车"活动深入开展，充分发挥市场机制作用，鼓励更多单位和个人积极参与平台活动，北京市发展改革委将重点排放单位可使用"我自愿每周再少开一天车"活动中产生的机动车自愿减排量抵消的比例上限提高至 20%。

2. "绿行者"绿色出行奖励平台

2018 年 1 月 30 日，北京环境交易所联合车联网企业、保险公司、银行和富有社会责任感的众多企业，推出了"绿行者"绿色出行奖励平台，平台采用停驶数据自动记录、减排量自愿交易、现金奖励在线发放的模式，将车主的停驶减排变成现金奖励。车主需要关注"绿行者"公众号，点击"参与活动"，完成在线注册。为了不断壮大绿色出行队伍，在 6 月 5 日世界环境日，北京环境交易所、北京市环保联合会、北京绿色金融协会共同发起了绿色出行联盟，联盟凝聚了社会各方力量，通过多种途径，以更加紧密的方式，促进绿色出行。2018 年 9 月 29 日，由"绿行者"联合福田欧马可共同打造的"绿途英雄"货车绿色驾驶奖励平台正式上线。项目开创货车绿色出行普惠创新的模式，将全面助推货运行业的绿色减排。未来"绿行者"还将推出 2.0 版本，打造全体系的绿色出行平台，将引入公交、地铁、步行、机动车等多种减排场景，同时还将不断丰富奖励机制，引导公众的绿色出行，出品牌、出效益、出影响力，打造绿色出行的中国名片。

3. 蚂蚁森林

"蚂蚁森林"是支付宝内置的个人碳账户公益应用，于 2016 年 9 月正式上线。北京环境交易所为"蚂蚁森林"开发了专门的碳减排方法学架构，用于计算个人小微低碳行为的碳减排量，并协助支付宝多次完成了该架构的修订和扩充。目前"蚂蚁森林"碳减排计算方法包括行走、共享单车出行、线下扫码支付、电子发票、在线缴纳水电煤气费等 14 个低碳生活场景，并且还在持续扩充中。支付宝用户在完成相应的低碳行为后可以获得"绿色能量"，通过积累一定量的"绿色能量"，用户可以申请由公益基金在西部沙漠地区种植一颗真树，并获得该树苗的电子证书。"蚂蚁森林"上线后受到了社会各界的广泛关注，用户数量一路上涨，截至 2018 年 5 月底，蚂蚁森林用户超过 3.5 亿，累计减排超过 283 万吨，累计种植和养护真树 5552 万棵，守护 3.9 万亩保护地。项目在内蒙古阿拉善、鄂尔多斯、巴彦淖尔、通辽和甘肃武威等生态脆弱地区共计种植了 4113 万棵梭梭树、1284 万棵沙柳、55 万棵樟子松、100 万棵花棒、6667 棵胡杨，种植总面积超过 76 万亩，预计控沙面积超百万亩。

4. 钉钉企业碳账户

钉钉为中小企业打造办公、沟通和协同的工作平台带来了绿色和低碳。企业通过使用钉钉软件带来的无纸化办公方式，可以减少差旅的交通出行次数，并节约纸张，相当于减少了对应的碳排放量，北京环境交易所为钉钉提供了绿色办公行为的碳减排量化方法。《阿里巴巴集团 2017—2018 年社会责任报告》显示，从 2016 年 6 月至 2018 年 5 月，钉钉的无纸化办公节省了 1.98 亿千克碳排放，相当于种植了 1106 万棵树，相当于固化了 110 平方千米的荒漠，面积相当于 17.3 个西湖。随着更多企业更深度使用"钉钉"，上述减排绩效还在快速增长中。

5. 公民碳普惠机制研究

为促进居民生活消费领域的节能降碳，通过对公民或社区家庭的典型节能减碳行为开展量化、赋予价值，激励公众参与全社会减排，在中华环保基金会"美丽中国"基金资助下，北京环境交易所承担了"公民碳普惠"机制及其实施路径研究的课题。该课题在国内首次提出了一套普遍适用于我国的"公民碳普惠"机制下的项目识别和碳减排量化准则，并就"公民碳普惠"机制的核心要素和实施路径及建立信息开放共享的碳普惠运行平台指南开展了研究。同时，通过开展典型减排场景的"公民碳普惠"机制设计，为碳普惠机制提供了完整的、统一的理论基础，为碳普惠机制在我国能有效推广提供科学依据。

5.4.15 履约

1. 履约相关规定

北京市人大常委会、市政府及相关主管部门高度重视北京碳交易试点履约工作，出台了一系列文件，对履约工作进行了全面、细致、严格的规定。试点期间 3 年的履约工作有条不紊，均依照以下文件执行。

（1）地方法规。北京市人大常委会在 2013 年 12 月 2 日通过了《关于北京市在严格控制碳排放总量前提下开展碳排放权交易试点工作的决定》（以下简称《决定》）。《决定》明确规定了实行碳排放报告及第三方核查制度，并规定了对于未按规定报送碳排放报告或第三方核查报告、超出配额许可范围进行排放的重点排放单位的罚则。《决定》作为地方性法规，在北京市碳排放权交易试点期内具有最高法律效力。

（2）政府规章。北京市人民政府于 2014 年 5 月 28 日发布了《北京市碳排放权交易管理办法（试行）》（以下简称《管理办法》）。《管理办法》再次确认了《决定》的效力，原则性地规定了排放报告报送、第三方核查和配额清缴的内容。《管理办法》作为地方政府规章，对北京碳试点履约工作的开展具有指导作用。

（3）地方规范性文件。2018 年 2 月，北京市发展改革委印发了《关于做好北京市 2018 年碳排放权交易试点有关工作的通知》，对 943 家重点排放单位和 621 家一般报告单位碳交易履约工作提出工作部署，要求重点排放单位应于 2018 年 7 月 31 日前向注册登记系统开设的配额账户上缴与其经核查的 2017 年度排放总量相等的配额。

2. 履约安排

碳排放报告报送。重点排放单位和一般报告单位应按照《北京市企业（单位）二氧化碳排放核算和报告指南（2017 版）》，核算本单位 2017 年度碳排放数据，建立二氧化碳监测和报告机制，制订年度监测计划，并于 2018 年 3 月 31 日前通过"北京市节能降耗及应对气候变化数据填报系统"，向北京市发展改革委报送 2018 年度碳排放报告。一般报告单位在完成系统填报后，应向北京市提交加盖公章的纸质版碳排放报告；重点排放单位待核查工作结束后，应于 2018 年 4 月 30 日前，向北京市提交加盖公章的纸质版碳排放报告。

第三方核查报告报送。重点排放单位应从北京市发展改革委第三方核查机构目录库中自行委托对应行业的第三方核查机构，开展 2018 年度碳排放报告核查工作，于 2018 年 4 月 30 日前向北京市发展改革委报送第三方核查报告。北京市发展改革委组织专家对核查报告进行评审，组织第四方核查机构对核查报告进行抽查，确保排放报告和核查报告数据的准确性和真实性。

配额清算上缴。重点排放单位应该于 2018 年 7 月 31 日前，向注册登记系统开设的配额账户上缴与其经核查的 2017 年度排放总量相等的碳排放配额（含经审定的碳减排量，用于抵消的碳减排量不高于其当年核发碳排放配额量的 5%）。2018 年 8 月 17 日，北京市发展改革委发布了《关于责令中车北京二七车辆有限公司限期开展 2017 年开展碳排放履约工作的通知》（京发改〔2018〕1716 号）、《关于责令北京瑞兆天成商业管理有限公司限期开展 2017 年开展碳排放履约工作的通知》（京发改〔2018〕1717 号）、《关于责令北京府东里利民供暖服务中心限期开展 2017 年碳排放履约工作的通知》（京发改〔2018〕1718 号）、《关于责令乐购特易购商业（北京）有限公司限期开展 2017 年开展碳排放履约工作的通知》（京发改〔2018〕1719 号），要求这些单位在收到通知之日起 10 个工作日内完成 2017 年碳排放配额的清算（履约）。

5.4.16 市场监管

碳市场监管的主要目的在于维护市场秩序，防止内幕交易、市场操纵、发布虚假市场信息等违法违规行为。从被监管对象的角度来划分，碳市场监管可以分为交易机构监管和交易行为监管两类。前者是指交易机构作为被监管对象，由主管部门对其进行监管；后者是指交易参与人的日常交易活动作为被监管对象，由交易机构对其进行的一线监管。

1. 交易机构监管

监管框架。根据北京市人民政府在 2014 年 5 月 28 日发布的《北京市碳排放权交易管理办法（试行）》（京政发〔2014〕14 号），北京市发展改革委负责本市碳排放权交易相关工作的组织实施、综合协调与监督管理。北京市统计、金融、财政、园林绿化等行业主管部门按照职责分别负责相关监督监察工作。

北京市人民政府确定承担碳排放权交易的场所。交易场所应当制定碳排放权交易规则，明确交易参与方的权利义务和交易程序，披露交易信息，处理异常情况。交易场所应当加强对交易活动的风险控制和内部监督与管理，组织并监督交易、结算和交割等交易活动，定期向北京市发展改革委和北京市金融工作局报告交易情况。交易场所及其工作人员违反法律法规及有关规定的，责令限期改正；对交易主体造成经济损失的，依法承担赔偿责任；构成犯罪的，依法承担刑事责任。

监管规则。北京市发展改革委 2013 年 11 月 20 日发布了《北京市发展和改革委员会关于开展碳排放权交易试点工作的通知》，明确规定试点期间北京市碳交易平台设在北京环境交易所。北京环境交易所作为碳排放权交易机构，应提供公开、公平、公正的交易市场环境，维护交易秩序，保障交易参与方合法权益；制定交易规则及相关操作细则，运行和维护电子交易平台系统，保障配额和资金的安全、高效流转，及时出具交易凭证；妥善保存交易记录，定期披露交易信息，并制定合理的收费标准。

2. 交易行为监管

一线监管机制。在市场监管体系中，交易机构站在监管的最前沿，担负着对日常交易活动进行一线监管的职责，对于市场风险的防控起着至关重要的作用。为了防范和应对交易活动中可能产生的风险，按照北京市政府主管部门的要求，北京环境交易所针对北京碳市场的日常交易活动建立了以下风险防控机制。风险监管制度包括诚信保证金、风险警示、最大持仓量限制，以及涨跌幅限制等制度。

（1）信息披露制度。根据交易规则，通过网站、微信等多种途径及时发布各类交易信息，包括以公开交易方式交易的成交量、成交价格等碳排放权交易行情，以及其他公开信息，及时编制反映市场成交情况的各类日报表、周报表、月报表和年报表。

（2）交易纠纷解决制度。交易参与人应当记录有关纠纷情况以备交易所查阅，并及时向北京环境交易所报告影响正常交易的交易纠纷。此外，针对市场交易活动中的一些关键问题，北京环境交易所也重点推出了具体的监管规则。一是市场操控。重点监控以下涉嫌市场操控的交易行为：单个或两个以上固定的或涉嫌关联的交易账户之间，大量或频繁进行反向交易的行为；单个或两个以上固定的或涉嫌关联的交易账户，大笔申报、连续申报、密集申报或申报价格明显偏离该碳排放权行情揭示的最新成交价的行为；频繁申报和撤销申报，或者大额申报后撤销申报，以影响交易价格或误导其他投资者的行为；在一段时期内进行大量的交易；大量或频繁进行高买低卖交易；在交易平台进行虚假或其他扰乱市场秩序的申报及交易所认为需要重点监控的其他异常交易行为。二是内幕交易。重点监控可能对交易价格产生重大影响的信息披露前，大量或持续买入或卖出相关碳排放权的行为。三是异常情况处理。发生不可抗力、意外事件和技术故障等交易异常情况之一，导致部分或全部交易不能进行的，北京环境交易所可以决定单独或同时采取暂缓进入交收、技术性停牌或临时停市等措施；交易所认定的其他异常情况。经北京市发展改革委要求，北京环境交易所实行临时停市。交易所对暂缓进入交收、技术性停牌或临时停市决定予以公告。暂缓进入交收、技术性停牌或临时停市原因消除后，北京环境交易所可以决定恢复交易，并予以公告。

5.4.17 回顾

北京碳市场已经平稳运行满 5 年，不但支持全市重点排放单位顺利完成了最近 5 年的履约工作，而且为全国碳市场建设和全球碳定价积累了丰富的经验，形成了自身鲜明的特点。

1. 市场健康运行，碳价调控有力

市场层次丰富。北京碳市场包括碳配额市场和碳抵消市场。其中，碳配额市场控排门槛逐步降低、纳入控排的覆盖范围不断增加，以市场机制有力推进北京市实现节能减排目标；碳抵消市场在中国核证自愿减排量（CCER）的基础上，还纳入了林业碳汇项目、节能项目、"我自愿每周再少开一天车"活动等多种方式产生的经审定的碳减排量。在现货的基础上，北京碳市场还应用了场外掉期、期权、回购、抵质押、中碳指数等金融工具。此外，承德、呼和浩特、鄂尔多斯等地区相继加入了北京碳市场体系，市场层次不断丰富。

参与主体全面。北京市参与碳排放交易的排放单位范围广、类型多，不仅覆盖了电力、热力、水泥、石化、交通运输、其他工业、服务业 7 个行业类别，还包括高校、医院、政府机关等公共机构。从参与企业的性质来看，中央在京单位的比例接近 30%，在各试点省市中参与交易的央企数量最多，外资及合资企业占 20%左右，其中包括多家世界 500 强企业。截至 2018 年年底，已有近千家企、事业单位和投资机构成为北京环境交易所的交易会员单位，参与北京碳市场活动。

碳价稳定合理。为保障市场健康稳定运行，北京市率先出台了公开市场操作管理办法，实行市场交易价格预警，超过 20～150 元/吨的价格区间将可能触发配额回购或拍卖等公开市场操作程序。北京碳市场运行 5 年以来，年度成交均价始终在 50 元/吨左右，相比于国内其他试点地区市场，北京碳市场的碳价较高，有利于激励企业重视节能减排工作。同时，北京的碳价波动较小，有利于市场控排主体形成稳定的减排预期。总体而言，北京碳市场的碳价稳定合理，客观反映了较为平衡的市场供求关系。

2. 基础研究深入，金融创新有序

绿色金融基础研究。北京环境交易所积极参与中国人民银行、生态环境部、中国金融学会绿色金融专业委员会等机构开展的绿色金融研究工作，取得丰硕成果。标准研究方面，北京环境交易所积极

参与中国人民银行研究局牵头的绿色金融标准工作组，负责牵头开展环境权益融资标准，参与碳金融产品标准等的研究，同时参与《绿色金融术语手册》中环境权益市场与碳金融部分的编写。专题研究方面，与中国工商银行联合开展行业碳交易压力测试，承担金融机构碳减排风险分析及绿色金融评价体系研究中的环境成本分析。

绿色金融产品创新。在确保风险可控的前提下，北京环境交易所积极探索绿色金融产品创新。目前，北京碳市场已形成碳配额场外掉期、碳配额场外期权等多种产品竞争共存的局面，并已积累了一定的金融机构和个人投资者参与产品交易，对增强市场流动性、提高交易匹配率、激发市场活力发挥了积极作用。同时，北京环境交易所正在积极推进环境权益抵质押融资、碳远期等绿色金融工具，为交易双方提供更多、更有效的价格发现和风险管理工具。

5.4.18　展望

十九大报告确立了到 2020 年全面建成小康社会和到 2050 年分两步走建成社会主义现代化强国的宏伟目标，并强调了中国特色社会主义进入新时代，我国社会主要矛盾已经转化为人民日益增长的美好生活需要和不平衡不充分的发展之间的矛盾；要紧扣我国社会主要矛盾变化，统筹推进经济建设、政治建设、文化建设、社会建设、生态文明建设，推进供给侧结构性改革，坚决打好"污染防治"等三大攻坚战。紧密围绕十九大描绘的宏伟蓝图展望未来，北京碳市场将服务大局，积极主动为落实国家发展战略提供支撑。

1. 服务京津冀蓝天保卫战

2017 年 9 月，中共中央、国务院批复的《北京城市总体规划（2016—2035 年）》（以下简称"新总规"），是首都未来可持续发展的新蓝图。新总规立足首都"四个中心"的城市战略定位，着眼国际一流和谐宜居之都的发展目标，要求科学配置资源要素，全面推进大气污染防治，深入推进京津冀协同发展。北京碳市场作为新型市场机制，可以为新总规落地提供 4 个方面的基础支撑。

（1）区域环境市场建设。有序疏解北京非首都功能是京津冀协同发展战略的核心，是实现城市发展与资源环境相适应的关键环节和重中之重。疏解对北京来说是减量，既是倒逼集约高效发展的重要机遇，也是优化资源要素的必要手段。通过疏解北京非首都功能，建立健全倒逼机制和激励机制，将北京的资源要素在更大范围进行优化配置，可以推动区域优势互补，从而成为协同发展新的动力源。北京碳市场立足于要素市场一体化，率先实现京冀、京蒙跨区碳排放权交易，充分发挥市场机制作用，采取市场化、法治化手段，以及完善的激励约束机制和相关政策，为环境权益等要素资源实现跨区流转成功探路，为捍卫京津冀蓝天夯实基础。

（2）优化地区能源结构。新总规要求，严格控制能源消费总量，加强碳排放总量和强度控制，构建多元化优质能源体系。到 2020 年，北京市能源消费总量将控制在 7650 万吨标煤，新能源和可再生能源占比将提高到 8%以上；到 2035 年，能源总量将控制在 9000 万吨标煤，新能源等占比将达到 20%。为实现新总规要求，深化"一微克"行动，坚决打赢蓝天保卫战，以及有序推进农村煤改电清洁能源，基本实现平原地区"无煤化"的目标，北京碳市场通过强化本市建筑、交通、工业等领域重点排放单位的碳排放管控，从生产和消费两方面持续推动北京市能源结构的清洁化、低碳化转型。同时，北京碳市场的 CCER 交易为华北平原地区的地热、生物质能、分布式可再生能源等清洁能源的发展提供了强大的市场支持，有利于京津冀地区能源结构的不断优化，助力产业转型升级。

（3）推进产业结构升级。当前，中国经济发展面临着国际国内温室气体减排压力加剧、人口红利消失、增长减速换挡的现实挑战，迫切需要优化经济结构，转变经济发展方式。经济新常态下，产业结构的优化升级是促进中国经济结构转型的重点，也是实现节能减排、低碳发展的关键路径。碳交易市场具有市场化、激励机制和灵活性等优点，是调整能源结构、治理环境污染的有效手段，

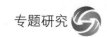

是推进绿色转型发展的必然选择。北京碳市场不仅能够实现资源的优化配置，引导生产要素向生产效率高的部门或产业流动，提高全要素生产率，还能够降低高污染、高耗能、高排放行业的比重，为其提供市场化的退出机制，服务"三去一降一补"，减少空气污染物及温室气体排放，有利于提升区域产业的绿色竞争力，促进经济和环境保护的"双赢"发展。

（4）积极服务绿色冬奥。举办2022年冬奥会将成为北京乃至整个京津冀地区进一步改善环境质量的一次机遇，冬奥会筹备开始就充分照顾环境利益，并全面展示环保决心。可持续发展的理念充分融入选址勘测、场馆利用和建设、设备运营、赛事支持等各方面的具体工作中，可将这一区域变成中国环境改善政策、决心和技术利用的窗口。为了让北京及河北的居民更多从举办北京2022年冬奥会中获得环境、健康收益，北京碳市场可以为北京—张家口联合承办的2022年冬奥会和冬残奥会提供碳中和等支持服务，协助北京2022冬季奥林匹克运动会申办委员会完成"碳中和"目标；支持张家口"两区"（首都水源涵养功能区和生态环境支撑区）建设，建立健全区域生态保护补偿机制，为办成一届精彩、非凡、卓越、绿色的冬奥会提供强有力的支撑。

2. 服务美丽中国建设

生态环境保护是全面建成小康社会的"必答题"，也是京津冀协同发展的"先手棋"和"突破口"。必须秉持绿水青山就是金山银山的理念，强化生态环境联建、联防、联治，带头落实好生态文明和环境保护的各项任务。北京碳市场将不断完善北京碳交易试点的开户、挂牌、撮合、结算和交付等日常交易支持服务，为重点排放单位完成年度履约工作、优化碳资产管理能力、提升低碳竞争力提供支撑，服务北京的低碳城市建设，推进区域生态文明建设，成为国家生态文明建设的典范。

参与全国碳市场建设。北京碳市场是全国多层次碳市场的重要组成部分，在全国碳排放权交易体系正式启动后，将积极全面参与全国碳市场建设，重点包括全国碳市场的基础设施建设、非试点地区的能力建设，以及为纳入全国碳交易体系的发电等行业重点排放单位的履约和碳资产管理工作提供交易服务和融资服务。同时，为更好发挥自愿项目的减排功能，北京市将从碳抵消与碳中和两方面不断推动全国CCER市场发展，吸引更多CCER项目挂牌，为满足全国的碳抵消需求提供多样化的产品选择。同时，面向机构、活动及个人开发多元化的碳中和服务，为统筹解决减排与减贫两大挑战，不断完善市场化生态补偿机制。

服务国家打赢三大攻坚战。北京碳市场坚持统筹减排和减贫的思路，依托农林碳汇项目开发与交易，开发生态服务标签、乡村绿色产品与服务、绿色普惠金融服务，将乡村的生态服务价值通过市场途径进行量化和流转，不断完善市场化生态补偿机制，带动节能环保产品和环境治理服务全面下乡，服务乡村振兴战略。

北京碳市场还将在地方碳排放权、排污权、用能权交易试点的基础上，积极参与全国碳市场建设，推动形成京津冀统一的综合环境权益交易平台，从能源生产与消费、温室气体和污染物排放等角度发挥市场在资源配置过程中的决定性作用，服务区域雾霾治理，协助打赢三大攻坚战。

3. 支撑国际绿色金融中心

金融作为北京支柱产业之一，绿色化将是落实新发展理念和国内金融中心差异化定位的必然要求。碳金融作为绿色金融新业态，是首都构建高端现代服务业的重要一环，而北京作为全国政策制定中心、资金管理中心和低碳专业服务中心，在发展碳金融市场方面的优势得天独厚。碳金融利益相关方的聚集，对于北京构建国际绿色金融中心具有积极的推动作用。在碳金融的基础上，积极探索开展各类绿色资产交易，将更好地服务北京国际绿色金融中心建设。

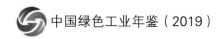

第 6 章　中国绿色经济发展路径——从理论到实践

亿欧智库

绿色经济，是人类出于对社会经济与生态环境协同发展的思考，探索出的更加高效、和谐、可持续的新经济形式。自改革开放以来，我国实现了由农业国向工业化大国的快速转变，经济高速增长的同时也付出了相当的资源和环境代价。

当前，中国经济已进入了增速放缓、结构优化、追求质量的新常态，发展绿色经济成为这一经济转型关键时期的必然选择。2016 年，"十三五"规划中首次将"绿色"理念纳入全面建成小康社会的指导思想；2017 年，"十九大"报告中再次强调绿色发展理念，绿色经济已成为我国国家战略规划中的重要内容。在这一大背景下，对于所有产业和产业从业者来说，认清什么是绿色经济，如何有效发展绿色经济都是至关重要的。

对此，亿欧智库尝试解读绿色经济的内涵和意义，梳理了当前我国对于发展绿色经济的总体规划和布局，具体阐述了绿色经济的落地实践情况，为读者提供参考。

6.1　绿色经济概念

6.1.1　绿色经济思想演变

出于对人与自然关系的反思，绿色经济思想开始出现，人类对于"绿色经济"的理解随着社会发展逐渐演变。

第一阶段（1989—2006 年）："绿色经济蓝图是从环境的角度，阐释了环境保护及改善的问题"——英国环境经济学家皮尔斯于 1989 年首次提出"绿色经济"概念。公众对绿色经济认知普遍停留在环保层面，将绿色经济看作改善生态环境的一种被动措施。

第二阶段（2007—2009 年）：2007 年，联合国环境规划署在《绿色工作：在低碳、可持续的世界中实现体面工作》中首次将"绿色经济"定义为"重视人与自然、能创造体面高薪工作的经济"。对绿色经济的讨论不再局限于改善生态环境这一单一维度，而是强调经济系统的整体转型，从而实现生态环境与经济平衡和协调发展。

第三阶段（2010—2018 年）：2010 年，联合国开发计划署提出了"绿色经济"新定义："带来人类幸福感和社会的公平，同时显著地降低环境风险和改善生态缺乏的经济"。将发展绿色经济的目标扩展至社会系统，聚焦经济发展、环境保护、社会公平的相互协调与平衡。

6.1.2 "绿色经济"与"褐色经济"在资源配置、增长方式、核算标准等方面的概念对比

1. 褐色经济

资源配置：将资本重点配置在资源密集、消耗自然资本、减少就业机会的领域。

增长方式：依靠资源消耗、以环境污染为代价，追求数量和规模的外延式增长方式。

核算标准：忽略了经济增长背后的资源消耗成本和环境损失代价。

2. 绿色经济

资源配置：通过增加劳动生产率和自然资源利用率、减少自然资本消耗，强调资本主要投资资源节约和环境友好领域。

增长方式：依靠科技进步、劳动者素质提高、管理创新、绿色生产的新增长方式。

核算标准：将资源消耗、环境保护等成本纳入经济核算体系，反映经济发展的真实水平和可持续程度。

6.1.3 绿色经济的三重效益：环境效益、经济效益、社会效益

环境效益：增加自然资源的利用效率；推动生产生活方式向低碳化转型；应对全球环境问题。能源可持续利用：推动能源多元化发展；构建更加稳定清洁的能源结构；保障能源和资源安全。

经济效益：引导产业改造升级；推动产业结构优化；加重生产者的环境保护责任，促进生产方式转变，推动经济可持续发展。

社会效益：强调高效、创新，以新技术和新模式驱动生产效率的提升；创造大量绿色就业机会；引导绿色消费观念和绿色生活方式。

6.2 我国发展绿色经济的必要性

1. 传统产业经济下的环境问题突出，促使经济增长模式进行根本转变

在过去几十年间，我国传统产业经济高速发展，粗犷的生产模式、偏重的产业结构对我国的生态环境造成了严重的破坏，不仅威胁着我国公众的健康，也制约着我国经济的发展。因此，我国必须加快转变经济增长模式，寻求经济与环境、社会三者协调发展的平衡点。

环境污染：目前，我国在大气污染、水污染、土地荒漠化、生态多样性等方面均有严重的问题，其中，大气污染和水污染问题尤为突出。数据显示，2016 年，我国约 3/4 的地级以上城市空气质量超标，全国大部分地表水均遭受不同程度的污染，这其中主要的污染源均来自工业排放。

健康问题：环境污染严重威胁着公众的身体健康和生命安全，如空气污染可导致敏感人群罹患各种疾病甚至过早死亡。据生态环境部统计，仅以 PM10（可吸入颗粒物）为核算因子，2004—2010 年间，我国因空气污染导致的早死人数达到 35 万～50 万人。

经济损失：环境污染不仅威胁公众健康，还会带来巨大的经济损失，据生态环境部提供的数据，我国每年因环境污染和生态破坏造成的经济损失，占当年 GDP 的 6%左右。

2. 人口增长和城镇化压力增大，资源对外依赖度高，绿色经济是实现可持续发展的必然选择

随着我国经济规模的长期增长，我国对自然资源的消耗量与日俱增，能源消费量逐年攀升，国内资源供不应求，导致以原油为代表的能源进口量增加。数据显示，2016 年，我国原油对外依存度已高达 65%，能源问题是促使我国发展绿色经济的重要因素之一。

2010 年，我国城镇人口占总人口比例开始逐渐超过农村人口。截至 2016 年，我国城镇化水平已达到 57%，总人口数量接近 14 亿。根据行业测算，我国城市人均能源消费为农村人均能源消费的 3～3.5 倍，城镇化每提高一个百分点，就拉动相当于 8000 万吨标准煤的能源消费量，高速的城镇化趋势和人口增长将会加重资源的消耗和对外依存度。

因此，我国必须发展绿色经济，走绿色城镇化道路，注重资源的循环高效利用及废弃物的安全无害化处理，实现可持续发展。

3. 经济新常态下，发展绿色经济是优化产业结构，促进经济高效、高质量增长的新引擎

我国经济正在经历从旧常态到新常态的转折点，这一新常态的显著特征体现在 3 个方面的转变：增长速度由 10%以上的高速增长转向稳定在 6%左右的中高速增长水平；产业结构由重工业和低端产业转向生产性服务业和高端制造业，第三产业比重超过第二产业，占比差距持续加大；发展方式由以高投入、高增长的规模速度型转向以技术和创新主导的质量效率型。

在这一新常态下，我国经济由追求量变切换到质变，绿色经济将会驱动资源高效配置，加快产业结构优化，推动产业转型升级，成为经济增长的新引擎。

2008—2017 年我国 GDP 三大产业结构组成如图 6-1 所示。

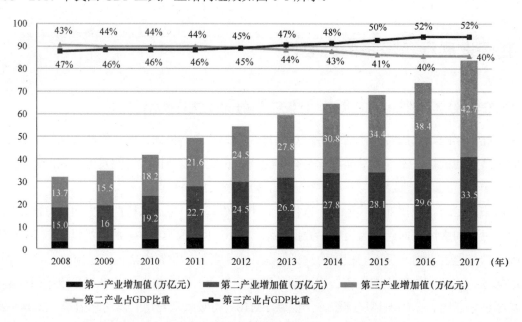

图 6-1　2008—2017 年我国 GDP 三大产业结构组成

6.3　我国绿色经济发展路径

6.3.1　社会层面发展路径

从我国整体发展路径来看，社会多方角色参与，共同促进绿色经济的发展。我国绿色经济的整体发展路径是在新政策引导下，社会各部门及公众共同参与，共同推进的系统工程。在这一过程中，技术、资本、市场的创新升级与企业形成良性互动，助力产业经济向绿色化转变。

1．政府方面

以十九大和"十三五"规划为代表，党和政府对我国生态文明建设和绿色发展进行了全方位的中央顶层设计。2016年，"十三五"规划中，首次把"绿色"理念与"创新、协调、开放、共享"一起定位为我国经济和社会发展的"五大核心发展理念"，并从指导思想、战略目标、实现路径、制度体系建设、量化指标等多个方面对我国发展绿色经济进行了战略规划。

推进绿色发展："加快建立绿色生产和消费的法律制度和政策导向，建立健全绿色低碳循环发展的经济体系。构建市场导向的绿色技术创新体系，发展绿色金融，倡导简约适度、绿色低碳的生活方式。"

生态文明建设："建设生态文明是中华民族永续发展的千年大计。必须树立和践行绿水青山就是金山银山的理念，坚持节约资源和保护环境的基本国策。"

绿色共赢价值观："构筑尊崇自然、绿色发展的生态体系。"

2．金融机构

绿色金融体系搭建，助推我国经济绿色化转型。发展绿色经济要追溯到市场经济源头的资源配置上，而在资源配置中，资金配置的转变，即将资本从高耗能、高污染的产业中逐步转向节能、环保的绿色产业中，将对调整产业结构、发展绿色经济起到根本的驱动作用。近年来，随着绿色经济从理论转向实践，我国开始大力发展绿色金融，在绿色金融制度建设、工具拓展、规模体量上取得了一定的成效。

绿色金融制度逐步健全。在政府的推动下，我国的绿色金融体系逐步建立，正在加快建设与绿色金融直接相关的制度，以及与财税、价格和基础设施建设等相关的配套制度。绿色金融规模逐渐增加，在政策推动下，我国绿色金融的规模已经开始扩大。以绿色债券规模为例，2017年中国境内外发行绿色债券合计2512.14亿元，占全球绿色债券总规模的32.16%。构建多元化绿色金融工具，我国已经搭建起以绿色信贷、绿色债券、绿色发展基金等工具为主导的多元化绿色金融工具体系，引导资金向绿色项目流入。

3．科研机构

绿色技术研发创新，驱动产业改造升级。绿色技术是遵循绿色发展规律，以绿色市场为导向，立足于节约资源、保护环境，实现社会可持续发展的现代技术体系。绿色技术的研发和创新，与产业深度融合，贯穿于产业链的上下游，驱动产业向绿色化改造升级。

目前我国研发及应用的绿色技术主要分为计算机技术、绿色生产技术、清洁工艺技术和污染治理技术4个类别，分别从不同角度发挥绿色效应，如图6-2所示。

图6-2 我国研发及应用的绿色技术情况

4. 消费者

消费观念升级，绿色消费、可持续消费观推进绿色生产。绿色消费是以节约、环保、健康为前提的消费观念和消费行为，它包含了消费无污染、节能环保的产品，自觉抵制破坏环境、浪费资源的商品，以及追求消费过程中对环境和资源的保护等含义。

近年来，随着消费升级、受教育水平提高、环保理念的传播，我国消费群体在追求产品服务质量的同时，也开始注重产品、消费行为及消费方式的环保性。从中国连锁经营协会2017年发布的《中国可持续消费研究报告》可知，我国已有超过七成的消费者已具备一定程度的绿色消费意识，认为个人的消费行为与环境有直接相关性，他们是潜在的可持续消费践行者。

消费者与企业之间围绕绿色消费的互动，对发展绿色经济起到重要的推进作用。一方面，绿色消费观念的渗透，绿色消费群体的扩大，将会从需求端推动供给端进行市场革新，输出绿色产品和绿色服务，提供更为节约、环保的消费方式；另一方面，以电商、零售等行业为代表的面向消费者的供给端，通过围绕绿色产品、绿色消费进行推广宣传和营销，培育绿色市场，从而促进绿色消费意识的进一步渗透。

6.3.2 产业层面发展路径

通过产业改造升级和结构优化调整，最终实现产业结构绿色化。绿色经济是一种全局的经济现象、发展模式和意识形态。在产业层面，发展绿色经济的终极目标是实现产业结构的绿色化，即将生产、管理、运输、销售的全部环节生态化，将社会生产和服务转变为生态发展的一部分，实现全部产业经济的绿色化、生态化。

产业结构绿色化的实现路径分为两个方向：一是从技术、模式、管理等方面对现有产业进行绿色化改造升级；二是产业结构的优化升级，不断淘汰落后产能，调整传统产业与绿色新兴产业之间的比重。

技术、管理、模式、市场四大创新驱动力推动产业绿色化改造升级。从产业层面出发，实现产业结构绿色化的首要着力点是对现有的高污染、高能耗产业进行绿色化改造升级，这一路径贯穿于所有的产业内部及相互之间的每一环节和流程。绿色经济的内核之一是由创新驱动的增长方式转变，我国现有产业是通过在技术、管理、商业模式和市场营销等方面的创新来实现绿色化升级改造的。

对传统产业和新兴产业进行比重调整、协同融合，实现产业结构的优化调整，产业结构优化调整

的核心是将资源配置到更高效的地区、部门或环节，产业结构越合理，资源配置效率越高，经济绿色化程度越高。

从发展绿色经济的角度出发，我国现有产业可分为高耗能、高污染、劳动密集、技术落后的传统产业和节能、环保、技术密集、具有全局性和可持续性等特征的新兴产业。

在绿色经济的语境下，产业结构优化不仅是调整传统产业和新兴产业的比重，更是强调传统产业与新兴产业的协同融合、继承和衔接，传统产业利用新兴产业的技术优势进行改造升级，同时，新兴产业充分利用传统产业积累的资源优势进行规模化扩张，从而达到全部产业经济的绿色化。

6.3.3 具体行业应用实践——物流、零售、出行

1. 绿色物流：绿色仓储、绿色包装、绿色运输、绿色逆向物流

物流行业在国民经济中扮演着不可替代的重要角色，是实现商品流通的桥梁。然而，传统物流在包装、仓储、运输等流程中都存在严重的环境污染和资源浪费问题。据国家邮政局统计，2016 年，物流业中，仅快递这一环节就在包装上消耗了 147 亿个塑料袋和 103 亿张快递运单。因此，利用新技术、新模式对传统物流业的各个环节进行改造升级，打造绿色物流对发展绿色经济至关重要。

2. 绿色零售：绿色供应链、绿色店铺、绿色营销

近年来，随着国民经济的持续增长、人均消费水平的提升，零售业在我国国民经济中的地位逐渐攀升。相关数据显示，社会消费品零售总额占 GDP 比重从 2008 年的 36% 一路攀升至 2017 年的 44%，对我国经济增长起到了支柱性作用。因此，对零售产业的绿色化改造是发展绿色经济的重要落脚点之一。

与此同时，零售业的重要性还体现在其在市场环节中扮演角色的特殊性，作为连接生产制造和消费终端的中间纽带，零售业的绿色化不仅是对零售行业自身的升级改造，更是推动绿色制造和绿色消费的动力。基于这一特殊角色，发展绿色零售的探索路径要建立在向上下游延伸的全链条发展的思维模式上，即绿色零售的关键是要从产业链的角度出发，推动上游供应链和下游消费者共同升级，打造绿色供应链，建立绿色店铺，推行绿色营销，从而引导绿色消费。零售企业发挥全链条思维，将绿色经济发展理念贯穿产业链上下游，零售企业通过逆向整合及优化供应链上的采购、生产、分销等环节，对供应链的绿色化发展起到重要作用。在《超市节能规范》《绿色商场》等行业规范指导下，零售企业开始对门店设施设备进行改造更新，优化运营管理，打造绿色店铺。

在绿色营销方面，零售企业已经开始尝试各种方法推动绿色消费。商务部 2016 年的调查显示，有 59.52% 的零售企业定期或不定期举办环保节能宣传活动，向顾客发放绿色消费的资料；50% 的企业在店内设有固定的环保宣传栏等区域；还有 32.74% 的企业在店内设有独立的绿色节能环保产品专区，方便顾客选购绿色产品。

3. 绿色出行：新能源汽车、共享出行、智慧出行

出行行业存在的环境污染、能源消耗、交通拥堵等问题使其成为绿色化改造升级的重要领域。绿色出行的落地是以新能源、大数据、人工智能、传感技术等技术创新为基础，通过工具的改造和模式的升级来实现的。

出行领域利用创新技术，对出行工具和模式进行改造升级，如图 6-3 所示。

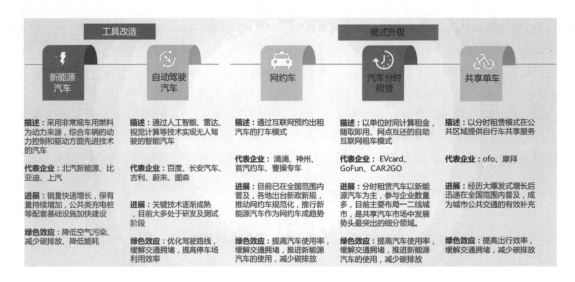

图6-3　出行领域利用创新技术，对出行工具和模式进行改造升级

6.4　绿色经济未来发展趋势

政策支持和技术驱动的背景下，新能源、新材料、新能源汽车等绿色新兴产业快速发展，推动能源结构优化，助力可持续发展。自新能源汽车被列入国家战略新兴产业以来，各项扶持补贴政策大力推动新能源汽车产业的发展，自2015年开始，新能源汽车产销量呈现快速增长态势，产业规模逐渐扩大，企业加快创新，吸引资本流入，由补贴支持发展逐渐转为市场化发展。截至2017年年底，我国新能源汽车保有量达153万辆，但只占汽车总量的0.7%。该绿色新兴产业仍有巨大的发展空间和潜力，未来将与更多业态结合，覆盖更多领域。

消费升级背景下，绿色消费需求持续增长，驱动绿色产品和服务的输出，已成为拉动经济增长的新驱动力。新业态助力绿色发展，共享经济渗透产业端，优化资源配置，推动全产业链绿色化。

共享经济是通过信息技术搭建的平台，实现闲置资源要素的快速流通和高效配置，从而达到减少资源浪费，提高资源利用率的绿色效益。随着共享模式在产业经济中的渗透，共享经济从共享出行、共享空间、共享闲置物等实体资源共享逐渐扩展到共享技能、共享时间等非实体资源领域。在技术进步、政策支持及消费升级的大背景下，共享经济将会持续进化，渗透到各类产业中，在生产、流通、销售等各个环节中优化资源配置，提高资源利用效率，驱动全产业链绿色生态化。

绿色经济推动绿色新型城市化建设，形成生态化、智慧化的新社会形态。我国城市化经历了以速度加快、规模增长为主的发展时期。现阶段，我国已经正式进入城市主导型社会，城市化快速推进的背后是巨大的环境和资源压力，因此，绿色城市化将成为未来城市化的发展基调。绿色新型城市化的发展，引导绿色基础设施、绿色建筑、绿色交通等领域的发展，将会带动区域产业结构调整和各类型实体经济的绿色化转型。

第 7 章　将绿色投资引入绿色地产

戴德梁行大中华区研究部

为了促进经济的可持续发展，以及绿色建筑领域的进步，包括中国政府在内，世界各国政府正在积极鼓励绿色金融的发展。随着绿色金融产品的日趋丰富，市场监管的逐步成熟，更多的资金将会被投入到全球的绿色项目中。从全球维度上看，通过对绿色项目（包括绿色地产）的发展提供资金支持，绿色金融愈发成为传统经济模式向绿色经济转型的催化剂。为了保护能源和自然资源，世界各地的民众、政府和企业正紧密合作，提高社会整体的环保意识，建立与之相关的机构和协会，颁行相关法律，并着力发展绿色金融。

鉴于建筑环境涉及大量的资源与能源，进而与气候变化密切相关，如今有越来越多的业主和用户也在实践绿色理念，将绿色技术融入建筑中，实现能源和资源的储存和转化。在中短期内，建筑环境仍将是温室气体的主要排放来源之一，且仍将是导致全球变暖的重要因素。随着越来越多的民众、政府和企业认识到这一点，世界各地的新建建筑（以及现有建筑）将被要求安装绿色技术系统，以保护能源和资源。包括中国政府在内，世界各国政府坚定不移地推动环境的可持续发展，以及绿色建筑领域的进步。可以预见，在未来的建筑领域，绿色建筑的占比将逐步增加。与此同时，从商业地产的角度上看，越来越多的业主和租户认识到拥有绿色认证商业地产项目的诸多优势，如经济效益优势，这将推动绿色建筑在写字楼、零售、工业和酒店等领域的快速发展。

7.1　绿色金融背景

作为全球领先的环境机构，联合国环境规划署（UNEP）表示，污染、自然资源枯竭和气候变化的负面影响已经造成了巨大的经济损失。在全球范围内，当前的经济增长和发展模式正逐步逼近地球的环境承载极限。其他国际组织也已经采取了行动，通过支持经济转型和鼓励可持续发展来应对气候变化。例如，G20 就将"强劲、可持续和平衡增长"纳入其总体战略目标。许多促进可持续发展的国际协定也已签署，其中，近期最重要的协定莫过于《巴黎协定》，其目标包括使金融和资本流动支持低温室气体排放和适应气候变化的发展道路。

在中国，投资驱动的发展已经成为常态，加之严重的污染事件引发了公众的广泛关注，中国现在比以往任何时候都更加重视可持续发展和经济增长的质量。以绿色、循环和低碳发展为特征的绿色经济已成为中国可持续发展的重要组成部分，并在中国的经济转型中发挥着重要作用。在 2011 年中国颁布的"十二五"规划中，绿色发展和可持续发展被确定为经济发展的重要方向。从那时起，中国正式走上了发展绿色经济的道路。根据习近平主席的中共十九大报告，为促进绿色经济的发展，中国将建立以市场为基础的绿色技术体系，发展绿色金融，促进节能环保、清洁生产和清洁能源等领域的发展。具体来说，根据中国政府在 2016 年发布的《关于构建绿色金融体系的指导意见》，绿色金融代表了那些全面支持环境改善、缓解气候变化和促进资源有效利用的经济活动的金融服务。

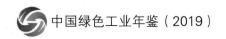

因此，绿色金融是中国绿色经济不可或缺的组成部分。一方面，它通过资助与环境保护和可持续发展有关的项目来促进可持续发展；另一方面，它支持技术创新升级，为金融业创造绿色商机，以此使绿色产业赢得发展机遇。绿色金融已经取得了长足的发展，而它的进一步发展，将在全球和中国的经济转型上发挥更具建设性的作用。

从全球角度上看，2016 年在杭州召开的 20 国集团（G20）峰会上，7 项宏观的金融行业标准得以确立，用以"增强金融体系调动民间资本进行绿色投资的能力"。遵循这一绿色发展方向，20 国集团成员已通过重新配置资本、改善风险管理和加强环境成本披露来建立本国的绿色金融体系，并且，几乎所有成员国都已采取措施支持当地绿色债券市场的发展，70%的成员国已构建了相关战略政策框架，如表 7-1 所示。

表 7-1 G20 成员——7 项宏观的用来推动绿色金融发展的可选措施，
以及各成员国的完成情况（2017 年 7 月）

G20 成员	1. 提供战略性政策信号及框架	2. 推广绿色金融资源原则	3. 扩大能力建设学习网络	4. 支持本币绿色债券市场发展	5. 开展国际合作，推动跨境绿色债券投资	6. 推动环境与金融风险问题的交流	7. 完善对绿色金融活动及其影响的测度
阿根廷	√			√			
澳大利亚	√			√			
巴西				√	√	√	
加拿大	√			√	√		
中国	√	√	√	√	√	√	√
法国	√	√		√			
德国	√		√	√		√	
印度	√			√	√		
印度尼西亚	√		√	√		√	
意大利	√			√			
日本				√			
墨西哥	√			√	√		√
俄罗斯				√		√	
沙特阿拉伯			√				
南非	√			√	√		
韩国		√		√			
土耳其				√			√
英国	√		√	√	√		√
美国				√		√	
欧盟	√			—	√		

得益于 G20 倡议，越来越多的国家鼓励绿色金融的发展，此方面的国际合作也日益增加，在 2016 年和 2017 年，绿色金融领域迅速发展。在此期间，大量的绿色金融产品涌现，其中，绿色债券和绿色信贷赢得了投资者的青睐。以绿色债券为例，在 2016 年，全球绿色债券市场的规模几乎翻了一番，增长率达到 92%。并且，在 2017 年，全球绿色债券的发行量增长 78%，总市场规模达到 1608 亿美元，如图 7-1 所示。

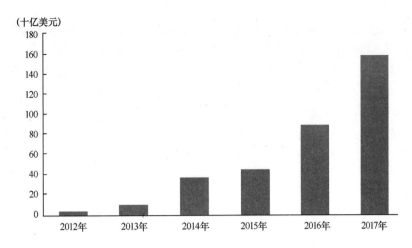

（十亿美元）

图 7-1　全球绿色债券市场迅速发展（仅考虑贴标绿色债券）（2012—2017 年）

正如联合国环境规划署所说，鉴于中国国内绿色金融政策体系的确立及在全球绿色金融领域巨大的国际影响力，中国已成为全球绿色金融领域的领导者。例如，中国已成为全球第二大绿色债券发行国。在 2017 年，中国绿色债券发行总额同比增长 4.5%，达到 2486 亿元人民币（合 371 亿美元），如表 7-2 所示。

表 7-2　全球绿色债券市场及中国的绿色债券发行量（2017 年）

国　　家	绿色债券发行量
美国	424 亿美元
中国	371 亿美元
法国	220 亿美元
西班牙	56 亿美元
瑞典	53 亿美元
荷兰	43 亿美元
印度	42 亿美元
墨西哥	40 亿美元
加拿大	34 亿美元

资料来源：气候债券倡议组织、中央国债登记结算有限责任公司、汇丰银行、英国驻中国大使馆（北京）、戴德梁行研究部。

除了建立国内绿色金融市场外，中国正不断加强绿色金融领域的国际合作。以"一带一路"倡议为例，在 2017 年 5 月，习近平主席提议促进"一带一路"沿线国家在绿色发展方面的国际合作。"一带一路"庞大的发展计划和多种多样的绿色项目预计将为绿色金融的发展提供众多机会，并有望进一步促进资本流动。例如，中国工商银行率先在 2017 年 10 月在卢森堡证券交易所发行了 21 亿美元的"一带一路"绿色气候债券。

7.2　绿色金融全球维度

绿色金融的不断发展促进了公募和私募基金对各类绿色项目的投资，这些绿色项目包括但不限于可再生能源、低碳交通、提高水分利用效率、垃圾回收管理，以及鼓励可持续的生活方式。那些特别关注并支持绿色项目的基金被认为是绿色基金。从全球的角度上看，绿色基金已成为向绿色经济转型的催化剂，因为它们为从研发到最终商业化的绿色项目提供了必要的资金支持。

绿色基金的资金来源主要是：地方和国家政府、担负起环境责任和社区发展责任的金融机构、具有环保使命的非营利基金会、商业部门提供的绿色补助金及个人投资者。然而，在全球范围内，绿色项目仍然面临着一些融资问题，如较高的融资成本、较长的投资周期、较低的回报和较高的风险。在这方面，实现绿色金融进一步发展的关键在于降低融资成本并建立全面的风险管理体系。政府应该在这方面起到带头作用，以确保绿色项目获得足够的资源配置。

1. 政府举措

如今许多政府都积极加入各自经济体向绿色经济的转型中。除直接投资，动员民间资本进行绿色投资，并确保所有的绿色资本都流向合格的绿色项目外，政府还采用了各种机制来规范绿色金融市场并实践绿色倡议。以荷兰政府为例，它创立了一项名为绿色基金计划的综合税收激励计划，包括绿色项目计划——筛选出符合条件的绿色项目；绿色机构计划——对绿色基金或绿色银行提出要求，以及针对个人的税收减免措施。那些通过认证的绿色银行，其支付的存款利息通常低于市场水平，这意味着它们可以以较低的贷款利率向绿色项目注资。此外，每位绿色投资者可享受高达约 55000 欧元的资本利得免税额度，并且绿色投资者为其绿色资本支付的所得税也较低。这些税收激励措施使投资者能够接受绿色投资带来的较低利息或股息。

自该计划启动以来，据估算，自 2001 年起，二氧化碳的年均减排量达到了约 50 万吨，随着该计划所支持项目的数量不断增加，减排量预计也将大幅增加。

2. 国际绿色组织的行动

对于主要的国际绿色组织，它们通过参考一系列具有法律约束力的国际协定（如《巴黎协定》），监督着各国政府实践经济转型和可持续发展的进度，也通过举办峰会、研讨会和研习会等方式，促进国际间合作和相互学习。

例如，可持续证券交易所（SSE）已成为全球主要证券交易所的国际学习平台，其目标包括提高企业信息披露的透明度、督促企业履行 ESG（环境、社会和公司治理）方面的义务，并鼓励符合可持续发展需求的投资。自此倡议颁布以来，一些合作的证券交易所已自愿公开，并承诺敦促上市公司履行ESG 方面的责任，加强相关披露，以促进全球资本市场的可持续性和透明化。需要注意的是，上海证券交易所和深圳证券交易所都是可持续证券交易所的合作伙伴。值得一提的是，上海证券交易所在可持续证券交易所编纂《绿色金融指南》中做出贡献，并参与了 2017 年在波恩举行的绿色金融倡议活动。

3. 企业行动

世界各地的企业投入了更多的精力和资源来使它们的业务符合绿色经济和可持续发展的要求。这一趋势的加强与公众更加重视环境问责制的大背景密切相关。环境问责制会衡量企业在资源利用、气候变化、土地利用、生物多样性和污染方面的环境成本。企业良好的环境足迹有助于塑造良好的公众形象，进而促进商品和服务销售额的增加。

尼尔森在 2015 年对企业社会责任（CSR）进行的全球调查显示，对于那些来自承诺通过其业务为环境和社区带来积极影响的企业的商品/服务，66%的受访者愿意支付更高的费用。

由于公众的环保意识在不断增强，这一比例可能会进一步提高。此外，环境问责制已纳入许多企业的社会责任计划中。那些以认真负责的态度对待企业社会责任计划的企业，其股价往往更高。在未来，随着绿色金融发挥更大作用，那些拥有良好的企业社会责任计划和绿色商业平台的企业将更方便

地获得绿色金融贷款，为之后的绿色项目注资。

在当今的全球绿色金融体系中，有两种广为使用的融资工具：绿色债券和绿色信贷。

7.2.1 全球绿色债券市场

绿色债券是使用所得款项为环境项目提供资金的固定收益证券。在 2007 年，欧洲投资银行和世界银行发行了首支 AAA 级绿色债券，标志着全球绿色债券市场的建立。在 2014 年 11 月，瑞典房地产公司 Vasakronan 发行了第一支企业绿色债券。从那时起，越来越多的企业投入到绿色债券的发行中，并利用这个全球平台为绿色项目筹募资金。

大型企业发行人包括法国国家铁路公司、Berlin Hyp、苹果、Engie、中国工商银行和法国农业信贷银行。绿色债券市场在 2016 年和 2017 年实现了大幅增长，并且这一增长将持续保持。2018 年绿色债券的发行规模预计达到 2500 亿美元，比 2017 年增长 60%。

（1）资产支持证券（ABS）、主权和次主权绿色债券增长势头强劲，资产支持证券在 2017 年取得了大幅增长，如图 7-2 所示。

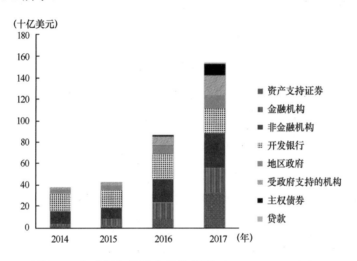

图 7-2　全球绿色债券产品的类型（2014—2017 年）

（资料来源：气候债券倡议组织、戴德梁行研究部）

房利美（Fannie Mae）依托其 Multifamily Green Initiative 计划，大幅增加绿色项目抵押贷款支持证券的发行规模，进而促进了绿色资产支持证券的快速发展。房利美的 Multifamily Green Initiative 计划旨在"提高能源和水资源的利用效率，增强金融体系和环境的可持续性，并延长获得房利美贷款的住宅的使用寿命"。因此，这种绿色资产支持证券由那些被认证为绿色建筑，或者被证实提高了能源和水分利用效率的物业支持。在贷款期限内，这些物业的所有者还需要向房利美汇报每年的能源之星（Energy Star）标准，以便房利美追踪这些物业的节能效应。

展望未来，考虑到市场上将会有更多政府支持机构发行的绿色资产支持证券产品，依托绿色资产的绿色债券发行规模将随着时间推移而增加。而主权和次主权机构，以及各国的开发银行和政府支持的实体，它们在 2017 年发行了约 1100 亿美元的绿色债券，占发行总额的 68%。值得关注的是，法国在 2017 年发行了创纪录的 97 亿欧元主权绿色债券。

通过主权绿色债券募集的资金通常在全国范围内分配，主要用于支持基础设施项目，包括地铁网络的扩建及公共巴士系统、绿色城市建筑及公共自行车道的建设等。例如，从 2017 年开始，通过绿色债券募集资金，香港政府已拨款至少 5 亿美元用于节电项目和节能设备的采购。今后，我国预计将有更多的主权和次主权绿色债券发行。许多欧洲和非洲国家，如比利时、瑞典、摩洛哥和肯尼亚，在 2018 年发行此类绿色债券。

（2）可再生能源行业占主导地位，但低碳建筑及节能行业创纪录地增长。当我们查看通过全球绿色债券市场募集的资金的分配时，在 2017 年，可再生能源行业得到的资金量最大，如图 7-3 所示。应该指出的是，分配给低碳建筑及节能行业的资金比 2016 年增加 2.4 倍，占 2017 年总资金的 29%。根据气候债券倡议组织的研究，这一类别主要由支持绿色建筑的贴标绿色债券资金组成。由于建筑行业在减少温室气体排放中发挥着重要作用，从长远来看，我们预计，低碳建筑及节能行业的绿色债券规模将占全球绿色债券总体市场规模的 40% 左右。鉴于公众对绿色建筑的认知度不断提高，该比例可能会进一步上升。

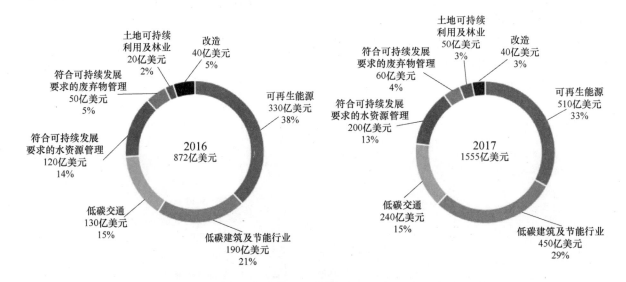

图 7-3 通过全球绿色债券市场募集的资金的分配（2016—2017 年）

7.2.2 全球绿色信贷市场

虽然越来越多支持环保和可持续发展的绿色债券已经发行，但绿色信贷体系发展滞后。尽管市场需要一段时间的发展，但 2017 年被证明是一个分水岭，尤其是更多的企业申请了绿色信贷。例如，由于充分认识到可持续发展计划对自身长远发展的重要性，飞利浦与由 16 家银行组成的财团签署了一项协议，针对飞利浦的 10 亿欧元循环贷款，其贷款利率的高低将取决于飞利浦的年度可持续发展绩效。

两套绿色信贷原则为目前全球的绿色信贷市场奠定了基础。一是《环境责任经济联盟原则》（CERES 原则），其旨在"保护地球，高效且可持续地利用自然资源和能源，最大限度地减少浪费，以及销售安全的产品和服务"。二是《赤道原则》（EPs），这是一个被广泛采用的风险管理框架，用于决定、评估和管理项目中的环境与社会风险，并为尽职调查和监管提供了最低标准，以支持负责任的风险决策。目前已有 37 个国家的 93 家金融机构（包括两家中资银行）采用了《赤道原则》。

此外，出于为处于萌芽期的大宗绿色信贷市场提供参考标准，并促进金融市场间的规则统一，在 2018 年 3 月，贷款市场协会和亚太贷款市场协会联合推出了《绿色信贷原则》（GLPs）。值得注意的是，根据 GLPs，符合条件的贷款必须用于绿色项目的融资或再融资，这是绿色贷款的根本决定因素。相关项目涵盖了利用可再生能源、建设符合公认标准或绿色认证的写字楼。

这些协议的签署方不仅需要为环境活动提供高层支持，并且需要更好地评估、规避并监控这些可持续发展项目的信用和声誉风险。目前，多样的零售绿色信贷产品在市场上流通，其中包括：住房抵

押贷款（如节能住宅抵押贷款和生态住房贷款）、商业建筑贷款（如建造绿色公寓的贷款）、房屋净值贷款（如贷款安装太阳能电池板）、汽车贷款（如绿色汽车贷款）、船队贷款（如贷款以改进设备，并提高燃油效率），以及绿色信用卡（如荷兰合作银行的气候信用卡）。

在这些产品中，值得特别关注的是绿色住房抵押贷款，预计在未来，公众对于这种绿色信贷产品的需求会很高。在发达经济体中，一些金融机构已经推出了绿色住房抵押贷款产品。例如，在澳大利亚，如果绿色住房抵押贷款申请者的住房能够满足某些环境和能源标准，申请者可以在贷款利率上得到折扣，如表 7-3 所示。住房抵押贷款计划还可以涵盖对二手房或新建房屋进行小规模的绿色改造。

表 7-3　来自澳大利亚的两个绿色住房抵押贷款实例

银行	Regional Australia Bank	Maleny Credit Union
最低贷款金额（澳元）	500	0
利率折扣	在标准浮动利率的基础上享受 1.25% 的折扣	在贷款期限内，在优惠房贷利率的基础上享受 0.15% 的折扣
标准	房子需要达到国家环境标准的最低要求，并拥有至少一项下述装备： （1）灰水处理系统； （2）太阳能发电系统（PV）； （3）风力涡轮机； （4）微水电系统； （5）双层玻璃窗。 并拥有两项下述装置： （1）太阳能热水器； （2）雨水收集箱； （3）达到 5 星或之上的燃气或电加热系统； （4）外部遮阳棚	至少拥有 3 项下述装置： （1）太阳能，燃气或热泵热水系统； （2）太阳能系统； （3）雨水收集箱（最小 1000L）； （4）东、西墙上的屋檐需要长于 600mm； （5）绝缘墙； （6）安装低辐射玻璃

从整体情况来看，绿色信贷有其独一无二的优势，如可以接触到更广泛的借款人，并提供明确的财务激励措施。因此，预计绿色信贷市场将在未来几年内快速发展。

7.2.3　德国和美国的绿色信贷体系

经过几十年的发展，与其他国家和地区相比较，德国的绿色信贷体系已相对成熟。德国政府积极参与绿色信贷产品的开发与推广是助力德国绿色信贷体系确立和发展的主要因素。德国的国有开发银行——复兴信贷银行（KFW）通过资本市场和商业银行向环境项目提供财政补贴，从而最大限度地提高政府补贴的效果。具体而言，德国政府向绿色信贷项目提供贴现贷款。对于效果良好的环保和节能项目，它们可以连续 10 年享受低于 1% 的优惠贷款利率。市场利率与优惠利率之间的利率差异由中央政府补贴。

通过向市场注入少量绿色资金，德国政府成功地盘活了大量的公募和私募资本，并使其投资于环保和节能项目。2014 年，德国复兴信贷银行为环保和可再生能源项目发放了高达 360 亿欧元的贷款。同时，德国复兴信贷银行还积极参与到全球绿色信贷市场。到目前为止，该银行已在中国为绿色项目提供了 60 亿欧元的贷款，其中包括节能商业建筑项目。

与此同时，《赤道原则》也被德国银行业广泛接受，这进一步促进了绿色信贷在德国的普及。2017 年的信用审批流程中，项目将按照《赤道原则》，以及环境、健康和安全（EHS）指南进行分类。因此，相关的社会和环境风险能够得到较好的评估和管理。通过采取这些举措，德国不仅实践了其可持续发展的承诺，还在国际金融市场上获得了新的商机。

作为全球绿色金融的领导者，美国在发展绿色信贷市场方面也积累了丰富的经验。与政策性银行起带头作用的德国不同，美国则从法律层面上着力，为支持绿色信贷市场的发展奠定了法律基础。自20世纪70年代以来，美国国会通过了一系列有关环境保护的法律，如涉及污染治理和废物管理的法律，污染者或相关责任方都将受到严厉的法律制裁。根据现行的法律法规，拥有信贷业务的金融机构必须承担环境责任。法律还鼓励金融机构采用《环境责任经济联盟原则》或《赤道原则》，并建立内部的多方机制来管理环境事务。

美国银行是众多拥有绿色信贷业务的美国金融机构的代表。它已启动了一项价值200亿美元的绿色商业发展项目，旨在减少能源消耗并开发控制温室气体排放的新技术。该银行还设立了一个基金，为致力于提供绿色服务或建设节能写字楼的企业提供贷款。同时，它为环保项目组织了众筹，从而有效地将普通民众引入环保项目中。另外，它还向那些努力减少环境足迹的家庭提供优惠贷款。

7.3 绿色金融中国维度

发展绿色金融的驱动因素：绿色投资在推动中国经济可持续发展方面发挥了重要作用，以供给侧结构改革为例，为了淘汰过时的生产设施，建立低碳工业体系，中国需要大量的绿色投资以引入智能和绿色生产系统。

根据气候债券倡议组织和国际可持续发展机构的报告，中国每年需要投资至少2万～4万亿美元来实践其环保承诺，并完成向绿色经济的转型。预计，民间资本将占所需投资总额的85%～90%。为实现这一绿色发展目标，并调动民间资本支持绿色经济，中国的银行业、保险业和资本市场进行了一系列改革。金融机构现在可以提供全面的绿色金融产品组合，包括绿色信贷、绿色债券、绿色信托等。

7.3.1 中国绿色金融的发展

自2016年《关于构建绿色金融体系的指导意见》发布以来，中国已经在转变投资模式方面付出了很大的努力，并促进国家金融体系向绿色方向转变。改革已经从以下4个方面开展：确立并完善与绿色金融相关的顶层法律设计；发布了一系列旨在发展和规范绿色金融的政策（涵盖以下方面：强化银行业对绿色信贷的支持力度；采取激励措施，扩大绿色证券市场，包括绿色债券市场；扩大绿色保险的覆盖范围，加强环境责任险方面的规定等）；建立绿色信用评级体系、风险管理体系和环境成本信息披露机制；改善环境、金融和工业三方面监管机构与第三方机构之间的合作和信息共享。

此外，为了探索适合各地区条件的绿色金融发展模式，中国已在浙江、江西、广东、贵州和新疆建立了5个试点区。在试点方案中，政府鼓励金融机构为环保产业提供信贷和专项资金，并建立新的融资机制，包括排污权交易和用水许可证。

中国绿色债券市场：金风科技于2015年7月发行的3亿美元绿色债券标志着中国进入全球绿色债券市场。此债券实现了将近5倍的超额认购，反映了投资者对于中国绿色债券市场的浓厚兴趣。从那时起，中国政府采用了一系列政策杠杆，鼓励利用绿色债券推动环保项目融资，这极大地促使机构和投资者积极参与绿色债券市场，如图7-4所示。

在2017年，中国共发行了181只绿色债券，发行总额达到了2486亿元人民币（合371亿美元），这进一步加强了中国作为全球绿色债券市场领导者的地位。

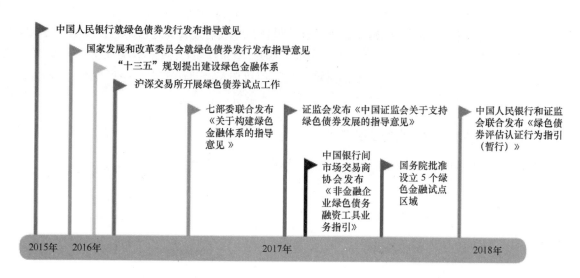

图 7-4　绿色金融及绿色债券政策（2015—2018 年）

（资料来源：气候债券倡议组织、戴德梁行研究部）

7.3.2　中国绿色债券的特点

1. 在岸市场主导

在 2017 年，中国绿色债券 82% 属于在岸市场，其中银行间市场占 69%，上海和深圳两个国内证券交易所占 13%，如图 7-5 所示。

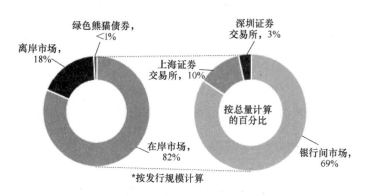

图 7-5　中国绿色债券的发行组成（2017 年）

2017 年在岸银行间市场的主要参与者是中国人民银行监管下的商业银行和其他金融机构，交易所市场参与者由上市公司和非上市公司发行人组成。随着中国绿色债券标准与国际惯例接轨，预计离岸债券发行规模将快速增长，这主要是因为离岸债券发行有助于吸引外国投资者，并有助于从海外筹集资金。

2. 资产支持证券为绿色债券市场带来新的发展机遇

尽管在 2017 年大型金融机构发行的绿色债券占总发行量的比例最高（47%），但这一比例确实从 2016 年的 73% 下降了许多。大型商业银行是目前的常规发行人，但与前些年相比，很多区域和本地商业银行也积极参与了 2017 年绿色债券的发行，如图 7-6 所示。

更重要的是，资产支持证券（ABS）的份额从 2016 年的 1.7% 上升到 2017 年的 5.9%，实现了 3 倍增长。中国绿色资产支持证券的发展有望促进中国绿色建筑行业的发展，特别是支持那些小型绿色项目。在中国新兴的绿色债券市场，机构投资者要求的最低债券发行规模为1亿美元，而对于那些提升建筑能源使用率的项目，其价值通常在100万～1000万美元之间，这导致此类项目通过债券融资较为困难。在这种情况下，作为聚合工具，绿色资产支持证券可以将小规模的绿色资产捆绑在一起，从而满足投资者对交易规模的要求，帮助规模较小的项目完成融资。

3. 高效能/低碳建筑拥有巨大的发展潜力

在2017年中国的绿色债券市场，从所得款项用途角度上看，与能源相关的绿色债券占22%，是所有类别中最大的；低碳交通排名第二，占19%，如图7-7所示。

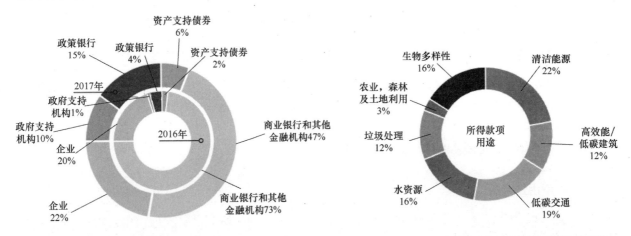

图7-6　中国绿色债券的发行主体（2016年和2017年）　　　图7-7　2017年中国绿色债券所得款项用途

值得注意的是，在2017年，用于高效能/低碳建筑的款项仅占绿色债券所得款项的12%。同时，根据清华大学在2014年进行的研究，建筑活动和物业运营分别约占中国能源消费总量的16%和20%。可以预见的是，发展绿色地产对于控制总能耗在50亿吨煤当量以内是至关重要的，这是"十三五"规划确定的基本目标。预计在未来，中国房地产行业将会有更多以提高能源使用效率，降低碳排放为目标的绿色债券。

7.3.3　中国绿色债券的未来发展趋势

1. 债券通旨在促进更多跨境资本流入中国绿色债券市场

据气候债券倡议组织的研究，尽管中国在全球绿色债券市场上处于领先地位，但在中国绿色债券中，只有4%被外资持有，而在日本和美国，外资持有的绿色债券分别占总量的10%和43%。为鼓励更大规模的跨境绿色债券交易，并使投资者多元化，中国将从政策层面努力，使国内信用评级与国际接轨，并鼓励通过债券通发行绿色债券。

债券通为外国投资者提供了一个进入中国在岸市场的便利渠道，因为它消除一些投资障碍，并促使外国投资者与符合条件的在岸交易商进行直接交易。目前，在岸二级债券市场的所有绿色债券都可以通过债券通进行交易。此外，中国的政策性银行在2017年率先通过债券通发行一级绿色债券。预计未来，越来越多的中国绿色债券发行主体将效仿此做法，因为它们希望中国的绿色项目能够得到外资支持。

2. 更多的绿色债券指数即将问世

在中国绿色债券市场快速发展的大背景下，中国绿色债券指数应运而生。该机制使投资者能够

追踪绿色债券的表现，从而有效地审视调整投资组合。在 2016 年和 2017 年，共有 6 个专门关注绿色项目的债券指数启动，它们是：中债—中国绿色债券指数、中债—中国绿色债券精选指数、中债—中国气候相关债券指数、中债—兴业绿色债券指数、中财—国证绿色债券系列指数、上证所绿色企业债券指数。其中，中债绿色系列债券指数的组成及规模如表 7-4 所示。

表 7-4   中债绿色系列债券指数的组成及规模（截至 2017 年 12 月 31 日）

指　　数	构成绿色债券指数的债券指数	规模（万亿元）	所得款项用于绿色项目的百分比（%）
中债—中国绿色债券指数	755	2.45	93.65
中债—中国绿色债券精选指数	623	2.25	94.65
中债—中国气候相关债券指数	268	1.30	99.99
中债—兴业绿色债券指数	95	0.27	96.11

预计在未来几年中，更多与绿色债券指数挂钩的结构性产品，甚至绿色债券交易所交易基金（ETF）将要问世，这将进一步鼓励投资并提高资金流动性。同时，由于一些绿色债券指数（如中财—国证绿色债券系列指数）在国内外的证券交易所上市，它们将促使中国的绿色债券市场深化对外开放，并将有助于促进中国与其他国家地区间更大规模的跨境资本流动。

7.3.4　中国绿色信贷市场概述

中国银行业监督管理委员会（中国原银监会）在 2012 年印发了《绿色信贷指引》，该指引鼓励金融机构发放绿色信贷，以此积极有效地防范环境与社会风险，并促进向绿色经济转型。根据该指引，金融机构应当加强信贷审批管理；有效识别、计量、监测、控制信贷业务活动中的环境和社会风险；建立环境和社会风险管理体系；完善相关的信贷制度和流程管理。从那时起，金融机构不再授信予在环境责任和社会责任方面表现不达标的客户。

绿色信贷制度的推出使中国政府能够通过金融手段落实环境保护。通过设定一个环境门槛，高能耗和高污染项目将面临融资问题，这明显将削弱和限制针对该类项目的投资。绿色信贷的实施也促使企业承担由环境破坏造成的经济损失。因此，当今企业在日常经营中必须认真对待其社会责任。此外，绿色信贷制度的确立为中国银行业提供了转型机遇。

目前，中国的绿色贷款主要支持以下两种绿色项目：以节能环保为核心的项目和服务，包括节能建筑和绿色建筑（占 76.72%）；制造生产节能产品、新能源产品和新能源汽车的项目（占 23.28%），如图 7-8 所示。

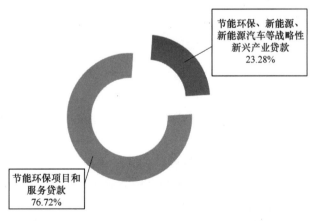

节能环保、新能源、新能源汽车等战略性新兴产业贷款 23.28%

节能环保项目和服务贷款 76.72%

图 7-8   绿色贷款在中国支持的项目（2017 年）

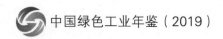

根据中国原银监会的数据，在 2017 年 6 月底，中国 21 家主要银行的绿色信贷余额为 8.22 万亿元（合 1.3 万亿美元）。而在 2013 年年底，该数据仅为 5.2 万亿元，如图 7-9 所示。

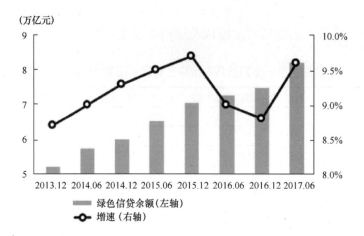

图 7-9　中国的绿色信贷余额及增速（2013 年 12 月至 2017 年 6 月）

1. 中国绿色信贷市场保持着健康发展的态势

在众多节能环保项目和服务中，在 2017 年，绿色交通运输项目、可再生能源及清洁能源项目，以及工业节能节水环保项目获得了最多的绿色贷款，如图 7-10 所示。

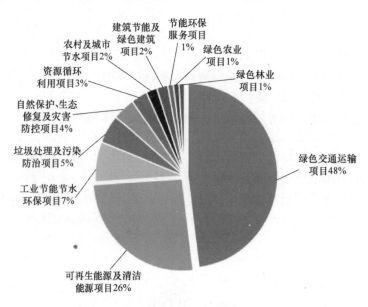

图 7-10　中国绿色贷款的项目组成（2017 年）

这些项目帮助实现了可观的环境效益。截至 2017 年 6 月底，基于当前的能源消耗水平，所有绿色信贷支持的项目已帮助实现每年减少消耗约 2.15 亿吨标准煤和减少约 4.91 亿吨碳排放的环保效益。这相当于三峡水电站运行 8 年的二氧化碳减排量。与此同时，绿色信贷的不良贷款率也保持在较低水平。在 2017 年 6 月底，节能环保项目和服务的不良贷款率仅为 0.37%，相比同时间其他类型的贷款低约 1.32 个百分点。下一步，根据原银监会的说明，为了更好地了解和监督绿色信贷的发放使用情况，银监会网站将会每半年披露一次 21 家主要银行的绿色信贷业绩，从而建立定期全面的信息披露机制。所披露的信息不仅包括未偿贷款，还包括依据 7 个环境效益指标估算的节能减排效益。

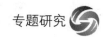

2. 中国绿色信贷市场的未来发展

中国绿色信贷市场仍有进一步发展的空间。首先，有关绿色信贷的规章制度可以得到进一步加强。在现阶段，这些规章更趋于指导性文件，并没有得到强有力的执行。现阶段缺少统一的行业标准或评估机制，每家商业银行都根据自己的标准来评估绿色项目，批准绿色贷款。

为了促进中国绿色信贷市场的未来发展，应在以下几个方面努力。

建立相关的问责制度，明确绿色信贷中各方的权利和义务；建立商业银行、企业和环保局三方之间的信息共享平台，缓解信息不对称的问题；鼓励绿色信贷领域的创新。这可以通过拓展绿色信贷支持的绿色项目，以及开发个人绿色信贷产品来实现。

值得注意的是，绿色住房抵押贷款在发达国家已较为普遍，而这类贷款产品将会是中国绿色信贷产品多元化发展的一个方向。绿色住房抵押贷款鼓励借款人购买和建造符合环保要求的住房，或者通过改造使其住房符合环保要求。就像前面提到的澳大利亚绿色住房抵押贷款一样，金融机构可以为那些投资符合环保和可持续要求的公众提供折扣利率或更低的服务费。

7.4 全球及中国的绿色地产

在绿色金融的资金支持下，通过提高能源利用率和资源使用率，绿色商业建筑和空间可以减少或消除对环境产生的负面影响。更进一步来说，一些绿色商业建筑和空间可以通过安装太阳能系统、雨水收集系统、绿色屋顶和绿植墙等设施来产生内部能源，减少资源消耗，增加生物多样性，从而对环境产生积极的影响。

7.4.1 绿色地产全球维度

绿色商业建筑和绿色空间在全球范围内赢得了房地产投资者、开发商和用户的广泛关注。这不单单是出于环保方面的考量，对于开发商而言，关注绿色建筑也是出于商业利益方面的考虑，正如Eichholtz、Kok及Quigley在《绿色建筑的经济学》一文中所提到的，绿色建筑可以带来更高的有效租金，并提升物业的资本价值。此外，由于绿色商业建筑获得了更为广泛的关注，其相对的稀缺性进一步推高了租金，并带来了巨额溢价。例如，在中国，获得 LEED（能源与环境设计先锋）认证的甲级写字楼的租金中位数通常要高于市场平均租金，从而证明了获得绿色认证的写字楼相对于传统写字楼在吸引优质租户上更具优势。同时，优质的租户及高于市场平均水平的租金，将推高物业的资本价值及投资回报。

1. 绿色商业建筑及其对租金和资本价值的影响

由于绿色商业建筑和空间对工作环境的质量、舒适感及生产效率都有积极的影响，中国有大量绿色建筑的需求也就不足为奇了。客户需要绿色办公空间，并愿意为此支付费用，那么，绿色商业建筑的业主能够享受到更高的租金和资本价值溢价也就很常见了。但与普通建筑相比，绿色建筑的溢价究竟可以提高多少？我们用上海的甲级写字楼市场作为案例进行分析。

截至 2018 年第三季度，上海甲级写字楼市场的存量达到 1090 万平方米。其中，绿色甲级办公楼面积达到 580 万平方米，占总存量的 53.2%。从时间轴来看，从 2012—2018 年，上海的绿色甲级写字楼存量增加了 9.1 倍。而且，大部分未来供应项目都计划申请绿色建筑认证。

当对比绿色甲级写字楼和非绿色甲级写字楼的平均租金时，可以发现，在过去 3 年中，绿色建筑的租金表现要明显优于非绿色建筑，如图 7-11 所示。

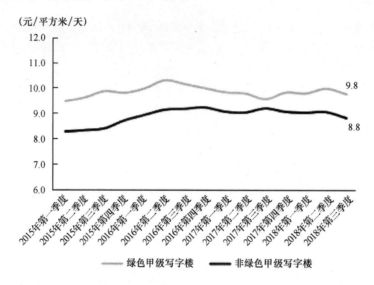

图 7-11　上海的绿色甲级写字楼和非绿色甲级写字楼的租金比较（2015 年第一季度至 2018 年第三季度）

在 2018 年第三季度，获得绿色建筑认证的甲级写字楼的平均租金达到了每天每平方米 9.8 元，比非绿色甲级办公楼的租金高 11.4%。此外，从长远来看，上海的绿色甲级写字楼的业主享有较高的租金溢价，其中大多数的租金水平远高于同区位的非绿色甲级写字楼。在此，选取了浦东新区相同区域内的一个获得 LEED 认证的甲级写字楼和一个非绿色甲级写字楼。这个非绿色甲级办公楼的租金为每天每平方米 8 元，而绿色认证的甲级写字楼租金为每天每平方米 9.5 元，如表 7-5 所示。

表 7-5　上海的绿色甲级写字楼和非绿色甲级写字楼的 5 年租金效益比较（2018 年第三季度）

案例：绿色甲级写字楼	案例：非绿色甲级写字楼
每天每平方米 9.5 元	每天每平方米 8 元
×	×
365 天	365 天
×	×
30000 平方米	30000 平方米
×	×
5 年	5 年
=520125000 元	=438000000 元
520125000 元－438000000 元=82125000 元	

假设 5 年的持有时间和总共 3 万平方米的办公租赁面积，则可以计算出，在 5 年中，绿色甲级写字楼创造的租金效益，相对于同区位的非绿色甲级写字楼，多出 82 125 000 元。强劲的办公需求、良好的租户配置，以及更高的租金对绿色商业建筑的资本价值也产生了积极的影响。在过去 3 年中，上海的绿色甲级写字楼的平均资本价值要高于非绿色甲级写字楼。在 2018 年第三季度，全市非绿色甲级写字楼的平均资本价值为每平方米 69 680 元，而得到绿色认证的甲级写字楼的资本价值达到了每平方米 76 411 元，高出 9.7%，如图 7-12 所示。

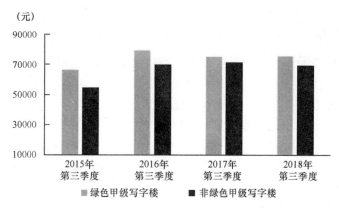

图 7-12 在上海，获得绿色认证的甲级写字楼和非绿色认证甲级写字楼的资本价值比较
（2015 年第三季度至 2018 年第三季度）

由绿色金融提供资金支持的绿色商业建筑/绿色空间往往能更好地保障业主的利润。世界绿色建筑委员会最近的一份报告显示，绿色建筑的一个关键优势是降低运营成本，特别是在能源成本和总生命周期成本方面。绿色改造项目可以节约 13% 的运营成本，而新建绿色建筑可以节约 15% 的运营成本，如表 7-6 所示。

表 7-6 绿色建筑项目可节约运营成本

优势	新建绿色建筑		绿色改造项目	
	2012 年	2015 年	2012 年	2015 年
1 年中节约的运营成本	8%	9%	9%	9%
5 年中节约的运营成本	15%	14%	13%	13%

同时，为了回应股东对企业环境足迹的要求，并实践企业社会责任，许多租户愿意在绿色商业建筑中开设工作场所，或者建立属于自己的独立的绿色工作空间，这些将对公司股价产生积极影响。

在评估由绿色金融提供资金支持的绿色商业建筑/绿色空间时，我们也需要考虑租户的健康和福祉。获得绿色认证的商业建筑或空间必然会促进在其中工作的租户的健康和福祉。通过更好的通风和自然采光、很低的污染物含量和户外景观等设计，绿色商业建筑可以帮助提高员工的工作满意度及生产力，如图 7-13 所示。当员工在绿色商业建筑和空间中工作时，病假数、旷工数和员工流动率普遍下降。这对那些希望提高对员工的吸引力和留存率的公司来说无疑是好消息。

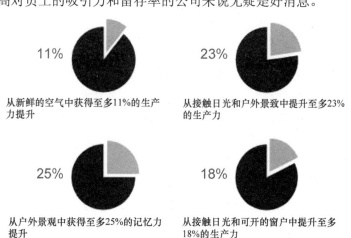

11%
从新鲜的空气中获得至多11%的生产力提升

23%
从接触日光和户外景致中提升至多23%的生产力

25%
从户外景观中获得至多25%的记忆力提升

18%
从接触日光和可开的窗户中提升至多18%的生产力

图 7-13 绿色商业建筑和空间可以帮助提高员工的生产力

（资料来源：世界绿色建筑委员会、戴德梁行研究部）

2．新的绿色建筑技术

建设低碳并适应气候变化的城市，并投资绿色商业建筑，将为开发商、投资者和租户创造价值。与此同时，绿色技术并没有停滞不前，而是在不断地变化发展。为了减少碳排放并提高物业的价值，商业建筑的业主应主动运用绿色技术。在绿色金融的助力下，采用最新绿色技术至关重要，因为它们可以帮助提高能源效率，并推动可持续能源和资源的广泛应用。

当我们从绿色建筑的维度诠释可持续发展和绿色技术时，将主要探讨如何有效地收集能源和资源（如太阳能和水），并运用到建筑上。事实上，获取能源和自然资源通常是在建筑物的外部进行的，而转化能源和自然资源则通常在建筑物内部进行。随着政府和大众对可持续发展的重要性有了更深入的认识，在绿色金融的支持下，最新的绿色科技有望成为未来全球房地产领域的重要组成部分。在这里将探讨两种获取能源和资源的绿色科技，以及两种转化能源和自然资源的绿色科技。

（1）建筑外部——能源和自然资源的获取。

① 太阳能的获取：太阳能产业近年来在不断创新，部分创新已经可以被安装到建筑环境中，并取得了良好的效果。两个创新的例子包括毛发型的太阳能电池板和红外光谱太阳能电池板。

毛发型的太阳能电池板：毛发型的太阳能电池板是纳米技术的产物，因面板外部延伸出来的触须状纤维似毛发而得名。它们利用碳纳米管织物上的吸光纳米线吸收太阳能，如图7-14所示。吸光纳米线的优点在于：它们相对于广泛应用的硅，有更强的吸收太阳能的能力。这将有助于更有效地收集太阳能。

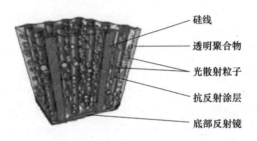

图7-14　毛发型的太阳能电池板的构成

（资料来源：The Sietch Community、戴德梁行研究部）

红外光谱太阳能电池板：目前太阳能电池板收集的太阳能完全来自可见光谱，而大部分可见光谱外的太阳能尚未被吸收利用。新的研究成果和太阳能半导体新材料（钒和钛）的使用，使太阳能电池板在未来能够捕获一些红外光谱，并将其转换成电能。

② 雨水收集：雨水收集是高效利用自然雨水，避免浪费水资源的最好方式之一。

收集雨水在钢筋混凝土构成的高建筑密度城市中显得尤为重要。在钢筋混凝土的城市中，雨水在落下后通常会流入排水沟，流向另一个地方，或者永远消失。而如果雨水被恰当地收集和储存，则可以被用于冲洗洗手间或灌溉植被。收集到的雨水甚至可以被过滤和净化，安全地被饮用。世界各地的雨水收集系统都不太相同，这取决于其规模和应用的技术。然而，所有的雨水收集系统都有双重目的，储存雨水并确保它被用于最佳用途。一般来说，雨水收集系统有一个初始过滤器，雨水通过过滤器，过滤掉灰尘和污垢。这种水可用于冲洗卫生间和灌溉植被。而要达到饮用水的标准，需要进一步的过滤。当收集系统应用到高层商业建筑时，建筑物的高度可以说是一个优势。因为雨水可以被收集和存储在高处，仅需通过重力的作用就可以向该建筑的其他部分输送雨水，如图7-15所示。

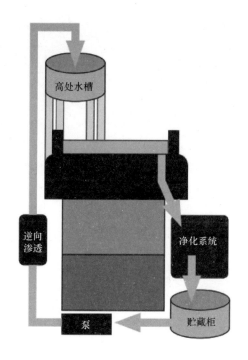

图 7-15　雨水收集系统实例

（2）建筑内部——能源和自然资源的转化。

① 升降机系统的能量转化：通常来说，升降机系统包括一组升降装置、一台在升降过程中为升降装置提供动力的机器，以及一个用于平衡升降装置重量的平衡装置。这个平衡装置要比一个空置的或部分装载的升降装置重一些，但比几乎完全或完全装载的升降装置轻一些。这种差异使得升降装置在部分/完全空置的状态下，可以利用自然力使轿厢上升；或者在几乎完全或完全装载的状态下，可以利用自然力使轿厢下降。在几乎完全或完全装载的状态下，升降装置将提供动力，使轿厢上升。同样，当轿厢部分/完全空置时，升降装置再次提供动力，使轿厢下降（见图 7-16）。当升降装置利用自然重力时，升降装置可以像发电机一样为它产生电能。在常规的升降机系统中，产生的电能在通过电阻器时会消散成热能，给建筑物带来废热负荷。然而，当今的升降机系统，如奥蒂斯的 ReGen 升降机系统，试图保存这种电能并使其能被运用于升降机。据奥蒂斯估算，通过使用这一系统，相比常规的升降机系统，建筑物可以节省多达 75%的电能。更重要的是，节省的电能可以返回到建筑物的电网中，也可以为该建筑物中的其他机器与设备提供电力。

② 灰水/黑水的转化：灰水可以被定义为家庭或商业建筑产生的所有废水。水槽、淋浴器、浴缸、洗衣机或洗碗机等都是它的主要来源。黑水可以被定义为所有来自洗手间的废水，这些废水可能含有病原体。灰水的转化和黑水的净化循环可以通过独立系统或组合系统来进行，如图 7-17 所示。这些系统可以被安装到新建项目中，也可以被改装到现有建筑中，而且，这类工程几乎都能得到来自绿色金融领域的资金支持。大多数组合系统包括 3 个步骤，即控制、稳固和综合处理。该流程将物理处理、微生物处理和氧化处理集中在一个集合系统中。根据 Aquacell 提供的数据，通过使用这种循环系统，业主能够减少高达 90%的用水量；同时，也可以减轻对下水道等相关基础设施的压力。

在绿色金融的支持下，特别是绿色资产证券化的发展，绿色技术的发展进入了新阶段。绿色资产证券化极大地促进了低碳并适应气候变化的建筑领域的成熟与发展。绿色资产证券化因以下优势而被广泛使用：鼓励民间资本投资绿色建筑项目；盘活绿色固定资产；鼓励绿色地产开发商的迅速发展；通过证券交易所的绿色融资渠道提高金融效率；更高标准且更透明的信息披露。

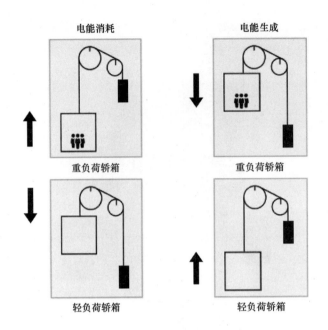

图 7-16　升降系统电能的生成和消耗

（资料来源：美国机械工程师协会、戴德梁行研究部）

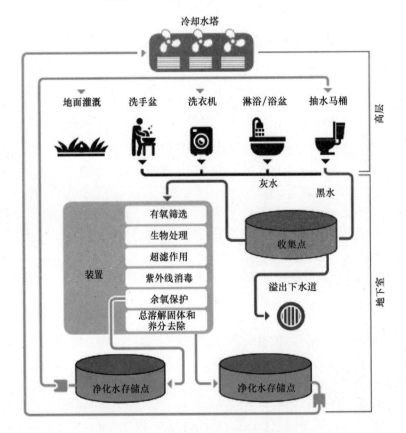

图 7-17　灰水/黑水组合循环系统实例

（资料来源：Aquacell、戴德梁行研究部）

3. 全球地产市场中的绿色房地产投资信托基金

房地产投资信托基金（REITs）是指以发行收益凭证的方式汇集特定多数投资者的资金，由专门的投资机构进行房地产投资经营管理，并将投资综合收益按比例分配给投资者的一种信托基金。作为资产证券化的一种，REITs 通过向投资者提供可交易流动的收益凭证，使固定资产变现。

投资者在选择房地产投资信托基金时，除考虑底层资产的区位条件、市场领域和物业类型外，底层资产是否是低碳和节能建筑也成为投资者考量的因素，因为这有助于投资者衡量愈发重要的环境因素对建筑性能和投资回报的影响。

新加坡国立大学的一项研究显示，绿色建筑对房地产投资信托基金的运营和回报产生了积极的影响，这也为绿色金融提供了另一商机。例如，在美国，那些支持可持续发展的房地产投资信托基金，相对于传统的房地产投资信托基金，有着明显的定价优势。在英国，在底层资产中拥有更高比例绿色建筑的房地产投资信托基金，其净营业收入也更高。政府的激励举措促进了市场对绿色空间的需求，在绿色金融的支持下，对于那些在底层资产中拥有较高比例绿色建筑的房地产投资信托基金而言，其底层资产在租赁市场更受欢迎，其投资回报也较为可观。

除令人满意的财务业绩外，绿色房地产投资信托基金也具有更全面且更透明的信息披露机制。例如，在英国，房地产投资信托基金必须披露其环境影响，这进一步增强了信息披露的透明度，并有助于提升市场上资产的总体价值。

从全球角度上看，美国在绿色房地产投资信托基金方面走在了世界前列。在 2012 年 11 月，富时集团、美国国家房地产投资信托协会和美国绿色建筑协会联合推出了绿色房地产指数——绿色建筑信息门户（GBIG）。该指数使公众对绿色建筑领域有了更深入的了解，并提高了绿色建筑领域的透明度和可追踪性，从而使机构投资者和个人投资者都能够衡量和模拟绿色地产的风险和回报。

投资者可以依据他们持有的绿色认证建筑，查看绿色房地产指数，对其中的房地产投资信托基金进行分类。通过这一机制，投资者可以更加便捷地将可持续发展原则融入物业筛选中，并通过与该指数挂钩的金融产品进入绿色建筑领域。自此后，此类房地产指数在世界各地涌现。例如，IPD 房地产指数已经在 37 个国家推行，该指数提供了对绿色建筑运营表现和投资回报的全面评估。例如，澳大利亚 IPD 房地产指数显示，绿色写字楼在资本支出、加权平均租期、空置率、净营业收入和投资回报方面持续优于传统写字楼。

根据 MSCI 的数据，由于认识到绿色建筑在经营业绩和投资回报方面的优势，目前，在亚太地区，平均 24.2% 的房地产投资信托基金的底层资产中有绿色建筑。考虑到绿色金融对于绿色建筑领域的支持，我们预计，这一数字有望继续增加。

现今，中国香港和新加坡在发展绿色房地产投资信托基金方面表现突出。领展房地产投资信托基金是目前亚洲最大的房地产投资信托基金，它致力于可持续发展，强调通过建造更加健康、环保、低碳的建筑来创造价值。

领展房地产投资信托基金于 2016 年 7 月发行了一笔 5 亿美元的绿色债券，为其位于九龙东的 Quayside 项目筹募资金。该商业项目根据 BEAM Plus Platinum 及 LEED 铂金标准建造。据彭博社报道，此次发行吸引了超过 16.5 亿美元的资金，达到了最初资金募集目标的 3 倍，这表明了投资者对绿色房地产投资信托基金项目的浓厚兴趣。

腾飞房地产投资信托基金以商业和工业地产为投资方向，是新加坡第一家也是最大的上市房地产投资信托基金，其设定了一个目标，即"在新加坡实现 5 年内累计降低建筑能源强度 3%"。为实现这一目标，该基金采取了以下 3 种措施：所有在新加坡的新投资项目均须持有 BCA 的绿色建筑标志超金（Green Mark Gold Plus）认证或同等认证；通过改造和翻新，使现在底层资产中的所有物业都可以至少获得绿色建筑标志超金认证；物业经理应积极与租户合作，制定提高资源利用效率的最佳措施，并推出《绿色承租指南》，其中包括一些翻新工程、厕所水管配件维修和节能灯泡使用等标准。

通过有效地实行上述措施，底层资产中物业的能源消耗和碳排放显著减少。实际上，建筑能源强度从 2016 年的 248.6 千瓦时/平方米，下降到 2017 年的 234.2 千瓦时/平方米，降幅约为 5.8%。此外，由于能源消耗的下降，碳排放强度实际上已从 2016 年的每平方米 107.4 千克二氧化碳，下降到 2017 年的每平方米 101.0 千克二氧化碳，降幅约为 6.0%。

7.4.2　绿色地产中国维度

据人民网报道，目前，中国已有 10 927 个房地产项目（超过 10 亿平方米的建筑面积）获得了中国绿色建筑认证。并且根据 Dodge Data & Analytics《世界绿色建筑趋势 2016》报告，预计在未来几年中，中国将加速发展绿色建筑，其中许多绿色建筑项目将得到绿色金融的支持。中国企业发展绿色建筑的驱动因素也与世界其他地区的企业类似。

除了中国绿色建筑评价标准，许多国际绿色建筑认证体系也在中国得到了广泛的应用。当前，已遍及全球 167 个国家或地区的 LEED 认证得到了最为广泛的认可。在中国总建筑面积超过 2.28 亿平方米的 3500 个项目已注册了 LEED，这使中国成为除美国之外 LEED 注册最为活跃的国家。

截至 2018 年 9 月 7 日，中国大陆已有遍及 70 个城市的 1374 个项目成功获得 LEED 认证，总建筑面积超过 5500 万平方米。除了已实施的绿色建筑标准（如中国绿色建筑评价标准和 LEED），还有两个较新的绿色认证标准是 WELL 和 RESET。

WELL 认证于 2014 年在美国问世，其关注如何在人们生活、工作和娱乐的环境中，通过合理地设计和运营，使人类的健康水平和幸福感得到提升。WELL 建筑标准涵盖空气、水、舒适、健康、营养、光照和心理这 7 个核心健康幸福的概念，是一个较灵活的认证标准。

截至 2018 年 9 月 27 日，涵盖各种类型的物业，全球范围内已有超过 126 个项目获得 WELL 认证。在中国，WELL 认证的项目达到 23 个，就像 LEED 一样，中国的数量也是仅次于美国，如表 7-7 所示。

表 7-7　各国获得 WELL 认证的项目数量（2018 年 9 月 27 日）

单位：个

国　别	注　册	预认证	认　证
美国	279	1	55
中国	121	79	23
法国	54	4	7
荷兰	48	1	0
澳大利亚	46	4	12
英国	33	0	5
西班牙	29	0	2
加拿大	26	1	11
阿拉伯联合酋长国	14	0	0
墨西哥	13	0	2

RESET 是由 GIGA 循绿建立并管理的一项绿色建筑认证标准。它致力于保障并促进物业使用者的长期健康。空气检测仪通过对室内空气质量的数据和信息进行采集，来确定其二氧化碳含量、颗粒物含量、挥发性有机化合物含量、温度及相对湿度。同时，这些数据将会被上传到云端，使用者可以在

计算机和移动设备上实时关注。中国已经有 11 个项目获得 RESET 认证，同时还有 60 个项目已完成注册或正在注册该认证标准。

中国的绿色房地产业需要大量资金推动。绿色金融的发展是建设低碳城市并促进中国绿色建筑行业发展的关键。根据"十三五"规划，中国将建设 20 亿平方米以上的绿色建筑。为实现节能减排的目标，中国需要投资 1.65 万亿元进行大规模的绿色建筑建设、老旧房屋和商业建筑改造。预计公共资金将只能满足这一融资需求的 7.3%。因此，民间资本需要补充截至 2020 年的约 1.53 万亿元的资金缺口。

资产证券化，如房地产投资信托基金（REITs）、商业房地产抵押贷款支持证券（CMBS），以及住宅抵押贷款支持证券（RMBS）等已经在中国得到了政策层面的支持，并实现了初步发展。中国已有两个以绿色建筑作为底层资产的绿色资产证券化产品（属于商业房地产抵押贷款支持证券），如表 7-8 所示。考虑到这两个商业房地产抵押贷款支持证券的风险和收益特征，它们被认为是有利的投资工具，并得到了市场的欢迎。

表 7-8　中国两个商业房地产抵押贷款支持证券项目

项目名称	金融街（一期）资产支持专项计划
发行人	招商证券
发行日期	2017 年 5 月 15 日
底层资产	北京金融街中心物业
信用评级	AAA
发行规模（百万元）	6650
年期	12
收益率（%）	4.8
绿色认证	LEED 金级认证；中国绿色标准三星认证
建筑面积	总计 14 万平方米
项目名称	嘉实资本中节能绿色建筑资产支持专项计划
发行人	嘉实资本
发行日期	2017 年 11 月 2 日
底层资产	成都国际科技节能大厦
信用评级	AAA
发行规模（百万元）	820
年期	12
收益率（%）	5.2
绿色认证	LEED 金级认证；中国绿色标准二星认证
建筑面积	包括 7.1 万平方米的写字楼、6000 平方米的商业区和 3.4 万平方米的车位

另一种快速发展并与房地产市场密切相关的资产证券化产品是中国的类房地产投资信托基金（类 REITs）。在 2017 年，中国推出了 35 支类房地产投资信托基金产品，发行规模达到了 898 亿元，较 2016 年分别增长 169% 和 153%。因此，就全球绿色房地产投资信托基金市场而言，在中国房地产市场中，通过绿色金融的资源和渠道发行绿色房地产投资信托基金（或中国目前的绿色类房地产投资信托基金）的潜力巨大。

REITs 在中国的发展推动了对绿色建筑的投资。在试行类 REITs 几年之后，在 2018 年 4 月，中国朝着发行标准化公募房地产投资信托基金的方向又迈进了一步。中国证监会及国家住房和城乡建设部的文件显示，中国政府鼓励住房租赁项目的证券化，并准备试行大众期待已久的公募房地产投资信托基金。如果公募房地产投资信托基金得以发行，则将激活一个潜在价值达到 1.8 万亿美元的市场。许多

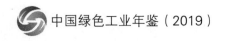

绿色项目也将通过这种绿色金融产品获得融资。

为了确保房地产投资信托基金的底层资产由通过绿色建筑认证的物业组成，国家需要出台相关的法规和监管机制。虽然中国目前没有针对绿色房地产投资信托基金的具体监管规定，但是中国证监会已经出台了一系列针对绿色资产支持证券的规定，这些规定在合理调整后可用于监管未来的绿色房地产投资信托基金。目前，在中国发行的绿色资产支持证券产品，大致可分为 3 类："双绿"资产支持证券——基础资产为绿色资产，募集来的资金也明确直接投向绿色项目；"资产绿"资产支持证券——基础资产为绿色资产，但募集资金可投向绿色项目，也可被从事绿色环保事业的企业用来补充流动资金；"投向绿"资产支持证券——基础资产并不是绿色资产，但募集资金的投向为绿色项目。

在中国的房地产市场，拥有大量绿色资产的开发商可以发行"双绿"资产支持证券和"资产绿"资产支持证券产品。考虑到优质绿色建筑所带来的稳定且相对较高的租金收益，开发商可以发行以绿色建筑未来租金收入现金流为基础资产的"双绿"资产支持证券，为未来绿色建筑的建设和运营筹集资金。对于其他开发商而言，尽管他们所持有的可用于资产证券化的绿色基础资产较少，但他们可以通过"投向绿"资产支持证券，为符合条件的绿色项目融资。例如，对现有商业建筑进行节能改造，可以使用"投向绿"资产支持证券，因为筹募资金将被用于绿色项目，但基础资产不必完全是绿色资产。

如前所述，作为一种聚合工具，资产支持证券可以将小规模的绿色项目聚合在一起，以满足投资者对产品规模的要求，这不但激励了那些希望逐步开展建筑节能改造的开发商，而且从绿色金融层面支持了中国绿色建筑行业的发展。

7.5　总结

如今，大众已经普遍认识到过度消费正加速着全球自然资源的枯竭。同时，人们也认识到，过度消耗自然资源导致的气候变化正在影响自然界的平衡。为了保护能源和自然资源，世界各地的民众、政府和企业正紧密合作，提高社会整体的绿色环保意识，建立与之相关的机构和协会，并颁布相关法律。如今，有越来越多的业主和用户也在实践绿色理念，将绿色技术融入建筑中，实现能源和资源的储存和转化。在可期的未来中，建筑环境仍将是温室气体的主要排放来源之一，并仍将是导致全球变暖的重要因素。随着越来越多的民众、政府和企业认识到这点，世界各地和中国的新建建筑（以及现有建筑）将被要求安装绿色技术系统，以保护和有效利用能源和资源。

最后，回到中国的房地产市场，随着类房地产投资信托基金（类 REITs）和两个商业房地产抵押贷款支持证券产品（CMBS）的成功推出，在未来将会有更多绿色地产项目从这类绿色金融产品中获益。

第 8 章 绿色金融最新国际进展及未来展望

五道口金融学院金融与发展研究中心

8.1 G20 框架下的讨论及其进展

2017 年，担任 G20 轮值主席国的德国决定继续在财金渠道讨论绿色金融议题，G20 金融研究小组得以延续，仍然由中国人民银行和英格兰银行共同主持。该小组研究了两个议题：一是环境风险分析在金融业的应用；二是运用公共环境数据（PAED）开展金融风险分析和影响决策。

8.1.1 环境风险分析

金融机构开展环境风险分析，可以达到两个目的。一是在不动用财政资源的条件下，引导更多金融资源进入绿色领域并抑制资源进入污染和高碳行业，推动经济向绿色化转型。这对发展中国家来说特别重要，因为这些国家的财政能力相对较弱，政府没有太多的资金来补贴绿色产业。二是帮助金融机构识别、量化和规避各类与环境相关的金融风险，增强金融机构抵御风险的能力，进而提升金融系统的稳健性。

环境风险可以分成两大类：物理风险和转型风险。其中，物理风险包括各种与气候相关的自然灾害，如旱灾、洪水、飓风、海平面上升等。转型风险一般是由于政策和技术等人为因素导致的与环境相关的变化。例如，各国都在推出支持清洁能源的政策，如果发展得很快，煤炭和石油等传统化石能源的需求和盈利就会下降，甚至最终会被迫退出市场。这对煤炭、石油、火电行业来讲是危机，而对新能源来讲则是发展的机遇。这些都是政策导致的对相关行业的下行或上行风险。

金融机构，包括银行、保险和资产管理机构，也可能面临环境气候变化导致的风险，如估值风险、信用风险、法律风险、业务风险等。也有若干公共部门开始关注气候和环境因素是否构成系统性金融风险的来源，如英格兰银行。其他公共部门还包括国家的央行、金融监管部门、财政部，负责金融稳定问题的国际组织（如 BIS、IMF），一些大的国家主权基金和养老基金等。

8.1.2 改善 PAED 的可得性和可用性

环境数据是开展环境风险分析等金融分析的重要信息来源，包括企业环境信息和公共环境数据（PAED）。关于企业环境信息，多数国家环境信息披露制度还不完善。在国际上，金融稳定理事会（FSB）气候相关财务信息披露（TCFD）工作组提出的关于企业环境信息披露的自愿原则已经受到高度重视。

关于公共环境数据，2017 年《G20 绿色金融综合报告》指出，PAED 是指由公共部门机构（如政府部门、科研机构等）提供和报告，且能用于金融分析的环境数据。公共环境数据能够帮助金融和非金融企业评估各类环境风险发生的概率及其影响，并识别绿色投资机会。在公共环境数据方面，人们并不是完全没有数据，很多数据是存在的，但是没有把它利用好，搜寻成本太高，可用性也比较差，还有很大的改进空间。

2017 年《G20 绿色金融综合报告》将公共环境数据大致分为 3 类：一是物理趋势的历史数据；二是预测和前瞻性场景分析；三是污染成本和减排效益数据，并给出了 9 类公共环境数据的例子。报告指出，由于多种原因，许多金融机构尚未有效利用公共环境数据。为改善公共环境数据的可得性和可用性，报告提出了 4 项建议：推动环境风险分析和环境成本与收益分析方法的共享；改善公共环境数据的质量和可用性；支持联合国环境署和经合组织开发公共环境数据指南；各国在国内推动支持金融分析的公共环境数据共享。

8.1.3 阿根廷决定 2018 年继续讨论绿色金融

作为 2018 年 G20 轮值主席国，阿根廷绿色金融研究小组名称改为"G20 可持续金融研究小组"，仍然以绿色金融为核心议题，但也将考虑绿色金融带来的就业和减贫等协同效应。研究小组仍由中国人民银行和英格兰银行主持，全年计划于 2 月在伦敦和 6 月在澳大利亚悉尼举办两次会议。2018 年 2 月 22 日，研究小组在伦敦举行了第一次小组会，讨论并确定了 2018 年 3 个工作议题和下一步工作计划。这 3 个议题分别是推动可持续资产证券化、发展可持续私募股权和风险投资以及运用金融科技发展可持续金融。

8.2 TCFD 政策建议及其落实情况

为协助投资者、贷款人和保险公司明确需要运用哪些信息对气候相关风险和机遇进行适当评估与定价，金融稳定理事会（FSB）成立了气候相关财务信息披露（TCFD）工作组。该工作组的主要任务是就如何自愿、一致地披露气候相关财务信息提出建议，帮助投资者、贷款人和保险公司了解重大风险。为提高现有制度和 G20 成员之间的一致性，并为气候相关财务信息披露提供一个共同框架，TCFD 工作组设计了一套自主框架，由企业在财务报表中自愿披露气候相关信息。

2017 年 6 月 29 日，该工作组发布了《气候相关财务信息披露工作组建议报告》最终稿。工作组的建议围绕 4 个主要领域展开，这些领域代表了企业运作的核心要素：公司治理、战略、风险管理，以及标准和目标。投资者表示这些领域是他们做出更佳、更有据可依决策时所需的信息种类。工作组还制定了指引，协助企业按照可以满足上述需求的方式来组织所披露信息。目前已有 200 多家金融机构、企业和政府公开承诺，支持 TCFD 工作组的建议。这些企业的总市值超过 3.5 万亿美元，其中金融机构所管理的资产规模约为 2.5 万亿美元。

TCFD 工作组主席迈克尔·布隆伯格（Michael Bloomberg）表示，"气候变化给全球市场带来不容忽视的风险和机遇，这正是构建一个气候变化相关信息披露框架之所以如此重要的原因。工作组提出这样一个框架，帮助投资者评估向低碳经济过渡的潜在风险和回报。我们很高兴能够看到全球如此众多的企业和投资者支持 TCFD 的建议，希望其他人也能受到鼓舞，加入我们的行动。"

FSB 主席马克·卡尼（Mark Carney）在谈到工作组的工作时称，"工作组的这份建议是一份由市场提出，为市场所用的建议。最初是因为有各类财务披露信息的使用者和准备者表示，他们需要理解企业的气候相关风险和机遇。建议的广泛采纳将为投资者、银行和保险机构提供这类信息，从而最大

限度地减少市场因气候变化所产生调整的不完整性、拖延或是潜在不稳定性等风险。"

8.3 其他多边合作情况

近年来,尤其是 2017 年以来,各国还通过其他现有多边平台或成立新的多边合作机制,就发展绿色与可持续金融积极开展多边合作。例如,国际金融公司 IFC 支持的可持续银行网络(SBN)成员数量从 29 个增加至 34 个,各成员通过该平台交流经验、开展能力建设、帮助或指导各国制定可持续金融的政策体系或原则;2017 年 12 月,由法国、中国等 8 个国家的央行和监管机构联合成立了央行与监管机构绿色金融合作网络(NGFS),开展经验交流和研究,探索鼓励金融机构开展环境信息披露和环境风险分析,建立绿色金融指标体系,推出绿色金融的激励措施等议题。

8.3.1 可持续银行网络扩员并发布首个《全球进展报告》

可持续银行网络(SBN)是一个由 IFC 支持,多国金融监管机构和银行业协会参与的国际平台,代表着有志于向可持续性金融市场转型的新兴市场经济体的金融行业监管机构和银行协会组成的团体组织。

截至 2017 年年底,SBN 有 34 个成员,较上年增加 5 个,包括斐济央行、格鲁吉亚央行、巴西银行业协会、巴拿马银行业协会和多米尼加银行业协会。SBN 由成员主导各自国家的可持续金融政策和原则,是改变金融机构(FI)行为的新型尝试。在大多数国家,这些政策和原则不是硬性规定,而是战略和技术方法指南,用于帮助金融机构将可持续因素系统化地整合到商业战略和业务当中。

2018 年 2 月,SBN 发布首份《全球进展报告》。该报告旨在向 SBN 成员提供实用信息,以帮助其制定本国的公共政策。报告不仅首次概括了各国为发展可持续金融所做的具体工作,还指出了各成员国需要进一步关注和改善的领域。报告显示,新兴市场国家已成为拉动可持续发展和应对气候变化的重要力量。在借鉴了众多国际良好实践和 SBN 成员经验的基础上,各成员商定并制定了可持续银行网络政策评估框架。通过银行、绿色融资流动情况及有利环境,来覆盖全面且清晰深入地对国家可持续财政政策和原则进行了环境和社会风险管理实践的评估。该框架由环境和社会风险管理要点、绿色融资流动要点和环境绩效要点组成,可使各成员根据自己的发展情况,确定自己方法的优缺利弊。

8.3.2 欧盟可持续金融高级专家小组发布最终报告

2018 年 1 月 31 日,欧盟发布《可持续金融高级专家组最终报告》(以下简称"报告"),分析了欧盟在制定可持续金融政策方面面临的挑战和机遇,提出了支持可持续金融体系的战略建议,以支持向资源节约的循环经济转型。

欧盟的可持续金融战略是资本市场联盟(CMU)行动计划的优先行动,也是实施《巴黎协定》和欧盟可持续发展议程的关键步骤之一。为实现《巴黎协定》目标,欧盟需要每年额外投资约 1800 亿欧元,金融部门在实现这些目标方面将发挥关键作用。欧盟委员会高级专家组(HLEG)于 2016 年 12 月成立,由来自欧洲和国际组织、金融部门、非政府组织(NGO)和学术界的 20 名高级专家组成,帮助欧盟制定全面可持续金融路线图。报告指出,可持续金融需要两个必要条件:提高金融对可持续包容性增长与减缓气候变化的贡献;将环境、社会和治理(ESG)因素纳入投资决策以加强金融稳定。

8.3.3　八国央行与监管机构创设绿色金融合作网络

2017 年 12 月，由法国、英国、德国、荷兰、瑞典、新加坡、墨西哥和中国 8 个国家的央行和金融监管机构在法国巴黎联合成立了"央行与监管机构绿色金融合作网络"（以下简称"网络"），主要就与气候变化和环境因素相关的风险与机遇开展研究，包括金融机构压力测试和情景分析、气候与环境因素对宏观经济和金融系统的影响，以及发展绿色金融的选项等。

该网络于 2018 年设立 3 个工作组，即审慎监管工作组、宏观金融分析工作组和发展绿色金融工作组，分别由中国人民银行、英格兰银行和德国央行主持。各工作组初期主要梳理各成员央行或监管机构当前做法和最佳实践。

未来，该网络还将探索支持绿色与可持续金融发展的鼓励性措施，例如，欧盟已经提出的研究降低商业银行绿色贷款资本金要求的可行性。该网络还将扩大成员规模，以吸收致力于发展绿色或可持续金融的各国央行或金融监管当局及相关国际组织。

8.4　各国和地区在绿色金融领域的最新进展

截至 2017 年年底，已经有 20 多个国家和地区出台了鼓励绿色金融发展的政策措施，包括阿根廷、厄瓜多尔、肯尼亚、孟加拉国、巴西、哥伦比亚、印度尼西亚、蒙古、尼日利亚和越南等。许多国家在绿色金融产品方面取得了新的进展，例如，法国、斐济、尼日利亚和马来西亚等国首次发行绿色主权债券，使 2017 年成为绿色主权债券元年。

8.4.1　绿色主权债券发行元年

2016 年 12 月，波兰政府发行全球首只绿色主权债券，规模 7.5 亿欧元，在国际绿色债券市场上形成广泛的积极影响。

2017 年，多个国家和地区首次发行绿色主权债券。2017 年 1 月法国政府发行了 97 亿欧元（107 亿美元）的绿色主权债券；11 月，斐济政府发行 1 亿斐济元（约 5000 万美元）绿色主权债券，成为新兴经济体和太平洋地区发行的首只绿色主权债券；12 月，尼日利亚发行 106.9 亿奈拉（约 3000 万美元）的 5 年期绿色主权债券，成为非洲地区首个发行绿色主权债券的国家。此外，2017 年马来西亚财政部还发行了全球第一只绿色伊斯兰债券，筹募资金将被用于可持续发展环境基础设施建设项目。

进入 2018 年，更多国家开始发行绿色主权债券。1 月，波兰再次发行 10 亿欧元 8.5 年期绿色主权债券。2 月，印度尼西亚发行 12.5 亿美元的 5 年期绿色主权债券，成为第一个在国际市场发行绿色主权债券的亚洲国家。比利时政府发行 45 亿欧元绿色主权债券，投向领域包括清洁交通、建筑能效提升和新能源研发等。未来，更多来自中东及亚洲新兴市场地区或将加入发行绿色主权债券的行列。2018 年 2 月底，香港特区政府也宣布了计划发行 1000 亿港币的绿色债券。

8.4.2　发展绿色金融的政策措施在多国进入实施阶段

2017 年，包括阿根廷在内的 19 个国家发布了可持续发展承诺，厄瓜多尔形成并定义了可持续发展战略，包括肯尼亚在内的 6 个国家发展并执行了可持续金融框架，孟加拉国、巴西、中国、哥伦比亚、印度尼西亚、蒙古、尼日利亚和越南 8 个国家已经进入政策实施阶段。意大利启动了"全国可持续金融对话"机制，讨论如何实现联合国可持续发展目标（SDGs）。墨西哥多边开发银行正逐步开展环境

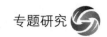

风险分析，其绿色金融委员会还发布了关于绿色债券的指导意见。

新加坡于 2017 年 11 月召开了金融科技论坛，来自 100 多个国家和地区的代表参会，讨论了监管者和政策制定者如何运用金融科技推动可持续金融发展。作为"2030 远景"的三大支柱之一，沙特也正在逐步落实可持续发展的有关举措。澳大利亚已有 4 家银行发行绿色债券，监管部门重点关注可持续金融在保险行业的应用。

中国于 2017 年在浙江、江西、广东、贵州、新疆五地建设绿色金融改革创新试验区，各试点地区纷纷出台了支持绿色金融发展的具体政策措施。2017 年年底，人民银行将绿色金融纳入宏观审慎评估框架（MPA）"信贷政策执行情况"进行评估，绿色贷款比重较高的和发行过绿色债券的银行可以得到较高的 MPA 得分。这个机制会激励银行业金融机构加快发展绿色金融业务。

在绿色资金流动方面，一些国家开始追踪绿色融资政策和原则取得的成效，整理可持续金融的成功案例。孟加拉国、巴西、中国和南非已经定义绿色资产和投资行业。孟加拉国同时是世界上出台了绿色信贷定义和标准的三个国家之一；巴西联合银行推出了一种对绿色贷款和信贷融资进行系统化追踪并报告的方法和工具。肯尼亚证券交易所和土耳其伊斯坦布尔证券交易所加入可持续证券交易所（SSE）倡议组织，支持绿色可持续企业上市融资；蒙古央行和银行业协会正与联合国环境署就发展绿色金融和建立当地绿色金融体系开展合作。南非正在为整个金融行业制定一套总体政策或原则，包括资产管理和养老基金。摩洛哥将银行、保险公司及资本市场一同纳入可持续金融路线图。

8.5 双边绿色金融合作

近年来，在 G20 绿色/可持续金融研究小组的推动和影响下，越来越多的国家开始关注并发展绿色金融。作为研究小组于 2016 年提出的政策建议，国际合作已经在许多国家之间频繁开展。例如，中英两国通过经济与财金对话和绿色金融工作组开展了卓有成效的双边合作，中国与法国也在两国高级别经济财金对话中写入了加强绿色金融合作的成果内容，中国金融学会绿色金融专业委员会（以下简称"中国绿金委"）还与欧洲投资银行（EIB）就中欧绿色债券定义趋同开展了联合研究。

8.5.1 中英两国深入研究"一带一路"投资绿色化等议题

2016 年以来，中英两国在第八次和第九次经济与财金对话中均写入绿色金融合作有关成果，并通过中国绿金委和伦敦金融城联合成立的绿色金融工作组，推动两国深入研究和发展绿色金融，取得了丰硕的成果。

2017 年，两国绿色金融工作组主要研究了跨境绿色资本流动、绿色资产证券化、ESG 评估、环境风险分析和"一带一路"投资绿色化等议题，并于 2017 年 9 月初发布了《2017 年中期报告》。在第九次中英经济与财金对话中，两国总理要求绿色金融工作组继续推动两国在"一带一路"投资绿色化、金融机构开展环境信息披露试点、探索可持续资产证券化，以及研究 ESG 因素与财务表现之间的关系等 4 个议题。工作组于 2018 年 3 月 19 日在英国伦敦召开第二次正式会议，对上述 4 个议题开展深入研究，并将相关研究成果提交至第十次经济与财金对话。

8.5.2 中法绿色金融合作首次写入高级别对话成果

2017 年 12 月，在第五次高级别经济财金对话中，中法两国首次将绿色金融合作写入对话成果，具体内容如下。

双方认同低碳和气候适应型投资的重要性，并将采取措施鼓励资金流向资源集约、可持续、低碳和气候适应型项目。基于各自市场的经验，双方将进一步分享绿色融资经验，鼓励双方金融机构落实各自国际国内绿色融资相关倡议，支持中法绿色投资合作，并提升对气候变化和环境风险的评估和管理。

8.5.3 中欧联合开展绿色债券定义趋同性研究

中国绿金委和欧洲投资银行于 2017 年 11 月在第 23 届联合国气候大会（COP23）期间联合发布了题为《探寻绿色金融的共同语言》（*The Need for a Common Language in Green Finance*）的白皮书。白皮书对国际上多种不同绿色债券标准进行了比较，以期为提升中国与欧盟的绿色债券可比性和一致性提供基础。

白皮书比较了中国绿金委编制的《绿色债券项目支持目录（2015 版）》、欧洲投资银行"气候意识债券资格标准"、多边开发银行/国际开发金融俱乐部"气候减缓融资原则"中的募集资金用途分类，识别了在不同标准下增强信息披露和跟踪报告可比性的方法，并对不同绿色定义的范畴、环境政策目标、项目合规标准进行了分析。在白皮书的起草过程中，研究小组成员广泛征求了监管机构、投资者、证券公司、多边开发银行以及其他国际金融机构、第三方评估机构等市场参与者的意见。中国人民银行副行长殷勇在为白皮书撰写的前言中说，白皮书的发布为深入开展绿色金融领域的国际合作，推动绿色金融的定义和标准的一致化，促进跨境绿色资本流动提供了重要参考。

8.5.4 双边合作领域的其他进展

2017 年 3 月，美洲开发银行（IDB）组织阿根廷、巴西、智利、哥伦比亚、牙买加、墨西哥、秘鲁和乌拉圭等拉丁美洲和加勒比地区的八国政府和金融机构来华访问，双方就发展本地绿色金融市场深入交流经验。中方主要介绍了中国绿色金融政策制定、地方实践、"一带一路"绿色化等方面的研究工作，双方表示希望未来在绿色金融能力建设、"一带一路"、研究网络建设方面上开展深入合作，共同促进全球绿色金融的发展。9 月初，联合国环境规划署（UNEP）率领蒙古代表团来华参加"绿色金融国际研讨会"，了解绿色金融的最新国际进展，并与中国绿金委及其成员单位开展经验交流，促进蒙古国有关部门和机构与国内有关金融机构、企业及第三方咨询/服务机构相互学习、分享发展绿色金融的理念和经验。

作为引领绿色金融发展与国际合作的主要国家之一，2017 年英国与巴西建立了绿色金融合作伙伴关系，以推动两国可持续发展。英国还帮助墨西哥、尼日利亚、哥伦比亚和越南将各国自主减排承诺（NDCs）转变为商业计划，并与加拿大、美国、沙特阿拉伯及东盟等国家和地区开展绿色金融经验交流。

8.6 未来展望

虽然近年来绿色金融取得了许多突破性进展，但也面临着许多问题和挑战。例如，绿色债券占比仍然较低，2017 年全球债券市场融资总额高达 6.8 万亿美元，其中绿色债券占比只有 2.3%左右，未来还有非常大的发展空间；许多国家和行业缺乏对绿色的定义或统一的定义，这不利于国际资本开展绿色投资和绿色资金的跨境流动；环境信息披露有限，导致许多资产无法进行绿色贴标；许多投资者缺乏开展绿色投资的偏好、方法和工具。

展望未来，为进一步推动绿色金融在全球政策和市场层面的持续发展，可采取以下措施。

（1）加强绿色金融多边国际合作。当前绿色金融双边合作取得积极成果。例如，中英绿色金融工作组近年来推动金融机构开展环境信息披露，就有助于提高金融机构的环境风险意识和对绿色资产的偏好，倒逼企业做好环境风险管理，最终减少污染性投资，增加绿色投资，促进实体经济绿色转型和可持续发展。其实，其他许多国家与中国都有开展双边绿色金融合作的意愿。未来，应当推动各方从双边合作逐步扩展到多边合作，例如，可鼓励更多有意愿的央行或监管机构加入绿色金融合作网络（NGFS），共同探索鼓励金融机构环境信息披露和风险分析的措施以及监管层面出台鼓励绿色投融资的措施。

（2）强化政策层面和市场层面的能力建设。在政策层面，越来越多的国家开始或打算制定符合本国国情和发展需要的绿色发展路线图或绿色金融体系，包括出台绿色信贷、绿色债券、绿色保险的标准和鼓励措施。但许多国家，尤其是发展中国家，面临着能力不足的问题，有些国家的政策制定者只是有一个初步的概念，对绿色金融的内容还不理解，需要技术援助，包括制定绿色金融政策的能力建设。另外，金融机构等市场参与者需要将发展绿色金融的具体政策与实际经营策略和业务流程结合起来，而多数金融机构还不具备这样的能力（即缺乏数据、分析工具、人才和经验），也需要加强能力建设，指导其开展绿色金融业务。中国在推动南南合作和"一带一路"倡议的落实过程中，应该投入足够资源支持其他发展中国家绿色金融的能力建设。

（3）制定环境风险管理倡议，推动"一带一路"投资绿色化。为推动"一带一路"投资绿色化，中国绿金委联合其他六家行业协会于2017年9月发布了《中国企业海外投资环境风险管理倡议》，以推动中国金融机构和企业加强海外投资环境风险管理。作为中英绿色金融工作组2018年的重要议题，双方还将推动制定适用于中英投资者的"一带一路"绿色投资倡议。未来，双方还可与责任投资原则倡议组织和"一带一路"银行间常态化合作机制开展合作，利用这两个网络的上千家机构投资者和数十家主要银行的平台，提升宣传和推广"一带一路"绿色投资倡议的效果。

第 9 章　中国绿色基金发展特点及未来趋势

中国社会科学院金融研究所

我国各级政府发起绿色发展基金成为一种趋势。目前，我国绿色发展基金展现出巨大的市场爆发力，包括内蒙古、云南、河北、湖北等多个地区已纷纷建立起绿色发展基金或环保基金，地级市也在不断推动绿色基金发展的进程，以带动绿色投融资，这对地方政府投融资改革和协调绿色城镇化资金的筹措十分有利。还有很多民间资本、国际组织等也纷纷参与设立绿色发展基金，PPP 模式的基金成为政府支持绿色发展的主要形式之一。

责任投资和绿色投资在资产管理业方兴未艾。截至 2017 年第三季度末，我国以环境（E）、社会（S）和公司治理（G）为核心的 ESG 社会责任投资基金共计 106 只。据基金业协会数据统计，截至 2017 年 6 月底，包括基金、信托等在内的各类资产管理产品规模达 97.81 万亿元，在基金业协会自律管理下的资产管理规模达 52.80 万亿元，约占整个资产管理行业的 54%。

绿色基金成为国际绿色金融合作的新动力。应该说，国际投资的绿色化和环境社会责任的承担已经成为关注热点，而绿色基金也会成为全球绿色金融合作的重要路径。加强绿色金融的国际合作，支持社会资本和国际资本设立各类民间绿色投资基金将成为绿色发展的合作重点。

2016 年，中美绿色基金作为第八轮中美战略与经济对话的重要成果之一正式推出。该基金将与镇江和张家口两个城市合作，建立市级建筑节能和绿色发展基金，推动当地节能工作的开展，并将成功经验在国内其他城市进行复制和推广。未来我们可以联合全球的合作伙伴，通过绿色基金在"一带一路"沿线地区进行绿色投资，推动改善生态环境，促进绿色金融的国际合作。亚洲基础设施投资银行、丝路基金、亚洲开发银行、金砖国家新开发银行、国际金融公司等在推动亚太金融合作、"一带一路"基础设施投资方面也更多强调绿色投资。

秉承社会责任的企业积极创设绿色私募股权和创业投资基金。目前，节能减碳、生态环保已成为很多私募股权基金和创业投资基金关注的热门投资领域。

环保类上市公司成为发起设立绿色并购基金的主要力量。2015 年以来，环保类上市公司成为发起设立绿色并购基金的主要力量，如南方泵业设立"环保科技并购基金"；格林美拟设立"智慧环保云产业基金"；再升科技发起设立"再升盈科节能环保产业并购基金"；高能环境设立"磐霖高能环保产业投资基金"等。进入 2016 年，环保并购基金持续得到市场关注，这种热潮势必引起一轮环保产业的并购热潮。

通过绿色基金可拓宽融资渠道，构建多元化的投资主体结构。首先，应通过政策和制度的调整，积极拓宽绿色产业基金的融资渠道，发展民间资本、养老金、金融机构、国外资本和政府资金等共同参与的多元化投资主体结构，积极推动商业银行投贷联动的试点，为绿色基金的发展创造良好的激励机制。其次，积极利用外资推动绿色基金可持续发展。加强引进国际资金是城市绿色发展的重要领域。考虑到国际市场的因素，产业基金的发展不仅可以寻求国内投资，更可以引进外资和国外专业人员，建立绿色产业基金项目库，进一步获得国际金融机构在资金和技术上的支持。同时，提高资金使用效率也是确保城市绿色发展融资的重要因素。

切实推进绿色金融地方试点落地实施，完善投融资机制保障城市绿色低碳发展。目前，应该根据各个地方的环境资源禀赋和经济特点来发挥本地区的优势，探索各省市未来绿色金融发展中的策略和路径。完善 PPP 模式的绿色基金的收益和成本风险共担机制，完善公共服务定价，实施特许经营模式，落实财税和土地政策等，保障社会资本进入的公平性。支持地方和市场机构通过专业化的担保和增信机制支持绿色债券的发行，降低绿色债券的融资成本。定期进行绿色融资实施情况考核，设立相关绿色融资项目库和绿色评级标准体系，通过担保基金和机制创新，有效解决中长期绿色项目融资难融资贵的问题。

完善绿色基金的制度框架和激励机制。

一是完善绿色发展基金制度框架。加快绿色发展基金法制化进程，明确绿色发展基金的概念界定、资金投向、运作模式、发展目标、监管机制等，通过立法确定约束性指标，明确各责任主体的法律责任，规范各参与主体的行为，以此促进绿色发展基金良性发展。

二是健全绿色发展基金管理机制。建立健全绿色发展基金的各项内部制度，包括设立合适的风险应急机制、内部管理控制制度、行业发展自律制度、基金筛选机制、风险监控机制等制度。完善信息披露机制，为社会投融资主体、政府部门、金融机构等部门提供良好的信息，有利于监管的有效和对投资者利益的保护。

三是建立绿色发展基金激励机制，提高社会资本参与度。政府应完善绿色经济考评体系和考核办法，细化社会资本参与绿色项目的财政贴息办法、补贴办法、税收优惠政策、项目优先准入等优惠政策。

四是建立绿色基金风险防范机制。健全问责制度，制定投融资风险考核机制，引进第三方绿色评估机构，将绿色投资业务开展成效、环境风险管理情况纳入金融机构绩效考核体系。制定专门的绿色投融资审查体系，严格监督资金的使用方向和影响结果，确保绿色基金投向真正的绿色项目。

五是依法建立绿色项目投资风险补偿制度，通过担保和保险体系分散金融风险。建立绿色金融信息交流交易平台，解决市场中的信息不对称问题，防范"漂绿"行为发生，加强绿色金融体系本身的抗风险能力，加快绿色金融助力低碳绿色发展的进程。

六是绿色基金的相关制度框架包括投资环境效益评估体系亟待完善。建立绿色项目库，完善绿色投资标准和筛选标准、退出机制和法律框架。

通过绿色基金引导民间资本进行绿色投资。建议以国家绿色产业为政策导向，引导社会资本支持绿色城市和乡村振兴，促进农村绿色产业健康、有序发展，鼓励各级政府以多种形式发起或参与 PPP 模式的绿色发展基金。目前，我国已在内蒙古、山西、河北、山东、四川等十几个地方建立了 50 多个由地方政府支持的绿色发展基金，还有很多民间资本、国际组织等也纷纷参与设立绿色发展基金。绿色基金一般聚焦于雾霾治理、水环境治理、土壤治理、污染防治、清洁能源、绿化和风沙治理、资源利用效率和循环利用、绿色交通、绿色建筑、生态保护和气候适应等专项项目，这些领域与乡村振兴息息相关，绿色基金可以引导更多资金投向绿色农业、农业农村污染防治、生态建设等产业。各级地方政府要根据其资源禀赋，完善发展特色农林产业，以项目为载体，通过放宽市场准入、完善公共服务定价、实施特许经营模式、落实财税和土地政策等措施，为有效吸引金融机构和社会资本提供空间。

建立绿色基金支持市场化绿色技术创新的相关政策框架，有效鼓励绿色 PE/VC 支持科技型中小微企业。党的十九大报告对构建市场化的绿色技术创新体系指明了重要方向，应逐步建立以绿色企业为主体、市场为导向、产融结合的技术创新体系。鼓励绿色发展基金、政府引导基金、国家新型产业创业引导基金、绿色技术银行、国家科技成果转化引导基金、民营企业引导基金等把绿色技术创新作为重要的支持领域，促进环保科技产业发展和成果转化，并建立相应的投资激励机制，为绿色发展奠定技术创新的动力基础。

完善绿色基金投资绩效评价体系和筛选指标体系。可借鉴发达国家具有代表性的绿色投资基金的环境筛选指标，这些指标涉及污染减排、气候变化和能源利用等不同的范畴。对政府引导的投资而言，绿色投资基金主要以支持环境治理技术和资金落后的企业为目标，以负向筛选与一般社会责任投资筛选体系相融合的方式，为环境亟待改善的地区和企业提供环境治理资金，从而推动当地环境的改善。

对比主要发达国家的绿色基金，尽管各自在应对气候变化、能源效率、污染防治、环境治理测算上有所差异，但是环境污染与保护、能源利用和供给、水资源保护、大气污染、清洁技术都是各国基金关注的焦点。差异化的投资理念推动了全球绿色基金投资标准体系的构建，包括联合国发起的责任投资原则的 ESG 标准，可持续发展的主题投资，如清洁能源、绿色科技、垃圾处理、可持续农业等方面的投资，这些都值得我国在绿色基金投资的引导机制方面予以关注和借鉴。

积极探索建立绿色产业担保基金。目前，国家融资担保基金的成立正在提速，首期注册资本 661 亿元，将实现每年 15 万家（次）小微企业和新增 1400 亿元贷款的政策目标。未来也可以考虑设立绿色担保基金，有效缓解环保企业、三农企业和创新企业尤其是中小企业的融资难问题。担保基金可以向绿色中小企业提供信用担保，也可以担保绿色债券、绿色 PPP 项目等。担保基金可参考国际上通行的做法，包括法国、菲律宾等都有相关经验，以地方财政投入启动资金，引入金融资本和民间资本成立绿色担保基金，当地政府应在资金筹集和投向等方面发挥政策引导作用。

发挥责任投资和 ESG 标准对绿色投资和可持续金融的指引作用。从可持续发展承诺、政府投资拉动、ESG 评价指标体系、创新激励机制、公司治理、资本市场、法规制度的完善等多层面推动更多机构投资者参与环保产业和绿色投资基金的发展。我国应借鉴国际经验，制定公募基金和私募股权基金的责任投资管理制度和绿色投资指引，丰富 ESG 评价指标体系，改善投资决策机制，提升绿色投研体系，为推动绿色投资基金、全面践行 ESG 责任投资奠定基础。同时应积极鼓励责任投资论坛的组织，发挥社会团体和智库的力量。国际经验表明，非政府组织对欧美绿色投资基金的发展起到了关键性作用。

支持绿色基金发展的财税金融政策在实践中还需要不同层面予以推进落实。要有效保障投资人的利益，真正搭建民间资金与政府项目之间的普惠桥梁。目前，推动绿色金融的全球发展已经在 G20 峰会达成共识，国际投资的绿色化和环境社会责任的承担也成为关注热点。

第 10 章　美国绿色银行助力清洁能源发展的启示

美国环保协会北京代表处

为了应对气候变化，实现温升不超过 2℃的目标，全球需要每年投入 3600 亿美元的资金来推动清洁能源技术的应用以实现全球低碳经济发展。自 2016 年 G20 杭州峰会首次将绿色金融理念纳入议题以来，发展绿色金融已经逐渐成为各国政府、金融机构和投资者的一项重要社会责任和推动社会经济可持续发展的必然选择。

2016 年 8 月 31 日，中国人民银行等七部委发布了《关于构建绿色金融体系的指导意见》，为我国绿色金融的发展奠定了战略基础。大力发展绿色金融体系是我国实现经济转型，落实"创新、协调、绿色、开放、共享"发展理念的关键。党的十九大报告中指出，"构建市场导向的绿色技术创新体系，发展绿色金融，壮大节能环保产业、清洁生产产业、清洁能源产业"，这更是为商业银行助力绿色发展指明了方向。

根据 OECD（经济合作与发展组织）的定义，绿色银行旨在促进更多的社会资本投资于低碳发展、应对气候变化的基础设施项目，尤其是支持清洁电力项目发展，最终减少居民的清洁能源使用成本，扩大低碳项目的市场需求，实现社会经济的低碳转型。据统计，全世界的绿色银行已经利用 90 亿美元的公共资金推动了 290 亿美元的社会资本进行绿色投资。

目前，美国、英国、澳大利亚、日本和马来西亚等国家都已经建立了专门致力于推动社会资本发展清洁能源项目的绿色银行。

美国绿色银行的概念最初是由里德·洪特（Reed Hundt）和肯·柏林（Ken Berlin）提出的，是 2008 年奥巴马执政过渡时期，联邦政府推动清洁能源发展努力的一部分。2009 年 5 月，《美国清洁能源与安全法案》（*American Clean Energy and Security Act*）采用了类似的概念。在 2009 年的总量控制与交易法案最终未能在参议院通过后，美国的绿色银行倡导者们开始着眼于州立的绿色银行实践。

美国绿色银行创造了一种互利共赢的机制，消费者可以以更加划算的方法购买使用清洁能源；清洁能源商家和投资者有利可图，可以进一步扩大市场，创造更多增长机会；而政府不必再投入耗资巨大的专项资金补贴，取而代之的是具有成本效益的贷款。为了鼓励发展清洁能源项目，在美国绿色银行的实践推动下，终端消费者和投资者等利益相关方不必支付清洁能源项目的预付款，从而减少了此类项目的投资成本。同时，由于公共资本可以通过绿色银行特有的具有成本效益的金融手段来发挥项目融资贷款的作用，而不是作为政府对某一公共项目的专项补贴，这样就使低碳项目的最终收益可以有效偿还借贷的支出，从而有效保护了公共纳税人的利益。

美国绿色银行在州政府的主导下成立，具有公共或者准公共机构的性质。本文重点介绍的美国绿色银行主要有两种组成形式，一种是具有准公共实体地位的绿色银行，经州法案通过后成立，政府具有该银行的所有权，如康涅狄格州绿色银行（CGB）。另一种是成立一个从属于政府部门且被赋予新职能的机构，如纽约州绿色银行（NYGB）就作为该州能源局的下属机构。

无论以怎样的形式成立，美国绿色银行的初衷就是发挥在社会资本和低碳项目的市场需求之间的桥梁作用。而作为政府主导的提供金融服务的公共机构，美国州立的绿色银行也需要实现自身的盈利，即要从投资该州的低碳项目中获得足够的收益来维持自身可持续的运营。本文将以康涅狄格州和纽约州的绿色银行为例，探讨美国绿色银行如何发挥其独特的作用从而吸引更多社会资本助力当地可再生能源等绿色项目的投资，从而更好地用创新的绿色金融服务手段来助力当地的绿色产业发展，实现环境、经济和社会效益的共赢。

10.1 康涅狄格州绿色银行

康涅狄格州绿色银行（Connecticut Green Bank，CGB）是 2011 年通过该州法案，由康涅狄格州清洁能源基金（CCFF）和康涅狄格州清洁能源金融与投资局（CEFIA）发展而来，并最终由州政府授权，成为全美首家绿色银行。该银行的启动资金主要来自两个部分，最大的一部分资金来自居民电力用户缴纳的电费附加费，另一部分来自区域温室气体减排项目（RGGI）的排放配额拍卖后所获得的收益。这两部分加在一起为该银行提供大约每年 3000 万美元的新进资本。该银行以贴近市场化的方式运作，提供标准化的金融产品和服务来满足目标群体的市场需求。根据该银行 2016 年的财报，CGB 已经利用 1.86 亿美元的公共资金撬动了 7.55 亿美元的社会资本，并成功地支持了康涅狄格州 200 兆瓦的太阳能项目，而且为该州创造了 12000 个就业岗位。

为了吸引和推动更多社会资本支持当地清洁能源项目，扩大可再生能源的应用范围，CGB 开发了一系列精准定位市场受众群体的创新融资产品，包括太阳能服务租赁（CT Solar Lease）、居民建筑节能改造工程增信服务（Smart-Eloan）和资产评估性清洁能源项目（C-PACE）等。资产评估性清洁能源（PACE）融资机制已经在全美超过 30 个州使用，但只有 CGB 的 C-PACE 项目是最为成功的。与大多数州政府只负责管理政府发起的 PACE 项目不同，CGB 负责管理整个州的 PACE 项目。CGB 发挥该州中央绿色银行的作用，保证项目执行中的标准化，确保按照该州法律规定，每一笔 C-PACE 贷款都能全部通过项目的收益来偿还。CGB 利用政府资金为 PACE 项目承保，并且将项目打包组合，提供合理的贷款利率来满足贷款人和投资者的需求。

C-PACE 帮助商业、工业和多人口住宅业主为其建筑节能改造提供长期的融资。在 C-PACE 机制下，业主可以通过其房产税来偿还建筑能效升级改造贷款。这样就使贷款者很容易偿还，并且也使金融机构更加容易向其提供低利率的贷款服务。

截至 2017 年 6 月，CGB 的 C-PACE 项目的投资已经超过了 1 亿美元。GGB 已经在康涅狄格州实施了 114 个低碳项目，实现了共计 15.7MW 的可再生能源的利用和能效提升。

此外，CGB 提供贷款损失准备金增信服务给该州的其他地方性商业银行，使这些银行能够以更好的条件为该州想要做节能改造的业主提供贷款服务。同时，CGB 也创立了居民太阳能租赁服务和附带节能协议的金融产品来为该州想要安装太阳能系统却没有贷款渠道的居民提供贷款支持。CGB 与直接为低收入家庭提供贷款服务的私立金融机构合作，并为低收入家庭提供基于财产税的增信服务。这些提供居民贷款的当地金融机构会将居民贷款人用电消费账单的历史付款记录作为风险审核依据，而不是他们的个人消费信用分数。CGB 支持的居民太阳能用电项目已经帮助低收入家庭节省了 60% 的用电成本。

10.2 纽约州绿色银行

2013 年 1 月，纽约州州长 Andrew Cuomo 创建了美国最大的绿色银行——纽约州绿色银行（New

York Green Bank，NYGB）。该银行的启动资金主要来自纽约州政府，包括纽约公共服务委员会批准的 1.65 亿美元及区域性温室气体倡议（RGGI）下拨的 4500 万美元，旨在通过与私人资本机构合作来促进纽约州的清洁能源市场的发展，为纽约州打造一个更加高效、更加可靠和更具有可持续性的能源体系。NYGB 作为该州能源局的一个分支机构存在，纽约州能源研究与开发署（NYSERDA）拥有运营该银行的职能和权力。与康涅狄格州绿色银行不同的是，NYGB 并非着眼于开发和提供创新性的金融产品或项目，而是通过公开的资金申请书机制（RFP）来寻找该银行公共基金的申请者，并为其提供相应的资金支持。这些申请者需要说明他们无法在市场上找到其他融资途径。NYGB 主要投资支持的项目是由私人资本发起的小型的潜在的项目，包括居民电力能效项目、风电项目、居民太阳能使用项目和燃料电池项目。

例如，NYGB 曾为一家采用创新能效融资机制的金融机构提供 500 万美元的大额信贷额度。该机构允许贷款家庭采用"pay as you save"偿还贷款，它可以使业主进行能源效率改进，并无须任何预付费用，而所产生的费用将通过业主多年的用能账单来收回。NYGB 也向社区太阳能项目的开发商提供了过渡性贷款，以支持前期开发成本，这将使 168MW 太阳能的部署成为可能。

NYGB 目前的盈利状态良好，比原计划提前一年达到稳健的自我运营状态。根据 NYGB 2018 年 3 月发布的季度财报，"NYGB 一直保持着强劲的增长，实现了自给自足，在本财年结束时实现总投资额 4.575 亿美元"。

NYGB 的总体战略包括 3 个方面：吸引清洁能源投资资本；实现收支平衡的自给自足经营模式；为该州带来能效和环境效益。

NYGB 的成功运营有力证明了州政府可以发挥绿色银行的作用，以更具成本效益的方式使用公共资金，支持清洁能源的市场发展，并通过绿色银行推动更多社会私人资本的投资。NYGB 还体现了纽约州政府如何将基于产品的方法与响应市场的方法结合起来，通过绿色银行来解决清洁能源市场的融资缺口，推动绿色项目的投资，并最终促进该市场的可持续发展。

促进区域性绿色金融发展的重要前提是扩大绿色金融的有效供给，其中最不可缺少的就是作为重要参与主体的商业银行。总结美国绿色银行发挥其独特的公共服务职能，可以为政府、消费者和企业带来利益，主要包含以下几点：促进清洁能源利用等低碳项目的市场发展；发挥银行的杠杆作用，利用公共资金撬动更多社会私人资本；提升政府公共服务职能，保护纳税人的利益，让公共资本更具成本效益；创造更多的就业机会，助力社会经济发展模式向低碳、可持续性转型；减少消费者利用清洁能源的成本，鼓励践行低碳生活方式。

美国自 20 世纪 70 年代以来已经开始探索发展清洁能源的金融产品和服务，目前美国共有 6 个州成立了正式的州立绿色银行，包括康涅狄格州、纽约州、加利福尼亚州、佛蒙特州、夏威夷州和罗得岛州。马里兰州、华盛顿州、特拉华州、弗吉尼亚州等州也正在积极探索发展绿色金融的途径。

美国发展研究中心指出，未来 20 年美国需要每年投入 2000 亿美元支持可再生能源和能效项目的投资。美国的绿色银行作为致力于投资清洁能源、节能改造、低碳基础设施等绿色项目的专业银行，还将继续在促进美国环境保护和低碳发展方面发挥不可替代的作用。

第 11 章　全球可再生能源发展趋势

德勤中国北京办事处

长期以来，可再生能源的大规模部署面临着重重障碍，而在电网平价、积极并网和技术创新三大关键驱动因素的影响下，这些障碍正日渐消弭。太阳能和风能曾被认为太昂贵而难以大范围采用，而目前它们正在凭借高性价比打败传统资源。随着太阳能和风能并网能够助力解决电网问题，可再生能源存在诸多亟待解决的并网问题这一观念已经发生转变。目前，可再生能源可以充分利用先进技术超越传统能源，而无须等待配套技术成熟。

11.1　实现并网和离网平价及性能持平

即便是最乐观的业内企业和观察人士，仍对太阳能和风能的部署步伐及其成本下降幅度之大感到惊讶。风能和太阳能不仅颠覆长久以来的印象，而且超出预期，在未获政府补贴的情况下也能在全球主要市场与传统发电技术展开竞争。

风能和太阳能已实现电网平价，其性能也逐步与传统能源不相上下。事实上，全球大部分地区，公用事业规模的海上风能与太阳能光伏发电在未获政府补贴的情况下，平准化度电成本不断下降，与大多数其他发电技术相比持平或更低。尽管联合循环燃气轮机等资源能够按需调配，但随着日益平价的蓄电池储能和其他创新技术逐步解决风能和太阳能的间歇性问题，风能和太阳能的可靠性不断提高，可与传统能源一较高下。从价格角度看，陆上风能已成为全球发电价格最低的能源资源，在未获政府补贴的情况下，其平准化度电成本为 30～60 美元/MW·h，低于最便宜的化石燃料天然气的价格区间（42～78 美元/MW·h）。

截至 2017 年年底，以中国、美国、德国、印度、西班牙、法国、巴西、英国和加拿大为首的 121 个国家和地区共部署近 485GW 陆上风能。而这 9 个国家均实现陆上风能电网平价。美国大平原和得克萨斯州等风力强劲的地区风能发电成本最低，而东北部成本最高。

从全球来看，前述 9 个领先国家和澳大利亚的风能发电成本最低。公用事业规模的光伏太阳能发电成本也极其低廉，仅次于陆上风能。太阳能光伏的平准化度电成本上限区间为 43～53 美元/MW·h，远低于任何其他发电能源。

2017 年，全球 187 个国家和地区新增发电装机容量创历史新高，达 93.7GW，总容量达到 386GW，中国、日本、德国、美国、意大利、印度和英国排名前列。其中，除日本外的其他国家市场均实现太阳能电网平价。因投资成本较高，日本成为全球太阳能发电成本最高的市场之一。随着日本转向竞争性拍卖，太阳能电网平价有望于 2025—2030 年期间实现。

美国的西南部各州和加利福尼亚州是美国太阳能光伏发电成本最低的地区。从全球角度看，澳大利亚是太阳能光伏发电成本最低的国家，非洲因投资成本过高而成为成本最高的地区。

随着风能和太阳能与其他发电能源之间的成本差距逐渐拉大，全球电网平价指日可待。过去 8 年中，除联合循环燃气外，所有传统能源和非风能及太阳能可再生能源的平准化度电成本或保持平稳（生物质能和煤炭），或有所上升（地热能、水能和核能）。由于组件成本大幅下跌和效率的提升，且这两大趋势预计将持续下去，陆上风能和公用事业规模的太阳能光伏发电的平准化度电成本将分别下跌67%和86%。根据彭博新能源财经报道，2018 年上半年，陆上风能和太阳能光伏发电成本已经下降 18%。

竞争性拍卖推动欧洲、日本和中国以较低价格且无补贴的方式开展发电部署，进一步推动发电成本降低。发达国家通过风力涡轮机升级改造提高容量系数，促进全球平均发电成本降低。此外，日本、德国和英国的太阳能资源最匮乏，但却是全球太阳能发电的领先国家，而非洲和南美洲分别拥有最丰富的太阳能和风能资源，但大部分却尚未开发。随着全球开发公司和国际组织合作解决这一失衡问题，促进项目发展，发展中国家的发电成本将有所下降。

风能和太阳能发电装机容量不断增大，许多传统能源将开始以较低容量系数运行，导致其平准化度电成本升高。新太阳能和风能发电厂的成本最终将低于新建的传统发电厂，并低于全球现有发电厂继续运行的成本。意大利国家电力公司 Enel 2016 年成功赢取智利风能、太阳能和地热能综合发电厂项目就是有力证明。智利综合发电厂的电力销售价格将低于现有煤电厂和燃气发电厂的燃料成本。

海上风能和聚光太阳能热发电也逐步实现电网平价，其平准化度电成本区间与煤电上限范围重合，但仍高于燃气联合循环方式。

2017 年，全球 15 个国家共 4.9GW 的海上风能装机容量上线运行，创历史纪录，总容量达 19.3GW，而大部分位于英国、德国、中国和丹麦。德国和丹麦已实现海上风能电网平价，英国预计将于 2025 年至 2030 年期间实现，中国预计到 2024 年实现。美国仅有一座海上风电场，但项目资源不断增多，其中大多数位于竞争激烈的北大西洋沿岸地区。随着越来越多项目的部署，美国海上风能的平准化度电成本有望降至欧洲和中国的成本区间，且其海上风能预计在未来 10 年内实现电网平价。

在聚光太阳能热发电方面，西班牙（2.3GW）和美国（1.8GW）引领 15 个国家共 4.9GW 的市场，但两个国家分别从 2013 年和 2015 年起就未新增发电装机容量。中国和南澳大利亚的平准化度电成本最低。聚光太阳能热发电目前均未实现电网平价，但近期一系列创历史新低的拍卖结果表明，这一发电方式能在 2020 年与化石燃料展开竞争。聚光太阳能热发电还可进行储能，因此其性能可以达到与传统能源资源相同的水平。

可储能的公用事业规模太阳能和风能竞争力不断增强，除了电网平价还可推动实现电网性能持平。风能和太阳能的可调度性大幅提升，从而弥补了其相较于传统能源的固有短板。尽管具备储能功能的可再生能源成本较高，但却可以提供装机发电量和辅助电网服务，从而提升自身价值。

自 2010 年起，锂离子电池成本下降近 80%，太阳能普及率提高，推动这种组合模式实现电网平价。由于具有储能功能，所有重点太阳能市场均开展了包含储能的公用事业规模项目。在美国，作为储能市场的领先领域，太阳能储能已经在部分市场具备了一定的竞争力，电力开发公司 Light source 宣布将在美国西部地区的所有竞标项目中包含储能项目。基于投资税减免，美国 2018 年年初将在亚利桑那州实现太阳能储能项目平价，其次是内华达州和科罗拉多州，这些州还将实现风能储能平价。落基山研究所近期一项研究表明，可再生能源储能可结合分布式资源和需求响应，建立清洁能源组合，以低于目前新建燃气电厂成本的价格提供相同的电网服务，且最早能在 2026 年实现价格低于现有发电厂运行成本。

随着屋顶太阳能等分布式可再生能源逐步实现离网平价和性能持平，公用事业规模的电网平价并非唯一考虑方案。在这种情况下，自行发电成本低于零售电费时将实现电网平价。商业太阳能光伏在电网平价的部分重点太阳能市场实现了离网平价且未获补贴，印度除外。政府激励政策也促使住宅太阳能光伏发电在这些市场具有一定竞争力，到 2020 年年初，加利福尼亚州将强制要求新建相关设施。太阳能装置安装公司不断融合蓄电池储能和住宅太阳能。2017 年第一季度，美国家庭安装的住宅储能系统的数量是过去三年的总和，大部分位于加利福尼亚州和夏威夷州，它们的住宅太阳能储能目前低

于 19 个州的费率。而在澳大利亚和德国的部分地区，2017 年安装的住宅太阳能光伏系统中分别有 40% 和 50% 含储能功能。澳大利亚与欧洲的住宅和商业屋顶太阳能装机容量高于公共太阳能装机容量，在电网和离网平价实现时，极可能引发分布式和电网太阳能储能之间的能源之争。

11.2 实惠且可靠的并网

长期以来，间歇性问题一直被认为是制约太阳能和风能大规模部署的最主要障碍之一。目前，这一局势正在发生逆转：风能和太阳能将不再是亟待解决的问题，而是保障电网平衡的有效手段。事实上，可再生能源并网的难度和成本并不如预期高。此外，这些能源不仅可促使电网更加灵活可靠，还可提供基本的电网服务。

风能和太阳能的间歇性问题可能被夸大。多数国家和地区目前正处于可再生能源的普及阶段，它们要求对电网进行最低限度的调整：可再生能源较少进行系统层面的登记，仅要求对运行方式和现有资源的使用做小幅变动。但在可再生能源普及率较高的国家或地区，则要求更复杂的系统性改动，并对传统能源进行调整以促进可再生能源更大规模且更经济实惠地进行并网。在欧盟、中国和印度，运营商改造热电联产电厂生产热而非电力，改造煤电厂和联合循环燃气轮机电厂以实现更灵活、更稳定的发电。与邻近市场互联是北欧可再生能源推行成功的另一主要手段，也是加利福尼亚州 ISO 公司和西部能源平衡市场（Western Energy Imbalance Market）正考虑在美国采取的手段，原因在于如果可再生能源聚合方式普及至更多地区，则能够经济有效地解决产出电量不足和负荷削减量降低的问题。

风能和太阳能对电价构成下行压力。从理论上讲，由于边际发电成本为零，因此太阳能和风能可以置换更昂贵的发电机，且电价更低。从全球看，太阳能部署促使午间价格峰值降低，同时降低了夜间电价。美国太阳能和风能资源排名前 20 个州中，3/4 的州电价低于美国全国平均水平，1/4 属于电价最低的 10 个州，包括风能领先的得克萨斯州。德国是欧洲最大的太阳能和风能市场，其批发价格在过去 10 年内下降过半。丹麦拥有全球占比最高的间歇性可再生能源（53%），且其不含税费的电价全欧洲最低。据劳伦斯伯克利国家实验室（Lawrence Berkeley National Laboratory，LBNL）预计，一旦美国达到丹麦可再生能源的普及率（40%～50%），部分州将可能实现能源价格下降至极低水平。

风能和太阳能的份额不断上升，其电网可靠性和灵活性也随之持续增强。美国停电频率最高的州很少甚至没有风能和太阳能，而停电最少的州属于太阳能和风能最强劲的州。过去 10 年中，得克萨斯州的风力发电量增长 645%，因此该州的电网可靠性指标得到大幅改善。德国和丹麦的电网同样在过去 10 年中变得更为可靠，甚至一年中的 1/5 时间内，丹麦西部地区就贡献了 90% 的电力。丹麦和德国是目前全球电网最可靠的两个国家。欧洲数据显示，非计划性停运占陆上和海上风电停运的比例较小，而大多数煤电厂和燃气发电厂停运均为非计划性的。陆上风电停运概率较小且时间较短，恢复时间快于其他所有发电能源。在极端天气状况测试电网可靠性的情况下，可再生能源能够弥补燃料型能源的不足之处。2018 年，暴风雪席卷英国，导致天然气短缺，而风能打破了发电纪录，超过 2014 年极地涡旋期间美国煤堆冻结以及 2017 年飓风哈维导致煤堆浸湿时的发电预期。

风能和太阳能将成为重要的电网资产。间歇性可再生能源有助于电网平衡。举例而言，2017 年，风能降低了美国中西部独立系统运营商（MISO）北部大多数风机最陡峭的爬坡速率。但实际上，传统发电仍继续提供与频率、电压和爬坡速率相关的所有基本电网可靠性服务，然而这一局面将出现变化，借助智能逆变器与先进控制器，风能与太阳能发电也能提供这些服务，甚至略胜一筹。结合智能逆变器，风能与太阳能发电的调整速度较传统发电更为迅速，并可在日落或风停后继续保持电网稳定，而且太阳能光伏的响应精准度也远胜于其他能源。智能逆变器还能将分布式资源转化为电网资产，对消

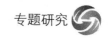

费者的影响微乎其微，并推动这些资源用于公用事业。能够运用这些能力的地区较少，但均对相关事宜做强制要求，并允许在市场上销售可再生能源配套服务和/或创建新的电力服务市场。其间，智能逆变器是助推可再生能源实现并网的技术之一。

11.3 促进可再生资源自动化、智能化、区块链化和转型的技术

自动化、人工智能、区块链、先进材料和先进制造等新技术加快可再生能源的部署步伐。自动化和先进制造等技术改进可再生能源的生产和运营；人工智能进行天气预测，优化可再生能源使用；区块链等技术改善可再生能源的市场环境；先进材料等技术改造太阳能电池板和风力涡轮机的材料。这些技术进一步助力降低成本，提高并网率。自动化技术大幅度削减了光伏发电和风电的生产和运营时间及成本。First Solar 公司 2016 年实现其美国制造厂自动化，将发电流程从一个持续多日的百步流程转型为仅采取少数步骤和较少小时数的流程，太阳能电池板产量增长两倍，而成本却低于竞争对手 30%。

自动化技术对海上风电运营产生重大影响，每吉瓦装机容量中，海上风电的计划性维护停运次数多于其他发电技术。2017 年 7 月，全球最大的海上风场部署全自动化无人机，将风场检查时间由 2 小时缩短至 20 分钟。未来，目前处于研发阶段的爬行机器人将对太阳能电池板和风力涡轮机内部结构和材料进行自动化微波和超声波检查。通过自动化流程搜集海量珍贵数据，供人工智能协助分析，用作预测和说明。

人工智能精准预报天气，优化可再生能源使用。由于天气情况严重影响风能和太阳能资源的可用性以及拉动电力需求的消费者行为，因此，天气预报是可再生资源并网的关键所在。寒冷刮风的天气，风电供需均会上升，而在刮风的夜晚，供应会增加，但需求保持不变。人工智能系统能够处理卫星图像、气象站测量情况、过往模式以及风力涡轮机和太阳能电池板感应器的详尽数据，预测天气情况，对比预测和实况，并利用机器学习调整自身模式，生成准确度更高的预报信息。人工智能系统每天还能处理 100TB 以上的数据，每 15 分钟提供分辨率达到几百米的预测。在太阳能和风能领先的市场中，国家预测系统已经借助人工智能大幅提升准确度，协助运营商节约巨额资金。西班牙国家风电预测系统人工智能系统 Sipreolico 在 7 年的运营中，将 24 小时预测的失误率降低了一半。利用这一技术，超本地化人工智能预测模式目前可于一周内在几乎所有地区开展实施。此外，目前 IBM 与美国国家大气研究中心展开合作，联合建立首个全球天气预测模型，致力于将人工智能预测能力推广至服务水平不足的市场，区块链是造福低水平市场的另一技术。

推行能源属性证书亟须区块链技术的支持。区块链可普遍应用于电力领域，最明确的用例包括能源属性证书市场——美国主要为可再生能源证书和欧洲的能源保证。可再生能源证书概念较为简单，即各可再生能源信用证代表 1MW·h 可买卖的可再生能源发电量。然而，其跟踪流程涉及多方之间发生的复杂、代价昂贵且耗时的相互影响，并存在欺诈风险。通过共享可靠的所有交易总表，区块链消除了注册提供商、经纪人和第三方验证的需求。对于很多小型公司而言，这一自动化流程更透明、更便宜、速度更快且更易获取。区块链能源属性证书还有助于破除信任和制度性障碍，这些问题在新兴市场尤为严重，初创公司和成熟企业纷纷开始探索能源属性证书区块链。

与此同时，经过验证的概念为先进材料和先进制造领域的重大变革奠定了坚实基础。

先进材料和先进制造：钙钛矿和 3D 打印技术已准备就绪，即将掀起太阳能和风能产业重大变革。钙钛矿 2017 年将逐步实现效率提升。2018 年 6 月，一家英德初创公司研制出硅基钙钛矿太阳电池，其 27.3%的转换效率创历史纪录，优于实验环境中达最高效率的单晶硅电池。2018 年 7 月，比利时研究人员也实现了类似的转换效率，双方均声称有可能实现转换效率高于 30%。

自问世以来，钙钛矿是发展速度最快的太阳能材料，在不到 10 年的时间里就取得了硅半个多世纪才达到的效率提升。相较于硅，钙钛矿拥有更为简单的化学组成、更大的光谱以及更高的理论最高效率。钙钛矿还能喷涂至物质表面并印至卷形物体上，推动生产成本下降并扩大应用范围。钙钛矿模块最早能在 2019 年实现商业化。

风能方面，增材制造正在为新材料的运用奠定基础。美国两家国家实验室与行业合作生产首台 3D 打印风力叶片模具，大幅削减原型开发成本，并将开发时间从 1 年以上缩短至 3 个月。下一个前沿领域将是 3D 打印叶片。这将推动利用新的材料组合和嵌入式感应器优化叶片成本和性能及现场生产环境，以降低物流成本和风险。生产商计划开始在风场按需进行零配件的 3D 打印，以减少成本和维修停机时间。通用电气已经运用增材制造维修并改进风力机叶片，生产商预计太阳能和风力发电需求将不断上升，因此对这些新技术投入重金。

11.4 离网和并网社区能源

"社区太阳能"趋势已经扩大为"社区能源"并包括更为灵活的储能和管理系统。这一趋势的扩大化催生了社区能源服务离网和并网的新方式。

离网地区目前能够提供与其他能源方案价格及性能持平的电力。并网地区能够独立于电网为社区提供电力，实现了城市恢复力和供电自主权的目标。

在两种情况下，随着社区能源能够普惠可再生能源部署带来的福利，众多国家均已接受社区能源。

社区可再生能源可促使离网地区实现电气最优化。离网地区的社区能源是指实现社区电气化和利润再投资的社区合作关系。这类项目大多数是由人口密度较大的农村地区的太阳能储能微网构成的。相较于燃料供电微网、电网扩建、燃油灯或柴油发电机，成本效益是推动太阳能供电微网发展的主要因素。可再生能源微网往往比发展中国家的电网更可靠。非政府组织已开始发起这些社区能源项目，并提供资金支持。相较于其他电气化模式，社区能源的优势在于社区强有力的支持和赋能。发达国家的许多小岛市场和偏远地区也是如此。另一方面，发达国家的部分社区利用社区可再生能源实现离网。澳大利亚尤为突出，其社区能源在 2017 年实现强劲增长。澳大利亚国家电网以煤电为主，价格昂贵且可靠性低，因此，Tyalgum 等社区开展能源项目，研发自给自足的可再生能源微网，还可将多余电力售予国家电网，但又完全独立于国家电网。

电网较为发达的地区，社区能源提供风能和太阳能资源的共有权和获取渠道。能源合作社是目前最常见的架构，涉及可再生能源全民共享权，共同拥有方式结合民主化运营。

德国是全球能源合作社发展领先的国家。德国 2016 年安装的可再生能源装置中，超过 2/5 属于合作共有，并且德国近期实施新规为能源合作社参与电力竞价拍卖创造公平竞争的环境。

丹麦也对能源合作社提供大力支持，要求所有风能项目必须包含 20% 的本地社区份额。能源合作社大幅度提升了居民参与度，为这两个国家的可再生能源部署提供有力支撑。在国家竞争的刺激下，丹麦萨姆索岛 10 年内成功从完全依赖化石燃料的模式转型为采用社区能源模式、100% 依靠可再生能源的模式。

能源合作社也处于美国社区能源的发展前沿。受会员客户需求的推动，合作共有的公用设施占据了 70% 以上的社区太阳能项目。近一半的美国家庭和企业无法拥有太阳能系统，社区能源让他们能从共享太阳能项目中购电并建立公共设施账单的信用记录。第三方提供商将 2/3 的社区太阳能电量分配给商业客户，其中大多数客户位于科罗拉多州、明尼苏达州和马萨诸塞州，其余电量主供公共设施和居民用户。在低成本、可再生能源客户需求和城市恢复力的推动下，社区能源需求愈加旺盛。这在马萨诸塞州的社区清洁能源恢复能力计划（Community Clean Energy Resilience Initiative）补助项目中得到充

分反映，该项目旨在保护社区免遭电力服务中断故障。许多经历过天灾或恶劣天气现象后断电的社区逐步建立社区可再生能源微网，利用这一电力恢复手段保护关键基础设施。日本情况相同，也制定了国家层面的电力恢复计划以支持社区能源。

太阳能和风能发达市场部署中，城市和社区逐渐成为重要的参与方，而许多新兴市场最重要的参与方却是国家。

11.5　新兴市场领先一步

发达国家（33个高收入经合组织成员国）的太阳能和风能产业及市场已经启动并日趋成熟，因此重心近期转向新兴市场（所有非发达国家）。2013年，新兴市场的陆上风电增长率超越发达国家；2016年，太阳能光伏增长率实现超越；2017年，新兴市场占全球可再生能源新投资的63%，推动其与发达国家之间的投资差距创历史新高。目前，新兴市场的累计装机容量即将超过发达国家（见图11-1）。

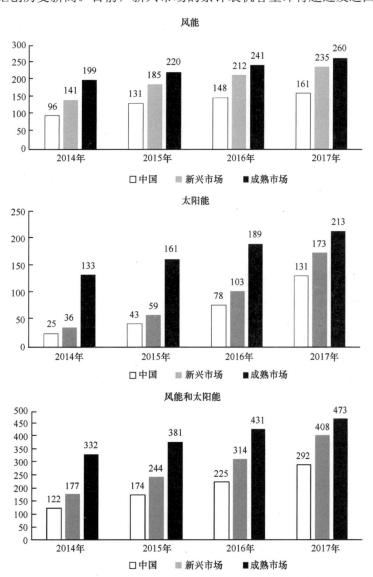

图 11-1　发达国家和发展中国家风能和太阳能累计装机容量（单位：GW）

新兴市场助推可再生能源成本降低，并在可再生能源部署方面赶超发达国家，追求低碳经济发展，并实现创新，同时造福全球环境。

作为全球领先国家，中国不断推动新兴市场的可再生能源增长。2017 年，中国太阳能和风能增长及总装机容量全球第一并创下历史纪录，是唯一一个两种资源均高于 100GW 的市场。2017 年，仅中国就占据了超过一半的新增太阳能发电装机容量，占全球光伏产量的 2/3。前 10 家太阳能光伏供应商中有 8 家为中国企业，前 3 家中国风能企业总共占据最大的风能市场份额。中国还是唯一一个同时进入前 10 位新兴市场跨境清洁能源投资地和十大投资者的国家，也是唯一进入十大投资者排名的新兴市场。从 2015 年创下跨境清洁能源投资纪录到 2017 年上半年，中国在另外 11 个新兴市场的风能和太阳能投资额达 22.3 亿美元，吸收了来自 13 个国家的 13.4 亿美元风能和太阳能投资。

即使不计中国，新兴市场仍在推动可再生能源增长并在未来具有很大的增长潜力。新兴市场的太阳能和风能发电装机容量竞价拍卖打破了最近的纪录。

2017 年，墨西哥和阿联酋分别创下全球风能和太阳能最低出价拍卖纪录。印度凭借竞价拍卖不断扩大市场，吸引积极进取的新企业，成为全球最具竞争力的可再生能源市场。印度和土耳其 2017 年的太阳能发电装机容量翻了一番，印度近期更是将其目标提升为可再生能源 2022 年达到 227GW。过去两年中，所有新增聚光太阳能热发电装机容量全部来自新兴市场。

南非是 2017 年唯一一个有新增聚光太阳能热项目上线运行的国家，而阿联酋宣称开展全球最大的聚光太阳能热项目，预计将于 2020 年投入运营。可再生能源投资在国内生产总值占比最高的国家全为新兴市场，包括马绍尔群岛、卢旺达、所罗门群岛、几内亚和塞尔维亚。最后，撒哈拉以南的非洲是最大的电气化未开发市场，意味着可再生能源蕴含巨大的增长机遇。针对低密度地区中最边缘化且未获得电力的人群，现付现用的太阳能家庭系统通常是最适合的电气化方案。

根据国际能源署预计，未来 20 年，未使用电力的大多数人将通过分散化的太阳能光伏系统和微网获得电力。

新兴市场大力培养创新能力。发达国家受益于来自新兴市场的市场和产品设计。举例而言，可再生能源竞价拍卖首创于新兴市场，随后促使全球可再生能源高企的价格大幅下降。新兴市场设计的部分太阳能和风能产品通过逆向创新而应用于发达国家。例如，专用于发展中国家离网地区供电的微网也运用于发达国家的偏远矿区。

从更全面的角度来看，企业发挥着越来越重要的作用，协助推动发达国家和发展中国家的电力转移，促进可再生能源不断发展。

11.6 企业参与范围日益扩大

越来越多行业领域的企业纷纷尝试以新的方式采购可再生能源。额外性作为黄金标准，是指确保采购能够创造可衡量的额外可再生能源装机发电量，因此企业愈加关注采购质量，而购电协议则成为他们的首选途径。购电协议可以提供最大限度的额外性，但主要是大型企业采用。小型企业则采取集群化发展。随着大型企业将供应链纳入其可再生能源相关目标中，它们也在协助小型企业采购可再生能源。

购电协议是发展速度最快的企业采购途径。2017 年，全球企业通过自行发电或采购共获得 465TW·h 可再生能源电量。75 个国家的企业不同程度上利用三大途径获得可再生能源：能源属性证书（EAC）、购电协议（PPA）和绿色公共采购计划（UGP）（见图 11-2）。

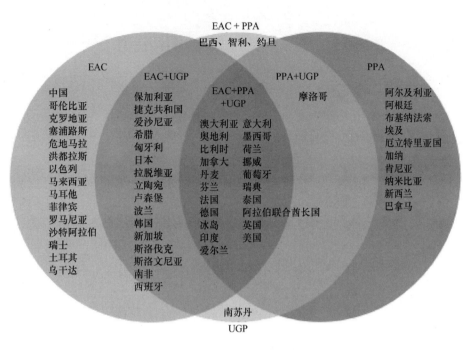

图 11-2　文氏图展示 75 个国家获得可再生能源的三大途径

能源属性证书是最常使用的采购途径，在 57 个国家可轻松获得。公司利用这一途径证明其符合政府的可再生能源要求或自愿性目标。然而，公司却不能充分获取可再生能源的成本效益且证书的额外性未必可靠。39 个国家准许进行绿色公共采购计划，大多为欧洲国家，但其使用率和透明度最低。该类计划通常与能源属性证书相关，具有相同短板。购电协议在 35 个国家可实施且正在快速扩展。

2017 年，有 10 个国家的企业签署了 5.4GW 的可再生能源购电协议，创历史新高。相较于能源属性证书和绿色公共采购计划，购电协议的额外性更高且节约更多成本，并且低于常规电力成本。尽管如此，小型企业却难以获取。电力成本超过营运费用 15% 的企业会首选购电协议。其中大多数企业积极管理能源采购这一大笔支出。北美洲和大多数欧洲国家均采用这三大途径。这些发达国家仍将引领企业采购市场，技术行业继续保持领先。然而，其他领域的企业也在加大可再生能源采购，新兴市场更容易开展可再生能源采购。巴西、印度和墨西哥等新兴市场也提供全方位服务，且跨国和国内企业采购不断增多。

通过集群化发展和供应链实现企业综合效应。目前已有 2/3 的财富全球 100 强企业设立了可再生能源目标，凭借购电协议成为全球企业采购的主力军，其中许多企业已经加入 RE100 倡议。该倡议目前共有 140 家成员公司（截至 2018 年 8 月）承诺其全部电力均来自可再生能源，其中 25 家公司在 2017 年实现目标。尽管这些部署活动均有积极意义，但只有众多小型企业参与其中并能够获取全方位的企业采购服务，可再生能源企业采购趋势才能得以维持。

通过集群化发展，小型企业能够达成合作关系，共同执行公用事业规模的购电协议。部分项目开发公司目前做出让步，与小型公司聚合一系列购电协议。2016 年，一家财富 1000 强企业就一个 80MW 风能项目的 10% 份额签署购电协议。该公司将受益于该项目的规模经济，而开发公司则将获益于多样化的客户基础及由 7 家小型公司组成的金融风险池。企业采购的范围通过供应链不断扩大。1/3 的加入 RE100 倡议的企业将其可再生能源目标上调 100%，并囊括其供应链。范围越大，就能产生越多收益，包括为新兴市场的可再生能源带来跨国企业专业技能和资金。一家可再生能源企业采购巨头近期设立了 3 亿美元的清洁能源基金，在中国投资部署 1GW 的可再生能源项目，并希望这一模式可进行复制。

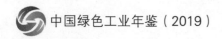

11.7　结语

太阳能和风能在 2017 年步入新高度，成为优选的能源资源，在 2018 年其全球电价和性能方面已逐步与传统能源持平。太阳能和风能能够强化电网功能，并通过新技术提升竞争能力，其部署障碍和制约因素日益消解。

2018 年太阳能和风能成为全球最便宜的能源资源，发展趋势是将在新技术大幅提高效率和能力的支持下，成本持续下降，积极并网活动也进展迅速。与此同时，可再生能源的需求不断稳定增长。太阳能和风能即将满足三大能源消费需求：成本效益、无碳发展和可靠性。在丹麦等领先可再生能源市场中，欧盟、国家行为体和本地社区利益与这些需求紧密相关。在美国和澳大利亚等国家，在国家领导层弱化无碳发展工作的背景下，城市、社区和企业成为最重要的参与方。它们加大力度填补空白，推动需求持续上升。

最后，新兴市场不断发展或开展电气化，将实现跳跃式发展和最为可观的电力增长，稳居太阳能和风能领军市场的地位。

第12章　绿色发展开创全球工业化新阶段

中国社会科学院工业经济研究所

12.1　绿色发展对工业化进程的影响与要求

12.1.1　绿色发展开启了工业化新阶段

工业化无疑是人类发展历史上最伟大的创举。工业化对财富的创造作用使得任何一个想发展经济的国家都无法拒绝，而且也没有其他可选择的道路。但是，随着工业化的推进，工业对资源的大量消耗以及污染和废弃物的产生，财富收入主体与污染损害对象的错位，使得工业化所形成的经济增长开始受到质疑。

去工业化呼声首先在工业发达国家兴起，可持续发展理论也最早由西方学者提出，并在这些国家产生了一些绿色环保组织和政党，传播理念和开展环保活动。20 世纪中叶，一些殖民地与半殖民地国家在经过长期斗争后获得了独立和解放，着手发展工业和进行经济建设。工业发达国家的跨国公司为了寻求更高利润和规避本国环保压力，开始向一些发展中国家转移生产，并推动了经济全球化和工业生产制造体系的全球布局。由于工业化发展阶段和经济发展水平的差异，在同一时间截面上，工业化在不同国家呈现不同状态。借助新工业革命机遇，寻找新的工业发展路径以解决经济发展的动力不足和就业问题，是发达国家在金融危机之后所采取的策略。

2009 年 3 月，欧盟宣布在 2013 年前出资 1050 亿欧元支持"绿色经济"，促进就业和经济增长，保持欧盟在低碳产业上的世界领先地位，同年 10 月，欧盟委员会建议欧盟在 10 年内增加 500 亿欧元用于发展低碳技术。

2010 年，欧盟委员会发布"欧盟 2020 战略"，提出在可持续增长的框架下发展低碳经济和资源效率路线图。

2012 年 4 月，欧盟环境部长在欧盟环境与能源部长非正式会议后表示，全力支持欧盟发展绿色经济，认为发展绿色经济不仅能缓解就业难题，还能提高欧盟国际竞争力，是欧洲国家走出经济危机的唯一出路。

2012 年 7 月，日本召开国家战略会议，推出"绿色发展战略"总体规划，特别把可再生能源和以节能为主题特征的新型机械、加工作为发展重点，计划在 5～10 年内，将大型蓄电池、新型环保汽车以及海洋风力发电发展为日本绿色增长战略的三大支柱产业。

目前产业分工已不局限于某个国家内部，而是扩展到全球范围。在全球的产业分工中所处的地位差异对一国的生态环境具有不同的影响。从分工格局看，发展中国家产业主要集中生产和加工初级产品，处于产业链低端，劳动密集型和资源密集型行业较为发达；发达国家处于产业链的高端，主要生产技术含量高的产品和提供技术服务，金融、信息等服务性行业较为发达。很显然，这种分工格局是造成生态环境差异的重要因素。

20世纪七八十年代，发展中国家通过承接发达国家的产业转移，工业化进程加速。其中，一些国家经济开始起飞。但是，与工业发达国家相比，发展中国家较早地出现了环境污染问题，这一方面源于工业发达国家的产业转移，高消耗、高污染行业在短时期内集聚式发展；另一方面源于发展中国家受经济发展水平所限，污染治理能力弱，节能环保行业发展滞后。需要指出的是，在工业化进程中，发展中国家出现了分化。一是以拉美国家为代表，这些国家在工业生产体系尚未健全的情况下，就转向贸易与服务业发展，导致产业结构早熟，过早地去工业化，经济发展失去了产业支撑，最终落入中等收入陷阱；二是以亚洲国家尤其是以中国为代表的发展中国家，在承接发达国家产业转移的同时，逐步建立和健全了本国工业生产制造体系，经济发展保持了强劲势头，但环境污染问题也成为影响其可持续发展的巨大挑战。尽管发达国家和发展中国家工业化水平差距较大，但都遇到两个问题需要解决：一是经济发展失去工业支撑而不可持续的问题；二是传统的工业化模式不可持续的问题。

21世纪以来，随着现代信息技术的发展，新一轮工业革命正在兴起，工业生产方式也正在因此改变，智能、绿色、低碳的工业制造体系已见雏形，成为技术创新的重要载体，重新展现了工业发展的前景和对未来经济发展的带动作用。一些工业大国紧紧抓住这新的机遇，根据本国国情提出发展战略和发展重点。

例如，德国提出工业4.0战略，美国提出"再工业化"，日本在节能和环保产品制造方面加大投入，中国提出制造强国战略等。2008年10月，联合国环境规划署为应对金融危机提出绿色经济和绿色新政倡议，强调"绿色化"是经济增长的动力，呼吁各国大力发展绿色经济，实现经济增长模式转型，以应对可持续发展面临的各种挑战。

2011年，联合国环境规划署发布的《迈向绿色经济——实现可持续发展和消除贫困的各种途径》报告指出，从2011—2050年，每年将全球生产总值的2%投资于十大主要经济部门可以加快向低碳、资源有效的绿色经济转型。

为了抢占绿色发展的先机，英国、日本、美国、法国、德国等十几个国家自2008年以来，先后推出碳标签制度。法国《新环保法案》要求，自2011年7月起，凡在法国市场上销售的产品需标示产品生命周期及包装的碳含量等环境信息。芬兰、英国、德国等国家较早开始征收碳税；一些跨国公司开始实施绿色供应链采购，对其他国家生产产品进行绿色标准限制；一些国家制定了绿色生产规范和行业标准。

在全球产业分工中，中国处于中低端。要改变这种分工格局，实现绿色发展，关键是提高劳动生产率和进行技术创新，若没有劳动生产率的提高和技术创新，而是简单地去工业化或者经济服务化，只能导致经济发展减速和服务业的成本病。因此，工业的绿色发展不是单纯的环境治理，而是涉及建立什么样的工业制造体系、什么样的产业结构、什么样的国际分工格局等国家战略性问题。《中国制造2025》战略正是因此而生，需要指出的是，绿色、低碳发展具有超越国界的外部性，只有世界各国共同携手才能维护好地球这个人类的家园。因此，绿色发展是从国家竞争走向全球合作的过程。在这个过程中，不能忽视一些国家的引领作用。从技术发展趋势看，新工业革命不仅为工业发展注入新的动力，而且将改变传统的工业化模式，开启低碳工业化新阶段。

12.1.2 低碳工业化显示了传统工业化理论的局限性

传统工业化理论主要是在发达国家工业化的经验上建立起来的。迄今为止，传统工业化理论仍在被广泛地应用。其原因是新的事物总是脱胎于旧事物之中，新事物要在旧事物的基础上发展。当前绿色发展已成为主流价值观，但理论尚未形成体系，尤其是定量分析方法与经验数据检验方面，仍以传统工业化理论和方法为主，从而产生价值取向与工具运用的不统一、不协调。以工业化水平判别标准为例,改革开放 40 年,中国最为骄人的成绩之一就是建立健全了工业制造体系,由一个农业弱国转变为工业大国,这个转变开启了中国现代化征程,也使中国从长达数百年的衰落中重新站立起来,回归到世界大国行列。一些学者根据发达国家的经验数值测算中国工业化水平,认为中国经济发展已进入工业化中后期阶段。这种测算方法有两个问题:一是用传统工业化标准测量,没有去除价格因素,夸大了中国工业化水平;二是没有体现工业化新阶段即低碳工业化的发展趋势。

传统的测算工业化水平的重要指标之一就是工业在产业结构中的占比。的确,以现价计算,中国产业结构已经发生了改变:2006 年,第三产业占比超过了工业;2015 年,第三产业占比超过了第二产业。但是,若去掉价格因素,1978—2017 年,工业在 GDP 中的占比提高了 20 多个百分点,第三产业只提高了不到 10 个百分点(见图 12-1)。

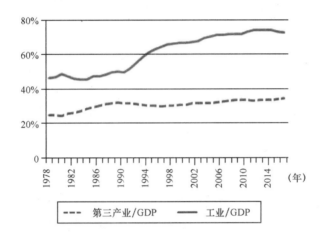

图 12-1　1978—2017 年第三产业 GDP 和工业 GDP 占比变化(去掉价格因素)

近年来,中国金融业、电子商务、互联网等发展迅速,但是,服务业成本病也日益显现。服务业部门的价格指数是工业的 3 倍、整个国民经济部门的 1.8 倍,即剔除价格因素后,中国仍是以工业为主的国家,这解释了为什么中国经济景气与工业发展状态高度相关,为什么美国高度关注中国的制造强国战略。

随着经济发展,越来越多的生产服务环节在生产制造过程中独立出来成为专门的行业,并发展成为生产性服务业。在企业层面,则是表现为投入服务化和产出服务化。投入服务化的原因是企业内部服务的效率对企业竞争力的影响越来越大,企业把那些原本由企业自身开展的活动,例如,质检、会计、金融服务等转包给外部专业公司。产出服务化的原因是服务对企业产品的市场信誉具有越来越重要的影响,有些制造业公司转向把服务作为主营业务。例如,罗尔斯·罗伊斯公司是全球最大的航空发动机制造商,是波音、空客等飞机制造企业的供货商,但罗尔斯·罗伊斯公司并不直接向飞机制造企业出售发动机,而以"租用服务时间"的形式出售,并承诺在对方的租用时间段内,承担一切保养、维修和服务,其服务收入已超过公司收入的一半以上。

通用电气公司 20 世纪 80 年代在全球 24 个国家拥有 113 家制造厂,传统制造产值的比重高达 85%,而目前,通用电气的"技术+管理+服务"所创造的产值占公司总产值的比重已经达到 70%。制造业服务化的另一个更重要的原因是大数据技术的发展,使得制造业的发展方式逐步由生产者主导转向消费者主导,生产者由过去的只是向市场提供标准化产品,转向直接根据消费者的个性需要提供定制化的服务,制造和服务直接联系起来,两者的界线变得非常模糊。

制造业服务化的发展趋势,凸显了传统的工业化划分标准的局限性。从数据对比看,从低收入国家到高收入国家,工业的占比并不是线性下降,而是呈类似倒 U 形变化,服务业占比的变化也并不十分明显。工业在 GDP 中的占比并不能完全代表国家的经济发展水平，各国显著的差距是农业在 GDP 中的占比，高收入国家农业增加值在 GDP 的占比一般只有 1%多一点，低收入国家的则达到 20%以上。

改革开放初期，中国农业在 GDP 的占比为 27.7%。2016 年降到 8.6%，与中低收入国家的水平相当。1978 年和 2017 年，倘若把第二产业和去除金融业的第三产业的增加值合起来计算，可以发现，这一比例分别是 88.3%、88.5%，几乎没有变化。这一结果与本文前述的以不变价计算的工业占比是一致的，表明 1978—2017 年中国经济发展阶段没有根本性的变化，工业等实体经济仍是中国的主导产业。

目前，已有一些专家对工业化发展阶段理论的现实适用性问题提出质疑，认为按照钱纳里工业发展阶段标准划分工业化水平已不适应当前全球产业发展变化趋势。在经济全球化的背景下，80%以上的国际贸易和投资发生在跨国公司内部，一方面表现为生产环节和供应环节的分离；另一方面，工业与服务融合发展，工业发展水平已开始用工业 1.0、工业 2.0、工业 3.0 和工业 4.0 的表述形式。

与传统工业化水平划分标准相比，用工业 1.0、工业 4.0 反映工业化水平，其优点是不会因为工业占比的下降而产生"去工业化"问题，它表明工业不会消亡，只会升级，制造业服务化、工业与信息化融合等都是工业升级的表现。但是，这种表述方法也存在一个问题，就是工业绿色低碳发展水平没有完全体现出来。绿色发展及低碳工业化最大的特征就是人类开始有选择、有限制地进行工业化，无限制地消耗资源、损害地球生态环境的所谓经济活动受到批判和扬弃。而在传统工业化理论中并没有体现这种扬弃和修正，因此在传统工业化水平测度方法中也没有体现绿色低碳化。这种测度指标的缺失对低碳工业化发展具有重大的影响，需要加以补充。传统工业化发展模式是一种以财富为中心的发展观，无节制地向自然索取，盲目追求经济增长，造成了严重的环境污染和资源危机。反思传统工业的发展方式，就是要正确处理好经济发展同生态环境保护的关系，牢固树立保护生态环境就是保护生产力、改善生态环境就是发展生产力的理念，更加自觉地推动绿色发展、循环发展、低碳发展，决不以牺牲环境为代价去换取一时的经济增长。

12.2 中国工业绿色发展的演进与阶段特征

1949 年以来，中国的工业化进程可分为改革开放前和改革开放后两个时期：以冷战思维为主导的重工业优先发展时期和基于和平发展战略判断的全面进行工业化和现代化建设时期。改革开放后工业化进程可分为 3 个阶段：一是解决供给短缺的轻重工业平衡发展阶段；二是加入 WTO，生产规模加速扩张、生产体系全面形成阶段；三是向智能、绿色、低碳方向转变的高质量发展阶段。其中，第三阶段正值新一轮工业革命的开始阶段，是中国继经济全球化之后又一次难得的发展机遇（见图 12-2）。

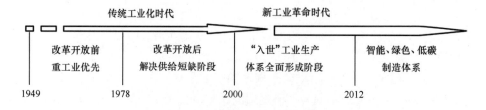

图 12-2 中国工业化阶段及其特征

1978—2018 年，虽然只是短短的 40 年，但是中国却经历了从工业品严重短缺到"世界工厂"的巨变，成为全球生产体系最为完备、生产能力最大的工业大国。中国工业的发展过程，也是绿色发展理念在实践中不断深化提升的过程，从单纯强调节约能源资源利用，到人力资源、环境保护、经济效益协同发展的新型工业化道路的提出，再到以生态文明建设为目标的绿色发展理念，中国工业绿色发展

的方向越来越明朗，并逐步走向世界前列。中国工业绿色发展理念的演进既有连续性，又有差异性，经历了一个"以物为本"到"以人为本"的渐进过程。

12.2.1 从解决缺口的角度强调能源资源的节约利用

中华人民共和国成立后，中国工业基础获得极大的加强，但在计划经济体制下，中国经济面临严重的短缺问题，轻重工业发展比例失调，突出表现为消费品供不应求及能源和原材料长期供给不足。1978 年改革开放大幕拉开，面对的突出问题是供给短缺。改革的重点首先要解决"重工业过重、轻工业过轻"的问题，调整轻重工业比例，对轻工业发展实行"六个优先"，即原材料、燃料、电力供应优先，挖潜、革新、改造的措施优先，基本建设优先，银行贷款优先，外汇和技术引进优先，交通运输优先。

与此同时，在能源政策上采取了开发与节约并重、近期把节能放在优先地位的方针，保障工业生产的需求。具体措施是逐步改变产业结构和产品结构，加强能源管理，搞好热力平衡，降低单位产品能耗，改造耗能大的旧设备和落后工艺，发展集中供热、热电结合，逐步更新能耗高的动力机具，推行燃料替代，实行油改煤，严格控制烧油。

经过一段时间的努力，国民经济比例严重失调的状况已基本得到了扭转，但能源、原材料、交通运输仍是国民经济发展的瓶颈。"六五"计划提出了限制工业发展速度的要求，但是 1980—1984 年工业增加值实际增长了 9%，1985 年上半年甚至达到 23.1%。这种超高速增长进一步引起能源、原材料和交通运输供应紧张，造成产品质量下降。为此，能源、原材料和交通运输行业发展进一步受到关注。

在政策措施上，一方面把发展能源工业作为经济建设的重点之一，加大了能源投资。根据中国能源资源条件，确定了以为煤炭为主要能源的发展战略，煤炭开发实行"国家、集体、个人一起上，大、中、小煤矿一起搞"和"有水快流"的方针。同时确立了"以电力为中心"的能源建设思路，为了吸引电力投资，采取了还本付息电价，保证电力投资具有稳定较高的投资回报。石油工业在勘探开发等薄弱环节加强投入。此外，伴随着来料加工发展、产品出口增长和外汇收入增加，国家摆脱了依靠石油换取外汇的困境。为了解决国内石油短缺问题，在限制燃油发电的同时，逐步扩大了石油进口。另一方面，通过调整工业结构和产品结构，推广节能技术，进行以节能为中心的技术改造，强化能源节约并取得了显著成效，单位工业增加值能耗下降的幅度超过了"六五"计划规定的降低 2.6%～3.5%的目标，节能对支撑国民经济和工业发展发挥了重要作用。

可见，改革开放初期，中国经济发展就认识到加强能源、交通运输等基础设施建设的重要性。党的十二大报告指出，"我国国民经济今后能不能保持较快的增长速度，能不能出现新的发展局面，在很大程度上取决于能源、交通运输问题能否得到恰当的解决"。注重能源发展，重视节能工作，其中一些节能措施，如热电结合发展、改造和淘汰落后设备等措施至今仍然采用，这是中国工业绿色发展的初步探索。但是，当时工业结构调整主要是从弥补需求缺口出发，能源发展以尽快满足能源需求为主要目标，中国节能措施更多的是为了保障能源供给，尚未深刻认识到环境污染和温室气体排放对经济发展的反作用和影响，加之新能源技术发展尚不成熟，对清洁能源发展缺乏重视，能源结构没有得到优化，反而进一步恶化。

在保障能源供应思想的指导下，因资源丰富、进入门槛低和较早地实施市场化改革等，中国的煤炭产量迅速上升。1978—1990 年，煤炭在能源生产总量中的占比由 70.4%上升到 74.2%。煤炭消费量在能源消费总量中的占比由 74.2%提升到 79%。这一发展趋势在其后 10 年仍然继续，对环保形成了较大的压力。

12.2.2　从人力资源、能源资源、经济效益协调发展的角度提出新型工业化道路

截至 2000 年，中国在基本解决了人民温饱的基础上，国民生产总值比 1980 年翻了两番，经济总量超过万亿美元，位列世界第六，人民生活达到了小康水平。2001 年中国加入世界贸易组织，中国对外开放达到前所未有的广度和深度。但能源供给已不能完全自给，自 1993 年起，中国从石油净出口国转为净进口国，石油进口量占石油消费总量的比例开始不断上升。到 2010 年，中国 GDP 总量跃居世界第二位，外汇储备与进出口贸易总额居世界第一位。中国产出占全球产出的比重由 1978 年的 1.8% 上升到 2010 年的 9.5%。人均 GDP 由 1980 年的 313 美元增加到 2010 年的近 4500 美元。但在收入增长的同时，也付出了生态环境质量严重下降等沉重代价。从大气环境看，2006 年中国二氧化硫排放量达到 2589 万吨，超过了环境理论容量的一倍；从土地环境看，到 2004 年，中国的水土流失面积为 356 万平方千米，占国土面积的 37.1%；从淡水环境看，2005 年长江流域废污水排放总量为 296.4 亿吨，比 2004 年增加 8.3 亿吨，增幅为 2.9%。

生态环境恶化趋势，引起党中央高度重视。2002 年，党的十六大报告提出了新世纪头 20 年全面建设小康社会和走新型工业化道路的任务。所谓新型工业化道路，就是以信息化带动工业化，以工业化促进信息化，走出一条科技含量高、经济效益好、资源消耗低、环境污染少、人力资源得到充分发挥的新型工业化路子。

新型工业化道路的提出，一方面是基于中国改革开放 20 多年来，经济发展成果显著，尤其是工业水平大幅度提高，跻身世界工业大国行列，短缺问题基本解决的现状；另一方面是基于社会需求从以日用消费品为主转为对住宅、汽车、家电等耐用消费品需求增长，对重工业产品需求也快速增长。但随之带来的是能源需求增长加速，污染物排放加大。若继续延续改革开放初期主要依靠资源要素投入推动经济发展而不注重效率提高的外延式增长方式，将产生一系列严重的后果。因此，转变经济发展方式成为中国经济发展的首要任务。针对经济发展存在的问题，党的十七大报告提出了"又好又快"发展方针和"三个转变"：一是由主要依靠投资、出口拉动向依靠消费、投资、出口协调拉动转变；二是由主要依靠第二产业带动向依靠第一、第二、第三产业协同带动转变；三是由主要依靠物质资源消耗向主要依靠科学技术进步、劳动者素质提高、管理创新转变。在继续强调节约能源资源使用的基础上，"十一五"规划中进一步提出"要把节约资源作为基本国策，发展循环经济，保护生态环境，加快建设资源节约型、环境友好型社会，促进经济发展与人口、资源、环境相协调"。

新型工业化道路，强调了资源利用率和环境保护，但在能源发展方面仍以保障供给为重，从而使得中国的能源结构一直没有得到改变。2000—2010 年，甚至出现煤炭的所谓"黄金十年"（见图 12-3）。"十五"期间，仅是煤炭产量的增量就达到 9 亿多吨，"十五"和"十一五"10 年间，煤炭产量增长了 17 亿多吨。

近年来，有相当多的专家认为，中国的人口红利随着出生率的下降和劳动力人口的减少消失了。本文认为，从人口结构看，中国的人口红利的确是因供养人口比例的上升而下降，但从人口数量看，中国仍是劳动力资源丰富的国家，劳动者素质的提高也将产生巨大的人口红利，与其他国家相比仍具有优势。制约中国经济发展的主要问题仍然是技术与环境。

2002 年前后，关于温室气体排放的问题进入中央决策层考虑范围，进一步强调注重经济发展与资源环境保护，注重经济效益与发挥劳动力优势相结合。在这一阶段，工业的绿色发展重点由过去依靠节能为主转向能源结构优化。调整以煤为主的能源结构，大力发展清洁、可再生能源，制定生态环境保护红线等一系列措施在"十五"和"十一五"期间逐步展开，减少温室气体排放作为绿色发展的重要内容，并提出了具体的规划目标。中国工业绿色发展由原来的单纯考虑资源节约转向全面协调发展。

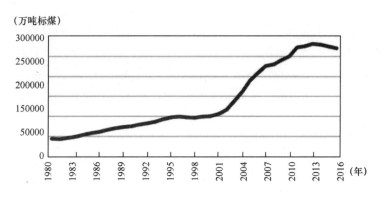

图 12-3　按发电煤耗折算的中国煤炭消费量变化

2008 年，为应对全球金融危机，中国加大了投入，工业发展进一步加速，相当数量的工业品在全球占有率达 50%以上，由此导致能源需求又进一步增长，能源与资源环境压力进一步加大。为此，"十二五"期间，在单位 GDP 能耗下降目标的基础上，又提出了能源消费总量控制和能源结构清洁化目标、水资源红线目标等，资源利用效率和环境管制的力度进一步加大。

有学者测算，中国经济快速发展在一定程度上受益于环境管理缺失。1978—2010 年，中国潜在经济增长率平均为 9.5%，其中 1.3 个百分点是环境代价。2000—2010 年，环境消耗拉动经济增长平均为 2 个百分点。本文认为，中国经济发展存在 3 个悖论：一是非国有经济发展形成的效率改进与环境保护的悖论；二是中小企业发展形成的市场活力与环境保护的悖论；三是效率提升与行业收益下降的悖论。非国有经济的快速发展促进了中国经济的增长，但外商投资把大量高消耗、高污染的产业转移到中国，带来一些资源消耗和污染排放过快、过多的问题，一些民营企业钻环境监管不严的空子，污染治理投入一般低于国有企业，这是中国经济发展效率与环境保护悖论。企业规模与环境保护悖论的产生，主要源于大企业经济实力强，更加注重社会责任和市场声誉。而中小企业，尤其是对增加供给做出重要贡献的乡镇企业，由于技术水平低，生产管理落后，控制污染的投入有限，加之布局不合理，使其环境污染和能源资源消耗要大大高于同等类型的大中型企业。

此外，在国民经济各行业中，工业效率提升最快，但是工业行业利润率却持续下降，由于市场竞争和体制改革进程的差异，工业市场化改革形成的效率红利有相当一部分转移到服务业之中，造成工业发展成本高，利润回报低，环境治理投入因此受到影响。

12.2.3　建设生态文明开启的全面绿色低碳发展阶段

中国一直强调发展与保护环境并重，但是在实际工作中，处理好发展与环境的平衡关系并不容易。总体来看，当经济增长速度超过经济增长潜力时，能源与资源消耗加速，节能减排目标就难以实现。

改革开放以来，中国"八五""九五"和"十五"规划重点解决能源供需缺口问题，发展目标主要是能源生产稳定增长目标和节能目标，从总量上看，基本完成产量增长目标，但节能目标完成情况并没有得到应有的重视。"十五"规划的后三年全国单位 GDP 能耗上升了 9.8%，全国二氧化硫和化学需氧量排放总量分别上升了 32.3%和 3.5%；节能环保形势比较严峻，"十一五"规划中制定了 6 个节能减排目标，全国单位 GDP 能耗下降 19.1%，全国二氧化硫排放量减少 14.29%，全国化学需氧量排放量减少 12.45%，除能耗目标外，基本完成了"十一五"规划纲要确定的目标任务。

党的十八大以来，从生态文明建设的高度对工业发展方式提出了更加严格的要求，理论体系和政策措施更加完备。提出了包括绿色发展在内的五大发展理念，提出了要像对待生命一样对待生态环境，统筹山、水、林、田、湖、草，实行最严格的生态环境保护制度，提出了保护优先、自然恢复为主的方针，形成节约资源和保护环境的空间格局、产业结构、生产方式和生活方式。与此同时，中国在国际上展现新的姿态，积极参与全球气候变化大会谈判并提出中国自主减排方案，出台了《国家应对气候变化规划（2014—2020 年）》，提出构建"人类命运共同体"的中国主张，明确要求中国要做生态文明建设的参与者、贡献者和引领者。与新型工业化道路所提出的内容相比，这一阶段中国形成的绿色发展的理论体系，是更全面的绿色发展。与西方可持续发展理论相比，绿色发展是从生态文明的高度，提出解决好工业文明带来的问题与矛盾，是一种文明的进步。

生态文明作为人类文明发展史上的一个新阶段，强调的是人与自然的和谐相处，其所对应的经济发展方式就是绿色发展，低碳工业化则是绿色发展道路的具体体现。为此，党中央制定了一系列具体措施，例如，改革自然资源资产产权制度，完善主体功能区制度建设与空间规划体系，完善资源总量管理和全面节约制度，编制自然资源资产负债表，开展领导干部离任审计和党政领导干部生态环境损害责任追究，推进资源有偿使用和生态补偿制度改革等触及发展根本的政策措施。

从工业绿色发展的变化看，主要体现在生产要素投入的绿色化、生产过程的绿色化、产品与服务绿色化。2015 年，制造强国战略指出，形成经济增长新动力，塑造国际竞争新优势，重点在制造业，难点在制造业，出路也在制造业。要按照"创新驱动、质量为先、绿色发展、结构优化、人才为本"的基本方针推动工业发展。要全面推行绿色制造，包括加快制造业绿色改造升级，推进资源高效循环利用，积极构建绿色制造体系，开展绿色制造工程。

为落实《国民经济和社会发展第十三个五年规划纲要》和制造强国战略部署，工业和信息化部 2016 年颁布了《工业绿色发展规划（2016—2020 年）》以促进工业绿色发展。规划提出到 2020 年，能源利用效率显著提升，资源利用水平明显提高，清洁生产水平大幅提升，绿色制造产业快速发展，绿色制造体系初步建立。到 2020 年，建成千家绿色示范工厂和百家绿色示范园区，部分重化工行业能源资源消耗出现拐点，重点行业主要污染物排放强度下降 20%。到 2025 年，制造业绿色发展和主要产品单耗达到世界先进水平，绿色制造体系基本建立。

从倡导能源资源节约利用到提出新型工业化道路，从新型工业化道路到以生态文明建设为目标的全面绿色化制造，标志着中国工业绿色发展的深化，也标志着中国工业发展正在向智能、绿色、低碳方向转轨。本文按 1978—2000 年、2000—2012 年以及 2012 年以来 3 个时间段划分，对 1978 年以来有关文献初步梳理，发现改革开放以来中国颁布的有关绿色发展的政策法规有如下特点：一是有关绿色发展的文件出台频率和数量逐步加大，包括法律法规、发展规划、指导意见、管理办法等多种层次的文件；二是政策措施从污染末端治理向资源的综合利用、能源结构优化方向转变，举措与监管措施越来越具体，如编制自然资源资产负债表、发起重点区域的蓝天保卫战、制定绿色发展标准与指数等；三是对绿色发展的认识越来越深入，颁布的政策内容由最初的污染治理、节约能源扩展到应对气候变化、发展循环经济，最终上升到建设生态文明的高度。

12.3　中国工业绿色发展的成效与比较

从 20 世纪 90 年代开始，联合国环境规划署（UNEP）及世界银行、亚太经济合作组织、联合国统计委员会以及国内一些研究机构等陆续开展了绿色财富、绿色增长、绿色 GDP 核算、绿色发展指数等相关研究，在科学界定绿色经济概念和分类的基础上，建立了相关模拟和预测模型对绿色经济的贡献和潜力进行分析，但始终没有形成统一的技术方法。按照前面提到的工业绿色低碳发展水平的分析思路，本文对中国工业绿色发展的成效评估从 3 个方面进行，一是产出绿色化评估，主要分析污染物排

放和温室气体的排放量下降程度；二是投入绿色化评估，主要分析能源清洁化程度；三是产业结构绿色化评估，主要分析节能环保产业发展状况。

12.3.1 产出绿色化及其比较

产出绿色化主要是指污染物、温室气体排放逐步减少，工业品生产制造与消费的环境负面影响越来越小，本文用单位 GDP 资源消耗和污染物排放趋势来反映。

从单位 GDP 能耗下降趋势（见图 12-4）看，即使按不变价计算，中国单位 GDP 能耗也呈现显著下降趋势。其中，在 2002—2004 年，中国单位 GDP 能耗经过小幅度上升后下降，使得中国单位 GDP 能耗趋势线上移并变得平缓。其原因主要是产业结构的变化，2002 年以后，中国重工业呈现快速发展。上移之后，下降的速度仍然比较平滑，说明中国技术进步与节能管理工作在持续地发挥作用。

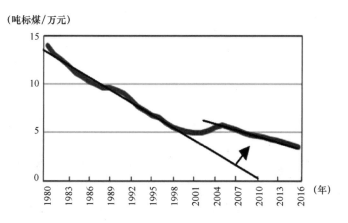

图 12-4　按 1970 年价计算的中国单位 GDP 能耗

在经济发展过程中，能源消费有两个趋势：一是在生产过程中，能源利用效率越来越高，单位产出的能耗越来越少；二是随着收入水平的提高，人均能源消费越来越多。工业发达国家的生产能源消费与生活能源消费的比例接近 6：4，而中国这一比例不到 8：2，这与工业仍是中国重要的产业相关。

与工业发达国家现状相比，中国的单位 GDP 能耗处于较高水平，但与相近的历史发展阶段相比，中国是以较低的能源消耗增长支撑高速度的经济发展的，完全不同于工业发达国家工业化进程中能源消耗轨迹。改革开放以来，是中国工业化快速推进的时期，但能源消费弹性系数 40 年来基本上小于 1（见图 12-5），而发达国家在工业化中期阶段能源消费弹性系数基本上大于 1。例如，日本在 1965—1973 年，经济增长率平均达到 9.4%，而能源消费增长率为 11.8%。在 1980 年以前，日本的能源消费弹性系数除了一个时间段，其他时间段都是大于 1 的。IEA《世界能源展望中国特别报告》中指出，中国能源消耗强度是世界上所有国家中下降最快的，到 2040 年，中国将是世界上能源强度最低的国家之一。

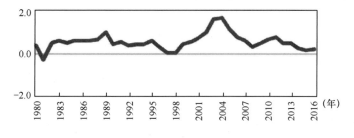

图 12-5　中国能源消费弹性系数

12.3.2 能源清洁化及其比较

能源是重要的生产要素，中国工业污染物和温室气体排放相当高的比例源于煤炭等化石能源的生产和消费。能源清洁化、低碳化是工业绿色发展的基础。"十一五"以来，中国在节能的基础上开始重视清洁能源的发展，出台了一系列鼓励优惠政策，可再生能源进入高速发展阶段。近10年来，光伏发电、风电和水电快速发展，投资与发电装机容量均处于世界各国前列，对能源结构改善做出重要贡献。2016年煤炭在能源消费结构中占比相比1980年下降了近8个百分点。

能源结构的转变是能源转型的核心。就全球来看，共发生两次重大能源转型，一是形成以煤炭为主的能源结构，这个时间大约是从第一次工业革命到第二次工业革命初；二是形成以油气为主的能源结构，开始的时间大约在20世纪60年代，除了中国和印度，世界其他国家基本上都已转向以油气为主要能源。目前，伴随第三次工业革命，全球能源正处在向清洁低碳的可再生能源为主转变的阶段（见图12-6）。中国的新能源发展速度虽然世界领先，但就能源结构来看，中国仍处于第一次工业革命阶段。

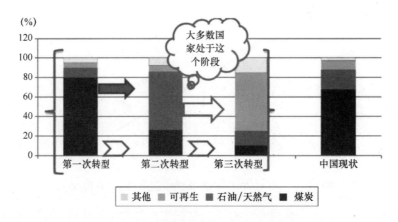

图 12-6　全球能源转型阶段及中国现状

就消费同等能量能源所排放的温室气体看，欧盟成员国、日本等国家近20年来已实现较大幅度的下降，拉开了与其他国家的距离，处于领先地位。若以清洁能源在能源总量占比作为能源转型的衡量标准，可以发现中国处于世界平均水平之上。在新能源投资与能源转型发展速度方面，中国处于全球领先地位。

12.3.3 产业结构绿色化及其比较

产业结构绿色化主要是指节能环保产业的发展程度。在绿色发展中，节能环保产业具有特殊作用，它本身并不生产用于消费的产品，而是用于处置和回收生产正常消费品过程中产生的对环境有害的副产品或富余能源，是国民经济中的静脉产业，与其他产业发展具有较大的关联性。一般说来，节能环保标准越高，环境规制越严格，节能环保产业发展的市场空间越大。此外，节能环保技术对节能环保产业发展具有决定性的影响，如果说其他产业是对资源的加工转换，那么节能环保产业则对已加工转换过的资源再加工利用，因此，节能环保产业发展状况是一国绿色发展政策力度和技术发展水平的集中体现。随着技术进步和产业的发展，预计在今后的30年内，可再生资源产业提供的原料将由目前占总原料的30%提高到80%。目前，美国可再生资源产业的规模超过汽车行业，成为美国最大的支柱产业。

从全球看，节能环保产业已进入较快发展阶段。2010—2016年，全球节能环保产业的市场规模已从2628.1亿英镑增至8225.14亿英镑，年均增长远远超过全球经济增长率。美国、日本和欧盟的节能

环保产业在全球市场中占有较高份额，其中，美国环保市场占全球环保产业总值的 1/3，是全球最大的环保市场。发达国家拥有节能环保的核心技术，已经建立起比较成熟的废旧物资回收网络和交易市场，产业发展基本上处于成熟期，是主要的出口创汇产业。以美国为例，美国每年回收处理含铁废料 7000 万吨，其中，出口废钢铁 1500 万吨，占世界的 30%；回收处理废纸 6000 万吨，其中，出口 1000 万吨，占世界的 40%。每年的再生资源回收总值约 1000 亿美元，销售收入约 200 亿美元。

虽然中国节能环保的关键核心技术相对短缺，现有环保企业中 90% 以上环保设备的技术水平落后发达国家 10 年左右，但是投资增长超过了欧美国家，产业发展处于成长期，市场潜力巨大。

据有关方面统计测算，以土壤修复为例，中国仅工业污染场地就有 30 万～50 万块，若按每块地的修复成本 300 万元测算，中国仅工业污染场地修复的市场就达 0.9 万～1.5 万亿元，如果再加上中国 3.9 亿亩被污染的农业耕地、220 万公顷的矿山修复，整个国内土地修复市场近 10 万亿元。按照"水十条"重点工程任务量测算，预计完成"水十条"的全社会投资大概是 4.6 万亿元。而在工业环保领域，仅工业危废处理一项每年的市场空间就接近 2000 亿元。

《"十三五"节能环保产业发展规划》提出，到 2020 年，节能环保产业成为国民经济的一大支柱产业，节能环保产业增加值占国内生产总值的比重为 3% 左右。"十三五"以来，为了进一步推动环保产业拓展延伸，环保产业链正逐步形成，带动相关产业的发展。一方面，环保产业已经在大气、水、土壤、危废处理处置等领域，形成了涉及环保咨询、环保设备、运营维护等多元化产业格局；另一方面，环保产业的产出伴随着能源产业、电子制造业、金融业、专用化学产品制造业等产业的投入，带动这部分产业的发展。对比国外成熟环保企业，中国环保上市公司整体收入和利润规模依然偏小。就环保行业整体市场格局而言，除生活垃圾焚烧板块的寡头垄断趋势愈加明显以外，其他板块集中度仍处于较低水平。

12.4 总结与政策建议

改革开放以来，中国工业化水平迅速提高，但工业化进程尚未完成，工业在国民经济中仍占据主导地位。在劳动力成本比较优势下降、更加严格的环境管制和新一轮工业革命涌动的条件下，中国需要突破传统的工业化方式，沿着新一轮工业革命的方向，走低碳工业化道路，建立智能、绿色、低碳工业制造体系。

改革开放 40 年来，中国一直强调能源与资源的节约，走新型工业化道路，尤其是建设生态文明思想观点的提出，使中国工业绿色发展的方向越来越明朗。从绿色产出、绿色投入与绿色结构 3 个角度来看，中国在某些方面开始处于世界领先地位，但总体来看，在绿色低碳技术和产业发展水平方面还有较大差距。技术进步决定着人类的未来，新一轮工业革命正在加速，各国工业竞争力因此重新洗牌。

中国工业必须要清楚地认识到这一点，不能满足于工业制成品的价格竞争力和基于传统工业化的发展模式，而是要抓住新一轮工业革命的机遇，加快工业绿色发展，争取在低碳工业化进程中占据领先地位。

根据当前中国工业绿色发展存在的问题，提出如下政策建议。

1. 坚定绿色发展理念不动摇

"绿水青山就是金山银山"是中国改革开放 40 年来重要经验之一，也是处理经济发展与环境保护关系的重要准则。中国已总体上实现了小康，社会主要矛盾已经转化为人民日益增长的美好生活需要与不平衡不充分的发展之间的矛盾。在全面建设小康社会和实现中华民族复兴的两个 100 年目标过程中，必须要坚定不移地贯彻"创新、协调、绿色、开放、共享"的发展理念，坚持节约资源和保护环

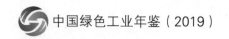

境的基本国策，继续加强生态文明建设，解决好人与自然的关系，坚持节约优先、保护优先、自然恢复为主的方针，形成节约资源和保护环境的空间格局、产业结构、生产方式、生活方式。

2. 坚持技术创新、体制改革和市场需求的协同拉动

技术创新、体制改革和市场需求是促进工业绿色发展的三大动力。生态环境的恶化在相当大程度上源于劳动生产力低下，缺乏生态环境保护手段和绿色发展能力。技术创新是提高绿色生产力的关键。就工业领域来看，要紧紧抓住新工业革命有利时机，加快推广绿色技术装备。大力发展绿色制造产业，发展壮大节能环保服务业。

据有关专家统计，目前中国节能环保企业中仅有 11%左右有研发活动，这些企业的研发资金占销售收入的比重不到 4%，也远远低于欧美 15%～20%的水平。技术交易、转移和扩散的市场化机制也未形成。由于产权界定较困难，自然资源和环境领域最容易出现市场失灵现象。因此，要持续完善工业绿色发展政策体系，完善技术标准和市场准入的环境标准。充分利用财政资金，引导企业绿色投入，发展绿色金融，促进企业的绿色研发和生产发展。逐步完善自然资源产权制度，建立以环境税费为主的"绿色税收"体系和环境使用权的交易制度，从而形成有利于资源节约和环境保护的市场运行机制。

3. 加快能源转型，从源头上解决生态环境问题

能源结构的清洁化、低碳化是实现绿色发展非常重要的环节，也是新工业革命的发动机之一。尽管中国新能源发展速度较快，但由于中国是世界上煤炭产量和消费量最大的国家，以常规的新能源发展和替代速度，无法满足绿色发展的要求，需要以能源革命的力度，加快发展清洁、可再生能源。

现阶段，在能源安全有保障的条件下，可推动石油、天然气对煤炭的替代，但从长远和能源转型的根本目标看，能源结构需要转向以低碳可再生能源为主。促进清洁低碳能源发展，一是要完善能源价税体系，提高清洁低碳能源的市场竞争力，促进其健康持续发展；二是加快清洁低碳能源的技术创新，提高新能源发电效率，降低生产成本，提升可靠性，增加电源与电网的融合度；三是建立新能源相匹配的能源利用方式，适度发展分布式电源；四是推动绿色证书和发电碳排放交易，促进绿色电力发展的市场化。

4. 加快发展循环经济，做好工业布局

工业部门是对资源进行转化的生产部门，开展资源的循环利用可以大大降低工业生产过程中产生的"三废"，变废为宝。发展循环经济，是推动工业绿色发展的有效途径。

国家有关部门在环境评估时，要增设资源循环利用的评价，推动工业布局的优化，企业内要做好能源利用循环，工业园区内要形成上下游循环，在区域内要形成产业大循环。要重点做好沿江、沿海、沿湖的工业布局调整，长江流域在不搞大开发、共抓大保护的原则下，搬迁企业要按照循环经济的思路，做好选点布局。通过工业生产流程的完善和再造，上下游产业布局的优化，提高生态环境的承载力和绿色发展的保障能力。要推进绿色工厂认证制度，工业和信息化部联合重点行业协会共同编制的《绿色工厂评价通则》（GB/T 36132—2018）国家标准已正式发布，这是中国首次制定发布绿色工厂相关标准，通过标准认证和评价，引导广大企业创建绿色工厂，推动工业绿色转型升级，实现绿色发展。

中国相当一些地区，受不正确的工业化标准分析的影响，对本地区的经济发展水平分析也直接采用钱纳里工业发展阶段的划分方法，以工业在 GDP 中的占比判断工业化水平，如处在工业化中期、工业化后期等，并以此确定产业发展的重点。其结果是造成全国相当多的省份产业发展雷同，这也是不同时期不断地形成产能过剩的重要原因之一。

一个地区的产业发展是全国产业总体布局的有机组成部分，各地区没有必要也不应该像一个国家那样形成完整的产业体系。经济发展过程中，工业发展的规律不会在每一个地区同样重复出现，套用产业发展过程中产业演变规律制定本地区的产业发展重点，不符合客观实际。区域的发展重点是发挥本地区的比较优势，走差别化发展道路，与其他地区能够形成优势互补，形成 1+1 大于 2 的效果。

5. 逐步提升环境标准，加大节能环保产业的投入

标准是引导产业发展的风向标，也是实施环境管制和提高产业竞争力的有效手段。逐步提高产业的环境标准，主要原因是中国人口众多，人均资源占有少，产业规模庞大，由于产业和人口过于密集，导致污染物排放和资源消耗超出了环境容量，因此，必须要从提高环境标准入手，促进企业改进生产工艺，优化生产流程，采用节能环保技术，淘汰落后技术与设备，降低排放总量。与此同时，要加快节能环保的投入，增强节能环保产品和服务的供给能力。

国务院发展研究中心研究显示，2015—2020 年中国绿色发展的相应投资需求约为每年 2.9 万亿元，其中政府的出资比例只占 10%~15%，超过 80% 的资金需要社会资本解决，绿色发展融资需求缺口巨大。要鼓励社会资本进入节能环保产业，尤其是处于节能环保产业链中游的服务环节。由于投资周期较长、资金需求较大、投资回报较慢等，中国大多数节能环保服务企业的规模较小、服务水平较低，企业普遍面临"融资难、融资贵"的困境，需要引入多元投资主体加以解决。

6. 优化产业结构，促进产业转型升级

产业结构与产业链分工中的地位对生态环境有着重要影响。优化产业结构和促进产业转型升级是实现绿色发展的重要途径，但产业结构优化不是简单的"去工业化"，而是要通过技术创新，提升生产效率，大力发展高附加值产业。

产业结构不合理，影响了产业的整体发展水平。以节能环保产业为例，中国很多环保企业热衷于从事污染控制设备、节能环保产品的生产制造，对于生态修复、环境治理、信息和咨询服务等生态环境的整体治理领域关注度不高，导致中国节能环保产业发展仍处于初级生产加工环节，产业的服务环节发展滞后。

此外，中国金融服务业脱实向虚，工业等实体经济部门发展与金融业发展不协调，生产制造环节被跨国公司低端锁定，品牌培育和市场营销发育迟缓，在相当程度上影响了中国工业的转型升级。突破上述困扰，必须要在产业发展的薄弱环节上下功夫，要根据不同行业的特点和问题制定有针对性的措施。

7. 采取措施解决工业绿色发展的"三个悖论"

在工业领域，绿色发展的有关政策措施逐步细化到具体区域和具体行业与生产过程中，完善绿色产品、绿色工厂、绿色园区及绿色供应链评价要求等绿色标准规范，制定和发布相关标准，对全工业行业实施绿色标准认证。

完善主体功能区规划体系及配套政策，建立资源环境承载能力监测预警长效机制，实施重点生态功能区产业准入负面清单制度。积极应对气候变化，启动全国碳排放交易体系，开展省级人民政府控制温室气体排放目标责任评价考核，进一步强化地方控制温室气体排放的责任，强化对中小企业节能减排的服务工作，加快推动服务业市场化改革，降低工业发展成本。

第 13 章　中国低碳和气候适应型城市发展实践

亚洲开发银行驻中国代表处

全球正经历着史上最大规模的城市增长浪潮，目前城市居住人口已多于农村居住人口。这一点在亚洲发展中国家尤为明显，那里的新增城镇正以惊人的速度增长。到 2020 年，亚洲城市预计将贡献世界城市人口增长的 2/3。

温室气体排放，尤其是二氧化碳排放随着城市化趋势而增长，温室气体排放对健康、水资源、农业、渔业和旅游业有重大影响。亚洲地区由于其特殊的地理位置，特别容易受到气候风险的影响；而收入低、基础设施薄弱、适应能力不足则进一步加剧了气候脆弱性问题。不断上升的风险和脆弱性危及近年来来之不易的社会经济成果和持续经济增长。如果不采取行动，到 2100 年，气候变化将削减亚洲发展中国家的国内生产总值达 10%以上。通过引领低碳发展，广大城市有机会扭转局面，除了减少温室气体排放，它们还可就可持续发展启动重要对话，直接解决地方问题，实施环境改善措施，创造绿色就业机会。

由于城市直接经历气候变化的后果，因此应对气候变化的最佳方案往往来自城市。分享良好案例有助于激励其他城市采取创新和气候防护的综合办法，促进经济发展。城市也可提出低碳发展战略，将自身定位为减缓气候变化的主要参与者，为制定国家减排政策树立典型。

实行改革开放 40 年来，中国经济持续高速增长。国内生产总值（GDP）平均增长率约为 9.6%，1978—2017 年人均 GDP 以每年 14%的速度增长。中国经济高速增长的同时，也伴随着快速的城市化进程。中国的城镇人口比例在 2017 年达到 58.5%，预计到 2020 年将达到 60%左右。经济增长和城市化使许多新城市居民的生活水平有了很大提高，但是给能源和自然资源的供给带来巨大压力，造成严重的环境和气候变化问题。

中国是全球最大的温室气体排放国。在大型城市中心，温室气体排放导致空气质量和水质下降，影响城市人口的健康。据估计，中国的污染损害成本接近国内生产总值的 10%。中国认识到转变发展方式的重要性，确立了实现生态文明，促进可持续、包容、低碳和有适应力增长的愿景。同时，中国认识到改善城市环境的迫切需要，以及城市在减轻气候变化影响方面发挥的关键作用，制定并实施了若干个城市级可持续发展倡议，具体包括节约能源、减少排放、增加公共交通和非机动交通基础设施、引进新能源汽车、扩建绿色基础设施、恢复湿地和改善防洪等措施。其中一个核心倡议是由国家发展改革委牵头的低碳城市行动，自 2015 年启动以来，行动共确定 87 个低碳试点省、市、区。该倡议直接与中国国家自主贡献相关联，即承诺到 2030 年达到温室气体排放峰值。在该倡议下，城市成功实施了有效的温室气体减排和环境改善措施，同时继续确保经济繁荣，人民生活水平改善。

本文的介绍来自中国一些城市的真实案例研究，展示减少碳排放和缓解气候变化影响的创新方法。亚洲开发银行为其中一些项目提供了资金援助，包括青岛可再生能源集中供暖和制冷、呼和浩特风电集中供暖、上海排放交易计划及宜昌快速公交。分享实践有利于中国及其他亚洲发展中国家面临类似问题的城市在此成功经验的基础上，因地制宜，制定适合自身的低碳城市发展路线图。

13.1 能源

中国城市在利用最新可再生能源技术方面处于领先地位，并且逐渐认识到降低能耗的重要性和效益。能源部门试点实施了一些大规模的新老建筑能效项目、为大城市提供电力的可再生能源项目以及创新的供暖和制冷方式。

13.1.1 河北秦皇岛——被动式建筑实现脱碳

在中国采取措施应对气候变化和减少温室气体排放的同时，必须解决占能源需求很大一部分的建筑能耗问题。秦皇岛在被动式建筑项目中引入和试点绿色建筑技术，揭示了未来的发展方向。

为了展示节能建筑的建造方法，秦皇岛"在水一方"被动式超低能耗绿色建筑示范工程建造了 4 座共 28050 平方米的被动式建筑。在德国能源署的协助下，采用了一系列节能措施，包括热桥设计、热回收系统、可再生能源、隔热和节能装置。按照德国的严格标准，超低能耗绿色建筑的能耗水平低于中国的普通建筑。

被动式建筑的能效等级为"A"级，建筑的一次能源需求仅为每平方米 110 千瓦时。在室内温度、相对湿度和噪声污染方面，被动式建筑也为居民创造了最佳的居住条件。鉴于中国建筑的能耗比例越来越高这一实际情况，开发被动式建筑将成为减少能源需求和温室气体排放的重要手段之一。由于供暖和电力成本下降，四座被动式建筑中的居民预计每年可节省支出 69.23 万元。被动式建筑技术的发展有助于减少一次能源消耗、改善空气质量、保护水资源、减少温室气体排放和废弃物排放。被动式建筑可以改善室内空气质量，减少颗粒物和粉尘，为人类健康创造积极的效益。被动式建筑也能提供更好的隔音，同时调节室内温度和湿度水平。

13.1.2 宁夏吴忠——太阳能微电网提供绿色能源

吴忠市的经济以能源密集型产业为主，过度依赖化石燃料对环境和公共健康造成了巨大的损害。该市下辖的几个贫困地区也经常遭受干旱和资源短缺的影响。以扶贫为宗旨开发的微型太阳能系统帮助吴忠市多个村庄和大量家庭减少了能源支出，同时实现增收。

吴忠市通过安装屋顶和微型太阳能系统，实现居民用电自发自用，使能源供应脱碳，同时将多余电力出售给电网企业，达到减少贫困的目的。"太阳能光伏+"扶贫项目的目标是在地面上建设 74 座村级太阳能光伏电站，以及在屋顶上建设 1 万个小型光伏系统。地面发电站的装机容量将达到 234 兆峰瓦（MWp），而屋顶发电站的装机容量将达到 50 兆峰瓦。

村级太阳能光伏电站每年为各村创收 20 万元，改善了村民的生活条件，到 2018 年实现整个盐池县脱贫的目标。每个家庭都将获得贷款用于安装屋顶太阳能系统，8 年之后，每年将创收 2800 元。该项目是吴忠市到 2018 年消除贫困总体规划的一部分，旨在促进能源多样化的发展，并加快传统化石能源的替代进程。

除减少电力支出外，每个家庭太阳能系统每年可增收 2800 元，而村级光伏电站每年可增收 20 万元。到目前为止，该项目已减排二氧化硫 8565 吨、二氧化氮 4283 吨和粉尘 77817 吨。在全市安装和维护光伏系统方面创造了数百个就业岗位。

13.1.3　湖北汉川——太阳能和有机农业相结合

太阳能发电成为一种越来越有吸引力的煤炭替代能源，但是它需要占用大量土地来扩大发电规模。在汉川市，农田对当地人的生计有着重要意义，而将农业和可再生能源这两种用途相结合，为农民和环境创造了一种双赢的局面。

可再生太阳能发电需要占用大量土地，但汉川市在农业、住房和其他方面的土地供应都面临着巨大的压力。为了将两种土地用途相结合，汉川市在 42 个温室屋顶上安装了光伏太阳能发电系统，覆盖 33 公顷农田。该系统每年向国家电网出售 8841 兆瓦时电力，期限为 25 年。温室内种植有食用菌、富硒茶、花卉等高附加值的有机农产品。

系统的总装机容量为 10 兆瓦。当地一家私营太阳能公司为温室和光伏发电系统的建设提供资金，而中央和湖北省政府提供 0.8 元/千瓦时的补贴。汉川市正在实施一项雄心勃勃的计划，目的是将发电能力提高 10 倍，达到 100 兆瓦。

通过将耕地转化为装有太阳能屋顶的温室，土地的价值得到了显著提升，给当地带来了更大的经济繁荣。除了每年减排 8000 吨二氧化碳，该项目还削减了由化石燃料燃烧造成的二氧化硫和氮氧化物的排放。该项目在光伏发电系统和温室的建设、运行和维护中为当地居民创造了就业机会。此外，温室还确保获得安全健康的食物供应。

13.1.4　山东青岛——以空气源、地源和废弃物热泵为动力的集中供暖和制冷

在从以煤炭为基础的能源战略向更可持续的战略转变过程中，青岛与中国其他许多城市面临着同样的问题。利用现有来源的废热，投资提高能效，有助于减少对煤炭的依赖，降低危险的空气污染水平。

大约有 900 万人生活在海滨城市青岛，与中国其他很多燃煤城市一样，青岛一直饱受严重污染的影响。为了解决这一问题，并促进对绿色增长的投资，青岛正在大规模推行能效和清洁能源创新。

为了实现低碳转型，青岛市已经出台了有关建筑能效标准、供暖能耗限制和财政激励措施等方面的法律法规。自 2012 年以来，青岛市在可再生能源系统和建筑改造方面的总投资已经超过 36.5 亿元，其中一半以上来自公共资金。

整合能效与可再生能源投资并非减排的开创性战略，但青岛正在寻求一种真正创新的供暖方式。青岛正在投资 232 亿元，建设一个占地 180 平方千米，以空气源、地源和废弃物热泵为动力的清洁集中供暖网络，目前正在开采工业废热和污水处理系统，以降低对燃煤发电厂的污染要求。亚洲开发银行为该项目提供了技术援助和 1.3 亿美元贷款。

青岛利用废热源来减少对煤炭的依赖，减少空气污染。配合雄心勃勃的能效项目和大规模的可再生能源投资，这座城市正在朝着低碳和低空气污染的目标迈进。

13.1.5　河北石家庄——废水处理设施最大限度地回收能量

中国北方地区大约 80%的家庭利用集中供暖系统取暖，对煤炭有严重依赖。如果能更多地运用循环设计思维，中国可以大幅减少煤炭消耗和相关排放。

位于河北省石家庄市的一家污水处理厂将水处理和集中供暖相结合，实现资源循环利用。该处理厂每天处理污水 60 万立方米，并且通过厌氧消化工艺收集天然沼气，以满足处理厂的电力需求。该处理厂还使用一种新型污水热泵，从工业废水中回收热能，然后通过新建的集中供暖网络将热能输送至

7000 多户家庭。

石家庄污水处理厂以其在可持续资源利用方面的开创性做法而闻名，是河北省第一家实施大规模厌氧消化工艺的污水处理厂。此后，可持续生产能力得以提高，该污水处理厂开始使用自产的天然气来为核心处理流程提供能源，而不是简单地利用废水生产沼气。

石家庄污水处理厂采用循环设计原理和能量回收技术，将水处理和集中供暖相结合，最大限度地利用废水和余热。根据循环设计方案，设备运行成本可降低 25%～30%。污水处理厂采用循环设计，每年减少煤炭需求 3500 吨，同时减排二氧化碳 10500 吨、二氧化硫 27 吨和氮氧化物 23 吨。城市公用事业的清洁能源计划有助于降低污水和固体残留物造成的水污染风险。因为煤炭使用量减少，空气质量得以改善，缓解了对当地居民的健康威胁。

13.1.6 广东广州——公共部门引领节能增效

中国城市的能源消耗和温室气体排放主要来自建筑，尤其是大型公共机构建筑。为了应对这些挑战，实现节能发展，广州要求大型、高耗能公共建筑必须进行节能改造，以减少二氧化碳排放。

广州已经出台了一项计划，要求政府机构、医院、学校和文化体育场馆等大型公共机构在 2017 年底前完成全面能耗审计，提高能效。该计划针对 206 家年用电量在 1500 兆瓦时以上或总建筑面积 2 万平方米以上的机构，覆盖最大的能源消费群体。

该计划建立在前几年取得的显著成果基础上，其中广州的公共机构实施了 31 个节能改造项目，2012—2015 年，年用电量减少 2.1 万兆瓦时，二氧化碳排放量减少 1.2 万吨。要求主要能源消费群体开展能耗审计和节能改造的目的是树立绿色公共建筑的典型，以及制定针对广州市所有公共机构的能耗标准。

据广州估计，随着该项目的全面实施，公共机构的电费支出每年将减少约 1 亿元。该项目的目标是大幅降低建筑的二氧化碳排放，城市的空气质量也将得以改善。通过在服务市民的主要公共机构落实相关倡议，提高公众对节能措施的认识。

13.1.7 重庆——重庆利用河水制冷

重庆的夏季时间长而且炎热，每年都要消耗大量的能源和水来调节室内温度。空调装置还会释放氢氟酸等大量温室气体，进一步加剧全球变暖。通过对热泵技术的运用，重庆正在改变这种状况。

在设计重庆江北嘴中央商务区（CBD）时，开发商需要一种更节能、更节省空间的方式来调节建筑的温度。通过热泵技术，超过 100 万平方米的建筑实现夏季制冷和冬季供暖。该计划利用长江，在下一期建设中使产能增加一倍以上。该系统还采用冰蓄冷技术。该系统利用夜间用电需求和电价较低的时间段制冰，在白天释放冷气来制冷，从而达到节省电费支出的目的。

与常规系统相比，该系统占地面积减少了 23070 平方米，节省更多的空间来创造经济价值。此外，在项目一期和二期，每年的电力需求减少 2.62 吉瓦时，加上需水量的显著下降，每年可节省支出 210 万元。智能系统减少了对燃煤发电的需求，每年可减少碳排放 2.6 万吨，为江北嘴 CBD 创造了舒适的工作环境。

随着燃煤发电需求的减少，颗粒物排放、噪声污染和耗水量均有所下降。工作场所适宜的温度有助于提高员工的工作环境质量，减少颗粒物排放，从而降低患呼吸道疾病的风险。

13.1.8 内蒙古呼和浩特——利用变幻之风进行集中供暖

在中国北方，冬季供暖需求急剧上升，而城市主要依靠燃煤来实现集中供暖。与此同时，地区丰富的风力资源却没有得到充分利用。该项目旨在展示利用内蒙古的集中供暖网络，使用风电为家庭供

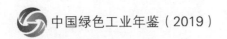

暖的潜力。

内蒙古的冬季寒冷而漫长，来自西伯利亚的寒风呼啸而过，温度常常降至零下40℃。因此，对于呼和浩特280万居民来说供暖是必不可少的，而时至今日，家庭和集中供暖系统仍然主要依靠燃煤。根据新的试点计划，呼和浩特正在利用其丰富的风力资源（冬季风力最强）为两台25兆瓦的电锅炉供电。新锅炉将向覆盖全市大约2/3区域的集中供暖网络输送热量。该地区的风电装机容量达18吉瓦，占全国总量的25%，但在利用风能方面却举步维艰，弃风率高达45%以上。

用风能取代煤炭为家庭供暖有利于缓解呼和浩特冬季频发的严重雾霾问题，改善市民的健康状况。中国的目标是到2020年非化石能源满足15%的能源需求，该目标来源于《电力发展"十三五"规划（2016—2020年）》，未来需要对该规划给予更大力度的支持和宣传。该规划的一个主要特点及其成功的驱动力是一种新型的三方商业模式，它为风电场、电网、供暖公司创造了更为有利的商业环境。亚洲开发银行为该项目提供了技术援助和1.5亿美元贷款。

呼和浩特正在利用被闲置的风能资源，使可再生集中供暖系统覆盖当地居民，净化城市空气，同时减少对煤炭的需求。该项目为更好地利用该地区18吉瓦的风电装机容量提供了一个契机，提高了风电投资的回报率。通过用可再生风能取代煤炭，减少了可导致呼吸系统疾病的有毒空气污染物，尤其在室内更为明显。通过实施该项目，更便宜、更高效的集中供暖系统已经覆盖城市的贫困地区。

13.1.9 河北衡水——双赢方案将猪粪转化为能源

中国是世界上人均猪肉消费量最高的国家，但由于生产者往往急功近利，来自生猪养殖行业的废弃物对环境和公共卫生造成不利影响。衡水新建了生猪粪便污水处理设施，它使用4座5000立方米的厌氧消化池，处理14万头猪产生的粪便。在此过程中产生的沼气的年发电量为8.42吉瓦时，可创收600多万元。2012—2015年，该项目通过淘汰燃煤发电和启动适当的废弃物处理，减少二氧化碳当量排放10.8万吨。

沼气公司和当地养殖户之间已经达成了一项支付方案：养殖户负责提供高浓度猪粪，沼气公司则向他们支付相应的费用。除了避免排放大量的甲烷，妥善处理粪便还可以改善当地的空气和水质，随着越来越多的居民生活在养猪场附近，这一点变得尤为重要。该项目正在积极向其他方面传授利用废弃物创造价值的经验，衡水的另外三家公司也计划实施相同的举措。

13.2 土地利用和适应力

13.2.1 黑龙江大兴安岭——重新造林捕获碳

1987年大兴安岭的一场大火烧毁了80%以上的森林，剥夺了当地居民宝贵的收入来源，并大幅减少了碳储量。由于缺少重新造林的资金，大兴安岭选择实施另一项战略来重新造林，重振地方经济。该战略将发展重点从伐木业转向森林旅游业，项目涉及4个林场。2012—2014年，共造林39514公顷。

在大兴安岭的大片森林被大火烧毁后，当地林业局缺少资金重新造林，导致碳捕获量下降及林业部门的就业岗位减少。新战略希望解决这一问题，为大兴安岭带来就业和环境效益。

自2012年以来，重新造林符合中国核证减排量的要求，这意味着森林碳封存可以出售给温室气体排放企业，并在中国的排放交易计划下进行交易。在稳定当地林业工人的额外收入来源之后，大兴安岭地区政府决定对被烧毁的林地进行重新造林，发展森林旅游，为项目创造了更大的经济价值。

该项目在实施期间为5460人提供了土地整平、植树和林地管理等工作机会。造林项目将增加森林

覆盖率，减少空气污染，丰富生物多样性，增强森林生态系统的稳定性，以及提高水土保持能力。

13.2.2　湖南常德——绿色基础设施改善气候适应性

常德境内多河流和湿地，特别容易受到极端降雨天气的影响。通过重建自然湿地生态系统，这座城市应对极端事件的能力得到了提高，市民的生活质量也获得了改善。

常德通过修复覆盖全市辖区面积 17%的河流系统，重新确立了其水城的地位。随着时间的推移和城市建设的发展，许多河流支流被分割得支离破碎，甚至被建筑物覆盖，导致城市易遭受洪水的袭击。常德实施了一个综合项目，通过生态恢复和改善河滨居民的生活环境，切实解决这些问题。常德市投资 55 亿元，重新连通各条支流，同时结合城市住宅翻新和河流生态修复等举措，显著提升了城市的排水能力，增强了城市适应气候变化的能力。

该项目还包括建设 24 个休闲场所、2 个大型广场、7 个运动场地和 1 个天然游泳池，总面积达 69公顷。新建的 22 座人行天桥、绿色人行道以及重新连通的支流也改善了市民的交通出行便利度，实现利用河流作为水路进行客运。作为海绵城市计划的一部分，该项目整合了自然生态系统服务，以实现气候变化缓解和创新适应解决方案。

利用湿地和其他绿色基础设施，可以增加生物多样性，改善空气质量，缓解城市热岛效应。同时发展体育运动和改善城市的可步行性，这些改进措施将提高城市人口的活力。绿色空间也有助于改善空气质量，减少呼吸系统疾病。修复广泛的河流系统，增强了常德抵御未来极端天气事件的能力。生态适应项目中还建设了新的休闲区域和绿色走道，以造福当地居民。

13.2.3　山东青岛胶州市——海绵基础设施改善适应力和水资源安全

胶州市正在完善城市绿色基础设施，以更好地利用城市径流，改善水质，打造更宜居的城市。通过以智能方式收集雨和循环水，有利于缓解水压不足问题。到 2030 年，胶州市计划扩大和利用至少 80%的径流水，将其存储在海绵基础设施内，并用于冲洗厕所等非饮用需求。通过在城市中建设蓄水池和可渗透表面等海绵基础设施，绿色基础设施几乎占据了一些地区一半的空间。

在规划城市基础设施适应性改善项目时，必须考虑到洪水和干旱适应能力因素。疏浚和修复河道、增加植被覆盖、划定湿地区域均有助于改善城市的防洪能力，这意味着十年一遇的洪水每 50 年才会产生一次影响。预计到 2021 年，这些举措将创造 1.5 亿元经济效益。

海绵基础设施还建立了碳封存和原材料生产领域的新市场。防止下水道溢流减少了水传播疾病的风险，而更少的硬体基础设施对于缓解空气和噪声污染也有裨益。绿色基础设施在城市中创造了新的休闲空间，提高了宜居性。通过对生态基础设施实施精细化管理，胶州市正在发展成为一座适应型城市，而防洪措施创造了新的绿色空间和经济效益。

13.2.4　浙江宁波——采取整体水资源管理方法

宁波是中国东部沿海的一个低洼城市。为了适应区域气候模型所预测的暴风雨频率和严重程度日益增加的趋势，宁波侧重于探索城市规划中水处理、径流和雨洪管理之间的相互关系。

通过采取以证据为基础的气候变化适应方法，宁波已建成中国生态文明示范城市。宁波发现了具有最大气候变化脆弱性的"热点"，并利用气候变化情景评估了各种不同的适应方法。最后，选择执行最有可能给予当地居民保护的政策。其核心是五项水的"共同治理"原则，即污水处理、防洪、排水规划、饮用水安全和节水方面的综合治理。低压膜技术已被应用于减少雨水径流、缓解洪灾的脆弱性以及在污染水体进入处理设施前对水进行过滤。

宁波重视适应力和防洪，在一定程度上缓解了产业和地区 GDP 面临的与极端天气事件相关的金融风险。据估计，水处理厂采用节水技术（如低压膜和重力输水技术），可将其运营碳足迹减少 40%。2013 年，宁波 250 多万人受到洪灾影响。宁波出台的《地方适应力行动计划》旨在控制频率和严重程度日益增加的洪水对公共健康造成的负面影响。宁波正在通过融合水的利用、处理和排水的整体方法来适应气候变化的风险。

13.2.5　青海西宁——连通骑车人的绿道

西宁被誉为"中国夏都"，但它却是全国空气质量最差的城市之一。自行车基础设施的匮乏和混乱的道路交通状况使骑行成为一种缺乏吸引力的交通方式。西宁绿道通过为骑车人提供专用、舒适的绿色空间来改变这一现状。

作为亚洲规模最大的自行车赛事——环青海湖国际公路自行车赛的举办地，西宁一直鼓励更多的市民每天使用自行车。随着一项新的自行车租赁计划的出台以及数百千米自行车绿道的建设完工，西宁市民正在从汽车里走出来，骑上自行车。

西宁市正在沿湟水两岸及外围植树，并修建 350 千米长的专用自行车绿道，通过绿道将市中心与周边山区的景点连接起来。西宁绿道以"休闲、旅游、健身"为特色，以"生态和谐"为设计理念，建设目的是为了方便本地市民和外地游客，由常州永安行自行车有限公司提供自行车租赁服务。西宁希望用自行车代替汽车出行，到 2020 年每年减少 1.2 万吨二氧化碳排放，并改善当地空气质量。

西宁希望通过鼓励更多的人骑自行车出行，减少城市的碳排放和颗粒物排放，倡导居民绿色生活。增加骑行对公共健康有显著影响，有助于减少生活方式病。该项目的绿色基础设施还将帮助缓解城市热岛效应。西宁绿道正成为各年龄段、各阶层市民的新休闲健身场所，沿着自行车道还开设了许多新企业。西宁绿道以专用自行车道将市内和周边景点连接起来，对城市人口的健康、空气质量和旅游业都有积极的影响。

13.2.6　湖北武汉——世界上最大的江滩公园用作防洪设施

2016 年，武汉遭遇了 18 年来最严重的降雨，部分地区降雨量高达 1087.2 毫米，170 万人受灾，造成经济损失近 265 亿元。降雨量超过百年一遇标准 344 毫米，洪水位比平均警戒水位高出 1 米。

近年来季风雨打破了武汉的各项历史纪录，暴露出该市防洪能力不足的问题，因此武汉正在修复长江堤防。历史上，巨大的堤坝排列在江岸两旁，保护着江边的社区，但当遭遇夏季的极端降水天气时，这些系统全部失灵了。武汉正在拆除旧的防洪设施，取而代之的是植被的自然保护。通过以缓坡改造路堤，该区域现已建成长江江滩公园。

新建成的江滩公园长 7 千米多，有 70 万平方米的植被缓冲带，包括 4.5 万棵树木和雨水花园，它们可以自然过滤被污染的径流水，保护武汉免受强暴风雨的侵袭。社会效益进一步增加了该项目的价值，迄今为止，江滩公园内的 15 千米非机动道路、7 个游泳池和 15 个足球场已服务 320 万市民。作为中国"十三五"规划期末，江滩公园将以 1000 万平方米的面积成为世界上最大的城市滨江公园。

自项目一期完工以来，公园周边的地价翻了一番多。除了数千棵树木，项目还种植了 32.5 万平方米的灌木和 38.7 万平方米的草地，改善了区域小气候，降低了城市热岛效应，区域温度下降了 3 摄氏度。将河堤改造成无污染的江滩和休闲活动公园，改善了城市居民的公共健康和生活质量。武汉重新拥抱自然，使城市免受洪水侵袭，同时也为 900 万市民建造了世界上最大的江滩公园。

13.2.7　上海——创新的低碳商业开发

中国的建筑消耗了全国 25%的能源供应，产生了 30%的温室气体排放。为了实现宏伟的减排目标，中国应当向智慧建筑设计方向发展，以减少能源和水的消耗。在上海，"枢纽"正在试验新的可持续设计原则。

被称为"枢纽"的虹桥天地是上海首个低碳商业开发项目。整个商务区的设计合理高效地利用能源和可再生资源。例如，通过智能集成网络来匹配整个商务区的供暖和制冷需求变化。项目超过 50%的部分获得了"中国绿色建筑"三星认证，平均节能率超过 70%。

除节能措施外，集水和循环系统还从空调中回收雨水和冷凝水，提供超过 40%的需水量。项目的设计特征还包括自然通风、回收建筑材料、最大化利用日光和高效照明系统。通过拆除传统通风装置，释放了屋顶空间，建成社会空间和绿色空间。自 2015 年开业以来，虹桥天地吸引了来自上海各地的可持续发展企业，让他们得以一窥绿色设计的未来。

上海新建了 37.9 万平方米的低碳商业开发项目——虹桥天地，展示了创新工程设计和可持续性，减少了建筑的碳足迹，树立了可持续设计的标杆。商务区开发的创新设计特征包含节能措施、水循环系统和回收材料集成，有助于减少上海中央商务区的碳排放和用水量。自然通风、采光、热舒适控制系统和高质量照明相融合，提高了建筑内的舒适性和空气质量。绿色的户外空间被融入设计中，为工人和居民创造了新的社会空间。

13.3　废弃物

13.3.1　四川成都——餐厨垃圾回收减少排放

成都的 4 万多家餐饮企业每天产生 1000 吨餐厨垃圾，而从全国范围来看，这只是冰山一角。大部分餐厨垃圾直接用于喂养牲畜，但如果得不到妥善处理，有机餐厨垃圾会污染空气、土壤和水，造成严重的健康风险。

在建设—运营—移交项目中，成都要应对日常餐厨垃圾回收所带来的挑战。成都拥有 1500 多万人口，且被誉为"美食之都"，每天都会产生大量的餐厨垃圾。为了解决成都市中心的严重污染问题，市政府支持建设了一座先进的垃圾处理厂。项目总投资 890 万元，每天将 200 吨餐厨垃圾转化为高活性生物腐殖酸肥料，实现了有机废物 100%无害化处理和 95%的资源利用率，并且无二次污染。

为确保餐厨垃圾处理厂的有效运作，政府与当地承包商签订了为期 10 年的特许经营权协议，承包商按 80 元/吨的价格处理餐厨垃圾。为确保有效收集餐厨垃圾，该项目使用了 138 辆餐厨垃圾车、1980 个专用容器和 24 万个专用收集桶。该项目于 2018 年全面投入运营，目标是每天收集 300 吨餐厨垃圾。

该项目处理了 18.5 万吨餐厨垃圾，生产了 5.14 万吨有机肥，创收 1.03 亿元。餐厨垃圾的无害化处理确保了所有居民的食物链安全，同时减少垃圾生产和车辆运输也有利于改善空气质量。该项目创造了 300 多个就业岗位，2024 家餐饮企业参加了食品和垃圾收集系统，提高了成都市民的生活质量，促进了区域经济和社会发展。通过公私合作方式，将成都众多餐馆的有机餐厨垃圾转化为肥料，有利于减少排放，确保城市的清洁和安全。

13.3.2　湖北武汉——从旧垃圾填埋场的废墟中升起绿色天堂

武汉金口的封闭式垃圾填埋场造成的污染需要数十年时间才能自然降解，不仅影响了环境，也影响周边 10 多万居民的生活。为了更有效地修复这片荒地，武汉实施了一个有氧生态修复项目。该项目不仅减轻了污染物长期安全问题的风险，消除了甲烷爆炸的威胁，还恢复了 50 多公顷的城市绿化用地。武汉在这片曾经的垃圾填埋场上成功举办了 2015 年园艺博览会，证明即使是污染最严重的区域也能成为生态天堂。

修复工作开始于 2014 年，引入了适宜的种植技术、多样化植物种类及土壤改良措施，旨在促进基本生态系统的连续性。该项目配合武汉城市总体规划方案，促进改善城市的生态环境质量，加强城市的可持续发展，并最终建成国家园林城市（由中国住房和城乡建设部授予注重绿色、可持续发展的城市的称号）。

金口垃圾填埋场污染物的自然降解至少需要 30 年，而通过开挖措施进行修复的成本又非常高。为解决这一问题，武汉通过有氧生态修复办法，修复了垃圾填埋场及其周边环境，并且改建成市民休闲场所。

与传统修复方法相比，该项目采用的有氧生态修复办法节省了 8.29 亿元资金。修复垃圾填埋场改善了生活在垃圾填埋场附近的 10 多万居民周围的空气质量。新的生态公园改善了武汉市民的生活质量，促进了周边地区的经济和社会发展。在不到 1 年的时间里，武汉市已将 50 多公顷的封闭式垃圾填埋场改造成供市民享用的花园，在改善城市生活的同时，解决了污染问题。

13.3.3　山东威海——利用废弃物生产预制建筑板材

中国的钢铁和水泥生产约占全国碳排放的 20%。在威海，一座新的处理设施将城市产生的 600 万吨固体工业废料中的一部分处理后重新投入使用，代替建筑材料中的水泥，从而减少了送入垃圾填埋场的垃圾数量，改善了土壤、空气和水污染状况。

自 2014 年以来，当地一家公司一直利用固体废弃物生产预制建筑板材，其威海工厂的年产量为 2200 万平方米。

2016 年，该工厂使用了约 8 万吨固体废弃物取代水泥和砂岩，生产了总计 3.76 亿平方米建筑板材。工厂使用包括纸张、泡沫塑料和玻璃在内的多达 70% 的废旧材料制造新的建筑材料，然后加工成新建筑的框架和部件，仅有剩余 20% 的施工工作需要在现场完成。与传统建筑板材的原材料相比，实施该举措在 2016 年节省了约 1.8 万吨水泥。

该技术正在进一步发展当中，未来将实现工厂内建筑板材的 3D 打印，最终达到 90% 的施工工作在工厂内完成的目标。这些材料能够承受 9.0 级地震，且防水防火。

该项目缓解了固体废弃物处理和储存对环境造成的污染，也减少了水泥生产带来的氮氧化物、二氧化硫和粉尘排放。项目建成全面投产后，将为当地居民提供 2000 个就业岗位。

13.3.4　上海——从污泥中提取能源，减少煤炭使用和污染

污泥是污水处理中形成的一种副产品，在中国是一个重大且日益严重的问题，它造成了严重水污染，并且每年排放 1100 万吨碳。将污泥用于能源生产和建筑材料中，使其成为一项资产。

位于上海西郊的青浦区正在实施循环经济，将污泥转化为可再生能源和建筑材料。根据建设—运营—移交协议，青浦污泥干化厂已经建成，每天可处理 200 吨污泥。污泥通常会被倒入垃圾填埋场，造成环境污染，而该项目将污泥干化后，用它生产出一种可在发电厂燃烧发电的产品。

挖掘该过程各个阶段的价值是至关重要的。干化过程中产生的余热在附近的发电厂被循环利用，而干化后的污泥被焚烧发电后，灰烬副产品作为建筑材料出售，用于生产水泥和砖块。该项目减少了4600吨的煤炭消耗，每年减排二氧化碳11500吨，同时避免了将污泥倒入垃圾填埋场所产生的排放。该项目是国家水生态文明城市示范项目的一部分，其宗旨是分享和推广发展经验。

全面实施循环经济，可以从污泥中挖掘更大的价值（估计每年230万元）。完善污泥管理可以防止甲烷释放到环境中，减少燃煤发电，同时减少重金属污染。通过改进污泥处理工作，控制水质和气味，保障当地居民的健康。上海正以循环经济最大化、金融价值最大化、环境损害最小化为目标，着力解决污泥问题。

13.4 气候行动

13.4.1 山东青岛——增加国内生产总值，减少排放

青岛是一个快速发展的城市，制造业中细分行业寻求进一步经济增长的比例很高。青岛新出台的低碳计划将确保青岛不会像周边许多城市一样遭受空气污染的困扰。

作为中国第二批低碳试点城市之一，《青岛市低碳发展规划》（简称《规划》）提出了具体、系统、全面的行动和政策。从2014—2020年，《规划》涵盖空间布局、工业、能源供应和交通运输系统等方面。《规划》已向全市各部门发布了指导意见，鼓励地方政府在各项工作中践行低碳理念。中国其他城市有望效仿青岛，制定低碳发展规划。

青岛使其经济发展目标与短期、中期和长期减排目标紧密相关。在2020年之前，青岛将致力于提高能效和产业结构合理化；2020年之后，交通和建筑将成为控制碳排放的关键领域。完善建筑和交通领域的低碳标准，以避免产生妨碍减排工作的锁定效应。青岛计划将单位国内生产总值的碳排放强度水平在2005年的基础上降低50%。

青岛经历了快速的经济增长，同时降低了碳排放强度，呈现健康的增长模式，并做好未来将碳排放与经济增长脱钩的准备。年均PM2.5浓度已下降32%左右，同时水和土壤的质量也得到了改善。与气候变化有关的地方流行病的发病率和死亡率一直呈下降趋势。控制碳排放的增长有利于进一步改善空气质量和提升城市居民的福祉。尽管经济快速增长，但青岛将根据各能源密集型行业的具体减排目标，实现其排放目标。

13.4.2 上海——雄心勃勃的100%合规的排放交易计划

上海是中国人口最多的城市之一，也是重要的金融中心。2013年，首批排放交易计划（ETS）试点之一在上海启动。在排放交易计划的引领下，碳交易市场随之成立，排放企业可在此交易温室气体的排放额度。它创造了一种有效的市场机制，实现低成本减排的企业可以获得相应的财务激励。尽管预计人口、城市化和工业将持续增长，但中国已承诺到2030年达到排放峰值，并将国内生产总值的碳排放强度降低60%～65%。ETS等基于市场的政策工具可以帮助中国实现将增长与排放脱钩的宏伟目标。

上海的碳排放成本从10.14元波动到38.38元，给碳市场带来了不确定性，延缓了减排进程，但类似于上海ETS的长期项目可以为中国国家政策的技术设计提供深入的见解。

ETS覆盖了上海总排放量的60%左右，涉及300多家不同行业的企业。与世界上其他许多类似的计划不同，上海ETS还包含了航空业。自ETS启动以来，共交易了2670万份排放许可协议，交易额

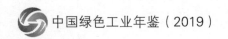

共计 4.14 亿元。亚洲开发银行为该项目提供了技术援助。

这是中国最早的以市场为基础的排放交易计划之一，它制定了令人印象深刻的成功指标，也为中国其他减排项目提供了可借鉴的经验。据估计，该计划自 2013 年启动以来已经减少了约 3 亿吨二氧化碳当量排放。

13.4.3　广东深圳——用基于市场的工具使排放和增长脱钩

长期以来，中国一直面临着将经济快速增长与温室气体排放脱钩的挑战。此类基于市场的计划为企业以最低成本减排提供了财务激励。

深圳建立了中国首个碳排放交易市场，允许深圳的各大企业之间交易碳排放许可权。这种以市场为基础的政策在不损害城市增长前景的前提下降低了碳排放强度。ETS 于 2013 年作为试点项目首次推出，并将成为国家减排计划不可或缺的一部分。

该机制首先设定总碳排放限额，然后将排放许可权分配给二氧化碳排放企业。企业之间通过 ETS 交易碳排放许可权，排放额度有剩余的企业可以从中获利，而不足的企业需要付出额外的代价。这为企业通过最有效的手段减少排放提供了财务激励。

深圳计划到 2018 年吸引超过 1000 家企业加入碳排放交易体系，目标是到 2022 年达到排放峰值，同时降低 GDP 的碳排放强度。预计到 2022 年，碳排放强度比 2005 年降低 40%。

2017 年上半年，参与该计划的所有企业共交易了 1200 万吨二氧化碳当量排放额度，总交易额为 2.96 亿元。深圳企业减少二氧化碳排放不仅缓解了中国城市的气候变化影响，还改善了 1200 万市民的空气质量。为了让当地社区参与进来，深圳市举办了展览、实地参观和推广活动，以促进低碳生活方式的普及。

13.4.4　福建南平——低碳旅游护照促进生态旅游发展

在南平武夷山地区，旅游业占 GDP 的 40%，游客增长了 12%，旅游相关收入增长了 27%。然而，大量游客来此欣赏自然风景，如果得不到妥善管理，环境可能会遭到破坏。通过鼓励生态旅游，为未来的游客保留当地的自然风景。

每年数以百万计的游客来武夷山欣赏当地的美丽风光，因此，地方政府鼓励实施环保旅游具有重要意义。2015 年 12 月，低碳旅游护照倡议启动，旨在鼓励发展生态旅游。该倡议鼓励游客在旅行过程中赚取碳信用额，并以旅游景点的门票折扣作为回报。在该项目实施的前 4 个月里，共发放了超过 1 万本低碳旅游护照。南平还采取了进一步措施鼓励低碳旅游，其中一项措施就是引入改进的绿色基础设施和服务，提供更可持续的交通、购物、酒店和餐厅选择。当地政府还建立了一套融资机制，推动在该地区实施环保措施。

为了确保长期和可持续的增长，必须要保护当地环境。该倡议鼓励环境可持续性行为，促进减少旅游业的污染、废弃物产生和碳排放。旅游业为南平市提供越来越多的就业岗位，旅游业收入的可持续增长将为此提供保障。

13.4.5　浙江杭州——为全球 3% 的人口创造绿色生活方式

全球市值最高的金融科技公司蚂蚁金服推出了新的碳足迹平台"蚂蚁森林"，倡导低碳生活方式，并在内蒙古种下了数百万棵树。在该平台运营的前 9 个月里，已经吸引了超过 2.2 亿用户——几乎占世界人口的 3%。保护地球所需要的改变通常是自上而下的，但蚂蚁森林利用技术的力量自下而上地促进行为改变，首次将碳足迹带到了人们的网上档案中。

蚂蚁森林通过与支付宝和阿里巴巴整合，追踪用户日常生活的多个方面，对用户的可持续行为给予奖励，帮助他们种下"虚拟树"，并且与好友相互竞赛。一旦"虚拟树"成熟，公司将在内蒙古种下一棵真正的树，以治理沙漠化。截至 2017 年 4 月，用户已经通过蚂蚁森林种下了 845 万棵树，提供了大量的碳储存。蚂蚁森林是思考碳市场和吸引人们参与的一种创新的方式，拥有巨大的发展潜力。

中国正遭受着极端沙漠化的影响，气候变化导致气温和降雨量上升。蚂蚁森林为广大群众采取行动、减缓气候变化提供了一种自下而上的解决方案。据估计，行为改变与植树造林相结合，每天可减少 5000 吨二氧化碳排放。蚂蚁森林鼓励用户增加活动，降低患生活方式病的概率，同时造林活动改善了空气质量，减少呼吸道疾病的发生。游戏化平台带来了乐趣和竞争，促进更可持续的生活方式，动员大众做出切实的改变，推动低碳革命。

13.5 交通

13.5.1 北京——拼车解决拥堵和排放问题

解决一个拥有 2100 多万人口的城市的交通拥堵需要非凡的智慧。北京正在推广基于应用程序的拼车方式，以减少私家车出行和空气污染。

北京正在通过鼓励拼车来改善市民的交通出行。"嘀嗒拼车"（简称"嘀嗒"）是中国最大的民间拼车平台，与其他知名的共享汽车平台不同，嘀嗒以通勤者为司机，而不是设定专职司机，这意味着该平台不会增加在路上行驶的汽车数量。通过在司机与类似路线上的其他通勤者之间建立联系，双方都可以节省时间和支出，同时减少拥堵和空气污染问题。

嘀嗒使用智能技术来匹配司机和乘客，并分摊燃油和停车费。据该平台的创建者介绍，2016 年，北京市内和城际的出行量分别达到近 1 亿人次和 1000 万人次。通过减少北京市内和周边地区的私家车出行，减少温室气体排放。北京鼓励使用拼车，并为这种交通方式提供立法支持。嘀嗒平台正在全国范围内迅速扩张，用户人数超过 6000 万，其中 1000 万是车主。

拼车有助于提高车辆的使用效率，减少出行的汽车数量，其效益包括减少拥堵、缩短通勤时间和节约运营成本。通过提高汽车资源利用效率，每年可减少碳氢化合物排放 973 吨、氮氧化物排放 2432 吨。拼车促进北京更广泛的共享经济发展（应用范围从洗衣机到自行车等）。

13.5.2 山西太原——电动出租车取代传统车队

太原是一座工业城市，糟糕的空气质量严重影响市民的日常生活。汽车尾气是造成空气质量差的一个重要因素，占全市 PM2.5 来源的 16% 和 PM10 来源的 14%。太原全新的电动车队降低了尾气和二氧化碳排放水平，并且促进了针对电动汽车行业的投资。

自 2016 年 1 月以来，太原实施了世界上最大规模的更换电动汽车项目。在 8 个月时间里，太原将 8292 辆出租车全部更换为电动汽车，是出租车全部电动化速度最快的城市。目前，供出租车使用的 40 千瓦大功率充电桩数量超过 2000 个，太原还将安装 18 座充电塔，可同时为 7200 辆出租车充电。得益于更换电动车队，到 2016 年 6 月，已实现二氧化碳减排 800 吨。

根据国家规定，太原必须在 2015 年和 2016 年内将传统出租车更换为电动车，太原在最后期限之前完成了全新电动车队的更换工作。将内燃机出租车更换为电动出租车后，太原的空气质量显著改善；市政当局估计每年将减少排放 21176 吨二氧化碳、2451 吨碳氢化合物和 3478 吨氮氧化物。

自项目启动以来，出租车运营商共节约运营成本约 1180 万元。在车辆 8 年的服务年限中，将减少

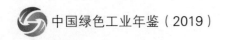

17.8 万吨二氧化碳排放。

全面更换电动车队后，减少了二氧化碳、碳氢化合物和氮氧化物的排放，改善了空气质量，并且降低了呼吸道疾病的发病率。电动车队获得了公众的广泛支持，市民也推动了该项目的实施。

13.5.3 江苏淮安——超级电容技术引领公共交通发展

人口和汽车保有量的快速增长给淮安造成了严重的交通拥堵和空气污染问题。通过扩大节能、经济、便捷的公共交通方式，淮安努力控制汽车出行量，并减少对本市燃煤发电站的能源需求。

淮安已经开通了首批由超级电容器供电的电车服务，运营线路全长 20 千米，穿梭于该市最繁忙地区的 23 个站点。与普通电池相比，超级电容技术具有多项优势，包括 30 秒瞬时充电和较长的使用寿命。淮安的有轨电车可以全天候运行，持续长达 10 年，在每个站点均可充电。有轨电车还利用能量回收技术，回收 85% 的制动能量。

由于无须架空电缆来为有轨电车供电，基础设施和维护成本大大降低，而且该系统不易受到恶劣天气的影响。2016 年，耗资 37 亿元建设的有轨电车共计运送旅客 700 万人次，其中约 30% 代替了私家车出行，每年减少约 4900 吨二氧化碳排放。尽管许多城市都在使用有轨电车和电动公交车，但该项目是世界上首个使用超级电容器储能的电车，并且淮安有计划进一步扩大有轨电车服务。

淮安在有轨电车基础设施上投资的 37 亿元预计将拉动当地 GDP 增长 97 亿元。超级电容有轨电车每年将减少 196 吨碳氢化合物排放和 490 吨氮氧化物排放，改善该市 570 万市民的空气质量。出行方式从私家车向低碳有轨电车的转变不仅减少了呼吸系统疾病的发生，同时向广大市民倡导更积极的生活方式。

13.5.4 上海——利用太阳能实现公共汽车真正零排放

上海是中国首个利用公交车站屋顶光伏系统为城市电动巴士提供动力的城市，探索了一种直接为零排放车辆充电的新模式。为了运行使用可再生能源的电动巴士，实现零排放出行，上海建立了中国首个公交车站太阳能项目。容量为 195 千瓦的屋顶光伏系统可以同时为 6 辆公交车充电，预计年发电量可达 20 兆瓦时。该系统还可以为车站的其他用途提供能源，甚至将剩余电量出售给电网。太阳能电池板的面积接近 2000 平方米，有效改善了屋顶的隔热性能。

自 2013 年以来，当地公交公司已引进 70 辆纯电动巴士投入运营，为市民提供清洁、绿色的出行方式。每辆电动巴士通常每天行驶 100～200 千米，消耗电力 220~230 千瓦时。太阳能发电不仅对环境有利，还可以通过降低电力成本为公交公司创造经济效益。

上海 1.8 万辆柴油车消耗了大量能源，排放了大量有害毒素，造成了很高的社会、环境和经济成本。利用太阳能光伏发电，可以为电动巴士提供廉价、清洁的电力，促进可再生能源的使用，减少空气污染。分布式光伏每年产生 20 兆瓦时绿色电力，根据目前上海的电价计算，每年将为公交公司节省 17 万元。使用太阳能发电替代化石燃料，可以减少 6 吨氮氧化物和 160 吨二氧化碳排放。利用太阳能为电动巴士提供动力，有助于减少汽车尾气排放、城市雾霾和空气污染，给人类健康带来诸多益处。

13.5.5 湖北宜昌——快速公交解放城市交通

据估计，中国每年约有 110 万人死于空气污染引发的疾病，交通部门实施类似的解决方案有助于减少这一数字。宜昌新建的快速公交（BRT）系统为市民提供了高效、便捷的交通工具，改善了城市交通和空气质量。

快速的城市化和经济增长以及私家车保有量增加导致湖北第二大城市宜昌的道路极度拥堵。为了

解决这一问题，宜昌引进了一种新型 BRT 系统和一条货运线。为市民建设了一条 24 千米长的绿色公共交通走廊，为以前被困在私家车里的人提供更便宜、更高效的城市交通方式。BRT 还将主要居住区与包括高速铁路在内的其他交通方式衔接起来。

在 BRT 开通之前，宜昌超过 3/4 的出行采用私人交通方式。在开通 BRT 后的 3 个月里，私家车出行的份额从 40% 下降到 30%，而公交出行的份额几乎翻了一番，从 18% 上升到 34%。公共汽车等候时间已经从先前的 13 分钟缩短到 BRT 车站的平均 6 分钟。

BRT 项目的经济效益包括减少拥堵、缩短通勤时间、减少交通事故和节省车辆运营成本。减少路上行驶的车辆有助于减少颗粒物和氮氧化物的排放——导致呼吸道疾病的首要因素。根据消费者调查结果，女性乘客觉得 BRT 比常规公交提供更多的安全保障，通勤者对车内环境的评价也很高。

13.5.6 广东佛山——零排放氢动力巴士车队

佛山是广东省大型制造业城市之一，其公交车队全部实现零排放——氢燃料电池产品。在此之前，国家发展改革委、财政部、科技部及其他国际机构在燃料电池车的开发和商用化方面已经开展了长达 10 年的合作。进入第三阶段，在国家氢燃料电池补贴计划的支持下，佛山通过 12 辆燃料电池巴士进行创新技术试点，最终将购进 330 辆 11 米长的巴士，每辆巴士可容纳 80 人左右。

佛山全新的氢动力公交车队是政府部门多年合作和创新的产物，为出行的市民提供了新鲜空气。这种巴士将氢转化为气和电，用来为车辆提供动力，运行时的排放物只有水蒸气和氧气。巴士的充电时间短，续航里程达 300 千米，是电动汽车和传统化石燃料汽车的有效替代品。佛山目前正计划在轻轨项目中复制这种技术，该项目于 2018 年推出，其主要特色是通过降低电力成本为公交公司创造经济效益。

将巴士车队更换为燃料电池车涉及燃料电池的本地化商业生产（包括当地燃料电池巴士制造设施），有效刺激了当地经济。零排放氢动力公交车显著减少了主要由柴油汽车造成的城市空气污染。新巴士车队因其良好的舒适度而受到乘客普遍赞誉。

13.6　结语

这些城市的解决方案证明，减少排放、保护环境和提升公民福祉无须以牺牲中国持续的经济繁荣为代价。本文是亚洲开发银行"致力于支持城市的低碳、气候适应性发展道路转变"倡议的一部分，该倡议旨在支持中国应对气候变化的努力，并展示其在低碳城市发展方面取得的创新成果。亚洲开发银行希望通过分享这些案例，激励其他城市推动创新，向可持续、气候适应型城市的发展方向转变。

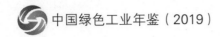

第 14 章　中国碳排放数据监测、报告与核查体系建设

北京中创碳投科技有限公司

14.1　引言

2017 年 12 月，中国宣布启动全国碳排放权交易体系。即将启动的中国碳市场，其规模将一跃超过欧盟，成为全球最大的碳排放权交易市场。2011 年，中国准备启动 7 个碳排放权交易试点，国家发展改革委批准深圳、上海、北京、广东、天津、湖北及重庆七省市开展碳排放权交易试点，中国碳市场建设的帷幕正式拉开。

在 2013—2014 年，这些地方试点碳市场的建设迅速开展，成为中国从无到有建立全国碳市场的试验田。其中最重要的工作之一是制定了温室气体排放监测、报告和核查（MRV）制度，为全国碳市场 MRV 体系的建设打下坚实的技术基础。一个健全完善的 MRV 体系对于碳市场的有效运行具有至关重要的意义。

MRV 体系包括 3 个最重要的要素：监测、报告与核查。这 3 个要素是确保碳排放数据准确、可比、可信的重要基础和保障。监测是碳排放数据和信息的收集过程，报告是数据报送或信息披露的过程，核查则是针对碳排放报告的定期审核或独立评估。

MRV 体系是碳市场运行的重要基础。企业碳排放数据是碳配额分配及开展配额交易的基础，既为政府主管部门进行科学决策和对碳市场进行有效监管提供了可靠的数据支撑，更是督促企业摸清自身碳排放状况并加强碳排放管控的有效工具。

一个有效的 MRV 体系不仅要有活跃的参与主体，也需要一个合理透明的组织结构。MRV 体系的参与者主要有政府主管部门、企业和第三方机构。这三类主体在相关法律法规、指南和标准的指引下，按照一定的流程和规范，各司其职并有序合作，是 MRV 体系得以运转的基础。建设一个成熟完善的 MRV 体系，通常需要做好以下 5 方面的工作。

法律法规方面，目前中国尚未形成一套完整的碳市场法律制度框架。需要推动出台《碳排放权交易管理暂行条例》，建立碳排放监测、报告与核查制度，同时制定发布《企业碳排放报告管理办法》《第三方核查机构管理办法》等配套细则，进一步规范报告与核查的工作流程、要求和相关方责任，以及对第三方机构的管理。

技术标准方面，一个完善的 MRV 体系需要制定重点行业温室气体排放核算与报告指南、第三方核查指南以及监测计划模板，明确数据监测、报告与核查的详细、具体的技术要求，统一度量衡，做到"一吨碳就是一吨碳"，数据可追溯、可信赖、可比较。

工作流程方面，常态化、制度化的工作流程是 MRV 体系运行的基础。无论是国家、地方主管部门、企业还是第三方机构，都需要把这项工作纳入常态化工作流程，在资金、人力等方面做好必要的计划

和准备。

能力建设方面，人才是碳市场长期稳定发展的重要保证。无论主管部门、企业、还是第三方机构，涉及这项工作的技术人员都需要熟悉掌握相关工作流程、要求及技术规范，相关主体需要对这些工作人员开展必要的培训。

硬件设施方面，统一的数据填报与核查系统对 MRV 体系运行至关重要。建设统一的电子报送数据平台，实现数据的在线填报与核查，可以大大提高 MRV 体系的运行效率。

国际上已经建立的碳市场，包括欧盟碳市场和美国加利福尼亚州碳市场，基本上都是按照上述思路建立其 MRV 体系。总而言之，成熟完善的 MRV 体系的建立，对于碳市场的长期高效运行有着至关重要的作用。

14.2 发展现状

中国政府充分认识到建立有效的 MRV 体系对于全国碳市场成功的重要性。目前各试点碳市场建立了自己的 MRV 体系，主要是借鉴了欧盟的做法。虽在具体规则和标准方面有所差异，但在大的思路和操作流程方面基本大同小异。受限于国家层面相关法律法规的缺失，在试点碳市场，地方政府无法出台法规明确第三方机构的资质要求并对第三方机构开展资质认证与管理，这一定程度上导致第三方核查机构能力参差不齐。试点碳市场 MRV 体系运行中积累的经验教训，给全国碳市场 MRV 体系的建设提供了重要的经验。

截至目前，国家发展改革委已经发布了 24 个行业温室气体核算与报告指南，MRV 体系管理制度（包括数据报送管理办法、核查指南及第三方机构管理办法）尽管仍未发布，但相关研究成果（八大行业的补充数据表、核查参考指南）已经用于指导实践工作。

国家发展改革委还分批次组织开展了 2013—2015 年度和 2016—2017 年度全国八大行业（石化、化工、建材、钢铁、有色金属、造纸、能源和航空）重点排放单位历史碳排放数据的报送、核算与核查工作。由于 2018 年 3 月国家机构调整，相关工作已从国家发展改革委划转到新组建的生态环境部。此外，中国已经建立了碳市场帮助平台，负责统一解答参与方在碳排放数据的报送、核算与核查实践中遇到的各类问题。

随着中国碳市场 MRV 体系建设的不断推进，仍存在许多问题亟待解决，主要包括法律和制度支撑薄弱、相关技术指南和标准仍不完善、第三方核查机构能力参差不齐，以及能力建设有待进一步加强。

14.2.1 法律和制度支撑薄弱

法律制度是碳市场有效运行的前提，也是市场公信力的来源。中国碳市场 MRV 体系也同样需要通过法律、法规和技术标准的形式，建立完备的碳排放数据监测、报告与核查制度，把相关工作的工作流程、技术要求、参与方的权责等制度化。

在执行的层面，从国家和地方主管部门，到企业，再到第三方机构，都需要以制度的形式固化这项常规化的工作。目前，对于重点排放单位历史碳排放数据的报送、核算与核查工作并没有完全制度化。由于未形成惯例或制度，地方和企业对国家推进相关工作缺乏明确的预期，导致准备不足或工作步调与国家不一致，在实践中给地方和企业开展工作带来不少挑战。

在技术层面，由于缺乏法律制度及技术标准的支撑，很多数据的采集只能依托现行的统计法及企业传统的数据收集体系开展工作，而碳市场的运行需要更加细化到设施、工序、产品层面的数据。因此，对于企业碳排放数据质量的提升，需要在法规和技术标准方面加强设计和支撑。

14.2.2　相关技术指南和标准仍不完善

MRV 体系的核心目标是获取企业真实、可信、可量化、可追溯、可核查的碳排放数据。首先，在数据的核算、报告与核查方面，必须基于统一的标准，才能确保证市场公信力。其次，已经制定的指南和标准及国家发展改革委发布临时适用的指南和模板，由于化工、石化、钢铁等许多行业情况复杂，涉及的产品多，工序复杂，在实际运用中已发现这些指南和标准存在不合理、不完善的地方。随着碳市场配额分配方案制定发布，对数据报告与核查指南、标准和监测计划将提出修改要求，这将不可避免是一个反复修改完善的过程。最后，针对同一个指南和标准，由于这是一项全新的工作，行业内不同的企业，不同行业的企业之间，不同地区的企业之间，在实践中也有可能存在解读的偏差和数据处理的不一致，需要采取有效措施防止指南和标准在执行中出现偏差。

14.2.3　第三方核查机构能力参差不齐

引入第三方核查，是保障数据质量和公信力的重要手段。初步估算，全国 8 个行业纳入报告与核查的企业数量将超过 7000 家。以试点市场为例，每年 6～7 月，是碳交易试点的履约期，第三方核查工作主要集中在 3～5 月进行。碳市场交易周期性的特点，决定了核查工作的季节性、潮汐性。这对核查机构的专业能力和人员储备都提出了很高的要求。

国家碳市场建设初期，有经验的核查机构和核查人员的数量并不充足。尽管国家发展改革委下发文件公布了核查机构遴选的参考条件，但在实践中，各地为确保按时完成工作，往往不得不自行确定条件并采用招标形式开展核查机构的遴选，有的机构为占有市场，不惜采用低价竞争策略，以低于成本的价格中标，导致各地选定的核查机构水平参差不齐。

在第三方核查质量控制方面，对核查机构仍缺乏有效的监督管理，虽然部分地区组织复核或专家评审，但缺少对核查机构的有效考核，对于在核查中存在质量问题的机构也没有到位的惩处机制，核查质量的控制缺乏机制化的保障。因此，需要加强对第三方核查机构的规范化管理。

14.2.4　能力建设有待进一步加强

碳排放监测、报送与核查工作涉及很多细致、具体的技术要求，合格的核查员不仅要熟悉行业背景、工序和技术，也要熟练掌握 MRV 的规则、指南与相关标准，同时企业工作人员也需要熟悉数据监测、核算与报告的要求。要做到这些，一方面要对从业人员开展注重实用性的技能培训，另一方面也要让从业人员能得到在实践中不断学习提升的机会。

在国家层面，已组织开展了不少针对 MRV 的专题培训，但在资金安排、课程设计和培训执行等方面的统筹和指导力度不够。在地方层面，地方政府特别是 8 个全国碳市场能力建设中心，组织开展了大量培训活动，为提高参与方能力做出了重要贡献。但由于缺乏统一的政策和技术指导，在课程体系设计、培训的实用性和针对性、培训教材与培训考核等方面，实际效果参差不齐。

随着中国碳市场建设的管理职责从国家发展改革委划转到生态环境部，在国家特别是地方层面，培训需求将不断增加，需要进一步加强统筹指导完善课程设计以及培训活动的组织落实。

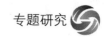

14.3 政策建议

目前，中国碳市场 MRV 体系的建设，主要是借鉴了欧盟、美国加利福尼亚州以及地方试点碳市场的经验。实践证明，建立一个成熟完善的 MRV 体系，是不可能一步到位、毕其功于一役的，只能边做边学，在实践中不断总结完善。中国碳市场 MRV 体系的建设，关键是要对这项工作有准确的定位、策略和心理预期。一方面，要做好顶层设计和规划，明确目标，设定路径；另一方面，也要理性、客观地认识和容忍 MRV 体系建设过程中不可避免会出现的各种阶段性问题。

中国碳市场 MRV 体系的建设，从无到有，每一个环节都需要一步一个脚印去建设和逐步完善。完善的 MRV 体系将为中国碳市场的良好运行提供高质量的数据基础。我们对中国建设一个完善有效的 MRV 体系提出以下政策建议。

14.3.1 加快推进 MRV 制度框架和标准体系建设

MRV 体系对于中国碳市场建设的重要性主要体现在制度体系建设及实施运行的可操作性，MRV 体系的建设对于中国碳市场的未来发展是至关重要的。虽然，中国碳市场 MRV 体系的建设可以从地方试点碳市场获得经验，但在国家层面应当全面推动 MRV 体系建设，建立相关法律制度框架，构建完善的 MRV 技术指南和标准体系。

1. 建立完善碳市场的法律制度框架

加大力度推动出台《碳排放权交易管理暂行条例》，以条例的形式确立碳排放数据监测、报告与核查制度，明确相关主体的责任，并为对第三方核查机构进行规范化管理提供法律授权，解决 MRV 体系运行的法律障碍。配合条例的实施，制定《企业碳排放数据报告管理办法》和《第三方核查机构管理办法》，明确 MRV 体系运行的管理体系、主体责任、工作流程和要求，并以制度形式加以固化，为相关方开展常规化管理和工作提供制度依据。

2. 构建完善的 MRV 技术指南和标准体系

进一步构建完整的数据监测、报告与核查 3 个环节的技术指南和标准体系，进一步发布第三方机构核查指南，提高核查指南的可操作性及核查工具的标准化，制定公布核查报告模板；推进数据监测计划的制订与审核，并逐步在企业内部实施细化到设施、工序、产品层级的数据监测体系；持续推动修改完善已发布的重点行业核算与报告指南；进一步加强 MRV 体系与配额管理制度之间的匹配与衔接，确保采集的数据能够支撑配额分配的技术要求。

3. 进一步推动完善应对气候变化统计体系

开展专题研究，对现行统计体系和企业碳排放数据管理现状开展全面评估，并结合重点企业碳排放配额管理和中国应对气候变化数据统计的未来要求，提出完善相关统计制度的建议，推动相关法律法规和统计体系的修改，进而为完善中国应对气候变化统计体系及加强重点企业碳排放数据监测、核算与报告提供制度保障和支持。

14.3.2　加强指导并维护制度和标准的统一性

在中国碳市场 MRV 体系建设初期,政府采取必要的措施确保相关制度和标准的统一性是非常关键的。统一的制度标准体系将有效规避参与者可能存在的困惑,并可以提升整个 MRV 体系的权威性。中国的国家碳市场帮助平台是整个 MRV 体系建设的重要组成部分,并将在整个系统运行中扮演重要角色。

1．重视国家碳市场帮助平台的运行和维护

作为全国碳市场的一部分,国家发展改革委已建立了国家碳市场帮助平台,通过搭建 MRV、配额分配以及登记注册等主要模块的问答功能,来帮助参与者理解并且适应相关的市场运行机制。国家碳市场帮助平台在确保相关制度和标准的解释和执行的统一性方面发挥着重要作用。此外,应重视碳市场帮助平台的日常运行与维护,确保帮助平台的高效运行。

2．加强国家统一数据报送系统的建设

国家统一数据报送系统的建设,不仅有助于提高工作效率,也能发挥报送平台对推动数据核算、报告、核查模块相关技术规范不断优化的倒逼功能。平台应注重把相关规则、指南和技术标准转化为面向用户、操作友好的界面和表格,降低数据处理的技术门槛,有效规避人为主观判断带来的规则理解和执行造成的差异。报送系统的设计需要纳入有实操经验的专业技术力量,把 MRV 规则、指南和标准的要求结合实际工作需求,确保系统能让各类用户所理解和操作。此外,由于碳市场的相关规则和标准本身在不断完善过程中,因此,报送系统的建设需要充分考虑到这一特点,为系统的后续优化预留空间。

14.3.3　加强和规范第三方核查机构的建设

随着中国碳市场的建设发展,第三方核查机构队伍也在逐渐壮大。为了保证 MRV 体系的公正性和独立性,对第三方核查机构的监管就显得尤为重要。

1．进一步规范对第三方机构的监管

对第三方机构进行规范化管理,是确保第三方独立性、公正性以及核查结果公信力的保障。在中国深化改革背景下,对第三方机构开展资质管理、设定行业准入门槛需符合简政放权的改革要求。核查工作的独立性、公正性,要求第三方机构必须具备与之匹配的专业技术能力与职业操守,同时政府主管机构加强对第三方机构的事后监管和对违规行为的处罚,也十分必要且任务紧迫。

2．加强第三方机构的培育和行业自律

中国碳市场 MRV 体系建设还处于初期阶段,当前的主要任务是加快培育和壮大素质过硬的核查队伍,满足核查工作的季节性需求。

建议适时建立第三方核查机构的行业自律组织,加强行业自律,规范行业竞争;研究建立核查员注册与评级管理制度,依托行业自律组织,定期组织开展核查业务的交流与研讨,组织开展核查员业务培训及技能评级。

3．保障核查经费和规范服务收费

确保第三方核查工作的经费来源是核查工作有效开展的保障。无论是政府安排财政经费采购服务，还是企业自行出资委托第三方机构提供核查服务，政府应当明确未来核查工作的经费来源。政府招标采购服务，应采取有效措施，防止恶性低价竞争，确保核查的服务质量。

14.3.4　加强对能力建设的统筹和支持

中国碳市场 MRV 体系的建设发展离不开能力建设。中国碳市场从地方试点向全国碳市场过渡，需要扩大第三方核查队伍，提高专业能力，能力建设是未来中国绿色金融发展的关键，碳市场的建设也如此。

1．加大对能力建设的经费投入

中国碳市场的参与人员行业背景复杂多元、能力水平参差不齐，相关能力建设任重道远。MRV 体系的建设，涉及大量省级和地市级政府管理人员、重点企业工作人员以及第三方机构核查员在内的一个庞大规模的培训对象群体。这项工作技术性强，规则又处在不断完善过程中，行业面临人员的流动及流失，需要政府安排或筹集专项经费，为能力建设活动提供持续、系统的支持。

2．加强对能力建设的统筹指导

在国家层面应加强对能力建设的统筹和技术指导，调动和依托多方力量开展多元化能力建设，明确针对不同培训对象的培训任务，组织编写、更新和推广高质量的培训教材，确保分散在全国各地的能力建设活动能够取得最佳效果。

14.3.5　建立定期评估和持续改进机制

鉴于 MRV 体系建设需要边做边学、不断总结完善的特点，中国政府主管部门应高度重视评估工作，总结经验教训，并确保能得到真正落实。

1．建立评估工作组及专题小组

建立专项评估工作组，由行业内公认的专业人员担任评估专家，针对 MRV 体系的相关法律制度、技术指南和标准、组织实施、工作流程、第三方机构的管理、能力建设等重点领域，建立评估专题小组。政府安排专项资金，支持评估工作组和专题小组开展工作。

2．加强国家统一数据报送系统的建设

建立碳市场 MRV 体系评估机制。建议在碳市场建设及试运行阶段，每年开展评估；进入平稳运行期后，可每 3～5 年开展一次。评估工作组和专题小组应全方位跟踪评估 MRV 体系建设运行的进度、存在的问题，并针对法律制度、技术指南和标准体系、工作组织和流程、第三方机构的管理、能力建设等重点领域提出具体建议。

3．召开评估工作会，保障成果落实

中国政府主管部门根据评估工作开展情况，及时召集地方主管部门、企业和第三方机构的代表和行业专家代表，召开评估工作会，为 MRV 体系运行的参与方、利益相关方和专家提供讨论交流的平台，

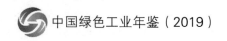

推动评估结论和工作改进建议得到落实反馈。

14.4 结语

作为世界上最大的碳排放权交易市场，中国碳市场的成功一直备受瞩目。对中国来说，一个活跃、繁荣、持续发展的全国碳排放权交易市场能够很大程度上减少中国以及全球的温室气体排放，并且也可能为未来碳市场的发展树立一个范例。一个成熟完善的 MRV 体系，是中国碳市场成功运行的关键因素。

欧盟和美国加利福尼亚州碳市场的经验在很大程度上已表明，一个强有力的 MRV 体系对于碳市场的重要性，当然对于中国碳市场也是如此。MRV 体系从方法上是通过获得准确、可比、可信赖的数据，量化二氧化碳排放量，为碳排放配额的分配和交易提供数据基础，确保碳市场的有效运行的。基于地方试点市场的运行经验，中国在建立全国碳市场 MRV 体系方面已取得了很大进展。但目前中国的全国碳市场 MRV 体系尚处于初级阶段，还有很大的建设和完善空间。

本文希望为中国建设一个完善的 MRV 体系提出适时、可行的政策建议。中国碳市场 MRV 体系通过不断的建设，必将逐步完善有效，并将在全球温室气体减排方面发挥引领作用。

第 15 章 "一带一路"可再生能源发展合作路径研究

中国新能源海外发展联盟

2013 年,习近平主席提出"一带一路"倡议。6 年来,按照共商、共建、共享原则,中国能源资源国际合作已成为"一带一路"建设的重中之重。2017 年,中国在北京成功举办了"一带一路"国际合作高峰论坛;2018 年 10 月 18 日,习近平主席向在中国苏州市举办的"一带一路"能源部长会议和国际能源变革论坛致贺信指出,能源合作是共建"一带一路"的重点领域,中国愿同世界各国在共建"一带一路"框架内加强能源领域合作,为推动共同发展创造有利条件,共同促进全球能源可持续发展,维护全球能源安全。与此同时,中国、土耳其、马耳他、巴基斯坦等 18 个国家的参会代表共同发表了《共建"一带一路"能源合作伙伴关系部长联合宣言》,明确在 2019 年正式建立"一带一路"能源合作伙伴关系,并向所有国家和国际组织开放,推动能源互利合作。

近 10 年来,中国可再生能源高速增长。2008—2017 年,全球风电、太阳能发电装机容量年均增长分别为 19% 和 46%,中国年均增速达到 44% 和 191%,这为中国可再生能源参与"一带一路"可再生能源合作打下了坚实的基础。

中国参与"一带一路"可再生能源国际合作空间大、前景广,已形成了以境外 EPC、境外建厂、境外并购、境外研发等为主的可再生能源国际开发合作模式;形成了以中巴经济走廊、孟中印缅经济走廊,中国—中南半岛经济走廊、中国—中亚—西亚经济走廊、新亚欧大陆桥、中俄蒙经济走廊及中非合作等为重点的可再生能源国际合作基础。在此基础上,初步形成了以水电、光伏和风电项目合作为先导、光热等领域项目合作齐头并进的全方位多层次可再生能源国际合作格局及其示范。典型案例包括:晶科能源与日本丸红在阿联酋阿布扎比合作开发 Sweihan 光伏项目;国机集团与美国 GE 公司在肯尼亚凯佩托合作开发 102MW 示范风电项目;中兴能源在巴基斯坦旁遮普省投建 900MW 全球在建单体最大光伏电站;三峡集团收购德国 Meerwind 海上风电场 80% 股权;丝路基金购买上海电气与沙特 ACWA 光热项目股权;鉴衡推动以风能和太阳能为主的新能源国际标准互认体系等。

在 2020 年之前,中国以参与"一带一路"沿线重点区域可再生能源项目为主,扩大可再生能源项目海外投资的宣传和推广,提升中国可再生能源企业的国际影响力;在 2020 年之后,逐步完善可再生能源一体化项目的开发及智慧能源、微电网等项目的应用和推广,着力提高中国企业在"一带一路"区域中可再生能源市场参与度与市场认可度。

在区域合作方面,紧紧抓住国家规划的 6 条经济走廊可再生能源投资合作主线,根据不同区域的实际情况,明确合作方向。中巴经济走廊可再生能源合作要考虑巴基斯坦能源电力供应增长过快的实际情况,稳固现有可再生能源项目并提质增效;孟中印缅经济走廊可再生能源合作要以争取合作项目为重点,由点到面,争取互信,寻求伙伴,先打基础,再求壮大发展;中国—中南半岛经济走廊可再生能源合作要以高质量制造基地增强全球竞争力为重点,扎根当地,强化本土运营,拓展全球;中国—中亚—西亚经济走廊可再生能源合作需要和哈萨克斯坦"光明之路"等国别规划相衔接;新亚欧大陆桥可再生能源合作要充分发挥中东欧十六国机制的作用,促进太阳能、风能、能源互联网等产业对港口、物流中心应用项目的发展;中俄蒙经济走廊可再生能源合作要通过区域经济整合创造

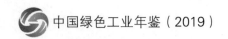

边境可再生能源消纳能力，优先发展双方边境地区可再生能源项目；中非可再生能源合作要借助中非合作论坛等平台机制和支持体系，促进中国可再生能源标准走进非洲、落地非洲。

"一带一路"可再生能源国际合作的重点策略是以对接东道国能源战略为重点，以形成全方位可再生能源国际合作促进机制为目标，用好亚太经济合作组织（APEC）、G20 等 28 个多边合作机制，重点抓住新亚欧大陆桥（259.85GW）、孟中印缅（177.74GW）及中非合作机制（141.084GW）的 3 个 100GW 级别的重点可再生能源市场开发的战略性发展机遇，以光伏、风电为主线，积极开发生物质、地热能项目。另外，通过建立完善以新亚欧大陆桥、孟中印缅及中非双边可再生能源合作联合工作机制，研究共同推进能源合作的实施方案、行动路线图。

在重点国别合作方面，中国可再生能源国际合作要把握区域机制与重点国别机制相结合，梳理重点合作项目清单，促进中国参与区域沿线重点国别水电、风电、太阳能、生物质、地热能及海洋能重大项目落地。以此为节点，促进"一带一路"可再生能源国际合作重点国别项目落地。例如，在水电方面，中国参与全球 70%的水电项目开发，项目遍布尼日利亚、印度尼西亚、巴基斯坦等国家；在光伏方面，晶科、阿特斯、协鑫、隆基、天合光能、晶澳、正泰等在越南、马来西亚、泰国、印度尼西亚、德国等国家建立了太阳能电池、组件海外生产基地，形成了联通中外、惠及全球的太阳能高端装备供应和市场网络；在风电方面，中国电建参与了巴基斯坦大沃风电场项目，以三峡集团、中广核、国家能源投资集团、金风科技、远景能源、明阳智能等为代表的中国风电企业积极参与了英国、德国、澳大利亚等国家的风能项目投资与建设；在光热方面，山东电建三公司参与了摩洛哥光热项目合作。在 EPC 总包领域，以中国电建、葛洲坝为代表的中国企业参与了老挝、尼日利亚、加纳、几内亚等国家可再生能源 EPC 总包服务；在金融领域，国家开发银行、中国进出口银行、中国出口信用保险公司及丝路基金等中国金融机构为巴基斯坦、阿联酋、埃塞俄比亚等国家可再生能源项目提供了绿色金融支持服务。

15.1 "一带一路"可再生能源发展现状

15.1.1 "一带一路"经济增长与电力需求分析

2018 年 4 月 9 日，国际货币基金组织（IMF）总裁拉加德表示，目前已有超过 70 个国家加入"一带一路"倡议，预计每年投资需求可能达到数千亿美元。2018 年 4 月 18 日，国际金融论坛与英国《中央银行》杂志在华盛顿智库布鲁金斯学会联合发布《"一带一路"五周年调查报告》，报告显示，25%的受访央行预计，本国经济增速将因此提升 1.5%～5.5%。根据国际能源署（IEA）估算，未来"一带一路"沿线国家的电力需求将保持高速增长，预计到 2020 年，沿线国家的发电量将比 2016 年的约 51890 亿千瓦时增长 70%。中国参与"一带一路"沿线国家可再生能源投资合作在短期内可能会受中国光伏政策、中美贸易摩擦、印度光伏的保障性加税措施的影响，但不会影响中国参与"一带一路"可再生能源合作的大趋势，主要是因为"一带一路"沿线国家缺电量较大。

15.1.2 "一带一路"可再生能源发展现状

1. 水能与水电

据博思数据发布的《2016—2022 年中国水电行业市场趋势预测及行业前景调研分析报告》，世界河流经济可开发水能资源为 8.082 万亿千瓦时，约为技术可开发量的 56.22%，为理论蕴藏量的 20%。目前，全球常规水电装机容量约 11.54 亿千瓦，年发电量约 4 万亿千瓦时，开发程度为 26%（按发电

量计算），欧洲、北美洲水电开发程度分别达 54%和 39%，南美洲、亚洲和非洲水电开发程度分别为 26%、20%和 9%。

"一带一路"沿线区域的水电开发初具规模。2017 年年底，全球水电装机容量为 1154GW，其中亚洲占 40.41%，欧洲占 23.76%，北美洲占 15.41%，南美洲占 14.43%，非洲占 2.76%，大洋洲占 1.15%，中东占 1.39%，中美洲及加勒比占 0.68%。

图 15-1 所示为 2010—2017 年全球水电装机情况。

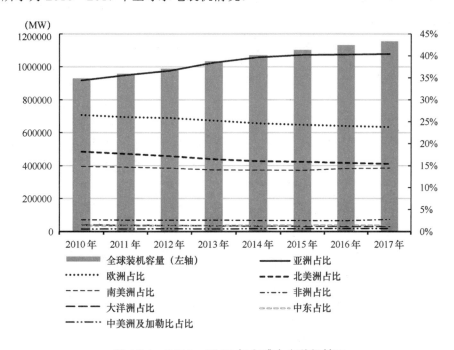

图 15-1 2010—2017 年全球水电装机情况

在全球可再生能源装机中，大水电占 51%，小水电占 7%。截至 2016 年年底，全球小水电资源总潜力已开发将近 36%。小水电约占全球总发电装机容量的 1.9%，占可再生能源总装机容量的 7%。非洲的小水电目前仅开发了约 5%。

表 15-1 所示为部分小水电项目基本情况。

表 15-1 部分小水电项目基本情况

序号	国别	项目名称	装机容量	承建方	项目现状
1	赞比亚	赞比亚西瓦安度小水电站	1000kW	国际小水电中心	2012 年竣工发电
2	尼日利亚	尼日利亚栋格坝水电站	400kW	国际小水电中心	2014 年竣工发电
3	赞比亚	赞比亚卡山吉库水电站	640kW	国际小水电中心水电控制设备制造（长沙）基地、华自科技股份有限公司	2019 年 1 月竣工
4	肯尼亚	肯尼亚北马赛奥雅水电站	5600kW	江西省水利水电建设有限公司	目前在建
5	斐济	斐济索摩索摩水电站	700kW	湖南省建筑工程集团总公司	2017 年竣工发电
6	柬埔寨	柬埔寨马德望大坝项目	13100kW	广东建工对外建设有限公司	2017 年竣工发电
7	越南	越南松萝小水电项目	24000kW	湖南云箭集团有限公司	2017 年竣工发电
8	尼泊尔	尼泊尔上马蒂水电站	25000kW	中国水利水电第七工程局有限公司	2016 年竣工发电
9	巴基斯坦	巴基斯坦纳塔尔三期水电站	16000kW	中国水利水电第六工程局有限公司	目前在建
10	刚果（布）	刚果（布）利韦索水电站	19920kW	中国葛洲坝集团国际工程有限公司	2016 年投产发电

2．太阳能

全球能源能量的大部分来自太阳能,经济潜能基于太阳年辐照量测量值大于 7200MJ/m² 。截至 2017 年年底,全球太阳能发电装机容量累计达到 389.57GW,其中亚洲占 53.83%,欧洲占 29.63%,北美洲占 11.95%,大洋洲占 1.57%,非洲占 1.07%,南美洲占 0.97%,中东占 0.60%,中美洲及加勒比占 0.38%。从太阳能发电量来看,2016 年,全球太阳能发电量为 328710GW•h,其中亚洲占 42.88%,欧洲占 34%,北美洲占 16.31%。

图 15-2 所示为 2010—2017 年全球太阳能发电装机情况。

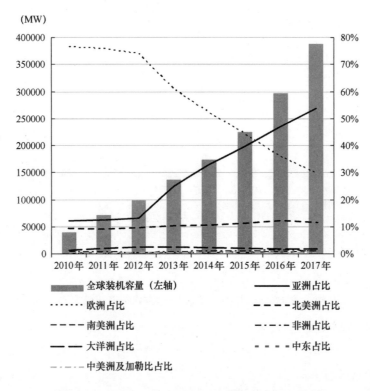

图 15-2　2010—2017 年全球太阳能发电装机情况

3．风能

据世界能源理事会估计,在陆地面积中有 27%的地区年均风速高于 5m/s（距地面 10m 处）。到 2017 年年底,全球风电产业的累计装机容量达 513.6GW,遍布 100 多个国家和地区,其中亚洲占 39.85%,欧洲占 34.51%,北美洲占 20.23%,南美洲占 3.08%,大洋洲占 1.03%,非洲占 0.89%,中美洲及加勒比占 0.31%,中东占 0.08%。从发电量来看,2016 年年底,全球风能发电量为 957938GW•h,其中亚洲占 30.74,欧洲占 31.98,北美洲占 28.25,南美洲占 4.27。目前,风电在丹麦、西班牙和德国用电量中的占比分别达到 42%、19%和 13%。“一带一路”沿线区域的风能资源主要集中在亚洲及欧洲,风电产业占全球的比重已超过 60%。

图 15-3 所示为 2010—2017 年全球风能发电装机情况。

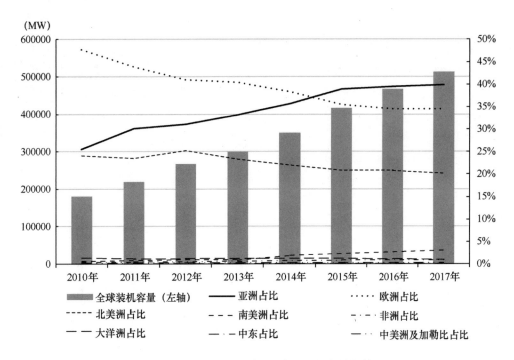

图 15-3　2010—2017 年全球风能发电装机情况

4．生物质能

　　林业仍然是生物质供应的关键部分，占总生物质供应量的 87%，包括木柴、木材废弃物、回收木材及木炭等。截至 2017 年,全球生物质发电装机容量约 108.96GW,其中亚洲占 29.37%,欧洲占 33.68%,北美洲占 15.05%，南美洲占 15.6%，中美洲及加勒比占 2.29%，非洲占 1.2%，大洋洲占 0.09%。截至 2016 年年底,全球生物质发电量为 466734GW·h,其中亚洲占 26.38%,欧洲占 39.02%,北美占 17.82%,南美洲占 13.72%。

　　图 15-4 所示为 2010—2017 年全球生物质发电装机情况。

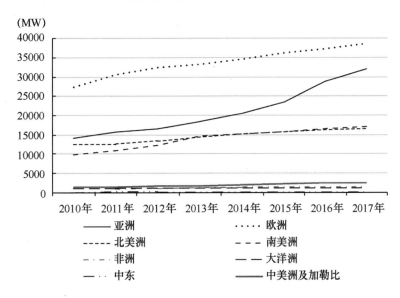

图 15-4　2010—2017 年全球生物质发电装机情况

5．地热能

截至 2017 年年底，全球地热发电装机达到 12.9GW，其中亚洲占 34.34%，北美洲占 26.59%，欧洲占 11.94%，大洋洲占 7.91%，非洲占 5.27%，中美洲及加勒比占 5.19%。截至 2016 年，全球地热发电量为 82654GW·h，其中亚洲占 29.5%，北美洲占 29.92%，欧洲占 14.17%，大洋洲占 9.47%，非洲占 5.76%，中美洲占 4.86%。

图 15-5 所示为 2010—2017 年全球地热能发电装机情况。

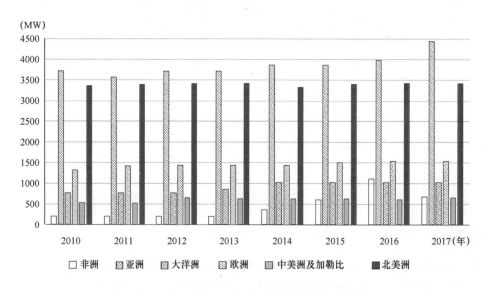

图 15-5　2010—2017 年全球地热能发电装机情况

6．海洋能

加快开发利用海洋能已成为世界沿海国家和地区的普遍共识和一致行动。截至 2017 年年底，全球海洋能电站装机总规模为 526MW，其中亚洲 259.3MW，占比为 49.3%；欧洲 248.4MW，占比为 47.22%。潮汐能技术已经商业化应用，温差能技术研发开始升温，50kW 温差能电站实现并网运行，正在推进 10MW 温差能项目。

图 15-6 所示为 2010—2017 年全球海洋能发电装机情况。

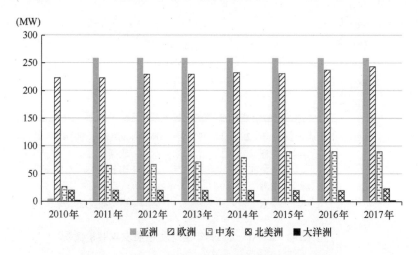

图 15-6　2010—2017 年全球海洋能发电装机情况

15.2 中国参与"一带一路"可再生能源开发的现状和问题

15.2.1 中国参与"一带一路"可再生能源开发的现状

根据国际能源署（IEA）的数据估算，2030 年"一带一路"国家可再生能源新增装机容量约 19.4 亿千瓦，其后 10 年内将再新增 26 亿千瓦。彭博新能源财经（BNEF）数据显示，可再生能源和清洁能源创新项目在 2017 年度获得 3335 亿美元的投资，比 2016 年上涨了 3%。其中一半的投资用于太阳能项目，40%的投资额来自中国。

1. 境外工程总承包

目前，"一带一路"电力工程及可再生能源项目已成为合作重点。2017 年，中国对外承包工程业务完成营业额同比增长 10.7%（折合 2652.8 亿美元，同比增长 8.7%）。

2017 年，在"一带一路"沿线的 61 个国家新签对外承包工程项目合同金额为 1443 亿美元，同比增长 14.5%；完成营业额 855 亿美元，同比增长 12.6%。2013—2017 年，中国主要电力企业在"一带一路"沿线国家年度实际完成投资 3000 万美元以上的项目有 50 多个，总金额为 912 亿美元。

2. 境外水电及小水电项目合作

中国在境外 EPC 项目的最大可再生能源投资合作门类是水电板块，中国企业参与已建和在建海外水电站约 320 座，总装机达到 8100 万千瓦。数据显示，截至 2017 年年底，中国已与 80 多个国家建立了水电规划、建设和投资的长期合作关系，占有国际水电市场 70%以上的份额。小水电是中国水电惠及"一带一路"国家的重要合作领域。

3. 境外风电项目合作

中国风电企业国际化发展总体处于初级阶段。中国风电企业国际化发展主要方式包括"投资+运营"模式、风电装备"走出去"、"设备+EPC"模式。

4. 境外建厂

光伏企业已在东南亚、欧洲建立光伏电池或组件厂，已经宣布海外太阳能光伏组件产能 8GW，电池片产能 10GW，除满足越南和东盟市场外，还出口到美国和欧洲，解决当地就业问题，争取当地市场机会。

5. 境外并购+境外电站绿地投资

目前，中国以境外并购方式布局"一带一路"可再生能源的资产和业务，形成了以风电境外并购业务为主、光伏境外并购为辅的发展格局。主要情况包括：一是境外风电业务并购。以三峡、中广核、国电、金风科技等企业为代表，通过境外收购完成海上风电及陆上风电的战略布局；二是太阳能光伏领域，通过收购，切入国际光伏创新技术及配套设备等方面，获得了境外项目的技术创新、市场开发、生产与工程设计运用的经验，整合了国内与国外优势资源，形成了中国企业海外创新发展能力。

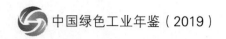

6．境外研发

中国企业以联合研发、委托研究等方式与德国可再生能源实验室、丹麦可再生能源实验室及澳大利亚新南威尔士大学等国际科研机构形成战略合作伙伴关系，助推可再生能源国际创新与产业应用可持续发展。

7．境外融资

目前，中国企业境外项目的融资格局仍以内保外贷为主。为扩大境外开发，中国企业积极推进境外项目融资、发行境外绿色债券等创新发展模式，包括境外水电项目融资、境外光伏项目融资、境外风电项目融资等。中国企业通过在境外发行债券为可再生能源项目融资。2017年以来，中国企业海外发行美元债约1800亿美元，较2016年增加70%。

15.2.2　中国参与"一带一路"可再生能源发展的问题

中国参与"一带一路"可再生能源境外项目遇到的问题多种多样，如谈判僵局、工期延长、电站非计划停机等。此外，还存在项目所在地政权交替、政策变动带来的政治风险、市场变化及汇率利率风险、经济风险等。

1．融资成本过高与项目融资过少的问题

"一带一路"国家多数政治风险、商业风险较高，信用等级较低，融资成本较高。另外，目前中国企业在海外投资项目难以实现完全的项目融资，需要集团公司担保，项目在海外，金融担保主体在国内，融资程序复杂。中国出口信用保险公司发布的2018年《国家风险分析报告》指出，主权信用风险评级展望为"稳定"的国家有133个。

2．中国标准尚未融入国际体系，中国标准的国际认可度不高的问题

"一带一路"大部分国家对中国制造的设备和产品设有经认证方可进口的强制性要求，对施工方面的标准只认可国际标准，风电、光伏企业的海外发展，首先要做产品的国际认证，并因国别要求不同而做不同的认证，如非洲法语区、英语区及葡语区的标准认证是不同的。

3．扶持力度不足与政策变化的问题

在政府对外援助资金有限的情况下，低收入、低补贴是中国参与"一带一路"可再生能源发展面临的主要难题。可再生能源市场化导向政策日益增长，如巴基斯坦在2016年鉴于可再生能源增长过快，采取了市场化的电价政策等。

4．数字化、智能化水平不高的问题

如何利用数字化技术强化"一带一路"风电、水电、太阳能、生物质、地热国际合作新的资源整合及智能运维，空间大、前景广。

5．风险控制难度较高的问题

中国参与"一带一路"可再生能源项目，影响最大的因素之一是电价政策，受供求关系及政策多

种因素的影响，当地文化、宗教和政策变动影响因素较大，国内 EPC 团队直接参与海外项目建设和管理的难度较大；海运和海关通关政策会对设备的按期交付产生重大影响；分包商人员管理存在风险。

6. 环境污染问题

风电、光伏的废弃物及施工对环境有不利影响，水电对流域和水资源有不利影响，地热对地下水有污染的可能性，海洋能开发有可能影响海洋环境等。"一带一路"可再生能源项目投资建设和国际合作等行为，可能带来碳排放等问题。

7. 法律风险问题

中国参与"一带一路"可再生能源项目，需要注意项目所在地的众多法律问题，如投资境外风电、太阳能项目需要大量土地资源，水电项目开发涉及水权、跨境问题，地热涉及矿权问题等。另外，投资非洲需照顾当地人就业等问题。除此之外，"一带一路"沿线国家可再生能源的法律变动会影响可再生能源的境外投资与合作。

8. 中国企业之间恶性竞争问题

中国企业参与"一带一路"可再生能源项目，出现多种形式的恶性竞争问题，如相互压低价格，损害中方利益。

15.3 "一带一路"可再生能源发展重点区域的潜力与分析

穆迪目前评级的 138 个主权国家/地区中有 3/4 的展望为稳定，15 个展望为正面。19 个主权国家/地区的展望为负面，而一年之前为 22 个。因此，中国企业参与"一带一路"可再生能源国际合作，必须因地制宜、因时制宜、因国别制宜、因项目制宜。

15.3.1 政策与机制是"一带一路"可再生能源国际合作最重要的战略机遇

国家发展改革委、外交部、商务部联合发布的《推动共建丝绸之路经济带和 21 世纪海上丝绸之路的愿景与行动》指南为中国企业参与"一带一路"可再生能源国际合作指明了方向。中国打造能源利益共同体，推动能源合作深层次、多领域发展，以中俄蒙、新亚欧大陆桥、中国—中亚—西亚、中国—中南半岛等重点城市可再生能源项目为切入点，以海上重点港口为节点，以推动海上风电、水光互补、渔光互补等领域为重点，促进通畅安全高效的国际运输大通道可再生能源项目落地。

1. 中巴经济走廊是可再生能源国际投资合作最集中、最密集的区域

中巴经济走廊能源合作是"一带一路"倡议的旗舰项目，也是中国可再生能源率先"走出去"最集中、最密集的区域。根据中巴经济走廊能源规划及相关促进计划，中国企业参与中巴经济走廊光伏、风电及水电等可再生能源项目的投资与合作市场空间为 10GW。

2. 孟中印缅经济走廊是中国充满期待的战略性可再生能源国际合作区域

孟中印缅是中国参与可再生能源发展的重要战略市场，重点国家为印度、孟加拉国和缅甸等，未

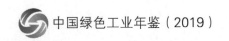

来区域可再生能源发展的市场空间超过177GW，其中印度是重中之重。

3．中国—中南半岛经济走廊是中国可再生能源国际合作支点性区域

中国—中南半岛经济走廊可再生能源合作旨在推动互联互通、扩大投资贸易往来，形成优势互补、联动开发、共同发展的区域经济体。

中国—中南半岛经济走廊可再生能源合作潜力巨大。区域凭借开放的投资环境、宽松的投资政策以及相对低廉的生产成本，已成为中国企业投资境外生产基地及可再生能源项目的重要目的地，主要投资重点是水电及太阳能。

4．中国—非洲及中东可再生能源合作是未来战略性市场

部分非洲国家制定的可再生能源发展规划为中非可再生能源合作提供了指引和抓手。中东是全球可再生能源装机的核心市场之一，如沙特阿拉伯计划到2023年发展40GW的可再生能源发电装机，需要投资高达500亿美元，可能成为深化中沙两国可再生能源合作的前提和基础。

5．中国—中亚—西亚经济走廊可再生能源国际合作

中国—中亚—西亚经济走廊为中国与阿拉伯国家加强产业合作创造了良好条件。中国—中亚—西亚经济走廊可再生能源合作，需要以水电、太阳能等领域为重点，根据双边、多边实际需要，因地制宜布局可再生能源国际合作项目。

6．新亚欧大陆桥可再生能源国际合作

新亚欧大陆桥经济走廊拓展能源资源合作空间，构建畅通高效的区域大市场。新亚欧大陆桥经济走廊沿线国家的可再生能源合作以水电、风电、太阳能为主；国别合作以哈萨克斯坦、俄罗斯、白俄罗斯、波兰、德国、荷兰等国家为重点，结合交通、经济中心、经济开发区布局可再生能源国际合作重点项目。

7．中俄蒙经济走廊可再生能源国际合作

中俄蒙三国地缘毗邻，有着漫长的边境线，发展战略高度契合，三国资源禀赋各有优势，经济互补性强。需要考虑中俄蒙能源资源和负荷不平衡的风险和地缘政治的风险等，需要将中俄蒙可再生能源合作与东北亚可再生能源国际合作的机制连接起来。

15.3.2 中国参与"一带一路"可再生能源重点典型案例

案例1：中国—日本在中东的光伏合作

2017年5月，阿布扎比水电局、晶科能源和日本丸红株式会社签署了关于阿联酋阿布扎比Sweihan光伏独立发电项目的开发协议。该光伏项目容量为1177MW（DC），已经与阿布扎比水电局签署了25年的PPA购电协议，所有产生的太阳能发电将出售给阿布扎比水电局的全资子公司阿布扎比水电公司（ADWEC）。

案例2：中国—美国在非洲的风电合作

2015年9月，国机集团与美国GE针对肯尼亚凯佩托102MW风电项目战略合作签署谅解备忘录。双方约定，把肯尼亚凯佩托风电项目作为合作示范项目，建设60座1.7MW的风电场，总装机容量

102MW，计划投资 3.27 亿美元。国机集团作为凯佩托项目的工程承包公司；美国 GE 为项目提供风机、发电机、配件、技术支持和培训等。CMEC 则作为双方合作项目的具体实施者。

案例 3：中国主权基金参与中东光热项目

2018 年 4 月，上海电气与沙特 ACWA 在上海签订迪拜水电局光热四期 700MW 电站项目总承包合同，总投资 38.6 亿美元。2018 年 7 月，丝路基金购买该项目 24.01% 的股权，并与迪拜水电局（DEWA）和沙特 ACWA 联合开发，项目将使用塔式技术和槽式技术。

案例 4：欧洲融资助力中国开发中亚光伏项目

2018 年，东方日升与欧洲复兴开发银行（EBRD）签订了哈萨克斯坦 40MW 及 63MW 光伏项目的贷款委任书。EBRD 向东方日升提供满足项目建设所需资金，以期促成哈萨克斯坦 63MW 光伏电站项目的顺利投产。

案例 5：欧洲融资助力中国—挪威在欧洲的风电合作

2018 年 9 月末，中国电建与挪威 NBT 公司正式签订了乌克兰西瓦什 250MW 风电项目 EPC 合同，项目由挪威 NBT 公司投资，欧洲复兴开发银行牵头融资，中国电建与福建公司组成联营体共同作为 EPC 承包商。

案例 6：中国企业收购欧洲风电项目

2018 年 7 月 17 日，中广核欧洲能源公司收购瑞典北极（North Pole）陆上风电项目 75% 的股权。该项目计划安装 179 台单机容量 3.63MW 的 GE 风机，总装机容量为 650MW。该项目可满足 40 万户家庭的用电需求，每年可减少二氧化碳排放 75 万吨。

案例 7：建设东北亚超级电网推动可再生能源项目

2016 年 3 月，中国国家电网、韩国电力公社、日本软银、俄罗斯电网公司在北京签署了《东北亚电力联网合作备忘录》。

案例 8：中国企业在马来西亚建设光伏生产基地

截至目前，晶科"走出去"建成投产马来西亚生产基地，总投资约 2.5 亿美元，现已达到年产能光伏电池 1.5GW，组件 1.3GW，年产值达 4.5 亿美元。晶科马来西亚项目投资分一期、二期及三期分步展开。

15.3.3 "一带一路"可再生能源重点区域发展的挑战

"一带一路"可再生能源国际合作的机遇与挑战不断变化，特别是技术进步、能源政策的变化及中美贸易摩擦等新因素，将深刻影响中国可再生能源国际合作的重点合作区域和布局内容，可再生能源国际合作的风险和挑战需要重新评估。

1. 创新平台与推进能源领域务实合作

在新形势下，中国可再生能源国际合作需要借助创新平台实现对接、对话与交流，需要重新定义中国与"一带一路"沿线重点国别可再生能源合作的模式与布局方式。

2. 创造新动力，挖掘互利合作发展的新潜力

中国企业开展可再生能源国际合作，需要从战略层面开展卓有成效的合作，只有企业战略有需要、自身有实力时，才可以积极布局"一带一路"可再生能源国际合作。

3. 新起点，构建绿色高效能源体系

"一带一路"可再生能源国际合作，需要站在帮助东道国加快构建绿色低碳、安全高效的现代能源

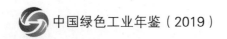

体系的基础上，以东道国投资主体、产品要素、生产要素布局新项目，做到融入当地、服务全球，才能打造可再生能源国际合作竞争新优势。

15.4 中国参与"一带一路"可再生能源发展的目标、规划

15.4.1 指导思想

中国可再生能源国际合作要以国际化发展、本地化运营为指引，积极推动中国可再生能源产业布局"一带一路"可再生能源投资合作。

15.4.2 战略指引

"一带一路"可再生能源国际开发需要以项目创新为引领，以境外电站投资、境外电站 EPC、境外研发及标准国际合作等为抓手，构建共商、共建、共赢的合作体系，开创"一带一路"可再生能源国际合作新格局。

1. 基本导向

国际化发展、本地化运营要求实现"一带一路"可再生能源国际合作，结合当地合作伙伴的力量，照顾东道国利益，以本地化团队为主体来组织项目团队，实现"一带一路"可再生能源海外项目的规划、设计、建设和运维及投资全过程高效运作。

规划先行，积极布局"一带一路"可再生能源区域与国别市场。在"一带一路"可再生能源国际合作项目布局选择有差异性的国际合作战略。2020 年以前，可以以参与重点区域可再生能源项目为主，扩大可再生能源项目海外投资的宣传和推广，提升中国可再生能源的国际影响力；在 2020 年以后，逐步完善可再生能源一体化项目的开发及智慧能源、微电网等项目的应用和推广，着力提高中国可再生能源项目在"一带一路"区域中的市场覆盖率与市场认可度。

绿色生产和制造要求。中国企业在"一带一路"部署可再生能源制造项目时，应遵守东道国的环保法规和绿色要求，并将可再生能源项目纳入"一带一路"机制的项目清单，并给予优先支持。

绿色金融要求。在国家层面设立担保基金等风险缓释措施，或提高中国出口信用保险公司对可再生能源项目融资保险的赔付比例和承保范围。优先支持"一带一路"可再生能源国际合作项目发行债券，鼓励金融机构积极完善绿色金融政策，创新绿色金融产品，加大对"一带一路"可再生能源绿色金融产品的支持力度。

绿色标准与认证要求。加快推动包括风机、太阳能组件在内的设备统一认证和互认工作，消除中国风机设备、太阳能产品进入"一带一路"市场壁垒。推进绿色标准国际互认及标准国际交流，为"一带一路"可再生能源国际合作创造良好的标准环境。

2. 发展导向

第一阶段（2018—2020 年）：构建"一带一路"可再生能源国际合作网络，创新合作模式，打造合作平台。力争到 2020 年，以中巴经济走廊、南亚为基础，建成务实高效的"一带一路"可再生能源合作交流体系、支撑与服务平台和产业技术合作基地。

本文以国家可再生能源中心编制的《2018 可再生能源数据手册》中 38 个国家公布的可再生能源发

展规划作为预测依据，估算中国参与"一带一路"区域市场及国别市场可再生能源装机总量可能达到644.334GW，风电、太阳能总投资可能达到6443.34亿美元；中国参与其中可再生能源市场份额的10%，即有644.334亿美元的投资市场空间。

表15-2所示为中国参与"一带一路"风电、太阳能区域市场装机及投资预测。

表15-2　中国参与"一带一路"风电、太阳能区域市场装机及投资预测

区域	主要区域的资源与市场预测	较低市场目标（占5%）	中等市场目标（占10%）	较高市场目标（占15%）
中巴经济走廊	人口2亿人，预计装机10GW	装机0.5GW，投资5亿美元	装机1GW，投资10亿美元	装机1.5GW，投资15亿美元
孟中印缅经济走廊	人口13亿人，预计装机177.74GW	装机8.887GW，投资88.7亿美元	装机17.7GW，投资177亿美元	装机26.66GW，投资266.61亿美元
中国—中南半岛经济走廊	人口5亿人，预计装机40.1GW	装机2GW，投资20亿美元	装机4.01GW，投资40.1亿美元	装机6.015GW，投资60.15亿美元
中国—中亚—西亚经济走廊	人口2亿人，预计装机10.04GW	装机0.503GW，投资5.03亿美元	装机1.06GW，投资10.6亿美元	装机1.509GW，投资15.09亿美元
中俄蒙经济走廊	人口1.5亿人，预计装机5.5GW	装机0.275GW，投资2.75亿美元	装机0.55GW，投资5.5亿美元	装机0.825GW，投资8.25亿美元
新亚欧大陆桥	人口5亿人，预计装机259.85GW	装机12.99GW，投资129.9亿美元	装机25.99GW，投资259.9亿美元	装机38.98GW，投资389.8亿美元
中非合作机制	人口12亿人，预计装机141.084GW	装机7.05GW，投资70.5亿美元	装机14.10GW，投资141.0亿美元	装机21.16GW，投资211.6亿美元

注：1. 以国家可再生能源中心《2018可再生能源数据手册》为基础，鉴于各国可再生能源发展规划的目标区间不同，统一考虑在2020—2030年内的可再生能源数据。

　　2. 此规划预测方法不考虑跨国别送电安排，不考虑GDP收入水平。

第二阶段（2020—2025年）：用5年左右的时间，建成较为完善的"一带一路"可再生能源投资合作服务、支撑、保障体系，促进实施一批重要可再生能源投资合作项目，进一步提升可再生能源国际发展竞争力。

第三阶段（2025—2030年）：建立全球体系，形成"由点到线、由线到面"的完善的全球可再生能源战略布局，形成与各国、各区域之间互惠互利的全球影响力和竞争力。

表15-3所示为"一带一路"可再生能源国际合作发展目标。

表15-3　"一带一路"可再生能源国际合作发展目标

发展阶段	第一阶段（2018—2020年）	第二阶段（2020—2025年）	第三阶段（2025—2030年）
主要任务	（1）打基础。（2）搭框架。（3）谋全局	（1）建体系。（2）谋根本。（3）提升竞争力	（1）形成竞争力。（2）创新影响力
区域目标	以中巴经济走廊、南亚为基础，积极扩大其他区域的战略布局	壮大印度、非洲可再生能源市场布局	形成完善的全球可再生能源战略布局
国别目标	南亚的重点国别是越南、马来西亚、泰国、菲律宾	（1）南亚的重点国别是印度、印度尼西亚、缅甸。（2）非洲的重点国别是尼日利亚、刚果（金）	建立全球体系，形成全球能力

15.4.3 重点区域及重点国别

"一带一路"可再生能源国际合作的重点策略是以对接东道国能源战略为重点，以形成全方位可再生能源国际合作促进机制为目标，重点抓住新亚欧大陆桥（259.85GW）、孟中印缅（177.74GW）及中非合作机制（141.084GW）的3个100GW级别的重点可再生能源市场开发的战略性发展机遇，以光伏、风电为主线，积极开发生物质、地热能项目，研究共同推进可再生能源合作的实施方案、行动路线图。

在新形势下，重点推进中国周边6条经济走廊可再生能源国际合作，加强可再生能源国际合作机制的环境监管和治理能力建设，提升数字化水平，提升可再生能源国际合作水平。

（1）中巴经济走廊可再生能源国际合作是战略优先项目。中巴经济走廊可再生能源丰富，根据发展指引，到2025年，中巴经济走廊除水电之外的可再生能源装机目标为10GW，包括光伏、风电、生物质、地热等。

（2）孟中印缅经济走廊可再生能源国际合作互信需要加强，合作空间有待开拓。根据发展指引，到2022年，孟中印缅可再生能源规划市场容量为177.74GW。拓展孟中印缅经济走廊可再生能源绿色合作项目，应优先考虑布局太阳能、风能等项目，积极准备条件推进中缅水电国际合作项目。

（3）中国—中南半岛经济走廊可再生能源国际合作布局平稳，态势良好。根据规划指引，中南半岛5个重点国别可再生能源规划装机为40.1GW。中国与中南半岛同源，习俗相近，加强中南半岛国家与广西、云南等区域可再生能源项目合作，潜力巨大。

（4）中国—中亚—西亚经济走廊可再生能源国际合作需要挖掘新需求，创造新模式。根据规划指引，中国—中亚—西亚经济走廊可再生能源规划装机为10.04GW，投资区域太阳能、风能项目，壮大中国—中亚—西亚经济走廊可再生能源国际合作的体量和质量。

（5）新亚欧大陆桥可再生能源国际合作的应用潜力大、空间广。根据规划指引，新亚欧大陆桥区域可再生能源规划装机为259.85GW。新亚欧大陆桥可再生能源投资合作需要把握新亚欧大陆桥贸易通道所延伸的新经济增长点的用能需求，积极布局风电、光伏、地热及清洁发电项目。

（6）中东北非可再生能源国际合作的重点在中东，需要循序渐进推动合作。根据规划指引，非洲中东可再生能源规划装机为141.084GW。中非可再生能源合作需要在区域可再生能源规划的指引下，积极推动中非可再生能源合作。

（7）中俄蒙经济走廊可再生能源国际合作的潜在空间依赖区域输电，整合难度高，根据规划指引，中俄蒙可再生能源装机合计为5.5GW，主要国别是俄罗斯。促进中俄蒙经济走廊可再生能源绿色发展机制建设需要因地制宜，在短期内推进边境区域的可再生能源合作项目，在中长期内选择跨境输送可再生能源的国际合作路径，可促进东北亚能源共同体建设。

（8）重点区域合作的要点。一是中巴经济走廊可再生能源区域合作的重点任务是优化布局、完善机制、改善管理、稳定规模及高质量发展。二是孟中印缅可再生能源国际合作的重点任务是加强对话与交流，积累互信，提升合作的层次和水平等。三是中南半岛可再生能源合作的主要任务是强化中国可再生能源在中南半岛的国际发展及本地化运营，优先注重印度尼西亚、越南、马来西亚、菲律宾等国家的可再生能源投资与合作。四是中非可再生能源合作的主要任务是以EPC总包、电站投资、可再生能源综合服务等为切入点，积极拓展水电、风电、光伏项目。五是中国—中亚—西亚经济走廊可再生能源国际合作的主要任务是创新合作模式，挖掘当地需求，逐步推进风光互补、农光互补、传统能源合作项目，壮大区域可再生能源国际合作规模和可持续发展。六是新亚欧大陆桥可再生能源国际合作的重点是发挥中东欧十六国机制作用，促进太阳能、风能、能源互联网等产业应用项目的发展，以

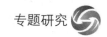

可再生能源助推中东欧经济的可持续发展。七是中俄蒙经济走廊可再生能源国际合作的主要任务是促进区域可再生能源消纳能力，优先发展双方边境地区可再生能源项目，探索建立中俄蒙朝韩日多边可再生能源合作协同机制。

15.5 中国参与"一带一路"可再生能源开发可持续发展的对策建议

15.5.1 规划先行，加强国家平台对接交流，创新"一带一路"可再生能源国际合作

借助国家机制促进可再生能源国际重大项目合作是一项重要的战略选择。中国企业要强化协调，减少单打独斗，充分利用国家间的多双边能源协作、外交渠道，促进"一带一路"可再生能源投建营项目的对接与整合。

在区域合作方面，紧紧抓住国家规划的 6 条经济走廊可再生能源投资合作主线，根据不同区域的实际情况，明确合作方向，具体如下。

（1）中巴经济走廊可再生能源合作要考虑巴基斯坦能源电力供应过快的实际情况，稳固现有可再生能源项目并提质增效，增强已投项目的竞争力、市场适应力。

（2）孟中印缅经济走廊可再生能源合作要以争取合作项目为重点，由点到面，争取互信，寻求伙伴，先打基础，再求壮大发展。

（3）中南半岛经济走廊可再生能源合作要以高质量制造基地增强全球竞争力为重点，扎根当地，强化本土运营，拓展全球。

（4）中非可再生能源国际合作要借助中非合作论坛等平台机制和支持体系，促进中非可再生能源合作重点国别、重点项目的发展，促进中国可再生能源标准走进非洲、落地非洲。

（5）中国—中亚—西亚经济走廊可再生能源合作需要和哈萨克斯坦"光明之路"等国别规划相衔接。

（6）中俄蒙、新亚欧大陆桥、中亚区域的可再生能源合作，要把握区域机制与重点国别机制之间的结合，梳理重点合作项目清单，促进中国参与区域沿线重点国别重大项目落地。

在重点国别合作方面，主要举措如下。

（1）优先促进中国参与中巴经济走廊可再生能源重点国别项目合作。在中巴经济走廊，要以点带面促进可再生能源项目。

（2）促进中国—中南半岛区域可再生能源重点国别项目合作。优先关注越南、马来西亚、泰国等国家光伏、风电、地热及生物质项目合作等。

（3）持续强化孟中印缅区域可再生能源合作项目战略布局。优先关注印度、孟加拉国、缅甸等国家可再生能源合作等。

（4）加快促进与非洲、中东区域的可再生能源合作。重点关注埃及、南非、沙特阿拉伯、阿联酋等国家的可再生能源合作。

（5）促进与中亚—西亚区域可再生能源国别合作。重点关注哈萨克斯坦、土库曼斯坦等国别可再生能源项目合作。

（6）推动与新亚欧大陆桥走廊区域可再生能源合作项目的先期培育，并以英国、法国、波兰等国家海上风电、太阳能光伏合作为重点。

（7）加强与中俄蒙可再生能源合作。重点关注俄罗斯的风电、光伏项目，以俄罗斯为切入点，积

极参与蒙古可再生能源项目开发的前期工作。

15.5.2 促进中中联合、中外联合，抱团拓展"一带一路"可再生能源国际合作

在新形势下，中国可再生能源的国际合作需要加强政府与企业层面的规划与合作，推进跨境联合研究、联合咨询，发挥政策规划以引导合作方向；关键是要创新合作模式，以"EPC+F"为重点的多种形式能源国际合作联合体无缝对接沿线国家的能源发展战略，培育国际合作项目并推动项目落地。

15.5.3 以"产业 + 投资 + 运营"为抓手促进"一带一路"可再生能源国际合作

中国可再生能源企业以先进产能为抓手，灵活采取"贸易+海外投资+运营"或者"海外投资+国际采购+运营"模式，围绕"一带一路"沿线国家推进水电+、核能+、光伏+、风电+、储能+等项目，进而带动可再生能源的贸易、EPC及电站运维等方面"走出去"。

15.5.4 促进形成多种形式的"一带一路"可再生能源融资支持体系

"一带一路"可再生能源融资合作应充分发挥国家开发银行、中国进出口银行、政策性基金、欧洲复兴开发银行等国内及国际金融机构对境外可再生能源项目的协同与联合，促进形成"一带一路"可再生能源多渠道融资体系和长效机制；推动中国金融机构、国际金融机构创新融资模式，融资推动"一带一路"可再生能源项目的可持续发展。

15.5.5 以标准与认证国际合作为切入点，推动中国标准"走出去"

争取中国标准在可再生能源国际合作中的话语权，促进形成中国牵头、国际参与的"一带一路"可再生能源国际合作的标准及规范指南互认体系建设，形成多层次、国际化的可再生能源国际标准合作体系。

15.5.6 以智能运维为突破口，促进"一带一路"可再生能源数字化能力建设

数字化建设是中国企业提升境外可再生能源电站项目竞争力的核心。促进数字化能力建设可提升中国企业参考可再生能源项目时的规划、设计、建设、投资及运营等水平。

15.5.7 发挥行业组织的积极作用，聚合国内外力量

协力推动"一带一路"可再生能源绿色发展促进行业组织与"一带一路"沿线国家的利益相关者建立多种多样的联系，并帮助企业获取跨境投资项目需求信息、资源交流。

第16章 推动"一带一路"亚洲重点国家绿色电力投资

创绿研究院

16.1 "一带一路"绿色电力投资的背景

自20世纪50年代以来,以化石燃料为主的能源生产与消费推动了全球经济的腾飞,但对当地大气、地下水以及生态环境造成了严重的污染与影响,其温室气体排放也使气候变化问题加剧。随着全球经济发展方式的转变及环境约束的增强,全球能源生产与消费结构正在升级,能源合作尤其是电力投资正在向绿色、低碳、清洁方向转型。

作为世界第二大经济体和最大的碳排放国,随着国内工业化与城镇化进程的加速,以及通过"走出去"和双多边合作更加积极地参与全球投资、贸易与金融活动,中国在全球的生态足迹与碳足迹将日益增加。其中,中国电力对外投资活动将对投资所在国的低碳发展路径及其环境与气候保护目标带来不容忽视的影响。因此,中国电力对外投资项目开发首先需要确保项目具有环境与社会可持续性,减少对项目所在国的环境和社会造成不利影响。其次,由于项目周期较长,电力对外投资项目需要避免因采用高碳高排放的落后技术将项目所在国锁定在高碳排放的发展路径上,确保投资活动与全球气候保护目标相协调。

16.1.1 中国绿色政策要求

中国通过粗放型发展实现了经济的快速发展,但随之而来的资源短缺、生态环境退化,以及环境污染需要中国经济从规模速度型粗放增长转向质量效率型集约增长。中国是受极端天气和灾害影响最严重的国家之一,同时还面临国内治理空气污染、保障能源安全、经济结构转型等发展需要。对此,中国先后制定了生态文明建设与环境保护系列政策要求,推动经济转型升级,实现低碳可持续发展。

中国已经将生态文明建设纳入国家宪法及顶层政策规划。党的十八大以来,中国提出生态文明建设和生态环境保护系列要求。国家"十三五"规划首次纳入生态文明建设。党的十九大期间,习近平总书记指出,要提高污染排放标准,强化排污者责任,健全环保信用评价、信息强制性披露、严惩重罚等制度。构建以政府为主导、企业为主体、社会组织和公众共同参与的环境治理体系。积极参与全球环境治理,落实减排承诺。2018年3月,第十三届全国人民代表大会第一次会议表决通过《中华人民共和国宪法修正案》,将生态文明建设纳入《中华人民共和国宪法》第八十九条第六项。

为应对气候变化引发极端天气的不利影响,中国制定了2030年温室气体控排目标。展开气候变化行动是全球责任,更是中国基于自身利益的考量。中国在2015年向《联合国气候变化框架公约》秘书处提交了国家自主贡献(NDC)方案,承诺二氧化碳排放量在2030年左右达到峰值并争取尽早达峰;单位国内生产总值二氧化碳排放量比2005年下降60%~65%,非化石能源占一次能源消费比重达到20%左右。

为应对大气污染,保障能源安全与低碳转型,中国正在大力推进清洁能源革命,淘汰落后产能。

2013 年国家出台了有史以来最严的"大气十条"，控制煤炭消费总量，严格投资项目节能环保准入，并严格限制在生态脆弱或环境敏感地区建设"两高"行业项目。2014 年中国提出能源消费、能源供给、能源技术和能源体制 4 个方面的"能源革命"，并于 2016 年发布《能源生产和消费革命战略（2016—2030）》（以下简称《战略》），该《战略》提出能源消费总量控制在 50 亿吨标准煤以内，煤炭消费比重进一步降低，非化石能源占 15%。2018 年，可再生能源新政密集落地，促进清洁能源消纳。2018 年，两部委印发了《关于提升电力系统调节能力的指导意见》，旨在实现中国提出的 2020 年、2030 年非化石能源消费比重目标，保障电力安全供应和民生用热需求。国家能源局也公布了《可再生能源电力配额及考核办法（征求意见稿）》（以下简称《办法》），该《办法》明确了 2018 年和 2020 年各省的可再生能源电力总量配额指标，以解决水电、风电、太阳能发电的电网接入和市场消纳问题。

通过建立绿色金融政策体系并发起海外投资环境风险管理倡议，中国积极引导和撬动公共和私营资金在国内外投资活动中流向绿色领域。"十三五"发展规划首次纳入绿色金融。中国银监会于 2012 年发布了《绿色信贷指引》，第二十一条要求银行业金融机构应当加强对拟授信境外项目的环境社会风险管理，确保项目发起人遵守项目所在国家或地区有关环保、土地、健康、安全等相关法律法规。对拟授信的境外项目公开承诺采用相关国际惯例或准则，确保对拟授信项目的操作与国际良好做法在实质上保持一致。

2017 年 9 月 5 日，由中国金融学会绿色金融专业委员会、中国投资协会、中国银行业协会等机构共同向参与对外投资的中国金融机构和企业发起《中国对外投资环境风险管理倡议》（以下简称《倡议》）。《倡议》鼓励企业充分了解、防范和管理对外投资项目涉及的环境和社会风险，强化环境信息披露，利用绿色融资工具和环境责任保险，推动贸易融资和供应链融资的绿色化，加强环境风险管理方面的能力建设。

16.1.2　国际环境：可持续发展议程和《巴黎协定》及国际清洁能源转型趋势

2015 年联合国可持续发展峰会上通过了《变革我们的世界：2030 年可持续发展议程》（以下简称《议程》），并提出了 17 个可持续发展目标（SDGs），其中目标 7 是确保人人获得负担得起的、可靠的和可持续的现代能源，并指出应对气候变化是消除极端贫困与不平等，实现可持续发展的必要条件。

2015 年年底巴黎气候大会通过的《巴黎协定》明确提出控制全球平均气温比工业化前水平升高幅度不超过 2℃，努力限制在 1.5℃ 以内；并首次要求资本流动要符合低碳和气候适应型发展的路径。各国分别根据自己的国情制定了自主贡献方案（NDC），作为落实《巴黎协定》长期目标的主要行动方案。SDGs 与《巴黎协定》为全球经济去碳化制定了长期目标，但若要落实《巴黎协定》需要每个国家在国内行动与国际合作方面不断提高行动目标。目前各国提出的 NDC 目标并不足以实现《巴黎协定》的 2℃ 温控目标，更不用提 1.5℃。研究显示，到 2030 年，落实现有 NDC 后全球碳排放水平与 2℃ 目标所要求的排放水平相比将高出 110 亿～135 亿吨/年。

落实人人享有可负担的清洁能源将成为全球能源发展的主要驱动力之一。SDGs 提出，到 2030 年，确保人人都能获得负担得起的、可靠的现代能源服务。目前全球超过 10 亿人口面临缺电问题，主要集中在非洲、印度及亚洲其他发展中国家。到 2040 年时，电力会占到最终能源消费增量的 40%，相当于石油在过去 25 年能源消费增长中的占比。

全球能源结构正经历快速转型期，可再生能源加速发展，化石能源需求疲软。根据 SDG 目标，到 2030 年，大幅增加可再生能源在全球能源结构中的比例。

国际能源署（IEA）报告显示，2015 年可再生能源已经超过煤炭，成为全球范围内发电装机容量的最大来源，这一趋势在 2016 年进一步明显。英国石油公司（BP）指出，2016 年可再生能源在所有

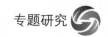

能源中增幅最大，达到创纪录的 12%。风电和太阳能占可再生能源增长的一半以上。

　　研究显示，随着中国严格限制新建煤电项目及印度私营资本从煤电撤资，全球煤电建设速度连续两年大幅缩减。中国自 2016 年起共计有 444GW 煤电项目被暂停，以解决电力行业产能过剩的问题。IEA《2017 世界能源展望》预计，2018—2040 年，全球新增的燃煤发电装机将只有 400GW，其中大部分新增装机量是如今在建的。

　　图 16-1 所示为 2001—2015 年全球可再生能源和非可再生能源新增装机容量。

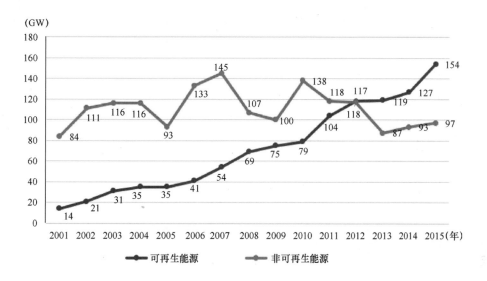

图 16-1　2001—2015 年全球可再生能源和非可再生能源新增装机容量

（数据来源：IRENA。注：可再生能源包括太阳能、风能、水电、海洋能、地热能和生物质能）

图 16-2 所示为可再生能源发电量在总发电量中的占比。

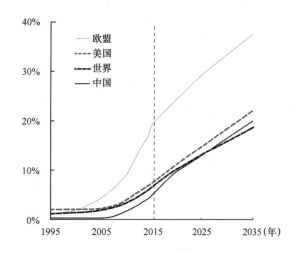

图 16-2　可再生能源发电量在总发电量中的占比

　　各国政府与工商界从煤电撤资的趋势日益显著。为落实 SDGs 与《巴黎协定》的目标，2017 年 9 月英国政府宣布在 2025 年前淘汰现有煤电厂。英国已经关闭多家火电站或将其转为使用生物能源发电，并于 2017 年 4 月 21 日创造了自工业革命以来全天零燃煤发电的纪录。

　　研究显示，大部分 OECD 国家在逐步摆脱对煤电的依赖。加拿大和法国已经宣布淘汰煤电。到

2030 年，芬兰将实现可再生能源占比超过 50%的目标。除了各国政府，工商界也在逐步从煤电撤资。2015 年挪威主权财富基金（NPF）宣布从 2016 年起终止对涉煤业务收入占比超过 30%的公司进行投资，这个规模达 9000 亿美元的世界最大主权财富基金此次撤出资金高达 55 亿美元，包括中国神华、德国莱茵集团、美国杜克能源公司、澳大利亚能源公司等企业均面临撤资风险。

得益于技术成本下降，全球对风能和太阳能的投资总体呈上升趋势。190 多个国家通过的 SDGs 提出，到 2030 年，加强国际合作，促进获取清洁能源的研究和技术，包括可再生能源、能效，以及先进和更清洁的化石燃料技术，并促进对能源基础设施和清洁能源技术的投资。可再生能源发电装机的投资量已连续 5 年是化石能源发电装机投资的两倍，对太阳能和风能的投资约占总投资的 94%。2015 年，发展中国家的可再生能源投资额首次超过发达国家，中国和印度是主要贡献者。

16.2 "一带一路"中国电力对外投资

16.2.1 中国电力行业对外投资现状

随着国内电力市场趋于饱和及"一带一路"倡议的逐步推进，中国电力企业加快了"走出去"的步伐。近几年，中国电力行业对外投资显著增加。中国电力企业联合会发布的《中国电力行业年度发展报告 2017》显示，截至 2016 年，"一带一路"建设投资成为投资亮点，我国电力企业已在 52 个"一带一路"沿线国家开展投资业务和项目承包工程，其中大型承包项目 120 个，涉及国家 29 个，合同金额 275 亿美元。

中国"走出去"的电力企业对外投资形式主要为对外直接投资、对外工程承包与电力设备和技术出口。2015 年，我国直接对外投资的 68 例重点电力项目涉及输变电、火电、水电、新能源、矿产资源等多个领域，其中 3000 万美元以上投资项目中，输变电项目 4 例，火电项目 5 例，水电项目 7 例，风电项目 3 例，其他类型 4 例。从地区来看，2015 年电力投资主要分布在南美洲、亚洲、欧洲、非洲等地区，其中巴西 8 例，越南、老挝与中国香港地区各 2 例，法国、巴基斯坦、俄罗斯、印度尼西亚、加拿大、南非、缅甸、纳米比亚和以色列等地均有 1 例。对外承包项目领域主要集中在火电站、输变电、水电站、市政工程等能源与基础设施项目。2015 年，中国电力企业主要以 EPC 总工程承包模式开展传统燃煤电厂及清洁能源（核能、风电）等项目。电力设备和技术出口规模增长较快。设备出口及技术服务地区主要集中在亚洲、非洲、欧洲、南美洲等地。2015 年，我国电力设备和技术出口金额为 136.59 亿美元，同比增加约 153%。

可再生能源在中国电力对外投资中的比例逐渐上升，中国成为世界可再生能源投资的引领者。2015 年，中国的电力企业海内外可再生能源投资总额达 1029 亿美元（除了大水电），比 2014 年增长 14%，占全球投资总额超过 1/3。过去几年，随着可再生能源成本的下降，以及国际社会对低碳能源的重视程度提高，国内企业的投资逐步向可再生能源领域倾斜，其投资规模从 2012 年的 250MW 迅速增长到 2015 年的 1546MW，涨幅近 6 倍。根据美国的能源经济和金融分析研究所的数据，在海外清洁能源项目领域，中国电力企业 2016 年投资的高于 10 亿美元的项目价值总和为 320 亿美元，2017 年再次创下历史新高，达 440 亿美元。在"一带一路"框架下，中国出口的太阳能设备已达 80 亿美元，超过美国和德国，成为世界第一大环境商品和服务出口国。

中国煤电对外投资项目集中在南亚和东南亚。据统计，截至 2016 年年底，中国在"一带一路"沿线 20 多个国家以各种方式参建的煤电项目超过 240 个，总装机达到 25 万兆瓦。从地理分布来看，南亚和东南亚是中国煤电海外投资项目的重点地区，特别是印度、印度尼西亚、巴基斯坦、老挝等国家。

尽管这些国家在逐步提高在建和新建火电厂的平均能效，但一半以上的已建和在建项目均采用效率较低的亚临界机组。

中国在"一带一路"沿线地区开展电力输配合作。在"一带一路"倡议下，中国已与俄罗斯、蒙古、吉尔吉斯斯坦、越南、老挝、缅甸等实现电网互联互通。同时，电网行业正在研究与巴基斯坦、尼泊尔、哈萨克斯坦等国电网互联及东北亚电网互联的可行性。国家电网公司已建成中俄、中蒙、中吉等十条跨国输电线路，并在埃塞俄比亚、波兰、缅甸、老挝等国家展开电网项目。

16.2.2　中国电力行业对外投资的风险与挑战

电力行业"走出去"的过程中，仍存在诸多风险与挑战。例如，投资高碳行业的产能合作、高碳强度、技术陈旧的工业设施及服务于高碳强度产业的基础设施有可能将项目所在国锁定在一条与全球气候保护目标相违背的高碳道路上。同时，随着全球气候变化和极端事件突发，气象灾害的强度、频度和范围都随之发生变化，给对外投资项目的工程技术标准和安全运行等带来新的挑战。

首先，气候变化导致的极端天气事件有可能对电力基础设施项目造成不利影响，进而使项目遭受财务损失。工商界已连续 3 年将气候变化相关风险列为威胁经贸活动与金融系统稳定的最大风险之一。在《2018 全球风险报告》中，世界工商界领袖将极端天气等 3 个与气候变化相关的风险列为发生概率最大的前 5 个风险。而在影响力最大的 5 个威胁中，有 4 个与气候变化相关，分别是极端天气事件、自然灾害、气候变化与应对措施失败及水资源危机。"一带一路"沿线国家基础设施相对落后，易受气候变化的不利影响。

以越南为例，极端暴雨、洪水及海平面上升对越南电力运行、输配电系统、油井设备及油气管道等造成不利影响。由于异常的降雨，水电站蓄水池无法有效调节水位，进而威胁低地地区。降雨与暴雨会导致泥石流，损毁堤坝和水电站系统，造成大范围的环境影响。

其次，对外投资项目有可能因为投资所在国不断提升的气候保护目标与环境标准而面临政策与声誉风险。"一带一路"沿线国家地形复杂、水土流失较为严重，生态环境敏感，气候变化和生物多样性保护给对外投资项目增添了新的挑战。"一带一路"沿线国家的生物多样性丰富，具有国际重要性的濒危和迁移物种较多，重要保护区和栖息地众多，易与项目工程冲突。对外投资项目由于不熟悉投资所在地的环境、气候等法律法规，导致其项目面临合规风险，甚至有可能因当地社区的抵制而遭受巨大的经济损失和名誉损失。

最后，中资金融机构的环境风险评估和管理尚处于发展阶段，需要进一步改进和完善。研究显示，环境风险评估主要依赖于环保部门的环境评价，内部尚未建立系统的环境风险评价及管理的有效制度、流程和标准。同时，也缺乏转移环境风险的金融创新产品等。中国参与或主导的金融机构在海外环境与社会风险应对上的信息披露并不充分，现有管理机制也不健全。

一般来讲，根据大型国有控股商业银行每年发布的企业社会责任报告，大多会提及其海外投资所造成的环境和社会影响，并介绍自身已承担的责任，如对投资所在国，特别是发展中或欠发达国家，开展或支持的慈善活动。从这点来看，环境及社会影响的考量更多还是被金融机构列为在主营金融业务之外的履行社会责任的表现，并没有将其上升到一定需要重视管理的风险部分。对已纳入风险考量的机构来讲，也缺少对此类风险的进一步识别和管理。

16.3　推动"一带一路"亚洲电力投资绿色化

"一带一路"倡议的定位是构建"绿色、健康、智力、和平"的丝绸之路，并提出强化基础设施绿

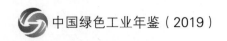

色低碳化建设和运营管理，在建设中充分考虑气候变化影响；在投资贸易中突出生态文明理念，加强生态环境、生物多样性和应对气候变化合作，共建绿色丝绸之路。

在"一带一路"倡议的实施过程中，中国电力企业将加快"走出去"的步伐。"一带一路"倡议沿线国家多处于发展阶段，其基础设施建设在未来几十年的资金需求巨大，主要来自中亚、东亚、南亚、北非等地区，涉及铁路、港口、高速公路、电网、能源基础设施，尤其是运输通道、跨境电力和输电通道等。与此同时，这些国家也面临生态环境脆弱、能源利用效率低、碳排放强度高、工业集中的城市空气污染严峻等挑战。作为"一带一路"倡议的重点合作领域之一，中国电力行业的对外投资活动与产能合作及共建绿色丝绸之路面临统筹环境保护、应对气候变化及能源转型的严峻挑战。

中国作为《巴黎协定》的积极促成者和签署国，以及全球生态文明建设与应对气候变化的参与者、贡献者与引领者，其投融资活动应该与《巴黎协定》的目标一致，将气候变化应对纳入"一带一路"倡议建设的整体战略规划层面。在此背景下，2017 年 5 月 14—15 日，中国在北京主办"一带一路"国际合作高峰论坛，倡议建立"一带一路"绿色发展国际联盟，为相关国家应对气候变化提供援助。会前，中国环境保护部等四部委联合发布了《关于推进绿色"一带一路"建设的指导意见》，对绿色"一带一路"建设的目标、顶层设计等做出战略性的规划和指导，推进绿色投资、绿色贸易和绿色金融体系发展，为绿色"一带一路"建设提供政策支持。

16.3.1 亚洲电力行业现状

"一带一路"沿线多为发展中和欠发达国家，电气化水平和人均用电量仍然较低，亚洲地区尤甚。其中，南亚有 5 亿人口目前仍然缺少电力供应，据世界银行统计，2016 年"一带一路"沿线国家人均用电量为 1453 千瓦时/年，南亚人均用电量仅为 752 千瓦时/年，远低于 2828 千瓦时/年的世界平均水平；而东南亚缺电人口虽然从 2000 年以来已经下降了 2/3，但仍有 1.2 亿人口生活在没有电力的环境中，占世界人口的 20%。如何以可承受的价格满足不断增长的电力需求是这些区域的国家首先需要考量的问题。

据 IEA 预测，2016—2040 年"一带一路"沿线电力投资规模约 6.11 万亿美元，占世界的 31%，其中南亚电力投资规模最大，为 2.83 万亿美元，其后是东南亚。

现阶段，亚洲的能源结构以化石燃料为主，伴随经济增长的是日益严重的空气污染，不断威胁公众健康。以东南亚为例，该地区超过 44% 的电力来源于天然气发电，而石油、煤炭分别贡献 6% 和 32% 的电力。尽管东南亚火电厂的平均能效将逐步增加，但效率较低的亚临界技术将应用于超过一半的燃煤电厂，对低效燃煤的依赖导致亚洲面临严重的空气污染。据 WTO 测算，2013 年全球有大约 550 万人因室外或室内空气污染导致的疾病而过早死亡，空气污染导致的主要损失在亚洲等发展中经济体上，严重阻碍经济发展。因此，亚洲区域需要考虑清洁电力发展，以解决城市的空气污染问题，加速低碳城市建设。

许多亚洲发展中国家的可再生能源潜力巨大，但由于建设能力缺乏、环境问题、审批缓慢、能源价格偏低及融资困难等问题，可再生能源仍处于起步阶段。例如，印度尼西亚拥有全世界 40% 的地热资源，但在地热能的利用方面却进展缓慢。此外，亚洲国家电力输配过程损耗较大，其中缅甸、柬埔寨及印度尼西亚网损率超过 10%。南亚地区网损率为 7.88%～24.99%。电网基础设施不完善也限制了电力普及与清洁转型进程。

16.3.2 《巴黎协定》对亚洲重点国家电力发展趋势的影响

清洁电力转型是亚洲国家实现《巴黎协定》目标的关键，未来 20 年至关重要。降低能源利用的二

氧化碳排放是实现《巴黎协定》目标的必要条件，电力和供热行业的排放贡献了全球碳排放量的 25%，是温室气体减排领域的重点行业。在各国实现《巴黎协定》以及提升 NDC 目标的进程中，电力行业将受到愈加明显的减排压力。亚洲是未来全球碳排放量增长最快的地区，亚洲发展中国家占全球能源需求增长的 2/3，印度和东南亚是贡献于全球能源增长的巨擘。

1. 《巴黎协定》背景下亚洲地区电力发展总趋势

为落实《巴黎协定》目标，亚洲发展中国家可能会制定更有雄心的国家低碳发展规划，提升相关环境标准。为弥合实现《巴黎协定》长期气候保护目标的减排差距，各国将通过全球盘点，每 5 年评估一次全球减排进程与 2℃目标所需的减排量的差距，为各国在新的 NDC 中制定更高的目标提供参考。随着全球盘点，各国将不断提升其国家自主贡献方案的雄心，并倒逼该国环境与气候标准的提升。这将加速该国的清洁能源转型进程。

可再生能源发展是落实《巴黎协定》的重点领域之一，且增长中心向亚洲转移。IRENA 研究显示，109 个国家在 NDC 中提出了发展可再生能源的具体目标。一些国家制定了具体的装机目标，全球太阳能市场装机容量潜力将达到 232GW，其中中国与印度分别计划发展 100GW 太阳能，并分别发展 100GW 和 60GW 的风能。

IEA《世界能源展望 2017》报告显示，到 2040 年，可再生能源会成为成本最低的新增发电能源，占全球电厂投资的 2/3。届时太阳能将成为最大的单一低碳发电能源，而可再生能源在总发电量的占比将达到 40%。大部分新增的可再生能源装机量集中在亚洲，其中中国将是未来 20 年可再生能源最大的增长源，其增量可超过美国和欧盟的总和。

新建煤电项目需要采用清洁高效技术，并将应用碳捕集与封存技术（CCS）纳入煤电项目的考量，以避免因环境标准提升而面临财务损失的风险。目前各国对包括煤电在内的火电厂主要控制 SO_2、NO_x、烟尘和汞及其化合物等排放污染物，这些污染物也会造成严重的空气污染。为减缓空气污染对公众健康的威胁，未来煤电技术的清洁利用是大趋势。此外，《巴黎协定》提出在 21 世纪下半叶实现温室气体排放源与汇的平衡。由于煤电项目周期较长，已建成和新建的燃煤电厂项目将面临愈加严格的碳减排要求，不可避免地需要应用碳捕集利用及封存（CCUS）技术。

能效提升与发展智能电网将成为趋势。截至 2016 年，一共有 107 个国家在 NDC 中列出了不同的能效提升投资。提升能效将有效控制能源消费增长规模，进而压缩新增产能规模和投资需求。为了满足能源获取、清洁能源转型的需求，以及实现可再生能源发电占比提升的目标，发展中国家需要大力发展智能电网，推动各国实现人人享有可靠的低碳能源的目标。

越来越多的国际投资者正逐步从化石燃料行业撤资。来自 76 个国家的投资者和机构先后承诺将高达 5 万亿美元的资产从化石燃料产业撤出，以规避搁置资产风险。自 2015 年成立突破能源联盟后，马云与比尔·盖茨等商界领袖于 2016 年年底成立了资金超过 10 亿美元的突破能源基金，推动全球从根本上改变能源利用模式，构建零碳排放的未来。

2. 《巴黎协定》对亚洲重点国家电力发展趋势的影响

（1）印度尼西亚（印尼）。印尼是世界第三大热带森林国家，森林砍伐严重。土地利用性质改变及火灾是印尼温室气体排放的主要原因。目前印尼的电力装机结构以煤电为主（56.1%），可再生能源发电量占比为 10.4%，大部分来自水电和地热。印尼电力供给成本高且不稳定，用电普及率不到 75%，且主要集中在国家的经济增长中心。由于能力建设缺乏、环境问题、审批缓慢以及能源价格偏低等，印尼在推广可再生能源利用方面进展比较慢，尤其是地热能。提升能效措施的落实缓慢，几乎所有主

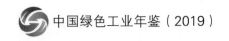

要经济部门的节能情况都比潜力低 10%～35%。

印尼 NDC 的目标包含自己无条件实现的目标及在得到国际支持的情况下可以实现的有条件目标。无条件减排目标为：与 BAU 情景相比，到 2020 年无条件减排 26%，到 2030 年减排 29%。有条件减排目标为：如果得到充分的国际支持，到 2030 年，印尼实现比 BAU 情景减排 41%。

落实其气候目标的措施包括提高能源效率、转变能源消费模式和发展可再生能源等。印尼在提出 NDC 目标后，国家电力规划文件《国家电力发展总计划（RUKN）》《PLN 电力供应商业计划（RUPTL）》分别将印尼新能源和可再生能源占比目标从原来的 23% 提升到 25%。印尼计划到 2020 年实现全国通电，确保所有人的能源可及。RUPTL 计划指出，为满足印尼年均 6.7% 的经济增长，印尼需要在 10 年内新增装机 80.5GW，年均增加 8GW。到 2025 年，包括水电、地热、垃圾发电、太阳能等在内的新能源要占印尼整个电力装机的 25%，其中水电在新能源中占比为 52%，计划新增装机 13000MW。

（2）越南。随着人口增长、生活水平提高及经济发展，越南能源需求将逐年增加。在 NDC 中，越南承诺到 2030 年温室气体排放比基准线情景减少 8%，与 2010 年相比，单位国内生产总值的碳排放强度将下降 20%；如果得到国际资金和技术的支持，越南相较于基准线情景的温室气体减排目标可以提高到 25%，单位国内生产总值碳排放强度比 2010 年下降 30%。越南 NDC 预测未来将以煤电、水电和天然气满足主要的能源需求，并逐步由核电和可再生能源进行替代。

根据 NDC 目标，2016 年 3 月越南政府批准了《第七个越南电力发展规划（2011—2020 年）》的修订。修订后的规划调低了电力需求增长预期，将煤电的装机规模从原来计划的 76GW 降低到 55GW，并鼓励利用太阳能、生物质能和地热能等可再生能源发电。

越南在未来 15 年里仍将主要依靠新增燃煤机组满足大部分新增电力需求，而且目前越南电力排放标准和燃煤发电效率较低。若要落实《巴黎协定》温室气体排放控制目标，越南需要以更高的火电技术标准满足其新增电力来源，减少煤电带来的碳排放影响。此外，新建煤电项目需要将未来应用 CCS/CCUS 技术对煤电厂规模和建设场地的要求纳入考量。根据 EVN（越南电力集团）报告，未来几年，越南将建设配备先进技术的新增发电项目和电力传输与分配系统项目，并鼓励与国外投资者就设备生产与供应、电厂和电网的维修与维护服务、智能电网与可再生能源的研究与开发方面展开合作。

（3）印度。2015 年 10 月印度向《联合国气候变化框架公约》秘书处提交的国家自主贡献方案（NDC），承诺到 2030 年，实现单位 GDP 碳排放强度比 2005 年水平下降 33%～35% 的目标；非化石能源装机在总装机量（约 400GW）的占比达到 40% 左右。印度落实 NDC 目标的措施包括：在火力发电中应用更有效更清洁的新型技术；促进可再生能源发电，增加能源结构中替代能源的占比；提升经济部门，尤其是工业、交通、建筑与家电的能源效率；发展具有气候韧性的基础设施建设。印度强调减缓和适应计划的成功落实需要发达国家在技术转让和能力建设上给予支持。

印度非化石能源占比目标主要由发展可再生能源实现。印度计划到 2022 年，实现可再生能源装机量增加到 175GW（不包括大水电）的目标，其中太阳能装机量为 100GW，风电装机量为 60GW，其他由生物质能等贡献。2016 年 12 月，印度政府发布《第三个国家电力规划（NEP3）》（2017—2027）草案，以落实印度 NDC 目标。NEP3 提出，到 2027 年印度非化石能源装机量占比将达到 56.5%，高于此前 NDC 的 2030 年装机占比目标。

16.3.3 亚洲重点国家绿色电力投资的需求、风险及挑战

1. 亚洲绿色电力投资需求综述

总体而言，亚洲地区电力部门基础设施投资需求巨大。由于亚洲地区缺电人口众多，为普及电力

供给，投资需求巨大。亚洲开发银行报告显示，2016—2030 年，亚太地区基础设施投资需求约为 22.6 万亿美元，其中 51.8%来自电力行业，达到 11.7 万亿美元。南亚和东南亚是亚洲基础设施投资需求最大的两个地区，分别为 9.84 万亿美元和 3.8 万亿美元。

亚洲是全球可再生能源投资需求最大的地区。根据 REN21《2017 全球可再生能源现状报告》，预计 2015—2021 年，太阳能光伏的成本下降 1/4，陆上风力发电成本下降 15%。IRENA 报告显示，各国 NDC 中可再生能源发展投资需求达到 1.7 万亿美元，其中 70%用于该国须无条件实现的目标。仅亚洲地区的可再生能源投资需求就达到 1.1 万亿美元，是全球需求最大的地区。对于新增煤电规模较大的国家，提升燃煤发电效率，优化技术水平是未来的趋势。许多发展中国家 NDC 规划中仍大力发展煤电。但为落实《巴黎协定》温控目标，许多新建煤电项目需要采用高效低排的最新煤电技术，控制新增煤电带来的碳排放增幅。此外，新建煤电项目需要将未来应用 CCS/CCUS 技术对煤电厂规模和建设场地的要求纳入考量。

高效低排煤电技术是煤电项目合作重点。随着应对气候变化和治理空气污染力度加大，亚洲国家煤电能效标准会逐步提高。现有落后的煤电机组需要被淘汰或升级改造，新建煤电项目需采用超超临界、超临界的高效煤电技术。中国在清洁煤技术上处于世界领先位置，中国电力行业对外投资在此领域的市场空间广阔。

建设因地制宜的智能电网的需求巨大。绿色电力投资还需要着眼电力输配建设，因地制宜地推动跨国电网互联互通，建设以特高压电网为网架、输送清洁能源为主导的智能电网。研究显示，2016—2020 年期间，"一带一路"沿线相关国家的电力装机需求约为 4.2 亿千瓦，将拉动电源电网建设投资超过 1.2 万亿美元。

2．中国对亚洲重点国家电力投资的机遇与风险

上文分析了《巴黎协定》对印度尼西亚、越南和印度三国电力发展的影响，以及亚洲区域电力投资的整体趋势，下面对在这 3 个国家展开电力投资的机遇和风险做进一步阐述。

（1）印度尼西亚。由于 NDC 目标将于 2023 年其每 5 年基于全球盘点的信息而逐步提升，未来印尼政府有可能会提高环境与气候标准。作为气候脆弱性最高的发展中国家之一，印尼已经根据现有 NDC 目标降低了国内电力发展规划中对于新增煤电装机的目标。随着全球应对气候变化力度的增加，印尼政府有可能随着《巴黎协定》5 年全球盘点机制逐步增强其减排目标与环境标准。

印尼电力缺口较大，煤电是其满足新增电力需求的主要电源，但技术标准提升空间较大。为普及电力供给，其电力总投资需求约为 1537 亿美元，所需 IPP 投资超过 1000 亿美元（按照 70%新增装机由独立发电商 IPP 投资来考虑）。煤电是目前主要的电力供应来源，也是满足其新增电力需求的主要电源。但煤电技术较低，需要获得高效低排的技术与运维经验，以控制其大力发展煤电而造成电力行业的碳排放增长趋势。

印尼地热能发展前景广阔，分布式可再生能源可提升其独立电网供电能力。印尼得天独厚的地理位置，使其拥有丰富的太阳能、生物质能及地热能资源，其中地热能潜能世界第一，仍待进一步开发。分布式可再生能源可以有效提升为印尼 600 多个独立电网供电的能力，解决缺电问题。

"千岛之国"需要新建满足复杂地理环境的电网基础设施，提高电力普及程度。DG Electricity 2015 年预测，印尼需要 109 亿美元用于建设电力传输基础设施、84 亿美元用于建设配电站。具体而言，到 2024 年，印尼将新建 59272km 的输电线路和 145399MVA 的变电容量，其中包括爪哇—巴厘岛的 500kV 和 135kV 输电网，东印尼和西印尼的 500kV、275kV 和 70kV 的输电网。

（2）越南。越南电力投资需求巨大。根据 2016 年修订的国家电力发展总体规划的预测，2014—2030

年电力资源开发和电网投资需求约为 1306.4 亿美元，其中发电投资需求为 941.2 亿美元。到 2020 年，独立电力生产投资需求达 80 亿美元，BOT 投资需求为 164 亿美元。

越南将大力发展煤电，为实现减排目标，越南提升燃煤发电效率势在必行。尽管越南在修订的电力发展规划中减少了新增燃煤发电装机规模，未来 15 年里越南将主要依靠新增燃煤机组满足大部分新增电力需求。目前越南电力排放标准和燃煤发电效率较低。中国具有煤电清洁技术优势，可以通过产能合作，采用高效低排的最新煤电技术，以更高的火电技术标准满足其新增电力来源，减少煤电带来的碳排放影响。此外，新建煤电项目需要将未来应用 CCS/CCUS 技术对煤电厂规模和建设场地的要求纳入考量。

越南可再生能源发展潜力巨大。IFC 研究预测，到 2030 年越南的可再生能源投资需求约为 590 亿美元，其中光伏项目和小水电项目的投资需求分别为 310 亿美元和 190 亿美元。

（3）印度。印度可再生能源发展前景巨大。印度计划到 2022 年实现 175GW 可再生能源装机量的目标，2017 年全国可再生能源装机量仅达到 50GW。其中分布式可再生能源可以缓解偏远地区因电网基础设施不完善而面临的电力供应短缺。这为中国可再生能源企业"走出去"提供了巨大的机遇。

印度新增燃煤发电装机规模有限，且清洁利用技术是煤电合作重点。印度在 2025 年前不需要新增燃煤电厂，而随着应对气候变化和治理空气污染力度加大，印度煤电减排要求和能效标准会逐步提高。现有落后的煤电机组需要被淘汰或升级改造，新建煤电项目需采用超超临界、超临界的高效煤电技术。中国在清洁煤技术上处于世界领先的位置，中印双方在此领域合作空间广阔。

印度电价很低，投资回报风险较高。印度燃煤供应紧张，上网电价比较低，煤电厂利润难以保证，当地的电力企业常常面临亏损。中国企业对印投资煤电时需要谨慎。

建设智能电网基础设施空间较大。印度电力基础设施建设落后，总体供电状况仍不稳定，电网输配电损耗率高，电力设备和电力线路老化严重，且偷电现象普遍。印度在输配电环节的损耗率高达 24.99%，部分地区的输配电损耗率甚至超过 50%。中国在特高压输电技术即 1000kV 及以上交流和 ±800kV 及以上直流输电技术已处在世界领先地位，为中国企业对印度投资打下了坚实的基础。

16.4　结论与建议

在应对气候变化、实现可持续发展目标的国际背景下，全球电力行业正在从传统基于化石能源的电源建设向以构建清洁、可再生能源全产业链的方向转变。中国已成为全球生态文明建设与应对气候变化的参与者、贡献者与引领者，需要把经济与气候领域的发展目标相结合，确保投资战略与《巴黎协定》长期气候目标相匹配。基于自身低碳发展进程中在机制建设、政策规划、资金与技术方面积累的经验与教训，中国可以帮助通过绿色电力投资，带动沿线发展中国家探索一条可持续发展道路，构建"绿色"丝绸之路，共同落实《巴黎协定》中的长期气候目标。中国在"一带一路"沿线国家电力行业投资活动中，需要将投资所在国中短期电力规划纳入前期投资规划与考量，避免因投资所在国清洁电力转型目标提升产生的投资风险，并识别出电力投资的新机遇。对于参与"一带一路"对外投资的金融机构和企业，在亚洲区域进行电力投资时需关注以下方面。

（1）了解气候变化的发生对投资所在地电力基础设施的影响，并将其纳入项目可行性评估体系；了解该国为落实《巴黎协定》和国家自主贡献方案对电力行业发展的影响，合理评估新增发电容量，避免因气候与环境标准提升而使项目运营和汇报造成损失。

（2）大力推进可再生能源的开发与利用，增加电源的多元化发展及电力普及。作为可再生能源发展大国，中国应将可再生能源作为对"一带一路"电力投资的重点合作领域，推动中国战略新型产业

"走出去"。对于以煤炭、油气供能为主的国家，发展可再生能源可以帮助其增加电力供应方式的多元化发展，加强能源安全。对于缺电人口众多的发展中国家，发展分布式能源有助于推动能源获取率，消除贫困。

（3）有选择地投资新增煤电项目，并确保采用高效低排的煤电技术，且将 CCS 技术纳入考量。中国具有煤电清洁技术的优势，可以通过产能合作，采用高效低排的最新煤电技术，以更高的煤电技术标准满足其新增电力需求，最大限度控制新增煤电带来的碳排放增幅。此外，新建煤电项目需要将未来应用 CCS/CCUS 技术对煤电厂规模和建设场地的要求纳入考量。

（4）推进能效提升的投资。发展中国家仍有巨大的能效提升空间，在其快速工业化和城镇化进程中，提升能效将有效控制能源消费增长规模，进而压缩新增产能规模和投资需求。中国在电力行业的节能减排方面取得了卓越的进展。在对外投资活动中，应将能效提升的技术推广到发展中国家，帮助其以更低能耗的路径实现工业化、城镇化与绿色经济转型。

（5）智能电网及区域电网互联互通发展空间巨大。发展中国家的电力输配系统仍然是制约其普及现代电力服务和电力行业发展的重要因素。中国在智能电网建设的投资规模、技术创新与应用在全球遥遥领先，参与对外投资的金融机构和企业应因地制宜地推动跨国电网互联互通，建设以特高压电网为网架、输送清洁能源为主导的智能电网。

第 17 章　世界与中国能源展望

中国石油经济技术研究院

能源是人类社会发展和进步所必需的重要物质基础，能源技术的突破、能源行业的持续发展是推动经济社会发展和国家强盛的动力。当前及今后一段时间，受蓬勃发展的能源技术创新推动，受日益得到重视的气候减排环境政策驱动，全球正在进入一场深刻的能源转型，能源生产和利用方式、能源供应和消费模式都将随之发生深刻变革，从而注定了这一转型进程是长期的、复杂的和充满不确定性的。科学地看待种种不确定性，努力探寻其中的确定性趋势，是本文的努力方向。

17.1　情景设定

在基准情景下，全球经济稳步增长，人口持续增加，城镇化和电气化持续推进。当前全球仍然有10 亿人没有用上电，迫切需要消除能源贫困，提升生活质量。到 21 世纪中叶，世界人口将从 75 亿人增加到约 98 亿人，增长主要来自非洲和亚太地区。这些地区多数将进入工业化、城镇化的快速发展进程中，成为全球能源增长新的引擎。

各国同步推动全球能源转型发展。在新能源技术发展不断取得突破的今天，发展中国家具有后发优势，新增项目可直接采用新技术，转型成本较低。另外，发达国家也在积极优化能源结构，提升低碳能源占比，以应对全球性和地区性环境问题。

技术和政策协同发力引导能源变革。多领域能源技术稳步发展，推动能源生产和消费变革，重塑经济发展模式和人类生活方式，改变能源生产和消费格局，大幅提高能效水平。与此同时，生态环保越来越受到全人类的关注，《巴黎协定》得到绝大多数国家的重视和推进。全球能源呈现多元、清洁、低碳、安全、高效、智能的发展特征。

17.1.1　世界人口持续增长，非洲和亚太地区是主要增长地区

2050 年世界人口将达到 97.7 亿人，比 2015 年增长 32.4%，2015—2050 年年均增长 0.8%。OECD人口占比从 2015 年的 14.7%下降到 12.1%，非 OECD 占比从 85.3%上升到 87.9%。2050 年，世界劳动力人口（15~64 岁）占比为 62.8%，较 2015 年下降 2.7 个百分点。非洲与亚太地区分别增长 13.3 亿人与 6.5 亿人，贡献世界新增人口的 82.9%。

17.1.2　世界经济稳步发展，发展中国家占比上升

2050 年，世界经济总量达到 205 万亿美元，为 2015 年的 2.72 倍，2016—2035 年年均增长 2.9%。OECD 经济总量将达 93 万亿美元，年均增长 1.9%，占比从 2015 年的 64.4%下降到 45.2%；非 OECD经济总量达 113 万亿美元，年均增长 4.2%，占比从 35.6%上升到 54.8%。非 OECD 人均 GDP 增长 206.9%，是 OECD 增幅的 2.74 倍，但二者之差从 4 万美元扩大至 6.5 万美元。

17.2 一次能源

17.2.1 世界一次能源需求持续增长，能源消费强度持续下降

世界一次能源需求将持续增长，2050 年达到 181.8 亿吨标油，较 2015 年增长约 36%，年均增长 0.87%。其中，2016—2035 年年均增长 1.2%，2036—2050 年年均增长 0.44%，增速逐渐放缓。

随着技术进步扩散、先进经验分享、节约理念普及，世界经济发展与能源需求增长的正相关性减弱。2015—2050 年期间一次能源增速远低于同期经济增速。全球以 36%的一次能源消费增长支持了 172%的经济增长，能效提高是主要动因。2050 年，能源消费强度降至每万美元 0.88 吨标油，比 2015 年下降了 50%，年均下降 2%，如图 17-1 所示。

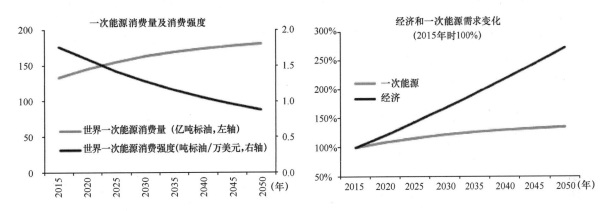

图 17-1 一次能源消费量与需求变化

17.2.2 清洁能源主导世界能源需求增长

展望期内，非化石能源增长 27.5 亿吨标油，占能源需求总增量的 57.8%，年均增长 2.5%；天然气增长 18.5 亿吨标油，占总增量的 38.9%；二者共增长 46.0 亿吨，占总增量的 96.7%。

2050 年，天然气占一次能源的比重从 23.5%上升到 27.5%，成为最大一次能源品种；非化石能源占比上升到 26.5%，提升 11.1 个百分点；天然气和非化石能源二者合计占比将达 54.0%。

图 17-2 所示为分品种一次能源消费需求。

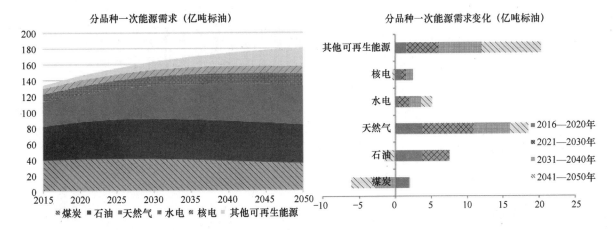

图 17-2 分品种一次能源消费需求

17.2.3　世界一次能源消费结构趋向清洁、低碳、多元化

图 17-3 所示为世界一次能源消费结构。

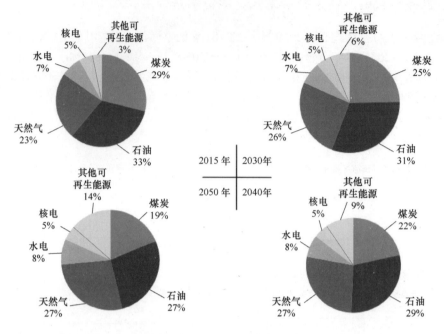

图 17-3　世界一次能源消费结构

17.2.4　全球能源相关 CO_2 排放预计 2035 年前后达到峰值

在石油、天然气保持增长，以及煤炭消费仍维持高位的背景下，能源相关 CO_2 排放预计在 2035 年前后达到峰值，约 400 亿吨，之后随着煤炭消费量的不断下滑，碳排放将稳步回落，2050 年下降到 390 亿吨，如图 17-4 所示。

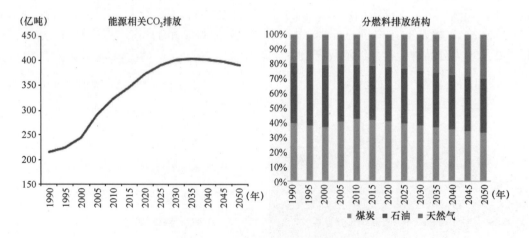

图 17-4　全球能源相关 CO_2 排放

17.2.5　世界人均能源消费逐渐趋同

人均能源消费水平是生活水平高低的重要标志。展望期内，亚太、中南美与非洲等地区的发达国家随着经济发展，其人均能源消费将持续增长。

2050 年世界人均能源消费量增至 1.85 亿吨标油，且呈现出各国人均能源消费逐渐趋同的态势，其中发达国家人均能源消费有所下滑，而发展中国家人均能源消费稳步提升。

17.2.6 资源禀赋及经济社会发展阶段不同导致各地转型进程不同

图 17-5 所示为全球各地转型进程。

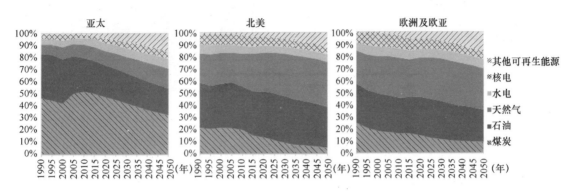

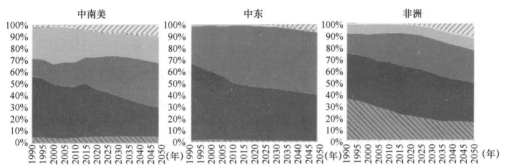

图 17-5 全球各地转型进程

17.3 终端部门用能

17.3.1 终端部门用能需求持续增长，建筑部门增长最快

在城镇化和工业化进程的推动下，终端部门用能将持续增长，从 2015 年的 96 亿吨标油增长到 2050 年的 129 亿吨标油，年均增长 0.85%。展望期内，工业部门仍将是最大的终端能源消费部门，但建筑部门用能需求增长最快。展望期内，建筑（民用和商业）、工业和交通部门的终端用能消费年均分别增长 1.7%、0.5% 和 0.6%；各部门增量占全球总增量的比重分别为 52.3%、28.2% 和 19.5%。

图 17-6 所示为终端部门用能情况。

17.3.2 工业部门能源需求 2040 年左右进入峰值平台期

工业部门能源需求 2040 年达到 56 亿吨标油峰值，之后保持相对稳定，2050 年为 55 亿吨标油，比2015 年增长 20.3%。

展望期工业部门化石能源需求相继达到峰值，电气化程度不断提高。煤炭、石油和天然气分别于2025 年、2040 年和 2045 年左右达到峰值。数字化、网络化和智能化使 2050 年工业部门用电量达到 14.07亿吨标油，年均增长 1.9%；电气化率从 2015 年的 16% 持续增长到 2050 年的 25.4%。

图 17-7 所示为工业部门能源需求情况。

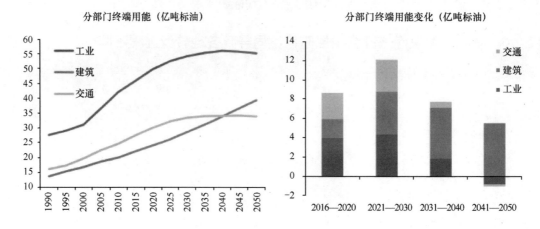

图 17-6　终端部门用能情况

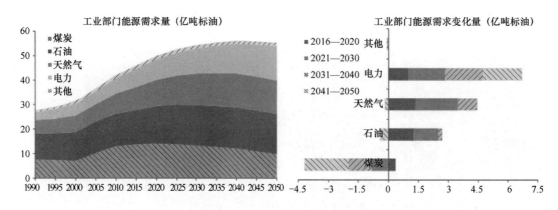

图 17-7　工业部门能源需求情况

17.3.3　建筑部门能源需求持续增长，增量主要来自电力和天然气

在人口增长、经济发展，以及包括电器设备普及，生活形态日趋数字化、智能化和信息化等生产生活模式转变的推动下，建筑部门能源需求将持续增长，2050 年达 39.4 亿吨标油，较 2015 年增长 78%。

分燃料看，建筑部门能源需求增量主要来自电力和天然气，两者分别从 2015 年的 9.6 亿吨标油和 5.83 亿吨标油增长到 2050 年的 21.1 亿吨标油和 11.9 亿吨标油（见图 17-8），年均增速分别为 2.3% 和 2.1%。

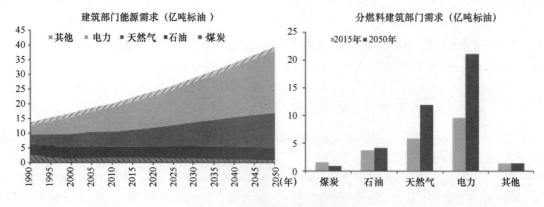

图 17-8　建筑部门能源需求情况

17.3.4 全球生产和生活半径的扩大将推动交通用能不断增长

全球化资源配置优化及人们出行活动半径的扩大,将成为交通用能在2030年较快增长的重要动因。2030年交通用能较2015年增长了23%。

分燃料看,全球航空、航海、发展中国家汽车保有量快速发展将使交通部门石油消费仍占据绝对主力。2050年,石油占交通用能的比重仍高达83.4%(见图17-9),但比2015年低8.5个百分点。

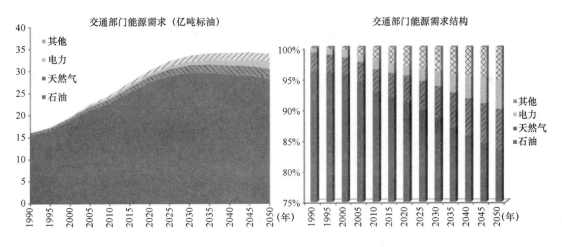

图 17-9 交通用能需求情况

17.4 石油

17.4.1 世界石油需求增长逐渐放缓

能效提高、新能源汽车快速发展及出行方式变革,导致世界石油需求增长逐渐放缓,预计2035年达到50.9亿吨峰值。2050年,世界石油需求降至49.1亿吨,较2015年增加13.1%,年均增长0.35%。其中,2016—2035年年均增长0.82%,2035年之后基本停滞。

2015—2050年,亚太地区石油需求占比从34.7%升至38.1%,持续保持全球第一大石油消费市场地位。图17-10所示为世界石油需求变化。

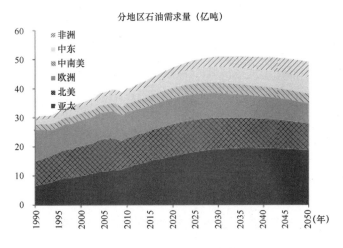

图 17-10 世界石油需求变化

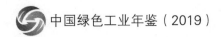

17.4.2　化工原料和交通用能是世界石油需求增长的主要来源

展望期主要部门石油需求都有所增长，且以化工原料增长最快，年均增长达到 0.51%，其占石油消费总量的比重将从 2015 年的 18.5% 升至 2050 年的 19.6%。

交通部门用油占石油消费的比重较大，也在很大程度上决定了石油消费峰值何时到来。展望期内，交通部门用油占比略有下降，由 2015 年的 58.3% 小幅下降至 2050 年的 58.1%。

图 17-11 所示为世界主要部门石油需求变化。

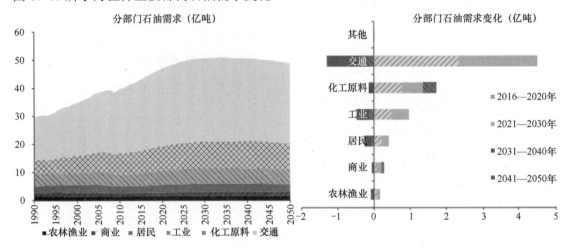

图 17-11　世界主要部门石油需求变化

17.4.3　北美和中东分别为世界中期和长期石油供应增量的主要来源

由于页岩油产量增长，2035 年前，产量增长最多的是北美，其次是中东；整个展望期中东产量增长最多，北美次之。2016—2050 年，中东地区原油产量增量占世界总增量的 48.9%；北美占 36.2%。

图 17-12 所示为世界石油产量。

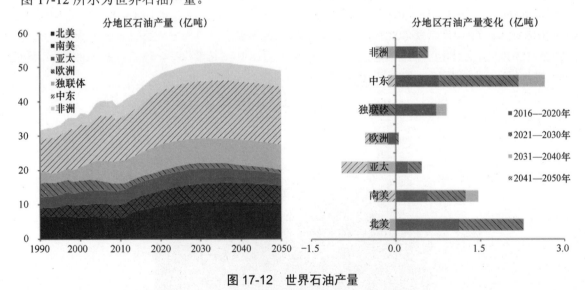

图 17-12　世界石油产量

17.4.4　老油田产量不断下降，需要不断发现并开发新资源

现有油田原油产量从 2015 年的 36.9 亿吨下降到 2050 年的 11.9 亿吨，年均下降 3.2%；NGL 及油砂/超

重油持续增长到峰值平台期，年均分别增长 2.1% 和 2.7%；致密油先快速增长后缓慢下降，年均增长 2.7%。

要维持供需平衡，必须持续投资发现新油田，开发新资源。2050 年原油产量中来自待发现油田的比重为 32%。

图 17-13 所示为世界分资源石油产量。

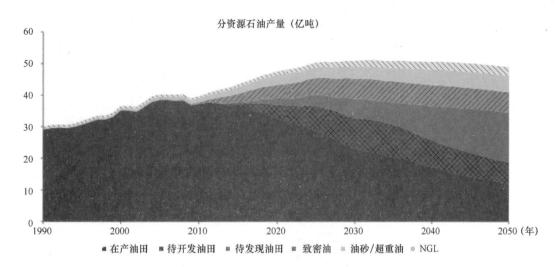

图 17-13　世界分资源石油产量

17.5　天然气

17.5.1　环保、减排推动世界天然气需求持续较快增长，亚太地区增量最大

天然气在未来能源转型中将扮演重要角色。2050 年，世界天然气需求将升至 5.5 万亿立方米，增幅约为 64%，是增幅最大的化石能源，2016—2050 年年均增长 1.43%。

2030 年后，欧洲及欧亚大陆天然气需求小幅下降，这缘于可再生能源的快速发展；其他地区天然气需求持续增长，亚太地区占需求增量的 40%。

图 17-14 所示为世界天然气需求变化。

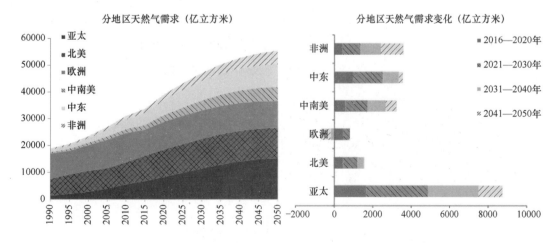

图 17-14　世界天然气需求变化

17.5.2 发电是世界天然气最大的消费部门

展望期所有部门天然气需求均有所增长，且以居民、商业和交通部门增长较快，年均增速在2%左右，但因发电部门基数大，其增量也最大，占总增量的34.3%。

发电部门天然气需求将由2015年的1.29万亿立方米升至2050年的2.0万亿立方米，增幅达55.2%，2050年占天然气需求总量的36.3%。

图17-15所示为世界天然气分部门需求变化。

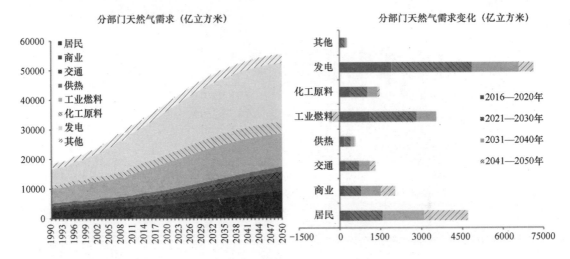

图17-15 世界天然气分部门需求变化

17.5.3 天然气产量及产量增量均以北美最大、中东次之

2015—2050年，世界天然气产量持续增长，年均增长1.3%。除欧洲外，展望期所有地区产量均有所增长，北美地区产量和产量增量最大，中东次之。

2050年，北美、中东天然气产量分别占全球的24.8%和19.1%；2016—2050年北美、中东产量增量均占全球的20.9%左右。

图17-16所示为世界分地区天然气供给变化。

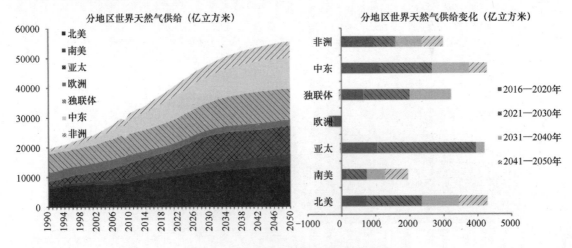

图17-16 世界分地区天然气供给变化

17.6 煤炭

17.6.1 世界煤炭需求将于 2025 年前后进入峰值平台期

世界煤炭需求将随着中国煤炭需求的不断下滑于 2025 年左右见顶，峰值水平约 81 亿吨，之后不断下滑，2050 年仅为 68.6 亿吨，比 2015 年低 8.2 亿吨。

世界煤炭消费将主要来自亚太地区的发展中国家。2015 年亚太地区煤炭消费占比为 72.9%，之后因其他地区煤炭消费不断下降，亚太地区占比将进一步上升至 2050 年的 80%。

图 17-17 所示为世界分地区煤炭需求变化。

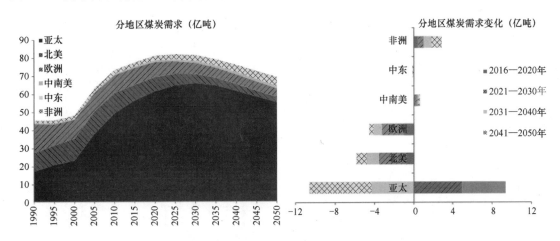

图 17-17　世界分地区煤炭需求变化

17.6.2 世界煤炭需求主要在电力和工业两大部门

煤炭分布广泛，对基础设施依赖性小、便于获取、成本较低，很多发展中国家和地区仍将其作为发电部门和工业部门的主要能源品种。

电力和工业部门煤炭消费合计占煤炭消费总量的比重在 94% 左右，其中电煤消费比重还将上升，从 2015 年的 58.6% 上升至 2050 年的 65%；工业部门煤炭需求占比下滑，从 2015 年的 35.8% 下降到 28.9%。

图 17-18 所示为世界分部门煤炭需求变化。

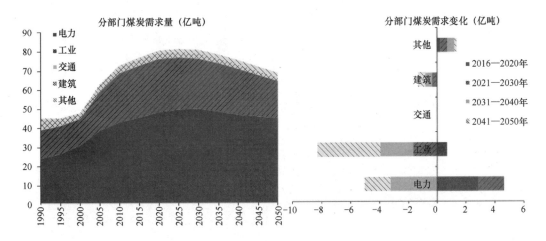

图 17-18　世界分部门煤炭需求变化

17.7 电力

17.7.1 世界电力需求将持续增长

电力是终端部门增长最快的能源品种，2015—2050 年间电力需求接近翻番，2050 年全球发电量将达到 47.9 万亿千瓦时，年均增长 2.0%。

所有部门电力需求都有所增长，其中以交通行业增速最快，年均增长 4.6%；建筑行业次之，年均增长 2.1%。

建筑行业将保持电力需求最大部门的地位，2050 年占比略有上升，达 54.6%，较 2015 年增加 1.9 个百分点。

图 17-19 所示为世界分部门电力需求变化。

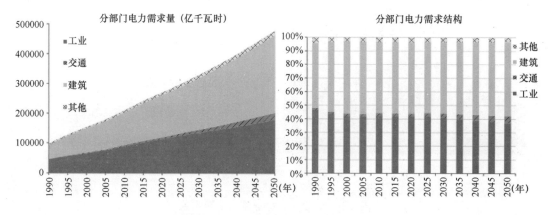

图 17-19　世界分部门电力需求变化

17.7.2 亚太地区电力需求增量最大，非洲增速最快

经济和人口的较快增长使得展望期亚太地区电力需求增长 14 万亿千瓦时（占全球总增量的 59.2%），2050 年达 24.4 万亿千瓦时（占全球的 51%）。

人口增长及用电量基数低使得非洲成为用电增长最快的地区，年均增长 4.7%；展望期增量占全球总增量的 12.9%，处于第二位。人口增长少及发展成熟度高使得欧洲增速最低，年均只增长 0.7%。

图 17-20 所示为世界分地区电力需求变化。

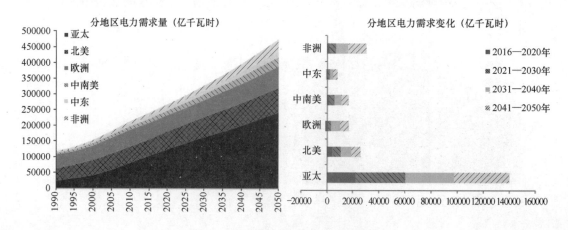

图 17-20　世界分地区电力需求变化

17.7.3 火电增速逐步放缓，非化石能源发电快速增长

得益于技术进展和成本下降，展望期非化石能源发电快速增长，火电发电量增速逐步放慢。

2016—2050 年，油电年均下降 2.1%；煤电年均仅增长 0.7%；水电年均增长 1.8%；核电年均增长 1.9%；新能源年均增长 5.7%。2050 年，发电增量的 71.7% 来自非化石能源发电，总发电量的 52.5% 来自非化石能源发电。

图 17-21 所示为世界分燃料发电量变化。

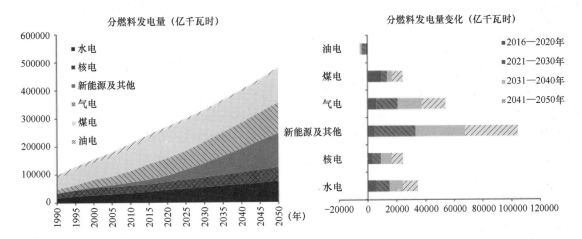

图 17-21 世界分燃料发电量变化

17.7.4 各地区发电结构清洁化趋势显著

图 17-22 所示为世界各地区发电结构。

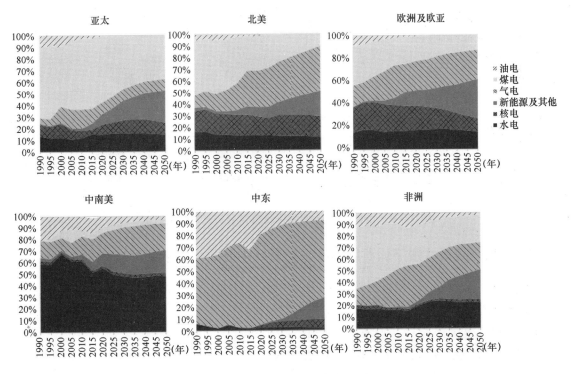

图 17-22 世界各地区发电结构

17.8 政策情景

在强化政策情景下，各国政府加强对低碳发展的政策指引，能源企业不断加大对新兴能源的投资、研发、示范和应用，推动新兴能源技术的发展与商业化。

在此情景下，全球用能成本快速下降，能源产业创造新型经济增长点，不仅给社会经济发展带来新的活力，也形成环境保护与经济发展同步的良性循环。同时，随着新兴能源技术的商业化应用，化石能源需求规模持续缩小，将不断减少污染物及温室气体排放，降低环境污染对人类健康造成的损害。

新兴能源技术的发展将加快改变能源生产和利用方式，不断推进能源供应与需求的匹配。传统集中式供能、发电体系将逐步向集中用能与分布式用能并重的体系转变。在分布式用能体系下，能源的生产者和消费者将有机结合，形成相互依赖的能源系统。基于互联网的智能能源终端，将实现对能源生产、转化、运输、消费全流程的有效管理，将成为未来打造智能化交通、建筑及工业体系的重要基础。

17.8.1 2050 年一次能源需求比基准情景减少 13.3 亿吨

在强化政策情景下，政府加大节能和发展替代能源力度，2045 年前能源消费强度下降速度更快，需求增速变慢，非化石能源增速加快。2050 年一次能源需求量 168 亿吨标油，比基准情景减少 13.3 亿吨（7.3%）；非化石能源和天然气合计占一次能源的比重达到 74%。

图 17-23 所示为世界一次能源强化政策情景与基准情景比较。

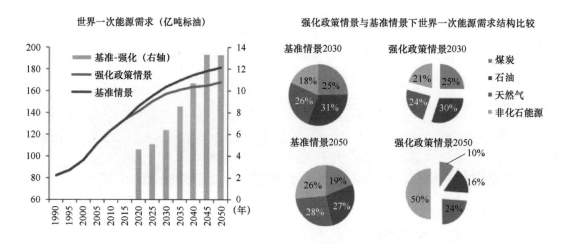

图 17-23 世界一次能源强化政策情景与基准情景比较

17.8.2 强化政策情景下化石能源需求明显减小而非化石能源显著增加

在强化政策情景下，2050 年煤炭、石油、天然气需求比基准情景分别减少 51.9%、44.1%、20.3%；非化石能源比基准情景增加 75.6%。

2050 年非化石能源需求占一次能源需求的比重将达 50.2% 左右。

图 17-24 所示为化石能源与非化石能源情景比较。

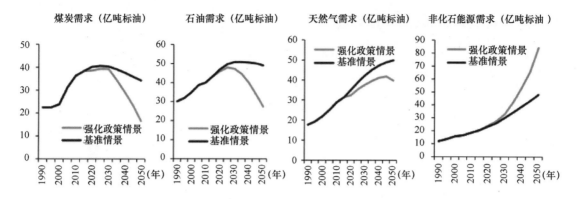

图 17-24　化石能源与非化石能源情景比较

17.8.3　各行业用能需求均比基准情景有所下降

在强化政策情景下，更高效能源技术的推广使用，以及产业结构的低碳化、清洁化将使得各部门能源需求比基准情景都有所下降。

2050 年工业、建筑和交通部门能源需求比基准情景分别下降 17.3%、12.9% 和 17.3%。

图 17-25 所示为世界各行业用能需求强化政策情景与基准情景比较。

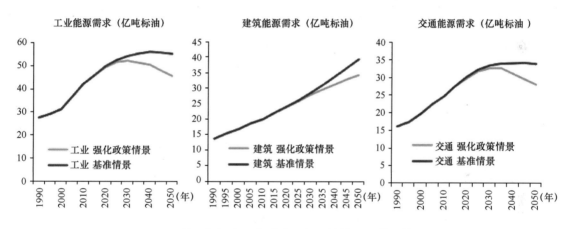

图 17-25　世界各行业用能需求强化政策情景与基准情景比较

17.8.4　终端部门中化石能源的直接消费量将明显减小

为减少碳排放和提高用能的清洁性，交通部门天然气需求将较基准情景有所增加。但除此之外，化石能源在各部门的需求均较基准情景下降。2050 年，工业、建筑和交通部门石油需求比基准情景分别下降 40%、60% 和 45%；工业和建筑部门煤炭需求比基准情景下降 50% 左右；工业和建筑部门天然气需求比基准情景下降，交通部门相比上升。

17.8.5　碳排放将更早达到峰值且下降迅速

在强化政策情景下，因化石能源消费增速明显放缓，能源相关 CO_2 排放也将于 2025 年前后达 373 亿吨的峰值水平，较基准情景的峰值水平（2035 年，404 亿吨）低约 31 亿吨，即低 8% 左右。在强化政策情景下，随着化石能源消费量的快速下降及 CCS（二氧化碳捕获和封存）技术的大规模应用，碳排放在 2050 年仅为 170 亿吨，较 2015 年水平减少 50% 以上。

图 17-26 所示为世界能源相关 CO_2 排放情况。

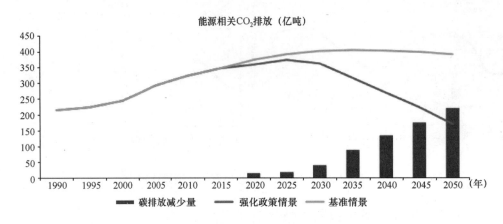

图 17-26　世界能源相关 CO_2 排放情况

17.9　中国能源展望

中国一次能源需求将于 2035—2040 年进入峰值平台期，约为 56 亿吨标煤（39.1 亿吨标油）。因为能源结构优化进程较快，所以能源相关 CO_2 排放将在 2030 年前达到峰值。

中国能源消费结构呈现向清洁、低碳、多元化转变特征。新旧动能持续转换，清洁能源（非化石能源与天然气）将满足增量需求并优化存量。2050 年非化石能源占比约为 35%，基本形成煤炭、油气和非化石能源三分天下的格局。

2030 年前，石油需求因交通用油及化工原料增加仍保持增长，2030 年将达 7 亿吨左右的峰值水平。2016—2030 年间柴油需求缓慢下滑，汽油需求先增后降，航煤需求持续增长，2030 年成品油需求也将达 3.8 亿吨左右的峰值水平。

天然气具备清洁低碳、使用便捷、安全高效的特点，其需求在展望期内稳步增长，且 2040 年前为高速增长期，新增需求集中在工业、居民及电力等部门。

2030 年前，中国原油产量可维持在 2 亿吨左右，此后逐步下滑。展望期内中国天然气产量年均增速达 2.8%，2050 年产量将达 3500 亿立方米左右。

中国发电增量主要由非化石能源贡献，占展望期内发电总增量的 86.4%；2050 年非化石能源发电占比将达到 56.4%。

在强化政策情景下，中国处于建设社会主义现代化强国的战略发展期，恰与全球能源变革期相重合，为充分利用好此战略机遇期，中国大力推动非化石能源快速发展，不断提升能源的自给水平和环境治理与保护能力，实现到 2050 年全面建成美丽中国的目标。

在此情景下，中国更加重视生态文明建设，高耗能行业发展受到更大制约，服务业、信息产业和高端制造业等新兴产业快速发展。不断加大清洁能源发展与节能减排力度，不断降低污染物问题和碳减排对经济、气候、环境与健康的影响。

在需求侧，加大力度不断提升各行各业的能效，努力提高终端用能电气化水平，采取有效措施践行绿色生产与推广绿色生活理念。

在供应侧，对化石能源利用采取更加严格的控制政策，通过碳税、环境税、碳交易等市场手段，

以及财税价格制度等综合措施使得非化石能源发电技术更具竞争力。

在此情景下，2050 年非化石能源占一次能源的比重超过 50%，且 CCS 技术在电力部门得以推广应用，使得 2050 年碳排放较当前水平大幅下降。

17.10 政策建议

17.10.1 提高能效、降低能源需求是中国能源变革的基础

在强化政策情景下，工业、建筑和交通等终端部门用能将均较基准情景有明显下滑，2050 年分别下降 16.2%、18% 和 23.9%。

促进终端部门用能下降的因素是多方位的，包括工业结构优化、高能效技术的使用、绿色出行和建筑节能标准的推广等。

图 17-27 所示为工业、建筑和交通等终端部门用能情况。

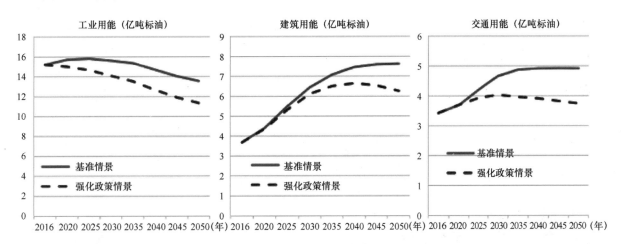

图 17-27　工业、建筑和交通等终端部门用能情况

17.10.2 提升终端电气化水平是中国终端部门节能减排的重要手段

电力作为终端部门清洁低碳化用能的主要载体，在强化政策情景下终端部门电气化水平将较基准情景有进一步提升，2050 年达 48.5%，高于基准情景 10 个百分点。

因终端部门能效水平更高、用能总量更低，故尽管终端部门电气化率水平快速提升，用电量仅略高于基准情景，2050 年为 12.3 万亿千瓦时。

图 17-28 所示为终端分部门电力需求情况。

17.10.3 电力部门的变革是中国能源变革的重要着力点

在强化政策情景下，电力部门将呈现明显的非化石化和可再生能源化的特征。2050 年非化石能源发电占比达 85%、非水可再生能源占比达 54.1%。

电力系统的变革不仅需要发电技术本身的突破性进展，还需要与储能技术、智能电网、能源互联网、多能互补体系、分布式用能系统等新技术、新模式协同发展。

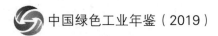

图 17-29 所示为终端分部门发电量与结构。

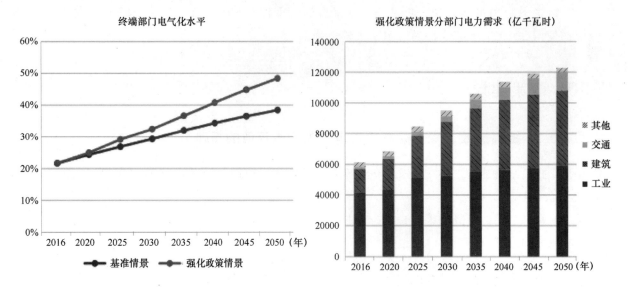

图 17-28　终端分部门电力需求情况

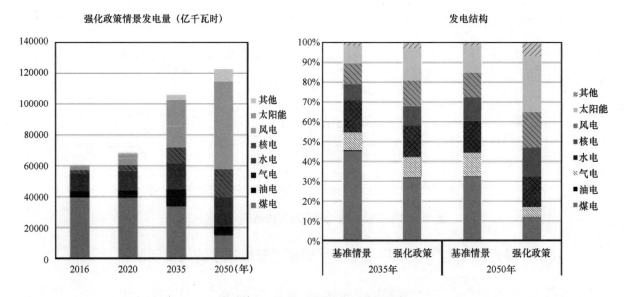

图 17-29　终端分部门发电量与结构

17.10.4　强化政策情景下中国能源发展模式进行革命性改变

在强化政策情景下，中国一次能源消费总量将较基准情景更低，2035 年和 2050 年分别较基准情景下降 8.8%和 9.9%。一次能源消费结构将更加低碳多元。2050 年，煤炭、石油、天然气和非化石能源的占比将分别为 17.6%、9.6%、12.7%和 60.1%。

在此情景下，石油和天然气消费量将较基准情景有所下降，2050 年分别较基准情景低 42.5%和 24.5%。

图 17-30 所示为中国一次能源消费情况。

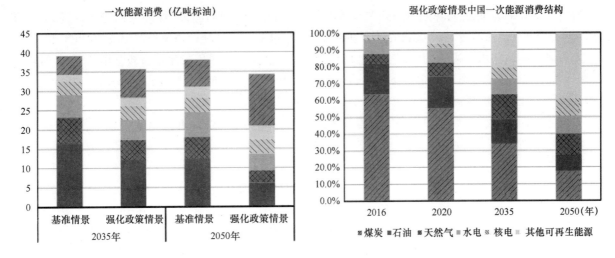

图 17-30　中国一次能源消费情况

17.10.5　中国碳排放明显降低，电力和工业行业贡献较大

在强化政策情景下，中国能源相关 CO_2 排放在 2020 年前基本稳定，之后不断下降，2050 年仅为 32.7 亿吨，较 2015 年下降 64.7%，这主要得益于能源消费总量下降及非化石能源占比明显提升。

分部门看，电力和工业部门减排率贡献较大，贡献率分别为 61% 和 25%。

图 17-31 所示为中国 CO_2 排放情况。

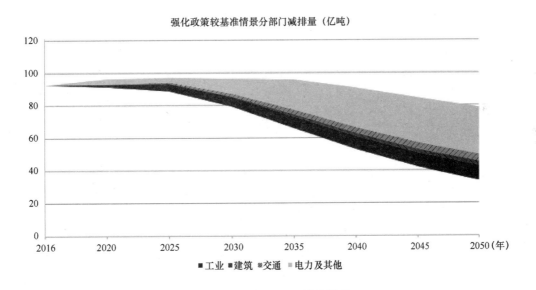

图 17-31　中国 CO_2 排放情况

17.10.6　2040 年全面禁售燃油车情景

若中国 2040 年实施燃油车禁售政策，考虑政策转变的可行性，2030 年后汽车生态将发生巨大改变，受此政策刺激和利好，共享出行、无人驾驶等新业态和新模式将蓬勃发展，满足群众出行所需的汽车保有量将低于基准情景。新能源汽车将得以快速发展，2050 年其占比将达 82% 以上，高于基准情景 53 个百分点。

禁售燃油车政策将大大降低中国燃油车保有量，显著减少交通运输领域的油品需求，2035 年和 2050 年，汽油、柴油消费量较基准情景分别减少 0.6 亿吨和 1.5 亿吨，降幅分别达 25%和 80%。

禁售燃油车政策将大幅改变中国交通部门用能结构，油品占交通用能比重将较基准情景显著降低。到 2050 年，在禁售燃油车政策情景下油品占比将不足 40%，较基准情景低 26 个百分点。相应地，电力和天然气占比将大幅提高。

可再生能源突破性发展将改变各行各业用能结构，在此情景下，储能技术取得突破性发展，促使风电、太阳能等可再生能源发电技术以更加稳定可靠、灵活多样的方式（如大规模集中发电和分布式能源系统等）被广泛应用。

可再生能源突破性发展以改变发电结构、降低发电成本为根本，间接提升终端部门电气化水平与用能效率，最终改变整个能源体系。

在可再生能源快速发展情景下的一次能源需求总量将较基准情景略低，2050 年低 1.5%，在此情景下一次能源需求结构将发生重大改变。2050 年煤炭、油气和非化石能源占比分别为 17.5%、22.5%和 60%，其中非水可再生能源占比接近 40%。

在新兴能源技术突飞猛进，以及对环境问题日益重视的背景下，中国长期能源总体趋势是清洁、低碳、多元的。能源体系的深度调整可大幅降低碳排放，在强化政策及可再生能源快速发展情景下，我国能源体系将发生重大变革，与能源相关的碳排放将较基准情景显著降低。禁售燃油车将主要影响我国石油消费水平。与基准情景相比，禁售燃油车情景下的碳排放量减少量相对较小。

第 18 章　借鉴国际经验助推我国储能产业发展

中国投融资担保股份有限公司

绿色发展是建设生态文明、构建高质量现代化经济体系的必然要求，是发展观的一场深刻革命，其核心是节约资源和保护生态环境。伴随世界各国能源消费的不断增长，能源的高效利用逐渐成为能源界关注的焦点问题之一。储能项目能够为电网运行提供调峰、调频、备用、黑启动、需求响应支撑等多种服务，是提升传统电力系统灵活性、经济性和安全性的重要手段，能够显著提高风电、光电等可再生能源的消纳水平，支撑分布式电力及微网，也是推动主体能源由化石能源向可再生能源更替的关键技术。

鉴于我国储能行业目前仍处于起步阶段，本文在对国际储能行业介绍的基础上，分析国内储能行业现状及面临的机遇和挑战，希望有助于我国储能产业的更好发展。

18.1　储能系统的构成及功能

能源存储系统（Energy Storage System，ESS）是为了提高能源的使用效率和电力操作系统的稳定性，以电池方式存储已生产的电力，在能源需求高峰期进行供应，从而降低能源的浪费和能源消费成本的系统。

ESS 的构成包括能源管理系统（Energy Management System，EMS）、电池系统、电力转换系统（Power Conversion System，PCS）3 个部分。接入 ESS 的能源生产端类型包括光伏、风能、火电等，能源需求端既包括水泥厂等高耗能工业企业，也包括耗能的商业建筑物等，硬件电池系统包括锂电池、铅蓄电池、液体电池等。ESS 的构成如图 18-1 所示。

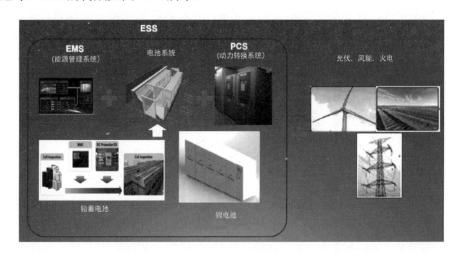

图 18-1　ESS 的构成

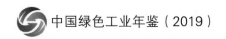

ESS 具有以下功能。

（1）可作为备用能源，增强能源供应的安全性，尤其是对部分关键的基础设施。

（2）电力的可移动使用（运输部分，如汽车的 ESS）。

（3）平滑电力使用的时间，缓释用电高峰期和低峰期对电网和电力生产部门的冲击，降低能源使用成本。

（4）提高电力的供给能力。

（5）分布式能源供给，整合电网接入的可再生能源，提高可再生能源的供给质量。

（6）频率调节。

（7）提高电压的稳定性。

根据中国化学与物理电源行业协会储能应用分会数据，截至 2018 年，全球电化学储能累计装机规模 6.1GW，2018 年复合增长率为 62%。

18.2　韩国储能行业的发展现状

2017 年，韩国 ESS 市场快速发展，电池行业销售和 ESS 项目实施均全球领先。其中电池销售方面，2017 年韩国销量 1200MW·h，较美国的 750 MW·h 和中国的 700 MW·h 遥遥领先；储能项目实施方面，韩国 2017 年已经实施的 ESS 项目为 625 MW·h，高于美国的 480 MW·h 和澳大利亚的 430 MW·h，也名列全球第一。

从 2017 年全球开展的 1018 个 ESS 项目的区域分布来看，北美、西欧、东亚为 ESS 项目应用的主要集中区域，其中美国、韩国、日本、澳大利亚为 ESS 项目应用较多的国家。

促使储能项目大规模商业化应用的不仅是其可降低能源浪费的节能环保效益，也在于其带来的经济效益。储能项目投资价值的分析需要综合多种因素，与项目所在地能源的供给价格、波峰波谷的电价差密切相关，同时也与 ESS 的采购成本、运营成本、投资回收期相关。如果一区域（或一地区）的能源供给较为紧张，波峰波谷电价差别较大，能源需求企业的耗能较大，ESS 的投资回收期则较短，那么实施 ESS 项目的必要性就会越高；反之越低。

韩国 ESS 项目的广泛应用与韩国的能源资源禀赋和政府支持政策密切相关。作为世界上前十大能源消费国，韩国国内能源资源贫乏，能源自给率不足 30%，石油、天然气和煤炭严重依赖进口。为了应对全球气候变化的挑战，除主动调整能源发展战略，开发新能源和可再生能源，实现能源供应多样化之外，韩国政府还致力于构建节能型社会，加大节能减排力度，大力推出各种节能举措，ESS 即为节能举措之一。

韩国政府大力支持 ESS 项目的实施。韩国政府近 4 年对 ESS 的技术研发进行了持续的资金支持，累计支持金额为 1.4 亿美元，其中技术应用方面累计支持金额为 0.8 亿美元，产品技术支持了 0.6 亿美元（累计支持电池 0.52 亿美元，累计支持 PCS 0.08 亿美元），同时也实施了一些刺激政策，包括补助政策、金融支持政策等，以推动储能产业的发展。

18.3　美国储能行业的发展现状

美国发展储能较早，美国储能技术的发展和应用与政府政策的支持密不可分。2009 年，美国政府相继拨款 22 亿美元用于支持包括大规模储能在内的电池技术研发。美国能源部在 2011 年发布的"战

略计划"中，已明确将储能上升到战略层面，并通过政府直接投资、调整税收、支持技术创新等手段促进储能的研发和应用。2013 年 6 月，加利福尼亚州（加州）将储能纳入输配采购及规划体系中，推动输电、配电等环节配置储能，解决电网管理问题。2013 年下半年开始，美国和加拿大已开始小范围试水调峰储能市场。2016 年 6 月，美国在"建设智能电力市场扩大可再生能源和储能规模会议"上承诺，加快可再生能源和储能电源并网，未来 5 年储能采购或安装规模增加 1.3GW。2017 年，在多年储能市场发展经验基础上，美国加州从加速部署公共事业级项目应对储气库泄漏带来的高峰电力运行压力，到批准一系列市场规则提升储能在电力市场中的参与度，全方位推动并调整储能发展。在加州的带动下，俄勒冈州、马萨诸塞州和纽约州均通过设立储能采购目标或提出采购需求，启动公用事业规模的储能项目部署，并依据各自能源结构及供需特点调整储能的应用重点。

税收方面，投资税收减免（ITC）是政府为了鼓励绿色能源投资而出台的税收减免政策，光伏项目可按照投资额的 30% 抵扣应纳税。2016 年，美国储能协会向美国参议院提交了 ITC 法案，明确先进储能技术都可以申请投资税收减免，并可以以独立方式或者并入微网和可再生能源发电系统等形式运行。

补贴方面，自发电激励计划（SGIP）是美国历时最长且最成功的分布式发电激励政策之一，用于鼓励用户侧分布式发电，随后储能被纳入 SGIP 的支持范围，储能系统可获得 2 美元/W 的补贴支持。从将储能纳入补贴范围至今，SGIP 经历了多次调整和修改，对促成分布式储能发展发挥了重要作用。得益于各州持续的税收优惠和补贴鼓励，以及开放的电力市场准入政策，美国的储能项目一直可以在电力市场进行良性互动的参与，为电网及用户提供各种服务。

根据 Wood Mackenzie 汇总发布的数据，2018 年美国新增电池储能装机达 331MW/777MW·h，创历年新增电池储能装机的纪录。住宅储能系统和商业储能系统的总体部署容量超过了公用事业储能系统，这表明行业发展正在多元化，并且更加成熟。

美国电池储能大跃进的推动力之一来自美国联邦能源管理委员会（FERC）的指令，要求各区域电力市场确定储能在电力市场中的作用，并制定相应的方案。2019 年 2 月，波多黎各的公共事业公司计划要求在最初的 4 年里，将储能项目的装机容量提高到 440～900MW。亚利桑那州公共服务部门透露，到 2025 年将部署 850MW 的储能设备。

根据相关环境影响评估报告，截至 2018 年年末，美国共有 119 个电网规模电池储能系统，其装机总容量为 845MW，其中只有 24 个储能系统装机容量大于 10MW。

Wood Mackenzie 预计美国 2019 年新增电池储能装机还将加倍，而 2020 年新增装机将是 2019 年基础上的 3 倍。

18.4 澳大利亚储能行业的发展现状

截至 2016 年年底，澳大利亚已经投运的电池储能项目容量（不含家用储能）约为 20MW，规划和建设中的电池储能容量超过 150MW。相比 2015 年，2016 年的储能项目规模实现了翻倍的增长。

从已经落地的项目来看，澳大利亚电网侧储能项目大部分是"技术验证类"项目和应用于岛屿/矿产开采地/电网薄弱区的分布式及微网项目。其中，"技术验证类"项目多由澳大利亚可再生能源署（ARENA）资助并推动，分布式及微网项目的主要驱动力则是替代昂贵的柴油发电。在已经投运的储能项目中，单个储能项目的规模为 10kW～6MW，采用液流电池、铅酸电池、锂离子电池等储能技术，代表性的技术提供商包括 Redflow、Ecoult、特斯拉、比亚迪等。

澳大利亚是除德国之外家用储能市场发展最快的国家。目前，有一些研究机构对澳大利亚市场中的家用储能系统安装规模进行了统计和预测。

根据 SunWiz 咨询公司 2016 年发布的报告，2015 年，澳大利亚共安装了约 500 套家用储能系统；2016 年，澳大利亚家用光储市场增幅超过 1000%，共安装了约 6750 套家用电池系统；到 2017 年，澳大利亚市场安装 2 万套光储系统。在澳大利亚的各州中，新南威尔士和昆士兰州的安装量最多。以每套电池储能系统容量 7.7kW·h 来计算，已安装的电池容量超过 50MW·h，相当于约有 5% 的新增光伏系统配备了电池储能系统。预计未来会实现 3~4 倍的增长。

根据摩根士丹利发布的 *Asia Insight：Solar & Batteries* 报告，截至 2016 年 6 月，澳大利亚国家电力市场（National Electricity Market，NEM）中已经有 2000 户家庭安装了约 15MW·h 的电池储能系统。预计到 2020 年，将有 100 万户家庭安装储能系统，家用储能规模将达到 6GW·h。澳大利亚家用储能市场发展的主要驱动因素包括：未来两年内电池设备成本将下降约 40%；2016 年，零售电价经过一番下降之后已经趋于稳定；不断升级和创新的商业模式将创造出更多的价值链；部分州政府已经或即将发布家用储能安装补贴计划。

目前，有大量储能厂商正在为澳大利亚市场提供储能产品，大部分厂商于 2015 年开始在澳大利亚推广。其中特斯拉、LG 化学、三星、Sunverge、Enphase Energy 等公司的户用储能产品在市场中具有较高的认知度。储能供应商大多采用锂离子电池技术，只有少部分公司采用了其他技术路线，如 Redflow 公司采用的是锌溴液流电池，Ecoult 公司采用的是先进铅蓄电池，Aquion 公司采用的是水性钠离子电池。

根据澳大利亚清洁能源监管机构 2018 年 3 月公布的数据显示，小型屋顶太阳能光伏装机容量已经达到 1057MW，根据国家小型可再生能源计划下注册的数据显示，预计这个数据将增至 1070MW 以上。由于高电价，以及澳大利亚也被认为是全球最大的电池储能市场之一，大部分澳大利亚的光伏系统安装商都可以为用户提供电池储能解决方案。

18.5 日本储能行业的发展现状

2016 年，日本新增投运电化学储能项目装机规模 90.5MW，占全球新增投运电化学储能项目总装机的 16%。新增规划和在建的电化学储能项目装机规模为 44MW，占全球新增规划和在建电化学储能项目总装机规模的 2.6%。

2016 年，日本新增储能项目几乎全部应用在电力输配领域。其中，最典型的两个项目是受日本新能源促进会"应急响应电力公司暂停对可再生能源收购"计划支持的"福冈县 Buzen 变电站钠硫电池项目"和"福岛 Minami-Soma 变电站锂离子电池项目"。新能源促进会共拨款 2.57 亿美元，资助这两个利用大规模储能电池系统提升电网供需平衡的示范项目，支持九州电力公司和东北电力公司通过安装储能系统向电网中引入更多的可再生能源。

福冈县 Buzen 变电站钠硫电池项目是 2016 年全球规模最大、安装周期最短的钠硫电池储能项目。项目位于福冈县 Buzen 变电站，业主单位为九州电力公司。项目中的钠硫电池系统由 252 个 NGK 最新开发的集装箱式电池单元组成，系统总容量 50MW/300MW·h，可以满足大约 3 万户家庭一天的电力需求。

福岛 Minami-Soma 变电站锂离子电池项目位于福岛 Minami-Soma 变电站，业主单位为东北电力公司。东北电力公司管辖区域位于日本本州东北部，该公司为超过 700 万人口提供电力供应。Minami-Soma 变电站所在地区的可再生能源资源丰富，距离福岛核电站 16 英里（1 英里=1609.344 米）。2011 年东日本大地震后，该地区的电力系统面临严峻形势，东北电力公司开始尽可能多地利用当地丰富的可再生能源，但这也势必对当地电力系统提出了较高要求。该项目正是通过利用锂离子电池储能系统存储

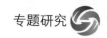

或释放可再生能源电力，从而更好地管理和提升电网供需平衡，同时平抑因大规模可再生能源并网而引起的电力波动，提高供电可靠性。

2016 年，日本储能企业在本土及海外市场中继续保持活跃态势，全面涉及新技术开发、新产品发布、战略布局、投融资、建立合作关系、开拓巩固海外市场等领域。

18.6 德国储能行业的发展现状

2016 年是德国开展大型电化学储能项目标志性的一年。截至 2016 年年底，德国已投运的电化学储能项目规模（不含户用储能）超过 204MW，规划和在建的电化学储能项目规模（不含户用储能）超过 138MW。过去几年德国在一次调频备用（Primary Reserve）领域安装了多个电网级的储能项目，但是直到 2016 年才开始投运。因此，相比 2015 年，2016 年德国储能项目总规模实现了近 7 倍的爆发式增长。从应用领域上看，德国已投运的储能项目主要是调频储能项目和应用于岛屿/电网薄弱地区/社区/工商业的分布式发电及微网储能项目，项目业主主要是 E.ON、STEAG、WemagAG 等大型能源企业。从技术类型上看，德国已投运的储能项目采用了钠硫电池、液流电池、锂离子电池等多种储能技术，单个储能的项目容量在 100kW～90MW 之间，代表性的技术供应商包括 NGK、Gildemeister、LG 化学、三星 SDI 等企业。

2016 年，德国新增家用储能电池系统超过 2 万套，目前累计约有 5.2 万套运行中的家用储能系统服务于光伏发电装置，容量规模超过 300MW·h。推动德国家用储能市场发展的因素包括大幅降低的储能系统成本（过去 3 年中系统价格下降了 40%）、逐年下降的光伏 FIT，高额的居民零售电价、高比例的可再生能源发电、德国复兴信贷银行（KFW）户用储能补贴等。

从短期看，德国家用储能市场将保持快速发展的态势。首先，德国居民零售电价从 2006 年至今已经增长了 47%，并且近期内不可能下降。同时，德国复兴信贷银行通过 KFW275 计划，在 2018 年年底之前为现有和新增光伏用户配套储能提供补贴，推动德国居民自发自用，降低电费账单。根据德国光伏协会的调查，在补贴的激励下，计划新安装屋顶光伏系统的人群中，有 50% 有意愿安装储能电池技术。

从中长期看，随着 FIT 的下降，已安装的光伏系统也呈现出巨大的改造空间。自 2020 年以后，德国将逐渐出现大量退出 FIT20 年期约的光伏容量，这些光伏系统通过改造安装储能的潜力非常大。根据德国联邦外贸与投资署（GTAI）的预测，到 2033 年将有超过 100 万个现有光伏用户选择配套安装储能。

鉴于德国家用储能的蓬勃发展，多家机构纷纷给出了乐观的预测：GTAI 预测，到 2020 年，德国每年用户储能系统的安装量将达到 5 万套；GTM 预测，到 2021 年德国储能市场价值将达 10.3 亿美元，是 2015 年储能市场价值的 11 倍，其中，德国家用储能市场将大力发展，2021 年家用储能容量将占到全部装机容量的 49%。

18.7 储能国际经验的启示

当前，发达国家已经走在储能产业发展的前列，通过政府扶持、政策导向、资金投入等多种方式积极促进产业发展，研究和开发前沿储能技术，意图建立行业技术标准，抢占全球储能技术和市场制高点。

每个国家发展储能技术和市场的动因不一，有的为出口产品，有的为解决内部困难。但从最终用户端来看，在路径上，美国、日本及欧盟等许多发达国家都是通过出台一系列投资补贴和税收优惠等政策，鼓励投资和研发、引进储能技术、建设各类储能项目，并在电力发电及输配、离网孤岛应用及智能微电网中积极推广和利用储能技术，不断探索储能的应用模式。国内发展储能产业，还需要结合国内的实际情况，针对不同的需求找到不同的解决方案。

18.8　不同应用场景下的储能系统选择

储能系统有不同的应用场景和商业模式。ESS 的硬件系统最大的不同来自电池技术的差异。不同的电池技术适应不同的应用场景。总体来看，锂电池、铅蓄电池、液体电池为目前全球使用最多的电池种类。根据美国能源部的数据，2017 年在全球实施的 1018 个 ESS 应用项目中，锂电池的市场占有率最高，为 67.80%；其次为液体电池，市场占有率为 10.60%，铅蓄电池为 9.72%。此外还有钠电池、电容器、镍电池等，如图 18-2 所示。

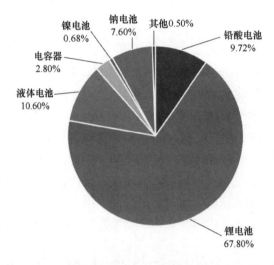

图 18-2　2017 年全球 ESS 项目不同种类电池的市场占有率

（数据来源：美国能源部）

18.9　我国 ESS 产业的 SWOT 分析

18.9.1　优势（S）

据不完全统计，截至 2016 年年底，中国投运储能项目装机规模 24.3GW，同比增长 4.7%。其中电化学储能项目的累计装机规模达 243MW，同比增长 72%。2016 年中国新增投运化学储能项目的装机规模为 101.4MW，同比增长 299%，发展势头迅猛。

从应用领域看，中国用户侧领域的累计装机规模最大，为 264MW，占比约为 50%，产业格局初步形成；发电侧和电网侧领域分列第二、三位，占比分别为 36% 和 14%。用户侧储能在我国大规模发展的主要原因在于商业模式清晰，投资回收年限较短，一般小于 8 年。从盈利上看，通过峰谷价差方式，用户侧储能项目在部分省份已经接近盈亏平衡点。

目前我国已经形成了一批规模集中的储能系统供应商。2016 年中国排名前五位的储能系统供应商分别为阳光三星、圣阳电源、科陆电子、宁德时代、欣旺达，5 家企业的新增投运储能装机总规模超过 2016 年中国新增投运项目装机规模的 90%。从技术路线看，阳光三星、科陆电子、宁德时代、欣旺达的新增储能项目主要采用锂离子电池技术，圣阳电源的新增储能项目主要采用铅蓄（铅炭）电池技术。

随着近年储能装机的快速增长，储能技术也在逐渐成熟，电池循环寿命等性能提升；同时，新能源汽车产业的异军突起带动了锂电池技术的发展和成本的快速下降。根据统计，锂电池储能系统平均价格自 2010 年以来持续下跌，2013—2016 年跌幅超过一半，从 599 美元/（kW·h）跌至 2016 年的 273 美元/（kW·h），未来有望进一步快速下降。

18.9.2　劣势（W）

中国目前电化学储能技术单一，成本仍然相对较高。根据中国化学与物理电源行业协会储能应用分会数据显示，从储能技术路线看，国内电化学储能主要采用磷酸铁锂电池和铅蓄电池，另有少部分采用三元聚合物锂电池，三者累计占比高达 90% 以上，其他技术主要在特定领域存在示范应用。按照中关村储能产业技术联盟的估算，目前铅酸电池每度电储能成本为 0.58 元，锂电池每度电储能成本为 0.81 元。

化学储能技术投资过高。根据中国电力科学研究院关于张北风光储输示范项目的测算，20MW 储能电池的设计投资就达到 4 亿元。如果我国现有风电装机全部配备储能设备，则需要一次性投入 2000 亿元，这远远超过我国每年因弃风造成的近百亿元经济损失。

技术尚不成熟，运行时间短，储能价值短期难以完全体现或由于各种原因没有体现。如化学储能技术在解决可再生能源并网和弃风方面仅为设想，目前储能在可再生能源并网方面发挥的作用有限，储能的全部价值还有待充分发挥。

化学电池储能中关键材料制备与批量化/规模技术，特别是电解液、离子交换膜、电极、模块封装和密封等与国际先进水平仍有明显差距；国内外新型储能方面的标准尚处于探索阶段，标准数量很少，标准体系的建立刚刚起步。

18.9.3　机遇（O）

从顶层设计来看，储能在我国能源系统和产业发展中的身份地位逐步确立。从产业支持来看，相关政策也逐步出台。在地方层面，并网运行、辅助服务、需求侧响应和补贴机制等方面的政策支持体系也日益完善。自 2017 年 10 月我国发布首个大规模储能技术及应用发展的指导政策文件《关于促进储能技术与产业发展的指导意见》，中央政府和地方政府相继出台了一系列鼓励储能技术发展及商业化应用的政策法规，为我国储能行业的发展提供了政策保障。

目前业内普遍认为 0.7 元/（kW·h）的峰谷电价差是开展用户侧储能的一个门槛。根据最新调整一般工商业销售电价的 31 个省市自治区中，北京、江苏、广东、浙江、甘肃、河南、安徽、云南、上海 9 个省市的一般工商业或大工业用电的部分峰谷价差超过 0.7 元/（kW·h），这些省市主要集中在东部发达地区，用电需求量大，为用户侧储能业务开展提供了良好的机会。

根据国家能源局发布的数据，截至 2018 年年末，全口径发电设备装机容量为 19 亿千瓦，同比增长 6.5%，2018 年全国全社会用电量为 6.84 万亿千瓦时，同比增长 8.5%。中国发电设备装机量规模巨大，全社会发电量位居世界第一，为电网侧储能、电源侧调频和电源侧调峰提供了广阔的应用前景。

根据国家能源局发布的数据，截至2018年年末，并网风电装机容量为1.84亿千瓦，同比增长12.4%，并网太阳能装机容量为1.75亿千瓦，同比增长33.9%。2018年风电发电量为3660亿千瓦时，全年弃风电量为277亿千瓦时，平均弃风率为7%。太阳能发电量为1775亿千瓦时，全年弃光电量为54.9亿千瓦时，平均弃光率为3%。较大的弃风和弃光电量为配置储能设备提供了可能。根据国家发展改革委最新的用电价格政策，Ⅰ类资源区普通光伏电站标杆上网电价为0.55元/（kW·h），Ⅰ类资源区陆上风力发电标杆上网电价为0.4元/（kW·h），Ⅱ类资源区陆上风力发电标杆上网电价为0.45元/千瓦时，按照目前化学储能的综合成本0.7元/（kW·h）计算，为风电和光电配备储能设备缺乏经济性。

18.9.4　威胁（T）

从电力市场化角度看，我国电力市场开放程度不高，储能的价值收益无法体现，储能的买单机制尚未形成，阻碍了储能产业的发展。

目前中国电力价格的成本相比储能成本较低，增加了储能行业商业化推广的难度。

从政策的导向看，政策主要是推进储能提升光伏、风电等可再生能源的利用水平和推进储能提升电力系统的稳定性和灵活性，而对于推进储能技术装备研发的实际政策支持比较少。

18.9.5　战略分析

表18-1所示为SWOT战略分析。

表18-1　SWOT战略分析

外部因素＼内部因素	优势（S）： （1）产业规模增长迅速。 （2）形成了若干商业运用模式。 （3）储能技术逐渐成熟，成本逐渐下降	劣势（W）： （1）储能成本较高。 （2）技术尚未完全成熟，与国际先进水平存在差距。 （3）行业标准化尚在探索
机遇（O）： （1）产业支持政策逐渐完善。 （2）部分地区峰谷电价差扩大。 （3）中国电力装机规模和发电规模巨大。 （4）光伏、风电等新能源快速发展，弃风弃光率较高	SO： （1）率先在用电侧削峰填谷等领域进行商业化推广运用。 （2）探索利用弃风弃光率高的商业运作模式，等待储能技术的进一步成熟和储能成本的进一步降低后进行大规模推广。 （3）尝试在家庭储能等微网储能的运用	WO： （1）加大在储能技术领域的联合研究与合作，降低储能技术研究的成本和提高储能技术研究的效率。 （2）积极推进储能技术的行业标准化制定，在国际储能行业标准化中掌握主动
威胁（T）： （1）电力市场的市场化程度较低。 （2）电力成本相比储能成本具有优势。 （3）政府政策导向侧重应用层面	ST： （1）率先在用电侧探索储能行业的商业化推广。 （2）提高政府政策对储能技术等领域的支持	WT： （1）改革电力市场机制，从价格中体现储能产业价值。 （2）加大储能技术的政策扶持，增加国际的交流与合作

18.10　金融助力储能行业发展

环保产业的良性发展，离不开金融的支持，十几年来，中国投融资担保股份有限公司（以下简称"中投保公司"）一直对环保产业高度关注并身体力行，致力于为环保产业的发展提供助力。

　　中投保公司作为执行机构的"世界银行/GEF 中国节能促进项目二期 EMCo 贷款担保计划"是中国政府与世界银行、全球环境基金共同实施的、旨在提高我国能源利用效率，减少温室气体排放，保护全球环境，同时促进我国节能机制转换的国际合作项目。2003—2009 年，中国节能促进项目二期 EMCo 贷款担保计划共实施了 7 年，共完成合同能源管理节能担保项目 148 个，涉及 EMCo 企业 42 家，项目总投资 90997 万元，贷款本金 57372 万元，担保总额 51655 万元，节约标准煤 58.99t/年，减排量 37.68 万吨碳/年。其中，有桂林机场的水蓄冷移峰填谷项目，此项目的成功实施，带动了一大批类似项目的上马。

　　现在，中投保作为亚洲开发银行贷款"京津冀区域大气污染防治中投保投融资促进项目"的执行机构和实施机构，在国家发展改革委、财政部的指导下，在控股股东国家开发投资集团有限公司（以下简称"国投集团"）的大力支持下，携手亚洲开发银行共同致力于京津冀区域大气污染防治项目的投融资促进。亚洲开发银行贷款"京津冀区域大气污染防治中投保投融资促进项目"是由中投保公司利用亚洲开发银行对中国的主权贷款，以金融机构转贷形式，建立绿色金融平台，综合利用增信和投融资等多种手段对资金进行专项运营和管理的项目，该项目旨在支持和促进大气污染治理项目的落地和实施，促进京津冀区域空气质量的改善。项目将集中支持清洁能源促进、废弃物能源化、节能减排及绿色交通项目。截至 2018 年年末，已累计支持子项目超过 34 个，支持金额超过 17.2 亿元。

　　储能项目在减少电网冲击、增加电网效率等方面具有显著效果，亚洲开发银行贷款"京津冀区域大气污染防治中投保投融资促进项目"将加大在储能领域的支持力度，在项目方案设计、支持方式等方面打造新的支持模式。未来，该项目将充分借鉴国际经验，发挥国投集团、中投保公司优势，在储能领域加大布局，促进我国储能行业的发展，提高我国能源的使用效率，为我国的绿色发展和建设美丽中国贡献力量。

新疆大明矿业集团股份有限公司成立于1997年2月25日（以下简称"大明矿业"），主要从事黑色金属矿产资源的采选业务，年销售收入可达到3亿元以上。历经二十余年的发展历程，大明矿业成为新疆区域铁矿石采选行业颇具影响力的中型矿山企业，是新疆目前机械化程度最高的地下矿山，全员劳动生产率达到一万吨，位居行业前列。

大明矿业得益于"做合格地球企业公民"和"走可持续发展之路"的战略定位，以"建设不死人的矿山"为目标，积极响应国家产业政策的要求，坚持引领行业发展，在改革开放大潮中奋力前行二十年，基本完成了国家在十三五规划中对矿业企业的要求，以多项经济技术指标、冶金矿山最优的转型成果，经受住了金融去杠杆、钢铁去产能以及环保政策约束等全方位的考验，以承担更大的社会责任为己任，坚持以区域经济发展为目标，为行业经济发展做出了自己的贡献。是新疆首家国家级"非煤矿山安全生产标准化一级企业（矿山）"、新疆首家矿业行业的"高新技术企业"、第三批国家级"绿色矿山"、国家安全生产监督总局选定的全国50家机械化矿山建设示范单位、新疆采掘业自治区级安全生产示范企业、党委新型工业化宣传示范企业等。

大明矿业以做"地下矿山效率、安全、投资的探索者与革命者"为使命，坚持学习国际先进的生产理论与技术，通过不断创新形成了一整套 "短流程、安全、高效、低成本"的资源转换效率最佳的新型绿色生产模式，率先完成了矿业行业内的转型。公司于2018年通过了新疆科技厅的评定，成立了首家"新疆金属矿山采掘工程技术研究中心"，标志着大明矿业以资源转换效率最佳方案的构建者与合作平台的身份在新时期继续引领行业的进步与发展。目前正前行在构建智能化矿山的道路上。

大明矿业始终以"节能减碳、环保减排、绿色低碳，与环境和谐发展"为宗旨，在矿山生产中积极展开绿色发展行动。如今大明矿业的主要消耗和排放指标达到或超过了国家清洁生产一级标准的目标，工业污水排放量达到了"零"排放的程度。同时，大明矿业以每万元产值能耗折合标准煤0.3吨，低于第三产业能耗指标的改革成果获得了"国际碳金奖"。2017年在区域内率先完成了矿山锅炉煤改电的技术改造工作，积极响应大气治理的方针政策，获得了环保协会及专家的一致好评，为区域内的大气治理工作极好地起到了引领示范作用。

大明矿业在可持续发展的同时，积极从事公益事业回馈社会，社会公益性支出累计700余万元，并始终致力于体育公益事业，在足球、高尔夫球、乒乓球、摩托车运动安全及专业培训等五个方面开展了大量工作，通过增设"萨马兰奇足球时间"新疆站、举办大明矿业杯高尔夫球赛慈善晚宴、"乒乓国球明星新疆公益行"等活动，切实推动新疆体育的发展，为新疆"社会稳定、长治久安"总目标的实现贡献企业的力量。

安全标准化-井下大巷

信息化调度中心

和田爱心学校揭牌

五堡头羡捐赠

天湖全景

四川嘉阳集团有限责任公司
SICHUAN JIAYANG GROUP CO.,LTD.

杪椤湖景区
Penghu Scenic Area

全球绝版嘉阳小火车
Global out of print Jiayang train

　　四川嘉阳集团有限责任公司（嘉阳煤矿）始建于1938年12月，是当时国民政府在四川开办的四大抗战煤矿之一。嘉阳煤矿首任董事长翁文灏曾任国民政府行政院院长，总经理为中国"煤、油大王"孙越崎。

　　嘉阳煤矿是全国薄煤层开采先进矿井，煤矸石综合利用成效显著，技术创新成效突出，在煤矿生产发展的同时，高度重视工业遗产保护，依托80多年煤炭开采历程中遗留下来的窄轨蒸汽小火车、抗战老矿井、工业古镇等稀有遗迹，大力开发工业旅游和绿色旅游。自2006年以来，先后成功申报省级重点文物保护单位、国家矿山公园、国家绿色矿山、国家AAAA级旅游景区、省级科普基地、省级科技旅游示范基地等，年接待游客20万人次，实现旅游收入2000万元，为嘉阳煤矿转型绿色产业找到了一条可持续发展之路，成为全国工业遗迹保护和旅游开发的亮点。

嘉阳煤矿一坑炭坝50年代
Jiayang Coal Mine, a pit carbon dam in the 1950s

嘉阳煤矿第一口井
The first well of Jiayang Coal Mine

嘉阳40年代老矿区全貌
Jiayang old mining area in the 1940s

Sichuan Jiayang Group Co., Ltd. (Jiayang Coal Mine) was founded in December 1938 and is one of the four major anti-war coal mines run by the National Government in Sichuan.Weng Wentao, the first chairman of Jiayang Coal Mine, served as the president of the National Government Administrative Office. The general manager was Sun Yueqi, the "king of coal and oil" in China.

Jiayang Coal Mine is an advanced mine for thin coal seam mining in the country. The comprehensive utilization of coal gangue has achieved remarkable results, and the technological innovation has achieved outstanding results. At the same time of coal mine production development, it attaches great importance to industrial heritage protection, relying on the narrow-gauge steam left over from the coal mining process for more than 80 years. Small trains, anti-war old mines, industrial ancient towns and other rare relics, vigorously develop industrial tourism and green tourism.Since 2006, it has successfully declared successful provincial key cultural relics protection units, national mine parks, national green mines, national AAAA tourist attractions, provincial science popularization bases, provincial science and technology tourism demonstration bases, etc., receiving 200,000 tourists a year to achieve tourism. The income of 20 million yuan has found a sustainable development path for the depletion and transformation of the green industry in Jiayang Coal Mine, and has become a highlight of the national industrial heritage protection and tourism development.

窄轨蒸汽小火车
Narrow gauge steam train

芭蕉沟工业古镇
Bajiaogou industrial ancient town

创新引领绿色发展 变革规划伟大蓝图

——伽师县铜辉矿业有限责任公司

伽师县铜辉矿业有限责任公司（简称"铜辉矿业"）位于新疆喀什地区伽师县，东距阿克苏400公里，西距喀什市140公里，是集铜矿采、选于一体的中型有色矿山企业。

铜辉矿业于2008年1月由山东招金集团有限公司收购重组，目前拥有员工1000余人，资产总额10.9亿元，总装机容量14200kW，矿业权总面积47.05平方千米，年采选设计生产能力50万吨。

多年来，铜辉矿业始终坚持"创新驱动"战略，深入推进"四化"融合建设，培育形成了"科技创新"竞争优势。截至2018年，荣获了"改革开放40年中国企业文化优秀单位"等国家级荣誉20余项、"自治区扶贫龙头企业"等自治区级（省部级）荣誉30余项；取得了新疆维吾尔自治区、中国黄金协会和中国设备管理协会科技进步奖23项，拥有发明专利和实用新型专利21项、软件著作权3项，在国家核心期刊上发表了专业技术论文43篇。通过了质量管理体系、环境管理体系、职业健康管理体系及能源管理体系认证，率先成为全国第一家地下矿山、尾矿库、选矿厂同时达到安全标准化一级的矿山企业，成为新疆维吾尔自治区第一批绿色制造体系建设示范单位和第二批"绿色矿山"试点单位，入选了全国首批国家级"绿色工厂"和全国"绿色制造系统集成"项目（是新疆地区唯一一家获此殊荣的矿山企业）。2018年通过了国家"高新技术企业"认证，被新疆维吾尔自治区推荐为"国家级绿色矿山"，连续11年实现了安全环保无事故、社会治安综合治理形势稳定。

不忘初心，牢记使命。铜辉矿业将认真贯彻落实"十九大"会议精神，紧紧抓牢"一带一路"经济带、中巴经济走廊和喀什经济特区建设等战略性历史机遇，倾力打造员工满意、股东放心、社区和谐、政府支持的矿山企业，为维护新疆社会稳定和长治久安做出新的更大的贡献！

铜辉矿业选矿厂　　混合井平硐　　新疆地区首个膏体充填站　　采矿生产矿区

安徽马钢张庄矿业有限责任公司

安徽马钢张庄矿业有限责任公司（以下简称"张庄矿"）地处安徽省六安市霍邱县，于2010年6月成立，现有员工320人，具备500万吨配套采选规模，可年产TFe65%的铁精矿174万吨和三种粒级建材200万吨。

张庄矿500万吨/年采选工程项目于2012年2月正式开工建设；2015年8月全系统重负荷试车；2016年4月试生产；2017年2月取得安全生产许可证正式进入生产阶段。2017年实现销售收入9.1亿元、利润1.8亿元。

近年来，张庄矿紧紧围绕建设"安全高效生态智慧矿山"战略目标，坚持创新发展、精益运营，加快发展智能制造，加快推进两化融合，加快建设数字化产线，着力打造企业转型升级的新引擎。工艺装备全面实现大型化、现代化，其中主井单井提升能力达600万吨/年，拥有直径1950mm的国内最大直径的高压辊磨机和直径20m的充填用深锥浓密机；全面推进工业技术和信息技术的深度融合与集成，井下运输水平无人驾驶基本实现，智能采矿项目研究全面启动，选矿自动化系统管控一体化集成创新项目取得实质成效，张庄矿顺利通过国家两化融合贯标体系认证。

在推进企业发展的进程中，张庄矿牢固树立和贯彻落实新发展理念，将绿色发展理念贯彻于资源开发利用与环境保护全过程，着力推动形成矿地和谐、人与自然和谐共生的新格局。坚持顶层设计，强化工艺优化与创新，通过选矿全流程三段抛尾工艺的应用，年产三种粒级建材200万吨，剩余尾砂全部充填井下采空区，实现了无尾排放。以此为基础，取消了尾矿库建设，走出了一条全资源绿色开发的创新之路，2017年，张庄矿被授予国家第二批"绿色工厂"称号。

在全球制造业迈向数字化、智能化时代的新背景下，面对我国矿业发展的新常态，张庄矿将以党的十九大精神为指引，深入贯彻新发展理念，积极践行"绿水青山就是金山银山"重要思想，抢抓智能制造这一重大战略机遇，着力推动企业发展质量变革、效率变革、动力变革，开发矿产资源，创造卓越价值，全力向"打造矿业知名品牌，建设安全高效生态智慧矿山"目标迈进。

内蒙古兴安银铅冶炼有限公司

内蒙古兴安银铅冶炼有限公司位于内蒙古赤峰市克什克腾旗循环经济工业园，2007年2月成立，2009年9月投产，注册资金16.574亿元，是内蒙古地质矿产（集团）有限公司直属的股份制国有企业，其中内蒙古地质矿产（集团）有限公司控股78.88%，内蒙古地质勘查有限责任公司控股18.37%，内蒙古赤峰地质矿产勘查开发院控股1.69%，内蒙古第十地质矿产勘查开发院控股1.06%。

公司资产总规模24亿元，分别于2014年和2018年完成了两次技术升级和扩能改造，新建15万吨/年废旧铅酸蓄电池拆解项目，电解铅产能达22万吨，白银300吨，黄金300公斤，副产品有硫酸、次氧化锌、冰铜、锑白（粗锑）、粗铋、粗碲等。2018年营业收入已突破30亿元，是华北地区、东北地区目前规模最大的、具备综合回收能力的铅冶炼企业。

公司自成立以来，始终秉承着"学习、创新、敬业、廉洁、实干、诚信"的经营理念，产品广受社会赞誉和青睐。2018年1月，公司"沐沦"牌铅锭在上海期货交易所成功注册为交割品牌，备受蓄电池行业尤其是高端铅酸蓄电池企业的喜爱。

多年来，公司积极履行企业义务，勇于承担社会责任，不断加大环保投入，始终遵循"绿色共享"的发展理念不动摇，2016年3月，公司被列入工业和信息化部发布的第三批符合铜、铅、锌行业规范条件企业名单；2017年10月，通过"三标一体"管理体系认证；2018年，获"内蒙古自治区绿色工厂"荣誉称号，参与了行业技术指标的修订工作。

江苏龙腾化工有限公司

江苏龙腾化工有限公司前身为成立于1964年11月的江苏省东海蛇纹石矿，该矿曾隶属于国家冶金部。1982年国家为了满足上海宝钢生产所需的蛇纹石产品，先后投资3297万元对矿山进行扩建改造，增加了破碎系统，形成年产45万吨各种规格蛇纹石产品的矿石加工企业。2003年11月改制成为民营股份制企业——江苏龙腾化工有限公司，2007年6月被香港主板块上市的世纪阳光集团控股有限公司整体收购，目前有职工700多人，拥有自己的铁路专用线、内河码头以及连云港码头专用泊位，同时拥有年开采加工100万吨蛇纹石和年产60万吨复合肥等生产能力。蛇纹石储量达1.6亿吨，是国内最大最优质的蛇纹石生产基地，被上海宝钢集团授予永久性"质量信得过单位"荣誉称号。

近年来，公司在努力做大做强企业的同时，认真贯彻落实科学发展观，着力抓好资源综合利用，积极开展节能减排和植树造林等工作，为建设资源节约型、环境友好型、健康和谐的矿山企业做出了不懈的努力，于2017年9月成功入库国家级绿色矿山，被国家统计局、国家信息发布中心确认为非金属采选业"全国行业百强"称号，先后被江苏省委、省政府授予"文明单位""重合同守信用企业""环保先进企业""安全生产先进企业""A级纳税信用等级"等荣誉称号。蛇纹石的加工于2014年通过ISO9001：2008质量管理体系认证，公司是国内蛇纹石标准起草单位。

公司长期为宝山钢铁股份有限公司、马鞍山钢铁股份有限公司、首都钢铁股份有限公司、河北钢铁集团有限公司、山东钢铁集团有限公司、南京钢铁集团有限公司、山西太钢不锈钢股份有限公司、安阳钢铁股份有限公司、中天钢铁集团有限公司等大型钢厂供货。

江苏龙腾化工有限公司东海蛇纹石矿位于江苏省东海县城西北29公里处山左口乡许沟。矿区距310国道7千米，距民航连云港机场40千米，距京沪高速公路20千米，交通十分便利。

创绿色化工厂，打造国内一流、世界领先的煤化工"航母"

——记安徽华谊"绿色化工厂"

安徽华谊"绿色化工厂"是以"可持续发展、循环经济、注重节能减排"为发展理念，以"绿色精益生产、卓越高效运营"为经营目标，以"不让一滴污水流入长江，不让一缕黑烟冒上天空"为环保承诺的现代新型绿色化工企业。

安徽华谊煤基多联产精细化工基地

工厂以煤为原料生产甲醇及醋酸，部分醋酸作为原料用于生产醋酸乙酯，产生的"三废"按照"减量、再用、循环"的原则进行工艺处理：利用粗二氧化碳制成食品级的CO_2，通过工艺回收H_2S生成硫磺副产品；回收高氨氮废水中的氨用于锅炉装置烟气脱硝，废水再循环使用，提高水资源利用率；废渣根据生产实际部分用作生产原料，部分外售用于生产建材，实现了煤资源循环、水资源循环、固体废弃物资源化。

工厂紧跟制造强国战略总体部署，提高自动化水平，建设智能体系，已建成"过程控制自动化仪控系统""先进控制优化系统""实时数据库系统""生产执行系统""能源管理系统""设备运行管理系统""实验室信息管理系统""企业资源管理系统"，提升了自身的感知、预测、协同和分析优化能力，为打造国内一流、世界领先的煤化工"航母"奠定良好的基础。

先进的工艺技术和高效的自动化水平，加快了企业提升核心竞争力的脚步。工厂走以"产学研"为主的技术创新之路，重视校企合作，成立企业技术中心，提高技术团队创造力，聘请外部专家成立技术攻关组，生产低三甲胺甲醇、低水醋酸乙酯产品，满足下游客户需求，同步降低产品能耗，提高生产效益。工厂的技术团队已成功申报多项专利，技术中心被评为"省级企业技术中心"。工厂荣获了"全国化学工业优质工程奖"、"化工行业优秀设计二等奖"、"第十届全国石油和化工企业管理创新成果一等奖"、上海市"申安杯"及"全国绿色工厂"、"'十二五'全国石油和化学工业环境保护先进单位"、"安徽省诚信企业"、"安徽省节水型企业（第一批）"等诸多荣誉。

在已取得成绩面前，工厂继续以提高资源利用效率和降低污染物排放指标驱动绿色发展；以减量化、再利用、资源化发展循环经济；以环保为先，担当起严格履行环境责任的"排头兵"，全面实施清洁生产，对现有锅炉烟气进行"超低洁净"工艺升级，执行严于地方标准的排放限值标准，减少污染物排放量；生产废水通过中间工艺处理，逐步实现中水回用；回收厂区内余热用于低压发电、工艺介质换热；收集全厂的蒸汽凝液，处理后循环使用；对厂区的VOC_s进行收集、治理，消除厂区的"跑冒、滴漏"现象，使工厂的环保、能耗指标达到或接近国外行业先进水平，实现高层次的、系统化的循环经济目标。

现在，这艘国内一流、世界领先的绿色化工"航母"雏形已现，相信不久的将来，这艘满载几代人智慧与心血的"航母"会走向世界，向世界展示中国先进的绿色化工制造。

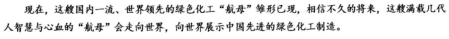

唐山市德龙钢铁有限公司

企业简介 ▶

　　唐山市德龙钢铁有限公司是一家集烧结、炼铁、炼钢、轧钢为一体的民营钢铁联合企业，具备年产铁、钢、材各240万吨的生产能力，总资产69亿元，现有员工3000人。系河北省重点钢铁企业、国家高新技术企业、国家3A级旅游景区、国家级绿色工厂。

坚持创新驱动，点燃高质量发展引擎

　　公司拥有授权专利41项；省、国家优秀质量管理成果27项；省技术创新项目3项；省重点研发项目1项；省冶金科学技术奖二等奖2项、三等奖4项；卓越产品认证2项；金杯产品认证1项。多项技术领跑于全国同行业技术水平前沿，成果评价达到国际先进水平4项，国内领先水平1项，国内先进水平1项。2018年获批河北省技术创新示范企业。

　　2018年研发的H08Mn、H10Mn2埋弧焊接用钢已成功打入美国林肯电气和深圳大西洋公司，焊材钢年产超过44万吨，产销量跻身行业前三，市场占有率达13%。2018年9月，公司正式获评国家级高新技术企业。

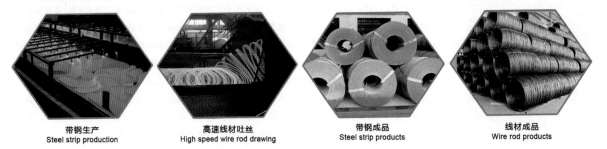

带钢生产　　　　　　　　高速线材吐丝　　　　　　带钢成品　　　　　　　　线材成品
Steel strip production　　High speed wire rod drawing　Steel strip products　　Wire rod products

狠抓环保提标改造，守护一方碧水蓝天

　　公司始终秉承"尽社会责任，创绿色财富"的发展理念，环保投入不设上限，积极推进环保深度治理新技术、新材料、新工艺应用，努力创建资源节约型和环境友好型企业。截至目前，节能环保和循环经济建设累计投资超过12.8亿元，吨钢环保运行费用超过210元。烧结机脱硫脱硝除尘一体化项目，目前颗粒物控制在2~6mg/m³、二氧化硫排放控制在5mg/m³以下，氮氧化物排放在30mg/m³左右，综合减排80%以上，率先达到了唐山市超低排放限值要求。烧结烟气循环项目于2019年4月26日正式投运，烟气量可减排30%，是唐山市首家应用较成功的企业。目前该项目已申请专利且被受理。公司节能环保先进事迹先后被收录到《2018中国人大年鉴》和《2018中国环保年鉴》。

烧结机脱硫脱硝除尘一体化项目
The integrated project of dry desulfurization denitrification and dust removal

匠心独运奋进牛
The excellent design of struggling bull

公司全景
Company Panoramic View

音乐娃雕塑
Music baby sculpture

秦皇岛六中研学游
Qinhuangdao No.6 Middle School Research and Study Tour

推进工业旅游融合，撬动转型发展支点

　　公司按照 "五化" 标准，依托现有厂区及周边环境资源，着力拓展打造集环保科普、研学旅游、教育科研、文化体验、生态农业与工业能源产业融合等功能为一体的钢铁工业艺术园区，对厂区及毗邻盐碱荒地进行生态再造，努力探索与环境和谐相处，与旅游岛共荣共生之路，同时打造青少年社会实践基地。2018年10月，公司获评国家3A级旅游景区；2019年上半年，公司获批唐山市第二批市级研学旅游示范基地；2019年5月，公司与鲁迅美术学院联合举办了 "同构·共享——首届唐山德龙国际钢铁雕塑艺术节"，实现了钢铁与艺术的完美融合。唐山德龙在产状态下的 "绿色钢铁是怎样炼成的" 工旅融合创意、创新产品日臻成熟，不仅填补了唐山国际旅游岛景区工业旅游的空白，同时将生态、工业资源有效转化为经济和教育资源，为实现经济、生态和社会效益的统一，开创了唐山钢铁业的先河。

　　公司先后荣获全国模范职工之家、河北省五一劳动奖状、中国带钢领导品牌、中国工业线材行业钢厂领导品牌、环境社会责任企业等殊荣。

　　德达天下，龙腾盛世。德龙人将超越昨天，在大国崛起的舞台上，一路高歌，放飞梦想！最终实现绿色德龙、创新德龙、精益德龙、数字德龙、幸福德龙的目标，做受人尊敬的百年企业。

云南中宣液态金属科技有限公司
Yunnan Zhongxuan liquid metal Technology Co.,Ltd.

宣威·中国液态金属谷产业基地规划核心区

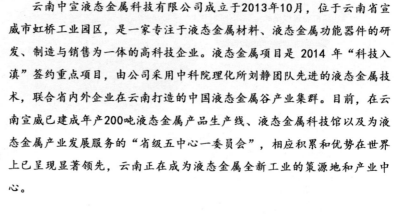

云南中宣液态金属科技有限公司成立于2013年10月，位于云南省宣威市虹桥工业园区，是一家专注于液态金属材料、液态金属功能器件的研发、制造与销售为一体的高科技企业。液态金属项目是 2014 年"科技入滇"签约重点项目，由公司采用中科院理化所刘静团队先进的液态金属技术，联合省内外企业在云南打造的中国液态金属谷产业集群。目前，在云南宣威已建成年产200吨液态金属产品生产线、液态金属科技馆以及为液态金属产业发展服务的"省级五中心一委员会"，相应积累和优势在世界上已呈现显著领先，云南正在成为液态金属全新工业的策源地和产业中心。

公司现已建成世界首套液态金属电子手写笔、液态金属3D笔、电子油墨生产线，以及国内首创液态金属导热片、导热膏生产线，产品可广泛应用于工业电子、军工国防、生物医疗、教育与文化创意等领域。公司系列产品已通过IATF16949、ISO9001、ISO14001、OHSAS18001等认证，先后荣获2016年中国国际高新技术交易会"优秀产品奖"、2016年国家创新创业大赛总决赛12强等奖项。公司先后被认定为"国家科技型中小企业""高新技术企业""云南省民营小巨人""云南省制造业单项冠军（培育）企业"，公司致力于打造国内液态金属产业的领军品牌。

液态金属导热膏	液态金属导热片	液态金属电子油墨
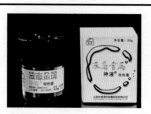		
"神液"牌液态金属导热膏是一种纯金属膏状热界面材料，拥有突破传统热界面材料的超高热导率和稳定性，导热性能卓著。广泛用于高温、高密度热流场合的电子器件散热。	"神液"牌液态金属导热片是一款纯金属制成的金属薄片，用于发热器件与散热器层间，利用本身低熔点特性通过发热体发热使其熔化能保证充分地填充界面间隙形成良好的导热通道。	"梦之墨"牌液态金属电子油墨：是由多种金属经过系列工序合成，并根据不同使用基底改良其润湿性，在常温下呈液态的复合金属材料。具有优良导电性和较好的润湿性。
液态金属电子手写笔	液态金属3D笔	低温环保焊料

"梦之墨"牌液态金属电子手写笔（ZXYT B-IV26112）系世界首创产品，是利用液态金属替代传统导电油墨的电子手写笔，可通过书写方式直接写出电路。	"梦之墨"牌液态金属3D笔是公司继世界首支液态金属电子手写笔后研制生产的第二代产品，可以在不同基底表面直接写出电路，并实现即写即干的功能。	低温无铅焊料通常是指固相线温度和液相线温度（熔点）比传统焊料Pb-63Sn（共晶温度183℃）低的焊料。本产品不含有铅等有害元素，可广泛适用于耐热性差元件（例如LED灯珠、一些半导体元件）在铜或镍基板上的焊接，焊接温度可低至100℃，具有熔点低、焊后强度高、耐温性好、韧性好等优点。

泰安中联水泥有限公司5000t/d新型干法水泥
暨世界低能耗示范线工程

泰安中联水泥有限公司

　　泰安中联水泥有限公司是中国联合水泥集团投资建设的世界级低能耗示范线，是中国建材集团"一带一路"参观走廊上的窗口企业，位于山东省泰安市岱岳区道朗镇，地理位置极为优越，距离京台高速、京沪高铁等交通动脉仅10余千米，距离山东省会济南仅60千米。公司占地440余亩，于2015年3月1日点火投产，目前拥有日产5000吨的世界级低能耗水泥生产示范线一条，配套7kW纯低温余热发电、砂石骨料生产线，年产商品熟料155万吨、高标号水泥100万吨、砂石骨料200万吨，年发电量约5200万千万时，年可实现利税1.5亿元。

　　泰安中联生产线能耗、环保、智能制造均为世界水泥行业领先水平，是世界水泥行业两化融合的典范，是首个入选工业和信息化部"智能制造试点示范"的水泥制造企业，2017年荣获山东省两化融合优秀企业、建材行业"互联网+创新成果"及2017年度全国重点用能行业能效"领跑者"等荣誉。

　　公司通过了ISO 9001质量管理体系、ISO 14001环境管理体系、GB/T 28001职业健康安全管理体系及GB/T 2331-2009能源管理体系等认证，2017年通过了国家一级安全生产标准化企业验收及两化融合管理体系评估审核。

　　泰安中联拥有的世界低能耗水泥熟料生产线严格按照两化融合的要求，以"五全"——全变频、全消音、全封闭、全收尘、全利废，"四不漏"——不漏风、不漏料、不漏油、不漏水，"四个一流"——工艺一流、技术一流、环境一流、形象一流的标准打造中国建材集团一带一路的参观走廊和产学研基地。实现了矿山开采智能化、原料处理无均化、生产管理信息化、过程控制自动化、生产现场无人化的要求，利用现代化综合技术带动水泥工艺的升级，进而全面提升水泥工业的整体素质，实现了水泥生产有效的转型和技术升级。通过智能制造示范线，将其中各项可行的、技术先进的、可移植的技术及设备用于水泥企业升级改造。

　　经过近3年时间的运行与技术改造，不断优化生产工艺，降低能耗指标，泰安中联水泥熟料生产线当前能耗指标处于行业领先水平，具体当前该生产线可实现的能耗指标为：熟料综合电耗小于47k·Wh/t，熟料标煤耗小于94.7kgce（标煤耗）/t，熟料综合能耗小于100kgce/t，水泥综合能耗小于84kgce/t。各项生产指标均处于国内水泥行业领先水平，熟料、水泥生产线实现95人岗位编制，人均产能、岗位优化居于建材行业领先水平。

　　泰安中联欲与国内外有识之士一道，致力于人与自然的和谐统一，愿与各利益攸关方、社会各界，精诚合作、多赢共赢，推动行业健康持续发展，共同开创人类生活更加美好的未来。中联水泥，我们生产凝聚力！

泰山中联水泥有限公司

　　泰山中联水泥有限公司于2007年7月加盟中国建筑材料集团公司，是中国建材香港H股上市体成员企业和中国联合水泥集团有限公司核心企业之一。

　　公司北依五岳独尊的泰山，南临孔孟之乡曲阜及董梁高速，东临京沪高速公路，西接京福高速公路及京沪高速铁路，矿产资源丰富，地理位置优越，交通条件便利。公司建有2500t/d级和5000t/d级新型干法水泥熟料生产线各一条，并建有水泥余热发电CDM项目，拥有5个水泥分公司和1个石灰石矿山分公司，年熟料产能260万吨，年水泥产能300万吨，2018年实现利润1.38亿元。

　　公司通过了ISO9001质量管理体系、ISO14001环境管理体系、OHSAS18001职业健康安全管理体系及产品质量认证，生产的"CUCC"中联牌P·C32.5R、P·O42.5、P·O42.5R、P·O52.5水泥，具有安定性好、凝结时间适中，早期、后期富余强度高，和易性、耐磨性、可塑性、均匀性优良，色泽美观、碱含量低，与外加剂的适应性好等特点，实物质量优于国家标准，深受用户的好评。

　　泰山中联水泥有限公司2012年通过了国家一级安全生产标准化企业审核验收，2017年通过复审，2018年通过双重预防体系建设审核验收和清洁化生产审核验收。公司致力于安全环保、智能高效发展理念，以建设绿色无尘花园式工厂为目标，多措并举，向更先进的水泥制造企业学习，在内潜上下功夫，通过技术革新，在篦冷机冷却效果提升和设备智能化巡检、音频清障器应用等项目上取得很好的效果，得到很好的效益。

　　泰山中联水泥有限公司按照"处理、清理、治理、保持"四步走的原则进行现场精细化管理提升治理，企业在中国联合水泥组织的精细化检查中取得优异成绩；按照"学习、使用、赶超"的原则时刻向管理一流、安全一流、环境一流、工艺一流、技术一流、效益一流的目标去奋斗，打造中国联合水泥样板化企业，全面提升水泥工业的整体素质，实现了水泥生产有效的转型和技术升级。

　　泰山中联水泥有限公司地处"五岳泰山、孔孟之乡"福地，以仁和之心竭诚与各界有识之士一道，致力于人与自然和谐统一，共谋发展，共创事业，精诚合作，多赢共赢，推动行业持续健康发展，发挥企业社会责任，为国家建设生产凝聚力！

平邑中联水泥有限公司

企业简介

平邑中联水泥有限公司是中国联合水泥集团控股公司之一，位于临沂市平邑县。2019年10月成立，拥有一条4500t/d新型干法熟料水泥生产线，配套建设两台4.2 m×13 m水泥磨和一套9MW纯低温余热发电机组。2017年5月，增加投资4000余万元，建设年产200万吨废弃石灰石综合利用生产线和60万吨机制砂项目。2018年8月，吸收合并费县中联混凝土有限公司，延伸上下游产业链，形成年产熟料139.5万吨、水泥200万吨、骨料（机制砂）200万吨和混凝土285万方的生产规模。

公司秉承中国建材"善用资源，服务建设"的核心理念，按照"用地集约化、原料无害化、生产清洁化、废物资源化、能源低碳化"绿色工厂要求，打造绿色循环发展企业。

公司生产线、厂房及办公楼等采用钢结构或钢筋混凝土多层结构建设，建筑系数为42.9%，容积率为0.91，达到《工业项目建设用地控制指标》先进指标要求。利用建筑空地广植花圃苗木，打造错落有致、景色优美、三季花鲜、四季常青的绿色园林式工厂，绿化率逐年提升，达到35%以上。

公司积极采用新技术、新材料，促进节能、低碳、环保生产。实施空压机热能回收利用技改，满足员工洗浴和集中取暖需求，节能降耗效益显著。利用无铬陶瓷研磨球替代原有钢球，吨水泥电耗降低5.07千瓦时，同时，成功减少了产品中重金属含量，P·O42.5 水泥水溶性六价铬含量4.44mg/kg，远低于国标所规定的10mg/kg。

公司安装高效袋式除尘器80余套，进行粉尘治理，采用分级燃烧+SNCR技术进行脱硝技改，降低氮氧化物排放，控制原材料有机硫含量，降低二氧化硫排放，使公司颗粒物、氮氧化物、二氧化硫排放浓度达到10mg/Nm³、100mg/Nm³和50mg/Nm³以内，达到超低排放要求；加大无组织排放治理力度，全公司所有原、燃材料密闭存放，彻底解决扬尘问题；安装两台高效垢菌清设备，综合处理余热发电循环水，年减少阻垢剂约90%，污水全部回用于绿化和道路喷淋，无外排。整个厂区满足清洁生产要求。

按照"减量化、无害化、资源化"要求，大力发展循环经济。综合利用粉煤灰、铁矿选矿污泥、石英砂选矿污泥脱硫石膏等工业固废生产水泥熟料，年利用固废30余万吨。

作为快速发展的中央企业，平邑中联水泥有限公司将积极履行社会责任，继续坚持绿色发展理念，以绿色工厂为起点，推动绿色品牌创建，立足于资源的循环再生和综合利用，发展绿色建材，努力创建绿色清洁的绿色建材示范企业。

响水中联水泥有限公司

响水中联水泥有限公司(以下简称"响水中联")是中国联合水泥集团有限公司(以下简称"中国联合水泥")的重要企业，是中国建材股份在香港上市的重要上市体成员企业。2011年3月中国联合水泥与江苏灌河建材有限公司重组成立响水中联水泥有限公司。响水中联水泥有限公司位于响水县经济开发区产业园内，东临沿海高速，北傍灌河，水陆交通便利，是响水县委、县政府2010年重点招商引资项目。公司现拥有2条水泥生产线，年产能为220万吨。公司遵从"安全第一，客户至上，结果导向，诚实守信，创新发展，以人为本"的方向，通过发展自身技术优势，坚持走"低能耗，低排放，高技术，高效益"可持续发展之路。公司通过了GB/T 19001-2016质量管理体系、GB/T 24001-2016环境管理体系、GB/T 28001-2011职业健康安全管理体系，是安全标准化一级企业。响水中联坚持以专业化的制造技术、专家化的管理手段确保高品质产品的生产；坚持以完善的市场保障系统、专情化的服务理念对消费者负责。水泥粉磨系统采用挤压联合粉磨新工艺和新技术，各项指标均大大优于水泥行业新（扩）建项目的基准值，符合国家产业政策和行业政策的导向。按照中国联合水泥统一的质量标准生产，使用统一的"CUCC"中联牌商标，生产32.5R、42.5等各种型号水泥。响水中联水泥有限公司以习近平新时代中国特色社会主义思想为统领，秉承中国建材"善用资源，服务建设"的核心理念，坚持对外以满足客户需求为导向，对内以满足员工需求为导向的"双元导向"，致力创建资源节约型、环境友好型、创新绩效型、社会责任型水泥企业。

长宁红狮水泥有限公司

公司荣誉

授予：长宁红狮水泥有限公司

四川省优秀民营企业

中共四川省委 四川省人民政府
二0一八年十一月

授予：长宁红狮水泥有限公司

突出贡献民营企业

中共宜宾市委
宜宾市人民政府
二零一七年三月

长宁红狮水泥有限公司

建立现代企业制度达标企业

宜宾市民营经济工作辅导小组
2018年1月

长宁红狮水泥有限公司是一家由红狮控股集团有限公司投资建设的全资控股子公司，位于宜宾市长宁县硐底镇治平村，总投资6.5亿元，拥有员工350余人，2018年上缴税金6882.6万元，是四川省优秀民营企业、四川省2018年绿色制造示范单位。

坚持立足水泥主业，采用国际先进新型干法工艺，关键设备从美国、德国等世界一流公司引进，用"低碳、安全、环保"方式制造水泥，产品性能优良、稳定，是当地市场的强势品牌，拥有较高的市场占有率。

长宁红狮将以高质量发展为中心，强化内部管理，实施创新驱动和绿色发展，坚持企业发展与环境保护相统一，严格执行国家环保排放标准，为生态文明建设作出贡献。

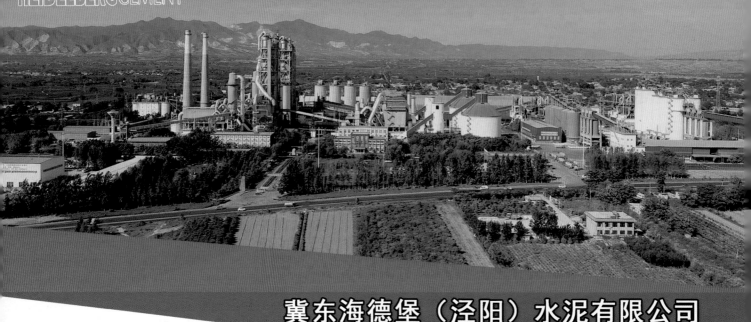

冀东海德堡（泾阳）水泥有限公司

企业简介 ▶▶

冀东海德堡（泾阳）水泥有限公司是由北京金隅集团股份有限公司旗下的唐山冀东水泥股份有限公司与海德堡水泥控股香港有限公司共同出资成立的合资企业，成立于2005年，注册资本为45896万元，公司总经理张林。公司位于陕西省泾阳县王桥镇西南一千米处的泾河河畔，占地600亩，静态总投资13.3亿元。

公司现有两条新型干法熟料水泥生产线，其中一期日产5000吨熟料新型干法水泥生产线及自备石灰石矿山建设于2007年6月竣工投产，矿区占地1.02平方千米，总储量2.89亿吨，储量丰富、品位优良；二期日产4500吨熟料水泥生产线及25MW纯低温余热发电站于2009年4月竣工投产。两条生产线烧成系统均采用φ4.8×72m回转窑、双系列五级预热器和TDF型分解炉生产工艺，现已形成年生产水泥400万吨、年发电1.5亿千瓦时的产能规模。2018年公司按照绿色转型发展的新思路，投资建设300t/d的水泥窑协同处置污泥项目，目前已试运行。无害化地解决了西咸区域的城市生活污泥，真正做到"政府好帮手、城市净化器"。

公司生产的"盾石"牌系列硅酸盐水泥，主导品种包括P·O52.5R、P·O42.5水泥，已广泛用于西安地铁、郑西客运铁路专线、包西铁路、西安咸阳国际机场等国家重点工程和基础设施工程建设；产品质量稳定，售后服务优良，备受用户青睐，被列为陕西省水泥第一品牌，获得了"陕西省名牌产品"等荣誉称号。同时公司获得国家一级安全标准化企业认证证书、国家级"绿色工厂"荣誉称号等。

在新时代，公司以追求企业高质量发展为理念，不断加大企业科技创新、智能建设和绿色转型的力度，以先进的水泥生产工艺、优良的品质保证和一流的服务水平回报客户，回馈社会，力促经济发展与环境保护的平衡、人与自然的和谐、企业与社会的共荣。

冀东海德堡（扶风）水泥有限公司

企业简介 ▶▶

　　冀东海德堡（扶风）水泥有限公司是由北京金隅集团股份有限公司旗下的唐山冀东水泥股份有限公司与海德堡水泥控股香港有限公司共同出资成立的合资企业，成立于2005年12月，注册资本为48987万元。公司位于陕西省宝鸡市扶风县天度镇闫马村北，占地700亩，固定资产14.8亿元，现有员工399人。

　　公司前身是由唐山冀东水泥股份有限公司投资成立的冀东水泥扶风有限责任公司，成立于2002年1月。公司一期日产4000吨熟料新型干法水泥生产线及自备石灰石矿山于2003年11月建成投产，矿区占地1.351平方千米，总储量1.8亿吨；二期日产4500吨熟料新型干法水泥生产线及18MW纯低温余热发电站于2008年10月竣工投产。现已形成年生产水泥500万吨、年发电1.2亿千瓦时的产能规模。

　　两条生产线均采用DCS集散型控制系统，由中央控制室集中控制；一线生料粉磨系统采用日本宇部UM46.4型辊式磨技术及设备，熟料烧成均采用国际先进的双系列悬浮预热器和窑外分解系统，熟料冷却系统采用丹麦史密斯第四代液压推动棒式冷却机，生料配料系统采用美国热电伽马射线在线分析仪实现在线自动配料。整个系统能耗低，自动化程度高。

　　公司计划投资1.5亿元建设年处理13万吨固体废弃物的水泥窑协同处置项目，目前正在做环评。无害化解决宝鸡及周边地区城市生活垃圾及其他固体废弃物，真正成为"政府好帮手、城市净化器"。

　　公司生产的"盾石"牌系列硅酸盐水泥，通过了ISO9001质量体系认证，主导品种有普通硅酸盐水泥（P·O52.5R、P·O42.5）、低碱水泥、装修专用水泥，已广泛用于西安地铁、西安咸阳机场、银西铁路等国家重点工程，产品质量稳定，售后服务优良，备受用户青睐。2018年，公司获得了国家绿色工厂、陕西省名牌产品、陕西省质量标杆、陕西省劳动关系和谐企业等多项荣誉称号。

　　面对机遇和挑战，公司坚持科学发展观，坚持存量优化与增量发展互动，以国家产业结构调整升级政策为导向，全力实施金隅集团 "进入世界500强"与"打造国际一流大型产业集团"的愿景，创新发展，走新型工业化道路，以一流的产品、一流的质量、一流的服务回报用户，回报社会。

华新水泥重庆涪陵有限公司

华新水泥重庆涪陵有限公司是华新水泥股份有限公司投资建设的一家全资子公司，地处重庆市涪陵区白涛街道办事处三门子村，与乌江及319国道紧紧相邻，总投资9亿元，占地259余亩，于2010年1月投产，拥有一条4600t/d新型干法水泥熟料生产线，年生产水泥200万吨。

公司主要产品为P·O42.5普通硅酸盐水泥和P·C32.5R复合硅酸盐水泥，多年来，"华新堡垒"牌水泥在重庆市场创下优良的口碑，被誉为"重庆名牌产品"，客户满意度达95%以上。

公司遵从"安全第一、客户至上、结果导向、诚实守信、创新发展、以人为本"的方针，通过发挥自身技术优势，坚持走"低能耗、低排放、高技术、高效益"的可持续发展之路。近年来实施了脱硝系统、脱硫系统、水泥窑协同处置污泥系统以及多项工艺技改项目，极大地降低了污染物的排放，且各项能耗指标达行业先进水平，于2018年荣获国家"绿色工厂"称号，实现了"美好的世界从我们开始"的愿景，为乌江画廊的绿水青山做出了巨大贡献。

技术项目 ▶▶

脱硫项目：

华新水泥重庆涪陵有限公司于2014年建成全国首例水泥窑烟气脱硫系统，为水泥行业脱硫环保开辟了新篇章。

脱硫项目为4600t/d水泥窑线配套处理烟气能力为800000m³/h的烟气脱硫系统。采用先进成熟石灰石—石膏湿法脱硫工艺，将窑尾余热锅炉收集的石灰石粉加水制成浆液作为吸收剂泵入吸收塔与烟气充分接触混合，烟气中的二氧化硫与浆液中的碳酸钙以及从塔下部鼓入的空气进行氧化反应生成硫酸钙，硫酸钙达到一定饱和度后，结晶形成二水石膏。经吸收塔排出的石膏浆液经浓缩、脱水，使其含水量小于10%，然后转送至石膏仓堆放，用作水泥粉磨原料。脱硫后的烟气经过除雾器除去雾滴后，由烟囱排入大气。由于吸收塔内吸收剂浆液通过循环泵反复循环与烟气接触，吸收剂利用率很高，在脱硫装置入口SO_2浓度不超过1200Nmg/m³时，脱硫装置出口SO^2浓度不超过100Nmg/m³，脱硫效率大于90%。现SO_2平均排放浓度小于50mg/m³，SO_2减排量达400吨/年左右。

工艺系统包括下列主要系统：

(1) 工艺水系统

(2) 石灰石制浆及供浆系统

(3) 烟气系统

(4) SO_2吸收系统

(5) 石膏浆液脱水系统

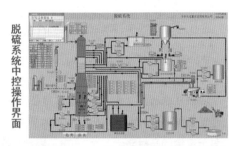

脱硫系统中控操作界面

脱硫塔

石灰石浆液制备系统

窑尾袋收尘改造项目：

公司建立了能源管理体系，系统地进行能源管理；成立了由公司领导和各生产单位负责人组成的节能领导小组，明确了节能工作管理人员。通过建设健全的企业能源管理制度，不断优化系统工艺，引进先进的节能技术，进行了多项项目改造，企业能源消耗持续得到改进。

其中，窑尾袋收尘改造项目取得了较显著成效。此项目于2018年2月实施完成，是通过采用新的防腐蚀材料和工艺改造更换窑尾收尘器上部气室，包括净气室壳体、喷吹管、花板、顶部人孔门盖板等，改造成在线型收尘器，将原收尘器加高1m，过滤面积增加2252m²。项目实施后，窑台产量得到大幅提升，能耗得到显著改善，改造具体效果见下表：

改造前

过滤面积（m²）：13511
处理风量（m³/h）：700000
窑台产量（t/d）：5000
收尘器压差（Pa）：2200
收尘器温差（℃）：10
收尘器漏风率（%）：13
尾排风机单耗（kW·h/t）：3.1

改造后

过滤面积（m²）：15763
处理风量（m³/h）：800000
窑台产量（t/d）：5500
收尘器压差（Pa）：800
收尘器温差（℃）：5
收尘器漏风率（%）：3
尾排风机单耗（kW·h/t）：2.5

窑尾收尘器改造前后对比（取2017年1-12月与2018年3-8月数据对比）

华新水泥（丽江）有限公司

华新水泥（丽江）有限公司（原名云南省丽江水泥有限责任公司）成立于2005年11月，注册资本1亿元，公司一期3000t/d新型干法水泥熟料生产线工程投资4.02亿元，年产水泥130万吨。公司生产经营"石林牌"系列硅酸盐水泥，并通过ISO9001、ISO14001、OHSAS18001体系认证。

公司的主要产品有普通硅酸盐水泥（P·O42.5R、P·O52.5）、复合硅酸盐水泥（P·C32.5R）、中热硅酸盐水泥（P·MH42.5）、高抗硫酸盐硅酸盐水泥（P·HSR42.5）。公司水泥产品具有强度高、水化热低、抗冻性好、耐磨性好、后期强度高、碱含量低、耐腐蚀性好、不开裂等优良特性，产品质量优于国家标准，广泛应用于国家及丽江、攀枝花市重点工程，由于产品质量稳定，适应性良好，备受广大客户的表扬和称赞。

公司自投产至今，生产运营趋于稳定增长，截至2018年12月底，共生产熟料893.08万吨，水泥产量达1277.77万吨，上缴税收37760万元，其中，2018年生产水泥109万吨、熟料99万吨，上缴税金4033万元，为当地的经济发展作出了重要贡献。

华新水泥（丽江）有限公司秉承华新集团"安全第一、客户至上、结果导向、诚实守信、创新发展、以人为本"的企业文化，在节能减排、资源综合利用、环境治理、环保转型等各方面走在了行业前列。公司于2013年8月通过国家安全标准化一级验收；2018年3月通过国家安全标准化一级复审。截至2018年12月，公司员工无事故损失工作日连续运行2396天，合同方员工无事故损失工作日连续运行3846天。

为贯彻落实国家资源综合利用的鼓励和扶持政策，实现"节能、减排、再利用"，进一步降低水泥熟料生产成本，节约能源，保护环境，创造良好的社会效益，公司利用水泥熟料生产线窑头、窑尾生产时排放的废气进行余热发电，建设纯低温余热发电系统，工程总投资4300万元，装机容量达4.5MW，项目于2011年6月开工建设，2012年6月30日投入运行，截至2018年12月余热发电量（净发电量）为1.2亿千瓦时。同时，根据国家对水泥行业大力推广及支持脱硝技术（SNCR），公司积极响应国家号召，2013年12月立项施工，总投资483.95万元在熟料水泥生产线中建设一套脱硝装置，对回转窑所排废气中的氮氧化物进行处理，以削减熟料水泥生产线所排废气中氮氧化物的排放浓度，2014年3月项目投入试运行，2015年8月项目通过云南省环保厅验收，成为丽江市首家施工建设脱硝项目的水泥企业。

公司依据《工业和信息化部办公厅关于开展绿色制造体系建设的通知》（工信厅节函〔2016〕586号）的通知要求，积极开展绿色工厂创建工作。公司成立了创建绿色工厂工作小组，开展了绿色制造体系建设工作，对绿色工厂建设进行自评价及第三方评价。通过绿色制造体系建设工作的开展，加强了绿色、环保、节能的管理理念。近五年来，通过对生料磨主电机、系统风机、窑尾风机等大功率设备进行节能改造及预热器提产改造等措施，水泥综合电耗从原来的99.25kW·h/t（2013年）降低到89.94kW·h/t，节约标煤1248.18吨。

随着技术进步，公司大力推行ISO14001环境管理体系建设，充分识别和评价环境管理因素，使环境方针、目标和企业生产经营战略相一致，注意预防和控制重要环境影响因素，加强污染防治，充分利用周边区域的粉煤灰、工业废渣、黄磷渣、燃煤炉渣、转炉渣、钢渣、脱硫石膏等废渣资源，年均使用废渣约25万吨，并呈逐年递增趋势，在水泥窑中以二次原料和二次燃料的形式参与水泥熟料的煅烧过程，燃烧产生的废气和粉尘通过高效收尘设备净化后排入大气，收集到的粉尘则循环利用，达到既生产了水泥熟料产品，使三废排放低于国家标准，又清洁高效低成本地处理了各种工业废弃物的目的，大大提升了工厂周边的人居环境。

工业和信息化部于2018年1月18日公示拟入选第二批绿色制造示范名单，《工业和信息化部办公厅关于公布第二批绿色制造名单的通知》（工信厅节函〔2018〕60号）文件显示，公司获评"绿色工厂"荣誉称号；2018年10月，公司被确定为国家级"绿色工厂"。

安徽荻港海螺水泥股份有限公司

安徽荻港海螺水泥股份有限公司（以下简称"荻港海螺"）是海螺集团落实国家水泥产业结构调整政策，大力发展新型干法熟料生产线，促进地方行业结构优化而投资建设的大型熟料生产基地之一。

公司位于芜湖市繁昌县荻港镇杨湾村，成立于2000年4月，目前拥有员工948人。公司分三期建设，总投资17.8亿元，共建成2条2500t/d和3条5000t/d新型干法熟料生产线，配套建设一套18000千瓦时和一套18500千瓦时低温余热发电机组。

一、公司建有完善的组织机构

荻港海螺经理层下设十一个二级部门，其中包括：四个生产部门（制造一分厂、制造二分厂、矿山分厂和水泥分厂）和七个职能部门（生产技术处、安全环保处、质量控制处、设备保全处、办公室、财务处和供销处）。

二、交通运输便利，水运优势显著

荻港海螺位于芜湖市繁昌县荻港镇杨湾村，其是我国水泥工业"T"型发展战略的中心地段。公司距离芜湖市50公里，交通运输十分便利。

荻港是长江流域著名的深水良港，公司紧临长江，距离长江自备码头仅2.6公里，具备优良的水运优势和良好的投资环境。

公司一期码头建有5000吨级熟料装船能力和3000吨级原燃材料卸船能力的两个深水泊位码头，装卸工艺先进，比普通码头减少了堆场及敞口汽车转运的污染环节，粉尘治理措施有效。商品熟料通过2.5公里熟料输送皮带直达自备码头装船，生产所需的原燃材料也通过皮带直送厂区。

三、公司拥有世界先进的水泥生产工艺和技术及完善的质量保障体系

1. 丰富的矿产资源

荻港海螺占地面积为8508亩，其中矿山占地面积约为7182亩，所处区位具有丰富的石灰石资源和硅铝质原料。

矿区地形属低山丘陵，矿石中CaO含量较高，资源总储量达3.5亿吨，周围后备矿山储量达10亿吨以上。

矿区距厂区直线距离约960米，采用露天台阶式开采方式，通过皮带长廊直接输送至生产主厂区，减少了公路交通负担及环境污染。同时，对于矿山未开采部分保持了原有地貌，且矿山土石可全部使用，无废弃矿石及覆土，做到资源的充分利用。

2. 依靠新技术、新工艺，实现高效运行，产品质量稳步提高，经济效益逐年增长

荻港海螺拥有先进的生产设备，采用新型干法旋窑熟料生产线，主机设备由国内厂商生产制造，部分关键设备及部件从国外引进，生产全过程采用最新的全自动化控制系统，由中央控制室计算机对产品质量、生产过程和生产管理进行全方位自动化控制。完善的设计、先进的技术装备与先进的管理和实践经验形成优势互补，提高了生产运行效率，增强了产品质量的稳定性。

四、公司沿革

2000年10月，荻港海螺首条日产2500吨熟料生产线竣工投产；2001年6月，第二条日产2500吨熟料生产线竣工投产；2002年4月，二期工程一条日产5000吨熟料生产线开工建设，于2003年4月建成投产；2007年12月、2008年4月，三期两条日产5000吨熟料生产线相继点火投产。公司现年产熟料750万吨、水泥440万吨，余热发电2.7亿千瓦时。

在集团快速发展的趋势带动下，荻港海螺公司产能发挥良好，效益稳步提升，员工队伍团结奋进，经营管理氛围积极向上，以"为把海螺建成国际知名品牌而努力奋斗"为理念，充分发挥海螺人的爱岗敬业、团结创新精神，深入挖掘企业内部潜力，持续推进产业转型升级，力求绿色发展、可持续发展。

安徽铜陵海螺水泥有限公司

安徽铜陵海螺水泥有限公司（以下简称"铜陵海螺"）位于安徽省铜陵市郊区古圣村，成立于1995年9月22日，注册资金7.42亿元，是安徽海螺水泥股份有限公司的全资子公司。现已形成年产熟料1450万吨、水泥700万吨、骨料410万吨，以及余热发电4.9亿千瓦时、垃圾焚烧20万吨的生产能力，在编员工1500余人。

2005年，铜陵海螺生产熟料1021万吨，在水泥行业率先实现了1000万吨突破，成为国内首个千万吨级熟料基地，在整个水泥行业引起了巨大的反响，截至2018年，已连续14年水泥熟料产量突破1000万吨。

铜陵海螺与铜陵市政府合作建设的年处理量达20万吨的城市生活垃圾处理项目自2008年10月份开工建设，一期于2010年4月10日正式投入使用，二期于2017年7月28日正式投入使用。项目的投产不仅造福铜陵人民，也为国内水泥企业回收处理固体废弃物提供有益的探索，具有显著的示范效应。同时，该项目顺利通过二噁英排放等多项检测，且检测数据远远优于国家标准指标。

铜陵海螺一如既往地坚持走资源节约型、环境友好型大型水泥企业路线，积极响应国家号召，推动低碳经济发展，继往开来、开拓进取，努力为国家基础设施建设和地方经济的发展做出更大的贡献！公司先后被评选为"安徽省第十一届文明单位""安徽省安全文化建设示范企业""安徽省环保诚信企业""安徽省劳动保障诚信示范单位"。

铜陵海螺秉承"至高品质、至诚服务"的经营宗旨，弘扬"团结、创新、敬业、奉献"的企业精神，与社会各界人士诚挚合作，加快实现公司发展规划，进一步增强公司的规模优势和综合配套能力，在节能减排、发展循环经济方面迈出更加坚实的步伐，努力践行"为人类创造未来的生活空间"的经营理念，不断加强员工队伍建设和企业文化建设，打造一流的国际化和谐企业。

济宁海螺水泥有限责任公司

济宁海螺水泥有限责任公司成立于2009年6月，是安徽海螺集团公司旗下的安徽海螺水泥股份有限公司的全资子公司，位于济宁市泗水县苗馆镇，拥有一条日产4500吨新型干法水泥熟料生产线，生产线使用目前国际最先进的新型干法水泥生产技术，采用集散式自动化控制系统及一流的质量检测。

公司熟料年产能为180万吨，水泥年产能为240万吨，骨料年产能为160万吨。公司致力于打造节能减排、清洁生产典范，熟料生产线配套建设18MW余热发电系统，同时建设1.5MW风力发电机组、9MW垃圾发电项目、5.58MW光伏发电项目，充分利用清洁可再生能源实现公司零购电。推进多种经营，建设垃圾发电、固废处理项目，成立海中贸易公司。各项环保指标、生产技术指标均达到行业先进水平，被评定为山东省第一批循环经济示范单位，先后获得山东省安全生产先进企业、山东省节能先进企业、济宁市生态环保先进企业荣誉称号。

公司高度重视环保管理，不断优化生产工艺，从2018年10月开始氮氧化物实现100mg/m³以内的低氮排放，并成功进行了50mg/m³排放试验；成为全省唯一一家2018—2019年秋冬季错峰生产绿色标杆企业。

公司秉承"至高品质、至诚服务"的企业宗旨，生产的主导产品P·Ⅱ级、P·O42.5级、P·C32.5级"海螺"牌水泥，广泛用于工业、农业、民用、建筑、交通等工程，主要销往济宁、泰安、曲阜、平邑等山东各地。

济宁海螺在实现就业、带动当地运输等行业的经济发展，以及消化利用工业废渣等方面产生了巨大的社会效益和经济效益。

山东潍州水泥科技股份有限公司

　　山东潍州水泥科技股份有限公司是一家集大型水泥、商品混凝土、干混砂浆、混凝土外加剂生产与物流车队为一体的现代综合型产销一体化企业。公司建于2006年，位于山东省寿光市稻田镇，占地面积6.6万平方米，建筑面积1.2万平方米，拥有最大、最先进的高细磨生产流水线两条，年产水泥100万吨；拥有商砼180生产线2条，年产混凝土60万立方，年产干混砂浆30万吨。公司拥有高素质的专业技术人员，技术力量雄厚，有职工180人，其中生产技术人员87人，高级工程师3人。公司通过了ISO9001:2008质量管理体系认证、ISO14001:2004环境管理体系认证、OHSAS18001:2007职业健康安全管理体系认证、安全生产标准化认证及3C强制性产品认证。

　　公司自2006年成立至今，连续多年实现了资产销售收入利税翻番的骄人业绩，先后荣获寿光市、潍坊市"守合同重信用"企业、全国建材信得过企业、山东省诚信企业、山东省水泥质量品质大对比第一名（连续三年）、山东省水泥行业管理先进单位、山东省资源综合利用企业、山东省清洁生产企业、中国建材下乡试点推广单位、中国建材最具成长性企业100强、山东省建材行业综合竞争力十强等荣誉称号。

　　公司现拥有山东潍州水泥科技股份有限公司、寿光龙昌混凝土有限公司、寿光龙昌砂浆有限公司、寿光利峰混凝土外加剂有限公司、潍坊潍州物流有限公司等多家企业。董事长现为寿光市人大代表，被授予富民兴寿劳动模范、山东省节能减排十大功勋企业家、低碳山东功勋人物、全国建材行业先锋人物等荣誉称号。

　　公司积极响应国务院号召，由单一水泥经营为主向水泥、预拌混凝土、预拌砂浆"三位一体"经营模式转变，大力推动预拌混凝土、预拌砂浆建材工业化发展，着力打造高效、节能、环保绿色建材产业链！大力推动散装水泥、预拌混凝土、预拌砂浆建材工业化发展！

典型案例

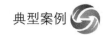

第 19 章　铅酸蓄电池再生利用技术应用案例

北京大城绿川科技有限公司

19.1　公司简介

北京大城绿川科技有限公司（以下简称"大城绿川"）是国内技术领先的蓄电池解决方案专业服务商，专业研发、生产蓄电池修复系统、蓄电池在线监测和智能维护管理系统。大城绿川是国家高新技术企业和中关村高新技术企业，总部位于北京中关村永丰高新技术产业基地，是智慧能源投资控股集团旗下公司之一。

大城绿川在深圳高科技产业园拥有自己的全资生产型子公司和专业的制造管理团队，专门负责蓄电池修复系统、蓄电池在线保护器、蓄电池在线监测维护系统、蓄电池智能维护管理系统、蓄电池管理云平台等公司自主研发设备和系统的生产，工厂拥有完善的生产工艺流程和健全的质量管理体系。

大城绿川专注全行业铅酸蓄电池组的修复和维保业务及产品研发，致力于实现铅酸蓄电池长效机制管理专家的使命，成为铅酸蓄电池后市场领军企业，励志成为中国领先的电源解决方案专业服务商。

19.2　核心技术

按照原子物理学和固体物理学的理论，硫离子具有 5 个不同的能级状态，亚稳定能级和共价键能级是其中 2 个较低的能级状态。通常化学反应中处于亚稳定能级的硫离子是趋向于迁落到最稳定的共价键能级的，因为共价键能级是最低的。在共价键能级中，硫离子以包含 8 个原子的环形分子形式存在，这 8 个原子的环形分子形式是一种稳定的组合。稳定组合形成的初期如果不施加能量使其扰动跃变，时间一长，就会形成蓄电池不可逆的硫酸铅，即蓄电池硫化。要打破这种稳定能级的硫化层结构，就要给环形分子施加一定的能量，促使外层原子夹带的电子被激活到下一个高能带（亚稳定能级），使原子之间解除束缚，形成游离态的硫离子。使硫离子在充电时重新参与电化学反应中，将硫酸铅还原成铅和氧化铅。

每个特定的能级都有唯一的谐振频率，只有通过提供一些合适的能量，才能够使得被激活的离子跃迁到更高的能级状态，太低的能量无法达到跃迁所需的能量要求，而过高的能量会使已经脱离了束缚而跃迁的离子处于不稳定状态，又迁落到原来的能级。所以必须通过多次谐振，使其中一次离子脱离束缚，达到最活跃的能级状态而又不迁落到原来能级，进而在充电时参与电化学反应，重新转化为活性物质。

任何晶体在分子结构确定以后，都有其固定的谐振频率。这个谐振频率与晶体的分子结构息息相关，不仅可以控制其产生合适的频率脉冲，使硫酸铅结晶产生谐振，还能促使硫离子在充电时脱离原子团的束缚，将硫酸铅还原成铅和氧化铅，重新参与电化学反应中，以达到再生利用的目的。

大城绿川采用数字控制装置产生智能自适应铅酸蓄电池的最优复合谐振脉冲，作用于硫酸铅结晶，使其重新活化，参与到电化学反应中，在特定条件下转换为活性物质。该装置的工作原理如图 19-1 所示。其作用是恢复因硫化造成的电池"休克"或电池容量下降，延长电池的使用寿命，减少资源浪费，有利于保护生态环境。

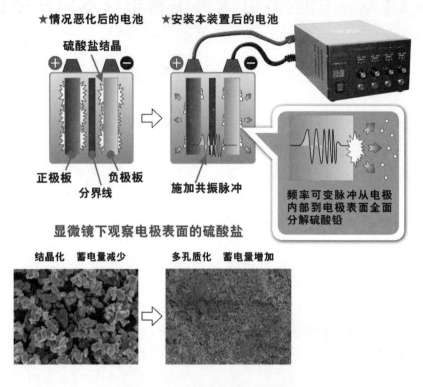

图 19-1　电池修复装置工作原理

19.3　节能降碳效果

铅酸蓄电池再生利用及在线维护保障系统对蓄电池有显著的延长实际使用寿命的作用，有效延长蓄电池实际使用寿命 1 倍以上。铅酸型蓄电池应用占全球二次电池的比例为 68%，中国铅酸蓄电池产能规模占全球的比例为 45%左右。铅酸蓄电池设计寿命均在 10 年以上，但在实际应用中实际使用寿命仅为 2～5 年，大批铅酸蓄电池由于使用不当造成的硫化问题，导致了蓄电池的提早报废，带来巨大的经济损失及资源的浪费。

铅酸蓄电池的硫化是造成其性能劣化及失效的主要原因之一，铅酸蓄电池的硫化问题占铅酸蓄电池故障的 80%以上，如果针对蓄电池硫化问题采用物理方式的谐振脉冲技术进行再生利用，就可有效恢复蓄电池容量，延长蓄电池实际使用寿命。延长铅酸蓄电池实际使用寿命可大幅度降低由蓄电池报废而带来的环境污染，同时废旧铅酸蓄电池资源的再生利用符合政府循环经济的政策要求，可以减少蓄电池采购支出，节能环保，具有巨大的经济效益和社会效益。

以 48V500Ah 通信基站蓄电池组为例，单体蓄电池重量约为 35kg，一组蓄电池含 24 支单体，总重量约为 0.84t。其中含铅量约为 67%，稀硫酸约为 33%，即每组 48V500Ah 通信基站蓄电池中铅重量约为 0.56t，稀硫酸约为 0.28t；1 万组该蓄电池总重量为 10000 组×24 支/组×35kg/支=8400t。

其中，铅含量为 8400t×67%≈5600t，稀硫酸含量为 8400t×33%≈2800t。

处理每吨铅酸蓄电池耗电量为 100kW·h，煤消耗量为 130kg。

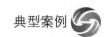

通过大城绿川再生利用，每延长 1 万组铅酸蓄电池使用一个周期就可以减少 8400t 蓄电池的报废，即减少 5600 吨铅及 2800 吨稀硫酸的排放。

同时可以节省因蓄电池处理产生的实际效益如下。

耗电：100kW·h/t×8400t=840000kW·h。

耗煤：130kg/t×8400t=1092000kg=1092t。

节能效益：每延长 1 万组蓄电池的使用寿命可节省旧电池处理耗电 840000kW·h，耗煤 1092t。

环保效益：每延长 1 万组蓄电池的使用寿命可减少 5600t 铅及 2800t 稀硫酸的排放。

经济效益：采用大城绿川的方案，在延长蓄电池实际使用寿命的同时可为通信基站节省蓄电池平均支出 20%，可降低大量的维护成本。

19.4　应用案例

大城绿川铅酸蓄电池离线修复及在线监测维护产品广泛应用于通信、电力、军工、轨道交通、石油石化、物流等行业。

1）通信行业：中国铁塔股份有限公司九江市分公司、中国铁塔股份有限公司抚州市分公司、中国铁塔股份有限公司赣州市分公司、中国铁塔股份有限公司保定市分公司；中国铁塔股份有限公司沧州市分公司、中国铁塔股份有限公司兰州市分公司、中国铁塔股份有限公司安顺市分公司。

2）轨道交通行业：北京地铁 1 号线、北京地铁 2 号线、北京地铁 5 号线、北京地铁 7 号线、北京地铁 13 号线、北京地铁机场线、北京地铁八通线、青岛地铁 R3 线、武九高铁。

3）生产制造行业：华晨宝马集团、福耀玻璃工业集团股份有限公司、贝卡尔特沈阳精密钢制品有限公司、米其林沈阳轮胎有限公司。

4）物流运输行业：德邦物流、京东物流、苏宁物流。

大城绿川依托自主知识产权的谐振脉冲技术，致力于铅酸蓄电池再生利用的实际应用及拓展，铅酸蓄电池再生利用技术目前在市场上广泛应用于固定储能型、动力牵引型、启动型等各种类型的铅酸蓄电池。覆盖容量为 4.5～3000Ah，标称电压为 2V、6V、8V、12V 等的铅酸蓄电池，多年来已经得到行业内的广泛认可。

第 20 章　践行绿色发展，创建绿色工厂

北京汽车集团有限公司越野车分公司

北京汽车集团有限公司越野车分公司（以下简称"北汽越野车"）是北汽集团全资的分公司，是北汽集团自主品牌发展的战略基地，是传承北京"越野世家的血统"、秉承制造专业化军车品质的制造基地。北汽越野车自 2013 年开始建设，于 2015 年建成投产，并为 2015 年 9 月 3 日中国人民抗日战争暨世界反法西斯战争胜利 70 周年大阅兵提供 58 辆礼炮牵引车，为 2017 年香港回归 20 周年和中国人民解放军建军 90 周年大阅兵提供 BJ80 检阅车，出色完成了为阅兵式保驾护航的重要政治任务。

北汽越野车采用国际先进的汽车制造设备和技术，拥有焊装、涂装、总装三大工艺，采用柔性化的生产线，并运用更加环保的生产方式，质量控制水平达到国内一流水准。设计越野车生产能力为 10 万辆/年，包括勇士、B40、B80、B90 等系列产品，进一步完善了北汽集团自主品牌乘用车产品体系和生产布局，推动了北京汽车产业的跨越式发展，为首都经济的高端化发展及国防事业的建设做出了更大贡献。

在公司建设管理方面，北汽越野车符合装备承制单位的条件要求，已注册编入《中国人民解放军装备承制单位名录》，并获得"中国汽车工业科学技术奖""中国汽车工业科学进步奖""首都绿化美化花园式单位""安全生产标准化单位"等系列荣誉。

北汽越野车高度重视节能减排工作，工厂建设时就选用低氮燃烧技术型锅炉，降低了氮氧化物的排放。涂装采用 B1B2 水性免中涂工艺，从源头降低了能耗及 VOCs 的排放。同时，罩光漆废气由沸石转轮浓缩装置浓缩后送往 RTO 炉进行焚烧处理，进一步降低了 VOCs 的排放。并且建有污水处理站，分质分类处理电泳废水、喷漆废水、脱脂废水、磷化废水、淋雨试验排水及涂装车间生活污水，达标后再进行排放。在后续管理过程中，不断提升节能环保管理水平，于 2017 年通过 ISO 14001 环境管理体系认证，获得认证证书；生产过程中不断升级污染物治理设施，并通过光伏发电、太阳能利用、余热回收等方式降低能耗。

20.1　7.5MWp 分布式光伏发电

背景：光伏发电是重要的清洁能源、新能源和可再生能源项目，对节能减排工作有极大的促进作用。党的十八大明确提出加强生态文明建设，努力建设美丽中国。国务院发布了《大气污染防治行动计划》，突出治理雾霾，减少煤炭消耗量。北汽集团作为市属国有企业理应肩负起应尽的社会责任。

项目概况：北汽越野车一期 7.5MWp 分布式光伏发电项目，于 2016 年 11 月 5 日开启筹备工作并计划一次建成，生产运行期为 25 年。其并网方式为"低压并网"，发电类型为"自发自用，余电上网"。光伏板分别建在焊接车间、总装车间、试制车间、配供中心、动力中心、污水处理站、调试车间七个厂房屋面，分 15 个并网接入计量点，于 2017 年 3 月 31 日正式投产运行。

光伏项目建设形式：1）屋顶瓦楞处采用紧固卡具固定光伏发电设备，支架安装能保证组件有足够

的风载、雪载，同时保证屋顶防水层不被破坏。2）钢结构厂房屋顶避开屋顶风机、采光带。系统结构采用组串式结构。3）采用33kW逆变器，逆变器、配电箱等主要设备放置在配电间附近，其输出端接至配电间内的并网节点。

实施效果：本项目装机容量为7.5MWp，年平均上网电量约724万度，与相同发电量的火电厂相比，每年可为电网节约标准煤约2400吨（火电煤耗按2012年全国平均值326g/kW·h计），相应每年可减少多种大气污染物的排放，其中减排7000吨二氧化碳、200吨二氧化硫、100吨氮氧化物。

20.2　污水站恶臭治理

背景：为落实国务院《打赢蓝天保卫战三年行动计划》，生态环境部、国家发展改革委、工业和信息化部等多部委联合印发的《京津冀及周边地区2018—2019年秋冬季大气污染物综合治理攻坚行动方案》，生态环境部制定的《排污许可证申请与核发技术规范　汽车制造业》，对污水站恶臭进行治理。

项目概况：北汽越野车污水站恶臭治理项目于2018年年底开始实施，2019年3月底完成项目改造。项目主要将污水站无组织排放的恶臭进行收集，并采用"生物除臭+氨水吸收"方式，对污水处理过程中产生的氨、硫化氢、臭气等进行深度处理。

实施效果：将原恶臭无组织逸散的排放形式改造为有组织排放并治理，降低污水处理过程中产生的氨、硫化氢、臭气等的排放。

20.3　涂装烘干炉氮氧化物治理

背景：为落实生态环境部、国家发展改革委、工业和信息化部等多部委联合印发的《京津冀及周边地区2018—2019年秋冬季大气污染物综合治理攻坚行动方案》，生态环境部制定的《排污许可证申请与核发技术规范　汽车制造业》等，进一步降低氮氧化物排放水平。

项目概况：北汽越野车涂装烘干炉氮氧化物治理项目于2018年年底启动，项目预选方案包括SCR脱硝技术、低氮改造技术、烟气再循环技术。由于SCR脱硝技术、烟气再循环技术尚无应用到国内车身涂装烘干炉氮氧化物治理的成功案例，且低氮改造技术受生产现场烘干炉大小、品牌不同等影响，对生产现场烘干炉火焰、温度等影响较大，为确保改造技术在降低氮氧化物排放的基础上不影响车身质量，北汽越野车对预选方案逐个验证，选取效果最好的技术实施改造，计划2019年9月底完成项目改造。

实施效果：进一步降低氮氧化合物的排放，为北京蓝天保卫战贡献一分力量。

20.4　调漆间环保升级改造项目

背景：为落实国务院《打赢蓝天保卫战三年行动计划》，生态环境部、国家发改委、工业和信息化部等多部委联合印发的《京津冀及周边地区2018—2019年秋冬季大气污染物综合治理攻坚行动方案》，生态环境部制定的《汽车整车制造建设项目环境影响评价文件审批原则》，对调漆间进行环保升级改造。

项目概况：北汽越野车调漆间环保升级改造项目于2018年年底开始实施，计划2019年6月底完

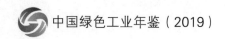

成项目改造。项目主要对调漆间 VOCs 进行过滤处理。

实施效果：进一步降低 VOCs 的排放。

20.5　其他节能改造

背景：为进一步响应全社会开展节能降耗的号召，为建设环境友好型、资源节约型社会贡献一分力量，北汽越野车大力发展绿色节能工艺技术，不断使用绿色能源、利用余热回收等方式减低能源消耗，减少二氧化碳的排放。

项目概况如下。

1）涂装车间供热余热利用：夏季将车间员工淋浴间太阳能热水管引入集中供液间换热器，夏季时太阳能热水温度可达 80～90℃，完全能够满足工艺设备使用需求。冬季将车间一层 F/40 轴线暖气管线接入集中供液间换热器，冬季供热时，暖气管热水温度可达 60℃，完全能够满足工艺设备使用需求。

2）涂装车间太阳能洗浴：涂装车间淋浴用水采用太阳能热水器，其平均日产热水 4 吨，可正常供应车间 80～100 名员工正常淋浴。该热水器放置于车间楼顶，共有 8 组集热器，每组集热器吸收太阳能的有效面积为 8 ㎡，太阳能利用率为 94%，年日均利用太阳能 7.224×10^8 J。

3）涂装烟气余热利用：RTO 排废气系统通过设置气—水换热装置回收排烟余热，最终排烟温度降低至 120℃左右，热水可回用于热水站或换热站，从而有效节约能源。

4）喷漆循环风余热利用：通过热回收技术，采用一定的方式将冷水机组运行过程中排向外界的大量废热回收再利用。

实施效果：节能降耗，减少二氧化碳的排放。

第 21 章　践行社会责任，构建绿色发展路径

山东新华制药股份有限公司

山东新华制药股份有限公司（以下简称"新华制药"）专注制药 70 多年，一直把科技创新视作公司发展的不竭动力。早在 1944 年 12 月，新华制药就成立了研究室，用于开展技术创新与研发工作。1953 年，研制出新中国第一台搪玻璃反应罐，奠定了中国现代制药工业的设备基础。1955 年，建成了中国第一个化学合成原料药生产车间——非那西汀车间。1956 年，自主研发生产的斯锑黑克扑灭了肆虐中国的黑热病。1978 年，"斯锑黑克和咖啡因重大工艺改进"获全国科学大会科技进步奖。

新华制药现在为国家高新技术企业、国家火炬计划重点高新技术企业、国家火炬计划生物医药产业基地骨干企业，建设了新型制剂释放系统技术平台等 6 大技术平台，建立了药物化学、药物制剂等 7 个研究中心，与山东大学、中国医学科学院、清华大学、沈阳药科大学、青岛科技大学等开展了战略合作，为企业创新发展提供了宝贵的智力和技术支撑。目前，新华制药拥有国家新药生产文号 102 个，其中国家一类新药文号 7 个，二类新药文号 18 个。公司聚焦疼痛控制类、心脑血管类、糖尿病类、消化系统类等八大治疗领域，在研新产品达到 100 多个。

新华制药作为一个有 75 年发展历程的功勋药企，不仅要生产出高质量、高科技含量的药品，为老百姓提供优质、健康的服务，还要在绿色、环保生产上实现与自然环境的和谐，努力打造生态环保样板，争当制药企业绿色发展示范。

在这种理念的引领下，新华制药将履行社会责任作为企业立业的根本，遵循"企业发展，环保先行"的经营方针，一路踏着科学发展、和谐发展的节拍，始终不渝地坚持"经济与环境同行，发展与和谐共振"，在致力于国家环境友好型企业建设中一以贯之、砥砺前行，实现经济与环境双赢，在节能、降耗、减污环保、绿色发展方面走在全国制药行业的前列。

在企业的发展规划中，新华制药始终把绿色发展作为企业的核心价值观，把环境、资源约束因素和承载力作为企业在制定发展战略规划中的核心要素，致力于打造资源节约型和环境友好型企业。明确以"技术创新、风险管控、节能低碳、持续发展"为绿色工厂建设的指导方向，构建安全高效、环保清洁、节能低碳的绿色制造体系。

公司从制度入手，着力构建绿色发展组织架构，设立专门环保机构，将环保贯穿于企业发展全过程。公司各部门主要责任人为环保第一责任人，做到领导精力、指挥调度、力量下沉"三到位"工作体系，各专业部门定期开展严密检查，确保整治措施按计划实施，确保环保设施稳定运行，对环保工作严管重罚，实施"一票否决"制度。制定《产品和服务生命周期环境管理程序》《清洁生产管理程序》，把清洁生产工作贯彻到产品研发、试验、生产和销售全生命周期过程中。

同时，新华制药作为国内首家通过 ISO 9001、ISO 14001、ISO 10012 和能源管理体系四项认证的医药化工企业，目前已建立起包括 1 个环保管理手册、17 个环境管理程序、18 个环境管理标准在内，对各园区、车间、岗位形成全覆盖的环境管理体系，从而形成了"以绿色发展为先导，技术创新为支撑，管理创新为保证，实现资源高效利用，能源高效转化，代谢物高效再生，追求企业效益、环境效益、社会效益和谐统一"的具有新华制药特色的循环经济发展模式。

21.1 构建能源在线管理系统，打造持续发展绿动力

节能降耗是我国长期坚持的发展原则，加强能源计量管理是促进节能降耗的有效途径。新华制药投入 4000 多万元进行自主研发与技术攻关，建成能源在线管理系统，其经过十多年的不断完善，成为目前国内先进的能源在线管理系统。该系统具有能源计量、动力节能管理、数据采集、监测和管理等功能，2200 多个数据采集点遍布公司四大园区，实现对公司水、电、气等能源运行的在线监测和管理，可随时通过互联网对整个公司的能源消耗实时进行监控、数据统计和分析。能源管理对整个公司的能源利用进行了有效管控，实现了由以往的"摸着石头过河"到用"千里眼""顺风耳"实时监控，极大地提升了能源利用效率，推动了企业节能降耗工作的开展。

能源在线管理系统的采用，实现了经济效益和社会效益的双丰收，公司产品单位能耗大幅下降，数据统计显示，万元产值能耗由 2008 年的 317.15 千克标准煤/万元降为 2017 年的 230.79 千克标准煤/万元，降低了 27.23%，节能降耗水平居国内同行业前列。

新华制药先后获得"山东省'十一五'节能先进企业""山东省能源计量标杆示范单位""山东省工业计量标杆示范单位"等荣誉称号，2010 年该系统获得"山东省企业设备管理成果一等奖"。2014 年，在山东省 1188 家重点用能企业综合节能考核中，新华制药名列第二位。

21.2 强化点源治理，坚持科技治污

新华制药坚持"环境保护是新华制药生存和发展的生命线"的环境理念，从源头入手，瞄准国际领先生产工艺技术，加大投入，加强对现有产品的工艺改进，使产品生产工艺技术不断实现新突破，极大地提升了污染防治水平，构建了良好的生产环境，是新华制药推动绿色发展的又一途径。

2017 年和 2018 年环保设施投入均超过 1 亿元，用于针对性地处理生产过程中的废水、废气、噪声、固废等污染。组织开展"一品一策"技术质量攻关、制造成本攻关活动，提高绿色发展水平，增强产品核心竞争力。

新华制药的阿司匹林有 50 多个规格，是世界重要的生产企业，在国际市场上也是"香饽饽"。过去，其中间体水杨酸的生产时时受到含酚废水处理问题的困扰，为此新华制药组织技术工艺攻关，先后进行了一系列的改进，实现了在现有装备的基础上，历史性地实现了水杨酸生产达标排放的目标。

从生产工艺上进行技术突破，优化生产工艺是新华制药环保工作的重中之重，同时，在末端治理上的技术突破也给公司带来了巨大的经济效益和社会效益。据统计，仅 2016 年以来，公司环境保护措施技术改造总投入达到 3 亿多元，实施环保措施百余项。与科研院所开展课题合作，为公司阿司匹林、吡哌酸等原料药产品的工艺改进提供技术支持，实施大的技术改造项目 60 余项，引进 MVR、TRS、碳纤维吸附、低温等离子、光电催化等先进设备 30 余（台）套。其中，公司广泛采用的碳纤维吸附有机溶剂、TRS 祛除硫化氢等十余项技术，被淄博市环保系统纳入推荐环保技术与手段。

向着更严、更高的目标进发，向污染物近零排放迈进，环保治理无止境。2019 年，新华制药按照废水、废气、噪声、固废的顺序进行排列，将实施环保措施项目 69 项。其中，废水处理项目 25 项、废气处理项目 36 项、噪音处理项目 2 项、固废处理项目 5 项、临时环保措施 1 项，初步预算总投入近 1 亿元。

21.3 严格清洁生产，促进循环发展

新华制药湖田园区年产化学原料药三万余吨、数十亿支（片、粒）制剂，经济效益连续多年呈两位数增长。近年来，园区以实现厂房集约化、原料无害化、生产洁净化、废物资源化、能源低碳化为目标，对传统制造业组织实施能效提升、清洁生产、节水治污、循环利用等专项技术改造，走循环经济发展之路。

新华制药建有手续完备的能源转化中心，包括一套固体废物焚烧炉和一套液体焚烧炉，可用于自行焚烧处置公司内部产生的废活性炭、废胶体、废矿物油和废弃包装物等危险废物。目前，液体焚烧炉每年焚烧废胶体可产生蒸汽 4700 余吨，并全部用于生产，实现了废物的无害化和能源化。

在废水处理上，采取源头控制和末端治理相结合的方式。各车间的高 COD 有机废水通过吸附过滤、萃取分离、分馏蒸发等方式进行回收。目前，新华制药拥有 12 套 MVR 设备、9 套汽提塔。2018 年，公司又一次性投入 4400 余万元，新增两套 CWO 装置和一套 MVR 设备，用于进一步降低废水中的硫酸盐浓度和 TDS 值。目前，公司建有三套污水处理系统，为今后发展留有足够的处理空间。

为积极推动清洁能源利用，新华制药充分利用各园区空置厂房房顶，采用"自发自用，余电上网"的运行管理模式，建设屋顶分布式光伏发电站，自 2018 年 5 月建成投入运行以来，已发电量 79.4 万 kW·h，预计每年可自发电量 220 万 kW·h。在给企业带来持续的清洁能源、降低环境污染的同时，也提升了新华制药清洁生产的社会效应。

通过大力推行清洁生产审核，公司节约了原材料、饮用水、电、蒸汽，降低了 COD、氨氮、二氧化硫的排放，综合利用了各类有机溶媒。

21.4 优化产品结构，促进高质量发展

优化产品结构是实现绿色发展的重要一环，相对于原料药，制剂产品科技含量高、附加值高、产出效益高，而且能源消耗低、排放小，这也是新华制药做大做强、实现高质量发展的一个大方向。

近年来，新华制药进行产业结构调整，瞄准国际高端市场，向"低污染、低能耗，高产出、高收益"的医药产业链下游延伸，找准外延式与内涵式增长方式的结合点，专门成立了集产、供、销于一体的制剂事业部，在巩固原料药市场的同时，强力实施"大制剂"战略，进一步完善产品研发、生产过程、物料采购、仓储及销售全覆盖的绿色管理体系。

近年来，新华制药先后成功研发出国家 1 类新药艾迪特、顿灵、力卓，国家 1 类新药安卡、佳和洛、舒泰得、尼莫地平片、依诺沙星、雷贝，以及 3.1 类新药保畅、4 类新药介宁等产品。2011 年，新华制药片剂产品通过了英国药品和健康产品管理局 MHRA 认证，该认证在 27 个欧盟国家有效，标志着制剂生产达到了国际先进水平，从此新华制药的制剂产品有了通往国际市场的"绿色通行证"。2017 年 11 月，年生产能力达到 200 亿片，总投资 8 亿元，按国际先进 GMP 标准建设的新华制药现代医药国际合作中心建成投用。

目前，新华制药所有在产原料药产品、制剂剂型均已通过 GMP 认证，14 个产品通过了美国 FDA 认证，9 个产品获得了欧盟 COS 证书，咖啡因等产品通过了美欧用户的社会责任审计和环境认证。与辉瑞、葛兰素史克等 100 多家知名跨国企业建立了长期战略合作关系，与拜耳、百利高、罗氏开展了委托加工合作。2018 年 2 月，新华制药与美国百利高合资公司增资 9500 万元签约 50 亿片制剂项目，

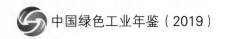

11 月又与上海罗氏制药有限公司签署制剂委托加工合作协议。

自 2014 年起，公司开始着手部署大健康战略布局，搭建了以健康资源整合及服务创新为导向的新华医药电商创新园，与阿里巴巴集团、国际药房协会合作，布局"互联网+销售"平台，与独资拥有 40 余家实体医院的中华医院集团合作，构建基于互联网医疗的远程诊疗和处方药销售平台，打通了产品走向终端市场的渠道。

经过近几年的发展，目前，新华制药的制剂产品销售规模已占公司的近半壁江山，成为全国首批 15 家实施制剂国际化战略先导企业之一和全国制剂出口十强企业，新华品牌被商务部纳入重点培养和发展的出口品牌。

在生产过程中，大力开展"机器换人"工程，以智能化促进绿色制造，促进转型升级。近三年，新华制药总投资 5257 万元，先后对生产、检测、包装、仓储及物流等部分工序进行自动化、连续化、智能化升级改造。

出于对环境保护的强烈责任意识，新华制药在采购环节中对供应商提出了较为严格的环境要求，制定了《绿色供应链管理方法》，要求供应商须获取环境管理体系方面的认可。

走绿色发展之路，是企业直面现今生态环境问题的必然选择，也是企业履行环境责任的实质。作为有着厚重历史文化底蕴的国企，新华制药始终把构建"资源节约型、环境友好型"企业作为企业发展的总体目标，不断加大节能减排工作力度，推动企业实现高质量发展。

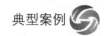

第 22 章　打造绿色出行，助力低碳生活

北京新能源汽车股份有限公司青岛分公司

22.1　公司简介

北京新能源汽车股份有限公司青岛分公司（以下简称"青岛分公司"）成立于 2015 年 7 月，是北汽集团旗下北京新能源汽车股份有限公司第一家京外事业部和"1+3+I+P"产能布局的核心板块之一，"十三五"产能规划达到 35 万辆/年，青岛分公司已成为北汽集团全国最大的新能源汽车生产基地，是首批获得国家绿色工厂称号的新能源整车制造企业。

北汽集团及北汽新能源致力于将青岛分公司建设成集研发、生产、检测、实验为一体的综合性产业基地，打造成世界级纯电动汽车制造基地、世界级纯电动汽车产业园。大力加强绿色发展，将北汽新能源纯电动汽车的影响力向山东半岛辐射，是低碳生活、绿色出行产品的缔造者。

青岛分公司自成立以来，产量保持高速增长。2015—2018 年累计新能源汽车量产 186363 台，单月最高产量达到 15500 台，创造了纯电动汽车月度产量世界纪录。

22.2　公司发展历史

奋进新能源汽车高质量发展征程，2015 年北汽新能源青岛分公司开始运营并完成首台车下线；2016 年取得全国首家纯电动汽车生产资质，通过国家 CCC 强制性产品认证及 ISO 9001 质量管理体系认证，并于同年开展二期项目并开工建设；2017 年纯电动汽车单月产量 15500 台，创造新能源车企单月产量最高纪录；2018 年通过 ISO 14001&OHSAS 18001 安环双体系认证、ISO 50001 能源管理体系认证，顺利取得国家绿色工厂的称号，并达到国家智能制造能力成熟度三级；2019 年顺利通过工业和信息化部生产资质审核。

22.3　所获荣誉

青岛分公司于 2016 年通过中国质量认证中心的国家强制性产品认证；2017 年通过安全生产标准化二级企业评审；2018 年成为全国首家新能源整车制造绿色工厂，顺利通过环境管理体系、职业健康安全管理体系、温室气体排放管理体系及能源管理体系认证，荣获 2018 年中国设备管理大会 TnPM 单点课组织奖二等奖，并荣获安全生产标准化二级企业及山东省工业旅游示范点等称号。

22.4　企业社会责任

北汽集团积极落实国家重大战略。作为一家具有强烈社会责任意识的国有大型企业，北汽集团一

直是国家重大战略的积极支持者和践行者。近年来，凡是国家出台具有全局意义的重大战略，北汽集团均采取一系列措施积极响应和落实国家的战略部署。北汽集团每年定期向社会发布社会责任报告，社会责任报告可公开获得。北汽集团将新能源汽车作为重要板块，对于北汽集团而言，发展新能源汽车业务既是事关集团战略升级的重大举措，也是保护生态环境、倡导绿色低碳生活的责任所在。

22.5　公司绿色发展情况

北京新能源汽车有限公司青岛分公司成立初始提出打造世界级纯电动汽车卓越制造基地的公司愿景，以"创新、互联、融合、共赢"为合作理念，充分发挥整车厂的龙头作用，构建绿色全价值链伙伴战略，朝着引领打造千亿级新能源产业链园区的目标前行。

青岛分公司产品全部为纯电动汽车，实现零排放、零污染，致力于打造汽车行业绿色产品，青岛分公司自成立以来综合节能减排 454076 吨，相当于植树 166 万棵。

22.5.1　基础设施情况

青岛分公司占地面积 253779 平方米，建设有总装车间、涂装车间、焊装车间、KD 库、能源中心、污水处理站、天然气调压站、展示中心及门卫等辅助设施，共计建筑面积 81556 平方米。

公司厂区及各办公区域的照明功率密度符合 GB 50034 规定现行值。公司所生产的纯电动汽车为国家鼓励产业，采用的工艺设备均为新产品，无国家明令淘汰的机电设备；通用设备主要包括能源中心及三大车间配电室配电平台上的 10 台变压器，以及空压站的空压机和锅炉房的供暖锅炉；工厂的计量设备满足 GB 17167 及 GB 24789 的相关要求；公司设有污水处理站，污染物均有在线监测设备进行监控；焊装车间拥有完备的焊接烟尘净化系统；涂装车间具有先进的 RTO 焚烧处理装置及 RCO 废气处理装置，废气处理效率均达 92%以上。

22.5.2　能源投入

公司在厂房顶部及停车场车棚顶部覆盖建设太阳能光伏电站，总面积达 9 万多平方米，已建设完成 8.5MW，平均每年发电量 947 万 kW·h，每年可节约标准煤 3100 吨，减少排放 2575 吨碳粉尘、9441 吨二氧化碳、284 吨二氧化硫、142 吨氮氧化物。该节能工程可广泛应用于其他行业，发电量可满足公司内部使用并可输送至国家电网。

公司建立了《能耗消耗管理制度》，满足 GB/T 18916 中对应本行业的取水定额要求，根据《工业企业节约原材料评价导则》（GB/T 29115—2012）制定工业企业节约原材料自评价报告。

公司在零部件采购方面，建立全面的供应商寻源、评价和再评价的管理流程，严格遵守国家标准《汽车禁用物质要求》（GB/T 30512）、行业标准《汽车塑料件、橡胶件和热塑性弹性体件的材料标识和标记》（QC/T 797）及北汽集团企业标准《汽车产品禁限用物质要求》（Q/BJZC 150001），实现绿色供应链管理。

22.5.3　产品情况

北汽新能源率先提出回收旧电池，工业和信息化部提出国内首个关于动力电池回收利用的规范及回收拆解企业应具有相关资质的国家标准——《车用动力电池回收利用拆解规范》，并已于 2017 年 12 月 1 日起正式实施。

公司按照 GB/T 24256 对生产的产品进行绿色设计。绿色设计是面向产品全生命周期的设计，是以节省资源和保护环境为指导思想的一种新的工业设计方法。在设计汽车时，从材料的选择、汽车的结构功能、生产加工过程、汽车使用乃至废弃后的处理等，都必须考虑节省资源和保护环境这两个因素，实现资源利用率最大、废弃资源最小，最终达到环境污染最小的目的。

青岛分公司生产的产品只有纯电动汽车，彻底消除了传统燃油汽车的尾气排放，对大气环境的影响降为零。相较于传统燃油汽车，电动汽车在产品结构上最大的不同就是电机和动力电池。为最大限度地利用已成熟零部件总成，减少电机和动力电池的重复开发，引入生产设计理念，采取产品共平台设计开发的方式。

动力电池可用电量容量存在随使用时间衰减的特性，为延长动力电池的使用寿命，在设计上动力电池采取了阶梯利用的方案，当动力电池的电量容量衰减低于设计的 20%时，此动力电池就不再作为车载电池使用，而用于其他环节。

22.5.4　排放情况

公司排放污染物包括废水污染物、废气污染物、噪声污染物、固体废弃物，全部排放均已进行了有关部门的监测。其中，工厂大气污染物排放符合《大气污染物综合排放标准》（GB 16297—1996），工厂水体污染物排放符合《污水综合排放标准》（GB 8978—1996），工厂厂界噪声排放符合《工业企业厂界环境噪声排放标准》（GB 12348—2008），燃气锅炉和热水炉燃烧废气 SO_2、NO_x 和烟尘执行《山东省锅炉大气污染物排放标准》等。青岛分公司已进行温室气体核查，并获得声明证书。

为贯彻落实制造强国战略和《工业绿色发展规划（2016—2020）》，引导企业持续开发、使用低毒低害和无毒无害原料，以及减少产品中有毒有害物质的含量，从源头削减或避免污染物产生，2016年 12 月 14 日，工业和信息化部、科技部和环境保护部组织编制了《国家鼓励的有毒有害原料（产品）替代品目录》。其中，镉镍电池被氢镍电池所替代，其主要成分为镍、稀土元素、锂（不含重金属镉），主要适用于电动工具、便携式电器电池。北汽新能源动力电池采用锂离子电池替代铅酸蓄电池。

22.5.5　绩效指标

青岛分公司各项绩效指标值均符合国家评价要求，其中容积率 1.08，用地指标符合《工业项目建设用地控制指标》规定的汽车行业大于等于 0.5 的要求，并且达到其 2 倍以上；绿色动力电池的镍钴锰综合利用率 98.5%，其金属外壳、铜块、铜粉等也有 95%以上的回收率；企业单位产品综合能耗为32.12 kgce/辆，优于北京市汽车行业单位产品能耗限额标准 DB11/T 1017—2013 的先进值 135 kgce/辆；企业单位产品二氧化碳排放量 0.17 吨 CO_2/辆，优于北京市单位产品碳排放量的先进值（见京发改〔2014〕905 号）1.09 吨 CO_2/辆。

北京新能源汽车股份有限公司青岛分公司为实现打造世界级新能源汽车生产基地的公司愿景，依托国家产业扶持政策，不断完善绿色工厂建设。在产品技术、智能制造、绿色发展、降本节能等方面不断提升，让新能源汽车真正成为国民用车，带领新能源整车制造行业向更清洁、更高效的方向发展。

第 23 章　山西太钢不锈钢股份有限公司应用案例

山西太钢不锈钢股份有限公司

23.1　企业概况

山西太钢不锈钢股份有限公司（以下简称"太钢不锈"）是太原钢铁（集团）有限公司 1998 年 6 月对不锈钢生产经营业务等经营性资产重组后，发行 A 种上市股票，公开募集设立的股份有限公司；2006 年 6 月，太钢不锈完成对太原钢铁（集团）有限公司钢铁主业资产的收购，拥有完整的钢铁生产工艺流程及相关配套设施。目前，公司已形成年产 1200 万吨钢（其中 450 万吨不锈钢）的生产能力，成为全球单体工厂规模最大、工艺装备水平最高、品种规格最全的不锈钢生产企业。经过多年发展，太钢不锈已成为全球不锈钢行业的领军企业。

太钢不锈的主要产品有不锈钢、冷轧硅钢、碳钢热轧卷板、火车轮轴钢、合金模具钢、军工钢等。其中，不锈钢、不锈复合板、高牌号冷轧硅钢、电磁纯铁、高强度汽车大梁钢、火车轮轴钢、花纹板、焊瓶钢的市场占有率国内第一。不锈钢等重点产品进入石油、石化、铁道、汽车、造船、集装箱、造币等重点行业，应用于秦山核电站、三峡大坝、"和谐号"高速列车、奥运场馆、神舟系列飞船和嫦娥探月工程等重点领域。响应李克强总理号召，成功开发"笔尖钢"，打破了国外企业的市场垄断，极大地提升了太钢品牌形象，提振了太钢人产业报国的自信。

公司拥有国家级技术中心和先进不锈钢材料国家重点实验室，以及山西省不锈钢工程技术研究中心、山西省铁道车辆用钢工程技术研究中心。公司拥有 700 多项以不锈钢为主的核心技术，多项不锈钢技术开发与创新成果获国家科技进步奖。公司是先后两次获得"全国质量奖"的冶金行业唯一企业。"太钢牌"不锈钢材获"中国名牌产品"和"中国不锈钢最具影响力第一品牌"称号。

太钢不锈与全球 80 多个国家和地区开展了经贸合作，不锈钢等产品在国际市场上广受好评。太钢不锈全面履行社会责任，全力建设资源节约型和环境友好型企业，积极支持社会公益事业；坚持以人为本的核心理念，重视安全生产，改善职工生活，呈现和谐发展的新局面。

公司先后获"中国工业大奖""首届中国质量奖提名奖""全国质量奖""全国循环经济先进单位""国家'两化'深度融合示范企业""中国钢铁工业清洁生产环境友好企业""全国自主创新十强""国家技术创新示范企业""全国绿化模范单位""全国文明诚信示范单位""全国企业文化建设优秀单位""山西省节能突出贡献企业"等荣誉。

2015 年全年产钢 1025.59 万吨，其中不锈钢为 401.84 万吨，首次突破 400 万吨；出口钢材 127.85 万吨，其中不锈钢为 81.17 万吨，实现营业收入 679.13 亿元。2016 年全年产钢 1028.18 万吨，其中不锈钢为 412.21 万吨，均较上年有所增长；出口钢材 115.97 万吨，其中不锈材为 83.85 万吨。

23.2 工艺与装备

23.2.1 铁前及炼钢装备

太钢不锈主要铁前及炼钢装备与产能现状如表 23-1 所示。

表 23-1 太钢不锈主要铁前及炼钢装备与产能现状

工 序	设 备 组 成	产能（万吨/年）
焦 化	3×7.63m 焦炉	330
烧 结	2×450m² 烧结机	898
炼 铁	1×1800m³、2×4350m³ 高炉	845
炼 钢	3×80t、1×90t、3×180t 转炉；1×90t、2×160t 电炉	1200

太钢不锈年产焦炭 330 万吨，100%属于国内领先水平，并达到国内一流水平；年产烧结矿 898 万吨，100%属于国内领先水平；炼铁产能 845 万吨，100%属于先进水平，83%属于领先水平，总体达到国内领先水平；粗钢产能 1250 万吨，属于领先水平的粗钢产能占 16%，属于先进水平的粗钢产能占 53.6%，因考虑到冶炼不锈钢的特殊性，太钢不锈炼钢工艺装备水平总体达到国内先进水平。

23.2.2 轧钢装备

太钢不锈轧钢系统主要生产单元包括：不锈钢线材厂、不锈钢热轧厂、热连轧厂、冷轧硅钢厂、不锈冷轧厂、精密带钢厂等。轧钢系统生产工艺装备包括轧机及酸洗、热处理、退火、涂层等的机组设备。太钢不锈主要轧钢生产单元装备情况如表 23-2 所示。

表 23-2 太钢不锈主要轧钢生产单元装备情况

单 元	设 备 组 成
不锈钢线材厂	高速线材轧机、退火（固溶）炉等
不锈钢热轧厂	2300mm 中厚板轧机、常化炉线、连续酸洗线等
热连轧厂	1549mm 热轧中宽带钢轧机、2250mm 热轧中宽带钢轧机、罩式退火炉等
冷轧硅钢厂	可逆式轧机、森吉米尔二十辊轧机、酸连轧机组、罩式炉、连续退火涂层机组、常化酸洗机组、推拉式酸洗机组等
不锈冷轧厂	二十辊可逆式轧机、五机架冷连轧机、热线酸洗机组、冷线酸洗机组、混线酸洗机组、宽幅光亮线酸洗机组
精密带钢厂	二十辊可逆轧机、光亮退火线等

按照中国钢铁工业协会颁发的《钢铁企业主要生产设备装备技术水平等级划分办法》中对各轧钢装备的等级划分，太钢不锈轧钢系统整体装备水平较高，80%以上的轧钢产能装备配置均能达到先进或国内领先水平。另外，少部分建设年代较早的轧机，经过近年的多次改造，也到达较高水平。

23.3 绿色发展现状

钢铁行业作为资源和能源消耗大户，在实现国家可持续发展战略中承担着重大责任。加快调整产业结构，淘汰落后产能，提高资源能源的利用效率，成为钢铁企业迫切需要解决的问题。保护环境、节能低碳、循环经济、实现绿色发展既是社会和城市的要求，又是太钢不锈自身发展的必然选择。

环境保护方面，太钢不锈以科技创新和技术进步为支撑，大力倡导节约、环保、文明、低碳的生产和生活方式，坚持走新型工业化道路，走可持续发展之路，先后成功实施了干熄焦、煤调湿、焦炉煤气脱硫制酸、烧结烟气脱硫脱硝制酸、高炉煤气联合循环发电、高炉煤气余压发电、饱和蒸汽发电、钢渣处理、膜法工业用水处理、城市生活污水处理、酸再生、冶金除尘灰资源化、钢渣肥料制造等节能环保项目，万元产值能耗、吨钢综合能耗、新水消耗、烟粉尘排放、二氧化硫排放、化学需氧量排放等主要指标居行业领先水平。

节能低碳领域，太钢不锈先后投入大量精力致力于企业的能源节约和低碳发展。节约能源方面，一是完成政府下达的"十二五"节能任务量，五年间累计节能折合15.08万吨标准煤，超额完成政府下达的任务；二是实施了大量节能技改项目，干熄焦、余热发电、高炉煤气发电、变频改造、能源管理中心等一批重大节能技术和装备得到运用，有效地提高了能源利用效率，奠定了企业节能的硬抓手；三是按照工业和信息化部发布的四批《高耗能落后机电设备淘汰目录》要求，淘汰了部分落后机电设备，提升了能效；四是强化了管理节能，通过能源管理体系的审核再认证和能源管理中心的建设，使企业的管理节能水平提升到一个新高度。低碳研究方面，目前公司已按照国家发展改革委下发的《关于切实做好全国碳排放权交易市场启动重点工作的通知》（发改办气候〔2016〕57号）要求，积极组织开展碳盘查工作，制定了碳盘查的实施方案，成立了公司碳盘查组织机构，设立了公司碳盘查领导组，明确了各成员单位的职责分工，同时积极追踪先进的碳减排技术并明确了公司未来减排降碳的工作思路。

加强循环经济建设方面，坚持以循环经济"减量化、再利用和资源化"为原则，在钢铁生产及产品服务全生命周期努力践行清洁生产、绿色采购和废弃物资源化利用等循环经济发展理念。通过源头削减、工艺技术优化和过程控制等措施，大幅降低原材料消耗，提高资源产出率，从而实现企业的资源节约与环境友好。强化对供应商和采购过程的精细化管理，坚决开展绿色采购和持续推进绿色采购供应链建设。坚持运用世界先进技术推进节能、减排和资源综合利用，全面提高企业清洁生产和循环经济发展水平，努力实现企业的绿色、低碳、循环发展，以及与社会的和谐共融发展。目前，太钢不锈主要资源能源消耗、污染物排放等清洁生产指标和资源循环利用率都处于行业领先水平。

管理方面，太钢不锈严格遵守国家环境保护法律法规，与国际一流钢铁企业对标，实施节能环保全面预算管理，逐级分解落实指标，以科技创新和管理创新为支撑，实现污染预防并持续改善环境，提高能源利用效率，让绿色发展成为公司新的发展方式、新的效益增长点和竞争力。发展模式上，公司确立了"1124"绿色发展模式，即树立"1个理念"（钢厂与城市是和谐发展的"共同体"理念）、确立"1个目标"（建设冶金行业节能减排和循环经济的示范工厂）、依靠"2个创新"（技术创新和管理创新）、拓展"4大功能"（产品制造、能源转换、废弃物消纳处理、绿化美化），走出一条内陆型钢厂与中心城市和谐发展的新路子。发展目标上，加快建设冶金行业绿色发展示范工厂步伐，使未来公司绿色发展达到国内领先、世界一流水平，建设创造价值、富有责任、备受尊重、绿色发展的都市型钢厂，成为全球钢铁行业绿色工厂的典范。多年以来，太钢不锈在推进绿色工厂建设方面做了大量工作，也取得了显著成效。但作为全球不锈钢龙头企业，在绿色工厂创建方面应进一步发挥引领示范作用。展望未来，绿色工厂建设工作任重而道远，太钢不锈未来将在循环经济、节能、环保、低碳等领域继续投入更多的力量，以保持企业绿色发展先进性。

循环经济方面，按照绿色、低碳、循环发展理念，以技术创新为支撑，持续推进全面清洁生产和加强资源综合利用，进一步降低原材料资源消耗、提高资源利用效率和减少废弃物的排放。加强对供应商的绿色评价，提高其绿色产品、环保资质等因素的评级占比，坚持绿色采购。重点推进工业高盐废水集中处理技术转化，加强低品位矿石、生活污水污泥、废酸回收氧化铁粉等的高效循环利用技术研究，努力提高废钢比，降低资源能源消耗和污染物排放。继续加大城市中水资源开发，加快资源综合利用新技术输出，充分发挥钢铁工业材料制造功能、能源转换功能、社会废弃物消纳处理功能，建成和完善循环经济产业链，实现与社会的和谐发展。

环境保护方面，太钢不锈将继续按照钢铁行业绿色发展标杆企业的要求，针对企业绿色发展存在的重点、难点问题进行技术攻关，加大环保投入，继续保持"身居闹市、一尘不染"的城市钢铁典范形象。投资 9122 万元的原料场封闭工程已经开工，于 2017 年 6 月完工；投资 580 万元建成渣场 2 套 20 万风量动力波除尘设施。下一步将陆续实施炼铁厂四烧整粒布袋除尘优化，烧结工序电除尘提效改造，南翻 1#电除尘优化；焦化大烟筒 NOx、SO$_2$ 治理，酚氰水处理系统水池异味封闭治理；冷轧厂 1#、2#冷线酸雾净化系统改造，以及能源动力总厂 2×300MW 机组全负荷脱硝技术和炼钢二厂南区转炉一次湿法除尘提效控制等技术改造工作。

能源利用方面，以能源管理体系、能源管理中心为平台，以配备的各类节能措施为抓手，通过对区域内物质、能量、信息的集成，提高能源精细化管理水平，深化能源管理，加大节能技改力度，不断提高余热余能、煤气、蒸汽、电、水等能源的利用效率，追踪并尝试创新高温与中低温余热回收技术，发挥企业的能源转换功能，实现能源价值最大化。

低碳发展方面，扎实推进和完善基础工作，建立企业温室气体排放报告的质量保证和文件存档制度；专人负责企业温室气体排放核算和报告工作。加强碳管理体系建设工作，统筹公司低碳发展工作，制定低碳指标体系、评价体系、专项行动计划和年度工作计划，并将目标任务逐层分解，落实工作责任，形成公司—分厂—车间三级管理，部门相互配合。不断提高专业化团队建设和能力建设水平。对标学习国际和国内行业先进管理方法和低碳技术并加以应用，以提高太钢不锈在碳资产方面的管理水平和绩效水平。

未来太钢不锈将持续推进产业结构调整，大力发展多元产业，逐步提升高端高效产业比重，通过产业转型的方式实现绿色发展。太钢不锈以质量改善为核心，优化和完善主要污染物总量控制指标体系，推进环保技术研发，到 2020 年，主要污染物排放总量将显著减少，能耗强度和污染物排放进一步下降，循环经济水平迈上一个新台阶，成为国际一流的钢铁行业绿色工厂典范。

第 24 章 创新引领未来，管理铸就辉煌

宜宾纸业股份有限公司

宜宾纸业股份有限公司（以下简称"宜宾纸业"）前身为"中国造纸厂"，始建于 1944 年，是中国第一张新闻纸的诞生地。公司曾是原轻工部重点企业、四川省重点企业，曾获"全国五一劳动奖状"等荣誉，曾是宜宾工业的"五朵金花"，先后援建越南、缅甸等地的造纸厂。1997 年公司股票在上海证券交易所上市交易（股票代码 600793），成为中国造纸行业第一家上市公司，也是宜宾市第一家上市公司。根据城市建设和企业自身发展需要，公司于 2012 年 9 月开始实施整体搬迁，新区位于宜宾市南溪区裴石轻工业园区。新区一期项目浆纸年总产能为 57 万吨，其中化学竹浆 20 万吨、食品纸 25 万吨、生活用纸 12 万吨。

24.1 全面实施"竹浆纸及深加工一体化"发展战略，重铸辉煌

自 2000 年以来，全国新闻纸市场已处于供大于求、结构性过剩的状况，加之国外先进新闻纸生产企业进入国内市场，使中国新闻纸市场竞争激烈。生产技术落后、规模小、成本高、品种单一的国内新闻纸厂家必然会在竞争中淘汰。同时在美国金融危机及国内宏观调控政策、外国新闻纸反倾销的三重影响下，宜宾纸业受到了严重冲击，出现了"销售极其困难，库存大幅增加，资金极其短缺，日子非常难过"的情况，企业面临"生死存亡，背水一战"的极度危险局面。公司从 2000 年至 2011 年搬迁前一直未扭亏脱困状态，企业生存面临严峻考验。

2012 年宜宾纸业实施整体搬迁，老生产区全面停产，标志着运行了 67 年的宜纸老生产区完成历史使命。2015 年宜宾纸业完成整体搬迁工作，2016 年 8 月成功生产出食品包装原纸。2018 年在习近平总书记对四川工作重要指示精神的引领下，公司抢抓机遇，贯彻落实市委市政府"产业发展双轮驱动"的发展战略，乘势起航，充分利用宜宾丰富的竹资源优势，全力实施"竹浆纸及深加工一体化"发展战略。通过实施二期项目，公司浆纸年总产能预计超过 120 万吨，将建成中国最大的竹浆造纸企业，向着"二次创业 重铸辉煌"的目标迈进。

24.1.1 环保建设

宜宾纸业的废水处理厂对生产废水采取两级物化（预处理+初沉池）处理，处理后进行两级生化（水解酸化+好氧曝气）处理，再进行芬顿处理、沉淀、过滤处理，最终实现达标排放。为减少进入污水系统的 COD 总量，公司对制浆生产线的工艺和流程进行全面优化，采用先进的 DDS 蒸煮、两段氧脱木素和二氧化氯加过氧化氢漂白，不但降低了单位产品的废水量，还大大降低了废水中的 COD 总量。除前端通过创新大幅度减少废水总量和 COD 总量外，在废水处理厂，公司对制浆造纸废水处理传统工艺进行优化与创新，采用射流曝气和卡鲁塞尔氧化沟相结合的形式，既利用了氧化沟混合均匀的优点，又规避了其氧利用率低的缺点。对于废水处理产生的污泥通过板框脱水后，直接送到公司热电锅炉与

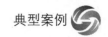

煤混合燃烧处理，实现固废综合利用。

目前，宜宾纸业废水处理厂的废水 COD 排放浓度稳定，且远低于国家排放标准，已经达到同行业先进水平。

24.1.2　生产线建设

化学浆厂：实际年产能为 20 万吨。使用全竹原料，采用同行业先进的 DDS 蒸煮工艺，配套两段氧脱木素、高温封闭筛选及 ECF 漂白工艺，具有高得率、高强度、低汽耗、低电耗等特点，真正实现了绿色、环保、低碳的生产理念。在蒸煮能耗、粗浆得率、漂前浆料 COD 含量、漂浆白度、漂白废水COD 含量、排放量及自动化程度方面均达到行业领先水平。

食品纸厂：实际年产量为 25 万吨，该生产线生产的产品是国内唯一一家用竹浆抄造而成的纸品，各项质量技术指标均为一流水平，可广泛适用于加工纸杯、纸碗、餐盒、蛋糕盒及卫生纸管芯等，产品强度好、挺度好、洁净度高，同时具有绿色低碳环保和天然抗菌抑菌除臭等特点。

食品纸厂生产线控制系统采用世界上最先进的芬兰美卓 DCS 系统、美国霍尼韦尔 QCS 系统和法国 ABB 电气传动系统，自动化程度高，员工操作简单，产品质量稳定；磨浆、上浆、多盘白水回收系统采用德国安德里茨设备，辅料制备采用法国 ABB 系统；流浆箱、顶网成型器采用美国 Paperchine 设备，靴压、压光机采用德国盖康系统，复卷机采用意大利亚赛利设备。包装线采用全自动化包装系统，ABB 智能机器人自动完成纸卷的输送、称重、打印商标、折边、热压合等，相比传统包装线，具有包装质量好、稳定可靠、工作效率高、操作简单安全、成本低的优点。自动仓库采用德国科尼自动行车技术，是目前国内外技术最先进、储存量最大的全自动智能化仓库。

24.1.3　将第一车间建到农村，形成周边农户的辐射带动作用

宜宾纸业占地面积 1000 余亩，主要产品为食品包装原纸和生活用纸。生活用纸项目完成后，公司浆纸产品年总产能将达到 57 万吨。

宜宾纸业立足于本地丰富的竹资源优势，大力实施"竹浆纸及深加工一体化"发展战略，通过实施"十三五"规划，公司造纸产业浆纸年总产能将达到 126 万吨，制浆造纸及相关产业年总收入超过100 亿元，年利润 7.28 亿元。

建立料场是宜宾纸业为减少中间环节、方便竹农卖竹、实施原料保障体系建设的重要举措，是宜宾纸业联系竹农的桥梁。料场采取"公司+专合社+农户""公司+政府+料场""公司+合作料场"的三种合作模式开展竹料收购和竹基地建设，实现了"做大资源规模、挖掘资源存量、控制资源流向"的三大目标，预计每年需采购竹料量 80 万吨。在保障公司原料供应的同时，以竹产业为链条带动周边竹农增收致富。

24.2　创新引领未来，为企业发展注入原动力

宜宾纸业在市委市政府产业发展"产业发展双轮"驱动战略的指引下，通过整体搬迁实现了传统产业转型升级的目标，从一个高能耗、高排放、低效率的传统制浆造纸企业转型升级为一个低能耗、低排放、高效率的现代化大型制浆造纸企业。一是实现了原料转型。宜宾纸业老区年用木材 30 万吨以上，新区年用竹量 80 万吨，实现了以竹代木的原料转型。二是实现了产品转型。宜宾纸业新区淘汰了新闻纸和文化纸，转型为食品纸和生活用纸，并成功开发出全竹浆食品纸、未漂白竹浆食品纸、本色

竹浆生活用纸。三是实现了技术进步。装备方面，食品纸生产线集成芬兰、美国、法国、意大利、德国纸机先进水平；生活用纸生产线整机引进意大利亚赛利设备。工艺方面，化学浆采用 DDS 蒸煮、氧脱木素及 ECF 漂泊工艺。自动化方面，老区年产能为 15 万吨，员工 2950 人；新区年产能为 37 万吨，员工 1250 人，新区自动化水平大幅度提升。能耗方面，新区吨纸综合能耗比老区降低了 48%。四是实现了规模提升。五是实现了环保领先。采用先进的环保设备和工艺技术，环境治理水平已处于国内行业领先水平。

通过工艺技术创新不断优化生产过程，提高产量，提升质量，降低成本，向创新要效益、要市场、要未来。为拓展销售的广度，实现产品的多样化，公司技术开发人员加大对全竹浆产品的开发，研发出以 100%竹纤维为原料的生活用纸管芯纸、普松食品包装原纸、蛋糕纸、相册纸等产品，实现高、中、低三个档次产品的全覆盖，不断适应市场需求。为满足人们"融入自然，绿色环保"的消费需求，利用竹纤维所特有的抗菌抑菌、健康环保、绿色低碳特性，采用先进的制浆造纸设备和技术开发了未漂白全竹浆食品包装原纸和全竹浆生活用纸，提升了差异化竞争能力，提高了公司的整体效益。产品因绿色环保、质量过硬的优点在业内广受好评。2018 年 7 月，在第二届中国（上海）国际竹产业博览会上，公司生产的"未漂白全竹浆食品包装原纸"荣获金奖，这也是此次博览会上四川省唯一获得金奖的竹产品。

改革开放 40 周年，宜宾纸业履行国企历史使命，在激荡岁月中不忘初心、砥砺奋进，凭借"忠诚 敬业 创新 卓越"的理念，通过整体搬迁，推进原料调整、产品调整、技术进步、规模提升、环保领先，顺利实现了转型升级。同时紧跟绿色发展潮流，秉承"以竹代木、保护森林"的绿色发展理念，深入践行"绿水青山就是金山银山"理念，依托本地丰富的竹资源优势，全力实施"竹浆纸及深加工一体化"发展战略，为把公司建成中国最大的竹浆造纸企业而奋斗。

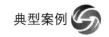

第 25 章 "3+1"流体输送高效节能技术应用案例

长沙翔鹅节能技术有限公司

25.1 项目名称

东北特钢集团大连特殊钢有限责任公司（以下简称"大连特钢"）水系统节能改造项目，由长沙翔鹅节能技术有限公司采用自主研发的"3+1"流体输送高效节能技术对该单位炼铁水泵站循环水泵（共7个系统8台水泵、1台电机）进行节能改造。

25.2 项目业主

大连特钢前身为大连钢厂，始建于 1905 年，堪称中国特钢的"摇篮"。作为我国特殊钢生产的大型骨干企业，大连特钢目前拥有完善的冶炼装备，形成以不锈钢、工模具钢、轴承钢、汽车钢、弹簧钢为核心的高合金钢、合金钢专业化生产线，即世界一流水平的高精度棒线材连轧机生产线，大圆材连轧生产线，模具扁钢、锻材生产线，光亮材精整深加工，钢丝深加工生产线等，形成了从冶炼、成材到深加工一整套完整的特殊钢精品生产体系。大连特钢除了为国防军工、航空航天、电子信息等高科技领域提供重要材料，其产品还广泛应用于机械制造、石油化工、汽车工业、交通运输、医疗卫生等国民经济的各个领域。

大连特钢炼铁水泵站循环水泵 7 个循环水系统原运行 8 台泵，运行总功率为 2589.65kW，每年耗电量为 2175.3 万 kW•h。

25.3 项目实施单位

长沙翔鹅节能技术有限公司。

25.4 案例内容

25.4.1 技术原理及适用领域

长沙翔鹅节能技术有限公司采用"3+1"流体输送高效节能技术对检测资料进行系统分析、研究，结合该系统管路流体力学特性，通过整改系统存在的不利因素，并按照"合理流量、最低阻抗、最高效率"的循环水系统经济运行原则，定做"高效环保节能泵"或"高效节能三元流叶轮"替换目前处于不利工况、低效率运行的水泵或叶轮，降低无效能耗，提高输送效率，达到最佳的节能效果。

"3+1"流体输送高效节能技术，以能源诊断为起点，通过为客户提供节能潜力分析、节能项目可行性分析、项目设计、项目融资、设备选购施工、节能量检测、人员培训等项目的全过程服务，为电力、冶金、钢铁、石油、化工、自来水、矿山、医药、水泥等行业提供经济、环保、全面、系统的能耗问题解决方案和优质的专业化服务。

25.4.2　节能改造具体内容

节能改造前，炼铁水泵站循环水泵 7 个循环水系统存在以下问题。

（1）水泵与整个系统不匹配，使能耗增加。

（2）水泵偏离最佳工况范围运行，造成实际效率低。

（3）系统上出口阀门开度较小，阻力大。

（4）水泵经长期运行，动静间隙增大，容积损失增加，效率降低。

（5）水泵非高效节能泵，本身设计效率较低，制造精度较差。

经长沙翔鹅节能技术有限公司进行节能改造后，其前后能耗情况如表 25-1 所示。

表 25-1　节能改造前后能耗情况

序号	系统名称	技改前每小时耗电/度	技改后每小时耗电/度	年节电量/万度	节电率
1	软水密封系统供水泵 1#（软水闭路供水 1#）	370.92	300.69	58.99	18.93%
2	软水密封系统供水泵 2#（软水闭路供水 2#）	359.27	306.44	44.38	14.70%
3	制气炉低压净环供水泵（空压站闭路供水 3#）	28.98	20.96	6.74	27.67%
4	电动鼓风机净环供水泵 1#	105.27	83.97	17.89	20.23%
5	制气炉净环常压供水泵 1#（冷却壁凸净环常压）	367.2	286.57	67.73	21.96%
6	制气炉净环高压事故供水泵（风口小套净环高压供水 2#）	969.13	747.26	186.37	22.89%
7	闭式冷却塔喷淋供水泵 2#	176.14	148.17	23.49	15.88%
8	炼钢泵房热水提升泵	212.74	117.35	80.13	44.84%
	合计	2589.65	2011.41	485.72	22.33%

25.4.3　项目实施情况

该项目合同于 2017 年 1 月 17 日签订。项目合同签订后，长沙翔鹅节能技术有限公司随即安排设计、生产、安装，并于 2017 年 8 月 14 日完成节能效果验收，双方约定从 2017 年 8 月 14 日开始计算双方节能效益分享。截至目前，节能设备运行良好。

25.5　项目年节能量及年节能效益

25.5.1　年节能量

年节能量：（技改前每小时耗电-技改后每小时耗电）×年运行时间=（2589.65 度/小时-2011.41 度/

小时）×8400 小时/年=485.72 万度/年。

年节约标准煤：485.72 万度/年×3.3 吨标煤/万度=1602.88 吨/年。

25.5.2 年节能效益

按双方合同约定，电价为 0.56 元/度，按此计算，该项目每年可节省电费 272 万元。

25.6 商业模式

该项目采用节能效益分享型的合作方式，效益分享期为三年，长沙翔鹅节能技术有限公司按 40% 的比例分享节电收益。三年项目合同期内，节能设备归长沙翔鹅节能技术有限公司所有，并由长沙翔鹅负责设备维护、保养。三年项目合同期满后，节能设备及节能收益全部归大连特殊钢有限责任公司所有。

25.7 投资额及融资渠道

本项目投资额共 180 万元，全部为长沙翔鹅节能技术有限公司自有资金。

25.8 项目亮点

该项目由长沙翔鹅节能技术有限公司采用"3+1"流体输送高效节能技术对检测资料进行系统分析、研究，结合该系统管路流体力学特性，通过整改系统存在的不利因素，并按"合理流量、最低阻抗、最高效率"的循环水系统经济运行原则定做"高效环保节能泵"或"高效节能三元流叶轮"，替换目前处于不利工况、低效率运行的水泵或叶轮，降低无效能耗，提高输送效率，从而达到最佳的节能效果。项目实施后，节能效果非常显著。技改后 7 个系统年耗电量为 1689.58 万度，每年可节省用电 485.72 万度，每年可节省电费 272 万元，相当于每年可节省标煤 1602.88 吨，减少二氧化碳排放 4842.63 吨。造成的经济效益和社会效益非常显著。

第 26 章　钢包保温项目案例

首钢京唐钢铁联合有限责任公司

26.1　企业简介

首钢京唐钢铁联合有限责任公司（以下简称"首钢京唐公司"）是我国第一个实施城市钢铁企业搬迁、完全按照循环经济理念设计建设、临海靠港具有国际先进水平的千万吨级大型钢铁企业。2005年 10 月 22 日，首钢京唐公司挂牌成立；一期工程总投资 677 亿元，设计年产铁 898 万吨、钢 970 万吨、钢材 913 万吨，于 2007 年 3 月 12 日开工建设。2009 年 5 月 21 日，1 号 5500 立方米高炉点火送风出铁，随后炼钢、热轧、冷轧部分工序相继投产，一步工程全线贯通；2010 年 6 月 26 日，一期工程全面竣工投产。

特点优势显著。首钢京唐公司整体工艺装备达到 21 世纪世界一流水平，成为具有国际先进水平的精品板材生产基地和自主创新的示范工厂，以及节能减排和发展循环经济的标志性工厂，具有临海靠港、流程紧凑、设备大型、技术先进、产品高端、循环经济、环境清洁、管理高效等特点和优势，充分体现了建设目标要求。例如，临海靠港，原料海上进、产品海上出，大幅度降低了运输成本；设备大型，5500 立方米高炉、300 吨转炉、2250 毫米热轧、2230 毫米冷轧等，构成了高效率、低成本的生产运行系统；集中采用了 220 项国内外先进技术，自主创新和集成创新达到了总体的三分之二；践行循环经济理念，实现了余压、余热、余气等能源高效转换，最大限度地实现节能减排。

产品优质高端。始终以生产优质钢铁产品满足国民经济发展需要为追求目标，持续优化品种结构。投产以来，累计获得冶金产品实物质量"金杯奖"22 项次，其中 4 项产品获"特优质量奖"。

品种结构持续优化。目前，可生产产品牌号 373 个。其中，热系产品已形成以高强钢、管线钢、耐候钢为重点的产品系列。冷系产品可生产汽车板、家电板、镀锡板、专用板、彩涂板等精品薄板。投产以来，产品市场占有率不断提高，家电板、汽车板、车轮钢、管线钢等产品的市场占有率在行业中名列前茅，市场影响力快速提升。

践行循环经济理念。顺应循环经济和绿色环保对钢铁行业发展的趋势要求，以"减量化、再利用、资源化"为原则，以低消耗、低排放、高效率为特征，具有 21 世纪新一代钢铁厂的产品精益制造、能源高效转换、废弃物充分利用三大功能，成为环境友好型、资源节约型的绿色工厂。

充分利用临海靠港优势，做大做强海水文章。在海水直流冷却发电、海水脱硫、海水淡化、海水化学资源综合利用四个方面取得突破。对全流程水资源利用技术、管理模式、阶梯用水和水处理工艺进行系统集成，水循环利用率达到 98.8%。利用"二次能源"将"海水资源"转换成"淡水资源"，建设四套低温多效蒸馏海水淡化装置，日产量达到 5 万吨。以海水淡化催生的海水综合利用产业链初步形成，将浓盐水供给三友化工集团，实现与当地企业的协同发展。

注重环境保护。高度重视环境保护工作，环保投资 76 亿元，占工程投资的 11.21%；吨钢环保成本 178 元（运行成本 135 元）。严格按照项目环评要求进行建设，对废气、废水和固体废弃物采取严格控制措施，已基本实现零排放；建设了 16 套在线环境监测系统，与政府环保部门联网，对废气、废

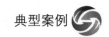

水、大气环境等进行有效实时监控。目前,吨钢烟粉尘排放量为 0.42kg,吨钢二氧化硫排放量为 0.40kg,均达到了国内领先水平。

注重企业文化建设。坚持以人为本,加强企业文化建设,践行社会主义核心价值观,推进和谐企业建设,创建学习型企业,实现职工与企业共成长,激励职工为实现"三高和四个一流"目标定位、加快建设最具世界影响力的钢铁厂而努力奋斗。

26.2 项目情况

首钢京唐钢铁有限责任公司钢包保温项目,节能改造前对钢包精炼电耗进行了跟踪,在钢包热周转(计算选取吨位一致)的情况下,钢包精炼平均电耗为 50kW·h/t。采用纳米微孔绝热保温技术对铸造盆和钢包进行保温施工,实施周期为 1 个月。

26.2.1 技术所属领域及适用范围

适用于保温保冷绝热工程领域。

26.2.2 技术原理及工艺

将多孔纳米二氧化硅复合纳米材料、金属粉、金属箔、有机和无机纤维作为主要绝热材料和补强材料,以互穿网络聚合物作为主要结合剂制成保温涂布。在中高温使用条件下,有机纤维和互穿网络聚合物碳化后转变为碳纤维,成为补强和透光遮蔽材料,部分碳纤维与附在碳纤维上的 SiO_2 反应生成 SiC,作为定向辐射材料,使绝热效果提高 2~3 倍,耐压强度提高 10 倍,阻尼比大于 30%,隔声效果大于 10dB。涂布复合工艺如图 26-1 所示。

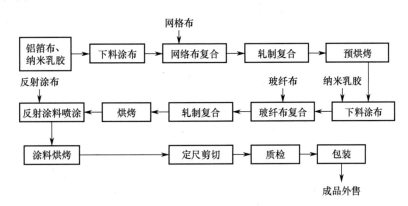

图 26-1 涂布复合工艺图

26.2.3 技术指标

A 级阻燃品,导热系数为 0.089W/(m·K)(热面温度:600℃),抗压强度为 2.67MPa。

26.2.4 技术功能特性

(1)导热系数低,比常规材料节能 10%~30%。

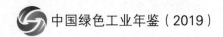

（2）可用作绝热体永久层，使用寿命达 5 年以上。

（3）由纯无机材料组合而成，无任何有害物质释放，安全环保。

26.3　节能减排效果及投资回收期

使用纳米微孔绝热板减少温降：25×1.25＝31.25℃；连铸每吨钢可节省电能：0.71×31＝22.01kW·h；连铸电极消耗降低：0.45×22÷50＝0.198kg/t（钢）。综合节能为 1.6 万 tce/a，投资回收期约为 2 个月。

第 27 章　金发科技股份有限公司绿色工厂实施案例

金发科技股份有限公司

27.1　企业基本情况

金发科技股份有限公司（以下简称"金发科技"）是一家从事高性能化工新材料研发、生产、销售、服务的国家级创新型企业，主要产品包括改性塑料、完全生物降解塑料、高性能碳纤维及其复合材料、特种工程塑料和环保高性能再生塑料五大类一万多个牌号，广泛应用于汽车、家电、OA 设备、现代农业、轨道交通、通信、电子电气、新能源、建材灯饰、航空航天、高端装备等行业，远销全球 130 多个国家和地区。

金发科技成立于 1993 年，总部位于广州市高新技术产业开发区，注册资本为 25.6 亿元，在全国拥有上海金发科技发展有限公司、江苏金发科技新材料有限公司、天津金发新材料有限公司、四川金发科技发展有限公司、成都金发科技新材料有限公司、武汉金发科技有限公司、珠海万通化工有限公司、广州金发绿可木塑科技有限公司、广州金发碳纤维材料发展有限公司、广东金发科技有限公司等 15 家分（子）公司，国内总占地面积为 150 余万平方米，并积极拓展海外市场，在印度、美国、欧洲建有生产及研发基地，具备年产 200 万吨高性能功能新材料的生产能力，也是全球排名第二、亚太地区规模最大的改性塑料龙头企业。2016 年公司销售收入达到 200 亿元，比国内同行业第 2~20 名的总和还多 20%。

金发科技始终把"绿色金发"建设摆在企业发展的战略高度。通过引入绿色设计理念、实施绿色制造技术、研制绿色产品，实现了生产制造的清洁化、绿色化和智能化。

在绿色设计方面，在产品配方设计时就考虑到产品生命周期内对环境的影响，所使用的原材料都符合 RoHS 要求，在保证产品质量、安全、功能的前提下减少配方中所使用的原材料种类，同时积极开发滑石粉、碳酸钙、硫酸钡母粒的替代粉体，提高原材料利用率，降低生产现场粉尘污染。金发科技自主研发的 GAR-011 系列改性 ABS 使用消费后再生塑料含量为 50%~85%；CK-100、CK-300 系列改性 ABS/PET 使用消费后再生塑料含量为 28%~50%；JH960-6900、JH960-6945、JH960-6960 系列阻燃 PC/ABS 合金使用消费后再生塑料含量为 35%~60%，实现高分子材料资源高效高质利用，并且获得了中国环境标志（II 型）产品认证证书。

在绿色制造技术方面，公司积极开展清洁能源项目，在厂房屋顶的空闲地方安装光伏发电设备并网发电，使用可再生能源代替不可再生能源，每年可发电 477 万 kW·h，节省电费 39.15 万元；建设了污水处理站，采用 UASB+活性污泥污水处理工艺，日处理污水 1080 吨，集中处理后回用于生产及清洁，不对环境直接排放；建设了废气处理系统，采用二级净化工艺，净化效率达到 90% 以上，每年可减少 0.925 吨 VOCs 和 5.32 吨粉尘排放；同时对真空系统进行改造，采用水环真空泵进行恒压控制，每月可节水 4.32 万元，减少污水处理费 3.78 万元；公司还投资了 616 万元建设自动混配料系统，采用管道密闭输送原材料和集中除尘，减少了人力投入，降低了材料损耗，改善了车间环境污染状况；采用多路阀负压配料技术，实现多种不同颗粒物料的自动配混；采用射频识别技术自动识别预混罐进行配方调用，实现物料信息的可追溯；增加生产信息数据（如进度、耗电量、原料耗用量等）自动采集和统计功能，配合制造执行系统（MES）可实现生产过程的可追溯。

在绿色产品方面，公司自主开发了高生物基、高透明、高品质的完全生物降解塑料，90～120天即可全部降解成二氧化碳和水，属于无毒无残留产品，广泛应用在购物袋、快递包裹袋、农膜等产品，实现千吨级销量，占据意大利 30%的市场份额。公司还与农业农村部农业生态与资源保护站、中国农科院农业环境与可持续发展研究所、烟草科学研究院、烟草公司、新疆生产建设兵团等广泛合作，在全国多个地区进行区域性、作物特定性的长期定点实验和示范推广工作，取得了良好的效果，并于2015年获得了"中华农业科技奖"二等奖。公司依托"高分子材料资源高质化利用国家重点实验室"，积极开展废旧高分子材料资源高效自动化分离技术、抗老化技术、解聚再聚合技术等前瞻性及应用性研究，开发了光通信材料、新能源储能材料、车用高性能再生专用料等高附加值环保产品，平均每吨再生塑料减少 2.5kg CO_2 排放，相比 1 吨原树脂能耗降低了 70%，全年再生高分子材料销量超过 9.16 万吨。公司开发的木塑复合材料，以木材、秸秆生物纤维为填充，以热塑性聚合物为基体熔融复合，在制造环节未添加胶粘剂，使其不会像复合板材一样挥发苯系物等有毒有害气体，同时具备抗虫蛀、防潮、耐老化，以及可锯、可刨的良好加工性能，广泛应用于建筑外墙装饰板、室内墙装饰板、铝木复合节能门窗等领域。

此外，金发科技在绿色可持续发展道路上取得了一系列荣誉及认证，包括国家科学技术进步二等奖（3 项）、国家循环经济标准化试点单位、废旧塑料资源高效开发及高质利用国家重点实验室、广东省政府质量奖、广东省清洁生产企业、"全国绿色工厂推进联盟"理事单位、推动行业绿色发展先进单位、绿色电子电器产品生产企业等。

27.2　主要工作

金发科技始终把"绿色金发"建设摆在企业发展的战略高度，在产品生命周期内搭建绿色供应链，研发绿色环保产品，采用绿色工艺技术，引进自动化节能设备，开展废旧塑料资源高效开发及高质利用，在行业内树立绿色制造的标杆。公司早在 2015 年就成立了创建绿色工厂项目小组，制定了创建绿色工厂项目实施方案与计划，拟定了绿色工厂中长期规划和年度目标、指标、管理方案；完善了绿色工厂制度建设，明确各部门管理职责；对绿色工厂相关政策、法律法规、标准进行收集分析；加强了绿色工厂评价要求培训，在公司内提高绿色制造意识；在行业内率先与北京赛西认证有限公司合作，建立了绿色制造工厂评价体系。

在基础设施方面，金发科技在建设之初就严格遵守国家和地方相关法律法规及标准的要求，公司用地规划方案通过了广州市开发区规划局的批复，厂区内绿化面积为 25%，透水面积占比 46%，满足"工业项目建设用地控制指标"的要求。公司内建筑物通过了消防验收、竣工环保批复，取得了"三同时"验收登记表；办公楼及厂房均采用钢筋砼框架结构和蒸压加气混凝土砌块新型墙体材料，分别通过了广州市建筑节能设计审查、开发区建筑工程墙体与节能材料检查。公司严格按照《用能单位能源计量器具配备和管理通则》要求对每条生产线单独配备电表，对生产用水和清洁用水分别配备水表，能源计量器具配备率达到 100%，并制定了电表、水表计量网络图和台账，请广州市能源检测研究院对公司电表、水表进行了校准。

在管理体系方面，金发科技建立了 KMS 3.0 标准化管理体系，即在管理体系及标准化体系的基础上，结合公司实际，将质量、环境、职业健康安全、能源、有害物质过程管理、EICC、计量、保密等

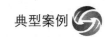

体系标准，按照内在联系形成以技术标准为核心、管理标准为基础、工作标准为保证的科学的有机整体，实现标准统一、全球协同，从而打通从客户要求到公司内部要求再到供应商管理的价值链通道，形成以"客户包"为核心的金发科技综合管理体系。

在节能降耗方面，公司引入获得中国节能产品认证、能效比高达 5.9 的冷水机组，采用夜间集中制冷方案，取消空调系统传统的冷却塔，改用自然风进行冷却，使用人工湖水作为冷却水，降低了中央空调能耗。公司积极开展清洁能源项目，在厂房屋顶的空闲地方安装光伏发电设备并网发电，每年可发电 477 万 kW·h，节省电费 39.15 万元。公司对真空系统进行改造，采用水环真空泵进行恒压控制，每月节水 4.32 万元，减少污水处理费 3.78 万元，累计节约电量 27.16 万 kW·h。公司投入 100 多万元对 A1、A2、A7、A8 等分厂进行照明改造，用电磁感应无极荧光灯代替节能灯，功率降低 53%，光效提升 45%，每年节约电量 29.16 万 kW·h，节省电费 24.2 万元。公司加大对车间余热的回收利用，在新建宿舍及厨房均增设余热回收利用系统，余热用于宿舍及厨房用热，大大减少了生产余热的浪费。

在环境保护方面，公司建设了污水处理站，采用 UASB+活性污泥污水处理工艺，日处理污水 1080 吨，集中处理后回用于生产及清洁，不对环境直接排放。公司建设了废气处理系统，采用二级净化工艺，净化效率达到 90% 以上，处理后达到广东省标准《大气污染排放限值》（DB 44/27—2001）第二时段二级标准后引向高空排放；在固体废弃物处置上，公司建立《废弃物处理程序》，对危险废弃物交由有资质的广州绿由工业弃置废物回收处理公司回收处理，对于生产过程中的包装袋及地台板等进行回收利用，其他废弃物交由有资质的广州环维环保清洁服务公司回收处理。公司对噪声较大的切粒机产噪部位进行密封减噪处理，采用噪声较小的真空吸料器替代噪声大的振动上料器。此外，公司积极开展碳资产管理及碳核查，并于 2015 年取得了 SGS 出具 ISO 14064-1 温室气体核查声明，2016 年通过了广东省发改委组织的化工企业温室气体排放报告核查。

27.3　下一步计划

（1）继续深入开展绿色制造技术升级改造。通过实施挤出机加热块节电改造、分厂产能提升、PA/PBT 合格产出率提升、PVC 产品能耗降低、全员损耗激励、废气处理设施改造、小料自动分料推广、喷码自动分袋推广等一系列技改项目，进一步降低能源消耗、提高资源利用率，实现节能降耗、降本增效的目标。

（2）继续大力投入绿色产品的研发和应用推广。在改性塑料方面，在广州、上海、天津和四川等基地进一步增加了低 VOCs 产品生产线，满足低 VOCs 产品快速增长的需求。在环保高性能再生塑料方面，进一步加强光通信材料、新能源储能材料、车用高性能再生专用料等高附加值环保产品研发生产。在完全生物降解塑料方面，通过完全生物降解地膜在快递行业的应用推广试验，稳步推进，并在部分地区获得商业化采用。

（3）继续加快推进绿色制造体系建设。逐步将创建绿色工厂的典型做法和成功经验推广复制到分（子）公司，以后新建基地规划建设时全部采用绿色工厂评价指标，预计到 2020 年将所有分（子）公司都打造成为用地集约化、生产洁净化、废物资源化、能源低碳化的绿色工厂。

第 28 章　超高浓度电镀废水处理污染防治工程实例

中国启源工程设计研究院有限公司

中国启源工程设计研究院有限公司（以下简称"中国启源"）从 20 世纪 50 年代污水处理行业起步期就致力于对各类型工业污水的处理，获得国家级、省部级相关奖项数十项，主编包括《电镀废水治理设计规范》（GB/T 50136—2011）在内的 50 多项国家级及省部级标准、规范，具备环境、市政工程甲级资质。

中国启源针对电镀集控区内超高浓度电镀废水，自主设计、建设、运营泉州中节能水处理科技有限公司（即电镀集控区污水处理厂，以下简称"泉州中节能"），首次在福建省范围内使用可视化巡检电镀废水收集管廊，整体上可巡视、可进行检修、可应急，杜绝传输过程中环境污染的风险；首次在全国范围内实现从系统上采用全方位分区的"十水"分流分质方法精细化治理高浓度电镀废水。泉州中节能采用的工艺能有效地解决电镀集控区内超高浓度电镀废水综合治理问题，明显减小集控区内超高浓度电镀废水处理难度，降低处理成本；中水回用系统能够满足电镀集控区清洁生产及循环经济要求。经长期稳定运行，系统具有特征污染物去除效率高、抗冲击负荷能力强、运行安全可靠等特点。泉州中节能从源头上践行绿色发展模式，已实现显著的社会、环境、生态、海洋、经济效益相结合的绿色环境生态效益。

28.1　晋江华懋电镀集控区项目概况

28.1.1　项目由来

晋江华懋电镀集控区是服务于电镀表面处理企业的专业化园区，主要致力于福建省泉州、晋江等地的鞋服类五金饰件、家具五金装饰件、汽配件、雨伞骨、雨伞中棒等的表面加工处理。近年来，由于电镀工艺蓬勃发展，而电镀废水中污染物浓度高，水质情况复杂，给华懋电镀集控区的污水处理带来很大的挑战。华懋电镀集控区原有污水处理设施耐腐能力降低、设备老化、处理工艺滞后于电镀发展，且存在废水分流分治不清等问题。2013 年，泉州市政府相关文件要求晋江华懋电镀集控区进行停产整顿和重组提升，明确晋江华懋电镀集控区推进五新工程建设（新企业实体、新生产工艺、新污水处理厂、新污水管网、新管理方式）。

28.1.2　污水处理厂基本概况

新污水处理厂（即泉州中节能水处理科技有限公司）是由中国启源工程设计研究院有限公司和晋江华懋电镀集控区开发管理有限公司分别按照控股比例 51%和 49%共同投资设立的，实际控制于中国节能环保集团公司。国际工程公司负责污水处理厂的设计、建设及运营，主要建设内容包括专业化电镀废水处理厂和电镀废水收集管网两部分。工程建筑占地面积为 3925.94 平方米，总建筑面积为

11648.19 平方米。新污水处理厂电镀污水处理规划总规模为 6000m³/d，总投资 11000 万元，分期建设。其中，一期工程建设规模为 4000m³/d，总投资 7500 万元；二期工程建设规模为 2000m³/d，废水经处理后达到《电镀污染物排放标准》（GB/T 21900—2008）要求后进行深海排放。

28.2 工艺技术路线

依据设计，晋江华懋电镀集控区从厂房、废水管网建设及企业生产设备工艺布局等方面入手，在福建省乃至全国范围内首次实现电镀废水全方位分区、分流治理。

28.2.1 新建专业化电镀厂房

1. 电镀生产车间布局

各企业电镀生产线设置于"托盘"结构上，"托盘"不低于 0.6m，"托盘"下为各类废水收集管道。废水分区根据具体生产工艺按水质情况分为 10 个分区，即含氰废水分区、含铬废水分区、前处理含油废水分区、酸铜废水分区、含镍废水分区、焦磷酸盐废水分区、含锌及综合废水分区、老化液废水分区、喷漆退漆废水分区、地面废水分区。"托盘"结构有效地避免了电镀生产过程中的重金属等有毒有害物质随浸湿的镀件、劳保用具以及生产时误操作或事故状态时的生产活动引入外界环境，极大地保障了环境安全、土壤及生态安全。

2. 电镀厂房设计

新建电镀厂房单层面积为 2000m²，层高为 7m，共 4 层。一层作为电镀车间管理办公室及物流仓储，不直接参与电镀过程，从源头大幅度降低了重金属对环境污染的风险。在层高 3.5m 处建设电镀废水收集间，分类收集各股电镀废水，依靠重力流向下游污水处理厂各相应废水调节池，节省废水提升动力，节约能源。

3. 电镀废水管网建设

在福建省范围内首次使用可视化电镀废水管网，并分层置于电镀废水管廊内，管廊主体上采用钢砼结构，宽 2m、深 2.5m，采用三布六涂玻璃钢防腐结构，整体上可巡视、可进行检修，事故废水可抽回至新建污水处理厂事故应急池进行处理，杜绝环境污染的风险。

28.2.2 电镀废水处理工艺

1. 电镀废水分质分流收集

电镀污水处理厂在福建省乃至全国范围内首次实现从系统上采用"十水"分流分质的方法将电镀集控区电镀废水细分为含氰废水、含铬废水、前处理含油废水、酸铜废水、含镍废水、焦磷酸盐废水、含锌及综合废水、老化液废水、喷漆退漆废水、地面废水。其中，含氰废水、含铬废水、前处理含油废水、酸铜废水、含镍废水、焦磷酸盐废水、含锌及综合废水、地面废水通过可视化检修管沟排入污水处理厂相应的调节池进行处理，老化液废水及喷漆退漆废水因排水量很小且油性黏稠，通过槽车运送至污水处理厂相应的调节池进行处理。

2. 废水处理工艺流程

本项目对电镀集控区废水按其不同特征污染物进行分类收集，进行精细化分质分流处理，废水处理工艺采用传统的"化学预处理+生物处理"结合先进的"臭氧双氧水联合高级催化氧化"处理工艺；回用水处理工艺采用"UF+RO"工艺，经过长期运行，实时监测，表明系统具有去除效率高、抗冲击负荷能力强的优点，系统运行安全且稳定可靠。废水及回用水处理工艺流程如图 28-1～图 28-3 所示。

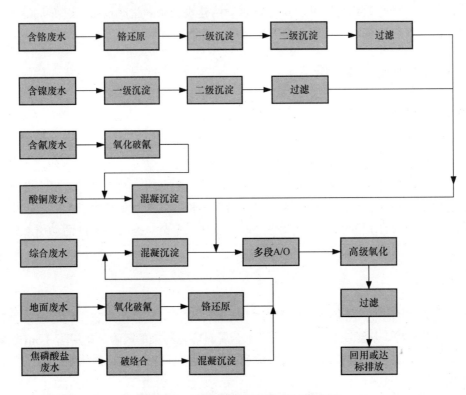

图 28-1　回用部分废水处理工艺流程

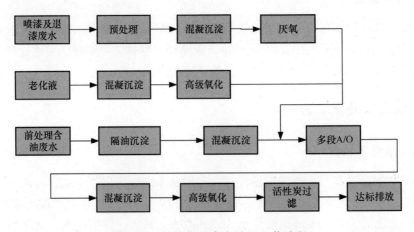

图 28-2　排放部分废水处理工艺流程

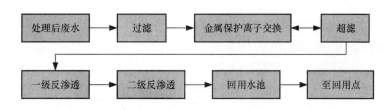

图 28-3 回用水处理工艺流程

3. 主要生产设施及设备

主要生产设施：污水处理厂主要生产设施包括废水收集管网、10 类废水调节池及事故应急池、18 套三级搅拌混凝反应预处理系统、3 套 A/O 生化系统、3 套高级氧化系统、12 套石英砂过滤器、6 套排放废水活性炭过滤器、1 套回用水处理系统、2 套废气处理系统、中控室分析化验室及其他相关附属设施。

主要生产设备：污水处理厂主要生产设备包括 2 套臭氧发生器、6 套厢式隔膜压滤机、9 台污泥螺杆泵、10 台罗茨鼓风机、48 台废水提升水泵、6 台反冲洗水泵、54 台玻璃钢轴流风机、93 台搅拌机、78 台加药泵、3 台卸料泵、4 套空气储罐、3 套液碱储罐、2 套次氯酸钠储罐、2 套盐酸储罐、2 套酸雾净化塔、8 套溶药投药装置、3 套电动吊装设备、500m² 斜板填料、1070 套微孔曝气器，以及其他相关各类配套设备及管道。

4. 项目运营现状

项目 2016 年正式建成并开始正常运营，已经通过晋江市环保局关于华懋电镀集控区电镀废水处理（1500m³/d）竣工环保验收，电镀废水通过有效的"十水"分流分治系统化处理，满足《电镀污染物排放标准》（GB/T 21900—2008）要求后直接深海排放。污水处理厂进出水特征污染物指标情况如表 28-1 所示。

表 28-1 进出水特征污染物指标情况

序号	特征污染物	进水浓度（mg/L）	出水浓度（mg/L）	国标（mg/L）	去除率
1	氰化物	1000～1300	0.15	0.3	>99.99%
2	总铜	500～800	0.30	0.5	99.96%
3	总镍	300～500	0.35	0.5	99.93%
4	六价铬	600～800	0.005	0.2	>99.99%
5	总铬	1000～1500	0.08	1.0	>99.99%
6	总锌	400～600	0.15	1.5	99.98%
7	COD	800～1200	35～50	80	93.75%～97.08%
8	氨氮	400～600	2～5	15	98.75%～99.66%

28.3 项目运营管理

28.3.1 集控区电镀企业源头管控模式

严格把控新入园电镀企业关，入园前严格要求企业提供相关生产资料，包括生产原材料、车间平面布置图、工艺流程图、车间废水分区图、车间废水排放管道布置图等，对新电镀企业进行技术评审，

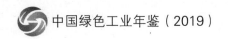

生产前进行试排水，达到要求验收后方能允许生产。

对 10 类废水根据其特征污染物进行分类管理，进行日常、节假日前后、复产前后取样巡查，并对各电镀企业废水分区混排情况进行定期取样检测管理。

建立各项园区管理制度，包括《华懋电镀集控区三方环境责任公约》《华懋电镀集控区污水混排管理办法》《华懋电镀集控区园区企业水样采样样品保存管理办法》《华懋电镀集控区企业排水浓度管理办法》《华懋电镀集控区企业非正规水源管理办法》。

向园区内各电镀企业管理人员、电镀操作人员，针对废水分区不清和混排的风险性、水质分类重要性及环保知识等内容，进行不间断宣传教育及现场示范操作。

28.3.2　污水厂运营管理模式

以总排放口及相关单独排水口各类出水指标满足《电镀污染物排放标准》（GB/T 21900—2008）要求为首要任务，优先满足重金属及氰化物指标。配备检测条件完备的专业化实验室，对各段工艺严格把控，每天生成各工艺段每隔 2 小时水质监测及运营情况报告，确保水质达标排放。

技术指导生产。每两周定期开园区管控、内部运营生产技术例会，构建信息共享平台；实验室小试理论与生产实践运营相结合，确保生产的稳定性；生产经验与理论知识相结合，确定运营参数，确保生产的合理性。

精细化管理。各级人员按照属地性区域划分进行巡查，查看设备及仪器状态，填写相关管理运营台账；全程无人值守管理，在线仪表指导加药，实现全自动控制，并在中控室全盘把控调整各类运营参数指标。

运营管理制度化建设。包括《运营部管理制度》《化验室管理制度》《中控室管理制度》《各岗位操作规程》《危险废物污染防治责任制度》《安全生产例会制度》《环境管理工作责任制度》《安全事故管理制度》等。

技术研发与实际运营相结合。能够有效控制成本及各类出水指标的稳定性，减少污泥产生量，再生回收铜、镍等有价值的重金属资源，进行中水回用，实现清洁生产及循环经济。

运营过程中，各级人员相互讨论并进行学习，对环保知识、运营技巧及安全生产进行宣传教育，提高运营队伍素质及管理水平，保证安全生产。

28.4　项目创新模式

本项目在国内首次采用在电镀企业生产区域内进行电镀废水十类分区，并采用架空不低于 0.6m 的"托盘"结构及架空分类收集的电镀废水收集房，且在福建省内首次采用可视化检修管沟，有效地解决了电镀集控区的超高浓度电镀废水综合治理问题。

采用"十水"分流分治，针对各股废水中的特征污染物进行处理，大大减小了超高浓度电镀废水处理难度，降低了处理成本。

严格把控园区电镀企业排水关，从源头上解决分流分治问题；废水处理采用相关仪器设备进行精细化调整管控，严格控制出水水质指标。

技术研发与运营生产实践相结合，促使污水处理厂实现循环经济、完善清洁生产模式、进行中水回用、研发再生回收铜镍等有价金属。

28.5 项目污染防治及节能减排成效

28.5.1 节能减排成效

项目一期工程实施后每年可削减一类污染物总铬约 300 吨、一类污染物总镍约 48 吨、总铜约 410 吨、总氰化物约 345 吨、COD 约 420 吨，减少电镀废水排放量 60 万吨，中水回用水供上游电镀企业生产使用，节约自来水用量，达到清洁生产及循环经济的效果。

项目采用厢式隔膜压滤机，污泥含水率可以达到 65%，每年减少危险废物处置量约 6000 吨。

28.5.2 项目实践意义

本项目的实施，为集控区的招商引资创造了良好的生态基础条件，可以明显减少电镀废水排放对泉州地区沿海海域的污染，改善海域水体整体环境质量，保护沿海海域生态环境。

可以确保电镀集控区电镀废水达标排放，保障电镀企业的稳定生产，从而保证各经济产业链健康运转；可以促进相关五金、伞具及服装制鞋行业经济发展的良性循环，创造更高的经济效益，对当地经济的可持续发展有着重要意义。

解决了泉州地区电镀废水排放对附近水体和海域水体的环境污染问题，最终实现了经济效益、环境效益、社会效益、海洋生态效益的协调统一。

能够有力地推进我国电镀集控区及支持相关航空航天、海洋工程、先进轨道交通等高端装备制造业表面镀覆工艺的迅速发展，其应用具有广阔的市场和环境保护前景。

28.5.3 效益分析

1. 社会效益分析

成熟电镀集控园区采用提升硬件结构及管理模式的方式提高园区发展水平，能够集中社会资源，进行统一调配。在区域经济内，能够有效剔除散乱污、作坊式电镀企业，集中将各类电镀企业进行整合提升。集中在成熟电镀集控区内进行生产，有利于整个地级市区域内形成规模化的产业集群，进一步拉动产业整合，提高产业及关联产业竞争力，提升综合实力，进行供给侧改革，实现电镀集控园区经济集中发展的优势。

2. 环境生态效益分析

采用集控园区式生产管理结构，电镀废水污染物统一综合处理，显著降低了生态环境重金属、酸碱等物质的污染风险，使环境结构、生态功能进一步满足区域规划要求，为保护青山绿水提供有力保障。统一回用中水，能够有效减少缺水地区地下水资源的开采，提高水资源重复利用率，达到节水降耗减排的目的。集控园区协调发展有利于生态功能规划，有利于切实践行绿色发展模式。

第 29 章　供水管网节水及余压发电技术

株洲南方阀门股份有限公司

29.1　企业简介

株洲南方阀门股份有限公司是国家火炬计划重点高新技术企业、国家"十三五"水资源高效开发利用重点专项课题承担单位及项目参与单位。自 1996 年成立以来，公司一直致力于为全球的水工业用户提供泵站和管线安全、管网漏损控制及输水效率提升的系统解决方案，先后主编了 13 项行业标准，相关技术和产品广泛应用于水利水电、市政给排水、污水处理、工业循环水、建筑给排水等领域。

29.2　研发背景

在我国 600 多座城市中，有 300 多座城市缺水，108 座城市严重缺水，每年因缺水而损失的工业产值达上千亿元，水已成为制约我国社会和经济发展的主要因素之一。漏损控制是节水的重要途径，对用水企业来说，当工业循环水和工业建筑用水采用自来水作为水源时，如果未做到合理的分压供水，那么不仅会造成管网漏损率增加，导致水资源的浪费，也会造成能源的浪费。

《节水型社会建设"十三五"规划》（发改环资〔2017〕128 号）提出了关于工业节水的目标：万元工业增加值用水量降低 20%；规模以上工业企业（年用水量 1 万 m^3 及以上）用水定额和计划管理全覆盖；缺水地区的工业园区达到节水型工业园区标准要求。

压力管理能够减少爆管和漏损已逐步得到广泛认识，重视水泵、阀门、二次供水设备动作对管网压力波动的影响，以及压力管理对于输配水管网爆管的预测、调度与应急控制、事故溯源的作用。供水管网的压力管理和余压利用的微水力发电技术，在满足节水和智慧水务对电能需求的同时，也是绿色分布式能源和循环经济新的发展方向。

29.3　技术概要

29.3.1　供水管网节水技术——压力管理

供水公司基于对用户的服务标准及消防系统水压要求，可能使得管网压力过高，而输配水管网过高的压力不仅会造成能源的浪费，同时还带来了其他的问题：漏失量、用户用水量增大；管网产生更多新的漏点；管网爆管概率上升，降低了供水保证率；降低了管道的使用寿命；漏点和爆管的出现导致管道维修费用的上升。

压力管理是国际水协（IWA）推荐的漏失控制策略之一，可在确保供水管网压力满足服务需求的前提下减少管网的漏损，包括降低爆管发生率、减少明漏或暗漏出现的频率、延长管网设施的工作寿

命、监测供水服务质量、监测水厂运行是否经济合理、监测地下管网的工作状态，以便及时发现管道漏损事故，进行爆管溯源分析、优化调度及辅助决策。

压力管理实施的技术路线：基础数据收集与管网现状分析；水力建模；模型的测试验证；监测点布控；模型与实测数据的验证与调整优化；减压设施的布设；管网改扩建的辅助决策；实时解决管网运行的压力预测分析。

29.3.2 管网余压发电技术——微水力发电

1. 技术介绍

供水管道余压发电技术是指在供水管网压力管理系统基础上，通过水轮发电机与减压阀集成回收由减压阀丢弃的能源和管网富余的水压，以满足管网系统电能的需求，是一种智慧水务多能源互补集成优化技术，是突破能源有效利用的最佳途径。

城镇输配水管网作为城市的生命线，由传统水务向智慧水务转型是发展的必然趋势。智慧水务通过数据采集仪器、数据传输设备、水质监测设备等在线监测设备实时感知城市供排水系统的运行状态，并采用可视化的方式有机整合水务管理部门与供排水设施，形成"城市水务物联网"。其中，作为智慧水务的核心构成，管网的感知与控制及网络通信均需电能供应，具有分布广、散、杂的特点，从市电接入存在诸多问题，正好可利用管网的余压发电解决此问题。

2. 技术路线

供水管道余压发电技术路线图如图 29-1 所示。

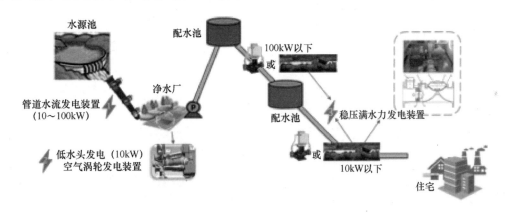

图 29-1　供水管道余压发电技术路线图

3. 技术装置

稳压微水力发电装置：一方面是降低系统过高压力，另一方面是调整水道水压。通过导入超小型微水力发电系统，可以同时兼顾这两方面的需求。使用微水力发电系统，通过导入住宅和配水池之间的输出功率为 10kW 以下的微水力发电系统来代替阀门可变速超小型水力发电系统，该系统没有导流叶片等，既简单又低成本，可以和标准的水泵与功率电子学相结合，实现更高精度、更加安定的系统。

多功能减压阀——发电减压装置（发电功率 10kW 以下）：根据应用场合设计研发的集成流量检测装置、发电装置、减压装置的多功能减压阀，解决输配水管网系统智慧水务的感知计量、远程控制、物联互通组件的电力需求；降低输配水管网压力，减少水量漏失；降低输配水管网水击爆管发生概率，避免城市内涝、道路塌陷及其引发的次生灾害。

空气涡轮发电装置，低水头发电（10kW）：①水能—气能转换系统。设计的虹吸管系统可以根据坝前后水位的高度，自动调整最高点的高度，使其与水位高点的水头差始终保持固定数值，同时根据坝前后水头差，调整进气阀的流量，使得整个系统能够平稳地工作。虹吸管系统的性能，在水头只有0.5～2m 的位置，基于虹吸的水能—气能，效率可达 75%以上。②真空吸气式空气涡轮机。设计开发的功率为 10kW 的真空吸气式空气涡轮机，由空气涡轮和变速装置组成。空气涡轮在虹吸管路中负压的驱动下，空气从四周进入涡轮，膨胀并降温，推动涡轮高速转动，驱动发电机转动从而输出功率。

29.4　应用前景

目前美国不仅对小河流发电问题特别重视，对回收和开发灌溉渠道上的跌水、分水节制闸和退水闸上的微小水能也很感兴趣。

欧洲水电建设历史悠久，开发程度高，开发率多在 70%以上。欧盟为实现到 2020 年可再生能源占总能源比例达到 20%的强制目标，在水电开发程度较高的情况下，仍计划通过改扩建或新建小水电工程，使 2020 年水电装机容量在 2010 年的基础上增加 6.2%。

《城市供水管网漏损控制及评定标准》（CJJ 92—2016）规定，压力分布差异较大的供水管网宜采用分区调度、区域控压、独立计量区控压和局部调控等手段，使区域内管网压力达到合理水平。

随着国家城镇化的进一步发展，对供水需求的增加以及供水服务区域的扩大，供水管网节水及余压发电技术将发挥更加重要的作用，未来应用前景十分广阔。

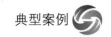

第 30 章　江苏永钢螺杆空气压缩机技术改造案例

浙江开山压缩机股份有限公司

30.1　项目背景

在能源供应日趋紧张、能源价格不断上涨的今天，生产节能、省电的空气压缩机既是企业取得竞争优势的切入点，也是装备制造企业的责任。空气压缩机耗用了全国发电总量的 6.3%，是耗能巨大的设备。对于空气压缩机行业来说，采用高能效产品替代低能效的空气压缩机产品，既是政府完成节能减排规划的需要，也是用能企业降低生产成本、增加经济效益的有效途径。

提升大功率螺杆空气压缩机能效水平有相当大的技术难度。浙江开山压缩机股份有限公司（以下简称"开山"）已经将生产的全部大功率螺杆空气压缩机的能效做到了一级能效。目前为止，开山是世界上唯一一家可以将 160kW 及以上功率的螺杆空气压缩机做到一级能效的企业，产品能效水平全球领先。在 2013 年国家发展改革委发布的《"节能产品惠民工程"目录》中，开山产品占据了 36.9%，其中一级能效产品占 43.5%。2013 年 2 月，开山两级压缩螺杆空气压缩机入选工业和信息化部《节能机电设备（产品）推荐目录》。2013 年 11 月，开山两级压缩螺杆空气压缩机入选工业和信息化部《"能效之星"产品目录》。

30.2　两级压缩螺杆空气压缩机的技术优势

相比于单级压缩，两级压缩趋近于最节省功耗的等温压缩。从原理上来看，两级压缩比单级压缩节能 5%～8%。采用两级压缩主机，就是采用大小不同的两组 SKY 螺杆转子，实现合理的压力分配，降低了每次压缩的压缩比。低的压缩比还有两个特别的优点：一是减少了内泄漏，提高了容积效率；二是大大降低了轴承的负荷，提高了轴承寿命，延长了主机寿命。最关键的还是转子型线效率，由国家"千人计划"成员、政府特聘专家汤炎博士开发的"Y"专利型线，效率世界领先，比其他型线的效率高出 5%～15%。2017 年申请专利技术的"Y"新型螺杆，在原有的基础上实现了更高的能效，并因此获得合肥通用机械产品认证有限公司颁发的拥有"超高能效、超低噪声、低衰减"认可的《产品特性认证证书》，成为行业领军的超高能效产品。

产品技术优势关键点还体现在产品局部设计和细节，以及系统的高端配置和优化上，这又比其他品牌产品效率高出 5%～8%。高效的主机以及 JN 系列固有的进气调节设计、冷却流畅设计、油气分离技术、高效电机、智能自动控制等创新技术，将为广大客户带来实实在在的节能效益。

30.3 节能基准检测与节能改造解决方案

1．做好节能基准的检测

空压站节能改造前的总耗电量和总入网流量是评判节能改造效果的最重要依据。节能改造方案制定以前一定要在空压站电源进线处装电表，并定时抄表，一般一小时记录一次。空压站总电表数据统计和每台空气压缩机的电表数据统计对分析判断节能效果都很重要。入网总流量和管网实际压力（有条件的，在管网装上压力传感器并上传电脑实时记录，根据电脑分析统计出该记录时间段内机器的平均使用压力）是节能改造时新压缩机选型的重要依据。入网总流量在每个生产周期的变化曲线对新压缩机选型有很大影响。要降低压缩空气净化设备的压损，尽量减少净化设备的耗气量，提升压缩机使用效率。空压管线通径的大小和长短对压损影响很大，过多的变径、急弯、曲折和阀门都会增加管路的压损，所以要密切注意主管路入口压力和用气点的实际压力（记录压缩机显示器的压力与空际用气端压力两者差值，差值大小也是一个判断标准）。输气管线和车间漏气量会严重影响空压站的耗电量。如果客户对压缩空气的品质有严格要求，还应增加对入网气体压力露点、尘埃和含油量的检测，压缩空气的品质对空压站的耗电量有较大影响。空压站房的通风、温湿度和含尘量也会对空压站耗电量造成影响。空压站节能改造前的数据收集往往需要数日，而且数据还需要取得客户的确认。

数据分为静态数据和动态数据，静态数据是指压缩机铭牌数据和压缩机控制器显示的数据，以及离线检测的数据。动态数据是指使用在线仪表取得的压缩机或空压站流量和耗电量随时间变化的曲线，包含即时数据和累计数据。在线仪表含功率分析仪、流量计和数据记录仪及相应分析软件。在改造前的空压站预装 Ikaishan 压缩机监控软件，也可以获得动态数据。

喷嘴法测得的压缩机流量精准，但是无法在线检测，无法反映用气量随时间变化的情况。用流量计和数据记录仪可以在线检测和记录压缩机流量随时间变化的情况，但是流量计测得的流量值与喷嘴法测得的数据有较大差异，不能反映真实的流量。结合两种仪表取得的数据特点，可以用喷嘴法测得的流量值标定同一时刻的利用流量计和数据记录仪取得的曲线上的点位值。例如，利用流量计和数据记录仪取得了 8 小时的流量变化曲线，同时每隔一小时又记录了压缩机群加载和卸载状态，当某一时刻只有一台 50m³/min 压缩机加载时，对应的曲线点就是 50m³/min，在另一时刻有两台 50m³/min 压缩机加载时，该时刻的曲线点就代表 100m³/min。经过这样标定的流量随时间变化的曲线，就取得了较精确的用户用气特性曲线。不同客户的用气特性曲线有不同的特点。

2．根据用气特性曲线初步确定改造后空压站的压缩机配置

可以把用气特性曲线分成三个区，24 小时都在使用的气量是第一区；某一时段，如 8 点到 16 点一直使用的增量气量，是第二区；高于增量用气的短时波段性用气量为第三区。如果第一区为 110m³/min，可以使用两台 JN250-54/8-II 型压缩机来供气；如果第二区为 40m³/min，可以使用一台 JN185-38/8-II 型压缩机来供气；如果第三区在 40～20m³/min 之间波动，可以考虑用一台变频压缩机供气。这样划分区间和配置压缩机，可以最大限度地减少压缩机的空载率，保证所有的压缩机都在最高效率状态下工作。最终的压缩机配置方案不仅要考虑维护保养、管理调度和备机，还要考虑压缩空气净化设备的节能运行。

3．压缩空气净化设备的选择

压缩空气净化设备含冷干机、过滤器和吸干机。通常一台冷干机加前后过滤器压力损失达 0.1MPa，

冷干机和过滤器排污时也泄放了一定量的压缩空气。冷干机的预冷器回温不完善会导致冷干机耗能增大。目前节能型冷干机加前后过滤器压损小于 0.05MPa，排污装置有液位控制，可有效防止气体泄放，压缩空气回温完善，冷干机耗能小。吸干机的耗能主要表现在耗气量上，10%～20%的耗气量意味着压缩空气系统消耗同样比例的能量。选用零耗气吸干机时，要关注吸干机的电能消耗，鼓风式和加热式零耗气吸干机耗电量不可忽略。

江苏永钢集团有限公司（以下简称"江苏永刚"）2014 年先以烧结厂为改造试点，采用了开山节能空气压缩机替换原有设备，吨矿电耗下降了 21.92%，节能效果超出预期。在此基础上全面推广空气压缩机节能改造，采用开山技术人员的系统节能建议，对空气压缩机、变频技术，以及空气净化设备、输气管道等进行全方位的评估和改造，解决了"大马拉小车""频繁加卸载""高压供给低压使用"等耗能问题，综合节电率达到惊人的 39.15%，静态投资回收期不到 12 个月。

江苏永钢采用开山的 JN 系列超高能效螺杆压缩机替换原有的低能效压缩机，进行节能改造。经过江苏永刚相关部门的长期跟踪和检测，开山压缩机的节电率超过了 20%，为企业创造了良好的经济效益和社会效益。

在过去的 20 多年里，开山压缩机紧紧围绕节能减排、提高能效这个主题，坚持"为中国造芯"，从"掌握核心技术"到"掌握一流核心技术"，从"为节约中国做贡献"到"为节约地球做贡献"，一步一个脚印，已经成长为我国产销规模最大、能效水平国际领先的压缩机制造企业。

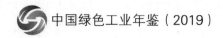

第31章　绿色制造新动力：阳谷祥光旋浮铜冶炼工艺技术

阳谷祥光铜业有限公司

31.1　企业简介

阳谷祥光铜业有限公司（以下简称"阳谷祥光铜业"）是世界单系统产能最大的铜冶炼厂，位于中国首家铜产业国家级生态工业示范园区——阳谷祥光生态工业园，现已有年产矿产阴极铜50万吨、黄金20吨、白银600吨、硫酸170万吨和稀贵稀散金属1000吨的生产能力。阳谷祥光铜业产品"祥光阴极铜""XIANGGUANG"牌银锭分别在伦敦金属交易所（LEM）和上海期货交易所（SHFE）成功注册。

阳谷祥光铜业作为高新技术企业，建设有国家级企业技术中心、山东省铜冶炼及稀散金属提取工程技术研究中心、山东省铜冶炼清洁生产与综合利用工程实验室等创新平台。通过自主创新形成了拥有自主知识产权的铜冶炼及综合回收核心技术的工艺体系，采用的工艺技术有超强化旋浮熔炼和旋浮吹炼工艺、冰铜吹炼渣无水粒化技术、粗铜自氧化还原精炼技术、高浓度烟气（SO_2浓度18%）转化制酸技术、电解平行流技术。在世界上第一个实现了超强化旋浮铜冶炼的智能冶炼和自热冶炼，标志着中国铜冶炼技术及装备进入了世界先进水平，已由技术引进转向技术输出。

近年来，阳谷祥光铜业先后承担了国家国际科技合作项目、国家发展改革委重点节能技术专项等20余项国家、省、市级大型科研课题，授权专利100余项，其中国际发明40项，参与制定国家、行业标准50余项。多项科技成果通过山东省科技厅或中国有色金属工业协会组织的专家评定（评定结论：整体技术达到国际领先水平），先后获国家科技进步二等奖1项、中国专利金奖1项、山东省技术发明一等奖1项、山东省科技进步一等奖1项、山东省科技进步二等奖1项、中国有色金属工业科学技术奖10项、国家发明专利优秀奖1项、山东省发明专利一等奖2项。"旋浮铜冶炼"工艺被纳入工业和信息化部《铜冶炼行业规范条件》，"粗铜自氧化还原精炼技术"和"平行流电解技术"被国家发展改革委列入《国家重点节能低碳技术推广目录》，属于国家产业和环保政策重点鼓励推广的高效、节能、环保的清洁生产技术，为新建和改扩建企业优先选择工艺。

31.2　旋浮铜冶炼工艺技术原理

铜是国民经济发展和国防工业的重要战略材料，中国是铜冶炼大国，连续十六年保持铜产量世界第一，占世界铜产量的35%。现有铜冶炼工艺存在的共性问题是能耗高、污染大、效率低，如何利用高新技术改造传统高耗能、高污染行业，满足国家对节能、环保、资源利用的高标准要求，是有色行业转型升级可持续发展的重大需求。

阳谷祥光铜业全面分析研究了国内外相关技术和设备，确定了自主研发新技术的思路和总体方案，通过开展工艺理论研究、计算机仿真、关键设备研制、工业试验、工程设计等，自主开发出节能高效、

清洁环保的旋浮铜冶炼工艺体系及核心装备，实现了铜冶炼理论、工艺、装备的重大创新，打破了国外对先进铜冶炼技术和关键设备的长期垄断，提升了我国铜冶炼的核心竞争力。

旋浮铜冶炼工艺节能原理是通过采用物料颗粒碰撞反应机理实现的，反应机理分为两部分：一是反应塔上部的氧气和物料颗粒间的反应。以熔炼为例，主要反应：$2CuFeS_2+O_2{\rightarrow}2FeS+Cu_2S+SO_2$；$2FeS+3O_2{\rightarrow}2FeO+2SO_2$；$6FeO+O_2{\rightarrow}2Fe_3O_4$（过氧化）；$2Cu_2S+3O_2{\rightarrow}2Cu_2O$（过氧化）$+2SO_2$。二是反应塔下部过氧化颗粒和次氧化颗粒间的碰撞反应。主要反应：$3Fe_3O_4+FeS{\rightarrow}10FeO+SO_2$；$Cu_2O+FeS{\rightarrow}FeO+Cu_2S$；$2FeO+SiO_2{\rightarrow}Fe_2SiO_4$。传统冶炼只有第一部分反应机理，没有第二部分，因而反应不完全。旋浮铜冶炼的碰撞反应机理能确保整个熔炼和吹炼过程在各种工艺条件下都能完全反应充分。

31.3　旋浮铜冶炼工艺技术优势

（1）采用龙卷风旋流分散物料，强化气粒混合。旋浮冶炼对物料的分散模拟了自然界龙卷风高速旋转具有极强扩散和卷吸能力的原理，颗粒呈倒龙卷风的旋流状态分布在反应塔中央，增强了旋流的扩散和卷吸能力。气粒混合好，大大增加了物料颗粒碰撞几率，提高了氧利用率，降低了生料及烟尘发生率，减少了二次处理用能。

（2）采用"风内料外"的环状布料形式，强化传质传热，提高余热回收率。旋浮冶炼的颗粒原料在工艺风外环，增加了颗粒群和工艺风的接触面积，使传质传热和反应效率增加；颗粒与高温回流气直接接触，去除了工艺风对颗粒群的风幕作用，颗粒着火点温度能够迅速达到，加速了颗粒与气体间、颗粒与颗粒间的反应。

另外，公司还开发出旋浮冶炼工艺的核心装备。根据旋浮冶炼"碰撞、旋风、脉动、风内料外"的技术特征，通过建立旋浮冶炼数值仿真模型，获得气相温度分布、流线、不同粒径颗粒轨迹、温度变化等信息。以仿真结果为基础，经研制多个喷嘴样机和进行工业试验，开发出具有完全自主知识产权的脉动旋流型喷嘴，克服中央扩散型喷嘴气粒混合差、粒子碰撞少、反应偏析、热损失大等问题，能较好地实现超强化、低能耗的冶炼目标。

开发了旋浮冶金数模，实现冶炼生产过程计算机在线控制。针对冶炼炉构建了多元多次金属平衡方程和热平衡方程，并结合前馈反馈控制策略，融合统计仿真模型，自主研发出旋浮冶金控制数学模型，以此冶金数模为基础，开发出旋浮铜冶炼生产过程计算机在线控制系统。首次在旋浮铜冶炼生产系统上投入运行，使得在不同工艺条件下计算出最佳工艺控制参数，对生产过程进行实时控制，在线率在99.5%以上，控制精度在98%以上，确保了大规模冶炼工业生产的高效和稳定，实现了旋浮智能化冶炼和自热冶炼。

31.4　经济效益、环境效益和社会效益

"阳谷祥光旋浮铜冶炼工艺"技术于2009年5月应用于阳谷祥光铜业有限公司。生产实践表明，阳谷祥光铜业的熔炼炉和吹炼炉运行稳定，在处理高杂质铜精矿时工厂依然能稳定地生产出合格粗铜，年节能量高于预期值，主要技术经济指标达到国际领先水平。该技术平均节能能力为0.19tce/tCu，碳减排能力为0.31tCO_2/tCu，为公司带来重大的经济效益、环境效益和社会效益。

"阳谷祥光旋浮铜冶炼工艺"技术成果应用于河南中原黄金冶炼厂有限责任公司整体搬迁升级改造项目，主要技术经济指标达到国际领先水平。该技术平均节能能力为0.186tce/tCu，碳减排能力为

$0.3tCO_2/tCu$。以年产 10 万吨阴极铜计，年节约费用 3636 万元，具有较好的经济效益、环境效益和社会效益。

阳谷祥光铜业以其良好的环境效益和经济效益，被工业和信息化部、财政部、科技部列为国家资源节约型、环境友好型试点企业（第一批），被原环境保护部授予国家环境友好工程，被工业和信息化部评为首批"绿色工厂"，并在全面反映十八大以来我国经济社会发展巨大成就的献礼纪录片——《辉煌中国》第四集《绿色中国》中作为中国创新驱动绿色发展的典型企业被重点报道。

目前，阳谷祥光旋浮铜冶炼工艺已在阳谷祥光铜业有限公司、中国黄金集团河南中原黄金冶炼厂和中铝东南铜业有限公司推广应用；在肯尼科特公司招标中被评选为首选技术。随着该技术的深入推广和应用，将为有色行业供给侧改革转型升级可持续发展起到积极的推动作用，成为绿色制造新动力。

阳谷祥光铜业"旋浮铜冶炼工艺"解决了传统冶炼能耗高、效率低、污染大的三大关键技术难题，实现了节能、高效、环保的现代化铜冶炼目标，对提升我国铜冶炼技术整体水平具有重大意义。

第 32 章　新能源用大功率薄膜电容器制造新技术

浙江七星电容器有限公司

32.1　企业简介

浙江七星电容器有限公司是一家专业从事薄膜电容器研发、制造、销售与服务的行业骨干企业，具有 20 多年的薄膜电容器研发与制造经验。公司主导产品为薄膜电容器、环氧电子包封料、金属化电容蒸镀膜。

公司建有省级企业技术中心和省级高新技术企业研发中心，拥有市级优秀创新团队。公司已通过 ISO 9001：2008 质量管理体系和 ISO 14001：2004 环境管理体系认证。公司现为国家重点扶持的高新技术企业、浙江省成长型中小企业、浙江省纳税信用 AAA 级企业、浙江省专利示范企业、浙江省管理创新试点企业、浙江省电子信息产业百家重点企业。公司拥有授权专利 46 件，其中发明专利 8 件。公司"青和"商标被认定为浙江省著名商标，"七星"被认定为浙江省知名商号，"青和"牌薄膜电容器被认定为浙江省名牌产品。

32.2　技术开发背景

随着工业的迅速发展、人口的增长和人民生活水平的提高，能源短缺已成为世界性问题，能源安全受到越来越多国家的重视，节能减排是当今社会的核心议题。在能源生产端，更加清洁的能量来源将是未来的方向，风能和太阳能等可再生能源占比提升将是必然的；在能源消费端，混动汽车及纯电动车将逐步改变人类的出行方式。在这一趋势之下，薄膜电容器因其金属膜的自愈性，能够耐受高电压的特点，被广泛应用在电力电子设备的变频、电流变换、功率校正等方面。因此，它的发展机遇从单纯的被动元器件提升到新能源产业核心元器件的高度。

32.3　技术方案

新能源用大功率薄膜电容器制造新技术项目将在市场调研和对现有产品、技术研究分析的基础上，围绕新能源用大功率薄膜电容器的关键性技术和工艺，采用自主创新、引进消化吸收再创新及集成创新技术路线的方式，开展薄膜电容器电极材料金属化关键技术研究，以及电容制造关键技术与工艺研究，形成相应的技术和创新体系，完善技术操作规程和产品质量指标体系。

本项目的主产品为新能源用大功率薄膜电容器，主要方向为新能源汽车用大容量直流电容器。由于公司具备镀膜生产线提供的薄膜电容器材料优势，因此也会积极抢占薄膜电容器高端市场。例如，与之配套的吸收电容器也会形成一系列的产品，与大容量直流电容器一起推向市场；家电应用、太阳能应用上的 PCB 直流电容器，也在生产线计划之内；其他应用或非标的大尺寸电容器也会在充分发挥设备性能

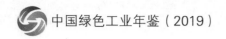

的基础上予以开发。最终使得新能源电力电子用薄膜电容器产线产品实现多样化，提高技术积累，增加公司在行业内的竞争力。

32.4　关键技术和创新点

32.4.1　关键技术

非对称图形金属化膜（安全膜）设计与制取技术；高方阻（50～210Ω/sq）防氧化蒸镀金属化膜技术；金属化超薄膜（1.5～2μm级）电容素子卷绕技术。

32.4.2　创新点

1. 电容器热处理技术创新

薄膜电容器热处理技术是影响电容器质量和预期寿命的核心技术。通过热处理，使电容器芯子经过热聚合，排除电容器内部气隙，消除电离放电，避免氧化和金属化极板腐蚀现象的发生，提高金属化薄膜的单位场强和延长使用寿命。但传统的热处理是在常态下进行的，虽然经过了热处理，但不能完全消除电容器芯子中的水分及其他氧化物。本项目创新技术采用在惰性气体保护氛围下进行热处理的方式，将电容器芯组与空气完全隔离，阻止空气中的水分及其他氧化物浸入电容器内部，并在热处理保温阶段进行高真空处理，降低饱和蒸气压，使电容器内部趋于绝对干燥，极大地提高了电容器的品质。

2. 电容器芯组喷金工艺创新

喷金工艺是金属化薄膜电容器制作的四大关键工艺之一。其目的是使芯组端面自内绕层至外绕层形成一个等电位的金属电极面，为电容器电极的引出提供一个桥接平台。喷金质量对电容器的电性能（主要是ESR，即等效串联电阻）有较大影响。

现有的喷金工艺都是利用压缩空气将金属熔液转化成雾状喷涂到电容器芯组端面，由于空气压力大，喷射的金属粒子较粗，影响喷金质量，同时有较多的金属微粒散射在空气中，喷金材料的利用率不高且严重污染环境。本项目的喷金工艺，通过对喷枪结构进行改进，采用低气压、高流速喷金，提高了喷金质量。由于喷金气流速度提高，喷射的金属颗粒直径减小，喷射形成的金属导电层密度增加，电阻率降低，制成的电容器比传统喷金制成的电容器损耗正切值减少 $1.5×10^{-4}$～$2×10^{-4}$，ESR（等效串联电阻）减少 0.5～1.5mΩ，极大地改善了薄膜电容器的关键性参数。以纯电动汽车用薄膜电容器为例，整台车电容器的ESR可降低到0.3mΩ以下，有效地降低了电容器的自身功耗，增大了瞬时功率密度。同时，提高了喷金材料的利用率，减少了对环境的污染。

3. 电容器电极结构创新

随着客户对薄膜电容器 ESL（等效串联电感）指标的要求更加严格，传统薄膜电容器电极引出不能满足客户对产品质量的要求，原因是引出电极采用简单的铜带或铜引线，在高频时，平行引线间的互感作用和引线的固有电感会导致电容器ESL增大，影响电容器的频率特性。本项目采用复合电极技术，使平等电极间的间距缩小到几十微米，减小了电极的固有电感，极大地降低了电极间的互感，从而减小了电容器ESL，提高了频率特性，满足了客户对ESL小于20nH的要求。

32.5 经济效益及社会效益

32.5.1 经济效益

新能源用大功率薄膜电容器制造新技术已成功应用于本公司年产1亿uF新能源用薄膜电容器建设项目，项目建成后可新增销售收入9600万元，新增税金及附加增加1733万元，利润总额为3354万元。

32.5.2 社会效益

（1）利用本项目新技术制成的能源用大功率薄膜电容器以它的显著特点和优良的电气性能，可以极大地提高新能源电力电子设备的整体性能和使用寿命（产品的预期寿命大于15年）。该产品作为产业发展的关键产品，对相关产业链的延伸与相关产品的发展具有带动和辐射作用。该项目体现了政府目标导向，紧密围绕全省经济、社会发展和科技发展的前瞻性问题，既能为当前经济社会发展需求提供支撑，又能为长远发展提供科技储备，符合我国、我省科技发展战略部署，同时对本地区的经济发展具有显著的带动性。因此，本项目产品在技术上代表了国内外电子元件行业发展的新趋势，对推动行业技术创新和技术进步起到了积极的示范作用。

（2）本项目新技术在提高薄膜电容器电性能（减少电容器损耗）、提高资源的利用率、减少资源的浪费（减少喷金材料的浪费）、有效保护生态环境（减少喷金粉尘污染）和提高生产效率等方面为行业内企业提供了解决方案，对实现制造过程的绿色化发展具有重要意义。

32.6 成果应用案例推广前景

本项目成果已应用于纯电动汽车、新能源等国家战略层面支持领域，产品已在奇瑞、北汽、上汽、上海电驱动等多家企业的新能源纯电动汽车上进行试用，产品推广前景广阔。

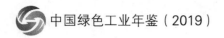

第 33 章　山东泉林集团绿色实践之路

山东泉林集团

山东泉林集团始建于 1976 年，是以农作物秸秆为原料，以本色系列纸品和黄腐酸肥料为主导产品的大型秸秆综合利用企业。公司通过了国际质量、环境、职业健康与安全三合一管理体系认证和国家 AAAA 级标准化良好行为企业认证，是国家创新型企业、国家第一批循环经济试点单位、全国循环经济工作先进单位、国家级循环经济标准化试点单位、国家级技术创新示范企业、国家第一批工业品牌培育示范企业、全国清洁生产示范企业、全国环保印刷纸张标准化试验与推广基地、中国造纸行业十强企业，曾荣获"全国五一劳动奖状""中国工业大奖表彰奖""全国轻工行业质量效益型先进企业""山东省企业管理奖""山东省节能突出贡献企业"等多项荣誉。

在实施传统秸秆制浆造纸转型升级的过程中，企业逐步探索构建以秸秆资源高值化深度利用为核心的新型工农业循环经济模式。基本内容是：应用企业自主创新技术，从小麦、玉米、水稻等农作物秸秆中分离出黄腐酸和纤维素，黄腐酸用于生产系列高端肥料回馈农田，纤维素用于生产系列高档本色纸制品或乙醇。该模式将秸秆资源以"肥料化""原料化"的方式实现秸秆高效综合利用，突破性地从秸秆中提取黄腐酸，为实现黄腐酸在农业中的广泛应用，一揽子解决秸秆的综合利用问题，减少秸秆焚烧、碳排放，减化肥、减农药，防治土壤退化及污染治理等农业、资源与环境领域一系列突出问题，以及作物品质提升、增产提供了可操作性产业方案。

33.1　技术研发背景

传统切断筛选式备料只能除去泥沙、谷粒，而不利于制浆的叶节穗却难以去除，影响制浆效率和纸浆质量；传统草浆蒸煮工艺对草类纤维有破坏，易造成局部过煮、黑液黏度高的问题。该技术针对秸秆纤维及其制浆造纸、制肥特点，以实现精细化备料、木素高效脱除、降低黑液黏度及提高黑液提取率为目标，达到节能减排的目的，形成适合秸秆的独特制浆技术体系；通过与发明的制浆技术链接，采用亚铵法蒸煮，黑液蒸发浓缩、喷浆造粒，以草浆制浆黑液资源化利用为目标研发了秸秆清洁制浆及其废液肥料资源化利用新技术。

33.2　技术原理

针对秸秆纤维特点，通过锤式备料、亚氨法置换蒸煮、机械疏解—氧脱木素工艺，实现木素高效脱除、降低黑液黏度并提高黑液提取率，形成适合秸秆的本色纸浆及纸制品制造技术；同时，制浆产生的黑液经蒸发浓缩、喷浆造粒工艺生产黄腐酸有机肥，实现废液的资源化利用和秸秆科学还田。

33.3　工艺流程

秸秆清洁制浆及其废液肥料资源化利用工艺流程如图 33-1 所示。

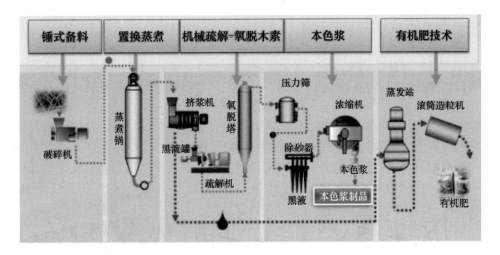

图 33-1　秸秆清洁制浆及其废液肥料资源化利用工艺流程

33.4　技术路线

锤式备料技术：使用锤式破碎机替代传统切草机，圆筒筛取代传统除尘机，实现秸秆备料系统杂质的有效去除。

草浆置换蒸煮技术：利用草浆最佳蒸煮终点，使用大液比全液相蒸煮工艺和带有中央施放管的草浆立锅连续蒸煮器，改进锅内滤板的结构、增大过滤面积，实现蒸煮黑液的置换和循环使用。

机械疏解—氧脱木素技术：应用疏解机解离纤维新工艺，将疏解机运用于制浆主流程，把机械疏解、氧脱木素技术连用，获得低硬度浆。可根据需求采用单段氧脱或多段连续氧脱木素。

本色浆技术：浆中的纤维性尘埃通过物理方法（筛选净化）除掉，不采用化学漂白方式去除，本色浆匀度好、色相稳定，生产过程无 AOX 产生。

制浆黑液制有机肥技术：以制浆黑液为原料，对其进行蒸发浓缩、喷浆造粒来生产黄腐酸有机肥。在废液资源化综合利用的同时实现了秸秆的科学还田。

33.5　技术特点

秸秆清洁制浆及其废液资源化利用技术，通过锤式备料、置换蒸煮、机械疏解—氧脱木素、木素有机肥创制技术四项技术发明的有机集成，解决了保持秸秆纤维强度、实现木素高效脱除、降低黑液黏度及提高黑液提取率的难题，形成了适合秸秆的独特制浆技术体系；通过与发明的制浆技术链接，采用亚铵法蒸煮，黑液蒸发浓缩、喷浆造粒的工艺，创造了有机肥新品种，首次实现了制浆黑液的肥料化利用。本技术的应用，使秸秆浆的主要技术指标达到甚至超过阔叶木浆水平；从根本上解决了草

浆制浆黑液处理困难、污染严重的难题，使草浆制浆造纸企业的废水 COD、BOD 和 AOX 等的排放指标优于国际木浆标准规定；使我国草浆制浆技术整体水平跃居国际领先。同时，木素有机肥的创制，为农业提供了培肥地力、促进作物生长的肥料，构建了农业和制浆造纸业的良性循环，具有巨大的经济价值和重要的战略意义。

33.6　技术创新点

锤式备料技术：针对传统切断筛选式备料只能除去泥沙、谷粒而不利于制浆的叶节穗却难以去除影响制浆效率和纸浆质量的不足，独创锤式备料技术，使叶节穗与制浆有效成分充分分离，草片合格率达 97%，比传统备料提高 7 个百分点。草料干净、合格率高是下步工序实现节能的前提条件。

立式连续置换蒸煮：针对传统草浆蒸煮工艺对草类纤维的破坏、易造成局部过煮、黑液黏度高的问题，创造性地将置换蒸煮应用于草浆蒸煮过程。同时，确立了最佳的秸秆制浆蒸煮终点与高硬度浆概念，最大限度地保留了半纤维素，大幅提高纸浆强度与得率。特别是立式连续蒸煮工程的应用，实现了草浆生产的全过程自动化、规模化，大大缩短了蒸煮时间，降低了水、电、气、药液的消耗，实现了节能减排效果。

机械疏解—氧脱木素：在化学草浆生产流程中，增加了机械疏解和氧脱木素工序，使高硬度纸浆纤维簇充分分离，进一步降低了纸浆残余木素含量，使纸浆色相呈相对稳定的秸秆原色，可直接用于生产高品质的本色生活用纸、食品包装纸和生活用纸，从而避免采用传统的 CEH 漂白工艺，也避免了有氯漂白产生毒性大、处理难的有机卤化物 AOX。

秸秆木素制造黄腐酸肥料：独创的新型氨法制浆工艺，为制浆黑液农用提供前提；对含磺化木素及含钾硫等元素化合物的黑液经养分调整和蒸发浓缩，生产出适应不同土质、不同农作物品种的多种高效黄腐酸肥料。

33.7　技术特色

采用秸秆清洁制浆及其废液资源化利用新技术可使制浆过程中纤维原料消耗降低 10%、蒸煮化学药品用量降低 5%、蒸煮耗气量降低 20%、清水用量降低 70%；制浆蒸煮终点 K 值 18～22，氧脱时木素脱除率 60%～69%（三段）；细浆得率 56%；生产本色浆耐折度 62 次；生产本色草浆时可彻底消除二噁英污染；生产的有机肥成分稳定、黄腐酸含量≥30%、有机质≥40%，具有显著的沃土增产、修复土壤等效果，不含病（虫）原菌和有毒有害元素。同时，制浆中段水污染负荷大幅降低，COD、BOD 及 AOX 的排放优于国外木浆生产控制标准。

技术实施前后技术指标对比如表 33-1 所示。

表 33-1　技术指标对比

技术指标对比项	传统技术	技术实施后
单位产品能耗（kg 标煤/吨）	337.5	232.39
万元产值能耗（kg 标煤/万元）	0.12	0.10
万元产值废水排放量（吨）	0.02	0.01
COD 产生量（kg/吨浆）	20	4.8
BOD 产生量（kg/吨浆）	2	0.3
AOX 产生量（kg/吨浆）	0.25	0

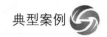

秸秆清洁制浆及其废液资源化利用新技术已通过中国轻工联合会科学技术成果鉴定，并获得中国轻工业联合会科学技术发明一等奖，技术水平达到国际领先，该技术获得国家技术发明奖二等奖。

33.8　典型案例

秸秆清洁制浆及其废液资源化利用新技术已成功应用于山东泉林集团年处理 150 万吨秸秆制浆造纸综合利用项目的子项目——20 万吨/年制浆生产线项目中。聊城市能源监测站对 20 万吨/年制浆生产线项目节能效果进行了监测分析，并出具了节能效果评价分析报告：经检测，与传统工艺相比较，该项目实现年节能量 30593.56tce。

33.9　行业推广前景及效益分析

制浆车间蒸煮采用山东泉林集团自主创新的高硬度大液比置换蒸煮工艺，回收热能多，提高了能源与化学药品的利用效率，吨浆蒸煮蒸汽消耗耗量比传统的立锅蒸煮蒸汽消耗量减少约 0.9 吨/吨浆。

制浆蒸煮均匀性提高，且生产本色浆制浆得率提高约 5%，每天多产浆量 29 吨。该项目年运行 340 天，可多产纸浆约 9860 吨。

制浆生产本色浆，没有常规的漂白工序，因此可节约蒸汽 0.5 吨/吨浆，节约电力约 100kW·h/吨浆，节约清水约 25m³/吨浆。

生产每吨浆可产生的减排量为 11.2 吨 CO_2，碳减排成本为 150～200 元/吨 CO_2，效益可观。

综上所述，该项目经济效益、社会效益和环境效益显著。我国森林资源匮乏，秸秆资源丰富，造纸原料进口比例高，大力发展秸秆清洁制浆有利于优化我国造纸行业原料结构调整，可替代部分阔叶木浆，减少对外依赖，同时推进传统产业升级和技术进步。废液肥料化利用实现了秸秆科学还田，可减少化肥用量，促进工农业循环经济发展。预计未来 5 年，在全国秸秆资源富产区推广建设秸秆清洁制浆及废液生产黄腐酸有机肥项目，年消耗秸秆可达 500 万吨，推广比例约占全国纸浆产量的 3%，形成的年碳减排能力为 2240 万吨 CO_2。

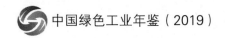

第 34 章　有色企业绿色发展——绿色铜冶炼技术实践

江西铜业集团有限公司

34.1　企业简介

江西铜业股份有限公司（以下简称"江西铜业"）是国内首家有色矿业类中外合资股份有限公司。公司分别于 1997 年和 2001 年成功在香港联交所（HK 00358）和上海证券交易所（SH 600362）上市，经过二十余年的艰苦奋斗，现已成为中国最大的阴极铜生产商及品种齐全的铜加工产品供应商，是中国铜工业的领跑者、有色金属行业综合实力最强的企业之一。目前，江西铜业在铜以及相关有色金属领域建立了集勘探、采矿、选矿、冶炼、加工于一体的完整产业链，建成了中国三座最大的已开采露天铜矿以及中国最大的井下铜矿山之一，拥有世界上单体规模最大、成本最低、技术竞争指标最先进的现代化的铜冶炼厂，是国内铜资源储量最大、铜精矿自给率最高、阴极铜产量位居世界前列的现代化综合性铜企业。

江西铜业致力于持续发掘资源价值，恪守可持续发展承诺，满怀感恩和敬畏之心，坚定不移地以最小化的环境代价发掘出矿产资源的最大价值，追求人与自然的和谐共生。公司多元化的业务包括铜、金、银、稀土、铅、锌等多金属矿业开发，以及支持矿业发展的贸易、金融、物流、技术支持等，在中国、秘鲁、阿尔巴尼亚、阿富汗等国家建立了绿色矿业基地。公司主要产品为阴极铜、黄金、白银、硫酸、铜深。加工产品有铜杆、铜线、铜箔、铜管、铜板带等。通过公司的创造，使十多种矿产资源转化为商品并最终进入人们的日常生活中。

34.2　关键技术介绍

公司的"特大型低品位斑岩铜矿床综合采选技术的研究与应用"及"有色金属共伴生硫铁矿资源综合利用关键技术及应用"分别荣获"国家科技进步一等奖"和"国家科技进步二等奖"。

突破了低品位大型露天铜矿山的综合开采技术难题，研发出低品位露天铜矿的综合开采技术，使矿石的入选品位降低到 0.2%。

打破国外在铜冶炼全流程自动化控制领域的技术封锁，在国内率先开发了铜冶炼生产全流程自动化关键控制技术，研发了具有世界领先水平的冶炼复杂物料加压浸出技术和铜冶炼废渣选矿技术。该技术的应用不仅实现了冶炼过程中有毒有害物料的无害化处理，同时还能够回收砷、铼、铋等有价金属。

解决了含铜低品位冶炼渣选的难题，将冶炼废渣含铜量降低至 0.29%以下，每年可从冶炼废渣中回收铜金属 6000 多吨，为我国铜冶炼领域内综合回收技术的升级和创新提供了良好的工程示范作用。

开发出了具有国内领先水平的矿山节材耐磨、硫铁矿综合利用和磨矿介质替代技术。该技术在国内属于首创，打破了我国磨矿一直使用钢球的习惯，为磨矿介质的升级开辟了新的路径，不仅节约了

磨矿钢球，减少了电能消耗，同时提高了磨矿效率。

低品位露天铜矿的综合开采技术、湿法冶金和硫化提铜技术已处于世界先进水平。闪速炉作业率、铜冶炼综合能耗、铜冶炼综合回收率、总硫利用率、渣选尾矿含铜量等十余项冶炼指标达到世界先进水平。冶炼技术已在金川公司、铜陵公司、山东祥光等国内大型铜企业推广，并且输出到泰国罗阳铜冶炼厂等国外铜企业。由江西铜业研制开发的导电玻璃钢电除雾器及闪速炉喷嘴，不仅成功取代了进口设备，而且还出口到日本、伊朗等国家。

公司还开发有铜矿伴生钼、铼综合回收技术和实现回收低品位铜矿石技术、富氧吹炼、冶炼废渣选矿再利用、废水处理循环利用、余热发电等先进技术。

34.3 绿色冶炼技术

江西铜业立志于"打造世界炼铜标杆工厂，引领国内铜冶炼工业提质增效"，作为我国第一座采用当今世界最先进的清洁生产技术——闪速炼铜技术的现代化炼铜工厂，铜冶炼环节是公司整个生产工序中的重中之重。江西铜业分别从优化能源结构、节能减排综合改造、废气达标排放工程、废水综合治理工程、铜冶炼废渣高值化利用工程等五个维度进一步提升公司的绿色冶炼水平。

34.3.1 天然气替代改造工程

江西铜业用天然气替代煤、重油、液化石油气等现用燃料，配套天然气输送管网、供配电、自动控制等改造，综合效益优于现有燃料结构，实现了优化燃料结构和节能减排、降耗、降低生产成本、减少污染物排放的目的。每年可节约标煤约 15177.5 吨，减少二氧化硫排放量 633 吨；动力车间低压燃烧锅炉减少灰渣 1187 吨、烟尘 100 吨。

该改造工程在设计时考虑了其技术的先进性，在施工时严格控制安全、质量、投资和进度，以确保试生产运行正常，各性能测试都达到或超过设计要求。自试生产以来，设备运行稳定，作业正常，主要设备性能与技术参数都达到了设计要求，确保了工厂生产任务的完成。

34.3.2 系统优化工艺及节能减排综合改造

江西铜业根据发展节能型企业的需要，为达到节能降耗、降低生产成本，减少污染物排放的目的，开展了系统优化工艺及节能减排综合改造工程。改造方案主要着眼于优化工艺、节能减排，在前期做了大量的调研和对比工作，包括厂房的选址与布局、干燥能力的选择、物料输送方式的选择，最终形成了独一无二的铜精矿干燥与输送工艺。该方案技术成熟、可靠、先进，融入了许多技术创新点。

工程主要内容为：用 220t/h 的回旋式蒸汽干燥机系统取代原有的气流干燥和蒸汽干燥系统，同时将原有的过热蒸汽发电机组改为饱和蒸汽发电机组。自项目正常运行以来，达到了如下效果：年减少 SO_2 排放量约 826.13 吨，年节约新水量约为 92400m^3，降低了操作人员的劳动强度，减轻了环境的污染，排放出来的废气完全能满足《铜、镍、钴工业污染物料排放标准》（GB/T 25467—2010）的排放要求；本项目选择的铜精矿干燥与输送技术适应了闪速炼铜对节能、减排和环境保护的要求，特别是蒸汽干燥工艺，与传统的干燥工艺相比，在节能与环保方面有着明显的优越性，具有积极的推广价值。

34.3.3 硫酸二系列尾气脱硫提升改造工程

该尾气脱硫工程采用湿法有机胺脱硫工艺，脱硫技术为攀钢集团设计院有限公司和攀枝花市博汇

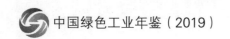

技术开发有限公司自有技术。脱硫装置将外购有机胺浓液稀释到一定浓度后作为脱硫剂，设 1 座洗涤塔、1 座脱硫塔及 1 套脱硫液净化系统。

有机胺烟气脱硫主要分为 4 个过程，即烟气的预处理、SO_2 的吸收、SO_2 的再生和胺液的净化。该工艺脱硫效率高，烟气净化效果好，与传统的烟气脱硫工艺相比，具有 SO_2 可回收利用、不产生二次污染、硫容量大等优点。根据江西铜业安环部测量数据计算出脱硫效率为 97.25%，略高于设计值 97%。一期工程已于 2015 年 11 月 10 日建成投入生产，下一步将开展二期尾气脱硫提升改造工程。

34.3.4　熔炼系统环集烟气脱硫改造

公司鉴于熔炼系统环集烟气脱硫后，外排烟气 SO_2 浓度不能满足国家最新排放标准的问题，建成一套有机胺脱硫装置，烟气处理能力为 70 万 Nm^3/h，原活性焦系统将被拆除。该项目投入实际运营后，熔炼系统环集脱硫排放烟气二氧化硫浓度<100 mg/Nm^3，粉尘排放浓度<30 mg/Nm^3，回收制酸年创效益 164 万元，大幅减少了二氧化硫的排放量。

34.3.5　铜冶炼尾渣综合回收技术开发

项目为中试试验研究，已列入江西铜业的重大科研计划。项目拟对铜冶炼尾渣中的有价金属进行回收利用，提高铜冶炼尾渣的价值。铜冶炼尾渣是铜冶炼后的铜渣经缓冷后再磁选得到的废渣，铜冶炼尾渣中含有丰富的铁、锌、铅、砷、铜等有价元素。目前，公司年产铜冶炼尾渣 160 万吨，项目实施后预计每年可从中回收铁 63.65 万吨，回收锌 3.84 万吨。本项目在提高产品附加值的同时，将为公司开辟新的效益增长点。

本项目在国际上首创了利用廉价冶炼尾渣为原料、短流程无焦炼铁的新技术。项目研发成功后，不仅为我国铜冶炼厂 1000 多万吨铜冶炼尾渣实现综合回收，同时为国际上冶炼含铁尾渣处理技术开辟了崭新的技术途径，并提供了良好的工程示范效应，具有十分广阔的推广作用。

34.4　效益分析

江西铜业绿色冶炼技术使企业绿色制造整体水平显著提升。实施原材料绿色化采购工程，使用再生铜原料 20 万吨，原材料绿色化率达到 30%；单位产品能耗达到世界先进水平，绿色低碳能源及可再生能源占公司能源消费量的比重达到 30%，公司年均万元产值可比价能耗控制在 112kg 标煤以内；资源利用水平明显提高，单位产品水耗进一步下降，工业水复用率达 95%，达到国际领先水平；进一步加强技术改造，清洁生产水平大幅提升，二氧化硫、化学需氧量排放量低于政府总量控制目标，危废处置利用率达 100%，整体清洁生产水平达到国际先进水平，成为行业标杆；实施废弃物资源综合利用工程，年均利用低品位矿 1200 万吨以上，利用尾砂量 200 万吨以上，高值化利用铜冶炼废气、废渣、阴极泥等废弃物 12 万吨，环境效益显著。

2015 年 1 月 1 日，由江西铜业集团主修订的《铜冶炼企业能耗限额国家标准》开始在全国实施。自此，该项标准正式取代原标准，成为铜冶炼企业能耗限额的唯一国家标准。

作为中国铜工业领头羊，江西铜业将以"创新、协调、绿色、开放、共享"五大发展理念为统领，致力于打造绿色标杆、培育绿色动能、供应绿色产品，引领有色行业迈向绿色发展。

第 35 章　天能集团生态与绿色发展之路

天能集团

天能集团是国内最大的新能源制造商，现已发展成为以电动车环保动力电池制造为主，集锂离子电池，风能、太阳能储能电池，以及再生铅资源回收、循环利用等新能源的研发、生产、销售为一体的实业集团。2007 年，天能动力以中国动力电池第一股在香港主板成功上市。天能集团现拥有 25 家国内全资子公司、3 家境外公司，拥有浙、苏、皖、豫 4 省 8 大生产基地，总资产近 80 亿元，2014 年销售收入突破 600 亿元。公司是全球新能源企业 500 强（第 34 位）、2015 年全国电子信息行业领军企业、2014 年中国民营企业制造业 500 强第 19 位、2014 年度电池行业百强企业第 2 位、2014 年中国轻工业百强企业第 17 位、2014 年中国民营企业 500 强第 32 位、2015 年中国轻工业铅蓄电池行业十强企业第 1 位、2014 年浙商 500 强第 13 位。公司聚集了一批包括国家千人计划、教授级高级工程师、高级工程师等门类齐全的蓄电池高级研发人才，团队专业覆盖广、协作互补性强。

35.1　技术研发背景

铅蓄电池生产历史悠久，产品种类繁多，应用广泛，价格低廉，原材料充足，我国的铅蓄电池年销售收入在 1600 亿元左右，特别是该产业与其衍生的报废蓄电池产品的"再生铅"行业互为依托，构成了紧密相连的"循环产业"，使经济总量进一步扩大到 2000 亿元左右，是国民经济不可或缺的一个行业。长期以来铅蓄电池被认为是化学电源的第一大品种，制造企业遍及全国各省市，从业人员达数十万之多。铅蓄电池行业涉铅，产品用铅量巨大，行业年用铅量达 300 多万吨。铅有一定危害性，一旦管理不善排入环境，很长时间将保持存在且较难降解，对许多生命组织有较强的潜在毒性，一直被列于强污染物范围。

铅蓄电池制造过程中管理不善可能产生程度不一的重金属污染，其铅粉、铸板、和膏、涂片、固化干燥、分片修片磨片、电池装配等工段会产生含铅蒸汽、含铅粉尘；和膏、涂片、淋酸、固化干燥、化成等工段会产生含铅废水；化成工段会产生含铅酸雾。上述含铅污染物可能含有铅、镉、锑、铋、砷、锡等重金属元素。近几年来国内"血铅事件"频发，引起了国家各级部门的高度关注。2011 年，全国实施专项环保整治，2013 年，全国工业产品生产许可证办公室审查中心召开《铅蓄电池产品生产许可证实施细则》（2013 版）起草工作研讨会，近几年来铅蓄电池行业扎实推进了"环保核查""行业准入"工作。

35.2　技术摘要

天能集团的项目遵循铅蓄电池产品生态设计与绿色制造的先进理念，从以下 7 个方面进行开创性的工作。

蓄电池产品设计：开展了电动车动力蓄电池新型结构设计，以及建立动力电池中铅材料耗量分布模型、电极活性物质利用率模型、单位电池产品铅用量消减计算模型、电池生产过程用能模型、铅蓄电池内阻变化模型等。

绿色先进工艺研发：开展了连铸连轧板栅极板制造、4BS 小晶种添加、废铅膏及活性物质引入制铅膏、先进铸焊、能量回馈式化内化成、废酸再利用、电池高效配组等一系列先进绿色制造工艺研发。

先进装备开发：自主研发、联合研发和引进升级了一批包括连铸连轧板栅极板制造先进设备、低温免熔制铅球机、真空和膏机、先进铸焊设备、电池高效自动化组装线（机器人）、梯级微负压集尘系统、双膜法废酸循环回用系统、能量回馈式化成充电器等先进装备。

先进新材料开发：研发了包括高耐蚀稀土板栅合金、石墨烯改性板栅材料、4BS 小晶种、复合改性隔板材料、纳米复合胶体电解液、耐高温膨胀剂、超级电池高效活性炭、增强电池壳等先进材料，将其应用于动力电池制造，大幅改善了电池的综合性能。

高性能电池产品开发：开发了包括胶体内化成电池、长寿命电池、高功率电池、高比能电池、耐高温电池、耐低温电池、铅碳超级电池、智能电池、16V 异型电池、石墨烯改性真黑金电池、云电池等系列产品，极大地拓展了电动车动力电池的内涵。

两化融合：公司于 2010 年承担了国家重点产业振兴和技术改造项目——"规模化无害化年回收处理 15 万吨废铅酸蓄电池建设项目"；2011 年承担了国家首批两化融合促进节能减排重点推进项目——"自动化技术应用废铅酸蓄电池处理项目"。

铅蓄电池产品全生命周期资源闭路循环：公司进行了铅蓄电池、再生铅两大产业循环闭路的战略布局，将两大产业规模化匹配和资源耦合，构成闭路循环。2009 年投资 3.5 亿元，引进意大利先进技术，通过引进消化吸收再创新的技术路线，建成年处理 15 万吨废电池的再生铅生产线，自主研发了铅膏预脱硫—低温熔炼技术、废铁渣深度脱铅技术和合金铅配制—自动铸锭技术。该生产线已稳定运行 3 年多，达到再生铅准入条件技术要求，铅资源提取率居行业领先水平。

本项目通过建立若干重要模型和计算机设计计算、绿色化原材料研发等途径实现了蓄电池单位产品铅资源减量化，通过研发和高效集成若干先进制造工艺和先进装备，扎实控制了铅蓄电池制造中的污染物排放，降低了能源消耗，获得了若干关键技术的突破，取得了重大创新。

一是引入在铅蓄电池产品全生命周期内实施污染物治理的生态设计理念，通过引入计算机模拟仿真、计算机辅助设计、模块化设计、组建数据库等先进方法和工具，建成以减少铅材料消耗量、梯度微负压脱除车间中含铅固体颗粒物、多阶段变电流先进内化成实现节能减排的系统模型。

二是自主研发和引进升级一批包括全封闭真空和膏、变温调湿高速生极板固化、全自动电池组装、多阶段无酸雾逸出先进内化成、蓄电池放电能量回馈式再利用、梯度微负压吸尘脱除车间含铅固体颗粒物等铅蓄电池产品制造中的绿色环保先进技术及先进装备，使铅蓄电池产品制造技术实现质的飞跃，满足了将原材料和能源消耗、污染物健康安全风险及生态破坏降到最低的要求。

三是构建铅资源利用、铅污染控制的全生命周期理念，使蓄电池生产与报废后蓄电池资源的最大化利用有机结合，扎实控制了废铅蓄电池的污染，并将其转化为宝贵的铅资源，促成铅蓄电池原材料的闭路循环。

35.3　应用案例及推广前景

本项目基于计算机模拟和算法的板栅结构设计和极板电流分布，构建了量身定做的蓄电池产品设

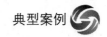

计工具，开发出一批绿色先进制造工艺和装备，为整个铅蓄电池行业树立了"铅蓄电池产品生态设计与制造绿色化"的标杆，有力地提高了我国铅蓄电池行业的新型高性能铅蓄电池产品设计能力，有助于升级全行业的绿色制造水平并与国际接轨，彻底扼制铅污染，确保降低我国铅等重金属的危害，确保我国整个铅蓄电池行业领域的铅安全。同时稳步推进构建"铅蓄电池制造→电池实际使用→电池报废→废电池资源再提取利用及污染控制→新铅蓄电池再制造"的闭路循环。

第 36 章　环保节能型万吨级废轮胎再生橡胶装备与技术应用分析

中胶橡胶资源再生（青岛）有限公司

36.1　企业简介

中胶橡胶资源再生（青岛）有限公司（以下简称"中焦橡胶资源"）位于国家级产业园区——青岛"橡胶谷"，是致力于废橡胶绿色环保综合利用研发与成果转化的高新技术企业，即将在青岛蓝海股权交易中心签约挂牌。公司现聘有多位国内知名专家顾问，拥有数十名博士、硕士组成的研发团队、高科技研发设备、精密检测仪器等，与多所大学、科研院所开展了产学研合作，与华南理工大学瞿金平院士在青岛共建院士工作站，研发出了一套环保、节能、安全、高质、高效的废橡胶综合利用成套装备及技术，具有世界领先水平。

公司是中国循环经济协会、中国橡胶工业协会、中国轮胎循环利用协会会员单位，环保再生橡胶行业自律标准起草单位；通过 ISO 9000 质量管理体系认证和 ISO 14000 环境管理体系认证；完成高新技术企业、青岛市专精特新产品（技术）认定；完成蓝海四版挂牌；拥有自主知识产权 40 余项（其中授权发明专利 16 项）、商标 4 项，参与撰写专著 4 项，申请省部级科研项目 10 项，完成省部级科技鉴定 3 项，获得国家专利优秀奖、中国循环经济专利金奖、中国循环经济科技一等奖、青岛市科技进步三等奖、中国创新企业大赛（青岛赛区）三等奖、山东省"明星小微企业"、青岛市中小企业"专精特新"示范企业等多项荣誉；项目装备与技术进入工业和信息化部先进适用技术装备目录、山东省首台（套）技术装备和关键核心零部件目录。

36.2　技术简介

通过密闭式连续化的设备配置，形成一套安全、环保、节能、高质、高效的再生橡胶生产成套装备与技术。该技术创新集成胶粒胶粉制备模块、自动输送计量预处理模块、常压连续再生模块、高效多螺杆后处理模块、滤胶成型与自动包装模块及智能远程集中控制系统，弥补了国内外该领域多项技术空白；自主研发符合欧盟环保要求的植物 PAX 系列环保再生软化剂、植物 EEA 系列环保再生活化剂及 EEP 系列多功能环保再生助剂的配方体系，积极响应国内外环保再生助剂的升级；研发一套环保再生工艺体系，生产条块状、颗粒状及粉状环保再生橡胶等多元化产品，契合了产品市场及国家环保政策的需求。

36.3　技术创新点

首次完成万吨级智能化再生橡胶技术，实现胶粒、胶粉到环保再生橡胶密闭连续化、模块化、清洁化的整套生产装备技术的研发、设计和制造，清洁化生产环保效果突出。

首创自动化物料预处理、预再生技术，物料均匀的混合、渗透，为后续热化学再生工艺装备提供了支撑。

在常压连续再生机上，首次发明并应用 U 形旋转机筒，减少耗能，方便清理，提高效率；首次应用精准定位加热技术，相比同产能"塑化机"装机功率减少 50%，节能效果突出；同时，新型的柔性螺旋技术有效解决了设备易于粘料、堵料、结块等行业技术难题。

首次应用多螺杆加工技术实现了密闭连续化生产，具有环保、安全、清洁、产能大、效率高的优点；使用多螺杆设备还大幅减少了设备用地，本项目的设备占地 60m^2，同等产能的"三机一线"占地 392m^2，同比节省 85%，经济效益突出。

首次在再生橡胶行业中引入智能机械手操作，提高生产效率，减少劳动定员。

整线采用了 DCS 控制系统，实现了系统的智能化控制，减少了生产定员，相比行业同产能单班用工 20 人，本条生产线仅需 6 名操作工人，大幅降低 70%。

生产过程中各项污染物的排放符合相关环境保护标准，自主研发出 PAX 系列环保软化剂、EEA 系列环保活化剂、EEP 系列环保多功能助剂，首次实现了装备技术、工艺技术、配方技术三位一体的系统化应用，配方产品环保指标符合欧盟 REACH 法规。

36.4　主要产品

36.4.1　万吨级生产线

中胶橡胶资源在再生橡胶装备技术方面的发展，从设备一代机的研制到二代、三代、四代机的迭代，不仅彻底颠覆了传统落后设备，而且在综合技术方面获得重大突破，实现装备技术环保、节能、自动智能，减少用工人数，降低劳动强度，实现安全清洁化生产；设备的定型和稳定成熟开拓了国际国内设备市场，仅 2015 年年底到 2016 年年初就与美国、加拿大、澳大利亚、韩国、卡塔尔等国家的企业签订设备合同及合作意向，总金额接近亿元；国内购买及合作也发生巨大变化，由于行业企业规模小、缺乏资金，对成套装备技术购买实力有限，但是随着国家环保政策越来越严，结构性调整势在必行，地方政府也在不断采取有效政策配套鼓励企业早转型早受益，仅 2016 年年初就有 20 多家企业到公司洽谈设备订购与合作投资，有五家地方政府带着企业一起到公司洽谈合作与购买，并且开出非常优惠的政策，希望中胶橡胶资源能够到他们的地区进行环保装备技术应用。其中，位于高密的上市企业山东永平再生资源有限公司已与我公司签订合作协议，2017 年将完成两条万吨级生产线的安装运行。随着中胶橡胶资源装备技术实力的不断巩固和成熟，以及新装备技术的开发研制，相信中胶橡胶资源在国内外再生橡胶装备技术市场必将有更大作为。

36.4.2　再生橡胶产品

公司先进的装备技术、工艺配方技术为再生橡胶产品技术提高奠定了基础。再生橡胶产品在下游制品中的使用由于其范围广涵盖多个行业，因此必须要针对不同用户提供相应性能的产品，并且要为他们提供技术服务。仅 2014 年到 2016 年年初，我公司就为国内外市场提供了上万吨高品质、高性能的环保再生橡胶，供应德国、加拿大、澳大利亚的橡胶制品广泛使用，供应国内力车胎、输送带、胶板胶管、胶鞋等橡胶制品大量使用。

36.5　应用前景

由于再生橡胶具有良好塑性，易于与生胶和配合剂混合，收缩性小，流动性好，相较于胶粉易于硫化成型等优点，可广泛应用于轮胎、输送带、胶板、胶管、高端制鞋、密封件等制品领域，既能满足制品的质量，同时又降低成本。环保再生胶还可拓宽应用领域，具有巨大的推广应用价值。

根据中国橡胶工业协会废橡胶综合利用分会统计结果，目前行业内生产的再生橡胶，约 30%应用于轮胎行业，约 70%应用于非轮胎行业。在非轮胎行业当中，力车胎消耗的再生橡胶最多，每年约 152 万吨，约占到再生橡胶总产量的 40%。各行业橡胶制品对再生橡胶的需求情况如表 36-1 所示。

表 36-1　再生橡胶需求情况

行业分类		消耗量/%	数量/万吨
轮胎		30	114
非轮胎	力车胎	40	152
	胶管胶带	15	57
	胶鞋	5	19
	其他橡胶制品	10	38

经过实地调查，仅浙江三门县每年消耗再生橡胶就达到 26 万吨，全国类似的橡胶制品工业区大量分布于河北、山东、江苏、浙江、安徽、福建等地，依托橡胶制品工业区配套再生橡胶生产线，辐射供给周边地区再生橡胶使用。

中胶橡胶资源再生（青岛）有限公司响应国家循环经济、绿色可持续发展的战略，以绿色环保为理念，勇于创新。公司研发的"环保节能型万吨级废轮胎再生橡胶成套设备与技术"彻底改变了传统再生橡胶生产现状，犹如一股春风，为行业引进再生橡胶绿色生产新思路，实现绿色发展新变革，成为行业技术领先企业。

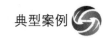

第 37 章　新能源汽车锂电池模组及 PACK 线智能制造

北京机械工业自动化研究所

37.1　成果简介

新能源汽车锂电池模组及 PACK 线智能制造项目，是针对目前国内新能源汽车锂电池的装配设备现状应运而生的。由于目前新能源汽车锂电池的尺寸不标准、不规范、产能低，导致很难形成批量，再加上新能源汽车厂及储能电站企业对锂电池的要求五花八门，没有统一的标准，也就很难在装备方面有所突破，很多企业只能使用一些专机替代手工生产，满足新能源汽车厂和储能的临时需求；整个制造过程信息化不足，数据记录在纸质文档上，难以管理。生产过程中无数字化的数据采集，无法进行生产过程分析和预测，也无法建立制造过程的质量追溯，越来越难以适应高可靠性工业产品的苛刻要求，因此成了制约新能源汽车发展的因素。

新能源汽车锂电池模组线和 PACK 线智能制造针对新能源汽车锂电池系统厂商当前存在的生产自动化装备不完善、质量控制能力差、电池一致性和稳定性较弱等问题，通过推动工业机器人、智能视觉系统、增材制造装备、智能传感与控制装备、智能检测与装配装备、智能物流与仓储装备等安全可控核心智能制造装备的创新应用，开展了面向多规格的新能源汽车锂电池系统自动化、信息化、数字化、智能化生产线的研制。

新能源汽车锂电池模组线和 PACK 线智能制造集柔性化制造、智能化物流、数字化信息自动采集与集成等关键技术于一体，实现电池模组智能装配、电池 PACK 智能装配及电池 PACK 集成在线检测等功能，完成包括中控系统、电池模组装配产线、电池 PACK 总装线及电池 PACK 全自动检测线在内的一整套设计与制造，实现了 MES 订单下发生产线、电池包组件条码层层绑定、关键数据参数存储与质量追溯的智能化信息管理、电子看板生产实时信息与生产线运行状态智能监控，以及 AGV 智能车物料装配与输送等功能，为新能源汽车锂电池厂家的批量化生产、智能化装配、一致性管理提供了可靠的软硬件保证。

新能源汽车锂电池模组线和 PACK 线智能制造已取得四项实用新型专利和一项软件著作权成果。

37.2　成果创新点及解决的难点问题

1. 单体电池存在厚度、电压和内阻不一致的情况，在电池装配过程中会直接影响到电池的安全稳定、整体性能和使用寿命

在新能源汽车锂电池智能装配成组过程中，必须要兼顾单体电池的厚度公差，且必须保证电池 PACK 的尺寸一致，保证最终电池的装配尺寸及质量是需要攻克的技术难题。在电池成组过程中，需要通过电池测厚仪、复合电压内阻测试仪对单体电池的厚度、电压和内阻进行复检，并剔除不合格的

单体电池，从而保证单体电池的一致性。将测厚仪和内阻测试仪集成到电池编组设备中，机器人在拾取单体后先进行复检，根据复检结果判定对单体电池进行剔除或进一步编组处理。

2. 电池PACK在最终检测过程中进行大电流充放电测试

按照传统方法手动测试需要经过复杂的人工接线，还要有保证大电流通过的相应保护措施。目前，国内外并没有此类的自动检测专机，为实现电池PACK在最终检测过程中的工业化与智能化，本工序采用自动对接的方法，技术难度大，不仅需要精确定位电池箱体，还要保证大电流对接的可靠性。

电池检测过程中承载电池的AGV采用激光定位形式，能保证极高的定位精度，同时自动对接系统采用伺服电缸控制系统，保证对位电极稳定可靠同时保证对位精度。电池检测系统还兼有报警功能，能够检测对位不准、电池不到位、通电异常等几十种报警信息，保证了电池自动检测系统的可靠性及电池本体的安全性。

3. 为了兼容电池厚度的公差尺寸，单体电池串并联连接铜排采用软铜排形式

采用软铜排不仅兼容了单体电池厚度公差，而且对软铜排的自动焊接和紧固连接提高了可靠性。在装配过程中，装配和焊接机器人搭配视觉系统对每个单体电池电极的焊接点和紧固点进行位置定位与修正，达到保证装配与焊接的质量可靠和装配的精度。

针对电池模组的特点，定制适合电池模组的专用焊接夹具，每个压头对铜排焊接面的两侧区域进行大面积压紧，并且压头采用弹簧浮动式的压紧方案，保证每个压头都能够压紧到位，当浮动位移达到限位点时，可输出最大压紧力。同时，采用激光测距进行引导跟踪，实时检测待焊极耳的平面度，并将此数据反馈到 Z 轴伺服机构，借此调整焊接焦距。

4. 新能源汽车锂电池模组PACK车间制造执行系统（MES）的应用

针对新能源汽车锂电池PACK安全及高效生产的需要，本应用集成在线检测、机器视觉、RFID等智能检测及物流技术，开发电池PACK车间数字化制造执行系统（专用MES），实现电池包生产计划与现场制造装备的高效协同及品质管控。车间MES的应用，提高了智能化管理程度，能够实现对单体电池上线、模组装配、不合格品处理、电池PACK装配和测试、成品入库等整个生产过程实时数据的采集、控制、分析和历史追溯。

MES是企业内部计划、物流、生产、品质部门取得第一手生产信息的保障系统，可实现智能远程终端生产线和组装线的有限能力排产、计划的下达和过程监控，车间在制物料的管理，车间设备的运维和监控；车间可视化管理方面实现预期的项目目标，即质量检测智能化、产品档案信息化、设备数据实时化、生产过程透明化、物料流转自动化、异常问题目视化、装配工艺信息化、系统平台开放化。

37.3 国内外水平对比分析

目前，针对由单体电池到电池成组的装配及测试，国外有些厂家在电池成组装配方面制作了部分专机，但还没有形成全自动装配生产线，也不能进行全自动的检测。国内还停留在手工装配阶段，致使生产效率低、产品一致性差、产品质量得不到可靠保证。

本应用中设计开发多台智能装配和检测专机，采用伺服定位、机器人装配、数码扫描、PLC控制等自动化技术。生产线装配精度高、生产节拍短，是国内首创的新能源汽车锂电池模组及PACK自动化、智能化装配生产线。

该应用中涉及的智能测控技术和装置，如机器人、自动小车、叠垛系统、PLC系统、管理系统等，在国内都具备了一定的技术基础、装备准备和工程经验，能够满足实用自动化、智能化装配生产线，并达到国际先进水平。

各工序分项对比情况如表37-1所示。

表37-1 各工序分项对比情况

工序名称	国内现有水平	国外先进水平	本成果技术先进性
上下料工序	人工搬运，浪费人力，效率低下	机器人自动上下料，节省人工	机器人自动上下料，智能接单与派单，节约人工，提高效率
检测工序	手工对接，自动检测，本地数据记录	手动对接，自动检测，集中数据采集	电池PACK检测技术采用自动对接，自动检测，集中数据采集
生产过程	人工记录，问题处理滞后	未设定自动防错和预警措施	带有自动防错和预警措施，能够及时定位和分析数据
信息管理	人工记录，本地数据录入	自动采集，集中管理	电池包质量追溯系统，实现数据自动采集、集中管理

37.4 成果应用情况

新能源汽车锂电池模组及PACK线智能制造主要由电池模组装配线、电池PACK装配线、检测线、MES等组成，同时包括了电芯编组复检入底板及短侧板智能化装配单元、自动化铜排拧紧单元、双层模组自动入箱和电池包成品在线检测等智能化生产单元。其中，车间MES可对电池的组装，实现全过程的质量可追溯管理，能够实时地显示产品在各个装配过程中的产品状态和设备状态，并与相应装配过程的部件条码进行绑定，建立产品数据管理系统，实现电池PACK车间产品的制造、物流、质量控制全流程的数字化、智能化。

新能源汽车锂电池模组及PACK线智能制造实现了电池模组装配、电池PACK装配及电池PACK集成检测功能，完成包括中控系统、电池模组装配生产线、电池PACK总装线及电池PACK全自动检测线在内的一整套设计与制造方案，实现了MES订单下发生产线、电池包组件条码层层绑定、关键数据参数存储与质量追溯的智能化信息管理、电子看板生产实时信息与生产线运行状态智能监控，以及AGV智能车物料装配与输送等功能。

新能源汽车锂电池模组及PACK线采用可编程控制器进行系统集成，使用机器人进行装配工作，通过视觉系统配合机器人进行工件定位修正，采用自动读码器与RFID进行数据采集与转存，运用运动控制系统实现总装线自动码垛与自动入箱功能，中控系统通过Schneider CiTect平台开发，进行生产线状态监控、信息管理以及数据上传与存储，通过LabVIEW开发平台研发整套电池PACK自动化检测集成系统，整线结构紧凑，物流通道合理，满足节拍需求。

37.5 社会及经济效益分析

该技术的应用能够使厂家节约大量的工人成本，使效率大大提高，工人劳动强度大大减少；通过本套生产线的投产，能够规范厂家产品的生产流程，保证产品的精度及质量；通过本套生产线的投产，能够带动企业的技术进步，提高企业的核心竞争力，不仅提高了企业本身的价值，还提高了企业的国际竞争力，在国内同行业中掌握了先机，同时也改善和提高了管理水平，与以前的手工作业相比，大大提高了生产效率和产品的灵活性，做到生产过程可监控和管理，保证生产效率最高、产品质量最好。

　　该技术的应用能够为制造商带来实实在在的经济效益，按国家的发展规划，至 2025 年，单纯以动力电池生产为主线的专用装配生产线就能拉动至少 180 亿元的投资规模，为制造商提供了可靠的经济基础。

　　根据相关统计，每增加 1 人就业，会带动相关产业增加 8 人就业。从新能源汽车产业链看，主要包括产品研发、零部件采购、生产制造和销售服务 4 个方面，全产业链涉及诸多行业，往往能带动 100 多个产业的发展。

　　发展新能源汽车是我国从汽车大国迈向汽车强国的必由之路，能源安全与生态环境是关乎国家未来可持续发展的重大战略问题，世界主要制造强国也都在国家层面加大节能与新能源汽车发展以抢占经济增长制高点。我国通过大力发展新能源汽车可以推进产业技术进步和产品结构转型，为建设汽车强国乃至制造强国奠定基础。

第 38 章　电动汽车冷却器开发应用案例

浙江银轮机械股份有限公司

38.1　技术背景

为了进一步减少污染以及改善欧洲市场上汽车燃油经济性，欧洲环境署在 2014 年 4 月 24 号宣布了针对欧洲汽车工业的最新的二氧化碳排放法规。2015 年以及 2021 年的目标相对于 2007 年分别要减少 18% 和 40%。如果换算成油耗，2015 年的二氧化碳排放限值相当于每百公里 5.6 升汽油或 4.9 升柴油，2021 年的二氧化碳排放限值相当于每百公里 4.1 升汽油或 3.6 升柴油。美国新能源法要求美国汽车行业在 2020 年前，把汽车燃油效率提高 40%。按照中国的法规 CAFC，2015 年应达到的目标是每百公里 6.9 升燃油，计划在 2020 年达到每百公里 5 升燃油。

发展混合动力汽车与纯电动汽车等新能源汽车被认为是解决未来减少二氧化碳排放及提升燃油经济性的重要途径。目前，国内外的新能源汽车销量也在不断攀升。2017 年，全球电动汽车的销量达到了 122 万辆，较 2016 年的 77 万辆增长了 58%。动力电池作为纯电动汽车与混合动力汽车的关键部件，其技术发展一直影响着新能源汽车的发展，到目前为止，锂离子电池具有能量密度高、循环寿命长、自放电率小、无记忆效应和绿色环保等优点，在电动车和混合动力车上得到了大规模的应用。

锂离子电池的最佳工作温度范围为 20～30℃。低温时电池容量较低，影响其使用性能；高温时电池循环寿命大大缩短，温度过高时还会产生安全问题。再者，锂离子电池在低于 0℃时充电也存在着安全隐患。对动力电池系统来说，保证电芯及电池模组的一致性是至关重要的。而电池在使用过程中不可避免地要产生热量从而导致电池温度升高。由于电芯或电池模组的位置不同，散热情况不同，从而导致其温度不同。温度的不同又反过来导致电芯及模组的性能不一致。

对电池 PACK 进行热管理，使其尽量能在最佳工作范围工作，如提高其一致性、延长其使用寿命、避免安全问题等都是非常必要的。电池在不同温度下的热耗率（每产生 1kW·h 的电能所消耗的热量）是不一样的，这是由于电池内部的化学反应与温度是密切相关的。如果电池在绝热或高温等热传递不充分的内部环境中运行，电池温度将会显著上升，从而导致电池组内部形成"热点"，最终可能产生热失控。而电池一致性一旦出现问题，对整个电池组的寿命将会产生很大的影响。采用"冷却液"对电池进行冷却的方式能更好地提高电池组内温度的一致性，而最终的热量是通过电池冷却器传递到空调制冷剂，并通过冷凝器散失到环境中去的。

38.2　主要研究内容和技术方案

针对纯电动车和插电增程式电动车的热管理系统和部件，研发对象主要包括电池冷却板、chiller 冷却器及低温散热器。研究内容主要包括以下几个方面。

一是针对关键冷却换热器部件，建立基本的开发能力。电池冷却板主要有口琴管与冲压板两种结构形式，其性能模拟主要依靠CFD的方法，对水冷板流体建模，来模拟冷却液在水冷板内的流场，去除流动死角，优化流量分配，减少局部阻力损失，以达到性能与阻力的最优化。也可通过水冷板与电池包的整体建模，流固耦合，对整个电池模组及冷却系统进行稳态或瞬态的传热模拟，实现电池模组温度分布的最优化。

水冷板的可靠性主要体现在耐压能力上，特别是对于耐压能力相对较弱的冲压板式的结构形式，因此，方案设计阶段可充分凭借FEA的手段，对水冷板表面施加流体压力，有效评估设计方案的承压水平，指导结构设计的优化。

Chiller冷却器的芯片或翅片是影响性能的关键零部件。对芯片或翅片的模拟分析，主要通过CFD的方式，获得阻力与性能的综合优化方案。在充分性能试验数据积累的基础上，形成公司内部的性能数据库后，对经验公式模型进行性能修正，可以实现Chiller性能的快速计算、产品的快速选型，方法可靠且效率较高。在设计开发阶段，Chiller可靠性的评判主要在于安装支架承受振动后的强度问题，通过FEA分析，可以得到产品的模态或谐响应结果，有效评估产品支架强度，避免后期实际运行的失效。

低温水箱与发动机高温水箱具有相似的结构，因此完全可以在开发过程中运用高温水箱的开发经验与手段，再配合特殊工况的性能验证，基本上就能满足低温水箱的开发。

二是建立测试能力技术规范，并形成相关部件的试制能力。针对电动汽车冷却器，目前可在公司内部完成大部分的DV测试项目。同时该技术规范来自客户的一般技术要求，依据此规范所开发的冷却器产品，可以满足客户的应用要求。

38.3　关键技术、技术创新点及取得的成果

项目的关键技术包括：关键部件的特性研究；部件热管理系统需满足的要求；关键部件设计制造；关键部件生产；热管理系统设计和集成优化；车用环境分析与控制。

项目的技术创新点包括：电动汽车冷却器充分结合了电动汽车热管理的特性，所开发的水冷板具有结构紧凑、可靠性好、性能好的优点；电池冷却器在有限空间布局内达到了较高的集成度，产品紧凑性好；低温散热器运用了多流程、扁管打凸等技术手段，有效地提升了散热器的性能。

38.4　项目效益及应用推广前景

目前，水冷板已争取到了广汽、上汽、宁德时代等主机厂及电池生产企业的大部分项目，预计产值可达到1亿元/年。Chiller冷却器已争取到了吉利、广汽、比亚迪等主机厂的多数项目，并实现了部分项目的小批量生产，预计产值可达到5000万元/年。低温散热器也争取到了广汽、上汽、吉利等客户的大量项目。

同时这些冷却器产品目前正在积极争取的项目非常多，随着电动汽车的快速发展，各大主机客户对电动汽车平台的不断拓展与开发，产量将不断扩大，相信在未来3～5年内，电动汽车冷却器业务还将迎来很大的增长，预计未来3～5年内将达到3亿～5亿元/年的销售规模，市场前景非常广阔。

第 39 章　印染、电镀等废水处理系统解决方案

广东新大禹环境科技股份有限公司

39.1　企业简介

广东新大禹环境科技股份有限公司（以下简称"新大禹环境"）成立于 1997 年 5 月，于 2003 年成立了研发中心，建立了广州本部、中山电镀、中山织染、梅州 PCB 四大实验基地，配置各类分析仪器和在线监测仪器设备 50 多台（套），总价值超过 800 万元，工程试验用房 2000 多平方米。

公司拥有广东省住房和城乡建设厅颁发的环境工程（水污染防治工程）专项甲级、环境工程（大气污染防治工程）专项乙级工程设计资质证书，中国环境保护产业协会颁发的工业废水处理一级证书，是国家高新技术企业、广东省重金属废水处理与资源化工程技术中心、广东省水质安全与污染控制工程技术研究中心和广东省环境保护电镀/印制线路板废水处理与资源化工程技术研发中心。

公司拥有国家重点环境保护实用技术 5 项、国家重点环境保护实用技术示范工程 9 项、广东省环境保护优秀示范工程 9 项、广东省环境保护十佳工程 1 项、发明专利 10 项、实用新型专利 11 项、软件著作权 9 项。新大禹环境研发的"工业废水生化处理 A3O 工艺技术研究与应用"成果，荣获 2015 年度广东省环境保护科学技术奖二等奖，"A3O+MBR"废水处理技术被列入第十批中国印染行业节能减排先进技术推荐目录。

历经二十多年的发展，新大禹环境已在印制线路板废水处理、电镀废水处理、印染废水处理、化工和食品等高浓度有机废水处理、生活污水处理等领域，研发了高效、稳定的处理工艺，可以从工业园区的生产工艺、能源、原料和末端治理全过程进行清洁生产审核，提供从源头控制至出水口的整体解决方案，提供管家式服务，业务涵盖工程设计及施工总承包、环保设施投融资及第三方运营托管、废水及回用水装备研发制造、技术咨询及清洁生产服务四大板块，是中国领先的工业和园区废水治理整体解决方案服务提供商。新大禹环境拥有二十多年的行业运营经验，运营业绩覆盖全国 17 个省（直辖市），其中电子电镀工业园区的项目达 40 余个，目前拥有 12 个工业园区运营项目，年处理水量超过 5000 万吨，拥有 400 多人的稳定运营团队、3 大全国运营中心，是首个《电镀污染物排放标准》中表 3 排放标准验收及运营单位。

39.2　技术原理及工艺

针对印染废水、电镀废水、线路板废水等工业废水可生化性差、污染物浓度高、毒性强的特点，新大禹环境在常规 A2O 工艺基础上，提出了 "A3O+MBR"废水处理系统解决方案，解决了传统处理工艺的碳源不足、脱氮除磷效果差、投药量大、运行成本高、出水不稳定等问题，对 COD、BOD、氨氮、磷等有良好的去除效果。

　　"A3O+MBR"废水处理系统解决方案（见图 39-1）采用"水解酸化+厌氧+缺氧+好氧+MBR 膜"的工艺路线。预处理后的废水进入水解酸化池，将印染废水中大分子有机物降解为小分子有机物，提高了废水的可生化性，为后续脱氮反应提供充足的碳源，减少了后续除磷脱氮的碳源投加；富磷的沉淀池回流污泥进入厌氧池进行磷的释放，在缺氧反硝化池内，反硝化菌利用进水中的有机物作为碳源，利用活性污泥池混合液回流带入的硝酸盐进行反硝化脱氮；在活性污泥池内，聚磷菌从废水中大量摄取溶解态正磷酸盐，通过 MBR 排泥达到除磷的目的，同时，好氧微生物消耗污水中可降解有机物；在 MBR 膜池内，活性污泥能够去除水中可生物降解的有机污染物，膜将净化后的水和活性污泥进行固液分离。

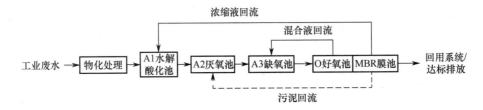

图 39-1 "A3O +MBR"废水处理系统解决方案

39.3 技术创新点

　　"A3O+MBR"废水处理系统解决方案比传统技术增加了水解酸化池，提高了废水的可生化性，为后续脱氮反应提供了充足的碳源；"A3O+MBR"废水处理系统解决方案的污泥回流到厌氧池，可以防止由于硝酸盐氮进入水解酸化池影响水解酸化，维持后续系统的除磷效果。

　　水解酸化池 A1 和厌氧池 A2 根据工艺要求，保持各自独立的厌氧微生物系统，水解酸化池 A1 的污泥龄大于厌氧池 A2 的污泥龄，提高了废水的可生化性，同时利用 A2、A3、O 池实现高效除磷脱氮功能；MBR 膜替代末代二沉池，减少了污水处理设施的占地面积，可将生化池中的活性污泥进行截留，保证生化系统中高污泥浓度，提高生化系统的效率。

39.4 技术应用领域

　　"A3O +MBR"废水处理系统解决方案适用于印染废水、电镀废水、线路板废水等可生化性差、污染物浓度高、毒性强的工业废水。

39.5 技术应用效果

　　与以往废水处理工艺相比，"A3O +MBR"废水处理系统解决方案出水 COD 进一步降低，对氮磷的去除率比常规工艺提高 30%～50%，降低了氮磷营养盐的排放总量，对改善水体的富营养化水平意义重大；药剂的使用量与常规工艺比较，减少了 30%～40%。

39.6 示范应用案例分析

39.6.1 用户介绍

安徽广德经济开发区位于广德县城东部，于 2002 年 7 月启动建设，规划面积 43 平方千米，重点发展机械制造、信息电子、新材料、汽车零部件、金属深加工产业。2006 年 2 月，被安徽省政府批准为省级经济开发区，相继荣获"长三角最具投资价值开发区""最具投资潜力奖""人民满意公务员集体""全省模范劳动关系和谐工业园区""省新型工业化产业示范基地""省循环经济示范单位、省两化融合示范区、省印制电路板（PCB）特色产业基地、省电子信息产业基地"六大金字名片。广德经济开发区建成的第一、第二污水处理厂和电子电路园区三个污水处理厂，日处理各类污水能力达13.5 万吨；投资 6000 万元，运营绿洲固废处理中心，年处理能力超万吨，被中国电子电路行业协会以环保处理"广德模式"在全国推广。广德经济开发区推进企业节水、用热等设备改造与提升，开展能源和水资源的梯级利用，园区工业固体废物处置利用率、重点污染源稳定排放达标率、污水集中处理设施处置率等均达 100%。2018 年 2 月，广德经济开发区入选工业和信息化部第二批绿色工厂名录。

39.6.2 应用情况

新大禹环境为广德经济开发区提供 PCB 产业园污水处理厂的整体解决方案，将园区的全过程管理与风险控制技术，源头清洁生产，企业端的水在线回用技术，废水分类收集、分质处理、分级回用技术，水处理集中处理的设备节能技术，污泥的资源化技术等集成应用在工业园区内。

本项目生产线排放废水按性质不同可分为 7 类：含镍废水、含氰废水、综合废水、有机废水、有机废液、酸废液、络合铜废水。其中，含镍废水主要来自镀镍、沉银等工序的清洗水；含氰废水主要产生于镀金回收等工序；综合废水主要来源于镀件清洗水、各工序的简单酸洗废水、低浓度清洗废水，含离子态铜，不含络合物，有机物含量不高；有机废液主要来源为显影、去膜、湿膜显影、湿膜翻洗等的清洗水，有机物含量高；络合铜废水主要来自生产线化学镀铜以及其他有络合剂的工序，之所以称其为络合铜废水是由于废水中含有能与重金属离子形成络合物的络合剂，该废水一般呈碱性，含有 Cu_2^+ 离子，同时还含有一定量的有机物（如 EDTA、甲醛等）。

该园区远期总设计水量 45000m³/d，一期设计规模 10000m³/d，每天 20 小时运行，每小时处理水量约为 500m³/h（生化系统 24 小时运行），预留回用系统按照 55%回用率设计。

39.6.3 应用效果

PCB 产业园工业污水处理厂外排废水达到《电镀污染物排放标准》（GB/T 21900—2008）中表 2 的要求，近期进入广德城市污水处理厂，远期进入经济开发区污水处理厂。

39.7 小结

针对印染废水、电镀废水、线路板废水等工业废水可生化性差、污染物浓度高、毒性强的特点，广东新大禹环境科技股份有限公司在常规 A2O 工艺基础上，研发了 "A3O+MBR"废水处理系统解决方案，解决了传统处理工艺碳源不足、脱氮除磷效果差、投药量大、运行成本高、出水不稳定等问题，对 COD、BOD、氨氮、磷等有良好的去除效果。

　　该解决方案将园区的全过程管理与风险控制技术，源头清洁生产，企业端的水在线回用技术，废水分类收集、分质处理、分级回用技术，水处理集中处理的设备节能技术，污泥的资源化技术等集成应用，能够有效解决制约行业绿色发展的关键问题。

第 40 章　动力伺服电机节能系统应用案例

欧佩德动力伺服电机节能系统有限公司

40.1　企业简介

欧佩德动力伺服电机节能系统有限公司（以下简称"欧佩德"），成立于 2012 年 2 月 22 日，注册资本 19428.57 万元，位于江门市宏兴路 88 号工业厂房 1 号，是一家集动力伺服电机系统研发、生产、节能诊断、节能改造于一体的节能解决方案提供商。公司厂房面积 2 万平方米，年产稀土永磁动力伺服电机系统 3 万台。

公司主营业务是为高端制造装备提供动力伺服电机系统，为企业现有设备进行节能改造服务，产品广泛应用于工业领域、科研领域、高端装备，如数控机床、注塑机、压铸机、铝型材挤压机、塑料挤出机、空气压缩机、车辆动力系统、船用动力系统、造纸机械、印刷设备、包装设备、机器人、自动化生产线等，以及风电、太阳能等新能源领域。

公司的核心产品包括两部分。一是动力伺服电机及驱动系统：5.5～55kW 常规动力伺服电机系列、55～95kW 中等功率动力伺服电机系列（率先开发成功）、100～300kW 大功率动力伺服电机系列（填补国内空白）、300～500kW 超大功率系列动力伺服电机系列（继西门子、ABB、三菱重工之后，掌握大功率同步动力伺服电机及驱动系统的民营高科技企业）。二是动力伺服电机节能系统：可以提供十多个领域的电机系统节能改造，包括空压机动力伺服电机节能系统、注塑机动力伺服电机节能系统、油压机动力伺服电机节能系统、铝压铸机动力伺服电机节能系统、化工机械动力伺服电机节能系统、造纸机械动力伺服电机节能系统、冲压机动力伺服电机节能系统、钢板冷轧机动力伺服电机节能系统、陶瓷机械动力伺服电机节能系统及石油机械动力伺服电机节能系统。

欧佩德具有在动力伺服电机系统的技术开发和生产工艺上的自主知识产权，获得国家专利 1 项，2015 年获得中国质量认证中心颁发的"中国节能产品认证证书"，2018 年纳入《广东省节能技术、设备（产品）推荐目录》。目前，国内大部分企业生产的动力伺服电机功率均低于 75kW，只有欧佩德能生产 300kW 以上级别的动力伺服电机。

40.2　技术原理及工艺

伺服电机是在伺服系统中控制机械元件运转的发动机，是一种补助马达间接变速的装置。伺服电机是可以连续旋转的电—机械转换器。作为液压阀控制器的伺服电机，属于功率很小的微特电机，以永磁式直流伺服电机和并激式直流伺服电机最为常用。伺服电机的作用是控制速度，其位置精度非常高。

动力伺服电机节能系统的节能原理是根据终端执行机构的需求调整自身系统，根据使用量来调整输入量的，不做无用功，减少不必要的能源浪费。它可以根据使用量来调整输入量，像注塑机一样，

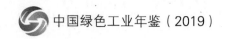

它的工作负荷是不定量的，有周期性的变化，伺服节能电机和伺服节能控制系统一起调整使得当注塑机不需要这么多的油量时，通过控制，就不输出这么多，从而实现伺服节能控制。

40.3 技术创新点

欧佩德动力伺服电机节能系统技术创新点是：向客户提供集节能诊断、节能改造于一体的节能解决方案；动力伺服电机的效率非常高，最高可以达到 98.5%，比工频电机高 5%～15%；动力伺服电机系统中的智能控制器，是数控系统及其他相关机械控制领域的关键器件，通过位置、速度和力矩三种方式对伺服电机进行控制，实现高精度的传动系统定位，能带来更高的节能率；开发的距离控制系统（Distributed Control System，DCS），能够将一条生产线甚至一个企业的所有电机实现智能化联动，这对于大型造纸厂、钢铁厂尤其重要，该系统集成通信、显示和控制等 4C 技术，实现分散控制、集中操作、分级管理等功能，配置灵活，组态方便；可以提供大功率直驱动力伺服电机系统，具备高扭矩、低转速、无级变速、低噪声的优良特性，无减速箱，减少了多级传动带来的能耗损失，减少了大量的轴承、齿轮的维护维修成本，可以应用在塑料挤出机、纸机动力系统、油田的抽油机上。

40.4 技术应用领域

动力伺服电机系统应用领域：钢铁行业的液压机械主泵、辅助泵、液压站等；能源行业的造粒机、风机等；造纸行业的真空泵、制浆泵、水泵、复卷机等；石油行业的螺杆泵、游梁式抽油机等；化工行业的反应釜、水泵等；塑胶行业的注塑机、破碎机、挤塑机等；铝材行业的压铸机、铝型挤出机等；陶瓷行业的球磨机、压机、磨边机等；空压机中所有品牌的工业用空压机等。

40.5 技术应用效果

可提升注塑机、压铸机、油压机等液压设备的工作效率，降低能源消耗；单独系统运行，不影响液压设备本身运行；节电效果明显，节电率为 10%～80%；注塑机及压铸机等液压设备本身的三相异步电机无退磁隐患；能降低油温、噪声，改善车间工作环境。

40.6 示范应用案例分析

40.6.1 造纸企业示范应用案例

××纸业有限公司成立于 1990 年，公司占地 15 万平方米，厂房 4 万多平方米，主要以废纸与部分商品木浆为主要原料生产牛皮卡纸、挂面箱板纸、牛皮纸、高强瓦楞芯纸、纱管纸、牛底白卡纸和瓦楞芯纸，目前公司有 5 条造纸生产线，2018 年公司年生产能力为 11 万吨。2018 年 11 月，××纸业有限公司入选工业和信息化部第三批绿色工厂名录。

项目改造前，企业生产中压力筛采用手动控制，其出现的问题有两个：一是压力筛频繁堵塞。在废纸制浆造纸压力筛控制系统中，为了保证杂质去除率和降低纤维损失，压力筛的进浆、出浆和稀释

水流量必须按照设备筛选效率和产量进行严格配比和精确控制，系统中大量采用了比值控制。在实际使用过程中，浆液浓度和流量会有波动，但是系统不能响应浓度和流量的波动，这样会造成筛鼓表面的浆层浓度波动，进而造成筛鼓堵塞现象，严重时会造成筛鼓爆裂。二是良浆流量不稳定。压力筛系统采用手动控制，加大了压力筛筛鼓表面浆层的浓度波动范围，使压力筛转子的磨损程度加深，造成压力筛转子清洗筛鼓的能力下降，从而造成良浆的产量下降。

企业委托欧佩德实施了"动力伺服电机智能压力筛系统改造"项目，项目完成后，取得了明显效果：产能提升 30%；单位产能能耗降低 25%～45%；筛鼓使用寿命提高、磨损减少，筛鼓爆裂概率降低；实现智能化控制，压力筛系统运行的可靠性提高，如图 40-1 和图 40-2 所示。

图 40-1　动力伺服电机智能压力筛系统改造

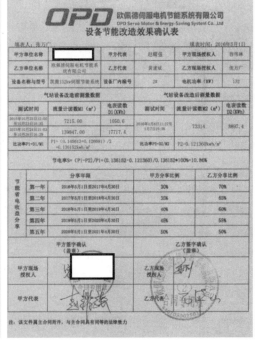

图 40-2　节能改造效果确认表

40.6.2　钢铁企业示范应用案例

××钢铁有限公司位于河北省，是一家集烧结、炼铁、炼钢、轧钢为一体的民营钢铁联合企业，具备年产铁 240 万吨、钢 240 万吨、成品钢材 240 万吨的生产能力，是国家高新技术企业。2018 年 11 月入选工业和信息化部绿色制造体系钢铁绿色工厂企业名录。公司主要产品有高速线材、热轧带钢。公司为积极响应政府绿色发展要求，主动实施环保提标治理项目。

欧佩德与××钢铁有限公司开展节能技改合作，欧佩德为××钢铁有限公司提供集节能诊断、节能改造于一体的综合节能解决方案。经节能诊断，欧佩德建议××钢铁有限公司对线材车间配置的电机进行节能改造，涉及 5 种生产设备、23 个电机，合计电机功率 2434kW。在改造过程中，欧佩德为企业加装了 DCS，改造后整体平均节电率为 46.7%（最高 81.78%）。

××钢铁有限公司线材车间配置的电机节能改造前后如图 40-3 和图 40-4 所示。

图 40-3　改造前　　　　　　　　　　　　　图 40-4　改造后

40.7　小结

欧佩德动力伺服电机节能系统有限公司是一个专注于大功率动力伺服电机和智能控制系统研发生产的企业，生产的大功率动力伺服电机系统具有大扭矩、高精度、高效率等优点，同时配套伺服控制系统，可以将企业设备的系统能耗最大限度降低，可以向客户提供集节能诊断、节能改造于一体的综合节能解决方案，有效解决绿色制造过程中绿色工厂面临的节能降耗问题。

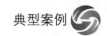

第 41 章　绿色工厂优秀示范案例一

北京汽车集团有限公司

41.1　工厂基本情况

北京汽车集团有限公司（以下简称"北汽集团"）成立于 1958 年，总部位于北京，目前拥有员工 13 万人，是中国汽车行业的骨干企业，世界 500 强企业。北汽集团建立了涵盖整车（含乘用车、商用车、新能源汽车）及零部件研发、制造，以及汽车服务贸易、综合出行服务、金融与投资等业务的完整产业链，实现了向通用航空等产业的战略延伸，成为国内汽车产业产品品种最全、产业链最完善、新能源汽车市场领先的国有大型汽车企业集团。2018 年，北汽集团销售汽车 240 万辆，实现营业收入 4807 亿元，位列《财富》世界 500 强第 124 位。

目前，北汽集团旗下拥有北京汽车、昌河汽车、北汽新能源、北汽福田、北京现代、北京奔驰、北京通航、北汽研究总院等知名企业与研发机构。以北京为中心，北汽集团建立了分布在全国十余个省市的九个自主品牌乘用车整车基地、十一个自主品牌商用车整车基地、五个合资品牌乘用车基地和三个新能源整车基地，在全球四十多个国家和地区建立了研发机构及整车工厂，市场遍布全球八十余个国家和地区。

2013—2017 年，北汽集团产量从 217 万台增长到 252 万台，单位产值能耗同比降低 10%以上，达到 200kgce/万元以下，单位产值水耗同比降低 5%以上；在环保方面，北汽集团在京整车厂产量在 2013 年 133 万台的基础上年均增产 10 万台，而典型污染物 VOCs 却逐年降低，累计减排 VOCs 约 2300 吨。

41.2　绿色工厂创建情况

41.2.1　北汽集团下属企业绿色工厂整体创建情况

北汽集团积极应对汽车行业新技术发展趋势，在汽车的轻量化、智能化、电动化、网联化等方面积极创新，使用绿色制造，生产绿色产品，绿色工厂基于"自动化+信息化+智能化"的理念，全面对标安全节能、绿色环保、先进制造系统和可追溯质量管控等多项符合现代高端制造业的行业工厂建设标准，努力打造业内的绿色工厂典范。

北汽集团已有 10 家企业进入工业和信息化部公布的 3 批绿色工厂名录，如表 41-1 所示。

北汽集团为践行集团绿色发展理念，建立了完整的节能环保管理体系，以"坚韧、执着、专注、极致"的北汽"工匠精神"打造绿色工厂：建立自上而下、统一规范的环保能源守法准则，相应建立全体系的检查、督查与考核体系；在各重点能源单位和重点排污单位建立国际标准的管理体系；以重点节能减排项目为引领，设定污染总量，统筹安排、上下结合组织各企业开展节能减排项目实施；在有条件的试点企业率先使用最先进的节能减排技术，以点带面，率领全集团节能减排技术提升工作。

表 41-1　北汽集团进入工业和信息化部绿色工厂名录的企业

序号	绿色工厂名称	批　次
1	北京奔驰汽车有限公司	第一批
2	北京汽车股份有限公司北京分公司	第一批
3	北汽（镇江）汽车有限公司	第一批
4	北京福田康明斯发动机有限公司	第一批
5	北京汽车集团越野车分公司	第二批
6	北京新能源汽车股份有限公司青岛分公司	第三批
7	北京北汽模塑科技有限公司	第三批
8	北京汽车动力总成有限公司	第三批
9	福田欧辉客车广东工厂	第三批
10	北京福田戴姆勒汽车有限公司	第三批

41.2.2　北汽集团下属企业绿色工厂具体创建情况

1. 基础设施情况

北汽集团所有绿色工厂在厂房、办公楼的设计和建设阶段，普遍采用分层建造、分区照明的模式，充分选用高效节能灯具和利用自然光反射照明，走廊及楼梯间照明采用定时供电、声控、光控、红外等智能化的自动控制系统，以达到节约用电的目的。

北汽集团在用水量较大的工厂，如北京奔驰汽车有限公司、北京新能源汽车股份有限公司青岛分公司、北京汽车动力总成有限公司与北京汽车集团越野车分公司等绿色工厂，建设污水处理站，污染物均由在线监测设备进行监控，处理过的中水回用作绿化用水等。

以北京奔驰汽车有限公司为例，该工厂的机动车停车场及人行道采用透水砖及嵌草砖铺装，同时最大限度采用下凹绿地，使雨水回渗到地下，涵养水源。此外，为加强对雨水的调蓄和控制能力，并实现节约自来水和中水的目的，北京奔驰建立了雨水调蓄池/湖 9 座。该项目使用的 PP 模块相比传统混凝土调蓄池，具有施工难度低、施工周期短、可回用、气候耐受性好、维护成本低、容积率高等优点。

2. 管理体系情况

北汽集团所有的绿色工厂实施精细化能源环保管理，均已通过能源环保管理体系认证，建立了精细化信息管理平台。其中，北京新能源汽车股份有限公司青岛分公司、北京汽车动力总成有限公司等绿色工厂通过了质量管理体系、环境管理体系、职业健康安全管理体系与能源管理体系认证。

3. 能源资源投入情况

北汽集团重视新能源使用，在所有的绿色工厂铺设光伏电站，使用绿色能源。以北京新能源汽车股份有限公司青岛分公司为例，该公司在厂房顶部及停车场车棚顶部覆盖建设太阳能光伏电站，总面积达 9 万多平方米，已建设完成 8.5MW 光伏电站，平均每年发电量 947 万千瓦时，每年可节约标准煤 3100 吨，减少排放 2575 吨碳粉尘、9441 吨二氧化碳、284 吨二氧化硫、142 吨氮氧化物。该节能工程可广泛应用于其他行业，发电量可满足公司内部使用并输送至国家电网。

北汽集团建立了"能耗消耗管理制度"，要求所有工厂均满足《取用定额》（GB/T 18916）中对应本行业的取水定额要求，并根据《工业企业节约原材料评价导则》（GB/T 29115），开展工业企业节约原材料的自评工作。北汽集团在零部件采购方面，建立全面的供应商寻源、评价和再评价的管理流程，严格遵守国家标准《汽车禁用物质要求》（GB/T 30512）、行业标准《汽车塑料件、橡胶件和热塑性弹性体件的材料标识和标记》（QC/T 797）及北汽集团企业标准《汽车产品禁限用物质要求》（Q/BJZC 150001），实现绿色供应链管理。

北汽集团重视节能技改，如北京奔驰汽车有限公司在机加工废气净化系统中加装了"热回收箱"，这在国内机械加工行业中尚属首次。该设备不仅实现了对机加工油雾等废气的过滤回收，还可以通过热转换器，对冬季室内送风进行预热，以达到节能减排的双重效果。北京奔驰汽车有限公司还在车间采用了地源热泵技术，该技术仅需输入少量的电能，即可获取4～7倍的能量回馈，从而达到"零废气、零泄漏"的环保节约型用能效果。

4. 产品情况

北汽集团积极应对汽车行业新技术发展趋势，在汽车的轻量化、智能化、电动化、网联化等方面积极创新，开展绿色设计。

北汽集团下属的北汽新能源是在国内率先提出电池置换业务的企业，2016年年初至2017年年底，回收置换车辆已超过1000辆。同时，北汽集团在河北建设了电池梯次利用及电池无害化处理和稀贵金属提炼工厂，将锂电池通过物理和化学方法把其中的主要成分重新提纯、回收利用等。北汽集团还发布了"擎天柱计划"：到2022年，擎天柱计划预计投资100亿元，在全国范围内建成3000座光储换电站，累计投放换电车辆50万台，梯次储能电池利用超过5GW·h。

北京汽车动力总成有限公司进行了热试辅料循环使用的改造：为了降低发动机机油、防冻液的使用量，在发动机热试后抽取发动机内部机油，抽取完成后进行机油的过滤以便循环使用，使用压缩空气将发动机内部防冻液吹回防冻液水箱中，以节省机油和防冻液的使用量。

北京汽车动力总成有限公司对油雾处理建立了油雾集中处理系统，从不同加工中心或加工工位抽出污染空气，并将过滤后达标的干净空气排回车间内。回油收集于过滤器底部，可用于再循环。

5. 排放情况

北汽集团排放的污染物包括废水污染物、废气污染物、噪声污染物、固体废物污染物，全部排放均已通过了有关部门的监测。其中，工厂大气污染物排放符合《大气污染物综合排放标准》（GB 16297）；工厂水体污染物排放符合《污水综合排放标准》（GB 8978）；工厂厂界噪声排放符合《工业企业厂界环境噪声排放标准》（GB 12348）。

北京新能源汽车股份有限公司青岛分公司与北京汽车集团越野车分公司在涂装车间安装了先进的RTO焚烧处理装置及RCO废气处理装置。

41.3　重点工作

绿色发展将是北汽集团未来永恒的发展方向，结合国家整体发展规划，北汽集团自2018年至2020年，绿色发展规划重点：一是所有整车企业加强监控现有产污和治理设施，继续确保稳定达标，并进一步深度挖潜；二是其他整车企业要在2019年内总结经验，全方位对标集团已有的10大绿色工厂，争取在2020年期间，再增加3～5家绿色工厂，继续领跑行业；三是所有整车厂要积极开展绿色供应链建设，带动汽车上下游的绿色发展，争取在 2020 年期间，有 1～2 家整车及其供应链体系达到工业和信息化部绿色供应链建设体系要求，并获得荣誉认可；四是为落实《京津冀及周边地区 2018—2019年秋冬季大气污染物综合治理攻坚行动方案》《排污许可证申请与核发技术规范 汽车制造业》等文件的要求，进一步降低氮氧化物与 VOCs 排放水平，北京汽车集团越野车分公司计划开展污水站恶臭治理、涂装烘干炉氮氧化物治理、调漆间 VOCs 环保治理升级改造等项目。

第 42 章　绿色工厂优秀示范案例二

东阿阿胶股份有限公司

42.1　工厂基本情况

东阿阿胶股份有限公司（以下简称"东阿阿胶"）隶属于华润医药集团，1952 年建厂，1993 年由国有企业改为股份制企业，1996 年在深交所挂牌上市，现有员工 4800 余人，总资产 127.6 亿元，拥有中成药、保健品、生物药三大产品门类，主导产品为"东阿阿胶""复方阿胶浆""桃花姬和真颜阿胶糕"，品牌价值 371.3 亿元。2018 年 11 月进入工业和信息化部第三批绿色工厂名录，2018 年全年营业收入 73.3 亿元，利税为 35.6 亿元。

东阿阿胶是国家创新型企业、国家高新技术企业、国家技术创新示范企业，拥有国家级企业技术中心、国家胶类中药工程技术研究中心、博士后科研工作站、院士工作站、山东省胶类中药研究与开发重点实验室、泰山学者岗位等研发平台。东阿阿胶注重产学研结合的科研开发体系建设，通过建立联合实验室、技术推广中心、产学研联盟等方式，与二十所国内知名科研院所、高等院校建立了长期稳固的技术协作、战略合作或联盟关系，实现了强强联合、资源共享、优势互补、互惠互利。东阿阿胶承担省部级以上科研项目 20 余项；申请中国发明专利 153 项，授权 51 项，申请国际 PCT 专利 4 项，获得美国发明专利授权 1 项。

"十三五"期间，东阿阿胶实现了万元产值综合能耗的逐年下降（2016 年下降 5.75%、2017 年下降 3.28%、2018 年下降 3.07%），超额完成节能目标。

东阿阿胶在"十三五"期间重点实施阿胶生物科技园项目。阿胶生物科技园集生产、物流、工业旅游、体验等服务功能于一体。项目达产实现三高三低："三高"即高标准、高品质、高回报；"三低"即低能耗、低排放、低污染。生产车间参照国家新版 GMP、美国 FDA 和欧盟 GMP 标准设计，工业旅游环境按 5A 级工业旅游景区环境标准设计，车间内参观路线以科普走廊形式，展示了阿胶文化和产品知识。阿胶生物科技园的设计、建设为东阿阿胶建设智能化绿色工厂奠定了扎实的绿色制造基础。

42.2　绿色工厂创建情况

42.2.1　基础设施情况

东阿阿胶的建筑物采用新技术、新工艺，充分利用自然通风。建筑采用自然采光设计，屋面设置采光带，墙体上采用采光窗，以节约电能；采用新型节能的墙体材料，重点使用轻质、高强度、保温性能好的节能新材料和保温门窗，以加强屋面及墙体保温，维护结构各部分的传热系数和热惰性指标符合有关规定。

东阿阿胶的照明配置符合《建筑照明设计标准》（GB 50034）要求，厂区各建筑物采用高效照明灯具和节能玻璃，车间内全部采用 LED 照明灯具，相比传统的白炽灯节能 60% 以上。参观走廊全部采用新型 LOW-E 玻璃（低辐射镀膜玻璃），其具有优异的隔热效果和良好的透光性。

东阿阿胶配备监测能源和资源的测量设备 400 台（件），实现了三级计量，完全能够满足生产、科研、经营、管理的需要。计量设备根据《中华人民共和国计量法》及《中华人民共和国计量法实施细则》进行检定校准，并制定了企业《质量手册》《计量检定规程、校准规范管理办法》《计量检定、校准管理办法》《计量设备分类管理办法》《计量设备使用维护检修管理办法》。

东阿阿胶建设有污水处理站，采用 BAF 曝气生物滤池工艺进行深度处理，确保废水达到直排水体的标准，并增设臭氧氧化工艺，既能杀菌消毒又能对水体起到脱色、除异味的作用，确保厂内的生产废水可达标回用，排放指标远低于国家相关标准，属于超低排放。绿化用水、景观用水、道路浇洒用水采用处理达标后的生产废水，提高水的重复利用率，回收率可达 80%。

42.2.2 管理体系情况

东阿阿胶分别建立、实施、保持并持续改进了 ISO 9001 质量管理体系、ISO 14001 环境管理体系、GB/T 23331 能源管理体系、ISO 18001 职业健康安全管理体系和 ISO 10012 计量确认管理体系，通过了第三方认证审核。

在此基础上，为更好地将各管理体系有效融合，指导企业生产运营，东阿阿胶建立了质量、环境、职业健康三体系一体化手册，将体系相关标准条款与目前推广的流程制度相结合，使体系要求落地生效。

不仅如此，东阿阿胶依据手册制定了《外部审核管理制度》《内部审核管理制度》来规范内外审工作，内部建立六个内审小组轮番开展内部审核，对于发现的问题除了按照体系和手册要求开具不符合报告，对相关责任单位均进行考核，让企业内部每个职能科室都重视体系、运行体系。企业每年度开展年度管理评审，召集高层及各职能科室、厂区参加，每个部门自行汇报年度工作、重要问题、来年计划，领导点评形成最终的评审报告，让企业的体系运行得到持续改善。

42.2.3 能源资源投入情况

东阿阿胶建设了能源管理系统及原材料线上统计系统，实现了对能源的实时数据采集和原材料数据的收集分析，并针对各个用能单位的电能及原材料消耗，收集班组报表、日报表、月报表，为合理使用能源资源，促进企业生产节能降耗起到了极大作用。

企业主要用能设备有制冷机组、空压机、MVR 设备、蒸球、浓缩罐等，主要使用能源为电和蒸汽。2018 年万元产值综合能耗 0.02 吨标准煤，单位产品综合能耗处于行业领先水平。

企业主要原材料为驴皮和党参、红参、山楂、熟地。单位产品阿胶生产量、单位产品复方阿胶浆生产量均处于行业领先水平。

企业制定了严格的供应商评价制度和能源、原材料检验流程，每年对供应商进行严格评价，特别要求供应商所供货品要满足环保及节能相关标准，在供应商评定中优先与进行环境管理体系认证的厂家合作。对驴皮干湿度以及对红参、党参、熟地、山楂的有效成分进行严格检验，尽最大限度杜绝不满足环境要求的原材料的购入。

东阿阿胶正在实施建设的节约能源资源投入项目如下。

（1）开展能源管控平台及联动设备能效系统开发应用，使东阿阿胶完成以降本、增效、提质、智能为核心的精细化能源管理。

（2）为节约生产过程中的能源消耗，设计太阳能加热原料处理系统，可以为驴皮回软工艺及精洗工艺提供热水，减少蒸汽消耗，节约能源。

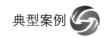

（3）使用太阳能为烘干通道提供基础能源，提高烘干通道基础温度，减少蒸汽使用量，并使用低温干燥技术，节约能源。

42.2.4　产品情况

东阿阿胶在能耗最高的提取环节，引进国际最先进的 MVR 液体蒸发设备 4 台，替代传统三效蒸发器，新设备蒸发效率提高 30.7%，能耗降低 70.1%，年节约蒸汽约 1.5 万吨，降低蒸汽费用 300 万元。研制出智能提沫机，替代传统的夹层锅生产，改善了现场的工作环境，实现阿胶精提环节的密闭生产，年节约蒸汽消耗 3100 吨，节能率达 31.3%。

东阿阿胶在辅助生产公用设备方面进行节能升级改造，引进 6 台节能型变压器，减少变压器电损 3%～5%；引进 2 台节能型空压机，实现空压机节能 41%；车间 23 台空调机组电机全部更换为永磁节能电机，节能 15% 以上。

东阿阿胶加强水的循环利用，公司复方阿胶浆生产线洗瓶水经过过滤处理后可用于空压机和制冷机组冷却补水，年节约一次水消耗约 4.2 万立方米。

东阿阿胶在产品生产过程中严格限制有害物质的使用，最终达到了产品无铅无毒的目的。

东阿阿胶利用阿胶世界园区车间屋顶建设 3.4 兆瓦光伏电站，2015 年 4 月建成并网发电；利用黑毛驴繁育中心的驴舍棚顶建设 5.6 兆瓦光伏电站，2016 年 6 月建成并网发电；利用驴屠宰及深加工项目厂房屋顶建设 244 千瓦光伏电站，2019 年 4 月建成并网发电。三个光伏电站年平均发电量约 914 万千瓦时，年节约标准煤近 3000 吨，减排二氧化碳 9000 余吨、碳粉尘 2486 吨、二氧化硫 274 吨、氮氧化物 137 吨。

42.2.5　排放情况

东阿阿胶建立专门制度对污染物及废弃物进行管理，包括《废弃物管理办法》《固定资产报废拆除处置管理制度》《废旧物资回收处理管理制度》《固体废弃物控制程序》《污水处理作业指导书》《污水、大气、噪声控制程序》，确保公司三废排放全部达标。

东阿阿胶投资 3000 万元建立污水处理站，设计运行能力 3500 吨/天，主要废水来源为阿胶生产废水、中成药生产废水，出水指标满足《城市污水再生利用景观环境用水水质》中观赏性景观用水水景类所有指标，同时满足的《再生水水质标准》《城市杂用水水质标准》等标准的排放指标。

东阿阿胶主要污染物排放指标远低于国家排放指标，均属于超低标排放。其中，化学需氧量标准要求为 400mg/l，实际排放值 <80 mg/l；氨氮执行标准为 35 mg/l，实际排放值 <5 mg/l；悬浮物执行标准为 200 mg/l，实际排放值 <50 mg/l；氮氧化物执行标准为 80mg/m³，实际排放值 <30 mg/m³。

企业车间现场采取隔声、减震、隔震措施，风机、空压机进出管路采用柔性连接，以改善气体输送时的流场状况，设备用房内部墙面、门窗均采取隔声、吸声措施，通过以上治理可使现有厂界噪声达到工业企业厂界噪声排放标准中Ⅱ类标准要求。

东阿阿胶产生的固体废弃物主要有三种：污泥、驴皮炼胶后残留毛渣和复方阿胶浆提取药渣。为妥善处理污水处理过程中产生的污泥，企业跟东阿县绿佳家庭农场有限公司签订了《污泥清运处置合同》，合同中明文规定了回收的污泥作为有机肥进行回收利用；驴皮炼胶完成后，蒸球设备内残留少量驴皮毛渣，该部分毛渣全部由驴毛和驴皮毛囊组织组成，是很好的牲畜饲料原料和农田有机肥料，企业与当地个体工商户达成一致意见，由其负责毛渣的清运。

企业复方阿胶浆、阿胶等系列产品以人参、党参、驴皮等中药材为原料，产生的药渣含有较高的营养成分及生物活性物质，目前企业的驴专用口粮产业化进入试产阶段，该项目可将生产产生的药渣经加工变成饲料原料或添加剂作为驴的饲料，实现良好的生态循环利用。每年可综合利用湿药渣 1 万

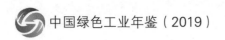

吨，节约养殖成本约 180 万元。

42.3　重点工作

为持续推进绿色工厂建设，解决阿胶糕生产关键工艺流程或工序环节绿色化程度低的问题，提升重大装备自主保障能力，东阿阿胶正在开展"阿胶糕绿色关键工艺系统集成项目"，通过项目实施，实现阿胶行业绿色制造系统集成，构建一个互通互联和全流程协同的绿色智能工厂，打造阿胶行业示范企业。所重点支撑的项目如下。

1. 阿胶糕原料生产关键工艺及装备技术开发

通过驴皮前处理清洁生产工艺技术与装备开发，实现整条生产线处理能力 5000 张/日，生产效率提升 66.7%，项目建设完成交付使用后年节水将至少达 23%。

通过使用化皮工艺排气净化处理及余热回收利用集成技术，采用以"冷凝缓冲+一级冷凝吸收+二级多介质吸收塔"的处理工艺，实现处理风量 3000m³/h。

研发并应用"动态提取—瞬时低温蒸发"一体化技术，使瞬时低温蒸发能力为每小时 5 吨水，蒸发效率达 95%以上。

2. 阿胶糕关键工艺及装备技术开发

基于微波烘烤技术，实现辅料处理环境自动控温，生产效率可提高一倍，质量稳定率达 100%；提高能源利用率，可节约蒸汽消耗 200 吨，节能效果明显；因优化生产工艺，预期减少操作人员 2 名。

基于微波反射全过程在线自动质控系统，实现对阿胶糕生产全过程在线质量控制，保证产品质量稳定，从而减少能源消耗及降低人工成本。

基于流程型制造的全流程关键环节智能管控技术，采用逐级分层控制的方法，将相对独立的绿色熬糕瞬时定型子系统、绿色脱模切割子系统、绿色包装子系统、绿色运输子系统进行集成，实现协同调度管控。

3. 阿胶糕生产全流程能源资源高效及循环利用技术

综合能源系统集成技术及工序段能源技术：把太阳能集热系统、空气源热泵系统、分布式能源系统进行集成创新，生产工序段将空调节能优化技术、高效空压机自动寻优技术、多元优化高效变压器节电技术等进行集成控制，形成技术创新。

研究废渣资源回收利用制有机饲料技术工艺：对生产过程中产生的工艺废渣经过无害化处理制成有机饲料，从而促进废弃资源综合利用和循环经济发展，提高资源利用效率，保护生态环境，推进绿色、循环、低碳发展。

研究有机废水的高级氧化成套装备及关键工艺技术，设计废水处理量 2500 吨/日，实现有机废水的循环利用。

4. 阿胶糕绿色制造系统集成改造项目

研究阿胶糕原料清洁化生产改造技术：对生产过程进行清洁化改造，开发并研制新型节能设备，在稳定产品质量的同时，提高生产效率，降低能源资源消耗。

研究能源管控平台及联动设备能效系统开发应用：采用物联网、大数据分析、人工智能等技术，提升集全面感知、设备互联、协同优化、预测预警、精准执行于一体的数字化、绿色化、精细化能效管理水平，以降本、增效、提质、智能为核心进行精细化能源管理，实现绿色发展、绿色生产的目标。

实施阿胶糕生产绿色化改造：通过对阿胶糕生产相关设备进行自动化改造，实现阿胶糕生产过程的智能化管理，系统可以智慧指导、感知、响应并记录工厂的生产活动，对生产过程中的变化做出迅速调整，减少生产过程中的能源资源浪费活动，使各生产作业环节协同优化操作，各生产装备节拍协调一致，实现最高效的生产资源配置。

第 43 章　绿色工厂优秀示范案例三

江中药业股份有限公司

43.1　工厂基本情况

江中药业股份有限公司（以下简称"江中药业"）创建于 1969 年，是国家高新技术企业，公司总部位于南昌市高新区火炬大道 788 号，生产基地坐落在南昌市湾里区，主导产品有健胃消食片、复方草珊瑚含片、博洛克、参灵草口服液、初元复合氨基酸营养液、亮嗓胖大海咽喉糖等 100 多种，拥有"江中"和"初元"两个中国驰名商标，企业品牌价值达 207.15 亿元，"江中"品牌价值连续十年入选世界品牌实验室"中国品牌价值 500 强"，在中药制造行业中排名第五，江中牌健胃消食片已连续 14 年荣获"中国消化类非处方药单品销量冠军"。江中药业 2018 年 11 月成为第三批国家级绿色工厂，工业总产值为 174955.3 万元，上缴税收 28548 万元，净利润 47023 万元。

江中药业是全国为数不多的拥有创新药物与高效节能降耗制药设备的国家重点实验室、中药固体制剂制造技术国家工程研究中心、蛋白质药物国家工程研究中心、航天营养与食品工程重点实验室四个国家级研发平台的制药企业。

江中药业在"十三五"期间连续多年荣获省、市节能先进企业，2014 年被中国工业报社评为中国最美工厂，2016 年被评为国家智能制造试点示范单位、国家知识产权优势企业、中国工匠精神标杆制药企业、江西省节能减排科技创新示范企业，2017 年获批国家节能标准化示范项目，并荣获江西省第二届井冈山质量奖提名奖、江西省两化融合标杆企业等多项荣誉。

江中药业近 5 年获得江西省科技进步一等奖 1 项、二等奖 1 项、三等奖 1 项，获南昌市科技进步一等奖，获国家级协会科学技术二等奖、三等奖各 1 项。制剂楼设计采用双 U 形立体设计，建设项目获得住建部厂房设计银奖。近年来制造方面获发明专利 3 项、实用新型专利 15 项，是中国中药协会中药智能制造专业委员会副主任委员单位，是移动物联网产业联盟理事单位。

2016 年 2 月 3 日，习近平总书记来到江中药业视察时对江中药业的绿色发展工作给予了高度的肯定。

43.2　绿色工厂创建情况

43.2.1　基础设施情况

江中药业的生产车间、研发中心、办公楼主体建筑采用多层钢筋混凝土框架结构，厂房采用多层建筑，厂区建筑面积约 18.25 万平方米，厂房设计采用内天井结构，大大提高了厂房的自然采光比例，严格执行《民用建筑热工设计规范》（GB 50176）、《绿色工业建筑评价标准》（GB/T 50878）、《建筑照明设计标准》（GB 50034）。其中，固体制剂车间在设计之初就充分考虑节能减排技术创新元素，采用立体"U"形厂房设计，厂内天井植物园充分利用自然采光，全面采用节能环保型建筑材料，项目

获得住建部厂房设计银奖。

江中药业的能源计量器具按照《用能单位能源计量器具配备和管理通则》（GB 17167）和《用水单位水计量器具配备和管理通则》（GB 24789）要求配备，电力、天然气、蒸汽和水进出用能单位计量器具配备率 100%，进出主要次级用能单位电力计量器具配备率 100%，三级计量配备率 90%以上，均符合 GB 17167 标准的相关配备要求。

江中药业建有废水、废气、粉尘、固体废弃物的污染物处理设施，各类污染物经过有效处理后均达标排放，同时大力实施资源减量化、生产清洁化及固体废弃物回收利用，产生的危险废弃物均由有处理资质的单位进行处理。

43.2.2 管理体系情况

江中药业开展了 ISO 9001、ISO 14001、OHSAS 18001、ISO 50001 四个管理体系的建设工作，并通过中国质量认证中心的认证。根据行业特点，将制药行业 GMP 规范与 ISO 9001 有机结合，形成操作性较强的管理体系。

2013 年，江中药业开始开展 FSMS 管理体系认证工作，于 2013 年 12 月取得由中国质量认证中心颁发的 GB/T 22000 食品安全管理体系认证证书。

江中药业严格按照五体系（ISO 9001、ISO 14001、OHSAS 18001、ISO 22000、ISO 50001）、《药品生产质量管理规范》及其附录相关要求实施管理，建立以管理手册、程序文件、管理制度、作业指导书、操作规程、安全标准、卓越绩效现场管理模式为指引的管理体系，建立了企业标准、技术指标、质量现场监督手册、自查手册等技术文件。

43.2.3 能源资源投入情况

1. 能源投入

江中药业使用的能源为电力和天然气，均为清洁能源。江中制药积极进行节能技改，提供生产能效。一是进行空调热管技术应用改造，找出了适用于制药行业的变频节能技术与空调系统温差控制的联动方法，实现节能降耗。二是建设智能化能源管理中心。江中药业与江西省计量测试研究院合作，开发出智能化能源管理中心，实现了电力、自来水、天然气、蒸汽的在线计量，在中药、保健品制造领域首次实现了单位产品能耗、能平衡、设备能效的在线测试及碳排放盘查等功能，对中药、保健品生产全过程进行精细能耗管理，极大地提升了中药、保健品制造业的能源管理水平，成为江西省唯一入选国家节能标准化示范项目的企业。三是使用可再生能源。江中药业在综合制剂楼屋顶投资 1260 万元建设 1.5MWp 光伏电站项目，年发电 162 万 kW·h，所发电量完全能自用消耗。四是余热余压利用。江中药业的提取车间、液体制剂大楼、研发楼等均设计了蒸汽冷凝水回用系统，使蒸汽冷凝水的余热得到回收再利用，节约了大量的能源，其中制剂大楼蒸汽冷凝水回用率达到了 80%以上。按照年节约蒸汽 1900 吨计算，折算节约天然气 15.58 万 Nm³。

2. 资源投入

江中药业的原辅材料主要有四部分，其中大宗的是中药材、山梨醇、白糖等原料，以及辅助生产的纸制品、PVC、铝箔、玻璃瓶等包装材料。江中制药持续改进生产工艺，提高成品率，降低原料消耗量。

江中药业在石斛的生产中，在降温过程中把冷却循环水开小，使水浴灭菌室缓慢降温，石斛饮瓶内和灭菌室压力相对平衡，从而减少残次品。产品断点及胶塞吸进的情况明显减少，成品得率从 70% 提高至 85%～90%；参灵草牌原草液在灭菌后浊度会有明显的升高，并有沉淀产生，严重影响产品外观和产品稳定性，经过试验摸索通过超滤和降低灭菌温度的方式可以改善原草液灭菌后浊度升高问题，经过改进后成品得率增加 0.72%。

3. 采购

江中药业制定《采购管理程序》，作为采购业务的核心规范文件，组织确定各物料的供应商、价格、份额。原材料供应商的选择，严格按照公司程序文件《供应商管理程序》（JZ/W-P-15）执行，公司定期对供应商的质量体系、产品质量、价格等进行评价，对主要供应商进行现场审计，对不合格的供应商，要求其停止供货，限期整改，经公司验收合格后才可恢复供货。

江中药业具有完善严格的供应商和原材料控制体系，选用无害原材料，仅采用满足《中华人民共和国药典》要求的原材料。与第三方检测机构（江西省食品药品检测研究院、江西省分析测试中心、江西省产品质量监督检测院、江西省疾病预防控制中心）合作进行有害物质检测。

4. 产品情况

江中药业按照《产品生态设计通则》（GB/T 24256）对中成药进行全生命周期的生态设计，在工艺设计中引入了生态设计和绿色产品的理念，充分考虑客户需求和环保生态的要求，从药品市场定位、开发战略、设计开发过程、配套体系的选择、生产过程、交至客户的使用过程、药品使用完毕废弃包装处理环节等进行全面、全流程的策划和执行，关注产品全生命周期。

江中药业按照《产品生态设计通则》（GB/T 24256）、《中华人民共和国药典》、《研发管理程序》（JZ/W-P-43）等文件的要求，研发的新产品必须满足国家或行业最新要求，不含有毒有害物质。在采购时严格控制原材料的质量，建立中药材有害物质（如重金属、黄曲霉素、农残等）含量限定标准。在产品生产检验过程中，严格管理化学试剂的使用，控制有毒、有害试剂的使用。

江中药业生产过程产生的废料有药渣、包装边角料、废金属及废水等。药渣由专业公司作为养殖饲料回收；包装边角料、废金属等固体废弃物由有资质的专业回收公司处理；废水由公司污水处理站净化后实现 1000 吨/日中水回用，用于绿化及生态补水。

5. 排放情况

一是大气污染物。江中制药使用天然气锅炉，产生的污染物主要是烟尘、氮氧化物，排放的烟气收集后经烟囱高空排放，符合或低于锅炉废气排放执行的《锅炉大气污染物排放标准》（GB13271—2014）表 1 中燃气锅炉排放限值，实现锅炉二氧化硫零排放，处于行业先进水平。

工业粉尘处理方面，江中制药均采用密闭有组织的方式收集处理，没有无组织排放情况。工艺粉尘处理采用在过滤袋式除尘基础上再增加水幕除尘柜深度除尘，使废气二次净化，通过源头控制+过程削减+末端治理，实现全面清洁生产，除尘效率达到 90%，工艺粉尘排放浓度仅约为《大气污染物综合排放标准》（GB 16297—1996）表 2 中二级排放限值的三分之一，达到行业排放先进水平。

二是水体污染物。江中制药建成三套污水处理设施，其中两套日处理废水 1500 吨、一套日处理废水 800 吨，均采用 AO 工艺+生物滤池，污水处理设施运行稳定，污水处理达标排放。在污水总排放口还安装了废水在线自动监测设施，将 COD、BOD、氨氮、pH 等主要污染物指标的监测数据实时传送至各级环保主管部门监控平台。日常运行排放指标优于《中药类制药工业污水污染物排放标准》（GB 21096—2008）表 2 中排放限值。

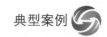

江中制药的厂区内严格实行雨污分流设计施工，对厂区污水管道专门接管到市政污水管网，投资近 100 余万元实施污水处理中水回用工程，主要用于景观补水和绿化用水，中水回用率达到 35.33%。

三是固体废弃物。江中制药的可以回收循环利用的包装废料、中药材提取药渣等固体废弃物均由合规的公司进行循环回收利用，其中，中药材提取药渣由南昌县云龙种养殖专业合作社作为养殖饲料进行回收利用，可回收的包装废料、废金属由江西天佐废旧物资回收有限公司进行分类收集回收利用；污水处理站产生的少量污泥，委托江西省核工业地质局测试研究中心进行固体废物危险特性鉴别，鉴别结论为污泥为不具有浸出毒性、腐蚀性危险特性的固体废物，可作为有机肥料进行利用或污泥干化后填埋处理；实验室废液、过期药品等危险废物均交由资质合规的江西东江环保技术有限公司进行处置，达到国家环保安全标准后进行无害化处置；生活垃圾由专业环卫公司转运到南昌市规定的垃圾填埋场所麦园垃圾填埋厂处理。

四是噪声。经由江西华正环境检测技术有限公司进行噪声检测，江中制药厂界噪声均低于《工业企业厂界噪声标准》（GB 12348—2008）Ⅱ类标准限值。

43.3 重点工作

依据企业"十三五"规划，在"十三五"期间，江中制药实施的重点绿色制造改造项目如下。

（1）基于中药制造特点、特色，利用能源智能化管理平台开展相关工作。

（2）筹建成立国家技术标准创新基地（江西绿色生态）中药制剂节能标准中心，组织成立中心机构和制定运行机制、工作方案和年度计划。

聚焦中药绿色生态标准体系建设，调研江西省及周边省份中药产业生态环境和清洁生产领域的标准现状，深入调查关于中药现代化绿色制造标准体系框架，将中药产业绿色提取、制剂等方面的科技研究成果和创新成果研究转化为储备标准项目；对中药行业内的环境治理、节能减排、综合回收利用自主创新成果进行标准转化；推广应用绿色生态技术标准，将中心建设成为绿色生态创新成果转化平台；立足中药现代化，为企业绿色生态发展提供所需的标准化服务；为专业技术人员、技术科研人员提供全方位、系统全面、有针对性的标准化知识。提高企业及科研院所相关标准化人员的标准化方法原理、标准编写等方面的能力，并对学习成绩突出、工作业绩优秀的人员予以一定的奖励。组织申报国家技术标准创新基地（江西绿色生态）标准，提出地方标准制修订项目建议，推荐标准创新试点（示范）单位、江西省标准创新团队备选项目，搭建起标准制定、验证、评价及标准成果示范的平台。引导先进企业开展标准试点示范，起到辐射带动的作用，用技术创新、标准化助推产业转型升级。

（3）引进节能降耗新技术以及能源综合循环使用技术。

对已采用了变频空压机和磁悬浮冷水机组等的节能新技术进行节能挖潜，加速生产工艺改进，确保在 2020 年工厂万元产品产值综合能耗比"十二五"期间基准继续降低 16% 的节能考核目标顺利达成。

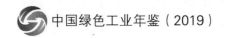

第 44 章　绿色工厂优秀示范案例四

浙江美欣达纺织印染科技有限公司

44.1　工厂基本情况

44.1.1　企业基本信息

浙江美欣达纺织印染科技有限公司（原名为浙江美欣达印染集团股份有限公司，以下简称"美欣达"）成立于 1998 年 7 月，注册资本 10000 万元。企业主营业务为纺织品的印染生产、销售，主导产品为灯芯绒、纱卡、亚麻及其多纤维染色/印花及风格、功能性服装面料，产品规格/品种/花色达 3000 多种，年生产能力约 1 亿米。2018 年度，企业实现销售收入 98262 万元，实现利税总额 3966 万元。同年，美欣达入选工业和信息化部第二批绿色工厂名单。

美欣达是国家级高新技术企业，拥有国家级企业技术中心、省级高新技术研究开发中心、省级研究院和省级博士后工作站，是中国印染行业 20 强企业、中国纺织行业节能减排优秀企业，国家工业和信息化部授予的"首批两化融合促进节能减排试点示范企业""国家级绿色工厂"，以及省级创新型试点企业、省级专利示范企业等。美欣达先后通过了 ISO 9001 质量体系认证、ISO 14001 环境体系认证、欧洲纺织品鉴定 STESTEX 认证中心的生态纺织品标准认证、GOTS 认证和 Oeko-Tex Standard 100 生态纺织品第三方认证，是 ZDHC 认证的首批发起企业之一。美欣达的主要产品全棉轻磨毛免烫纱卡为国家级重点新产品；美欣达商标被国家工商总局认定为"驰名商标"，"美欣达"牌产品被评为"中国名牌产品""国家免检产品"及"出口免验产品"。2006—2018 年美欣达获得新产品专利 160 余项，参与制定行业标准 6 项。美欣达在国家发展改革委制定修订"印染行业准入标准"时提供了生产规模及节能减排相关的企业信息。

44.1.2　企业绿色发展方面重点工作及成绩

美欣达获得浙江省印染行业协会颁发的"节能减排先进企业证书"，在 2016 年 6 月成为 BCI 良好棉花会员单位，通过采购绿色的坯布原料，从而促进客户架构的转型，实现经济发展与环境保护的双赢。为推进企业可持续发展，美欣达在绿色发展方面开展的主要工作如下。

一是工艺改进。通过自主创新，在实施生产用水循环的同时，开发高效短流程工艺，通过对前处理工艺的精简，在保质保量的前提下，实现节能、节水、减排目标。

二是污染物治理。投资 900 万元实施空中污水管道工程和集水池过滤过程，将过滤除杂后的污水输送通过空中管道完成，避免因管道泄漏，而导致的土地污染；投资 600 万元全面改造车间污水收集管路，将原先的水泥管全面改为 PVC 管，并且不同工区的管路分开输送、区别处理，既能简化部分污水处理工艺，降低污水处理成本，又能提高污水处理质量和效果；投资 600 万元，全面升级定型机、焙烘机的废气过滤装置，通过水过滤、吸附处理等多道工序，确保排出废气符合国家标准；与国内外先进膜生产厂家共同开发具有化学稳定性高、抗污染、高通量的膜材料，特别是针对印染废水的复杂

特性，研制和开发不同印染废水的专用膜，不断开发膜技术与其他技术的有机组合，促进印染企业的经济效益、社会效益与环境效益同步发展。

44.2　绿色工厂创建情况

44.2.1　基础设施情况

1. 建筑与设施

美欣达占地面积 272400 平方米，其中建筑占地面积 139717 平方米。主要生产设备为：烧毛机、退浆联合机、丝光机等前处理生产设备 7 台，扎染生产线 5 条，热定型机 5 台，生产规模为 6000 万米/年。厂区共有 A、B 两个主要生产厂房。

建筑材料方面：仓库采用防火墙，所有热力、化学物资管道均采用保温材料。

建筑结构方面：采用钢结构和框架结构。

2. 计量器具配备

美欣达为加强能源计量器具管理，外购蒸汽、电力、天然气、水的计量器具配备率 100%；各车间/工段能源消耗计量器具的配备率 100%；主要用能设备能源计量器具的配备率 100%，符合《用能单位能源计量器具配备和管理通则》（GB 17167—2006）要求。

3. 照明配备情况

美欣达的一次照明、路灯及停车场泛光灯均采用 LED 灯具，各个工位上的照明根据实际需要采用高效节能灯。厂房照明分层、分区设置照明配电盘。厂房照明灯具采用分区集中控制，由区域配电盘的微型断路器直接控制启闭。路灯则采用了定时开关的自动控制措施。

4. 相关标准落实

美欣达排放执行《纺织染整工业大气污染物排放标准》（DB 33/962）、《大气污染物排放标准》（GB 13271）、《纺织染整工业水污染物排放标准》（GB 4287）、《工业企业厂界环境噪声排放标准》（GB 12348）。一般固废的储存、处置执行《一般工业固体废弃物贮存、处置场污染控制标准》（GB 18599）的要求，危险固废的储存、处置执行《危险废物贮存污染控制标准》（GB 18597）的要求。

美欣达建立严格的质量控制指标，指标基于国家标准 GB/T 411 和 GB 18401，以及企业自身的技术、工艺特点，使得产品质量高于国家标准。同时，企业还通过生态纺织品标准（Oeko-Tex Standard 100）和有机棉 GOTS 认证，确保印染布产品中的化学残留物处于极低的水平或零残留。

44.2.2　管理体系情况

美欣达先后建立、实施和有效保持运行的管理体系包括质量管理体系、环境管理体系、知识产权管理体系、两化融合管理体系，获得白名单资质认证、Oeko-Tex Standard 100 生态纺织产品认证、GOTS 有机纺织品认证、安全生产标准化二级认证等，从多个方面确保产品质量持续稳定。

44.2.3 能源资源投入情况

1. 能源消耗

美欣达主要使用的能源包括蒸汽、电、天然气和自来水。所有的能源均为外购能源，大部分用于工业生产，少量电力和水资源用于办公建筑。

美欣达与湖州吴兴贝健新能源公司签订了 0.26MWp 分布式光伏电站项目，在生产车间屋顶建设分布式光伏电站，项目于 2018 年投入运行，年均发电约 147 万 kW·h。

2. 资源投入

美欣达建立了严格的管理制度，其中采购程序规定：A 类有机棉产品、有机棉坯布与 B 类有机染化料和助剂的供应商，必须通过 GOTS 或是 OE 评价认证。根据《持续改进管理控制程序》，严格按配料单上的定额数量进行生产，并对生产工艺不断进行优化改进，以减少原材料消耗，提高成品率。

3. 采购情况

美欣达是纺织供应链绿色制造产业创新联盟的发起成员单位之一，建立了《采购管理程序》，其中对供应商的资质、供应商合同管理、供应商的审核与评价、供应商考核的定级做出了详细的要求。根据《过程和产品的监视测量管理程序》，建立了进货检验和试验的相关程序及办法。

44.2.4 产品情况

美欣达通过了生态纺织品标准（Oeko-Tex Standard 100）认证和全球有机纺织品 GOTS 认证，表明公司产品充分考虑并实施了国际上最严格的生态纺织产品标准，与国内同行相比具有先进性，对有害物质的控制处于国际先进水平。企业通过研发"无甲醛免烫面料的开发""低碱活性染料项目""生物酶综合前处理技术"等技术，将生态理念持续融入生产研发的过程中。美欣达委托 intertek 天祥集团对所生产的纺织产品进行了全生命周期的碳足迹评估，评估报告提示了产品在全生命周期之中各个环节产生的温室气体排放，为企业进一步管控和降低相应排放提供了支撑。

44.2.5 排放情况

美欣达建立环境管理部门，由总经理负责环境方针的批准及管理者代表的任命，管理者代表负责编制和实施环境方针并定期组织评审、修订。

1. 大气污染物

美欣达的锅炉燃烧天然气与沼气，产生大气污染物，通过处理后排放。企业委托外部国家资质认证的实验室对废气排放每季度进行一次检测。

2. 水体污染物

美欣达厂区建有处理能力 12000m³/d 的废水生化处理系统及处理能力 62m³/h 的中水处理系统各 1 套。所有经过预处理的生产废水、生活污水在中和混合池均匀后进行生化处理，然后进入中水池，处理后的中水部分回用于厂区绿化、冲洗厕所等，部分进入 62m³/h 的中水处理系统深度处理（超滤+反

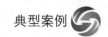

渗透）后回用于生产车间磷化后水洗工序等。深度处理后产生的 RO 浓水经活性炭过滤处理并检测达标后排入市政管网。公司配备了专门人员以及实验室负责废水日常监测工作。实验室配备有电子天平、pH 计、滴定仪、COD 分析仪等，用以完成公司生产管理工作中的常规监测任务。

3. 噪声污染物

噪声污染物主要来源于印花机、烘干机等。针对噪声控制，企业选用噪声较低的机械产品及在设备上配置减震装置和消声器，将噪声较大的设备置于单独房间，或者布置在无人和操作人员少、人员停留时间短的区域内，并在建筑上实施隔声、吸声等措施。

4. 固体废弃物

美欣达生产过程中产生的以布、棉等为主的边角废料及纸皮、木箱、塑料等包装废料和废玻璃等，收集后交由废物回收公司回收利用；废油、废水处理站污泥、含油废抹布等危险废物经收集后，暂存于厂区危险废物暂存间，交由有处理资质的单位进行处置；生活垃圾，收集后交由当地环卫部门处理。

5. 温室气体

美欣达每年根据《工业其他行业企业温室气体排放核算方法与报告指南（试行）》对自身碳排放情况进行自我盘查。2014 年以来，浙江泓碳环境科技有限公司每年对企业的碳排放数据进行第三方核查。

美欣达对碳排放结果进行分析，开展了节能技改活动，近几年的单位产品碳排放量呈现下降趋势。

44.3　下一步重点工作

1. 建立绿色工厂管理体系，深化绿色工厂运营

在绿色工厂实践的基础上，建立绿色工厂管理体系，由绿色工厂推进工作小组收集、汇总和对比分析行业内绿色工厂创建与运营的先进经验或生产数据，制订绿色工厂管理目标，深化绿色工厂运营。

2. 组织开展绿色工厂复评工作

评估绿色工厂的整体创建效果和建设情况，由绿色工厂推进小组组织专家对公司进行二次评价，对比首次评价的情况，总结工厂建设的成功经验，继续改进不足之处。

3. 引入绿色环保印染生态产业供应链概念，促进绿色产业发展

加强与绿章（北京）工业技术有限公司、苏州市伏泰信息科技股份有限公司等多方合作，加大新工艺、新技术、新材料、新设备在生产工艺中的应用，重点突出绿色智造、节能减排，打造在棉印染中高端产品的多样化生产加工能力。在工艺革新上通过内引外联，和外部专家院校合作，研发印染新技术、新工艺，提高企业的研发能力。在原生产线的基础上，通过技改提升、信息化融合的手段，引进和消化先进的生产设备，提升印染重污染行业的绿色生产能力，实现行业内污染物近零排放的目标。

第 45 章　绿色工厂优秀示范案例五

隆基绿能科技股份有限公司

45.1　企业简介

45.1.1　企业基本信息及发展现状

隆基绿能科技股份有限公司（以下简称"隆基股份"）原名为西安隆基硅材料股份有限公司，成立于 2000 年，注册资本 27.91 亿元，2012 年 04 月在上海交易所主板上市（股票代码：SH601012），是 A 股单晶硅光伏产品的龙头上市公司，是全球领先的单晶硅产品制造商。目前公司市值超过 800 亿元，是全球市值最高的太阳能科技公司。2018 年，企业入选工业和信息化部第二批绿色工厂名录。

隆基股份以西安为中心，在宁夏中宁、银川，江苏无锡、泰州，浙江衢州，安徽合肥、滁州，云南丽江、保山、楚雄及印度、马来西亚等地设有多个生产基地。目前隆基股份业务已延伸至光伏整个产业链，包含单晶硅棒、单晶硅片、单晶电池、单晶组件等产品及光伏电站 EPC 和投资业务等，客户遍及全球各地。截至 2018 年年底，公司单晶硅片产能已达 28GW，占全球产能的 42%，位居全球第一；组件产能达到 8.8GW，2018 年组件出货量位居国内第一。基于产品技术的优越性，隆基股份连续四年位居全球单晶硅电池组件出货第一位。2018 年公司实现营业总收入 219.88 亿元，净利润 25.58 亿元，公司资产总额为 396.59 亿元。

隆基股份始终注重技术创新，建有"国家级企业技术中心"。2012—2018 年，公司累计研发投入超过 36.94 亿元，其中 2018 年研发费用达到 12.3 亿元，是全球光伏领域研发投入最高的公司。公司是"中国制造业 500 强""中国民营企业 500 强"，入选工业和信息化部首批制造业单项冠军示范、首批国家智能制造新模式应用项目、首批国家绿色工厂示范企业以及国家级技术创新示范企业。此外，公司是商务部唯一认定的对外援助物资项目总承包光伏企业。

公司单晶 PERC 电池转化效率 2017 年至今打破 6 次世界纪录，引领行业 PERC 技术应用进入量产阶段。2019 年 1 月，隆基股份单晶双面 PERC 电池经国家光伏质检中心（CPVT）测试，正面转换效率达到了 24.06%，商业化尺寸 PERC 电池效率首次突破 24%，就此打破了行业此前认为的 PERC 电池 24% 的效率瓶颈，再次成为新世界纪录的创造者。2019 年 5 月，72 型双面组件正面功率突破 450W，再度刷新了世界纪录，处于行业国际领先地位。

45.1.2　在绿色发展方面开展的重点工作及取得的成绩

1. 创新绿色生产工艺

隆基股份采用新型工艺，研发出多次拉晶、快速拉晶、大装料、快速切割等技术，大幅提高生产效率，百万片能耗约为 10 万 kW·h，远远小于国家《光伏制造行业规范条件（2015 年）》要求的 40 万 kW·h/百万片的行业标准。

金刚线切割工艺可大幅降低行业平均成本，可推动单晶硅产品的薄片化，提高单位产出，大幅降低行业平均成本，生产过程中使用的冷却液和清洗液为水性溶液，产生的废水污染物浓度比砂线切割废水减少约 50%，废水 COD 值小于 1800mg/L；百万片水耗为 1320 吨，较 2015 年单位产品水耗降低了 49%，小于光伏制造行业规范条件要求（硅片项目水耗低于 1400 吨/百万片）。

2. 利用可再生能源

光伏发电：隆基股份利用公司厂房建筑屋顶、厂区车棚建设装机容量为 1MW 的分布式光伏太阳能发电工程，年平均发电量约为 120 万 kW·h，实际年节电量 117 万 kW·h，折合标准煤约 428.22 吨，按照发电寿命周期 25 年计算，累计节约标准煤 10705.5 吨。

光热系统：在员工宿舍屋顶安装太阳能加热装置，利用太阳能替代电加热，为员工宿舍提供 24 小时热水。

3. 能源综合利用

空压机热能回收：利用工厂空压机运行时会产生大量热能的特点，安装 6 套热能回收装置，组成 2 组换热系统，分别为脱胶机、清洗机及员工宿舍冬季供暖提供热水，可为一、二车间稳定提供 15～20℃ 热水 18 吨/小时，年节约电耗 247.2 万 kW·h。

中水、浓水回用：将制纯水过程产生的浓水，回用于硅片预清洗，每天回用约 250m³。新建污水处理站，每天回用中水 1200m³，可直接用于硅片预清洗和切割机附件冲洗，年可节约用水约 40 万吨。

切片机滤波节电：在 5B 变压器低压侧安装一套 1260kW 有源滤波节电器，以降低谐波电流，提高系统功率因数，延长变配电系统的使用寿命，年平均节约 31.29 万元。

空压机变频节电：对二车间动力站 3 台 160kW 空压机进行变频节能改造，实现恒压、节能供气，提升运行效率，年可节约用电 23.16 万 kW·h。

45.2 绿色工厂创建情况

45.2.1 基础设施情况

隆基股份厂区总面积为 46768.99m³，绿化面积 10050m³，绿化比例为 21.49%。建筑物均采用南北通透的建筑模式，充分利用自然通风，建筑采用自然采光设计，窗体面积为墙体面积的 50% 左右。

建设材料：厂房建筑均使用资源消耗和环境影响小的钢结构建筑。办公室等场所装修过程使用蕴能低、高性能、高耐久性的本地建材。

公司按照《用能单位能源计量器具配备和管理通则》（GB 17167）要求，建立能源计量器具配备制度和管理制度，能源计量器具配备符合标准要求。外购蒸汽、电力、天然气、水的计量器具配备率 100%；各车间/工段能源消耗计量器具的配备率 100%；保障主要用能设备可计量率 100%。

公司办公区域及厂房照明根据不同区域及用途，充分利自然采光，优化窗墙面积比，办公场所和车间通道照明优先采用 LED 灯，并采用时控开关定时打开和关闭，照明配置符合《建筑照明设计标准》（GB 50034）的要求。

公司的单晶炉、切断机、切方机、平磨机及辅助设备等通用与专用设备，均符合行业及企业生产标准准入要求。

公司建设弱碱喷淋塔、活性炭吸附塔、含酸废水处理设施、混凝沉淀气浮预处理设施、高压板框

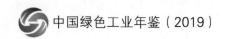

预处理设施、污水处理系统、"超滤+反渗透"深度处理设施等污染物处理设施，对污染物进行处理。

45.2.2 管理体系情况

隆基股份先后建立、实施和有效保持运行的管理体系包括质量管理体系、环境管理体系、环保管理体系、知识产权管理体系、两化融合管理体系、白名单资质认证、能源管理系统等，在满足国家和行业标准的同时争取达到更高水平，并以文本化形式予以体现，用以规定和指导过程或体系的实施、保持和持续改进。

45.2.3 能源资源投入情况

隆基股份使用的主要能源为电力、水和天然气。公司使用可再生能源，进行了多项节能技改项目，提高了综合能效。

隆基股份严格按照《质量管理体系》（GB/T 19001）程序文件要求，制定了《供应商开发管理办法》《供应商淘汰&黑名单管理办法》《采购需求管理办法》《采购行为规范》《物资采购申请管理办法》《原辅材料供应商异常索赔管理办法》《采购策略管理办法》等系列文件，规范物资采购和计划、供应商管理、物资储存、物资寄售、物资共享等程序，对供应商的资质证明、生产能力、交货能力、质量状况、履约能力、节能情况及价格等进行评价与选择，确保采购的原辅材料产品符合规定要求。

45.2.4 产品情况

隆基股份主要产品为单晶硅片，不属于国家规定的用能产品范围，但公司严格按照工业和信息化部《光伏制造行业规范条件》及《光伏制造行业规范公告管理暂行办法》的规定要求执行生产活动，并于2013年12月被工业和信息化部纳入第一批符合《光伏制造行业规范条件》的企业名单。

根据绿色生产、无碳排放的原则，隆基股份对产品在其整个生命周期内的各种温室气体排放情况进行盘查，即从原材料进厂到生产、分销、使用和处置/再生利用等所有阶段进行温室气体排放核算。通过对产品开展碳足迹盘查工作，对温室气体排放进行全面掌握与管理，进一步促进公司生产、销售、使用和处置等各环节的节能低碳。

隆基股份一直秉持绿色发展、节约能源的理念，在生产过程中尽量避免有毒有害物质的使用，生产过程中产生的废弃物最大化地回收利用，不断改造生产设计和工艺，实现节能、降耗、减污、增效，从而降低生产成本，增加企业经济效益和生态效益，并减少对人类和环境污染的风险。

45.2.5 排放情况

在节能环保形势严峻的情况下，隆基股份根据国家环保政策及行业规范要求，在环境排放方面坚持高标准、高起点投入。

隆基股份对厂区内产生的有机废气、污水处理臭气等安装处理设备进行处理，委托外部有国家资质认证的实验室对废气排放每季度进行一次检测。

隆基股份建设污水处理站，处理规模为3800m³/d（混凝气浮沉淀一体机处理规模1400 m³/d、MBR处理规模2400m³/d），同时采用"袋式过滤器+超滤系统+一级反渗透处理系统"进行中水回用处理，处理规模为1200m³/d。出水水质均达到《黄河流域（陕西段）污水综合排放标准》（DB 61/224—2011）中一级标准。

隆基股份生产过程中产生的硅泥、废金刚线、沉淀污泥、废胶丝、废液等，交由有资质的专业厂

家进行处理；对日常管理中产生的生活垃圾，如废旧纸张、废墨盒、废硒鼓、废纸板（箱）、废塑料等所有可回收的物资进行回收，不能回收的垃圾交环卫部门统一处置。

隆基股份主要噪声来自金刚线切割机、硅片超声波全自动多槽清洗机等生产设备运行噪声与污水处理站设备的运行噪声，通过采取相应的隔音降噪措施后，厂界噪声排放达标。经第三方机构对噪声排放情况进行检测，厂界噪声符合《工业企业厂界环境噪声排放标准》（GB 12348—2008）要求。

隆基股份每年根据《工业其他行业企业温室气体排放核算方法与报告指南（试行）》对温室气体排放情况进行核算，对产品开展碳足迹盘查工作，形成《LCA（生命周期评估）及 PCF（产品碳足迹）评估数据收集总表》，根据结果对温室气体排放进行全面掌握与管理，指导公司生产各环节的节能低碳工作。

45.3 重点工作

1. 升级设备，加强管理，实现资源利用集约化

隆基股份已做好新一代金刚线升级换代工作，接下来将引入大数据管理，以提升资源利用率。通过开展设备运行研究，开发动力设施数据管理平台，利用大数据寻找设备运行能耗最低的运行匹配方式，自动选择，合理配置能源，降低固定方式所造成的功率损失，提高系统的动态响应速度，起到节能降耗的作用。此外，还要对耗能设备进行技改。

2. 带动光伏产品行业的技术进步，引领光伏行业向绿色制造转型升级

为实现以光伏绿色制造关键技术为核心的全生命周期的绿色制造系统集成，带动光伏产品行业的技术进步，引领光伏行业向绿色制造转型升级，隆基股份牵头申报了 2018 年绿色制造系统集成项目，项目名称为"高效单晶硅产品绿色关键工艺系统集成项目"。

"高效单晶硅产品绿色关键工艺系统集成项目"以光伏行业相关制造及产品标准为引领，以绿色工厂、绿色设计、绿色产品等为重点，以推动光伏拉晶切片制造领域绿色发展为目标，推行绿色技术应用与绿色管理，全面推进绿色设计体系建设。从绿色产品设计、信息平台搭建、绿色装备创新与集成开展，在研发（设计）、材料、制造、运输、使用、再循环等方面进行产品全生命周期管理。

隆基股份具有覆盖单晶硅棒、硅片生产全流程的前瞻性研发能力，通过绿色关键工艺技术，即金刚线切割绿色工艺及连续拉晶绿色工艺的突破与使用，完善工艺和技术设计，加大绿色技术改造投入，自主开发绿色关键工艺技术装备，优化原料供给方案，降低原料、辅助材料、水资源等主要资源消耗量，建立产品生命周期绿色评价系统，记录产品的碳足迹，完善绿色制造体制建设，推行绿色制造标准，从而带动光伏行业的技术进步，引领光伏行业向绿色制造转型升级。

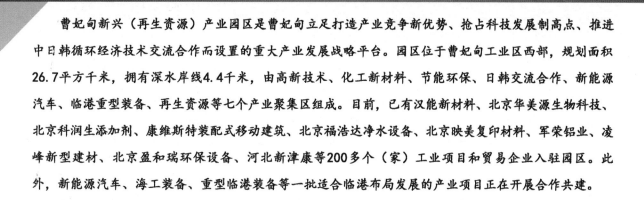

曹妃甸新兴（再生资源）产业园区

期待与您携手，合作共赢，圆梦曹妃甸！

　　曹妃甸新兴（再生资源）产业园区是曹妃甸立足打造产业竞争新优势、抢占科技发展制高点、推进中日韩循环经济技术交流合作而设置的重大产业发展战略平台。园区位于曹妃甸工业区西部，规划面积26.7平方千米，拥有深水岸线4.4千米，由高新技术、化工新材料、节能环保、日韩交流合作、新能源汽车、临港重型装备、再生资源等七个产业聚集区组成。目前，已有汉能新材料、北京华美源生物科技、北京科润生添加剂、康维斯特装配式移动建筑、北京福浩达净水设备、北京映美复印材料、军荣铝业、凌峰新型建材、北京盈和瑞环保设备、河北新津康等200多个（家）工业项目和贸易企业入驻园区。此外，新能源汽车、海工装备、重型临港装备等一批适合临港布局发展的产业项目正在开展合作共建。

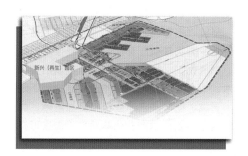

新兴（再生）园区

基础设施配套： 区域内高密度高速公路、铁路网，形成津京1小时通勤圈和经济圈。园区地理位置优越，东临唐曹高速、迁曹铁路，南靠西港码头和铁路编组站，为原料与产品运输提供便利的交通条件。项目用地指标充足，水、电、路、讯、污水等设施基本实现了配套，能够全面满足项目建设、企业投产需求。

投资环境优越： 根据项目科技含量、投资体量，分别在用地、财税、上市等方面给予支持。园区内拥有首钢基金、京曹（唐山）股权投资基金等金融机构，可为项目提供金融支持。

手续办理快捷： 实行"保姆式"服务，为入驻的项目全程代办各种手续，实现了一枚公章管审批。

　　曹妃甸商机无限、潜力无限、前程无限。我们热忱地欢迎各位企业家到新兴（再生资源）产业园区投资创业，期待与您携手，合作共赢，圆梦曹妃甸！

柴达木（国家级）循环经济试验区

　　柴达木循环经济试验区位于青藏高原北部、青海省西北部，南通西藏，北达甘肃，西出新疆，处于青、甘、新、藏四省区交汇的中心地带和核心区域，是2005年10月国家首批成立的13个循环经济试点园区之一，也是目前国内面积最大、资源最丰富、唯一布局在青藏高原少数民族地区的区域性循环经济产业园区。2010年3月，国务院批复《青海省柴达木循环经济试验区总体规划》，试验区建设发展由此上升为国家战略。

　　试验区主体区域为素有"聚宝盆"美誉的柴达木盆地，规划面积25.6万平方千米，目前已发现矿产112种、产地1999处，探明储量的矿产有90种、矿产地637个，各类矿藏具有储量大、品位高、类型全、分布集中、资源组合好等特点，潜在经济价值在188万亿元以上。此外，试验区区位优越、土地广袤、工业基础完备、基础设施完善、政策支撑有力，特别有利于构建多产业集群联动格局，非常适合发展循环经济。乘着国家"一带一路"建设的东风，试验区已成为祖国大西北最具投资空间和发展潜力的区域之一，并且成为西北地区重要的交通枢纽、战略通道和开放门户。

　　近年来，在青海省委、省政府的坚强领导和海西州委、州政府的指导支持下，试验区按照"延伸产业链条、发展优势产业、打造核心企业、培育产业集群、建设重大产业基地"的思路，坚持"生态保护优先"理念，大力推动特色产业发展、加快项目建设、强化招商引资、加强要素保障、突出科技创新、夯实基础配套，全力以赴推动园区建设和循环经济稳中向好发展，取得显著成效。初步构建起了以盐湖化工、油气化工、煤炭综合利用、金属冶金、新材料、新能源、特色生物为主的七大循环经济产业体系建设框架。格尔木、德令哈两个工业园建设发展规模不断壮大，大柴旦、乌兰两个工业园加快推进建设，"一区四园"发展格局基本形成，循环经济产业链条更加清晰，先后被国家有关部委认定为"西部大开发特色优势产业基地""盐湖特色材料国家高新技术产业化基地""国家可持续发展实验区"，被评为"全国循环经济工作先进单位"。

　　2016年8月，习近平总书记亲临青海视察，在察尔汗盐湖调研时提出"把柴达木循环经济试验区建成国家循环经济示范区"的重要指示，为试验区建设和循环经济发展进一步指明了前进方向。我们将以习近平总书记重要指示精神为指引，积极融入国家"一带一路"建设，以"五四战略"推动落实"四个扎扎实实"重大要求，扎实推进"一优两高"战略部署，集中精力打造"五个千"产业集群，加快构建现代产业体系，推动新旧动能转化，倾力打造高质量发展新引擎，坚定不移把试验区建设成为聚集发展、结构优化、技术先进、清洁安全、内生动力较强的国家循环经济示范区。

　　今日"柴达木"正在聚焦世界眼光，八百里"聚宝盆"春潮涌动，处处焕发着无限生机与活力。我们将以最大的诚意、最优的服务、最好的环境，热忱欢迎各界有识之士走进"聚宝盆"、了解"柴达木"，在柴达木循环经济试验区这片热土上放飞梦想、共创伟业！

黄石经济技术开发区

黄石经济技术开发区办公大楼

黄金山科技园

黄石经济技术开发区于1992年成立，2010年升级为国家级开发区，总面积435平方千米，总人口约27万，是黄石经济发展的主战场，是黄石生态立市、产业强市、建设鄂东区域性中心城市的先行区、核心区、示范区。

黄石经济技术开发区是国家新型工业化示范基地、国家太阳能光伏发电集中应用示范区，是黄石主要的经济增长极和高新技术产业的密集区、外向型经济的示范区。未来的黄石经济技术开发区，将建设成为中部地区现代制造业基地和高新技术产业发展基地。

经过二十多年的发展，黄石经济技术开发区逐步发展了电子信息、高端装备制造、生物医药、新能源等主导产业。黄石正在极力打造继长三角、珠三角之后的全国第三大PCB产业聚集区，电子信息产业作为黄石经济技术开发区的主导产业，成为当前我区发展速度最快、发展前景最好产业。目前，有沪士电子、欣益兴电子、定颖电子、上达电子等50多个电子信息产业项目落户我区，总投资近400亿元，项目全部建成达产后，年产值可超千亿元。装备制造产业聚集了东贝集团、三环锻压、三丰智能等一批国内知名装备制造企业，形成了制冷空调装备制造、智能装备制造、金属成形机床等门类较全、规模较大的产业体系。生物医药产业聚集了劲牌生物医药、世星药业、远大医药等一批企业，未来我们将建成中部地区最大的原料药生产基地。

黄石经济技术开发区拥有公路、铁路、水运、空运等多种发达的交通网络，以4小时车程为半径，可辐射中部5个省，以8小时车程为半径，可辐射20多个省。同时，我区道路和供水、供电、排污和综合管网设施完备，硬件设施建设上实现了八通一平（道路通、给水通、排水通、排污通、天然气通、供电通、电信/宽带通、电视通，项目场地平整）。黄金山工业新区现有污水处理厂2座，可处理生活污水5万吨／日，可处理工业污水18万吨／日，并修建了28千米长的污水专用管道，贯穿整个黄金山工业新区，完全能满足产业发展需求。

"水深则鱼悦，城强则贾兴"。多年来，黄石经济技术开发区始终高度重视营商环境的改善和优化，坚持把优化营商环境作为经济发展的第一要素，紧紧围绕"全力打造湖北省最优营商环境"的总体目标，全力抓好"一个核心、五个着力点"，持续优化营商环境，助力黄石高质量发展之路。我们将以最佳的状态和最优的环境迎接投资者。

黄石东贝机电集团有限责任公司

定颖电子（黄石）有限公司

黄石欣益兴电子科技有限公司

黄石沪士电子有限公司

湖南岳阳绿色化工产业园
Yueyang Green Chemical Industry Park of Hunan

2018年3月28日湖南省委书记杜家豪来园区企业视察

简介
Introduction >>>

　　湖南岳阳绿色化工产业园（原云溪工业园）是2003年8月经省人民政府批准设立的省级经济技术开发区，2012年9月省人民政府批准云溪工业园更名为湖南岳阳绿色化工产业园。该园以云溪工业园为依托，以巴陵石化和长岭炼化两个大厂为龙头，形成"两厂四园"的用地布局，产业园核心区面积15.92平方千米。2015年省人民政府同意湖南岳阳绿色化工产业园挂牌湖南石化化工产业园。2016年在全省134个产业园（含15个国家级园区）综合绩效评估中位列第五。

　　截至2017年年底，园区已开发面积15.9平方千米，引进石化企业222家，2017年实现技工贸收入1015亿元，创税112亿元，先后被评为国家高新技术产业基地、国家火炬特色产业基地、国家新型工业化示范基地、国家循环化改造示范园区和国家低碳工业试点园区。到2020年，湖南岳阳绿色化工产业园产值将达到1500亿元，税收突破200亿元，跻身国家级化工园区行列，成为国内最大的炼化催化剂生产基地、国内最强的非乙烯化工新材料及特种化学品生产基地、中南地区最大的石化产品物流中心。

2016年9月23日湖南省省长许达哲参观岳阳绿色化工产业园

湖南岳阳绿色化工产业园鸟瞰图

2018年6月26日，岳阳市委书记刘和生来园区视察

Yueyang Green Chemical Industry Park of Hunan (formerly Yunxi Industrial Park) is a provincial economic and technological development zone approved by the Hunan Provincial People's Government in August, 2003. In September, 2012, the Provincial People's Government approved the Yunxi Industrial Park to be renamed Yueyang Green Chemical Industry Park of Hunan. With the Yunxi Industrial Park as the base, and Baling Petrochemical and Changling Refining & Chemical companies as the leading businesses, the Park forms a land layout of "Two Plants and Four Parks". The core area of the Industrial Park covers an area of 15.92 square kilometers. In 2015, the Provincial People's Government agreed that the Yueyang Green Chemical Industry Park of Hunan be listed as Hunan Petrochemical and Chemical Industry Park. In 2016, it ranked No.5 in the comprehensive performance evaluation of 134 industrial parks (including 15 national parks) in the province.

2018年6月7日，岳阳市长李爱武来园区视察

　　By the end of 2017, the Park has developed an area of 15.9 square kilometers and 222 petrochemical enterprises have been introduced. In 2017, the income from technology, industry and trade reached 101.5 billion yuan, with a tax of 11.2 billion yuan, and it has been rated as the National High-Tech Industrial Base, the National Torch Characteristic Industrial Base, the National New Industrialization Demonstration Base, the National Cyclic Transformation Demonstration Park, and the National Low Carbon Industry Pilot Park, successively. By 2020, the output value of the Hunan Yueyang Green Chemical Industry Park will reach 150 billion yuan and the tax revenue will exceed 20 billion yuan. The Park will rank among the national chemical industry parks, becoming the largest production base of refining & chemical catalysts in China, the strongest production base of new non-ethylene chemical materials and special chemicals in China, and the largest petrochemical product logistics center in South Central China.

荣誉牌匾

中煤旭阳

河北邢台县旭阳经济开发区

河北邢台县旭阳经济开发区位于邢台县晏家屯镇，距邢台市区5千米，开发区始建于2003年11月，2011年5月被河北省政府列为省级工业聚集区，2014年3月更名为河北邢台县旭阳经济开发区，是河北省煤化工循环经济示范园区及河北省"绿色园区"。开发区规划总面积19.62平方千米，产业规划面积14.5平方千米，是国家《中原经济区规划》列出的重要煤化工园区，冀中南承接京津功能疏解和产业转移的重要平台，开发区以新型精细化工、生物化工、再生资源利用以及高新技术等产业为发展重点，致力于打造国家级循环经济示范区和全球独具特色、技术领先的标杆绿色化工园区。

区位交通优势明显，地处京津冀经济圈与中原经济圈叠合部，北距首都北京380千米，距省会石家庄108千米，开发区东邻京港澳高速路和石武高铁，南临邢台市北三环，西临107国道和京广铁路，北临邢衡高速，周边交通运输方式齐全。

基础设施功能完善，累计投入10亿元，修建了20多千米的园区道路，以及14.3千米铁路运输专用线，开发区已基本实现道路、供排水、电力、通信、供热、供气等"十通一平"。

办事环境规范高效，组建成立了开发区管委会，下设综合办公室、规划建设局、经济发展局、招商合作局、财政局、安监办公室及综合服务中心7个办事机构，对接洽项目、落户企业实行"一条龙"保姆式服务。

产业发展日趋成熟，已累计完成投资200亿元，拥有旭阳集团、春蕾集团和桑德恒亿再生资源公司等大小企业55家，并已和美国卡博特、德国伍德、韩国OCI等多家世界级跨国公司以及中煤集团等大型央企实现了战略合作。目前已发展成为河北省规模最大、产业链最长、产品最多、技术最先进的煤化工、精细化工循环经济园区，2018年主营业务收入完成309亿元，上缴税金12亿元。

依托旭阳集团打造了苯酐产业园，目前已完成投资12亿元，苯酐项目、余热发电项目、SNG项目、合成氨项目等多个产业相关项目均已建成投产。同时，以卡博特旭阳、捷克太脱拉公司与长征汽车公司合作为依托，瞄准欧美等发达国家开展针对性定向招商，加大政策支持力度，培育特色龙头企业，推动形成优势产业集群，打造美国、欧洲国别产业园。同时借力京津冀协同发展，推动开发区与京津等省外园区"结对共建"，实现共建共管共享、优势互补、协同发展。

开发区2019年度发展目标及重点产业发展方向：

2019年旭阳经济开发区主营业务收入预计达到320亿元，税收收入达到13亿元。

重点产业发展方向：进入园区的产业项目，必须符合国家《产业结构调整指导目录（2013年本）》及邢台县重点引进产业清单、负面产业清单等有关法律法规、政策文件和国家、省、市、县的产业政策。对先进装备制造、汽车及新能源汽车、新能源新材料、生物化工、循环经济、节能环保等鼓励发展类产业实行优先发展政策。

卡博特

煤化工

金牛旭阳

研究中心

聊城化工新材料产业园

　　聊城化工新材料产业园于2004年开始建设，经过十余年的发展，形成了较为完善的"煤、盐、氟、硅和石化"相互关联的循环经济产品网络，实现由化肥向化工、由基础化工向化工新材料的转型升级，2014年被石化联合会命名为"中国化工新材料（聊城）产业园"，2015年被工业和信息化部认定为"国家新型工业化产业示范基地"，2014—2016年连续三年被评为"中国化工园区20强"。园区以鲁西集团为主导，多年来紧紧围绕"安全、环保、能源"实施"两化融合"，全面建设智慧化工园区，推动转型升级，2016年被石化联合会认定为"中国智慧化工园区试点示范单位"。产业园坚持绿色发展、安全发展、循环发展的理念，走出了一条"一体化、集约化、园区化、智能化"的科学健康发展之路，2017年被工业和信息化部认定为"绿色园区"。

　　园区内企业共二十余家，拥有化工、化肥、化工装备、设计研发等产业板块。年产化肥产品230万吨、化工产品720万吨，化工装备年制造能力达20万吨以上，2017年实现销售收入351亿元、利税36.7亿元。

　　2018年园区已顺利通过第一批山东省化工园区认定。

藏青工业园区

开创跨区域经济协作发展新模式

藏青工业园区作为西藏工业发展的重大依托，处守在出入西藏的第一关隘青海省格尔木市。格尔木市和西藏的密切联系历史久远，早在20世纪50年代格尔木就成为西藏最大的后勤保障基地，承载着进藏80%以上物资的储存、转运等工作，当时被誉为"旱码头"。且格尔木市本土西接新疆，北扼河西走廊，南联西藏，直接中印、中尼边境，从战略区位来讲，对于快速挺进西藏、新疆，巩固西南、西北边防具有重要战略意义。

西藏是重要的国家安全屏障、重要的生态安全屏障，也是重要的战略资源储备基地，为破解西藏社会经济发展瓶颈制约，实现西藏资源优势转化为经济优势，经藏青两省区多年反复协商，达成了打破区域界线，利用双方资源、政策和地理优势实现共同发展的共识。2010年，中央第五次西藏工作座谈会提出"开展特色优势资源深加工工业园论证工作"。2011年7月，国务院第161次常委会议批准了《"十二五"支持西藏经济社会发展建设项目规划方案》，将园区建设纳入西藏自治区"十二五"时期重点项目。2013年7月，两省区政府签订了《西藏自治区人民政府、青海省人民政府关于建设格尔木藏青工业园区合作框架协议》，由此拉开了园区建设序幕。2015年8月，中央第六次西藏工作座谈会再次提出"支持藏青工业园区建设"，并在中央、国务院文件中予以明确。2017年，西藏自治区党委副书记、主席齐扎拉在视察园区时提出了新的要求，强调"着力打造绿色工业示范园区，切实把资源优势转化为经济优势，实现藏青两省区优势互补、互惠共赢"。2018年1月，藏青两省区共同签订《西藏自治区人民政府、青海省人民政府关于建设格尔木藏青工业园区合作框架协议》的补充协议。

在党中央和两省区党委政府的关怀下，藏青工业园区正茁壮成长。园区自建设以来，水、电、暖、气、路、讯等配套设施建设累计投入25亿元以上，建设了四纵四横道路34千米及110千伏和35千伏变电站；建成标准化厂房60万平方米和空气质量自动监测站1个；铺设污水管网29千米、天然气管网24千米；移动、电信、联通通信信号实现网络全覆盖，园区承载承接能力持续提升。截至2018年12月底，累计工商注册企业238家，固定资产投资42.15亿元，实现产值142亿元，税收20.51亿元。其中2018年完成固定资产投资1.69亿元；实现产值62亿元，同比增长4.2%；完成税收8.64亿元（西藏方入库7.81亿元），同比增长20.67%。

丰富的自然资源、能源，优越的地理条件和各项优惠政策，为园区建设发展提供了强大支撑。一是资源、能源丰富。一方面，西藏矿产资源丰富，特别是以铜、铅、锌、铁为代表的有色金属储量尤其丰富，能为藏青工业园区企业的发展提供稳定而充裕的原料供应；另一方面，格尔木市经济基础好、资源环境承载能力强、发展潜力大、能源富集、生产要素成本低，在城市基础设施建设、能源、交通、电力等各方面都具有优势。二是交通便利。格尔木市是青海省第二大城市，处于通往西藏、新疆和内地的交通要道，公路、铁路、民航等多种形式的十字立体交通网络已形成，已开通成都、西安、西宁、拉萨等地的航班。三是税收金融政策优惠。藏青工业园区企业既享受国家给予西藏自治区特殊的税收政策，也享受西部大开发和柴达木循环经济实验区优惠政策。入园企业交纳增值税和所得税等，一律执行中央赋予西藏特殊的财税政策。根据2018年6月西藏自治区发布的《西藏自治区招商引资优惠政策若干规定（试行）》，凡入驻园区企业，在西藏自治区金融机构获得的贷款，贷款利率统一执行比全国各类档次贷款基准利率水平低2个百分点的优惠政策。

藏青工业园区目前已成为西藏社会经济发展新的增长点，建设好藏青工业园区，不仅是认真贯彻落实中央精神，落实西部大开发战略的重要举措，更有利于西藏、青海两省区携手持续推进资源优势转化，共同构建生态安全屏障；有利于两省区团结协作，创新体制，优化资源配置，实现科学发展；有利于促进两省区就业，增加两省区税收；有利于进一步促进资源综合利用，提高矿产品附加值和产业集中度。藏青工业园区未来势将与格尔木市经济产业一起形成集群效应，成为西北新的产业聚集区。

合肥国轩高科动力能源有限公司
HEFEI GUOXUAN HIGH-TECH POWER ENERGY CO.,Ltd.

合肥国轩高科动力能源有限公司是国轩高科股份有限公司（股票代码：002074）全资子公司，成立于2006年5月，座落于合肥市新站高新区，拥有合肥、庐江、南京、苏州、青岛、唐山等多个生产基地，并在合肥、上海、美国、日本、新加坡等地建有研发机构，公司还同哥伦比亚大学、南洋理工大学、斯坦福大学等全球知名高校协同创新，为公司培养高端研发人才，以提升公司产品的技术创新能力。公司作为国家重点高新技术企业、国家企业技术中心、三项国家"863"重大课题承担单位，参与了三项国家新能源汽车创新工程项目，先后通过ISO 9000等"三标一体"认证和TS 16949质量体系认证，并主导承担了科技部、国家发展改革委、工业和信息化部等众多国家级新能源汽车重大专项，被认定为国家级CNAS检测实验中心、国家级博士后科研工作站、国家级企业技术中心及安徽省院士工作站。2017年年底公司承担的国家智能制造项目顺利通过验收。

公司专业从事新型锂离子电池及其材料的研发、生产和经营，拥有核心技术知识产权。主要产品为磷酸铁锂材料及电芯、三元电芯、动力电池组、电池管理系统及储能型电池组。

公司现有专职研发人员1100余人，硕博比为70%以上，预计到2020年，公司研发团队将达到3000人规模，博士占比达30%以上。目前，公司累计申请专利2346项，其中发明专利1168项（含国际发明专利133项）；授权专利1094项，其中授权发明专利241项（含国际授权发明专利29项）。专利成功覆盖正极材料的配备、电池的配备技术、电池的原辅材料设计、电池的成组技术、电池的筛选技术、电池的PACK技术、电池管理系统等电池制备到应用的全过程。

　　公司一直坚持"产品为王，用户至上"的经营宗旨，经过多年的验证和实践，国轩高科的电池产品获得国内优质整车企业的认可，并与北汽、上汽、江淮、奇瑞、众泰、吉利等主流整车企业结成战略合作伙伴。同时积极开发大众等全球知名客户，并且让一批国轩产品开始走向国际市场。乘用车方面，与江淮已经形成战略合作关系，iEV4S/6E高低压产品大批量出货；VDA三元电池也开始批量配套北汽新能源，与奇瑞、众泰等主流乘用车企业合作已进入实质性阶段；专用车方面，公司与上汽大通、江淮帅铃系列、昌河全方位合作开发多款新产品，抢占市场。此外，公司又全力开拓储能市场，储能产品也已设计定型，并获得了良好的销售业绩，同时对储能领域市场进行布局，与中国铁塔签订战略合作协议，并积极与江苏电网达成合作。公司增资扩股北汽新能源，与其合作开发新产品，联合探索创新的运营模式，成为新能源汽车市场开拓的典范。

　　2010年1月23日，搭载国轩动力电池的30辆安凯纯电动公交车在合肥18路公交线路启动运营，标志着世界首条大规模完全纯电动公交路线正式开通。2016年4月，搭载国轩电池的上汽EV80亮相英国伯明翰车展，以370km的超长续驶里程和全球领先的技术成功登陆欧洲市场，不仅打响了纯电动商用车的中国品牌，同时也标志着国轩电池获得国际市场的认可。2016年6月，在第29届世界纯电动车、混合动力车和燃料电池车大会暨展览会上，国轩助推合肥斩获"世界最具影响力电动汽车城市大奖"。

　　未来，公司将继续加大研发投入，深耕产业上下游链条，用创新提升品质，用品质打造品牌，通过不断提升企业核心竞争力，持续打造卓越产品，为中国制造和民族工业的发展贡献更多的力量。

FOR THE FINEST HOMES

兔宝宝，让家更好

德华兔宝宝装饰新材股份有限公司创建于1993年，是我国具有较大影响力的室内装饰材料综合服务商，产品销售网络遍及全球。公司股票于2005年5月10日在深圳证券交易所上市交易（股票代码：002043）。

迈入工业4.0时代，公司放眼国内外，搭建起辐射全球的制造网络，打造智能化家居产业园，形成从林木资源的种植抚育、全球采购到生产、销售各类板材、地板、木门、衣柜、橱柜、儿童家居等多元化产品的完整产业链。

装饰材料事业部、家居宅配事业部、互联网业务事业部，三驾马车齐头并进，共同推动公司整体家居业务协同发展；兔宝宝商学院、研究院、设计院，各司其职，凝聚力量，为公司乃至行业提供人才培养、科研创新和设计美学的有力支撑。

截至目前，参与制定ISO国际标准5项

主持行业标准2项

主持"浙江制造"标准4项

参与制定国家标准61项

参与制定行业标准59项

制定企业标准22项

国家863计划项目1项

国家"十三五"重点研发计划项目1项

国家火炬计划项目4项

国家星火计划项目1项

国家重点新产品3项

省部级项目78项

国家科技进步二等奖1项

省部级科技进步奖5项

中国专利优秀奖2项

获授权专利113项

共拥有发明专利66项、实用新型40项

欧盟CE认证、美国CARB认证

美国AWFS科技创新大奖

日本大臣认证

FSC®-COC认证

EPA认证、Floorscore认证

中国绿色产品认证

发展历程
DEVELOPMENT HISTORY

1993
兔宝宝创立，开创省内生产贴面板之先河

2000
业内率先实施ISO9001质量管理体系

2003
在浙江、江西、江苏建设速生林基地，推出科技木

2009
被认定为高新技术企业，入围2009浙商全国500强榜单

2001
率先提出"关注消费者健康"，推出系列环保板材

2015
成功收购多赢公司，完成O2O转型，短时间内全面打通互联网营销渠道

2005
公司在深交所成功上市，在青岛开设业内第一家专卖店

2007
通过胶合板产品CE认证；科技木荣获美国创新产品大奖

1997
创新"榉木产品"改变市场格局

2008
被列入"政府采购绿色清单"，通过日本JAS及美国CARB认证

2012
在人民大会堂发布《社会责任报告》，建成23万亩速生林基地

2010
入选2010年上海世博会主会场，成为主宴会厅建筑指定用品

2013
与加拿大艾伯塔研究院签署战略协议、胜诉美国"双反"案

2014
兔宝宝院士专家工作站暨企业研究院揭牌成立

2017
兔宝宝商学院启用，开启健康饰材馆+家居生活馆模式

2016
起草制定的《装饰单板贴面人造板》标准顺利通过专家评审
"无机纳米银防霉、抗菌装饰贴面板及其制造方法"荣获"中国专利优秀奖"

工程案例 ENGINEERING CASE
高品质时间会见证

北京APEC会议中心

上海世博主宴会厅

杭州G20主会场

三亚君澜度假酒店

湖州喜来登酒店

杭州阿里巴巴

杭州昆仑公馆

深圳湾壹号

德华兔宝宝装饰新材股份有限公司

北京中卓时代消防装备科技有限公司

中卓时代

北京中卓时代消防装备科技有限公司（以下简称"中卓时代"）是国内从事消防车研发、制造、销售和服务的综合实力最强的专业公司，是威海广泰空港设备股份有限公司（股票代码：002111）的全资子公司。注册资本一亿元人民币，占地120000平方米，总建筑面积70000平方米，拥有北京市市级研发中心、消防车实验检测中心和产品制造中心，年产消防车及应急救援车1000多辆。公司主营业务包括水罐泡沫消防车、火场照明消防车、通信指挥车、抢险救援消防车、压缩空气A/B类泡沫消防车、机场主力泡沫消防车、举高类消防车等23大类140多种产品，主要技术达到国内领先水平，产品出口欧洲、南美洲等国家和地区。

中卓时代公司及产品列入国家发展改革委汽车改装车生产企业及产品公告目录，获得总装备部武器装备承制资格认证，现已通过GJB9001武器装备质量体系、ISO 9001质量、ISO 14001环境、职业健康安全、能源、五星级售后服务等体系认证，是北京市高新技术企业、北京市企业技术中心、北京市研发中心、华北地区(北京)消防装备动员中心、京津冀国民经济动员协同保障单位、国家守合同重信用企业、国家级绿色工厂示范单位，是中国消防行业首批AAA级信用企业、纳税信用A级企业、全国售后服务特殊贡献单位等。"中卓时代"商标荣获北京市著名商标。中卓时代共获得98项国家专利，其中发明专利12项；获得中国消防协会科技创新奖11项；获得北京市新技术新产品（服务）证书15项。

全国设有112个售后服务网点，覆盖国内所有省和自治区，维修总部毗邻北京首都国际机场，可轻松实现国内售后服务全覆盖网络化。在国家多项紧急突发事件及人民生命财产安全受到威胁的关键时刻，中卓时代以优质的产品和服务质量，出色地完成了党和国家交给的消防重任，赢得行业内高度认可和较高声誉。公司产品曾承担2008年北京奥运会、2009年山东全运会、2011年深圳大运会、国庆六十周年阅兵、十八大及两会、2018年博鳌亚洲论坛、中非论坛消防保障和山东寿光救援服务保障等，在北京百荣世贸大火、天津滨海新区爆炸等重大火灾发生的第一时间派出应急保障队伍进行现场服务和保障。

北京汽车集团有限公司

北京汽车集团有限公司（以下简称"北汽集团"）成立于1958年，总部位于北京，目前拥有员工13万人，是中国汽车行业的骨干企业、世界500强企业。北汽集团建立了涵盖整车（含乘用车、商用车、新能源汽车）及零部件研发、制造、汽车服务贸易、综合出行服务、金融与投资等业务的完整产业链，实现了向通用航空等产业的战略延伸，成为国内汽车产业产品品种最全、产业链最完善、新能源汽车市场领先的国有大型汽车企业集团。2018年，北汽集团销售汽车240万辆，实现营业收入4807亿元，位列《财富》世界500强第124位。

目前，北汽集团旗下拥有北京汽车、昌河汽车、北汽新能源、北汽福田、北京现代、北京奔驰、北京通航、北汽研究总院等知名企业与研发机构。以北京为中心，北汽集团建立了分布全国十余个省市的九个自主品牌乘用车整车基地、十一个自主品牌商用车整车基地、五个合资品牌乘用车基地和三个新能源整车基地，在全球四十多个国家和地区建立了研发机构及整车工厂，市场遍布全球八十余个国家和地区。

北汽集团从"行有道 · 达天下"的企业文化出发，以"为世界创造微笑"为心愿，以"爱行天下温暖万家"为履责理念，创建了"太阳花"企业公民品牌理念，并以之作为集团社会责任工作的指导思想和行动指南。其意在于，我们要像太阳花一样追求光明和幸福，像太阳花一样分享仁心与爱意，像太阳花一样拥抱今天与未来。我们立志让太阳花的精神不断传承与光大，同时，将我们的仁爱和光芒撒向那些需要帮助的人，让微笑与和谐充满世界的每个角落。

在环境保护方面，北汽集团赋予太阳花的绿色发展理念是：关爱自然环境，与之共和谐。正如徐和谊董事长所说："绿色是北汽集团的重要发展理念之一。多年来，北汽集团致力于全方位发展生态建设工作，积极构建完善的企业生态体系，争做引领汽车行业绿色低碳循环发展、促进工业文明与生态文明协调发展的开拓者。"

北汽集团为践行集团绿色发展理念，建立了完整的节能环保管理体系，以"坚韧、执着、专注、极致"的北汽"工匠精神"打造绿色制造体系：

1. 建立自上而下、统一规范的环保能源守法准则，相应建立全体系的检查、督查与考核体系。

2. 各重点能源单位和重点排污单位建立国际标准的管理体系。

3. 以重点节能减排项目为引领，设定污染总量，统筹安排、上下结合组织各企业开展节能减排项目实施。

4. 在有条件的试点企业率先使用最先进的节能减排技术，以点带面，率领全集团节能减排技术提升工作。

宜宾纸业股份有限公司

宜宾纸业股份有限公司前身为"中国纸厂"，始建于1944年，是中国第一张新闻纸的诞生地，公司曾是中国造纸行业领军企业，原轻工业部重点企业，原省属重点企业；四川工业企业纳税五十强；四川工业企业规模一百强；宜宾工业"五朵金花"，曾荣获全国五一劳动奖状；先后援建越南、缅甸等造纸厂。1997年成为中国造纸行业第一家上市公司，也是宜宾市第一家上市公司。

根据城市建设和企业自身发展需要，2012年9月开始实施整体搬迁。新区位于宜宾市南溪区裴石轻工业园区，占地面积1000余亩。新区一期项目浆纸总产能为每年50万吨，其中化学竹浆项目15万吨、食品包装原纸项目25万吨、生活用纸项目10万吨。公司主要产品：食品包装原纸、生活用纸原纸、生活用纸成品。

在市委、市政府"产业发展双轮驱动"战略指引下，公司通过整体搬迁实现了传统产业转型升级的目标：实现了原料转型、产品转型、技术进步、规模提升、环保领先。从一个高能耗、高排放、低效率的传统纸浆造纸企业的转型升级为一个低能耗、低排放、高效率的现代化大型制浆造纸企业。公司的装备水平达到了行业先进水平，环境治理水平达到全国领先水平。公司生产的全竹浆产品深受用户欢迎，其中未漂白全竹浆食品包装原纸在第二届中国（上海）国际竹产业博览会上荣获金奖，"金竹牌"全竹浆本色生活用纸荣获首届中国西部林业产业博览会金奖。

公司产品

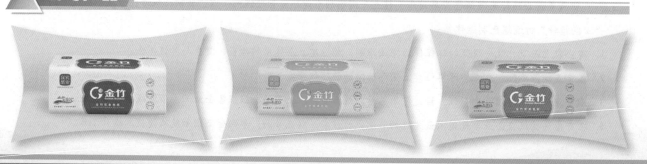

东莞建晖纸业有限公司
Dongguan Jianhui Paper Co.,Ltd.

公司简介
Company Profile

建晖纸业是一家港资造纸企业，于2002年12月投资兴建，占地面积48万平方米，总投资45亿元，位于广东省东莞市中堂镇，主要从事涂布白板纸、牛皮箱板纸的研发、生产及销售。主要产品包括涂布灰底白板纸、涂布牛卡纸、吸塑纸、牛卡H纸、牛卡Q纸，年产量超120万吨，营业收入达50亿元，是广东制造业100强企业。2018年，公司通过国家绿色工厂、两化融合管理体系等国家认证。

Jianhui Paper Co., Ltd., a Hong Kong-funded paper-making enterprise, invested and built in December 2002, covering an area of 480,000 square meters and located in Zhongtang Town, Dongguan City, Guangdong Province , with a total investment of 4.5 billion yuan. It is mainly engaged in research, development, production and sales of coated white board and kraft liner board. The main models include coated duplex board with grey back, coated kraft paper, plastic-absorbing paper, kraft H-paper and kraft Q-paper. The annual output exceeds 1.2 million tons and the operating income reaches 5 billion yuan. It is one of the top100 manufactured companies in Guangdong province. In 2018, it passed national certifications such as the national green factory and the two-in-one integration management system.

多年来，公司围绕两化融合、绿色发展、争做行业标杆的发展战略，充分考虑产品生命周期，不断提升可持续竞争优势所需的自动化、信息化、智能化的高效稳定的生产能力和运用信息技术加强节能减排管理，推进绿色制造与智能制造的融合可持续发展。

Over the years, the company has been focusing on the development of integration, green development and competition as industry benchmarks, taking full account of the product life cycle, continuously upgrading the automation, informationization, intelligent, efficient and stable production capacity needed for sustainable competitive advantage. At the same time, it has been using information technology to strengthen energy conservation and emission reduction management as well as promoting green manufacturing and sustainable development of the integration of intelligent manufacturing.

未来公司将持续落实绿色发展理念，推进供给侧结构改革，采用先进的清洁生产工艺新技术、高效末端治理新设备，优化资源回收循环利用机制，提高清洁生产和资源综合利用，降低能源消耗，减少污染排放量，并推广绿色设计和绿色采购，打造行业绿色供应链，引领造纸行业绿色发展。

In the future, the company will continue to implement the green development concept, promote supply-side structural reform, adopt advanced clean production new technologies and efficient end-treatment new equipment, optimize resource recycling mechanisms, improve clean production and comprehensive utilization of resources, reduce energy consumption and pollution emissions. In addition, the company will promote green design and green procurement, create a green supply chain for enterprises, and set up to guide the green development of paper industry.

建晖公众号

建晖网址二维码

绕组式永磁耦合调速器

专注永磁传动产品

国际领先水平

列入国家发展改革委《国家重点节能低碳技术推广目录》（2016年 本节能部分）第236项

列入国家工信部《国家工业节能技术装备推荐目录（2017）》

列入国家节能中心《重点节能技术应用典型案例（2017）》

永磁耦合联轴（保护）器

同步世界高端技术

列入国家发展改革委
《国家重点节能低碳技术推广目录》
（2017年本 低碳部分）第14项

官方微信　官方网站

节能·环保·高效

绕组式永磁耦合调速器在传递动力的同时，将转差功率转变成电能引出再反馈（利用），高效、节能，彻底解决了其他转差调速类设备的温升问题。

本产品使用寿命长，可靠性高，维护成本低，对电网谐波污染小，系统综合效率比变频调速高 1%～7%，更远高于液力耦合和涡流永磁调速技术，经权威部门检测和鉴定，整体技术在同类产品中处于国际领先水平。

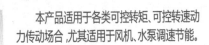

本产品适用于各类可控转矩、可控转速动力传动场合，尤其适用于风机、水泵调速节能。

同步永磁弹性保护器结构特点：

通过永磁体的磁力将原动机与工作机连接起来的一种具有保护功能的新型联轴器，利用稀土永磁磁场进行磁悬浮隔空传动，可取代传统联轴器的硬（机械）联接，实现软（磁）联接。

同步永磁弹性保护器产品优势：

- ○ 集非接触传动和超弹（软）性传动于一体，大幅降低传动链的冲击和振动，自身寿命 30 年。
- ○ 启动电流减少 1/2~2/3。
- ○ 弹性位移（角）为 7.5°~15°（最大可达 90°）。
- ○ 传动效率近 100%。
- ○ 非破坏性打滑保护。
- ○ 对中误差放大到两位数。

江苏磁谷科技股份有限公司

江苏环球特种电机有限公司
Jiangsu Huanqiu Special Motor Co.,Ltd.

　　江苏环球特种电机有限公司位于美丽富饶的江苏省靖江市，是国家高新技术企业。公司主要产品有YE3系列高效率三相异步电动机，YVF变频调速三相异步电动机，YB3、YBX3高效率隔爆型三相异步电动机，先后获得国家高新技术企业证书、江苏省高新技术产品证书、江苏省著名商标证书、江苏省名牌产品称号、中国节能产品认证证书等，防爆电机获生产许可证、防爆合格证。

　　"以人为本谋发展、以质取胜求生存、以德经营赢市场"是公司的宗旨，以优良的产品质量、诚实的服务态度，为市场提供高性价比的产品是环球人始终如一的追求，环球电机愿和广大亲爱的用户一起为我国的节能环保作出应有的贡献！

Jiangsu Huanqiu Special Motor Co.,Ltd. is located in the beautiful and rich Jingjiang City, Jiangsu Province.The company's main products are YE3 series of high-efficiency three-phase asynchronous Motors, YVF frequency conversion speed adjustment three-phase asynchronous Motors, YB3, YBX3 high-efficiency anti-explosion three-phase asynchronous Motors.The company has successively obtained national high-tech enterprise certificate, Jiangsu high-tech product certificate, Jiangsu famous trademark certificate, Jiangsu famous brand product, and China's energy-saving product certification certificate, etc. The explosion-proof motor has obtained production license and explosion-proof certificate.

"Putting people first for development, seeking survival by quality, and winning the market by virtue of virtue" is the company's purpose. With excellent product quality, honest service attitude, providing cost-effective products for the market is the consistent pursuit of Huanqiu people. Huanqiu Special Motor Co., Ltd. is willing to make due contribution to energy conservation and environmental protection of our country with dear customers!

五十年 铸就高贵品质

专注 三大行业 服务高端客户

江潮电机

江潮电机成立于1969年，是国内较早研发和生产电动机的专业厂家，江潮电机已通过ISO9001国际质量标准体系、ISO14001环境管理体系、OHSAS18001职业健康安全管理体系认证；加拿大EEV、美国CC、欧盟ErP、韩国KS和中国节能产品等能效认证；美国UL、加拿大CSA、欧共体CE等安全认证和中国CCC认证。

江潮电机主要产品有YE3(IE3)系列高效电机、YE4(IE4)系列超高效电机、YY/YL系列单相电机、YVP2系列智能变频电机、YEJ2制动电机、YB3系列隔爆型高效电机以及其他专、特电机，并可根据客户需求定制电机。电机功率为0.18~355kW，达8000多个品种规格，是目前国内电机行业产品品种规格较齐全的生产企业。

为客户提供优质的产品和更高效便捷的服务，是每个江潮人不断追求的目标。江潮电机竭诚期待您的合作，携手共创辉煌。

远大空调有限公司创立于1992年，是远大科技集团子公司。公司提供以真空为条件，以燃气和废热为能源的非电中央空调主机、以电力为能源的节电空调主机、一体化输配系统及冷热电联产系统等产品，以超级节能享誉全球。一台远大非电空调减排的二氧化碳，等于种了10万棵树，在远大非电空调服务的80多个国家，远大员工默默地为他们4%的国土覆盖了森林。1996年起，全球非电空调行业远大销量第一，2001年起，全球非电空调覆盖国家第一。远大是2010年上海世博会全球合作伙伴，为世博会所有250个场馆提供空调设备及运营，还成功地服务了青岛世园会和南京青奥会。2017年发明全球首台钛管空调，被湖南省首批首家认定为"两型工业企业"，入选国家2017第一批绿色制造示范企业。

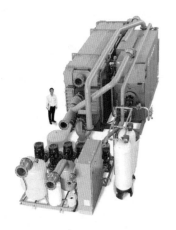

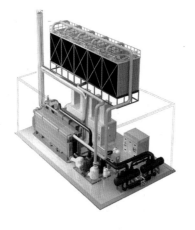

远大非电空调
以废热或天然气为能源

楼宇中央空调及卫生热水
区域冷热电系统
区域热泵冷热系统
工艺制冷
核心价值：节能及一体化

远大冷热电联产系统

独创：全球首创冷热电联产成套设备

高效：一次能源利用率达到85%
占地面积节省50%

可靠：工厂生产，质量可靠
专业公司，服务可靠
分布式发电，用电可靠

简单：成套机组，设计简单
标准产品，施工简单
智能系统，管理简单

远大一体化节电空调

节能：机组综合部分负荷性能系数高达10，比其他电空调节电40%
远大一体化输配系统比其他输配系统节电76%

省钱：磁悬浮无油无摩擦技术，比其他电空调节省能源费约40%、节省维护费约90%

省地：相对于传统机组，体积减小30%～50%，重量减轻30%
可安装在室外或屋顶，省去室内机房占地

省心：全球联网监控，365天24小时故障预警、故障诊断、节能管理

金海钛业

山东金海钛业资源科技有限公司是国内最大的钛白粉生产企业之一，隶属山东鲁北企业集团总公司。

企业主营业务为钛白粉生产与销售，以及备案范围内的进出口业务等。主要产品型号有R6618、R6628、R6638、R6658、R6668、R6600、JHA110等，产品主要应用于涂料、造纸、油墨、塑料、橡胶等领域，公司2017年实现总产值16.59亿元。

公司通过了ISO 9001:2015质量管理体系、ISO 14001:2015环境管理体系、OHSAS 18001:2007职业健康安全管理体系、ISO 50001:2011能源管理体系认证，并被工业和信息化部、中国石油和化工联合会评为"绿色工厂"。公司"金海"商标取得了马德里国际商标证书。

公司始终坚持"质量第一，信誉至上"的服务宗旨，产品不仅销往全国各地，还远销美国、韩国、印度、泰国、加拿大、阿联酋、巴基斯坦、土耳其、马来西亚等国家和地区，深受客户的信赖。

Shandong Jinhai Titanium Resource Technology Co., Ltd. is one of the largest titanium dioxide production enterprises in China, which is affiliated to Shandong Lubei Enterprise Group General Company.

The main business of the enterprise is titanium dioxide production and sales, as well as the import and export business within the scope of filing. The main product models are R6618, R6628, R6638, R6658, R6668, R6600 and JHA110, etc. The products are mainly used in coating, paper-making, inks, plastic, rubber and other fields. The company achieved a total output value of 1.659 billion yuan in 2017.

The company has passed ISO 9001:2015 quality management system, ISO 14001:2015 environmental management system, OHSAS 18001:2007 occupational health and safety management system and ISO 50001:2011 energy management system certification, which was awarded as the "green factory" by the Ministry of Industry and Information Technology and China Petroleum and Chemical Association.What's more,"Jinhai" trademark has obtained Madrid international trademark certificate.

The company always adheres to "quality first, reputation supreme" service purpose.The products are not only sold throughout the country, but also exported to the United States, South Korea, India, Thailand, Canada, the united Arab Emirates, Pakistan, Turkey, Malaysia and other countries and regions, trusted by customers.

浙江振申绝热科技股份有限公司
Zhejiang Zhenshen Insulation Technology Corp.Ltd.

浙江振申绝热科技股份有限公司位于浙江秀洲经济开发区，是浙江省工业循环经济示范单位、国家火炬计划重点高新技术企业、国家级绿色工厂，是国内唯——家能够生产符合ASTM和CINI标准泡沫玻璃产品的企业。公司生产的泡沫玻璃具有强度高、导热系数小、使用寿命长等特点，能在-268~482℃温度区间使用，无毒无害、防火抗震、不吸水霉变、耐腐蚀，可在低温深冷、地下工程、易燃易爆、潮湿及化学侵蚀等环境下使用，安全可靠，经久耐用。公司专注于绝热保温领域的前沿技术研究与应用，拥有科技进步奖、科技成果和自主核心发明专利，是泡沫玻璃国家标准、行业标准的主要参与起草单位，是中石化、中石油、中海油、延长石油等绝热保温和应用施工方案的资深技术合作单位。

Zhejiang Zhenshen Insulation Technology Corp. Ltd. located in Xiuzhou Economic Development Zone, Zhejiang Province, is an industrial recycling economy company, high-tech enterprise under National Torch Program and a national green factory. Zhenshen insulation is the only factory in China who can produce high quality cellular glass products meeting ASTM and CINI standard. ZES cellular glass is with high compressive strength, low thermal conductivity, long service life features, it can be applied from -268℃ to 482℃ , non-toxic and harmless, fire-resistance, earthquake resistance, no water absorption and mildew, corrosion resistance, and it is very safe and durable for cryogenic, underground engineering, flammable and combustible, high-humidity and chemical corrosion application. The company concentrates on advanced technology research and application for insulation field, possessing scientific and technological advancement and core technology of own patents. The company had involved in making many national and professional standards as draft committee , is the senior technical cooperation units of Sinopec, PetroChina, CNOOC, Yanchang Petrochemical and other insulation and application construction programs.

泡沫玻璃产品
Cellular Glass Products

山东耐材集团鲁耐窑业有限公司

　　山东耐材集团鲁耐窑业有限公司（原山东耐火材料厂），隶属于山东钢铁集团，为山东耐材集团全资子公司，前身为1904年清政府创办的中国第一家平板玻璃制造企业。经过110多年的发展，已成为集产品设计、研发、生产、耐材配置、施工及系统集成服务为一体的国有大型耐火材料骨干企业、国家高新技术企业、省级企业技术中心。公司占地面积38.5万平方米，从业员工800余人，生产、检测设备齐全。

　　近年来，公司主动践行"创新、协调、绿色、开放、共享"五大发展理念，积极响应国家号召实施新旧动能转换，切实履行企业社会责任，先后主导实施了窑炉及压力机自动化节能改造等一系列改造工程，实现了清洁能源置换和绿动力提升。公司年产10万吨的耐火材料生产线首批通过工业和信息化部耐火材料规范化企业公告，在耐材行业首批通过省市"安全生产标准化""清洁生产""环境保护治理"等达标验收，成为2018年度山东省绿色制造项目库（第一批）"绿色工厂"，被省科技厅、财政厅等4部门认定为"高新技术企业"；《窑炉清洁能源置换及烟气处理升级改造》成功申报为山东省2019年度绿色制造"1+N"示范项目，被省经信委认定为2018年度"省级企业技术中心"，彰显了百年企业的绿色发展魅力。

公司现用办公楼

公司经营宗旨

博山区委书记刘忠远到公司调研新旧动能转换情况

中央电视台新闻中心来公司进行"打赢蓝天保卫战"采访活动

　　公司依托百年企业管理优势和技术的深厚积淀，以卓越的创新能力和产品品质，致力为钢铁、建材、有色、军工、化工、电子、能源、环保等行业提供优质绿色耐材，产品涵盖粘土质、高铝质、刚玉-莫来石质、红柱石质、碳复合材料，以及优质合成料、不定型材料、高档轻质砖、特种耐火制品等十余个系列，广泛应用于高炉、热风炉、焦炉、干熄焦装置、铁水运输及预处理、钢包中间包、加热炉、活性石灰窑、危废处理炉等高温领域，其中50%产品出口欧、美、日、韩等世界40多个国家和地区。公司主导产品"热风炉用红柱石低蠕变砖"全国市场占有率达40%以上，位居全国第一；"干熄焦装置用莫来石红柱石和莫来石碳化硅砖"全国市场占有率达60%以上，位居全国第一，"氧化铝空心球制品"全国市场占有率达40%以上，位居山东省第一。公司"高炉用粘土砖"曾两次获得国家耐火材料最高奖——"银质奖"，负责完成的国家技术创新"干熄焦引进吸收一条龙"项目，获得国家冶金科学技术一等奖。绿色发展让百年国企领跑中国耐材制造，彰显了鲁耐窑业的责任和担当。

公司设计研发的干熄焦斜道区和氮化硅结合碳化硅砖

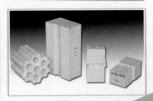
公司设计供货的宝钢湛江热风炉项目和研发的热风炉用莫来石制品

山东鲁碧建材有限公司

山东鲁碧建材有限公司是以冶金辅料、建材化工、物流运输为主的大型冶金建材企业。公司注册资本2.53亿元，现有员工3300余人。公司主导产品为：旋窑水泥、矿（钢）渣微粉、商品熟料、商品混凝土、冶金石灰、白云石、干粉砂浆、建材化工、绿色装配式建筑材料，产品总量达1300余万吨。公司总部位于济南市钢城区，在青岛、日照、临沂、泰安、江苏连云港等地有20家子公司、分公司。公司先后通过ISO 9002国际质量管理体系认证、ISO 14001国际环境管理体系认证、OHSAS 18001国际职业安全卫生管理体系认证。

公司水泥产品曾荣获全国消费者信得过产品、中华驰名品牌、山东名牌产品等一系列荣誉称号，公司曾获得全国五一劳动奖状、全国模范职工之家、全国建材行业企业文化优秀成果一等奖、山东省富民兴鲁劳动奖状、山东省劳动关系和谐模范单位、山东省著名商标、山东省清洁工厂、山东省建材工业节能减排资源综合利用十佳典范企业等荣誉称号。

2007年以来，鲁碧公司深入贯彻落实科学发展观，按照"走循环经济道路，做节能减排典范"的发展理念，以打造莱钢冶金辅料精品基地和固体渣资源化利用基地为目标，大力实施以"做精辅料、做优水泥、做大商砼"为主导方向的"三步走"发展战略，先后在莱芜、青岛、连云港、日照、新泰、沂南、沂水等多个区域组建商砼及新型建材公司，建设了拥有世界一流水平的矿渣微粉生产系统、冶金辅料生产系统、熟料生产线。现已具备水泥/微粉/骨料1200万吨/年、精品冶金辅料500万吨/年、商品混凝土400万平方米/年的产能规模，在水泥/微粉、商品混凝土产业方面已成为山东省建材行业的佼佼者。鲁碧公司已经发展成为跨越冶金和建材两大行业，独具循环经济特色，核心竞争力强、产品多元、装备一流、企业文化先进独特的大型现代化企业。

奋进新时代，鲁碧公司将全面落实创新、协调、绿色、开放、共享的发展理念，不断深化改革，推进产业转型升级，实现公司达到全国一流水平的目标，坚定不移地继续沿做强主业、做大日照区域、做强资源、转型升级、控制风险这条主线发展，推进新旧动能转换，争做绿色矿山、绿色建材、绿色装配式建筑、冶金渣综合利用和高端钙业的引领者，推动公司向绿色方向迈进，努力打造高端、智能、绿色发展标杆企业，不断满足广大员工对美好生活的向往，不断增强幸福感、获得感、安全感。推动鲁碧走出一条产品结构更优、发展质量更高、经济效益更好的发展道路，奋力开启鲁碧高质量发展新征程。

鲁碧人，一家人，一个梦，一条心，一起拼，一起赢。

天士力医药集团股份有限公司

　　天士力医药集团股份有限公司创建于1994年，公司成立以来，始终秉承"创造健康，人人共享"的企业愿景，推动中医药与现代医学融合发展，以提高人类生活和生命质量为使命，致力于打造中药现代化、国际化第一品牌，以成为全球现代中药创新的领导者、现代中药科学标准的制定者为目标，实现现代中药、生物药、化学药协同发展的大生物医药国际化产业格局。

　　天士力医药集团股份有限公司是中国中药现代化的标志性企业，于2002年8月在上海证券交易所挂牌上市（600535）。公司拥有通过国家GMP、ISO14001、OHSAS18000、ISO10012和欧盟EMEA认证的生产车间、达到ISO17025：2005国家实验室能力认可资质要求的实验室，是当前国内领先的滴丸剂型生产企业。天士力医药产品组合丰富，覆盖心脑血管、抗肿瘤、感冒发烧、肝病治疗等大病种治疗领域，同时拥有13个年均销售收入过亿元的医药产品。公司主打产品——复方丹参滴丸成为世界首例完成全球多中心随机双盲大样本FDA Ⅲ期临床试验的复方现代中药。天士力连续多年入选"中国最具竞争力医药上市公司20强"，并被纳入"全球MCSI指数成份股"。

　　另外，公司还通过工业和信息化部组织的"两化融合"管理体系评定。2016年获得国家智能制造试点企业称号。

　　为落实制造强国国家战略，加快构建绿色制造体系，主动向绿色制造转型升级。天士力医药集团股份有限公司在2018年开展了绿色工厂创建活动，并荣获国家级第三批绿色工厂荣誉称号。

山东北辰机电设备股份有限公司

山东北辰机电设备股份有限公司成立于1976年。2015年，公司股票挂牌（证券简称：山东北辰，证券代码：835020）。主要服务于核电、清洁能源、火力发电、冶金、供暖及化工领域。顺应新旧动能转换的时代发展趋势，公司发展正由传统产品制造向新能源产业方向转变。

以自身产品为依托，提供清洁能源供暖及制冷智能联供系统、工业"消白"系统、"污泥干化"系统、余热回收系统解决方案及工程。

主要产品：军工核安全设备，民用核2、3级安全设备（压力容器、热交换器、储罐），高压电极锅炉，固体蓄热系统，光热发电及熔盐蓄热设备，热泵系列设备，A1、A2级压力容器和A1-A5级板式换热器。

资质齐全：民用核2、3级安全设备，A1、A2级压力容器，A1~A5级板式换热器生产许可证；ASME证书（U）和授权钢印；NB证书及授权钢印；压力管道维修改造证书；中华人民共和国对外承包工程资格证书；海关进出口货物收发货人报关注册登记证书；质量管理体系认证；ISO 4001环境管理体系认证；ISO 18001职业健康体系认证；安全生产标准化证书。

具有独立完善的技术研发体系，现有专利132项（其中发明专利41项，实用新型专利91项）及95项核心技术，被评为"山东省企业技术中心""山东省热传导设备工程技术研究中心"及"省级工业设计中心"。

公司长期与三大核工业集团、五大电力公司、三大动力公司及全国各地众多的热（电）力公司等保持着良好的合作关系，产品销售遍及全国各地，出口欧洲及东南亚各国，提供的产品及服务均得到客户的一致好评。

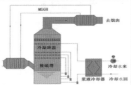

光热发电：
用熔盐吸收的太阳能热量，转化为水蒸气的能量，推动汽轮机发电。相当于火电机组的锅炉。
为甘肃敦煌我国首个100MW级光热发电站的"蒸汽动力发生系统"核心设备。

工业"消白"：
采用专利换热器设计；宽流道；特殊的平滑板片。
用于消除工业生产脱硫后排放的含有大量蒸汽水滴的白烟。

青岛特钢熔盐换热系统：
将炼钢盐池的热量利用熔盐换热设备变成蒸汽进行二次利用。

高压电极锅炉：
通过水的高效导电性利用10kV高压电直接加热，在0~100%范围内无级调节功率；使用寿命大于40年。
用于清洁供暖、电厂灵活性改造。

吸收式热泵：
双热源换热机组拉大一次网温差，扩大一次管网供热能力。三热源换热机组用于电厂及工业企业的节能改造。

固体蓄热：
利用谷电，将电能转化为热能存储于金属氧化物等蓄热体中，储存温度可达650℃以上。
用于供暖、制冷及工业蒸汽。

中国再生资源开发有限公司

企业简介 ▶

　　中国再生资源开发有限公司成立于1989年，是中华全国供销合作总社社属企业，多年来致力于打造专业化、一体化、规模化的再生资源回收利用体系，逐步向环境服务和设备制造领域延伸，业已成长为我国循环经济领域的领军企业。

　　应运而生，乘势而兴。 从可持续发展战略到建设生态文明，环境保护始终是时代发展的主旋律。面临组织化程度低、经营规范化程度低、分拣技术水平低和回收率低的行业发展瓶颈，中再生公司一直坚持"网络、资源、技术、环保、品牌"的经营理念，秉承环保优先、安全第一、质量至上、以人为本的发展思路，充分发挥人才、技术、装备、加工等方面优势，着力构建回收站（点）、分拣中心和集散交易市场"三位一体"的全国性再生资源回收网络，积极承接国家"城市矿产"示范基地建设，全力打造国家级大型再生资源产业园区，在推动循环发展、绿色发展、低碳经济中发挥了积极作用。

　　聚沙成塔，集腋成裘。 遵循网络化、园区化、标准化、规模化、资源化和无害化发展模式，中再生公司在全国25个省（区、直辖市）建设了环渤海、东北、华东、中南、华南、西南和西北七大区域网络，拥有70余家分支机构、1家主板上市公司、1家新三板上市公司、11个大型国家级再生资源产业园区、6个国家"城市矿产"示范基地、3个区域性集散交易市场、70多家分拣中心和5000多个回收网点，构筑了全覆盖、高密度资源回收利用网络。同时在天津设有再生资源研究所、全国再生资源科技信息中心站和全国再生资源行业特有工种技能鉴定站等科研机构，是产研结合的大型再生资源回收利用企业。

　　开拓创新，砥砺前行。 创新是引领发展的第一动力。三十载磨砺，中再生公司致力于带动我国再生资源行业标准化建设，通过推动包括废纸、废钢等再生资源品种的技术、质量分类及检验标准，善用规模优势将再生资源标准与上下游产业连接，拓展标准的执行范围与力度，提升行业的规范化水平；以科技推动生产力，积极培育先进技术，在贵重金属提取、废塑料改性和废不锈钢再生利用等关键领域取得多项发明专利，形成技术优势，打造核心自主知识产权技术体系；优化战略发展布局，与美国纽维尔破碎机有限公司强强联合，拓展上游废钢资源回收设备制造产业；广泛开展外部合作，与中央国家机关达成办公废品回收处理合作协议，实现废旧办公资源的高效循环利用，承接全国各级国税系统废旧税控设备无害化处理项目，打造国税系统资源节约和循环利用示范工程，联合黑龙江、四川和湖北等省（市）供销合作社共建再生资源回收网络，强化再生资源回收基础。

摩拜合作

中央国家机关合作

沙钢合作

环科与京城环保合作

　　存量升级，增量崛起。中国经济由高速增长转向高质量发展，再生资源行业作为我国绿色经济的组成部分、实现绿色发展的重要手段，亦应当朝着这个方向坚定前行。中再生，作为全国再生资源回收利用行业的领军企业，既要增强发展内生动力、抓住变革机遇，也要培育新兴生产要素、推进转型升级。中再生集团以政策趋势和行业特点为导向，通过调整九大业务板块结构、转变经营方式来提升行业竞争力。废钢及报废汽车拆解板块，以实体经济作为发展升级的强大动力，通过平台建设统筹兼顾、资源有效配置全面协调发展、产业链延伸拓宽业务渠道，配合推进供给侧结构性改革；危险废弃物处置板块，通过加大对危废处理关键技术的投入，主动提升危废处理领域治理标准，在资源整合、技术和模式创新上着力，进一步提高危废处理的效率和透明度，力争实现社会责任和经济收益双重目标；废家电板块，致力于打造稳健、专业的电子废弃物处理平台，通过社会回收与企业处理有机融合，促进家园和谐、环境绿色；污水处理板块，组建专业化技术服务团队，以工业废水治理业务为核心构建水务环保投资运营服务平台，对国内部分工业园区引进先进的污水循环利用系统，助力园区实现资源再生与环保合规双赢；环境服务板块，以绩效为导向，强化市场对资源配置的基础性作用，打好污染防治攻坚战；废不锈钢板块，通过全不锈钢产业链布置，进一步释放产能以拓展市场占有率、夯实业绩基础；废有色金属板块，充分运用资本市场的资源配置功能，提高主营业务的运行效率与运行质量，加速环保产业园区升级；废塑料板块，通过引入战略投资者吸收产业运作经验和战略资源并迅速置入板块业务，进一步向高端产品发展；PET及废纸板块，通过线上服务功能和线下产业实体相结合，构建集交易服务、贸易服务、金融服务、生产及技术服务、仓储物流服务和产业信息服务功能于一体的产业供应链协同服务平台。

　　党的十八大将生态文明建设写入党章，十九大将"建设生态文明、推进绿色发展"作为"新时代坚持和发展中国特色社会主义的基本方略"之一。中再生，以绿色发展理念为指引，坚持存量升级与增量崛起并举，通过运用新技术改造升级传统业务板块，增强核心竞争力和创新能力，最大化扩大再生资源板块的规模效益，快速提升经济实力。同时，促进业务种类和服务创新，实现更高水平的业务结构匹配和优化，引领循环经济，共建美丽中国。

<废家电>

<废塑料>

中再资环 CRE 中再资源环境股份有限公司

中再资源环境股份有限公司是中华全国供销合作总社旗下中国再生资源开发有限公司的控股子公司，是在上海证券交易所挂牌上市的环保科技型上市公司，股票简称"中再资环"，股票代码600217。

公司遵循"生态环保""服务社会"的企业宗旨，秉承"网络、资源、环保、品牌"的经营理念，致力于成为国际一流的资源和环境服务商。公司拥有10家废弃电器电子产品处理子公司，分别位于黑龙江绥化、河北唐山、河南洛阳、山东临沂、湖北黄冈、江西南昌、四川内江、广东清远、浙江衢州、云南昆明，年废弃电器电子产品拆解处理能力超过3500万台，领跑行业。公司下属的中再生环境服务公司在全国布局，可为各地提供土壤修复、污水处理、环境监测、固废无害化处理等方面的专业环境服务。公司因在生态文明保护、实施绿色发展、污染防治等方面表现卓越而获得中国"绿色创新奖""中国绿色企业管理奖"和"2017年度环保突出贡献奖"，且在循环经济领域企业信用获得最高AAA评级。

| 唐山公司
Tangshan subsidiary | 江西公司
Jiangxi subsidiary | 广东公司
Guangdong subsidiary | 中再资环销售竞价平台
CRE E-bidding Platform |

China Resources and Environment Co.,Ltd. is a holding company of China Recycling Development Corporation Ltd., which is under All China Federation of Supply and Marketing Cooperatives. Our company is committed to environmental protection and technology and is listed on the Shanghai Stock Exchange. The stock code is 600217.

Our company follows to the business purposes of "Ecological and Environmental Protect" and "Serving for Society", adhereing to the business philosophy of 'Networking, Resourcing, Environment-friendly and Quality', and devotes to be a world-leading resources and environmental services providers. The company owns 10 of electrical waste and electronic products disassembly enterprises, which are located in Suihua of Heilongjiang province, Tangshan of Hebei province, Luoyang of Henan province, Linyi of Shandong province, Huanggang of Hubei province, Nanchang of Jiangxi province , Neijiang of Sichuan province, Qingyuan of Guangdong province, Quzhou of Zhejiang Province, and Kunming of Yunnan Province. The annual capability of disassembly is more than 35 million sets. Our company has won the "Green Innovation Award", "China Green Enterprise Management Award" and "Outstanding contribution Award of Environmental Protection in 2017" for its outstanding performance in the protection of ecological civilization, the implementation of green development, and the effective prevention and control of pollution. Our company obtains the highest AAA rating credit in ircular economy domain.

| 拆解厂
Dismantling plant | 废旧家电拆解车间
Waste lectrical and electronic equipment dismantling | 废冰箱回收处理线
Refrigerator dismantling line | 冰箱拆解线作业现场
Refrigerator dismantling |

黑龙江中实再生资源开发有限公司

黑龙江中实再生资源开发有限公司注册成立于2016年3月，注册资本6500万元，由黑龙江省中再生资源开发有限公司和哈尔滨博实自动化股份有限公司等股东共同出资组建。

黑龙江省中再生资源开发有限公司是一家致力于发展再生资源回收处理的专业环保企业，以再生资源投资、开发、经营一体化为理念，经营范围涵盖再生资源产业投资开发及再生资源回收、分拣、加工利用和销售。2012年，公司被国家发展改革委评选为"全国循环经济工作先进单位"。

哈尔滨博实自动化股份有限公司是一家高新技术股份制企业、上市公司。公司主要从事化工、冶金、金属加工等领域后处理自动化成套设备的研发、生产、销售及相关技术服务，致力于为客户提供最优化的智能成套装备系统解决方案。产品主要应用于石油化工、煤化工、盐化工、精细化工、化肥、冶金、物流、食品、饲料等行业。公司在机械自动化方面处于国内领先地位。

强强联手成立的黑龙江中实再生资源开发有限公司是专业从事废旧轮胎再生资源综合循环利用的环保企业，主要产品有橡胶颗粒、精细胶粉、钢丝等。产品广泛应用于运动场地面铺设、再生胶的生产、改性沥青道路铺设、防水卷材生产、熔炼"铁砂"等行业。

公司位于中国石油城——大庆市龙凤区，公司项目设立和经营符合国家产业政策和环境保护政策，是国家大力鼓励优先发展的产业。公司从德国引进了世界领先的"帕尔曼废旧轮胎处理系统"，废旧轮胎的处理采用常温机械粉碎法，环保指标均达到欧盟标准。公司秉承诚信合作的原则，以优质的产品、专业的团队，凭借自身在该领域的专业性可为合作伙伴提供设备以及相关技术、生产管理等服务。我们期望着与我们的合作伙伴携手共进，共创中国处处青山绿水的美好未来！

豹式机

山猫机

狮式机

虎式机

锦江环境
JINJIANG ENVIRONMENT

中国垃圾发电产业引领者
LEADER OF WASTE TO ENERGY INDUSTRY IN CHINA

心系环保·持之以恒
Be attached to the environmental protection with preserving attitude.

关于锦江环境

　　中国锦江环境控股有限公司是中国垃圾焚烧发电行业的先行者和引领者。1998年，锦江环境在中国建立了第一家异重循环流化床垃圾焚烧发电厂，是中国首家开发异重循环流化床技术并使之工业化的垃圾焚烧发电运营企业，具有成熟的投资、建设、运营和管理经验。

　　2016年8月3日，锦江环境在新加坡证券交易所主板成功挂牌上市。锦江环境作为新加坡市场首个上市的垃圾焚烧发电企业，是自2011年以来新加坡迎来的首个中资企业公开募股（IPO）。

　　锦江环境垃圾处理能力及地域覆盖范围均居行业前列。截至2017年12月31日，锦江环境在中国12个省、自治区和直辖市拥有20个已投入运营的垃圾焚烧发电项目，待国内及东南亚、南美等地区所有在建及筹建项目全部建成后，垃圾处理总能力将达59,261吨/日。

循环流化床垃圾焚烧系统流程图
Flow Diagram of Circulating Fluidized
Bed Incineration System

　　公司力争在流化床技术和炉排炉技术应用方面做整合提升者，在垃圾发电企业运行方面做优秀管理者。公司将立足国内并放眼东南亚、南美等地区的发展中国家，投资建设更多环保能源企业，为环境治理和经济社会发展作出更大贡献。

About Jinjiang Environment

　　China Jinjiang Environment Holding Company Limited ("Jinjiang Environment" for short) is a forerunner and leading waste-to-energy operator in China's waste-to-energy (WTE) industry. In 1998, Jinjiang Environment constructed the first WTE facility in China to utilise differential-density circulating fluidised bed technology. The Company is the first WTE operator to develop and industrialise the differential-density circulating fluidised bed technology in China. The Company has an established track record in investment, construction, operations, and management.

　　On August 3, 2016, Jinjiang Environment was successfully listed on the Mainboard of the Singapore Exchange. Jinjiang Environment is the first WTE operator to list in Singapore and the first Chinese-funded enterprise to list since 2011.

　　Jinjiang Environment is ranking top in both municipal solid waste (MSW) treatment capacity and business distribution. As at December 31,2017, Jinjiang Environment operates 20 WTE facilities in 12 provinces, autonomous regions and centrally-administered municipalities in China. After the completion of all the projects under construction and preparation in the whole nation, Southeast Asia and South America, the total waste treatment capacity of Jinjiang Environment will reach to 59,261 tons/day.

　　The company is striving to be an integrator of CFB and grate technologies as well as an excellent regulator in WTE plant operation. Rooted in China and looking into developing countries in Southeast Asia and South America, Jinjiang Environment will invest in more projects to make more contributions to environmental protection and social economy development.

厦门绿洲环保产业股份有限公司

　　厦门绿洲环保是国内知名环境服务提供商——东江环保股份有限公司（深港两地上市公司，股票代码000895HK、002672SZ）的控股子公司，成立于2000年12月，位于厦门市翔安区厦门绿洲资源再生利用产业园区内，是国家第一批废弃电器电子产品处理基金补贴企业，是国家第四批"城市矿产"示范基地。公司主要再生资源利用项目包括：集散交易中心项目、废弃电子电器产品拆解加工利用项目、废旧塑料改性造粒项目、废钢铁集中加工配送项目等。公司已建成并投产占地300亩的废弃电子电器产品、废旧塑料、废钢铁、废玻璃加工场地和车间，可年回收加工7万吨废弃电子电器产品、8万吨废旧塑料、15万吨废钢铁、3万吨废玻璃。公司拥有3万平方米的堆场、18栋厂房（共7.5万平方米）、6栋宿舍（共3万平方米）。

　　公司依托"城市矿产"示范基地的平台优势，整合废弃电器拆解与废钢、废塑料深加工利用项目的资源，通过园区内上下游产业的物质集成、信息集成，形成共生关系，实现园区资源利用最优化和废物排放最小化的循环经济发展目标，稳定地成长为国际化、现代化、专业化的固废运营商、环境服务提供商，力争建成国内颇具规模、技术领先的再生资源综合利用资源化基地。

绿洲环保宽敞明亮的储物车间

废弃电器拆解车间

绿洲环保宽敞明亮的生产车间

绿洲环保的生产线

华友钴业股份有限公司
Huayou Cobalt Co., Ltd.

　　浙江华友钴业股份有限公司（简称"华友钴业"）成立于2002年，总部位于浙江桐乡经济开发区。华友钴业是一家专注于钴新材料深加工以及钴、铜、镍有色金属采、选、冶的高新技术企业。公司主要产品为锂电池正极材料前驱体、钴的化学品以及铜镍金属。钴产品的产能规模世界第一。2015年1月29日，华友钴业A股在上海证券交易所成功上市，股票代码603799。

　　Zhejiang Huayou Cobalt Co., Ltd. (Shorted as Huayou Cobalt) was founded in 2002, with headquarters located in the Tongxiang Economic Development Zone, Zhejiang. Huayou Cobalt is a high-technology enterprise focusing on deep processing of cobalt new materials as well as mining, dressing and smelting of non-ferrous metals such as cobalt, copper and nickel. The main products of the company are Li-ion battery cathode material precursor, cobalt chemical and copper nickel metal. The capacity of cobalt product ranks first in the word. Huayou Cobalt A shares were successfully listed on the Shanghai Stock Exchange with stock code of 603799 on January 29, 2015.

　　华友钴业始终坚持科技创新和科学管理，在锂电池正极材料前驱体、钴铜湿法工艺、钴新材料、环境保护领域拥有了国内一流的自主核心技术，通过了一系列的管理体系的认证，为公司做强、做大钴产业提供了坚实保障。

　　Huayou Cobalt always adheres to technological innovation and scientific management. Huayou Cobalt has the first-class independent core technology of Li-ion battery cathode material precursor, cobalt and copper hydrometallurgy, cobalt new materials and environmental protection fields in China, and has passed a series of management system certifications. This provides a solid guarantee for the company to build a strong and big cobalt industry.

浙江华友钴业股份有限公司（桐乡总部）
Zhejiang Huayou Cobalt Co., Ltd.
(Tongxiang Headquarters)

　　华友钴业经过十多年的发展积淀，完成了总部在桐乡、资源保障在非洲、制造基地在衢州、市场在全球的空间布局。形成了以自有矿产资源为保障，钴新材料为核心，铜、镍产品为辅助，集采、选、冶、新材料深加工于一体的纵向一体化产业结构。

　　Through a decade of development and accumulation, Huayou Cobalt has completed the spatial arrangement of headquarters in Tongxiang, resource guarantee in Africa, manufacturing base in Quzhou and market on the globe. It has formed a longitudinal integrated industrial structure with own mineral resources as guarantee, cobalt new materials as core, copper and nickel products as auxiliary ,which integrates mining, dressing, smelting and new material deep processing all together.

衢州华友钴新材料有限公司
Quzhou Huayou Cobalt New Material Co., Ltd.

　　华友钴业在其"十三五"规划中提出，坚持以锂电池新能源材料产业发展为核心，围绕上控资源、下拓市场、中提能力，全面实施"两新、三化"战略，将公司从"十二五"的钴行业领先者转型发展成为全球锂电新能源材料行业领导者。

　　Huayou Cobalt proposes in its "13th Five-Year Plan" to persist in taking Li-ion battery new energy material industry development as the core, center on controlling resources, improving capacity and tapping market, comprehensively implement the "two new areas & three trends" strategy, transform and develop the Company from the cobalt industry leader in the "12th Five-Year Plan" to the global Li-ion battery new energy material industry leader.

浙江华友循环科技有限公司规划图
Zhejiang Huayou Circular Science and Technology planning map.

　　华友钴业的使命是"为客户创造价值，为钴新材料产业发展作出贡献"。这个使命融合了华友钴业的产业责任、社会责任和客户责任，决定了我们必须坚定不移地走绿色发展之路。华友钴业自创立以来，始终坚持并践行着社会责任、绿色发展的理念，着力打造绿色制造的先进模式，实现有质量、有效益的环境保护。

　　Huayou's mission is "Creating value for customers and contributing to the development of the cobalt new material industry". The mission integrates Huayou's industry responsibility, social responsibility and customer responsibility, and dictates that we must unswervingly take the green development path. Huayou has persisted in and practiced social responsibility and green development concept since its founding, exerted itself to building an advanced model of green manufacturing and realized environmental protection with quality and benefit.

陈红良总裁出席第六届联合国工商业与人权论坛并作主旨讲演
President Chen Hongliang delivers keynote speech at the Sixth United Nations Forum on Business and Human Rights.

　　低碳化、集约化、循环化的绿色制造，需要大量的投入，今天环境保护的投入，是对明天健康、持续发展的投入，是打造企业竞争新优势的投入。对于华友来说，当前的盈利固然重要，长期盈利并赢得未来的发展空间才是最大的效益、最好的发展。

　　Low-carbon, intensive and circular green manufacturing requires massive input, today's environmental protection input means input in tomorrow's health and sustainable development, and input in building corporate competitive new advantages. For Huayou, current benefit is certainly important, but long-term profitability and winning future development space is the greatest and best development.

企业荣誉

　　十六载辉煌历程，十六载春华秋实，华友钴业从桐乡起步，扎根非洲，落子衢州，实现了一次又一次的跨越，取得了一个又一个的胜利，走出了一条具有华友特色的发展之路。在企业发展的征程上，华友钴业积极履行社会责任，重视环境保护，践行绿色发展理念，为企业的长远健康发展不懈努力！

　　In the 16-year brilliant history, Huayou Cobalt started with Tongxiang, took root in Africa, moved later to Quzhou, realized the leapfrogging over and over again, obtained one victory after another, blazed a trail of development road with Huayou characteristics. In the course of enterprise development, Huayou actively performs its social responsibility, attaches importance to environmental protection, practices the green development concept and makes unremitting effort to corporate long-term healthy development.

四川省天晟源环保股份有限公司
Sichuan Tianshengyuan Environmental Services Co.,Ltd

四川省天晟源环保股份有限公司（天府新区成都直管区环境监测站）（简称：天晟源环保）是四川省地质工程勘察院控股子公司，其前身为"地质部四川水文队实验室""四川省地质工程勘察院环境工程中心"，2015年改制成为独立法人的股份有限公司，下设四川省天晟源环保股份有限公司西藏分公司、重庆天晟源环保有限责任公司。天晟源环保继承了省地勘院60年的水文地质经验，30年的工程地质、环境地质经验，主要从事环境监测/检测、水环境调查评估及修复、土壤环境调查评估及修复、环境影响评价、环境工程监理、水工环地质调查评价等业务，是一家专业提供环保服务综合解决方案的技术服务型企业。

天晟源环保是国家环保部批准的首批环境监测社会化服务试点单位、工业和信息化部认定的四川省首家省域工业节能与绿色发展评价中心、中国环保产业行业企业信用等级评价AAA单位。天晟源环保还是四川省发改委批准的"四川省环境调查、修复技术与装备研发公共服务平台"的建设单位，四川省环保厅批准的"四川省污染场地环境修复工程技术中心""四川省地下水型饮用水水源地环境保护重点实验室"的建设单位。2017年，天晟源环保成功入围"全国土壤污染状况详查检测实验室名录（首批）"，同年，被评为"四川环保产业50强"。

天晟源环保现有员工270余名，主要毕业于北京大学、中科院、中国地质大学、南开大学、四川大学等国家知名院校。其中博、硕士研究生以及工程师职称以上人员占比均达30%以上；现已取得环保、国土、水利、建设等部门资质30余个；天晟源环保拥有覆盖国土、环保、公共卫生、农业等领域的专业实验室，实验室设施条件优良，各类设备600余台，其中进口大型设备100余台。

天晟源环保始终牢记"以科技创新改善人类的生活环境，让山更绿、天更蓝、水更清"的企业使命，始终秉承"心怀创业梦想，创造美好环境"的企业精神，致力成为"具有核心竞争力的国内领先的环保科技企业"，为客户提供全方位的优质环保服务，为环保事业贡献更多更大的力量。

河北欧耐机械模具股份有限公司

A 公司简介
bout us

单位资质：国家高新技术企业、河北省企业技术研发中心、河北省院士工作站、河北省中小企业公共服务示范平台、河北省先进铸造装备工程实验室、国家两化融合试点示范企业和绿色工厂。

主导产品：多功能智能制芯机械系列产品，以ON80L智能制芯中心为例，它的性能及创新点：整机采用数字液压比例控制系统、伺服控制系统、计算机控制、自动数据采集和诊断；可以通过人机界面对单台设备进行数字化、参数化调整；配有智能传感器技术。该产品既是一个独立的智能单元，又是智能铸造生产线有机结合的主导设备和多功能专用制芯中心，是实现智能制造、绿色制造必不可少的专用设备。它的技术参数是根据用户需要量身定做的。主要技术参数包括：① 工作台合模参数；② 侧加紧参数；③ 上开模参数；④ 下顶芯参数。该系列产品主要用于铝、镁、钛轻合金等铸造厂家。

浙江鼎诚环保科技有限公司

浙江鼎诚环保科技有限公司（以下简称"鼎诚"）是一家致力于以用于工矿企业尾部烟气治理和余热深度回收利用的高品质氟塑料换热器为基础的新型节能环保设备的研发、设计、生产及安装，产品尤其适用于大型燃煤电厂、垃圾焚烧、危废处理、生物质电厂以及钢铁冶金、石油化工等行业，是全方位为用户提供节能和环境保护解决方案的高科技公司。

公司成立于2015年，注册资本5100万元，坐落于美丽的太湖之滨——浙江省湖州市。公司生产制造基地位于国家级经济技术开发区——湖州经济技术开发区。目前已建有厂房面积1.2万平方千米。

公司拥有来自国内电力、冶金、石油化工和环保等行业的专业技术人才和高素质的管理团队。依托国内外领先的技术和优秀的管理团队，尤其是氟塑料的长期使用经验，结合高精度的加工设备，生产符合长期在特殊工况下使用的氟塑料管材。同时公司和科慕化学（原杜邦上海研发中心）、东南大学能源与环境学院、清华大学能源与动力工程系、国家五大发电集团的研究单位等共同开发针对不同应用环境的PTFE高品质氟塑料换热器解决方案类型，研发设计更适合中国工况的优质烟气净化及余热回收解决方案。

公司研发团队以PTFE高品质氟塑料换热器为核心开发了：PTFE烟气余热深度回收利用、PTFE GGH烟气烟气换热器、PTFE水媒式烟气换热MGGH消白、PTFE烟气凝并除尘提水、PTFE热法废水零排放、PTFE热法海水淡化、PTFE蓄热/冷、PTFE热泵等系统解决方案。总计获得1项发明专利和26项实用新型专利，为拥有省级首台套产品的国家高企。

鼎诚以"节能减排环保设备研发制造""环境污染治理及相关服务""消除有色烟羽""工业节能节水综合解决方案"为核心业务。公司自2017年5月正式投产以来，已实现销售收入逾4200万元，目前尚有多个意向客户正在洽谈合约，2018年预计销售收入超1亿元。

鼎诚秉承"鼎力相助，诚信而为"的发展理念，依托年轻、敏锐、朝气蓬勃、志向远大的员工团队，坚持注重高质量的理念，和客户一起打造新一代节能环保设备，为蓝天白云贡献自己的力量。

华电坪石项目

大唐宝鸡项目

中益能储热技术集团

工业余热回收

　　回收工业余热为主要热源，以集中供热管网、移动供热互补，做为热量输送途径，满足供暖、供热水、供饮用水、供冷需求，替代燃煤、燃气等其他一次性不可再生能源的消耗，使工业余热可以实现全年利用，大大提高了能源综合使用效率及二氧化碳减排量。

包头钢铁焖渣放散型蒸汽回收改造前后对比

渣水余热回收系统

谷电蓄热供暖

　　以低谷电或低价电为动力能源，视用户所在区域热负荷、自然条件等因素，以太阳能、空气能、浅层地源热能、工业余热等就近区域特色能源为补充热源，以储热型热泵、储热型锅炉为主要设备，实现供冷、供热，同时实现供能稳定安全、降低投资成本及运行费用、提高综合能源使用效率、节能减排的综合效果。

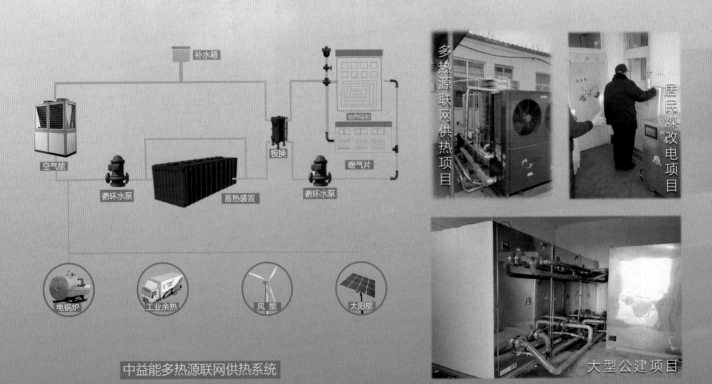

中益能多热源联网供热系统　　　　　　　　　　　　　　　大型公建项目

建筑能源托管

以酒店为例，将用户的暖、冷、电、热水、人工等整体成本以9折费用进行托管，通过对空调机组冷热双工况改造、加装能耗控制系统、采用热能存储等技术形式，不仅为用户直接降低用能成本，还省去了人员成本、维修养护、管理支出等费用，为用户节省大量精力。

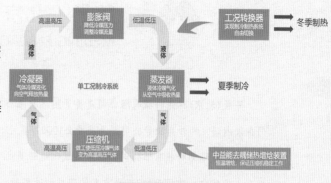

双工况改造系统图

移动蓄能供热

移动蓄能供热，开创了热能通过管网输送以外的创新热能配送方式，是一种新型清洁热能高效利用的新模式。

全年生活热水供应： 回收利用热电厂、钢铁厂、垃圾焚烧厂等高耗能行业的工业余废热，替代用户侧燃煤、天然气实现清洁供热，为宾馆、洗浴中心、医院等场所提供热水配送服务。

城市应急供热保障服务： 具有灵活、高效、快速响应的特点，一旦出现管网破裂或其他紧急情况，可第一时间奔赴现场，通过简单改造或预留管道直接将热量输送至管网中。

无明火安全供热服务： 适用于油田洗井、矿井供热，以及加油站等需要无明火安全生产的用户。

经济供热： 为无管网小区或入住率不高的小区（园区）、奥运场馆、展馆等有临时供热需求的用户提供热能。

美景（北京）环保科技有限公司
MEIJING ENVIRONMENTAL TECHNOLOGY LTD.

美景(北京)环保科技有限公司是美景国际有限公司在国内设立的外商独资公司，注册资金1000万美元。美景(北京)环保科技有限公司在北京高端制造业基地拥有占地40亩、建筑面积3万平方米的研发制造基地。

美景（北京）环保科技有限公司专注节能环保领域，是一家致力于节能环保技术研发、提供完整解决方案、系统设备成套及工程总承包（EPC）、技术咨询和服务等多种业务模式于一体的高新技术企业，拥有一支由专家、高级工程技术人员和管理人员组成的专业化队伍。公司还生产和销售相关装置运行所需的化学品和副产品，为我们的客户提供长期稳定的技术支持和服务。

公司将一如既往地遵循"用户至上、和谐共赢"的企业宗旨，秉承"以专业精神铸造精品工程"的服务理念，全心全意服务客户需求，节约能源、保护环境，做国家发展、社会进步的助推者。

水处理、回用及零排放

酸性气处理硫回收　　主营业务涉及领域　　气体净化与液固分离

高效翅片换热器　　能量回收与节能服务

信息统计

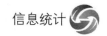

第 46 章 国际能源数据

2008—2018 年世界一次能源消费量如表 46-1 所示，2017—2018 年世界能源消费总量及构成如表 46-2 所示，2008—2018 年世界二氧化碳排放量如表 46-3 所示。

表 46-1 2008—2018 年世界一次能源消费量

单位：百万吨油当量

国家/地区/组织	年份											年均增长率		占比 2018
	2008	2009	2010	2011	2012	2013	2014	2015	2016	2017	2018	2018	2007—2017	
美国	2 258.6	2 148.7	2 223.3	2 204.1	2 148.5	2 208.0	2 232.9	2 213.2	2 212.7	2 222.5	2 300.6	3.5%	-0.4%	16.6%
加拿大	321.5	304.9	312.0	327.2	324.7	337.0	341.8	339.0	338.2	343.7	344.4	0.2%	0.7%	2.5%
墨西哥	107.8	169.5	174.6	183.1	184.2	185.0	184.1	184.0	186.4	189.3	186.9	-1.3%	1.2%	1.3%
北美洲总计	2 751.0	2 623.1	2 709.8	2 714.4	2 657.4	2 730.1	2 758.9	2 736.2	2 737.2	2 755.5	2 832.0	2.8%	-0.2%	20.4%
阿根廷	74.7	73.3	77.2	78.7	81	84.5	84.1	86.1	85.9	86.1	85.1	-1.2%	1.6%	0.6%
巴西	239.9	238.6	263.1	275.8	281.3	292.4	299.4	295.9	289.4	293.9	297.6	1.3%	2.5%	2.1%
智利	32.2	31.5	31.7	34.5	35.3	35.7	35.1	35.9	37.7	38.3	40.1	4.7%	1.7%	0.3%
哥伦比亚	33.3	31.8	34.1	35.7	38.3	38.9	41	41.3	44.2	45.5	46.9	3.2%	4.0%	0.3%
厄瓜多尔	12.1	11.9	13.2	14	14.8	15.3	16.1	16.1	16	16.7	17.6	5.8%	3.9%	0.1%
秘鲁	16.6	17	18.8	20.9	21.3	21.9	22.6	24.2	25.5	25.4	27	6.3%	5.2%	0.2%
特立尼达和多巴哥	15.9	16	17.5	17.6	16.7	17.2	16.8	16.9	15.4	15.2	15.3	0.1%	-0.7%	0.1%
委内瑞拉	84.6	84.4	79.7	83.4	86.9	84.9	82.1	79.3	72.3	73.6	64.6	-12.2%	-1.0%	0.5%
其他中南美洲国家	91.6	89.6	91.8	94.6	95.1	95.1	95.7	99.5	104.6	105.1	107.8	2.6%	1.3%	0.8%
中南美洲合计	600.8	594.2	627.1	655.3	670.9	685.9	692.9	695.3	691.1	699.8	702	0.3%	1.8%	5.1%
奥地利	35.4	34.3	35.6	33.3	35	34.7	33.3	33.4	34.6	35.5	35	-1.5%	0.2%	0.3%
比利时	67.7	63.4	67.5	63	60.7	62.2	58.2	59.1	63.9	64.1	62.2	-3.0%	-0.4%	0.4%
捷克共和国	43.9	42.2	44	43	42.8	42.1	41.2	40.5	39.9	41.8	42.1	0.9%	-0.7%	0.3%
芬兰	31.4	29.3	31.9	29.7	28.8	29.1	28.1	28	28.8	28.1	29.3	4.2%	-1.5%	0.2%
法国	261.9	248	256	246.9	247.3	250.1	240.4	241.9	238.4	237.5	242.6	2.2%	-0.9%	1.7%
德国	335.5	315.1	327.9	316.1	320.5	329.8	316.4	322.5	328.1	333.9	323.9	-3.0%	0.1%	2.3%
希腊	35.3	34.2	32.5	31.7	30	28.5	26.8	27	26.6	28	28.3	1.0%	-2.6%	0.2%
匈牙利	25.3	23.2	23.8	23.6	21.9	20.9	21	22	22.4	23.5	23.7	0.8%	-0.9%	0.2%
意大利	181	169.2	174.4	170.5	165.8	158.2	149.7	153.1	154.7	156.3	154.5	-1.1%	-1.6%	1.1%
荷兰	93.8	92.4	97.8	93.7	90.6	87.9	83.1	84.1	85.7	84.5	84.8	0.3%	-1.2%	0.6%
挪威	46.4	43.1	41.6	42.4	47.3	44.3	45.7	46.5	47.2	47.6	47.4	-0.5%	0.5%	0.3%
波兰	97.4	93.9	100	100.5	97.5	97.8	94.2	95.2	99.4	103.4	105.2	1.7%	0.8%	0.8%
葡萄牙	24.4	24.5	25.8	24.7	22.6	24.7	24.9	24.8	26.2	25.8	26	0.8%	0.2%	0.2%
罗马尼亚	38.6	33.8	34	34.9	33.6	31.4	32.7	32.8	32.8	33.4	33.4	0.1%	-1.4%	0.2%
西班牙	154.5	143.4	146.5	143.9	143.2	135.9	133.5	135.4	136.9	138.8	141.4	1.8%	-1.3%	1.0%
瑞典	53	48.7	51.8	51.4	54.7	51.5	51.5	53.3	52.6	54.4	53.6	-1.4%	0.1%	0.4%

（续表）

国家/地区/组织	年份											年均增长率		占比
	2008	2009	2010	2011	2012	2013	2014	2015	2016	2017	2018	2018	2007—2017	2018
瑞士	29.9	29.9	29.2	27.8	29.4	30.3	29	28.4	26.8	26.9	27.8	3.5%	-0.7%	0.2%
土耳其	100.8	102.2	107.6	115.1	122.3	121.5	125.4	137.2	144.6	152.7	153.5	0.5%	4.3%	1.1%
乌克兰	133.5	113.4	121.5	126.3	123.1	117.3	103.2	85.7	89.8	83.4	84	0.8%	-4.7%	0.6%
英国	220	209.4	214.6	202.2	204.8	204.1	192.5	195.1	193.5	193.2	192.3	-0.5%	-1.4%	1.4%
其他欧洲国家	163.5	154.9	160.6	156.9	150.3	152.3	147.4	150.8	154.7	157.3	159.8	1.6%	-0.3%	1.2%
欧洲总计	2 173.3	2 048.4	2 124.6	2 077.7	2 072.3	2 054.7	1 978.3	1 996.8	2 027.5	2 050	2 050.7	◆	-0.6%	14.8%
阿塞拜疆	12.8	11.3	11.2	12.5	12.8	13.2	13.5	14.7	14.6	14.3	14.4	0.6%	1.2%	0.1%
白俄罗斯	25.9	24.5	26	25.9	28	24.7	25.5	23.2	23	23.4	24.6	5.0%	-0.9%	0.2%
哈萨克斯坦	56.4	50.8	54.9	60.5	62.7	63.5	64.4	63.7	64.7	67.6	76.4	13.0%	2.3%	0.6%
俄罗斯	676.6	643.2	669.3	691.8	693.8	685.5	688.3	675.4	690.5	694.3	720.7	3.8%	0.3%	5.2%
土库曼斯坦	12.2	19.9	21.5	23.8	26	23.1	23.9	28.6	27.5	28.7	31.5	9.8%	6.8%	0.2%
乌兹别克斯坦	44.6	44.8	44.4	46.6	45.5	45.2	47.1	44.9	43.6	45	43.9	-2.4%	-0.5%	0.3%
其他独联体国家	16.2	15.6	15.9	17	18	17.1	17.5	17.4	17.5	18	19	5.9%	0.7%	0.1%
独联体国家总计	844.7	810.2	843.2	878	886.7	872.1	880.3	867.9	881.5	891.2	930.5	4.4%	0.5%	6.7%
伊朗	205.8	212.7	213.4	224.9	226.2	237.9	249	249.2	257.2	272	285.7	5.0%	3.2%	2.1%
伊拉克	29.2	32.6	34.7	36.7	39	42	40.2	40.1	46.2	47.1	53.7	14.1%	5.3%	0.4%
以色列	23.3	22.3	23.7	24.2	25.3	23.5	23.1	24.4	24.8	25.6	25.6	0.2%	1.1%	0.2%
科威特	29.7	31.1	33.5	33.6	37.3	38.7	35.4	38.5	38.9	38.7	39	0.7%	3.5%	0.3%
阿曼	17.5	17.6	20.6	22.5	24.5	27.4	27.3	28.8	29	29.3	30.7	4.6%	7.0%	0.2%
卡塔尔	24.6	24.8	28.9	33.4	37.9	40.8	43.9	48.2	47.6	48.9	48.3	-1.2%	8.2%	0.3%
沙特阿拉伯	184.3	194.3	213	219.8	233.1	234	250.8	259	262.2	262.8	259.2	-1.4%	4.5%	1.9%
阿联酋	81	80	83.8	88.4	92.8	97.8	97.4	107.1	111.1	109	112.2	3.0%	4.4%	0.8%
其他中东国家	58.3	58.5	58.2	54.7	51.1	50.3	50.1	48.4	48	48	47.9	-0.2%	-1.6%	0.3%
中东地区总计	653.7	673.8	709.8	738.4	767.3	792.5	817.2	843.7	864.9	881.4	902.3	2.4%	3.8%	6.5%
阿尔及利亚	36.4	38.6	37.6	39.9	43.6	46.2	50.4	53.1	53	53.1	56.7	6.7%	4.5%	0.4%
埃及	71.7	74.6	78.4	79.7	83.8	83.2	83	85.3	89.9	92.6	94.5	2.1%	3.2%	0.7%
摩洛哥	15.4	15	16.7	17.5	17.8	18.3	18.6	18.9	19.1	20	21	4.9%	3.7%	0.2%
南非	125.4	125.1	126.3	124.6	122.7	123.3	124.8	121.9	123.3	121.8	121.5	-0.2%	0.4%	0.9%
其他非洲国家	116.5	118.7	124.8	123.6	131.3	138.9	145.9	150.9	153.5	161	167.8	4.2%	3.8%	1.2%
非洲总计	365.4	372	383.8	385.3	399.2	409.7	422.6	430.1	439.4	448.6	461.5	2.9%	2.7%	3.3%
澳大利亚	132.3	131.4	131.9	136.4	134.6	135.3	137.5	139.2	142.1	140.5	144.3	2.7%	0.8%	1.0%
孟加拉国	18.8	20.6	21.6	23	25	25.5	27	31.3	31.8	33	35.8	8.6%	6.4%	0.3%
中国	2 230.4	2 330.1	2 491.6	2 690.5	2 799.5	2 907.5	2 974.7	3 009.6	3 047.1	3 139	3 273.5	4.3%	3.9%	23.6%
中国香港	24.3	26.6	27.6	28.3	27.2	28	27.3	28.1	28.8	30.9	31.1	0.6%	1.7%	0.2%
印度	477.9	514.3	539.2	571.4	601	624.5	667.5	689.8	719.3	750.1	809.2	7.9%	5.2%	5.8%
印度尼西亚	132.7	137.6	151.1	164.6	173.4	178.2	167.2	165.7	170.2	176.9	185.5	4.9%	2.8%	1.3%
日本	517.8	473.1	504.7	479.1	475.7	472.3	460.3	453.3	450.8	455.2	454.1	-0.2%	-1.4%	3.3%
马来西亚	80	77.7	80.1	82.9	89	93.1	93.6	95.1	96.6	96.7	99.3	2.7%	2.3%	0.7%
新西兰	19.3	19.2	19.9	19.7	20	20.2	21.2	21.4	21.6	22.2	21.7	-1.9%	1.4%	0.2%
巴基斯坦	62.4	63.2	63.4	63.5	64.1	64.9	66.9	70.4	76.6	81	85	5.0%	2.7%	0.6%
菲律宾	28	28.3	29.3	29.9	30.9	33.1	34.9	38.3	41.8	45.7	47	2.9%	5.4%	0.3%
新加坡	59.3	63.8	68.6	71.3	71.6	73.6	75.8	80.6	83.8	86.5	87.6	1.2%	4.5%	0.6%

（续表）

国家/地区/组织	年份											年均增长率		占比
	2008	2009	2010	2011	2012	2013	2014	2015	2016	2017	**2018**	2018	2007—2017	2018
韩国	241.4	242.6	261.3	273.4	276.3	276.7	279.5	285.3	292.2	297.1	**301**	1.3%	2.3%	2.2%
斯里兰卡	5.1	5.3	5.7	5.9	6	6.1	5.5	7	7.5	7.8	**8.1**	3.3%	3.7%	0.1%
中国台湾	106.6	104.7	110.9	109.3	109.1	111.1	113.8	112.9	115	117	**118.4**	1.2%	0.4%	0.9%
泰国	95.2	98.5	104.8	108.9	116.5	118.3	121.6	124.7	127.3	130.2	**133**	2.1%	3.3%	1.0%
越南	38.5	39.4	44.6	51	53.4	57.2	62.6	69.1	73.9	75.8	**85.8**	13.1%	9.4%	0.6%
其他亚太国家和地区	46.2	42.2	45.4	45.2	48.3	48.8	52.7	53.9	60.5	62.4	**65.4**	4.8%	3.5%	0.5%
亚太地区总计	4 316.2	4 418.7	4 701.5	4 954.5	5 121.6	5 274.4	5 389.6	5 475.7	5 587	5 748	**5 985.8**	4.1%	3.2%	43.2%
世界总计	11 705.1	11 540.3	12 099.9	12 403.7	12 575.5	12 819.4	12 939.8	13 045.6	13 228.6	13 474.6	13 864.9	2.9%	1.5%	100.0%
经合组织	5 636.3	5 365.1	5 570.8	5 517.5	5 463.8	5 522.7	5 483.5	5 495.7	5 530.6	5 586.9	5 669	1.5%	-0.2%	40.9%
非经合组织	6 068.8	6 175.2	6 529.1	6 886.2	7 111.7	7 296.7	7 456.3	7 549.9	7 698	7 887.7	8 195.9	3.9%	3.0%	59.1%
欧盟	1 818.1	1 714.8	1 777.1	1 719.1	1 705.8	1 694.4	1 631.7	1 652.9	1 670.4	1 691.8	1 688.2	-0.2%	-0.8%	12.2%

注：本表中，一次能源包括进行商业交易的燃料，包括用于发电的现代可再生能源。

◆ 表示数据小于 0.05%。

表 46-2　2017—2018 年世界能源消费总量及构成

单位：百万吨油当量

时间/年	2017							2018						
能源构成	石油	天然气	煤炭	核能	水电	可再生能源	总计	石油	天然气	煤炭	核能	水电	可再生能源	总计
美国	902.0	635.8	331.3	191.7	67.2	94.5	2 222.5	919.7	702.6	317.0	192.2	65.3	103.8	2 300.6
加拿大	108.8	94.3	18.6	22.7	89.7	9.5	343.7	110.0	99.5	14.4	22.6	87.6	10.3	344.4
墨西哥	85.8	74.3	15.2	2.5	7.2	4.3	189.3	82.8	77.0	11.9	3.1	7.3	4.8	186.9
北美洲总计	1 096.6	804.4	365.1	216.9	164.1	108.4	2 755.5	1 112.5	879.1	343.3	217.9	160.3	118.8	2 832.0
阿根廷	32.0	41.5	1.1	1.4	9.4	0.7	86.1	30.1	41.9	1.2	1.6	9.4	0.9	85.1
巴西	136.1	32.4	16.6	3.6	83.9	21.4	293.9	135.9	30.9	15.9	3.5	87.7	23.6	297.6
智利	17.7	4.8	7.7	–	4.8	3.3	38.3	18.1	5.5	7.7	–	5.2	3.5	40.1
哥伦比亚	16.5	10.5	5.2	–	13.0	0.5	45.5	16.6	11.2	5.9	–	12.8	0.5	46.9
厄瓜多尔	11.3	0.7	–	–	4.5	0.1	16.7	12.2	0.6	–	–	4.7	0.1	17.6
秘鲁	12.0	5.8	0.6	–	6.6	0.4	25.4	12.4	6.1	0.9	–	7.0	0.7	27.0
特立尼达和多巴哥	2.1	13.1	–	–	–	†	15.2	2.1	13.2	–	–	–	†	15.3
委内瑞拉	22.1	33.4	0.1	–	18.0	†	73.6	19.5	28.7	0.1	–	16.3	†	64.6
其他中南美洲国家	67.4	6.2	3.5	–	22.8	5.2	105.1	68.3	6.8	4.3	–	22.3	6.1	107.8
中南美洲合计	317.2	148.4	34.8	4.9	163.0	31.5	699.8	315.3	144.8	36.0	5.1	165.5	35.4	702.0
奥地利	13.1	7.8	3.1	–	8.7	2.8	35.5	13.4	7.5	2.9	–	8.5	2.8	35.0
比利时	33.7	14.1	3.1	9.6	0.1	3.5	64.1	34.1	14.5	3.3	6.4	0.1	3.8	62.2
捷克共和国	10.4	7.2	15.6	6.4	0.4	1.8	41.8	10.6	6.9	15.7	6.8	0.4	1.7	42.1
芬兰	10.3	1.6	4.0	5.1	3.3	3.8	28.1	10.7	1.8	4.3	5.2	3.0	4.3	29.3
法国	79.1	38.5	9.3	90.1	11.1	9.4	237.5	78.9	36.7	8.4	93.5	14.5	10.6	242.6
德国	119.0	77.2	71.5	17.3	4.6	44.4	333.9	113.2	75.9	66.4	17.2	3.8	47.3	323.9

（续表）

时间/年	2017							2018						
能源构成	石油	天然气	煤炭	核能	水电	可再生能源	总计	石油	天然气	煤炭	核能	水电	可再生能源	总计
希腊	16.0	4.1	4.8	–	0.9	2.2	28.0	16.0	4.1	4.7	–	1.3	2.4	28.3
匈牙利	8.3	8.5	2.2	3.6	†	0.7	23.5	8.8	8.3	2.2	3.6	0.1	0.8	23.7
意大利	62.0	61.5	9.6	–	7.8	15.3	156.3	60.8	59.5	8.9	–	10.4	14.9	154.5
荷兰	39.6	31.0	9.1	0.8	†	3.9	84.5	40.9	30.7	8.2	0.8	†	4.2	84.8
挪威	10.1	3.9	0.8	–	32.1	0.7	47.6	10.4	3.9	0.8	–	31.3	0.9	47.4
波兰	31.7	16.5	49.8	–	0.6	4.9	103.4	32.8	17.0	50.5	–	0.4	4.4	105.2
葡萄牙	12.0	5.5	3.2	–	1.3	3.8	25.8	11.5	5.0	2.7	–	2.8	3.9	26.0
罗马尼亚	10.3	9.6	5.4	2.6	3.3	2.2	33.4	10.2	9.3	5.3	2.6	4.0	2.0	33.4
西班牙	65.0	27.3	13.4	13.1	4.2	15.7	138.8	66.6	27.1	11.1	12.6	8.0	16.0	141.4
瑞典	15.4	0.7	2.0	14.9	14.7	6.8	54.4	14.8	0.7	2.0	15.5	14.0	6.6	53.6
瑞士	10.9	2.7	0.1	4.6	7.7	0.8	26.9	10.5	2.6	0.1	5.8	7.9	0.9	27.8
土耳其	49.2	44.3	39.5	–	13.2	6.6	152.7	48.6	40.7	42.3	–	13.5	8.5	153.5
乌克兰	9.9	26.0	25.7	19.4	2.0	0.4	83.4	9.6	26.3	26.2	19.1	2.2	0.6	84.0
英国	78.0	67.8	9.1	15.9	1.3	21.1	193.2	77.0	67.8	7.6	14.7	1.2	23.9	192.3
其他欧洲国家	62.5	26.1	34.1	8.4	14.9	11.4	157.3	62.4	25.9	33.6	8.3	17.9	11.7	159.8
欧洲总计	746.2	481.9	315.5	211.8	132.3	162.3	2050.0	742.0	472.0	307.1	212.1	145.3	172.2	2 050.7
阿塞拜疆	4.7	9.1	†	–	0.4	†	14.3	4.6	9.3	†	–	0.4	†	14.4
白俄罗斯	6.7	15.7	0.8	–	0.1	0.1	23.4	6.8	16.6	1.0	–	0.1	0.1	24.6
哈萨克斯坦	15.0	13.7	36.4	–	2.5	0.1	67.6	16.4	16.7	40.8	–	2.3	0.1	76.4
俄罗斯	151.5	370.7	83.9	46.0	41.9	0.3	694.3	152.3	390.8	88.0	46.3	43.0	0.3	720.7
土库曼斯坦	6.9	21.8	–	–	–	†	28.7	7.1	24.4	–	–	–	†	31.5
乌兹别克斯坦	2.7	37.1	3.5	–	1.7	–	45.0	2.6	36.6	3.1	–	1.6	–	43.9
其他独联体国家	3.6	4.3	1.8	0.6	7.7	†	18.0	3.7	4.9	2.0	0.5	8.0	†	19.0
独联体国家总计	191.1	472.3	126.4	46.6	54.3	0.5	891.2	193.5	499.4	134.9	46.7	55.4	0.6	930.5
伊朗	84.5	180.5	1.4	1.6	3.9	0.1	272.0	86.2	193.9	1.5	1.6	2.4	0.1	285.7
伊拉克	35.6	11.0	–	–	0.5	†	47.1	38.4	14.7	–	–	0.7	†	53.7
以色列	11.7	8.5	5.0	–	†	0.4	25.6	11.5	9.0	4.7	–	†	0.5	25.6
科威特	20.4	18.1	0.2	–	–	†	38.7	20.0	18.7	0.2	–	–	†	39.0
阿曼	9.2	20.0	0.1	–	–	†	29.3	9.2	21.4	0.1	–	–	†	30.7
卡塔尔	11.8	37.0	–	–	–	†	48.9	12.2	36.0	–	–	–	†	48.3
沙特阿拉伯	168.8	93.9	0.1	–	–	†	262.8	162.6	96.4	0.1	–	–	†	259.2
阿联酋	43.8	64.0	1.0	–	–	0.1	109.0	45.1	65.8	1.1	–	–	0.2	112.2
其他中东国家	26.6	20.1	0.4	–	0.3	0.5	48.0	26.8	19.5	0.4	–	0.3	0.8	47.9
中东地区总计	412.5	453.2	8.2	1.6	4.7	1.3	881.4	412.1	475.6	7.9	1.6	3.4	1.7	902.3
阿尔及利亚	19.4	33.4	0.2	–	†	0.1	53.1	19.6	36.7	0.2	–	†	0.1	56.7
埃及	39.2	48.1	1.6	–	3.0	0.6	92.6	36.7	51.2	2.8	–	3.1	0.8	94.5
摩洛哥	13.5	1.0	4.5	–	0.3	0.8	20.0	13.2	0.9	5.4	–	0.4	1.1	21.0
南非	27.5	3.8	84.3	3.6	0.2	2.4	121.8	26.3	3.7	86.0	2.5	0.2	2.8	121.5
其他非洲国家	92.4	34.7	7.0	–	24.7	2.2	161.0	95.5	36.4	7.0	–	26.4	2.4	167.8
非洲总计	192.1	121.0	97.6	3.6	28.2	6.1	448.6	191.3	129.0	101.4	2.5	30.1	7.2	461.5
澳大利亚	51.1	35.5	45.1	–	3.1	5.8	140.5	53.3	35.6	44.3	–	3.9	7.2	144.3
孟加拉国	7.9	22.9	1.9	–	0.2	0.1	33.0	9.0	24.4	2.1	–	0.2	0.1	35.8

时间/年	2017							2018						
能源构成	石油	天然气	煤炭	核能	水电	可再生能源	总计	石油	天然气	煤炭	核能	水电	可再生能源	总计
中国	610.7	206.7	1 890.4	56.1	263.6	111.4	3 139.0	641.2	243.3	1 906.7	66.6	272.1	143.5	3 273.5
中国香港	21.9	2.7	6.3	–	–	†	30.9	22.2	2.6	6.3	–	–	†	31.1
印度	227.1	46.2	415.9	8.5	30.7	21.7	750.1	239.1	49.9	452.2	8.8	31.6	27.5	809.2
印度尼西亚	79.3	33.1	57.2	–	4.2	3.0	176.9	83.4	33.5	61.6	–	3.7	3.3	185.5
日本	187.8	100.6	119.9	6.6	17.9	22.4	455.2	182.4	99.5	117.5	11.1	18.3	25.4	454.1
马来西亚	36.0	35.9	19.3	–	5.2	0.3	96.7	36.9	35.5	21.1	–	5.5	0.3	99.3
新西兰	8.5	4.3	1.2	–	5.7	2.4	22.2	8.4	3.7	1.3	–	6.0	2.4	21.7
巴基斯坦	29.2	35.0	7.1	1.9	6.9	0.9	81.0	24.3	37.5	11.6	2.2	8.1	1.2	85.0
菲律宾	21.7	3.2	15.5	–	2.2	3.1	45.7	22.0	3.5	16.3	–	2.1	3.2	47.0
新加坡	74.8	10.6	0.9	–	–	0.2	86.5	75.8	10.6	0.9	–	–	0.3	87.6
韩国	130.0	42.8	86.2	33.6	0.6	4.0	297.1	128.9	48.1	88.2	30.2	0.7	5.0	301.0
斯里兰卡	5.4	–	1.4	–	0.9	0.1	7.8	5.3	–	1.2	–	1.4	0.1	8.1
中国台湾	50.1	20.0	39.4	5.1	1.2	1.2	117.0	50.0	20.3	39.3	6.3	1.0	1.5	118.4
泰国	64.4	43.1	18.3	–	1.1	3.4	130.2	65.8	42.9	18.5	–	1.7	4.0	133.0
越南	23.6	8.2	27.9	–	16.0	0.1	75.8	24.9	8.3	34.3	–	18.3	0.1	85.8
其他亚太国家和地区	21.9	9.8	16.9	–	13.6	0.2	62.4	22.5	10.3	18.0	–	14.2	0.3	65.4
亚太地区总计	1 651.3	660.6	2 770.8	111.7	373.2	180.2	5 748.0	1 695.4	709.6	2 841.3	125.3	388.9	225.4	5 985.8
世界总计	**4 607.0**	**3 141.9**	**3 718.4**	**597.1**	**919.9**	**490.2**	**13 474.6**	**4 662.1**	**3 309.4**	**3 772.1**	**611.3**	**948.8**	**561.3**	**13 864.9**
经合组织	2 196.5	1 435.2	892.9	443.4	314.6	304.3	5 586.9	2 204.8	1 505.2	861.3	446.1	321.3	330.4	5 669.0
非经合组织	2 410.5	1 706.7	2 825.6	153.7	605.3	185.9	7 887.7	2 457.3	1 804.2	2 910.8	165.2	627.5	230.8	8 195.9
欧盟	649.5	400.4	234.2	187.8	67.4	152.4	1 691.8	646.8	394.2	222.4	187.2	78.0	159.6	1 688.2

注：† 表示数据小于 0.05。

表 46-3 2008—2018 年世界二氧化碳排放量

单位：百万吨

时间/年	2008	2009	2010	2011	2012	2013	2014	2015	2016	2017	**2018**	年均增长率		占比 2018
												2018	2007—2017	
美国	5 675.7	5 263.9	5 465.6	5 355.7	5 137.0	5 260.5	5 300.4	5 153.7	5 053.7	5 014.4	**5 145.2**	2.6%	-1.5%	15.2%
加拿大	545.6	502.3	526.7	539.0	523.2	541.9	551.3	544.6	535.9	549.5	**550.3**	0.1%	◆	1.6%
墨西哥	431.6	433.0	442.4	465.4	473.7	472.5	459.2	463.0	468.5	476.8	**462.5**	-3.0%	1.1%	1.4%
北美洲总计	6 652.9	6 199.2	6 434.7	6 360.1	6 134.0	6 274.9	6 310.9	6 161.2	6 058.2	6 040.7	**6 157.9**	1.9%	-1.2%	18.2%
阿根廷	160.2	154.3	166.0	168.8	175.3	182.8	182.8	186.0	185.9	184.1	**180.3**	-2.1%	1.6%	0.5%
巴西	374.0	351.4	399.4	424.4	443.4	483.4	504.6	487.6	451.0	458.9	**441.8**	-3.7%	2.7%	1.3%
智利	77.4	74.3	76.1	87.0	89.4	91.1	88.4	88.9	94.1	93.1	**95.8**	2.9%	2.0%	0.3%
哥伦比亚	67.4	65.2	72.6	71.3	79.7	83.5	89.2	89.8	97.9	93.1	**98.1**	5.2%	4.5%	0.3%
厄瓜多尔	27.5	27.9	32.1	32.9	34.3	36.6	38.5	37.5	35.5	34.4	**37.1**	7.9%	2.4%	0.1%
秘鲁	34.7	34.9	38.6	44.1	43.8	45.1	46.0	49.7	53.2	49.2	**52.3**	6.4%	4.6%	0.2%
特立尼达和多巴哥	21.6	20.4	22.5	22.5	21.8	23.2	22.6	22.1	21.6	20.7	**20.7**	-0.1%	-0.4%	0.1%
委内瑞拉	171.8	172.0	166.4	170.8	181.3	176.0	170.5	163.6	151.4	142.6	**123.7**	-13.2%	-1.4%	0.4%
其他中南美洲国家	209.7	204.9	208.0	214.0	211.6	209.0	212.7	221.8	230.1	229.4	**236.8**	3.2%	0.7%	0.7%

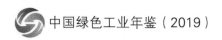

（续表）

| 时间/年 | 2008 | 2009 | 2010 | 2011 | 2012 | 2013 | 2014 | 2015 | 2016 | 2017 | 2018 | 年均增长率 | | 占比 2018 |
												2018	2007—2017	
中南美洲总计	1 144.4	1 105.3	1 181.8	1 235.8	1 280.7	1 330.6	1 355.2	1 347.3	1 320.4	1 305.6	1 286.5	-1.5%	1.7%	3.8%
奥地利	69.0	62.9	68.1	62.4	60.4	59.6	56.4	59.4	59.7	62.5	61.2	-2.0%	-0.9%	0.2%
比利时	142.3	129.8	138.4	125.1	120.9	121.8	114.2	121.3	123.2	126.0	129.6	2.9%	-1.1%	0.4%
捷克共和国	120.0	113.3	116.3	112.8	109.0	104.8	101.7	102.9	104.9	103.0	103.2	0.2%	-1.9%	0.3%
芬兰	60.0	57.4	65.5	57.6	51.5	52.9	48.5	44.7	48.2	45.4	46.6	2.7%	-3.9%	0.1%
法国	371.1	356.3	361.5	334.9	336.3	336.0	302.3	310.5	315.3	321.4	311.8	-3.0%	-1.4%	0.9%
德国	806.5	751.0	780.6	761.0	770.3	794.6	748.4	751.9	766.6	762.6	725.7	-4.8%	-0.6%	2.1%
希腊	108.9	104.2	96.0	95.4	89.8	81.3	77.7	75.1	71.9	77.1	76.2	-1.2%	-3.9%	0.2%
匈牙利	54.4	48.2	48.8	50.3	45.9	43.3	42.3	45.1	45.5	47.9	47.7	-0.4%	-1.5%	0.1%
意大利	446.9	404.0	409.8	399.8	386.6	353.6	330.2	343.1	343.6	346.3	336.3	-2.9%	-2.8%	1.0%
荷兰	231.4	222.6	232.4	224.4	217.3	211.7	200.8	209.2	212.7	205.9	202.7	-1.6%	-1.3%	0.6%
挪威	35.5	35.5	36.5	36.7	36.5	36.5	35.8	35.8	34.7	35.0	35.5	1.4%	-0.3%	0.1%
波兰	319.2	305.0	322.8	322.6	307.2	309.8	292.9	292.9	305.6	315.4	322.5	2.3%	-0.1%	1.0%
葡萄牙	57.7	56.9	51.5	51.4	50.7	49.3	49.3	53.7	53.0	57.8	54.5	-5.7%	-0.2%	0.2%
罗马尼亚	93.3	79.7	77.5	83.3	80.1	69.2	69.7	70.6	69.3	72.6	72.0	-0.9%	-2.7%	0.2%
西班牙	352.3	314.4	298.7	308.8	307.2	275.9	273.6	289.2	282.3	299.9	295.2	-1.6%	-2.3%	0.9%
瑞典	56.1	53.4	56.7	52.0	49.2	48.0	46.2	46.4	46.7	45.9	44.8	-2.4%	-2.5%	0.1%
瑞士	43.0	43.6	41.3	39.4	40.7	42.8	38.0	38.8	37.4	38.2	36.6	-4.0%	-0.5%	0.1%
土耳其	276.9	276.1	278.6	301.5	316.9	305.5	337.5	346.1	366.0	388.5	389.9	0.3%	3.6%	1.2%
乌克兰	317.3	271.8	286.9	303.0	296.7	285.7	244.9	192.5	213.7	185.0	186.5	0.9%	-5.2%	0.6%
英国	562.8	516.1	532.6	495.0	511.8	498.4	457.3	438.4	414.7	403.2	394.1	-2.3%	-3.4%	1.2%
其他欧洲国家	414.2	387.4	400.1	400.6	377.1	371.4	352.6	362.3	370.8	378.0	375.7	-0.6%	-1.0%	1.1%
欧洲总计	4 939.0	4 589.6	4 700.6	4 618.0	4 562.0	4 452.3	4 220.3	4 230.0	4 285.9	4 317.5	4 248.4	-1.6%	-1.5%	12.5%
阿塞拜疆	29.6	25.9	24.9	28.5	29.6	30.2	31.0	33.8	33.2	32.2	31.8	-1.4%	0.7%	0.1%
白俄罗斯	59.4	57.2	60.2	57.1	58.5	58.1	57.3	53.1	53.4	54.0	56.6	4.9%	-0.5%	0.2%
哈萨克斯坦	189.4	170.6	183.9	202.5	209.7	211.0	212.5	207.5	208.5	219.7	248.1	12.9%	2.3%	0.7%
俄罗斯	1 554.3	1 445.3	1 492.2	1 555.9	1 569.1	1 527.7	1 530.8	1 489.5	1 501.5	1 488.4	1 550.8	4.2%	-0.3%	4.6%
土库曼斯坦	32.3	50.3	54.3	59.9	65.2	58.3	60.5	71.5	68.8	71.8	78.5	9.3%	6.4%	0.2%
乌兹别克斯坦	103.3	102.9	100.7	107.1	104.0	103.5	108.1	103.1	103.2	107.2	104.3	-2.7%	-0.4%	0.3%
其他独联体国家	24.7	23.4	22.9	24.2	27.0	25.7	27.3	28.3	28.6	28.0	30.3	8.5%	2.0%	0.1%
独联体国家总计	1 993.0	1 875.6	1 939.0	2 035.1	2 063.1	2 014.6	2 027.5	1 986.8	1 997.3	2 001.2	2 100.4	5.0%	0.2%	6.2%
伊拉克	503.6	516.5	518.0	538.0	539.7	572.9	588.9	585.7	593.9	622.1	656.4	5.5%	2.6%	1.9%
伊朗	82.4	93.2	99.1	104.0	111.1	119.5	115.6	115.6	132.1	133.7	151.4	13.3%	5.4%	0.4%
以色列	71.6	68.4	71.6	73.1	78.9	69.4	66.8	69.8	69.1	70.0	69.6	-0.6%	-0.1%	0.2%
科威特	79.6	81.2	87.0	85.9	96.0	100.5	90.3	98.3	99.3	98.4	98.2	-0.2%	3.0%	0.3%
阿曼	42.3	42.1	49.0	52.3	57.6	65.6	65.2	68.6	69.4	68.7	71.4	3.9%	6.8%	0.2%
卡塔尔	50.3	51.0	59.8	68.0	76.8	83.7	91.0	100.9	99.9	102.4	101.2	-1.2%	8.5%	0.3%
沙特阿拉伯	424.4	443.2	485.1	501.5	525.5	534.3	570.4	587.1	597.6	591.1	571.0	-3.4%	4.2%	1.7%
阿联酋	211.5	205.5	215.3	222.3	233.5	248.9	245.1	267.1	276.4	269.2	277.0	2.9%	3.8%	0.8%
其他中东国家	154.8	155.3	151.4	143.8	134.3	131.5	131.9	126.5	123.7	123.1	122.7	-0.3%	-1.9%	0.4%
中东地区总计	1 620.5	1 656.5	1 736.2	1 789.0	1 853.3	1 926.3	1 965.2	2 019.5	2 061.5	2 078.7	2 118.8	1.9%	3.2%	6.3%
阿尔及利亚	90.8	95.8	94.2	100.6	108.9	115.4	123.6	129.0	127.7	127.8	135.5	6.0%	4.1%	0.4%

（续表）

| 时间/年 | 2008 | 2009 | 2010 | 2011 | 2012 | 2013 | 2014 | 2015 | 2016 | 2017 | 2018 | 年均增长率 | | 占比 |
												2018	2007—2017	2018
埃及	170.5	177.2	188.8	189.5	200.4	199.0	203.5	208.8	218.3	221.3	224.2	1.3%	3.3%	0.7%
摩洛哥	48.6	45.2	49.1	52.9	53.9	54.3	56.5	56.7	57.0	60.0	62.8	4.6%	3.2%	0.2%
南非	447.5	446.7	448.9	440.2	434.4	435.1	439.1	425.9	428.5	418.5	421.1	0.6%	0.2%	1.2%
其他非洲国家	270.4	276.8	290.6	289.9	308.6	326.9	343.5	353.3	359.8	378.5	391.0	3.3%	3.9%	1.2%
非洲总计	1 027.8	1 041.6	1 071.6	1 073.1	1 106.4	1 130.7	1 166.2	1 173.7	1 191.2	1 206.1	1 234.6	2.4%	2.3%	3.6%
澳大利亚	420.5	414.8	408.7	414.6	406.7	401.8	408.8	413.2	418.3	412.3	416.6	1.0%	0.1%	1.2%
孟加拉国	43.0	47.7	50.8	55.0	60.3	61.6	66.0	78.0	79.2	82.7	90.4	9.3%	7.6%	0.3%
中国	7 378.5	7 708.8	8 135.2	8 805.8	8 991.5	9 237.7	9 223.7	9 174.6	9 119.0	9 229.8	9 428.7	2.2%	2.5%	27.8%
中国香港	79.2	86.5	88.3	92.0	88.7	91.5	89.8	90.5	92.7	98.9	99.5	0.6%	1.5%	0.3%
印度	1 466.9	1 595.6	1 661.0	1 735.7	1 849.2	1 930.0	2 083.3	2 147.8	2 234.2	2 316.9	2 479.1	7.0%	5.4%	7.3%
印度尼西亚	376.1	387.9	427.6	479.0	511.8	526.4	480.6	488.6	493.1	516.1	543.0	5.2%	2.9%	1.6%
日本	1 274.9	1 112.5	1 183.8	1 194.7	1 285.6	1 273.6	1 239.6	1 197.4	1 178.5	1 171.8	1 148.4	-2.0%	-0.8%	3.4%
马来西亚	197.8	190.3	213.0	213.5	226.3	232.4	240.2	245.6	240.8	241.6	250.3	3.6%	2.4%	0.7%
新西兰	36.9	33.9	34.0	33.5	35.3	35.0	35.0	35.5	34.7	36.8	35.9	-2.7%	0.3%	0.1%
巴基斯坦	146.4	146.0	145.7	144.1	145.5	145.5	152.3	159.9	175.5	188.5	195.7	3.8%	2.9%	0.6%
菲律宾	74.0	74.6	80.1	80.8	83.3	92.2	97.6	106.6	116.9	128.9	133.7	3.8%	6.0%	0.4%
新加坡	163.4	176.7	185.3	192.7	192.0	192.8	192.6	204.4	219.3	231.3	230.0	-0.5%	4.3%	0.7%
韩国	557.5	559.7	615.7	646.8	643.8	646.1	644.6	656.5	662.5	678.8	697.6	2.8%	2.2%	2.1%
斯里兰卡	12.6	13.2	13.1	14.8	16.1	14.0	14.2	17.9	20.2	21.7	20.6	-5.1%	4.6%	0.1%
中国台湾	260.4	249.7	263.9	267.1	261.7	262.4	268.5	266.6	275.7	288.4	286.0	-0.8%	0.4%	0.8%
泰国	237.4	236.5	248.7	253.5	270.9	273.9	280.7	289.4	295.5	299.9	302.4	0.8%	2.4%	0.9%
越南	103.7	102.4	121.9	135.0	132.6	140.7	157.1	183.0	194.6	195.5	224.5	14.8%	9.5%	0.7%
其他亚太国家和地区	130.1	114.7	117.1	108.5	116.0	112.8	124.7	130.5	148.3	152.9	161.7	5.8%	2.1%	0.5%
亚太地区总计	12 959.2	13 251.5	13 994.0	14 867.2	15 317.4	15 670.5	15 799.5	15 886.0	15 998.9	16 292.7	16 744.1	2.8%	2.6%	49.4%
世界总计	30 336.7	29 719.4	31 057.9	31 978.3	32 316.7	32 799.9	32 844.8	32 804.4	32 913.5	33 242.5	33 890.8	2.0%	1.0%	100.0%
经合组织	13 405.4	12 496.2	12 952.7	12 821.1	12 653.8	12 692	12 512.1	12 389	12 314.4	12 352.9	12 405	0.4%	-1.0%	36.6%
非经合组织	16 931.3	17 223.1	18 105.2	19 157.2	19 663	20 107.9	20 332.7	20 415.5	20 599.2	20 889.6	21 485.8	2.9%	2.4%	63.4%
欧盟	4 149.4	3 846.7	3 941	3 812.2	3 754.2	3 664.7	3 458	3 501.8	3 514.3	3 549.5	3 479.3	-2.0%	-1.7%	10.3%

注：◆ 表示数据小于 0.05%。

以上碳排放数据来自石油、天然气和煤的燃烧相关的活动，是基于"燃料的默认二氧化碳排放因子"得出。该因子由政府间气候变化专门委员会（IPCC）发布于《2006 年 IPCC 国家温室气体清单指南》中，这其中并未考虑二氧化碳捕获、其他二氧化碳排放源及其他温室气体的排放。因此，上述数据不应与国家官方数据进行比较。

第 47 章　国内能源数据

　　2009—2018 年及 2019 年前三季度国内生产总值情况如表 47-1、表 47-2 所示，近十年三次产业对 GDP 的贡献率与拉动、能源弹性系数、能源生产总量、能源消费总量、综合能源平衡表如表 47-3～表 47-9 所示。

表 47-1　2009—2018 年国内生产总值

指标	2018	2017	2016	2015	2014	2013	2012	2011	2010	2009
国民总收入/亿元	896 915.6	820 099.5	737 074.0	683 390.5	642 097.6	588 141.2	537 329.0	483 392.8	410 354.1	347 934.9
国内生产总值/亿元	900 309.5	820 754.3	740 060.8	685 992.9	641 280.6	592 963.2	538 580.0	487 940.2	412 119.3	348 517.7
第一产业增加值/亿元	64 734.0	62 099.5	60 139.2	57 774.6	55 626.3	53 028.1	49 084.5	44 781.4	38 430.8	33 583.8
第二产业增加值/亿元	366 000.9	332 742.7	296 547.7	282 040.3	277 571.8	261 956.1	244 643.3	227 038.8	191 629.8	160 171.7
第三产业增加值/亿元	469 574.6	425 912.1	383 373.9	346 178.0	308 082.5	277 979.1	244 852.2	216 120.0	182 058.6	154 762.2
人均国内生产总值/元	64 644	59 201	53 680	50 028	47 005	43 684	39 874	36 302	30 808	26 180

注：1. 1980 年以后国民总收入与国内生产总值的差额为国外净要素收入。

　　2. 三次产业分类依据国家统计局 2012 年制定的《三次产业划分规定》。第一产业是指农、林、牧、渔业（不含农、林、牧、渔服务业）；第二产业是采矿业（不含开采辅助活动），制造业（不含金属制品、机械和设备修理业），电力、热力、燃气及水生产和供应业，建筑业；第三产业即服务业，是指除第一产业、第二产业以外的其他行业。

　　3. 按照我国国内生产总值（GDP）数据修订制度和国际通行做法，在实施研发支出核算方法改革后，对 2016 年及以前年度的 GDP 历史数据进行了系统修订。

表 47-2　2019 年前三季度国内生产总值

指标	2019 年第三季度	2019 年第二季度	2019 年第一季度
国内生产总值/亿元	246 865.1	237 500.3	213 432.8
第一产业增加值/亿元	19 798.0	14 437.6	8 769.4
第二产业增加值/亿元	97 885.0	97 637.0	82 346.5
第三产业增加值/亿元	129 182.1	125 425.7	122 316.9

表 47-3　2009—2018 年三次产业对 GDP 的贡献率

单位：%

指标	2018	2017	2016	2015	2014	2013	2012	2011	2010	2009
三次产业贡献率	100.0	100.0	100.0	100.0	100.0	100.0	100.0	100.0	100.0	100.0
第一产业贡献率	4.2	4.8	4.1	4.5	4.6	4.2	5.0	4.1	3.6	4.0
第二产业贡献率	36.1	35.7	38.2	42.5	47.9	48.5	50.0	52.0	57.4	52.3
第三产业贡献率	59.7	59.6	57.7	53.0	47.5	47.2	45.0	43.9	39.0	43.7

表 47-4　2019 年前三季度三次产业对 GDP 的贡献率

单位：%

指标	2019 年第三季度	2019 年第二季度	2019 年第一季度
三次产业贡献率	100.0	100.0	100.0
第一产业贡献率	4.1	3.4	1.8
第二产业贡献率	34.7	37.3	36.9
第三产业贡献率	61.2	59.3	61.3

表 47-5　2009—2018 年三次产业对 GDP 的拉动

单位：百分点

指标	2018	2017	2016	2015	2014	2013	2012	2011	2010	2009
国内生产总值增长	6.6	6.8	6.7	6.9	7.3	7.8	7.9	9.6	10.6	9.4
第一产业对国内生产总值增长的拉动	0.3	0.3	0.3	0.3	0.3	0.3	0.4	0.4	0.4	0.4
第二产业对国内生产总值增长的拉动	2.4	2.4	2.6	2.9	3.5	3.8	3.9	5.0	6.1	4.9
第三产业对国内生产总值增长的拉动	3.9	4.0	3.9	3.7	3.5	3.7	3.5	4.2	4.2	4.1

表 47-6　2009—2018 年能源弹性系数

指标	2018	2017	2016	2015	2014	2013	2012	2011	2010	2009
能源生产弹性系数	0.76	0.53	—	—	0.12	0.28	0.40	0.94	0.86	0.33
电力生产弹性系数	1.17	0.84	0.84	0.42	0.55	1.14	0.73	1.25	1.25	0.76
能源消费弹性系数	0.50	0.43	0.21	0.14	0.29	0.47	0.49	0.76	0.69	0.51
电力消费弹性系数	1.29	0.84	0.84	0.42	0.55	1.14	0.75	1.26	1.25	0.77

表 47-7　2009—2018 年能源生产总量

指标	2018	2017	2016	2015	2014	2013	2012	2011	2010	2009
能源生产总量/万吨标准煤	377 000	358 500	346 037.31	361 476	361 866	358 783.76	351 040.75	340 177.51	312 124.75	286 092.22
原煤生产总量/万吨标准煤	261 261	249 516	240 816	260 985.67	266 333.38	270 522.96	267 493.05	264 658.1	237 839.06	219 718.83
原油生产总量/万吨标准煤	27 144	27 246	28 372	30 725.46	30 396.74	30 137.84	29 838.46	28 915.09	29 027.6	26 892.67
天然气生产总量/万吨标准煤	20 735	19 359	18 338	17 350.85	17 007.7	15 786.49	14 392.67	13 947.28	12 797.11	11 443.69
水电、核电、风电生产总量/万吨标准煤	67 860	62 379	58 134.27	52 414.02	48 128.18	42 336.48	39 316.56	32 657.04	32 460.97	28 037.04
焦炭生产量/万吨	43 819.96	43 142.55	44 911.48	44 822.54	47 980.86	48 179.38	43 831.45	43 433	38 657.83	35 744.05
原油生产量/万吨	—	—	—	—	—	—	20 700	20 287.6	20 301.4	18 949
汽油生产量/万吨	—	—	—	—	—	—	8 975.6	7 917.9	7 360.47	7 320.66
煤油生产量/万吨	—	—	—	—	—	—	2 131.4	1 932.4	1 924.39	1 480.3
柴油生产量/万吨	—	—	—	—	—	—	17 063.7	15 689.7	14 924.38	14 288.57
燃料油生产量/万吨	—	—	—	—	—	—	1 929.1	2 301.8	2 536.97	1 353.36
天然气生产量/亿立方米	1 602.65	1 480.35	1 368.65	1 346.1	1 301.57	1 208.58	1 106.08	1 053.37	957.91	852.69
发电量/亿千瓦小时	71 117.73	66 044.47	61 331.6	58 145.73	57 944.57	54 316.35	49 875.53	47 130.19	42 071.6	37 146.51
水力发电量/亿千瓦小时	12 342.28	11 978.65	11 840.48	11 302.7	10 728.82	9 202.92	8 721.07	6 989.45	7 221.72	6 156.44
火力发电量/亿千瓦小时	—	—	—	—	—	—	38 554.5	38 337	33 319.28	29 827.8

表 47-8　2009—2018 年能源消费总量

指标	2018	2017	2016	2015	2014	2013	2012	2011	2010	2009
能源消费总量/万吨标准煤	464 000	448 529.14	435 819	429 905	425 806	416 913	402 138	387 043	360 648	336 126
煤炭消费总量/万吨标准煤	273 760	270 911.52	270 320	273 849.49	279 328.74	280 999.36	275 464.53	271 704.19	249 568.42	240 666.22
石油消费总量/万吨标准煤	87 696	84 323.45	79 788	78 672.62	74 090.24	71 292.12	68 363.46	65 023.22	62 752.75	55 124.66
天然气消费总量/万吨标准煤	36 192	31 397.03	27 904	25 364.4	24 270.94	22 096.39	19 302.62	17 803.98	14 425.92	11 764.41
水电、核电、风电消费总量/万吨标准煤	66 352	61 897	57 988	52 018.51	48 116.08	42 525.13	39 007.39	32 511.61	33 900.91	28 570.71
煤炭消费量/万吨	—	385 723.25	—	397 014.07	411 613.5	424 425.94	352 647.07	342 950.24	312 236.5	295 833.08
焦炭消费量/万吨	—	43 743.13	—	44 058.75	46 884.94	45 851.87	39 373.04	38 163.27	33 687.8	31 849.97
原油消费量/万吨	—	58 902.17	—	54 088.28	51 546.95	48 652.15	46 678.92	43 965.84	42 874.55	38 128.59
汽油消费量/万吨	—	12 416.27	—	11 368.46	9 776.37	9 366.35	8 140.9	7 395.95	6 886.21	6 172.69
煤油消费量/万吨	—	3 326.36	—	2 663.72	2 335.42	2 164.07	1 956.6	1 816.72	1 744.07	1 439.41
柴油消费量/万吨	—	16 996.54	—	17 360.31	17 165.3	17 150.65	16 966.05	15 635.11	14 633.8	13 756.64
燃料油消费量/万吨	—	4 887.3	—	4 662	4 400.47	3 953.97	3 683.29	3 662.8	3 758.02	2 827.8
天然气消费量/亿立方米	—	2 393.7	—	1 931.75	1 868.94	1 705.37	1 463	1 305.3	1 069.41	895.2
电力消费量/亿千瓦小时	—	64 820.97	—	58 019.97	56 383.69	54 203.41	49 762.64	47 000.88	41 934.49	37 032.14

表 47-9　2009—2017 年综合能源平衡表

单位：万吨标准煤

指标	2017	2016	2015	2014	2013	2012	2011	2010	2009
可供消费的能源总量	446 007	431 842	429 960	426 095	417 415	407 594	390 394	365 588	311 277
一次能源生产量	358 500	346 037	361 476	361 866	358 784	351 041	340 178	312 125	274 619
回收能	—	—	—	—	—	—	—	8 958	7 627
进口量	99 957	89 730	77 451	77 325	73 420	68 701	65 437	57 671	47 313
出口量	12 670	11 956	9 784	8 271	8 005	7 374	8 449	8 803	8 440
年初年末库存差额	219	8 031	817	-4 825	-6 784	-4 773	-6 772	-4 363	-9 841
能源消费总量	448 529	435 819	429 905	425 806	416 913	402 138	387 043	360 648	306 647
农、林、牧、渔、水利业消费总量	8 931	8 544	8 232	8 094	8 055	7 804	7 675	7 266	6 251
工业消费总量	294 488	290 255	292 276	295 686	291 131	284 712	278 048	261 377	219 197
建筑业消费总量	8 555	7 991	7 696	7 520	7 017	6 337	6 052	5 533	4 562
交通运输、仓储和邮政业消费总量	42 191	39 651	38 318	36 336	34 819	32 561	29 694	27 102	23 692

（续表）

指标	2017	2016	2015	2014	2013	2012	2011	2010	2009
批发、零售业和住宿、餐饮业消费总量	12 475	12 015	11 404	10 873	10 598	10 012	9 147	7 847	6 412
其他行业消费总量	24 269	23 154	21 881	20 084	19 763	18 407	16 843	15 052	12 690
生活消费总量	57 620	54 209	50 099	47 212	45 531	42 306	39 584	36 470	33 843
终端消费量	436 953	424 278	417 494	413 162	403 814	386 888	373 296	337 469	292 299
工业终端消费量	283 273	279 058	280 206	283 420	278 514	269 900	264 698	238 652	205 322
能源加工转换损失量	17 278	16 964	17 191	17 020	15 994	16 763	15 412	14 294	6 283
炼焦加工转换损失量	3 721	3 887	4 099	2 731	2 433	2 179	1 833	1 595	1 010
炼油加工转换损失量	2 630	2 139	2 230	2 115	1 899	2 153	1 792	1 960	1 784
损失量	10 219	9 849	9 712	10 201	10 439	9 726	9 199	8 885	8 065
平衡差额	-2 522	-3 977	55	289	502	5 456	3 350	4 940	4 630

注：1. 表中的进口量包括我国飞机、轮船在国外加油量。

2. 表中的出口量包括外国飞机、轮船在我国加油量。

3. 电力、热力按等价热值折算，因此加工转换损失量中不包括发电、供热损失量。

第48章 国内环境数据

2015—2017 年，我国废水中主要污染物排放总量、废气中主要污染物排放总量、环境污染治理投资、工业污染治理投资如表 48-1～表 48-4 所示。2015—2018 年，城市生活垃圾清运及处理情况如图 48-5 所示。

表 48-1　2015—2017 年废水中主要污染物排放总量

指标	2017 年	2016 年	2015 年
废水排放总量/万吨	6 996 609.97	711 0953.88	7 353 226.83
化学需氧量排放量/万吨	1 021.97	1 046.53	2 223.50
氨氮排放量/万吨	139.51	141.78	229.91
总氮排放量/万吨	216.46	212.11	461.33
总磷排放量/万吨	11.84	13.94	54.68
石油类排放量/吨	5 202.11	8 838.70	15 192.03
挥发酚排放量/吨	233.14	381.19	988.21
铅排放量/千克	38 348.20	52 930.47	79 429.53
汞排放量/千克	880.18	612.98	1 079.97
镉排放量/千克	7 126.88	11 219.37	15 819.94
总铬排放量/千克	100 052.23	52 877.53	105 287.98
砷排放量/千克	34 317.01	41 946.71	112 101.29
六价铬排放量/千克	27 711.53	15 535.45	23 597.58

表 48-2　2015—2017 年废气中主要污染物排放总量

指标	2017 年	2016 年	2015 年
二氧化硫排放量/吨	8 753 975.72	11 028 643.04	18 591 000.00
氮氧化物排放量/吨	12 588 323.62	13 943 109.00	18 510 241.91
烟（粉）尘排放量/吨	7 962 642.65	10 106 627.00	15 380 132.70

表 48-3　2015—2017 年环境污染治理投资

指标	2017 年	2016 年	2015 年
环境污染治理投资总额/亿元	9 538.95	9 219.80	8 806.30
城市环境基础设施建设投资额/亿元	6 085.75	5 412.02	4 946.80
城市燃气建设投资额/亿元	566.67	532.02	463.10
城市集中供热建设投资额/亿元	778.33	662.52	687.80
城市排水建设投资额/亿元	1 727.52	1 485.48	1 248.50
城市园林绿化建设投资额/亿元	2 390.23	2 170.89	2 075.40
城市市容环境卫生建设投资额/亿元	623.00	561.11	472.00
工业污染源治理投资/万元	6 815 345.49	8 190 040.51	7 736 822.20

表 48-4　2015—2017 年工业污染治理投资

指标	2017 年	2016 年	2015 年
工业污染治理完成投资/万元	682	819	774
治理废水项目完成投资/万元	76	108	118
治理废气项目完成投资/万元	446	561	522
治理固体废物项目完成投资/万元	13	47	16
治理噪声项目完成投资/万元	1	1	3
治理其他项目完成投资/万元	145	102	115

表 48-5　2015—2018 年城市生活垃圾清运及处理情况

指标	2018 年	2017 年	2016 年	2015 年
生活垃圾清运量/万吨	22 801.8	21 520.9	20 362	19 141.9
无害化处理厂数/座	1 091	1 013	940	890
生活垃圾卫生填埋无害化处理厂数/座	663	654	657	640
生活垃圾焚烧无害化处理厂数/座	331	286	249	220
生活垃圾无害化处理能力/（吨/日）	766 195	679 889	621 351	576 894
生活垃圾卫生填埋无害化处理能力/（吨/日）	373 498	360 524	350 103	344 135
生活垃圾焚烧无害化处理能力/（吨/日）	364 595	298 062	255 850	219 080
生活垃圾无害化处理量/万吨	22 565.4	21 034.2	19 673.8	18 013
生活垃圾卫生填埋无害化处理量/万吨	11 706	12 037.6	11 866.4	11 483.1
生活垃圾焚烧无害化处理量/万吨	10 184.9	8 463.3	7 378.4	6 175.5
粪便清运量/万吨	—	—	1 299.2	1 436.8
粪便无害化处理量/万吨	—	—	647.1	673.7
生活垃圾无害化处理率/%	99	97.7	96.6	94.1

北京联合智业认证有限公司

北京联合智业认证有限公司（UICC）是北京联合智业集团重要成员单位，是知名的国际化、综合化的标准认证与评价技术服务机构。公司为全球近乎全行业客户组织提供绿色发展、信息化发展、创新技术发展、标准化发展等方面的智力服务。

公司是工业和信息化部指导发布的全国第一批"工业节能与绿色发展评价中心"，业务领域涉及：绿色技术服务、节能技术服务、环保技术服务、信息化与智能类技术服务，以及工程技术实施等。

主要产品系列包括：

一、绿色技术服务：绿色制造体系创建、绿色制造诊断、绿色工厂评价、绿色园区评价、绿色供应链评价、绿色系统集成、绿色设计产品评价、节水评价、节材评价、温室气体核查、绿色咨询服务。

二、节能技术服务：能源利用诊断、能源审计、能源管理中心建设、单位产品碳排放诊断、节能咨询与技改服务。

三、环保技术服务：环保诊断、环保管家、清洁生产审核、工业固体废物资源综合利用评价、环保咨询与技改服务。

四、信息化技术服务：智能制造诊断、智能制造系统集成、智造100、智能标杆、双创平台、两化融合、智能制造综合标准化与新模式应用、智能制造咨询服务。

五、绿色制造持续建设服务：绿色工厂持续建设、绿色园区持续建设、绿色供应链持续建设。

六、工程技术服务：工程咨询、工程管理、工程实施。

服务的客户组织包括北汽集团、福田康明斯、奔驰汽车、燕京啤酒、孚日集团、江河幕墙、云南铝业、首钢京唐等知名企业，客户遍及全国各地及境外若干国家和地区。

多用点心、多些责任，为高质量发展注入绿色动力

——中国恩菲工程技术有限公司绿色发展事迹材料

　　党的十九大报告明确指出，建设生态文明是中华民族永续发展的千年大计，生态文明建设已上升到关乎民族和国家命运的高度。作为中华人民共和国成立后首家国家级有色金属工业设计机构，工业和信息化部批准的有色行业唯一工业节能与绿色发展评价中心，中国恩菲用60多年技术创新实践证明，技术只要"多用点心、多些责任"，就能为守护绿水青山添一份力，亦能在金山银山中寻求价值。也正因为此，中国恩菲一直砥砺在以科技推动社会进步、行业发展的道路上，致力于以最小的生态扰动量获取最大资源（价值）量，通过发挥自身技术优势，带动人与自然的和谐共生。

一、 六秩六载共铸国家栋梁

　　65年发展历程，中国恩菲已从国内首家有色设计院，成功转型为国际化工程公司，形成核心能力突出、竞争优势明显、国际化运作、特色鲜明的多元业务集群，致力于成为最值得信赖的国际化工程综合服务商及能源环境发展商。

　　中国恩菲（原中国有色工程设计研究总院）成立于1953年，现为世界五百强企业中国五矿、中冶集团子公司。2018年，中国恩菲迎来了65周年华诞。回眸65年发展历程，中国恩菲在30多个国家和地区建设了1.2万个工程项目，立足有色矿冶工程，依靠科技创新驱动，高端咨询引领，发展科学研究、工程服务与产业投资三大业务领域，深耕非煤矿山、有色冶金、水务资源、能源环境、新高材料、市政文旅、城市矿产、智能装备、房产经营9个业务单元，是世界上屈指可数的可同时开展矿山、冶炼加工、电力、化工、环保、基础设施工程的综合服务商；拥有国内有色行业唯一全行业工程设计综合甲级资质，是有色行业唯一有资格承担国家发展改革委咨询评估任务的工程咨询机构；拥有工程咨询、环评、监理等工程领域甲级资质；能够提供科研工程咨询、设计、总承包、项目管理、监理、环境评价、设备制造等全产业环节、全生命周期服务。

　　中国恩菲拥有包括中国工程院院士，国家级、行业级设计大师在内的高素质人才团队，高级职称人员占比超50%；拥有全专业的技术创新平台，包括2个国家工程实验室，1座技术研究院、1个试验基地、1个院士专家工作站、2个博士后科研工作站和22个省部级研发中心；取得了千余项科研成果、900多项授权专利，其中发明专利占比超70%；完成了一大批国家重点工程和科研课题，获国家级、省部级奖项900多项；是国家有色行业建设标准规范管理的依托单位，是国际标准化组织ISO/TC 300在固体回收燃料领域的唯一国内技术对口单位。

　　中国恩菲与我国有色金属工业同步诞生，以国家的需求为努力方向，在金属矿山和铜、铅、锌、镍、锡、稀有稀土金属冶炼领域，实现了诸多开创。中国恩菲通过提供贯穿矿山与有色冶炼产业全工艺链、全生命周期的创新技术和先进工艺，承担引领行业向低碳环保、绿色节能方向转型升级、实现健康可持续发展的国家责任。

1．绿色、生态矿山建设的倡导者

　　金属非金属矿山方面，国内已建成的300万吨地下有色矿山中，中国恩菲承担设计的占83%，黑色矿山占29%；千万吨级拟建有色矿山中，中国恩菲承担设计的占100%，黑色矿山占57%。中国恩菲作为中国矿山技术的主要原创地，在公司高级顾问专家、中国工程院院士于润沧的带领下，先后完成了国家"八五""九五""十五"科技攻关，成为国家金属非金属矿山尾矿安全技术中心、中国有色金属深井开采及膏体充填工程技术中心的设立单位，拥有国家唯一的中国矿业信息化协同创新中心。

2.绿色、低碳冶炼技术的开创者

　　中国恩菲全面掌握铜、铅、锌、镍、锡、镍铁等所有金属的精矿冶炼加工工艺。拥有氧气底吹冶炼技术、侧吹浸没燃烧熔池熔炼技术、RKEF电炉冶炼技术、富氧浸没顶吹熔池熔炼技术、非浸没式纯氧顶吹冶炼技术、闪速冶炼技术、合成熔炼技术、流态化焙烧技术、氧气斜吹旋转转炉冶炼技术等核心专长技术，在国内有色冶金行业独树一帜，引领世界有色冶金工业的发展方向。

　　以绿色、低碳冶炼作为使命，中国恩菲自主研发了氧气底吹冶炼技术，该技术已广泛应用于铅、铜冶炼领域，使我国冶炼技术一举迈入国际领先水平，成为国家指定的首选冶炼工艺，被英国金属导报誉为"世界冶金史上的奇迹"。目前，应用氧气底吹无碳冶炼技术的铅、铜企业产能已分别占我国铅、铜冶炼总产能80%和30%，在欧美、日本、智利等老牌铜冶炼强国也刮起了一阵"氧气底吹"的旋风。

中国恩菲设计的冬瓜山铜矿，实现矿石不出坑、废水及固体废物零排放，充分体现"人文矿山"和"绿色矿山"特点

ENFI 中国恩菲

中国恩菲设计的缅甸达贡山镍矿项目受到李克强总理盛赞，称项目设计充分考虑了当地人民的生活习惯和风俗

三、　践行生态文明理念，建设"美丽中国"

　　中国恩菲秉承可持续发展的价值观，践行央企社会责任，投资建设运营垃圾焚烧、城市水务、多晶硅材料、光伏发电、土壤修复等环保产业，注重提升工厂环保标准，降低原耗、减污治污、实现绿色生产。

1.城市垃圾焚烧"蓝色"理念的践行

　　中国恩菲用"蓝色"来倡导行业向更高标准、更低排放的清洁、生态方向发展，依托国家"863"计划、中国集团"三五"重大专项和中冶垃圾焚烧发电工程中心，以承接我国第一座千吨级垃圾焚烧项目（宁波枫林垃圾焚烧厂）设计为先发优势，发挥作为国内唯一集生活垃圾投资、规划咨询、设计、建设和运营管理"五位一体"综合服务商的强大优势，推出高标准、低排放、智能化、定制化等特点的城市固废"蓝色"工艺系统集成技术，先后承接了50多个垃圾焚烧发电、固废处置咨询设计项目，遍布40多个城市，垃圾日处理能力5万吨，年处理垃圾1650万吨，年发电量50亿千瓦时，相当于节约标煤61万吨。

2.水务资源开发为绿水青山增添锦绣

　　水务资源开发是水生态文明的重要保障。在污水处理领域，中国恩菲业务涵盖市政供水、污水、工业污水、再生水多个领域，先后在北京、甘肃、浙江、江苏、湖北、内蒙古等地完成了20多个水务项目，涵盖BOT、TOT、PPP、EPC等模式，设计建设水务工程总规模500万吨/日，投资运营规模200吨/日，中水供应总规模20万吨/日，水务板块每年COD消减量7.7万吨，氨氮消减量4394.71吨。

3.将原料使用到极致，将废气排放到最低——民族多晶硅技术的诞生

　　多晶硅是能源电子信息产业的重要原材料，国外对中国实行多晶硅清洁生产技术封锁和市场垄断，高价进口之下，相关行业发展受到严重制约。针对外困内需，中国恩菲依托国家唯一的多晶硅材料制备技术国家工程实验室，创造性地提出"梯级分离提纯，动态净化循环"设计思想，发明了尾气干法回收专利技术，实现了尾气的回收与闭环重复利用，颠覆性地将传统的"尾气"变为反应过程气体，使循环利用率达到99.99%，生产成本降低80%，实现了清洁生产，大幅降低物料消耗和生产成本，

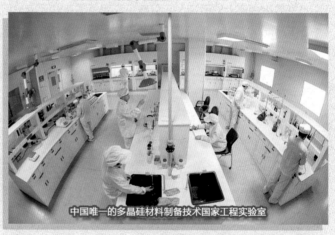

中国唯一的多晶硅材料制备技术国家工程实验室

解决了制约我国规模生产的关键难题，打破了国外技术封锁，使大规模、低成本、清洁生产多晶硅变为现实，推动了中国多晶硅产业快速、跨越式发展。

4.推广土壤修复，守护美丽中国

　　中国恩菲倡导生态矿山建设，在矿产资源开发策划之初，就通盘提出矿山开采、运营、闭坑、复垦与生态恢复的全时空周期的技术方案，将对矿产资源的开发需求和生态、环境系统对工程实施的承载能力，控制在可持续发展的平衡点。

　　面对土壤污染的严峻形势，中国恩菲投身土壤修复行业，针对矿山、冶炼厂、化工厂等污染场地以及受到污染的农田、河道等开展修复工作，在河北、山东、甘肃、河南、四川、广西、江西、湖南等省份完成了50多个项目，涵盖各种土壤修复类型；掌握工业、矿山污染场地治理修复的核心技术；开发自主品牌的土壤修复药剂，将技术创新与美丽生态有机融合，实现了以独占鳌头的技术占据土壤修复的行业制高点，为"美丽中国"增添色彩。

中国恩菲投资建设的无锡锡东垃圾焚烧发电项目

中国恩菲投资建设运营的北京房山良乡卫星城污水处理厂

中国恩菲完成编制的合浦县石场采坑生态修复方案实施后

工业节能与绿色发展评价中心
Industrial Energy-Conservation & Green Development Evaluation Center

中华人民共和国工业和信息化部
二〇一六年十一月

四、 践行行业首家绿色评价中心责任

　　作为国家工业与信息化部批准的有色行业第一家工业节能与绿色发展评价中心，中国恩菲始终站在行业前沿，紧扣绿色协调、可持续发展主题，开展技术创新和工程化研究，建设了完备的绿色设计信息数据库、绿色设计评价工具和平台，开发了行业领先的绿色制造关键工艺技术，推广了先进的装备和集成应用，制定了一批绿色关键技术标准，打造了行业先进的矿业信息中心，有效提升了行业关键工艺流程或工序环节的绿色化水平，将科学安全、高效环保的先进技术应用于国内外经典工程之中。

　　中国恩菲具备良好的与工业节能与绿色发展相配套的软、硬件保障，并已在有色金属行业节能减排方面做出了卓越贡献。中国恩菲高度重视研发工作，拥有先进能源环境监测分析设备，以及研究院、实验基地等良好完备的实验研发平台。工业节能与绿色发展评价中心紧密围绕资源能源利用率和清洁生产水平提升，以传统工业绿色化改造为重点，以绿色科技创新为支撑，以法规标准制度建设为保障，实施绿色制造工程，加快构建绿色制造体系，建立健全工业绿色发展长效机制，引领行业走"高效、清洁、低碳、循环"的绿色发展道路，担起绿色责任，引领绿色发展，为生态安全贡献力量。

　　党的十九大吹响了决胜全面建成小康社会、夺取新时代中国特色社会主义伟大胜利的时代号角，为中国生态文明建设和生态环境保护擘画了一幅激动人心的蓝图。中国恩菲将始终以绿色、可持续发展为目标，围绕矿山与有色冶金、新能源和城市固废、水务环保产业，创新更多更高水平、更高标准的绿色技术，为行业提供优质服务，加快构建绿色制造体系，实施绿色制造工程，树立新的绿色标杆，推进行业经济发展与绿色发展良性循环，承担用技术推动行业节能减排、转型升级的重要责任，引领行业走"高效、清洁、低碳、循环"的绿色发展道路。

ENFI 中国恩菲

ABOUT

Jiuyuan Tianneng was established in 2009,It is the energy-saving service company and dual high-tech company recommended by the National Development and Reform Commission, the Ministry of Industry and Information Technology, is one of the few companies that can engage in high temperature and ultra-high pressure gas power generation. It is a partner of energy-saving service for large and medium-sized steel groups. It is a leading company that invests in blast furnace gas, waste heat power generation and residual pressure power generation projects under energy performance contracting model.

In Xuanhua, Tangshan, Chengde, Shandong and other places, it implemented a number of energy-saving environmental protection projects. The project completion rate has reached 100% as planned, 100% one-time pass rate , 100% pass rate of quality, nearly 100% timely payment collection rate.

The Company acquired "Certificate of AAAAA Grade China Energy Service Company in Industrial Field","China Green Capital Leader","China's Best Energy Service Company","Outstanding Demonstration Enterprise in Energy Saving and Emission Reduction", "No.7 of the Top 100 Energy Service Companies in 2017(No.2 in the iron and steel industry) ", "2017 Energy-saving Service brand Enterprise", and dozens of waste heat power generation technology patents. We have obtained AAAAA certificates in three fields of "energy performance contracting service certification", including waste heat and residual pressure utilization, energy system optimization and boiler (kiln) renovation.

企业简介

① 100% 九源天能（北京）能源技术有限公司
Jiuyuan Tianneng (Beijing) Energy Technology Co., Ltd.

② 30% 港中旅国际融资租赁有限公司
CTS International Financial Leasing Co., Ltd.

③ 100% 北京必欧亚新能源科技有限公司
Beijing Bio-Asia New Energy Technology Co., Ltd.

④ 20% 唐山瑞能再生资源有限公司
Tangshan Ruineng Renewable Resources Co., Ltd.

九源天能（北京）科技有限公司
Jiuyuan Tianneng (Beijing) Technology Co., Ltd.

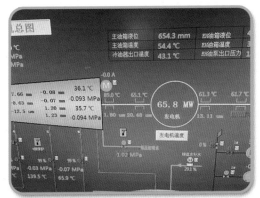

九源天能成立于2009年，是国家发展改革委首批备案、工业和信息化部推荐的节能服务公司，双高新技术企业，是国内少数能从事高温超高压煤气发电的公司之一，是大中型钢铁集团节能服务合作方，是国内以合同能源管理模式投资高炉煤气、余热余压发电等项目的领军企业。

已在河北宣化、唐山、承德、山东等地实施多个节能环保项目，取得项目按期完成率100%、一次性达产率100%、质量合格率100%、按时回款率接近100%的良好成绩。

先后取得了"中国节能服务公司工业领域AAAAA级证书""中国绿色资本领军企业""中国最佳节能服务企业""节能减排突出贡献典范企业""2017年节能服务百强企业第七名（钢铁行业第二名）""2017年节能服务产业品牌企业"等多项荣誉称号，拥有几十项余热发电技术专利，并取得"合同能源管理服务认证"的余热余压利用、能量系统优化、锅炉（窑炉）改造三个专业领域的AAAAA证书。

✿ 重塑能源、共创生态文明是我们的义务
Rebuilding energy and creating ecological civilization is our obligation

✿ 服务客户、互惠双赢、共同发展，是我们的理念
Serving customers, mutual benefit and common development are our ideas

✿ 让有限的能源创造更大的价值，是我们的宗旨
Our goal is to make limited energy create greater value

长沙翔鹅节能技术有限公司

长沙翔鹅节能技术有限公司成立于2008年7月，是一家专业从事新型节能环保技术、节能环保产品的研发、生产与推广服务并负责节能项目及资源综合利用项目的投资、建设与运营的科技型高新技术企业。公司的核心业务主要为电机拖动系统节能，主要包括水系统节能改造和风机系统节能改造等。

公司致力于推广合同能源管理（EPC）模式，在各项业务开展中形成了以资金为支撑、以技术为核心、以项目管理为保障的核心竞争力。

公司是国家发展改革委和财政部第一批备案的专业节能服务公司、中国节能协会节能服务产业委员会会员单位、湖南省高新技术企业。曾荣获"中国十大合同能源管理示范企业""中国工业领域节能服务十大品牌""电机拖动系统项目节能服务公司首选品牌"等多项荣誉；多个实施项目被评为"中国合同能源管理优秀示范项目"。

节能技术介绍

公司技术力量雄厚，拥有以流体、电气、自动控制、热能、计算机等专业的中高级人才为主的技术研发团队，拥有二十多项具有自主知识产权、国内领先的系统节能科研成果。公司依托雄厚的技术、资金和人力资源优势，业务和服务网络覆盖全国主要城市，客户遍布电力、冶金、钢铁、石油、化工、自来水、矿山、医药、水泥等各个行业，已成功为300多家单位提供了优质的节能技改服务，取得了良好的社会效益和经济效益。

长沙翔鹅节能技术有限公司采用专有的"3+1"流体输送高效节能技术，针对目前循环水系统普遍存在"大流量、低效率、高能耗"的状况，利用精密的仪器和先进的检测技术，检测系统当前运行的工况参数和相关的设备参数。

按照"合理流量、最低阻抗、最高效率"循环水系统经济运行的原则，建立系统能量平衡测试与计算标准，从循环水泵组、管网、换热设备、制冷设备、冷却塔等方面入手，进行系统能量利用效率分析，评价系统当前能量利用效率指标，找出系统高能耗的原因。

"3+1"流体输送高效节能技术是目前最为有效的循环水系统节能技术，广泛应用于钢铁、焦化、化工等工业冷却循环水系统、市政供水系统、供热采暖循环水系统、中央空调循环水系统的节能改造。它从根本上解决了循环水系统普遍存在的"低效率、高能耗"这个技术难题。

"3+1" 流体输送高效节能技术实施效果

☆系统节电率达15%～60%；

☆设备维修费节省20%～40%；

☆设备使用寿命延长30%～40%；

☆保养时间减少20%～30%；

☆工作环境明显改善。

国建联信认证中心
Guojian Lianxin Certification Center

国建联信认证中心（GJC）隶属国资委，由中国建筑材料联合会代管，系中国水泥产品认证委员会和中国建材质量体系认证中心重组而成，立足建材认证业务近30年。GJC是国家认监委（CNCA）批准、中国合格评定国家认可委员会（CNAS）认可的第三方认证机构，批准的业务范围包括质量/能源/环境/职业健康安全管理体系认证及低碳产品认证、强制性产品认证、自愿性产品认证等。

GJC长期承担来自国家发展改革委、工业和信息化部、住建部、国家认监委和中国建材联合会等单位委托的碳交易、绿色制造、绿色建材、绿色产品等建材行业节能、绿色、低碳相关标准及科研课题项目。为了更好地发挥机构优势，服务行业绿色低碳发展，GJC与国内外建材领域各大科研机构、环保组织、企事业单位均建立了长期合作关系。

GJC系工业和信息化部确定的全国第一批"工业节能与绿色发展评价中心"。中国建材联合会绿色低碳建材分会及节能减排分会秘书处设在GJC。2016年底，GJC联合中国建材联合会绿色低碳建材分会与节能减排分会的优势资源正式成立了建材工业节能与绿色发展评价中心（BREC），基于权威的建材行业生命周期数据库，GJC可以对建材企业能源、污染物排放、温室气体排放等进行全面客观的评价。2017年以来，GJC作为主要编制单位已参与制定了水泥、玻璃、陶瓷、水泥制品、耐火材料等多个建材行业的绿色工厂评价标准。

上海市能效中心

上海市能效中心（上海市节能服务中心）是上海市经济和信息化委员会直属事业单位，是以公共利益为核心和出发点，积极开展推进节能管理、节能产品评审、节能技术推广、能效信息传播、宣传培训、实施政府项目等社会活动的技术应用型机构。

主要业务包括：管理类项目，包括宣传培训、节能环保专项推进、节能技改、合同能源管理、节能节水及环保设备/项目认定等服务工作；研究类项目，包括节能政策研究、节能规划研究、能效标准研究、节能专题研究等服务工作；评估类项目，包括节能篇评估、节水评估、节能项目评估、清洁生产审核、能源利用状况报告评估、能源管理体系认证等服务工作；检测审计类项目，包括节能项目节能量检测、节能产品检测、能源审计、电平衡检测、水平衡检测、企业碳盘查等服务工作；节能工程类项目，包括节能新产品新技术示范应用、节能及新能源科技成果转化示范等服务工作。

其前身是1984年8月17日挂牌成立的上海市节能技术服务中心。1998年6月更名为上海市节能服务中心，长期承担上海市政府有关部门和企业委托的节能减排的评估咨询、节能检测、节能技术的宣传推广等工作。2008年8月，经上海市委、市政府批准，上海市节能服务中心增挂"上海市能效中心"的牌子，进一步加强本市节能减排基础性工作，提升本市社会节能意识，营造全社会节能综合环境，创建节能新模式和节能服务新体系，并对接国家节能中心。

上海市能效中心（上海市节能服务中心）设立四部一室，即战略发展部、公共事业部、能效服务部、节能产业部和综合办公室。其中，战略发展部主要负责能效政策咨询研究，承担本市提升能效，发展节能环保产业相关的标准、政策、规划等课题研究咨询；公共事业部主要负责推进节能管理，承担推进上海市合同能源管理、节能专项、能效标准、节能技改等管理工作，并承担各类节能减排办公室日常管理职能；能效服务部主要实施节能评价，开展能源审计、节能环保技术咨询、清洁生产审核、本市节能产品评审与推广、能效检测、固定资产投资节能评估与评审等工作；节能产业部主要负责传播能效信息，开展上海市节能政策及技术宣传、节能科技普及等工作。

上海市能效中心（上海市节能服务中心）是上海市唯一一家财政部和国家发展改革委公布的第三方节能量审核机构、工业和信息化部"工业节能与绿色发展评价中心"、上海市碳排放核查第三方机构、上海市节能量审核机构、上海名牌（检测类）、上海市固定资产投资项目节能评估文件编制机构（甲级资质）、上海市固定资产投资项目节能评审机构、上海市中小企业服务机构、上海市清洁生产审核机构、国家质检总局锅炉能效测试机构，并具有CMA检测资质；拥有《智能压缩空气流量控制装置》发明专利、《工业企业电能平衡信息管理系统》软件著作权、《电能平衡信息管理系统数据库终端》软件著作权、《加热炉热平衡计算软件》软件著作权；荣获上海市"十一五"节能减排先进集体。中心的建成丰富了上海市节能技术服务体系的构成，并发展成为长江三角洲地区具有国际先进水平的节能服务平台。

浙江省特种设备检验研究院

浙江省特检院科研综合大楼

浙江省特种设备检验研究院（以下简称"浙江省特检院"）是我国成立最早的特种设备检验检测机构之一。经过多年发展，目前已形成"一总部三中心七基地"发展布局，即凯旋路总部大楼（9383m²）；国家电梯产品质量监督检验中心（浙江）、国家特种金属结构材料质量监督检验中心（浙江）、国家工业节能与绿色发展评价中心三大中心；海宁综合检验检测基地（53800m²）、大江东特种材料质检基地（9500m²）、下沙特种设备学院基地、国家电梯中心临平基地、南浔基地、罐车检验镇海基地、衢州基地七大基地。另有独资设立的浙江赛福特特种设备检测有限公司。现有人员447人，其中教授级高工6人、高工96人、检验师101人、博士后3人、博士7人、硕士117人，院硕士和高工以上人才占全院的比例为50%，基本形成了以高层次人才为骨干的技术团队。拥有205m高速电梯试验塔、超声波自动爬壁测厚系统等高精尖设备近300台（套），设备总资产达1.5亿元，综合实力位居全国省级同类机构前列。组建了院士工作站、博士后工作站、科创平台、省级重点实验室等8个创新载体，打造了特种设备风险评估及寿命预测等13大创新团队，在多个关键领域形成一批重要科研成果。在全球首次提出了聚乙烯管道电熔接头超声检测与缺陷安全评定技术，并实际应用于聚乙烯管道安全检测；自主研制成功的工业管道内窥镜检测机器人等智能检测装备，填补了国内空白。目前是国内拥有资质项目能力最多的特种设备检验检测机构之一，54个检验项目通过特种设备检验检测机构核准；165个项目通过国家实验室认可；119项检验检测能力通过资质认定和验收；53项检验检测能力通过国家检验机构认可。其中，国家电梯中心取得国家实验室"三合一"认证，检测能力覆盖整个电梯全产业链。联合杭州职业技术学院建有全国首家特种设备学院，建成了全国最大的电梯人才培养实训基地，是浙江唯一一家电梯安装维修作业人员考试机构和唯一一家从事特种设备无损检测人员培训的机构，设立的电梯工程和机电一体化专业，被列为浙江省特色专业。先后被授予"国家职业技能鉴定所""全国电梯检验人员考试基地""省级专业技术人员继续教育基地"等。联合浙江海宁市政府建成全国唯一一家国家特种设备安全普法科普教育基地，打造了八大类特种设备安全责任事故的模拟场景和应对方法，还配备了目前国际最先进的5D影院，形成视觉、听觉、触觉等多方位的体验，并探索了普法与科普相结合的专业普法工作模式。

浙江省特检院是目前全国同行中唯一拥有"安全、节能、环保"三位一体检测能力的单位。2015年经原浙江省经信委（现浙江省经信厅）批准确定为节能评估机构，2017年获批为浙江省清洁生产审核咨询机构。建有浙江省特种设备节能检测中心，是原国家质检总局（现国家市场监督管理局）首批通过能效机构核查的单位之一，所建节能检测实验室是浙江省质监系统重点实验室，通过了电梯能效测试、锅炉热工测试、大气污染物检测、固体燃料、燃料油品分析测试等实验室认可和计量认证。多年来，浙江省特检院围绕支撑政府行政节能监管，服务特种设备产业转型升级，在锅炉、换热器、电梯等高耗能特种设备能效检测及鉴定，锅炉设计文件安全鉴定和节能审查，锅炉水质、有机热载体理化分析，煤、柴油、天然气等燃料理化分析，耗能产品质量仲裁检验和质量鉴定，电力、化工、纺织、建材、冶金及其他相关专业领域固定资产节能评估，区域能评，节能诊断改造运行技术服务，大气污染物环保检测，相关节能标准和技术规范制修订，先进的节能技术和节能产品推广及科普宣传等领域开展了大量公益性工作。于2017年被工业和信息化部认定为"工业节能与绿色发展评价中心"，可开展绿色工厂、绿色园区等评价服务。院多位专家已入选浙江省工业绿色发展专家库，并为多家企业开展绿色发展等相关培训，指导企业参与绿色制造体系建设。2018年支持3家企业成功入选国家级绿色工厂，与企业合作申报的2018年绿色制造系统集成项目经工业和信息化部立项，获中央财政补助支持。

海宁综合检验检测基地

国家特种设备安全科普教育基地

西安市节能技术服务中心

A 公司简介
bout us

西安市节能技术服务中心成立于1986年，由西安市经济委员会批准成立，属全民所有制企业，隶属于西安市节能监察监测中心，上级主管部门为西安市工业和信息化委员会。

中心业务范围包括能源审计、节能评估、节能评审、节能监测，水平衡测试、各类设备能效测试，温室气体排放核查、清洁生产审核、循环经济发展及资源综合利用咨询，合同能源管理，节能与高新技术产品的研发、销售、推广等。中心是第一批获得工业和信息化部批准的工业节能与绿色发展评价中心之一；具有陕西省质监局颁发的检验检测机构资质认定证书(CMA)，可对工业锅炉、窑炉、电气、照明等设备及系统进行能效测试和煤质检验；具有固定资产投资项目节能评审资质。

近三年来，我中心共完成了近200个节能评估/评审、能源审计、节能量审核项目;开展能效测试、水平衡测试、温室气体排放核查、课题研究项目100余个；协助多家企业、园区开展了工业绿色评价工作并获批工业和信息化部绿色示范名单，申报成功率高。

经过多年的经营，中心在节能咨询及服务行业形成了一定的影响力，已形成具有一定规模，集节能评估/评审、能源审计、能效测试、绿色评价、技术咨询服务等为一体的综合性节能专业机构。

检验检测机构资质认定证书
Qualification certificate of inspection
and testing institution

我中心承办了"节能降耗，保卫蓝天——绿色制造宣贯会"
Our center undertakes "energy saving and consumption
reduction, protecting the blue sky — green manufacturing
promotion"

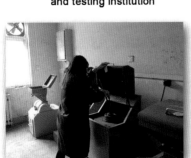

煤质化验照片
Photo of coal test

水平衡测试照片
Photo of water balance test

湖南中质信管理技术有限公司

湖南中质信管理技术有限公司是2003年经国家认证认可监督管理委员会首批批准成立的从事质量管理体系、能源管理体系、节能产品、环境管理体系、职业健康管理体系认证服务的专业机构，首批工业和信息化部工业节能与绿色发展评价中心，湖南省节能研究与资源综合利用协会副会长单位，湖南省认证认可协会副会长单位，长沙市工业清洁生产协会副会长单位，2010年首批湖南省自愿性清洁生产审核机构，2018年湖南省强制性清洁生产审核机构，长沙市能源局批准的能源审计、节能评估服务机构，全国绿色工厂推进联盟首批成员，全国绿色工厂评价与服务机构，全国绿色供应链管理推进联盟成员，总部设在湖南省省会长沙。

公司现有员工38人，其中各类高级职称人员（含高级工程师、高级经济师、国家高级注册审核员和高级能源审计评估师等）10名，中级职称人员（工程师）7名，具有清洁生产审核师11名，其中资深审核师6名。技术力量雄厚，在十多个行业聘用了国家级、省级技术专家36人；与多个国家级、省级科研院所建立了广泛长期的合作关系，拥有庞大的专业技术信息库、法规库等。

公司主要业务

1. 国家绿色园区、国家绿色工厂、国家绿色供应链评价

2016年，被国家工业和信息化部认定为首批国家工业节能与绿色发展评价中心（全国35家之一）。

2017年，成功为浏阳高新技术产业开发区服务，并获批湖南首家国家级绿色园区；成功为远大空调获得国家绿色供应链管理企业称号；成功为三一、楚天、威胜集团等14家企业服务，并获批国家级绿色工厂。

2018年，成功为长沙格力、湘涂集团等7家企业服务，并获批国家级绿色工厂。

2. 省级绿色工厂、省级绿色园区评价

2018年，成功为艾华集团、红太阳新能源等17家企业获得省级绿色工厂称号。

3. 湖南省清洁生产审核

2010年，获得湖南省经信委推荐，成为第一批湖南省自愿性清洁生产审核服务机构，先后为300多家企业一次性通过湖南省自愿性清洁生产审核。

4. 湖南省强制性清洁生产审核

2018年获得省环保厅甲级清洁生产审核服务机构。

5. 长沙市清洁生产审核

2015年获得长沙市经信委推荐成为长沙市清洁生产审核服务机构，并先后为39家企业通过清洁生产审核并拿到奖励资金。

6. 认证服务

质量管理体系认证，环境管理体系认证，职业健康安全管理体系认证，能源管理体系认证，国军标质量管理体系认证，航空管理体系认证。

自公司成立至今，一直本着"集众智慧，兼善天下"的企业宗旨和"专业、诚信、敬业、双赢"的质量方针，已经成为湖南认证服务和清洁生产审核行业的第一品牌，几年来取得了喜人的成绩。先后为省内外3000多家企事业单位提供了优质的相关服务。

赛宝认证中心

　　赛宝认证中心依法从事认证活动，是经中国认监委批准、国内外多个组织认可和授权，专业从事第三方认证和培训服务的权威机构，具有独立的法人资格。赛宝认证中心是中国最早的认证机构，是中国认证的发源地。其前身为成立于1956年的"中国电子产品可靠性与环境试验研究所"审查部，现属于工业和信息化部电子第五研究所（中国赛宝实验室，又名中国电子产品可靠性与环境试验研究所）下属公司。总部位于广州天河区，在北京、上海、深圳等地设有多个办事处，服务网络覆盖全国。

　　自1979年将"认证"概念引入中国至今，赛宝认证中心已向国内外数万家企业颁发各类证书数十万张，涉及的行业包括：电子电器、通信、软件、旅游、汽车、机械、金属制品、能源化工、食品饮料、教育、房产物业、物流商贸、医疗卫生、家具家私、金融证券保险、塑料橡胶、公共行政、服装纺织等，服务的客户分布：中国、马来西亚、新加坡、泰国、韩国、日本、美国、加拿大、英国、丹麦、荷兰、澳大利亚等国家和地区。赛宝认证中心已发展成为国内唯一一家能为企业提供全业务领域技术服务的认证机构。

　　公司近年来以"互联网+"模式整合公司资源，汇总外部资源，分别建设了"碳普惠平台""希测网""质量品牌公共服务平台"三大公共服务平台，通过线上线下业务相联合，在质量、品牌、节能低碳领域助力广大企业发展，全方位促进中国工业企业转型升级和绩效提升。

　　www.miitqb.cn　　　　www.cctek.com　　　　www.tanph.cn

节能低碳认证及技术服务

　　我们秉承绿色发展的理念，立足节能、低碳、减排、绿色领域，支撑政府，服务企业，进行气候变化的应对和生态文明的建设，在节能减排、环境保护、气候变化、资源循环综合利用、绿色制造等方面有丰富的实践经验和积累，是国内提供专业绿色发展第三方服务的倡导者和领跑者。

低碳服务资质与能力

（1）联合国授权清洁发展机制项目（CDM）审定核证指定经营实体（国内第三家）

（2）联合国授权黄金标准项目（GS）审定核证指定经营实体

（3）国家发展改革委授权"国内自愿减排交易项目审定与核证机构"（首批两家之一）

（4）广东、重庆、江西、广西、西藏、四川、安徽、无锡、云南、山东等省市碳排放核查机构

（5）武汉市应对气候变化领域业务支撑单位

（6）认监委授权开展温室气体审定核查（ISO 14064）的3家试点机构之一

能效服务资质和能力

（1）国家发展改革委和财政部授权国家第三方节能量审核机构（首批）

（2）认监委授权能源管理体系认证机构

（3）认监委授权能效产品认证机构

（4）认监委授权低碳产品认证机构

（5）工业领域电力需求侧管理评价机构

（6）工业和信息化部批准的第一批"工业节能与绿色发展评价中心"

（7）北京市电力需求侧管理城市综合试点项目第三方核证机构

（8）安徽省第三方节能量审核机构，开展电力需求侧管理项目评价

（9）广东省节能技术服务单位

（10）广东省工程技术研究中心

（11）深圳市能源管理体系推荐机构

（12）中国工业节能服务产业联盟会员

赛宝的低碳与能效服务

低碳技术服务：清洁发展机制项目（CDM）审定与核证、黄金标准（GS）项目审定与核证、国内温室气体自愿减排项目（CCER）审定与核证、基于碳排放权交易下的碳盘查项目、ISO 14064温室气体核查核证、低碳产品认证及碳足迹、碳中和评估。

节能技术服务：能源审计与节能规划、节能服务整体解决方案"能云"平台、电力需求侧管理评价、ISO 50001能源管理体系认证、节能量审核/合同能源管理项目情况确认、能效产品认证、光伏产品认证、合同能源管理服务认证。

绿色制造：绿色制造体系建设、绿色系统集成项目、绿色制造整体解决方案。

智库：低碳节能政策研究、城市温室气体清单编制项目、城市温室气体峰值研究、低碳城市（低碳园区、城镇、社区）建设规划、低碳与能效标准研究。

南宁市致协节能技术服务有限公司

南宁市致协节能技术服务有限公司（以下简称"致协节能"）是一家智力型、科技型服务公司，除从事节能技术咨询之外，还致力于检验检测服务、信息集成服务和合同能源管理服务，设有客户服务部、技术咨询部、行政人事部、检测事业部、信息集成事业部、能源托管事业部、财务部等。

南宁市致协节能技术服务有限公司前身为南宁市资协节能技术服务中心，成立于2008年年底，是广西最早从事节能服务的单位之一。经过多年的稳扎稳打、开拓创新，获得了国家和自治区相关资质认证：2014年通过中国计量认证（CMA）认定，具备能源利用第三方检测机构资质；同年进入广西第一批节能咨询服务机构名单目录，获得对以工业企业为主的用能单位进行能源审计、能效评价和评估的资格；2015年获选进入广西发改委公布的第一批区重点企（事）业单位碳排放第三方核查备选机构名单；2016年成功进入工业和信息化部第一批工业节能与绿色发展评价中心目录，取得在全国范围内开展工业节能和绿色发展评估评价工作的资格。

目前，致协节能致力于集团化发展，集团公司的雏形已逐渐形成，按集团化管理方向发展，目标是为客户创建"一站式全方位节能环保技术咨询服务"的合作模式：

（1）节能技术咨询服务（包括工业节能和绿色发展评价、绿色制造标准体系咨询、能源管理体系咨询、能源审计、清洁生产审核、节能量审核、能效评估、投资项目节能评估、节能环保技术推广及培训、节能减排规划编制、节能项目可行性研究报告编写以及节能减排补助资金申请报告编制）；

（2）检验检测服务（包括能源检测、能效检测、化学环保检测和安全检测等）；

（3）信息集成服务（包括软件开发、计算机信息系统集成及服务、企业能源管理中心及能耗在线监测系统建设和运行维护）；

（4）能源托管服务（包括用能状况诊断，节能项目设计、融资、改造、施工、设备安装、调试和运行管理）等，为客户提供"合同能源管理"模式的投融资服务。

公司在各界朋友的帮助和支持下做出了一定的成绩，累计为自治区内300多家企业提供了能源审计、节能评估和检测等服务，并以高效、优质、便捷的特点深受好评。我们有信心通过服务提升、技术拓展、管理创新，向社会提供更加优质的服务。

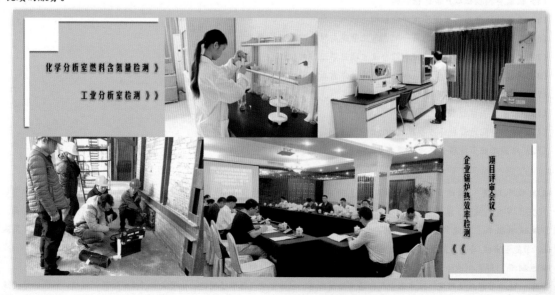

化学分析室燃料含氮量检测 》
工业分析室检测 》》

企业锅炉热效率检测 《
项目评审会议 《《

四川点石能源股份有限公司

公司简介
Company Profile

　　四川点石能源股份有限公司成立于2006年，是国家首批批准的专业节能服务公司、中国工业节能与清洁生产协会会员单位、中国节能协会节能服务产业委员会会员单位，2015年公司被评为中国工业节能"AAAAA"级节能服务公司。

　　四川点石能源股份有限公司致力于为客户提供能效综合解决方案，商业模式主要为"合同能源管理"和"BOO"模式，为客户提供集诊断、设计、投资、建设和运营为一体的"一站式"节能减排专业化服务。

　　四川点石能源股份有限公司秉承"客户第一、团队协作、注重业绩、诚实守信、责任当担、批判&成长"的核心价值观，致力于成为中国领先的能效综合服务商，帮助中国成为世界领先的能源利用高效率国家。四川点石能源股份有限公司拥有专业的技术与服务团队，坚持客户第一，是您可信赖的合作伙伴。

公司发展历程 >>

　　四川点石能源股份有限公司始终专注于能源领域，经过十余载的发展，逐步从设备销售商发展成为能效综合服务商，技术从简单到复杂，投资规模从百万元到上亿元。

● 2006年 四川点石能源投资有限公司成立，公司业务为单一的低压节电设备代理销售。

● 2007年 公司签署首个EMC合同能源管理项目——攀成钢转炉一次除尘风机变频改造项目，标志着公司逐渐从单一的设备销售商转型为节能服务商。

● 2010年 公司与四川德胜签订合同能源管理全面合作框架协议，全面负责四川德胜的能源服务工作。

● 2011年 公司签署首个大型烧结余热发电项目。

● 2012年 公司与中国冶金规划院签署合作协议。

● 2013年 公司签署首个饱和蒸汽发电项目合同。

● 2014年 公司与山西建邦签署的40MW高炉煤气发电项目并网发电。

● 2015年 公司完成股改，正式启动IPO。

● 2016年 公司收购首个增压站余热发电项目。

● 2017年 公司首个工业园区集中供热项目投运。

● 2018年 公司签署首个超高温超高压65MW煤气高效清洁综合利用项目，标志着公司从节能服务商发展为能效综合服务商。

公司荣誉 >>

● 2012年 公司荣获2012年中国节能服务产业最具成长性企业、2012年中国合同能源管理优秀示范项目，公司董事长张华被评为2012年中国节能服务产业行业明星。

● 2013年 公司荣获2013年度全国节能服务公司百强榜第26名、2013年节能中国优秀单位。

● 2014年 公司荣获2014年度全国节能服务公司百强榜第19名、世界银行2014年能效项目。

● 2015年 公司荣获2015年度全国节能服务公司百强榜第13名，被评为中国"AAAAA"级节能服务公司、2015年节能服务产业重合同守信用企业、2015年EMCA优秀会员单位。

● 2016年 公司荣获2016年度全国节能服务公司百强榜第10名、2016年度全国节能服务公司百强榜（钢铁行业）第8名、2016年度全国节能服务公司百强榜（电力行业）第4名，被评为2016年EMCA优秀会员单位、2016年节能服务产业品牌企业，公司董事长张华被评为2016年节能服务产业优秀企业家。

● 2017年 公司荣获2017年度全国节能服务公司百强榜第5名、2017年度全国节能服务公司百强榜（钢铁行业）第6名、2017年度全国节能服务公司百强榜（电力行业）第4名，被评为2017节能服务产业品牌企业、2017合同能源管理优秀项目、2017年EMCA优秀会员单位。

山西建邦煤气发电项目

四川德胜烧结发电项目

四川德胜饱和蒸汽发电项目

四川德胜鼓风脱湿项目

辽宁龙腾科技发展有限公司
LIAONING LONGTENG TECHNOLOGY DEVELOPMENT CO., LTD.

辽宁龙腾科技发展有限公司是一家专业化高效智能的技术节能服务公司（其前身为辽宁龙基科技发展有限公司、辽宁龙基担保有限公司，成立于2005年）。历经多年的发展，公司已成为技术实力、经济实力雄厚的专业化公司。是具有自主知识产权的国家实用新型专利技术，同时又具有资金平台和贷款融资能力的大规模企业。公司设有投资部、风险部、财务部、咨询部、销售部、行政管理办公室。本公司是国家发展改革委、财政部备案、授权的"全国优秀节能示范"服务机构，是中国节能协会、节能服务产业委员会（EMCA）主任委员会审核批准的节能优秀单位，是世界银行、全球环境基金、中国节能促进项目执行机构。

公司主营：科技节能设备技术开发、转让、咨询、规划，编制能评报告、项目建议书、项目可行性研究报告、项目申请报告、资金申请报告，节能和环境评估咨询、工程监理、工程项目管理（全过程策划和实施阶段管理）的咨询与监理；中央空调机械电气成套设备销售、安装、调试、维修、工程设计；中央空调系统节能改造，各类工业及民用建筑的灯光LED照明系统的技术开发和节能改造；高耗能设备（电机、水泵等）节能改造；高耗能（钢铁）企业能源中心建设；其他高耗能企业、生产线及设备的节能改造；基站远程控制节能系统；高压、低压电机变频系统节能；房地产新开发项目安装的智能化节能设备、LED节能灯系列产品及配电箱、配电柜产品的设计、生产、安装、售后服务等。

辽宁龙腾科技发展有限公司一直致力于节能减排事业，多年来投入大量资金进行节能技术的研发和推广，已形成具有自主知识产权的国家实用新型专利技术的多行业多类型的智能化高效节电产品及LED节能灯具。2010—2011年辽宁龙腾科技发展有限公司董事长贾淑梅、总经理司惠带领本公司高级工程师团队，悉心钻研，经过不断努力，完成了智能化节电控制器的升级换代，2013—2015年先后又研制出LED高科技"散热技术""外观造型技术""光源最新技术"等多项专利（专利号码为"ZL201020583064.6""201320881705.X""201330619299.5""201420779009.2""201420778995.X""201410757922.7""201520003923.2"），并在项目的实施中获得了良好的效果，深得客户的好评。具有高科技、高智能、高防护等级的"高效节能智能控制系统"及LED高效节能灯具与以往同类产品相比，各项技术指标都有大幅度提高，处于同行业领先水平。智能化节能设备软件系统特别是在变频软件控制方面更是独树一帜，使节电率大大提高，节电率高达20%~60%。LED光源技术达到国际国内先进水平，光源照度柔和不伤眼；散热技术使LED灯具寿命长达5~8年，节电率为60%~70%。为国家提倡的绿色环保和节能减排工作做出了重大贡献。"高效节能设备"及"LED节能灯"的研发，为国家企事业单位提供先进的产品，以高效节能创收增益，推广节能技术的利用范围，为社会提供认真负责的环境治理服务。

国际铜业协会简介
Introduction of Copper Alliance

国际铜业协会是一家非营利性国际组织，于1989年成立于美国，致力于研究并推广铜的优良性能如导电、导热性及其在电线电缆、清洁能源、高效电机和高效变压器等产品中的应用，为政府提供政策、规范、标准的建议，为相关活动提供技术和资金支持。具体工作包括：电力电缆全生命周期研究、清洁能源包括风电、光电及太阳能采暖、空气能热泵等技术和系统的研究与推广，以及高效电机和变压器在工业节能领域的应用和推广等。

As a not-for-profit trade association, The International Copper Association, Ltd. (ICA) was established in 1989 in USA. ICA is responsible for guiding policy and strategy and for funding international initiatives and promotional activities with impact on Renewable Energy and Energy Efficiency areas and products where copper plays a significant role. Copper's superior conductive properties make it essential to wire and cables, renewable energy systems and high efficiency products; helps governments to meet their CO_2 reduction and green development goals. ICA has accelerated the cable LCA study and it's benefits to promote green products and standards, high efficiency motors and transformers' application in industry areas, and renewable energy products and technology development including wind power, solar PV, solar thermal, air source heat pump and so on.

大事记

（2018 年 7 月—2019 年 4 月）

2019 年 4 月

2019 年 4 月 29 日　五部委联合发布《关于推进实施钢铁行业超低排放的意见》（环大气〔2019〕35 号）

生态环境部等五部委联合发布《关于推进实施钢铁行业超低排放的意见》（环大气〔2019〕35 号），意见要求推动现有钢铁企业超低排放改造。目标到 2020 年年底前，重点区域钢铁企业超低排放改造取得明显进展，力争 60%左右产能完成改造，有序推进其他地区钢铁企业超低排放改造工作；到 2025 年年底前，重点区域钢铁企业超低排放改造基本完成，全国力争 80%以上产能完成改造。

2019 年 4 月 25 日　"一带一路"绿色发展国际联盟正式成立

在第二届"一带一路"国际合作高峰论坛绿色之路分论坛上，"一带一路"绿色发展国际联盟正式成立，为"一带一路"绿色发展合作打造了政策对话和沟通平台、环境知识和信息平台、绿色技术交流与转让平台。分论坛还正式启动了"一带一路"生态环保大数据服务平台，发布了绿色高效制冷行动倡议、绿色照明行动倡议和绿色"走出去"行动倡议。

2019 年 4 月 13 日　财政部联合税务总局、国家发展改革委、生态环境部联合发布《关于从事污染防治的第三方企业所得税政策问题的公告》

《关于从事污染防治的第三方企业所得税政策问题的公告》（以下简称《公告》）对符合条件的从事污染防治的第三方企业（以下简称"第三方防治企业"）减按 15%的税率征收企业所得税。《公告》所称第三方防治企业是指受排污企业或政府委托，负责环境污染治理设施（包括自动连续监测设施）运营维护的企业。此次给予环保行业企业减税优惠，不但能够大大降低环保企业的税费负担，对于污染防治企业的实际业绩利润提升（平均 3%~6%）也意义重大。

2019 年 4 月 12 日　国家发展改革委发布《产业结构调整指导目录（2019 年本，征求意见稿）》

《产业结构调整指导目录（2019 年本，征求意见稿）》由鼓励类、限制类、淘汰类三个类别组成。其中，根据不完全统计，鼓励类涉及超低排放技术、脱硝催化剂、反渗透膜纯水装备、垃圾焚烧发电等 76 项环保工艺技术。

2019 年 3 月

2019 年 3 月 28 日　加速全覆盖，四行业排污许可证技术规范征求意见

为推进排污许可制度改革，指导各行业排污许可证的申请与核发，生态环境部组织编制了火电、人造板工业、电子工业和制药工业四个行业排污许可证申请与核发技术规范的征求意见稿，公开征求意见。

2019 年 3 月 27 日　《2019 年环境影响评价与排放管理工作要点》印发

生态环境部印发《2019 年环境影响评价与排放管理工作要点》，明确了 2019 年环境影响评价与排放管理的重点任务和工作要求。

2019 年 3 月 7 日　财政部 2019 年大幅度提高环保专项资金

2019 年 3 月 7 日上午召开的十三届全国人大二次会议记者会上，财政部部长刘昆表示，2019 年财

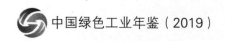

政部准备安排大气、水、土壤污染防治等方面的资金 600 亿元，同比增长 35.9%，聚焦打赢污染防治攻坚战七大标志性战役。

2019 年 3 月 6 日　国家发展改革委等七部委联合印发《绿色产业指导目录（2019 年版）》

为进一步着力壮大节能环保、清洁生产、清洁能源等绿色产业，国家发展改革委等七部委联合印发《绿色产业指导目录（2019 年版）》（以下简称《目录》）。《目录》的目的在于"进一步厘清工业鸿沟，确保相关支持政策始终能聚焦到对绿色发展有重大意义的产业上。"

2019 年 2 月

2019 年 2 月 14 日　中共中央办公厅、国务院办公厅印发《关于加强金融服务民营企业的若干意见》

《关于加强金融服务民营企业的若干意见》的出台对于解决环保产业长期以来的融资难题意义重大。政策落地后，环保民营企业的融资环境将大大改善，企业的订单落地进度也将提速，业绩释放，从而提升产业景气度。

2019 年 2 月 10 日　《中国环保产业发展状况报告（2018）》发布

中国环境保护产业协会对外发布《中国环保产业发展状况报告（2018）》（以下简称《报告》），这是中国环境保护产业协会连续第二年发布此报告。《报告》显示，2017 年全国环保产业营业收入约 1.35 万亿元，较 2016 年增长约 17.4%，其中环境服务营业收入约 7550 亿元，同比增长约 23.8%，环境保护产品销售收入约 6000 亿元，同比增长约 10.0%。未来，环保产业仍将保持快速发展态势。采用环保投资拉动系数、产业贡献率、产业增长率三种方法预测 2020 年环保产业发展规模在 1.5 万～2.2 万亿元。

2019 年 1 月

2019 年 1 月 21 日　国务院办公厅印发《"无废城市"建设试点工作方案》

《"无废城市"建设试点工作方案》指出，"无废城市"是以创新、协调、绿色、开放、共享的新发展理念为引领，通过推动形成绿色发展方式和生活方式，持续推进固体废物源头减量和资源化利用，最大限度地减少填埋量，将固体废物环境影响降至最低的城市发展模式，也是一种先进的城市管理理念。开展"无废城市"建设试点是深入落实党中央、国务院决策部署的具体行动，是从城市整体层面深化固体废物综合管理改革和推动"无废社会"建设的有力抓手，是提升生态文明、建设美丽中国的重要举措。

2019 年 1 月 14 日　中芬气候变化与空气质量高级别研讨会在京召开

2019 年 1 月 14 日，中芬气候变化与空气质量高级别研讨会在京召开，应习近平主席邀请，正在访华的芬兰总统绍利·尼尼斯托出席研讨会并做主旨发言，生态环境部部长李干杰应邀出席研讨会。双方将进一步加强多层次、多领域的合作，共同致力于适应和减缓气候变化，共同谱写生态环境合作新篇章。

2018 年 12 月

2018 年 12 月 29 日　新的《中华人民共和国环境影响评价法》公布并施行

经第十三届全国人大常委会第七次会议，新的《中华人民共和国环境影响评价法》公布并施行。

其中有一项很关键的修改，就是有关取消建设项目环境影响评价资质行政许可的事项。具有资质的环评机构，将不再强制其编制建设项目环境影响报告书。建设单位可以委托技术单位为其编制环境影响报告书，如果自身具备相应技术能力，也可以自行编制。

2018 年 12 月 16 日　中国生态文明论坛年会在南宁召开

2018 年 12 月 15 日至 16 日，中国生态文明论坛年会在广西壮族自治区南宁市召开，会议以"生态文明绿色发展——深入学习贯彻习近平生态文明思想，建设天蓝、地绿、水清的美丽中国"为主题。

2018 年 12 月 15 日　第二轮中央环保督察开展

2018 年 12 月 15 日，生态环境部部长李干杰出席中国生态文明论坛南京年会时表示，2019 年将全面启动新一轮督察，并计划再花 4 年时间开展第二轮中央环保督察。

2018 年 12 月 15 日　第二次全国污染源普查暨全国土壤污染状况详查工作推进视频会议召开

2018 年 12 月 15 日，第二次全国污染源普查暨全国土壤污染状况详查工作推进视频会议召开。生态环境部部长李干杰强调，要严格质量管理，凝练调查成果，扎实推进第二次全国污染源普查和全国土壤污染状况详查，为改善生态环境质量、服务管理决策、打好污染防治攻坚战提供基础支撑。

2018 年 12 月 2 日　第 24 届联合国气候变化大会在波兰开幕

当地时间 2018 年 12 月 2 日，联合国气候变化大会（UNFCCC）在波兰南部工业城市卡托维兹开幕，各国代表就《巴黎协定》实施细则进行谈判，以实现三年前世界各国在巴黎做出的重要承诺。大会为期两周，有超过 28000 人参与，除了制定落实《巴黎协定》的具体工作计划，还将重点关注碳中和与性别平等。

2018 年 12 月 1 日　《环境影响评价技术导则　大气环境》（HJ 2.2－2018）实施

2018 年 12 月 1 日，生态环境部发布的《环境影响评价技术导则　大气环境》（HJ 2.2－2018）开始实施，该技术导则规定了大气环境影响评价的一般性原则、内容、工作程序、方法和要求。

2018 年 11 月

2018 年 11 月 16 日　三部门联合印发《关于加强锅炉节能环保工作的通知》

2018 年 11 月 16 日，国家市场监督管理总局、国家发展改革委、生态环境部联合印发《关于加强锅炉节能环保工作的通知》，对 65 蒸吨及以上燃煤锅炉实施超低排放改造。

2018 年 11 月 12 日　《排污许可证申请与核发技术规范水处理（试行）》（HJ 978—2018）发布

2018 年 11 月 12 日，生态环境部发布《排污许可证申请与核发技术规范水处理（试行）》（HJ 978—2018），推进水处理行业排污许可制度改革，国家排污许可证管理信息平台上的正式申报模块也正式开启。

2018 年 11 月 5 日　联合国环境规划署《2018 年臭氧层消耗科学评估报告》正式发布

2018 年 11 月 5 日，最新发布的《2018 年臭氧层消耗科学评估报告》指出，臭氧层正在愈合。该报告是《蒙特利尔议定书》科学评估小组的四年期审查报告，其调查结果首先证实长期以来，在《蒙

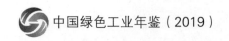
特利尔议定书》的框架下所采取的行动，已成功削减了大气中受控制消耗臭氧层物质（ODSs）的含量，并推进平流层臭氧持续恢复。

2018 年 11 月 2 日　《长三角地区 2018—2019 年秋冬季大气污染综合治理攻坚行动方案》发布

2018 年 11 月 2 日，长三角区域大气污染防治协作小组审议通过了《长三角地区 2018—2019 年秋冬季大气污染综合治理攻坚行动方案》，为全力做好 2018—2019 年秋冬季大气污染防治工作做出指导。

2018 年 10 月

2018 年 10 月 26 日　全国人大修改《中华人民共和国大气污染防治法》和《中华人民共和国环境保护税法》

2018 年 10 月 26 日，全国人大发布全国人民代表大会常务委员会关于修改十五部法律的决定，涉及《中华人民共和国大气污染防治法》和《中华人民共和国环境保护税法》等。

2018 年 10 月 18 日　生态环境部印发《关于禁止生产以一氟二氯乙烷（HCFC-141b）为发泡剂的冰箱冷柜产品、冷藏集装箱产品、电热水器产品的公告》

《关于禁止生产以一氟二氯乙烷（HCFC-141b）为发泡剂的冰箱冷柜产品、冷藏集装箱产品、电热水器产品的公告》明确规定，自 2019 年 1 月 1 日起，任何企业不得使用一氟二氯乙烷（HCFC-141b）为发泡剂生产冰箱冷柜产品、冷藏集装箱产品、电热水器产品。

2018 年 10 月 8 日　《环境影响评价技术导则 地表水环境》（HJ2.3—2018）发布

2018 年 10 月 8 日，生态环境部批准《环境影响评价技术导则 地表水环境》（HJ2.3—2018）发布，为指导和规范建设项目地表水环境影响评价工作，促进水环境保护制定标准。

2018 年 10 月 8 日　诺贝尔经济学奖花落气候变化与技术创新

北京时间 2018 年 10 月 8 日，瑞典皇家科学院在斯德哥尔摩宣布，将 2018 年度诺贝尔经济学奖授予美国经济学家威廉·诺德豪斯（William D.Nordhaus）和保罗·罗默（Paul Romer），以表彰二人在创新、气候和经济增长方面研究的杰出贡献。

2018 年 9 月

2018 年 9 月 27 日　亚洲开发银行批准中国首批城市固体废弃物治理项目

2018 年 9 月 27 日，亚洲开发银行董事会已批准一项 1.5 亿美元的贷款项目，旨在改善湖南省湘江流域 10 个县和县级市的城市固体废弃物管理工作。本项目是亚洲开发银行首个专注中国城市固体废弃物管理的项目。

2018 年 9 月 27 日　浙江获联合国最高环保荣誉 "地球卫士奖"

北京时间 2018 年 9 月 27 日上午，浙江省"千村示范、万村整治"工程（China's Zhejiang's Green Rural Revival Programme）获联合国 2018 年"地球卫士奖"。"地球卫士奖"于 2004 年设立，每年评选一次，是联合国最高环保荣誉，旨在表彰在保护或恢复环境方面做出杰出贡献的个人或组织。

2018 年 9 月 22 日　北京·世界经济与环境大会在京举行

北京·世界经济与环境大会于 2018 年 9 月 22 日至 23 日在北京举行。本届大会主题为"一带一路：经济与环境同行；碧水蓝天：创新发展生产力"。本届大会由国际生态经济协会、清华大学环境科学与工程研究院联合主办。来自全国人大常委会、全国人大环境与资源保护委员会、全国政协、国家生态环境部、国资委、中国工程院、九三学社、农工民主党、清华大学等的官员和专家学者，以及法国、南非、瑞典、墨西哥、波兰、葡萄牙、瑞士、菲律宾、埃塞俄比亚、亚洲开发银行、联合国亚洲及太平洋经济社会委员会等 20 多个国家和国际组织的代表共 600 余人出席本届大会。

2018 年 9 月 21 日　《京津冀及周边地区 2018—2019 年秋冬季大气污染综合治理攻坚行动方案》发布

2018 年 9 月 21 日，生态环境部印发《京津冀及周边地区 2018—2019 年秋冬季大气污染综合治理攻坚行动方案》，为贯彻党中央、国务院关于打赢蓝天保卫战决策部署，落实《打赢蓝天保卫战三年行动计划》，为全力做好 2018—2019 年秋冬季大气污染防治工作做出重要指示。

2018 年 9 月 13 日　生态环境部发布《关于做好淀粉等 6 个行业排污许可证管理工作的通知》（环办规财〔2018〕26 号）

《关于做好淀粉等 6 个行业排污许可证管理工作的通知》部署推进淀粉等 6 个行业排污许可证管理工作的有关事项，2018 年年底完成钢铁等 6 个行业排污许可证申请与核发及登记备案工作。

2018 年 8 月

2018 年 8 月 31 日　《中华人民共和国土壤污染防治法》通过

2018 年 8 月 31 日下午，十三届全国人大常委会第五次会议全票通过了《中华人民共和国土壤污染防治法》。这是我国首次制定专门的法律来规范防治土壤污染，是继水污染防治法、大气污染防治法之后，土壤污染防治领域的专门性法律，填补了环境保护领域特别是土壤污染防治的立法空白。

2018 年 8 月 21 日　"绿盾 2018"专项行动巡查拉开帷幕

由生态环境部、自然资源部、水利部、农业农村部和中国科学院等五部门联合组成的 3 个巡查组分赴天津、甘肃和广东，标志着"绿盾 2018"自然保护区监督检查专项行动巡查工作正式拉开帷幕。

2018 年 8 月 19 日　国家能源局印发《2018 年各省（区、市）煤电超低排放和节能改造目标任务》

2018 年 8 月 19 日，国家能源局印发《2018 年各省（区、市）煤电超低排放和节能改造目标任务》要求继续加大力度推进煤电超低排放和节能改造工作，中部地区力争在 2018 年前基本完成，西部地区在 2020 年完成。

2018 年 8 月 5 日　两部委：严肃产能置换，严禁水泥、平板玻璃行业新增产能

2018 年 8 月 5 日，工业和信息化部办公厅联合国家发展改革委办公厅发布《关于严肃产能置换，严禁水泥、平板玻璃行业新增产能的通知》，严禁备案新增产能项目，从严审核产能置换方案，确保产能置换方案执行到位。

2018 年 8 月 3 日　《生态环境监测质量监督检查三年行动计划（2018—2020 年）》制定

2018 年 8 月 3 日，生态环境部制定了《生态环境监测质量监督检查三年行动计划（2018—2020 年）》，计划明确了指导思想、基本原则、工作目标、重点任务、检查内容、组织方式及时间安排、结果应用、保障措施等内容。检查内容包括监测机构检查、排污单位检查、运维质量检查。

2018 年 7 月

2018 年 7 月 25 日　动力电池回收政策落地

2018 年 7 月 25 日，工业和信息化部等七部门开展新能源汽车动力蓄电池回收利用试点工作。2018 年 8 月 1 日，《新能源汽车动力蓄电池回收利用管理暂行办法》正式实施。动力电池回收政策的落地，将进一步规范及完善动力电池回收利用体系，推动汽车生产企业加快建立废旧动力蓄电池回收渠道，公布回收服务网点信息，确保生产者责任延伸制度得到全面落实。

2018 年 7 月 4 日　工业和信息化部公布 183 项行业标准和 3 项通信行业标准修改单

2018 年 7 月 4 日，工业和信息化部公布 183 项行业标准和 3 项通信行业标准修改单，其中涉及除尘器、烟气脱硝装置、废水处理等的环保标准。

2018 年 7 月 3 日　国务院正式发布《打赢蓝天保卫战三年行动计划》

2018 年 7 月 3 日，国务院正式发布《打赢蓝天保卫战三年行动计划》，环境保护将从行业、污染源及区域三个方面拓展，标志着大气治理第二阶段正式开启。

2018 年 7 月 2 日　全国首个废旧电子产品信息安全保护创新战略联盟成立

2018 年 7 月 2 日，由中国电子装备技术开发协会发起成立的全国"废旧电子产品信息安全保护创新战略联盟"在北京成立，这是国内首家、也是唯一一家专门针对废旧电子产品信息安全保护的行业自发组织。同时，国内第一个针对手机等废旧电子产品回收的《回收/清除行业信息安全类团体标准》正式发布实施。